普通高等教育"十一五"国

高分子材料基础

第三版

张留成　瞿雄伟　丁会利　编著

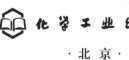

化学工业出版社

·北京·

本书以高分子材料结构—性能—应用为主线,联系其他材料科学,阐述了高分子材料的合成方法、结构性能和主要应用领域,并简要介绍了各类高分子材料的基础知识和有关的加工成型方法。全书分为材料学概述、高分子材料的制备方法、高分子材料的结构与性能、通用高分子材料、功能高分子材料、聚合物共混改性和高分子基复合材料7章。结合高分子材料合成技术的发展,在第2章增加了"高分子材料制备反应新进展"一节;在第5章增加了"吸附性高分子材料"、"导电高分子材料及聚合物光导纤维"和"电流变材料"等,可作为选讲内容;另外,当前随着纳米材料的迅猛发展,在第7章重点介绍了聚合物基纳米复合材料,特别是聚合物/蒙脱石纳米复合材料。在每章的最后为思考题与习题。

本书为高等工科院校高分子类专业教科书,也可供从事高分子材料及其他材料科学的教学、科研和生产技术人员参考。

图书在版编目(CIP)数据

高分子材料基础/张留成,瞿雄伟,丁会利编著 . —3 版 . —北京:化学工业出版社,2012.4 (2022.8 重印)

普通高等教育"十一五"国家级规划教材

ISBN 978-7-122-13374-8

Ⅰ. 高… Ⅱ. ①张…②瞿…③丁… Ⅲ. 高分子材料-高等学校-教材 Ⅳ. TB324

中国版本图书馆 CIP 数据核字(2012)第 017223 号

责任编辑:杨 菁   文字编辑:李 玥
责任校对:吴 静   装帧设计:张 辉

出版发行:化学工业出版社(北京市东城区青年湖南街 13 号 邮政编码 100011)
印   装:大厂聚鑫印刷有限责任公司
787mm×1092mm 1/16 印张 21¼ 字数 530 千字 2022 年 8 月北京第 3 版第 9 次印刷

购书咨询:010-64518888   售后服务:010-64518899
网   址:http://www.cip.com.cn
凡购买本书,如有缺损质量问题,本社销售中心负责调换。

定 价:58.00 元

第三版前言

高分子材料科学是材料科学与工程学科的一个重要组成部分，是高等学校相关专业的一门重要课程。《高分子材料基础》自 2002 年作为面向 21 世纪课程教材出版和 2007 年作为国家高等学校"十一五"规划教材出版以来，受到许多院校高分子专业教师和学生的欢迎，将此书选作教科书或主要教学参考书。经过近十年的教学实践，特别是教育部重新制定了新的专业目录，高校专业设置有了很大变化。与此同时，高分子材料科学在近十几年中取得了飞速的发展，有必要对教材进行重新修订，使之更适合于教学的需要，更有利于培养学生的创新能力和创业精神。

本教材的特点在于减少高分子类课程门数和学时数，突出基础性、系统性、实用性，将高分子化学、高分子物理、高分子加工等课程融为一体，并加强与其他材料科学的相互贯通。为此，对《高分子材料基础》教材进行了全面修订和核对，结合高分子材料合成技术的发展，在第 2 章增加了"高分子材料制备反应新进展"一节；在第 5 章增加了"吸附性高分子材料"、"导电高分子材料及聚合物光导纤维"和"电流变材料"等；另外，当前随着纳米材料的迅猛发展，在第 7 章重点介绍了聚合物基纳米复合材料，特别是对聚合物/蒙脱石纳米复合材料重点作了阐述，希望能对该类材料更为深入的研究起到抛砖引玉的作用。

本书编写工作的分工是：第 1、5、7 章由张留成编写，第 3、4、6 章由张留成、瞿雄伟共同编写，第 2 章由张留成、丁会利共同编写，刘国栋、张庆新、袁金凤也参加了部分编写工作，全书由张留成审校定稿。

尽管我们多年来从事高分子材料科学与工程方面的教学与科研工作，但限于水平，书中错误及疏漏实属难免，诚望读者指正。同时，对支持此项工作的化学工业出版社、河北工业大学的同仁表示衷心的感谢。

编者

2011 年 12 月

第二版前言

高分子材料科学是材料科学与工程学科的一个重要组成部分，是高等学校相关专业的一门重要课程。自 2002 年作为面向 21 世纪课程教材《高分子材料基础》奉献给读者以来，受到许多院校高分子专业教师和学生的欢迎，并将此书选作教科书或主要教学参考书。经过近几年的教学实践，同时考虑到高分子材料科学在近几年中取得了飞速的发展，有必要对《高分子材料基础》进行修订，使之更适合于教学的需要，更有利于培养学生的创新能力和创业精神。在第 2 章增加了高分子材料制备反应新进展，包括基团转移聚合反应、开环易位聚合反应、活性可控自由基聚合反应和变换聚合反应；在第 6 章增加了脆韧转变理论、影响抗冲强度的主要因素等内容；在第 7 章对聚合物基纳米复合材料一节重新进行了编写，包括纳米复合材料的制备、结构表征、性能等，便于学生了解当今纳米复合材料的结构与性能间的关系；最后一部分增加了每章的思考题与习题，有利于学生对每一章节内容的理解与掌握。

本书编写工作的分工是：第 1、5、7 章由河北工业大学张留成编写，第 3、4、6 章由河北工业大学张留成、瞿雄伟共同编写，第 2 章由河北工业大学张留成、丁会利共同编写，刘国栋也参加了部分的工作，全书由张留成审校定稿。

本教材的特点在于减少了高分子类课程门数和学时数，突出了基础性、系统性、实用性，将高分子化学、高分子物理、高分子加工等课程融为一体，并加强与其他材料科学的相互贯通。

尽管我们多年来从事高分子材料科学与工程方面的教学与科研工作，但限于水平，加之时间紧迫，书中错误及疏漏实属难免，诚望读者指正。同时，对支持此项工作的化学工业出版社、河北工业大学的同仁表示衷心的感谢。

编者
2006 年 12 月

第一版前言

高分子材料科学是材料科学与工程学科的一个重要组成部分,是高等学校相关专业的一门重要课程。自1993年《高分子材料导论》奉献给读者以来,受到许多院校高分子专业教师和学生的欢迎,并将此书选作教科书或教学参考书。经过近十几年的教学实践,特别是教育部重新制定了新的专业目录,高校专业设置有了很大变化。与此同时,高分子材料科学在近十几年中取得了飞速的发展,有必要对《高分子材料导论》进行修订,使之更适合于教学的需要,更有利于培养学生的创新能力和创业精神。本教材是由北京工业大学牵头,河北工业大学、福州大学、浙江工业大学等单位参加的教育部教改项目"面向21世纪高等工程教育内容和课程体系改革"立项课题"一般工科院校培养的人才素质要求与培养模式的研究与改革实践"的教改成果之一。为满足工科院校材料学科方面的共同要求,在原有教材的基础上改编成通用教材《高分子材料基础》,由教育部批准作为面向21世纪课程教材出版。

本教材的特点在于减少高分子类课程门数和学时数,突出基础性、系统性、实用性,将高分子化学、高分子物理、高分子加工等课程融为一体,并加强与其他材料科学的相互贯通。为此,对《高分子材料导论》进行了实质性修订,将原第3、4、5三章压缩为通用高分子材料一章,增加了高分子材料制备反应一章,其他各章都根据近十几年高分子材料的发展进行了大幅度增减;在第7章复合材料中增加了聚合物基纳米复合材料一节,对于目前广为关注的聚合物/蒙脱土纳米复合材料重点作了阐述,希望能对该类材料更为深入的研究起到抛砖引玉的作用。

本书编写工作的分工是:第1、5、7章由张留成编写,第3、4、6章由张留成、瞿雄伟共同编写,第2章由张留成、丁会利共同编写,刘国栋也参加了部分的工作,全书由张留成审校定稿。

尽管我们多年来从事高分子材料科学与工程方面的教学与科研工作,但限于水平,加之时间紧迫,书中错误及疏漏实属难免,诚望读者指正。同时,对支持此项工作的北京工业大学、河北工业大学的同仁表示衷心的感谢。

编者
2001年10月

目　　录

第1章　材料科学概述

1.1　材料与材料科学

1.1.1　材料及材料化过程（材料工艺过程）

具有满足指定工作条件下使用要求的形态和物理性状的物质称为材料。这就是说，材料和物质这两个概念具有不同的涵义。对材料而言，可采用"好"或"不好"等字眼加以评价，对物质则不能这样，材料总是和一定的使用场合相联系的。材料可由一种物质或若干种物质构成，同一种物质，由于制备方法或加工方法的不同，可成为使用场合各异的、不同类型的材料。例如，对矾土 Al_2O_3，将其制成单晶就成为宝石或激光材料；制成多晶体就成为集成电路用的放热基板材料、高温电炉用的炉管或切削用的工具材料；制成多孔的多晶体时，则可用作催化剂载体或敏感材料。但在化学组成上，它们是同一物质。又如化学组成相同的聚丙烯，由于制备方法和成型加工方法的不同，可制成纤维或塑料。

由化学物质或原料转变成适于一定使用目的的材料，其转变过程称为材料化过程或称为材料工艺过程。例如从 SiO_2 和 Na_2CO_3 制备玻璃的过程可由图 1-1 表示。

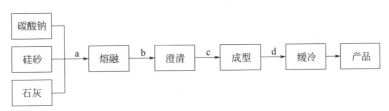

图 1-1　玻璃的制备过程

步骤 a 中，碳酸钠分解为 Na_2O，Na_2O 与 SiO_2 反应，Na^+ 把 Si—O 键的一部分拆开，使体系黏度下降（发生化学反应即化学过程），这样就成为熔融态并转变成透明状（形态及物性变化，为材料化过程）。步骤 b~d 都属于材料化过程。步骤 b 是除去熔融物中的气泡及杂质，使透明性提高；步骤 c 是赋予材料一定的形状；步骤 d 是消除材料内部应力以提高强度。可见，为适应某种使用目的，而对物质体系某种物性、强度、形状所进行的操作或加工就是材料化过程，即材料工艺过程。

金属材料中的铸造、热处理、焊接、机加工等，聚合物材料中的各种成型加工过程等，都属于材料化过程。

1.1.2　材料的类别

材料可从不同的角度进行分类。按化学组成分类，可分为金属材料、无机材料和有机材料（高分子材料）三类。按状态分类，有气态、液态和固态三类。一般使用的大都是固态材料。固态材料又分为单晶、多晶、非晶及复合材料等。按材料所起的作用分类，可分为结构材料和功能材料两种类型。对结构材料主要是使用其力学性能，这类材料是机械制造、工程建筑、交通运输、能源利用等方面的物质基础。功能材料是利用其各种物理和化学特性，在电子、红外、激光、能源、通信等方面起关键作用。例如，铁电材料、压电材料、光电材料、超导材料、声光材料、电光材料等都属于功能材料。此外，也可按照使用领域分为电子材料、耐火材料、医用材料、耐蚀材料、建筑材料等不同种类。材料的分类可概括如图 1-2 所示。

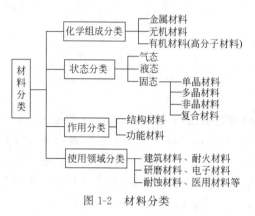

图 1-2　材料分类

但是，为便于阐明材料结构—性能—应用之间的关系，通常都是把材料分成金属材料、无机材料、高分子材料和复合材料四种类别。

1.1.2.1　金属材料

金属材料有两种，一种是利用其固有特性以纯金属状态使用的，如作为导体用的铜和铝。另一种是由几种金属组成或加入适当的其他成分以改善其原有特性而使用的，如合金钢、铸铁等。金属的键合无方向性，其结晶多是立方、六方的最紧密堆砌结构，富于展性和延性、良好的导电及导热性、较高的强度及耐冲击性。用各种热处理方法可以改变金属及合金的组织结构从而赋予各种特性。这些特点使金属材料成为用途最广、用量最大的材料之一。

在工业上，通常将金属材料分成黑色金属（铁基合金）和有色金属两种类型。

黑色金属主要是以铁-碳为基的合金，包括普通碳钢、合金钢、不锈钢和铸铁。钢的性能主要是由渗碳体的数量、尺寸、形状及分布决定的；而渗碳体的数量、尺寸、形态又是由不同的热处理工艺所决定的。合金元素最重要的功能是改善这些热处理工艺，有助于使形成的组织结构在高温下更加稳定，不锈钢至少含 12% Cr，这种钢暴露在氧气中时，能形成一层薄的氧化铬，对表面起到保护作用，因而具有优异的耐蚀性。铸铁为铁-碳-硅合金，典型的铸铁含有 $2\%\sim4\%$ 的碳和 $0.5\%\sim5\%$ 的硅。不同的铸造工艺可生成不同类型、不同用途的铸铁。

有色金属是除铁之外的纯金属或以其为基的合金。常用的有铝合金、镁合金、铜合金、钛合金等。

铝是一种轻金属，密度仅为钢的 1/3。采用不同的强化机制，如固溶强化、弥散强化、时效强化等与少量 Mn、Mg 等制成铝合金后，强度可比纯铝高出 30 倍。铝合金广泛用于飞机及汽车制造业。由于铝熔点较低，高温性能不好，耐疲劳性、刚性及耐磨性也都不如钢材好。

镁轻于铝，熔点较低，强度/质量比与铝的相当。镁合金用于宇航、高速机器、运输和材料处理装置等方面，镁易于燃烧，故不宜用在铸造和机加工方面，并且镁对强化机制的响应性也比较差。

铍比铝轻，刚性比钢高。铍合金具有很高的强度/质量比，其性能可以保持到高温，是一种极好的工程材料。其缺点是价贵、性脆且有毒，制造技术复杂。

铜合金重于钢，具有抗疲劳、抗蠕变和耐磨的优点。许多铜合金也具有极好的延展性、耐蚀性、导电及导热性。纯铜为红色，添加锌可成黄色，加镍可生成银色，因此可制成各种装饰色彩。工业纯铜用于电气，加少量镉或银可改善其高温硬度，加碲或硫可改善其加工性能，加 Al_2O_3 可提高铜的硬度而不致使导电性明显下降。常用的铜合金有：铜锌合金（黄铜)、锰青铜、锡青铜、铝青铜、硅青铜等。

镍和钴合金具有高熔点、高强度、耐蚀等特点，用于阀、泵、叶轮、热交换器及化工设备等方面。

钛合金质轻、强度/质量比高，具有极好的耐蚀性和优异的高温性能。

1.1.2.2 无机材料

无机材料是由无机化合物构成的材料，其中包括诸如锗、硅、碳之类的单质所构成的材料。硅和锗是主要的半导体材料，由于其重要性，已独立成为材料领域的一个重要分支。

无机材料主要指的是硅酸盐材料。硅酸盐是地壳上存在量最大的矿物，折合成 SiO_2 约占造岩氧化物的 60%。与 SiO_2 结合组成硅酸盐的氧化物主要有 Al_2O_3、Fe_2O_3、FeO、MgO、CaO、Na_2O、K_2O、TiO_2 等。以硅酸盐为主要成分的天然矿物，由于分布广、容易开采，很早就被人类作为材料使用。在石器时代，直接用它制成各种工具；在史前时期，用它制成了陶器，随后发展到用它制成了玻璃、瓷器、水泥等许多硅酸盐材料。

以硅酸盐为主要成分的材料有玻璃、陶瓷和水泥三大类。硅酸盐材料在发展过程中，使用的原料除以硅酸盐为主要成分的天然硅石、黏土外，也采用了其他不含 SiO_2 的氧化物和以碳为主要成分的石墨等，按同样的工艺方法制成了各种各样制品。虽然这些材料已不是硅酸盐，但习惯上仍归属于硅酸盐材料。

20 世纪 40 年代以来，由于新技术的发展，在原有硅酸盐材料基础上相继研制成功了许多新型的无机材料，如用氧化铝制成的刚玉制品，用焦炭和石英砂制成碳化硅制品以及钛酸钡铁电体材料等。常把这些称作为新型无机材料，以与传统的硅酸盐材料相区别，在欧美各国常把无机材料通称为陶瓷材料，因此也称上述新型无机材料为"新型陶瓷"。

无机材料一般硬度大、性脆、强度高、抗化学腐蚀、对电和热的绝缘性好。

1.1.2.3 高分子材料

高分子材料是由脂肪族和芳香族 C—C 共价键为基本结构的高分子构成的，也称为有机材料。人们使用有机材料的历史很早，自然界的天然有机产物，如木材、皮革、橡胶、棉、麻、丝等都属于这一类。自 20 世纪 20 年代以来，发展了人工合成的许多种高分子材料。高分子材料的一般特点是质轻、耐腐蚀、绝缘性好、易于成型加工，但强度、耐磨性及使用寿命较差。因此，高强度、耐高温、耐老化的高分子材料是当前高分子材料的重要研究课题。

高分子材料有各种不同的分类方法。例如，按来源可分为天然高分子材料和合成高分子材料。按大分子主链结构可分为碳链高分子材料、杂链高分子材料和元素有机高分子材料等。最常用的是根据高分子材料的性能和用途进行分类。

根据性能和用途，高分子材料可分为塑料、橡胶、纤维、胶黏剂（又名黏合剂）、涂料、功能高分子材料以及聚合物基复合材料等不同的类型。

1.1.2.4 复合材料

由两种或两种以上、物理和化学性质不同的物质，用适当的工艺方法组合起来，而得到的具有复合效应的多相固体材料称之为复合材料。所谓复合效应就是指通过复合所得的产物性能要优于组成它的材料或具有新的性能特点，多相体系和复合效应是复合材料区别于化合材料和混合材料的两大特点。

广义而言，复合材料是指由两个或多个物理相组成的固体材料，如玻璃纤维增强塑料、钢筋混凝土、橡胶制品、石棉水泥板、三合板、泡沫塑料、多孔陶瓷等都可归入复合材料的范畴。狭义的指用玻璃纤维、碳纤维、硼纤维、陶瓷纤维、晶须、芳香族聚酰胺纤维等增强的塑料、金属和陶瓷材料。

从不同的角度可将复合材料分成若干个类别。

(1) 按构成的原料进行分类　如表 1-1 所示。

表 1-1　按原材料对复合材料进行的分类

基体 分散材料		金属材料	无机材料		高分子材料			其他
			陶瓷	水泥	木材	塑料	橡胶	
金属材料		FRM,包层金属	FRC,夹网玻璃金属陶瓷	钢筋混凝土		FRP,FP	轮胎	
无机材料	陶瓷	FRM,弥散强化金属	FRC,压电陶瓷,陶瓷模具	GRC		FRP,砂轮FP	多层玻璃,轮胎	玻璃纤维,增强碳
	水泥				石棉胶合板	树脂混凝土	乳胶水泥	
	其他	碳纤维增强金属		石棉水泥板		CFRP,树脂石膏,摩擦材料	炭黑补强橡胶	碳-碳复合材料
高分子材料	木材			石棉胶合板		装饰板,WPC,FP		
	塑料	铝-聚乙烯薄膜		装饰板,WPC		复合薄膜,合成皮革		
	橡胶							
其他						泡沫塑料,人造革	橡胶布	漆布

注：FRM—纤维增强金属；FRC—纤维增强陶瓷；FRP—纤维增强塑料；CFRP—碳纤维增强塑料；FP—填充塑料；WPC—木材-塑料复合材料；GRC—玻璃纤维增强水泥。

根据构成原料在复合材料中的形态，可分成基体材料和分散材料。基体是构成连续相的材料，它把纤维或颗粒等分散材料固结成一体。现在习惯上常把复合材料归入基体所属类的材料中，例如把以金属材料为基体的复合材料归入金属材料的范畴，而把以聚合物为基体的复合材料归入高分子材料的范畴等。但是，对于像包层金属、胶合板之类的复合材料就分不出哪个是基体，哪个是分散材料。

根据这种分类的方法，复合材料有三种命名方法：一是以基体为主，如聚合物基复合材料、金属基复合材料等；二是以分散材料为主，如玻璃纤维增强复合材料、碳纤维增强复合材料等；三是基体和分散材料并用，如不饱和聚酯-玻璃纤维层压板、木材-塑料复合材料等。

(2) 按复合材料的形态和形状进行分类　可分为颗粒状、纤维状及层状三类。

在颗粒增强复合材料中，分散的硬质颗粒均匀地弥散在软而具有延性的基体中。根据颗粒的大小及其对复合材料性能产生的影响，颗粒状复合材料有两类，即弥散强化复合材料和真正颗粒状复合材料。

弥散强化复合材料的颗粒很小，直径在 $10 \sim 250nm$。由于颗粒小阻碍了位错运动，因此产生显著的强化作用，少量弥散颗粒就可得到显著的强化效应。弥散相通常是坚硬稳定的氧化物，必须能有效地阻止滑移。弥散颗粒必须有最佳的尺寸、形状、分布及数量。弥散相在基体中的溶解度必须很小以保证多相结构的形成。这类复合材料的典型例子有含 14% Al_2O_3 的烧结铝，用 $1\% \sim 2\% ThO_2$ 增强的镍、钨等合金。

真正颗粒状复合材料含有大量的粗大颗粒，这些颗粒并不能有效地阻止滑移，其目的往往不是为了提高强度而是为了获得不同寻常的综合性能。这类复合材料例子有陶瓷颗粒分散于金属基体中而得到硬质合金。将 Al_2O_3、SiC、金刚石颗粒用聚合物或玻璃粘在一起而制成的各种磨料、填充聚合物、用炭黑增强的橡胶等。

将强度高、刚性好的纤维加入到柔软、有延性的基体中可得到具有更高强度、抗疲劳、刚度及强度/质量比值大的纤维增强复合材料。这类复合材料的例子有：钢筋混凝土、轮胎、玻璃钢等。

层状复合材料包括很薄的涂层、较厚的保护性表面层、包覆层、双金属、层压板等。很多层状复合材料是为在保持价格低、强度高、质量轻的同时又具有高的耐蚀、耐磨以及好的外观。这类材料的例子有：层压板、包覆金属、双金属等。

（3）按复合性质分类　可分为合体复合（物理复合）和生成复合（化学复合）两种。合体复合在复合前后原材料的性质、形态、含量总体上没有大的变化。常见的复合材料，如玻璃纤维增强塑料等，都属这类复合。化学复合前后，组成材料的性质、形态、含量等均发生显著变化，其特点是通过化学过程形成多相结构。例如动物、植物组织等天然材料即属这类复合材料，目前已应用的人工生成复合材料的数量较少。

（4）按复合效果分类　可分为结构复合材料和功能复合材料两大类，如图 1-3 所示。

结构复合材料亦称力学复合材料，是以提高力学性能为目的的复合材料。目前大量生产和应用的复合材料一般都是结构复合材料。

功能复合材料是指除力学性能外，其他性能复合的材料，这是近几年开始发展的一类复合材料。研究表明，功能复合材料的效能常优于一般单质功能材料。以压电型功能复合材料为例，以锆钛酸铅粉末与高分子树脂复合可制成易于加工成型的复合压电材料，而且压电系数提高，远优于单一的锆钛酸铅。这类复合材料的发展前景是十分广阔的。

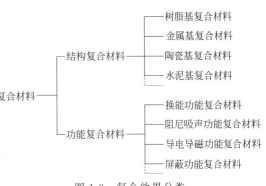

图 1-3　复合效果分类

由于现代科学技术的发展，特别是航空、航天和海洋工程技术对材料提出的新要求，复合材料的发展十分迅速。虽然复合材料的品种很多，但目前应用最广的主要还是聚合物基复合材料。金属基复合材料尚处于研究阶段，尚未达到大规模生产的程度。陶瓷基复合材料尚处于起步阶段。但是近年来，金属基复合材料和陶瓷基复合材料的发展趋势十分迅猛。

1.1.3　材料科学的范畴及任务

20 世纪 70 年代人们把能源、信息和材料归纳为现代物质文明的三大支柱，而其中，材料又是其他技术发展的物质基础。材料的使用和发展与生产力和科学技术水平密切相关。人类的历史也可以说是按使用的材料种类来划分的，由史前的"石器时代"经过了"青铜时代"、"铁器时代"，发展到了今天，材料的品种正日新月异地增加。事实上，一个国家使用的材料品种和数量是衡量这个国家科技和经济发展水平的重要标志。

以炼金术为开端发展起来的化学工业为人类以人工方法制备和合成各种材料奠定了基础，开辟了广阔的前途。继铜和铁之后，又冶炼出许多种金属材料。利用天然石灰石、黏土烧制出了水泥；用石英砂、石灰石和苏打熔制出了玻璃；在此基础上建立了冶金和硅酸盐的庞大工业体系。近 30 多年来，随着石油化工和合成化学的发展，人工合成了橡胶、塑料、纤维、涂料等一系列高分子材料。

最初，各种材料的发展是分别进行、互不相关的。随着科学技术的发展，人们对材料的认识不断深化，吸取了近代物理、化学，特别是固体物理、量子化学等基础理论并应用各种先进分析仪器和尖端技术来研究和阐明材料的本性，为认识材料的结构—性能—应用之间的关系和探索新材料提供了理论基础。这样就在各种基础学科的渗透和现代科学仪器的帮助下，从 20 世纪 60 年代开始形成了一门新的综合性学科——材料科学。

材料科学是一门以材料为研究对象，介于基础科学与应用科学之间的应用基础科学。材料科学的内容：一是从化学的角度出发，研究材料的化学组成、键性、结构与性能间关系的规律；二是从物理学角度出发，阐述材料的组成原子、分子及其运动状态与各种物性之间的关系。在此基础上为材料的合成、加工及应用提出科学依据。因此，材料科学是一门多学科、综合性的应用基础科学。

前已指出，物质并不等于材料。作为材料还必须经过一系列材料化过程（即材料加工工艺过程），使之满足一定条件下的使用要求。所以，材料科学的内容不仅包含化学及物理学的科学问题，还包括材料制备工艺、材料性能表征及材料应用等技术性问题。整个材料科学体系见图 1-4。

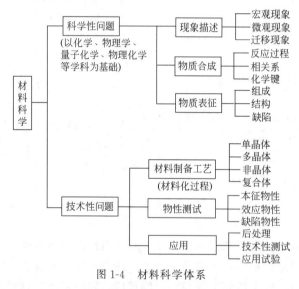

图 1-4 材料科学体系

材料科学犹如一座桥梁，将许多基础科学的研究结论与工程应用连接起来。材料科学的主要任务就是以现代物理学、化学等基础学科理论为基础，从电子、原子、分子间结合力、晶体及非晶体结构、显微组织、结构缺陷等观点研究材料的各种性能以及材料在制造和应用过程中的行为，了解结构—性能—应用之间的关系，提高现有材料的性能、发挥材料的潜力并能动地探索和发展新型材料，以满足工农业生产、国防建设和现代技术发展对材料日益增长的需求。

1.2 材料结构简述

材料结构，从宏观到微观可分成不同的层次，即宏观组织结构、显微组织结构及微观结构。

宏观组织结构是用肉眼或放大镜能观察到的晶粒、相的集合状态。显微组织结构或称亚微观结构，是借助光学显微镜、电子显微镜可观察到的晶粒、相的集合状态或材料内部的微区结构，其尺寸约为 $10^{-7} \sim 10^{-4}$ m。比显微组织结构更精细的一层结构即微观结构，包括原子及分子的结构以及原子和分子的排列结构。因为一般分子的尺寸很小，故把分子结构列为微观结构。但对高聚物，大分子本身的尺寸可达到亚微观的范围。在亚微观结构的尺寸范围内，靠近微观结构一端，尺寸为 $1 \sim 100$ nm 范围的结构亦称为纳米结构。材料的性能依赖于材料本身的结构，了解材料的结构是了解材料性能的基础。材料内部的结构与材料的化学组成及外部条件密切相关，因此，材料的性能与其化学组成及外部条件也是密切相关的。

1.2.1　原子结构

原子是由原子核及围绕原子核的电子组成。原子核由中子及带正电的质子组成。电子通过静电吸引被束缚于原子核周围。

原子的质量主要集中在原子核，电子的质量可以忽略。元素的原子序数等于原子中质子的数目。原子核内的结合是非常牢固的，这种结合力称为核力，它比万有引力大 40 个数量级，但其作用范围很小，不超过 10^{-6} nm。在材料科学中，原子结构一般都指原子的电子结构。

根据量子力学原理，在原子内，电子具有不连续的能级，每个电子的能级和状态由四个量子数即主量子数、角量子数、磁量子数和自旋量子数决定。主量子数 n 为正整数 1，2，3，4，…，它表示电子所处的量子壳层。量子壳层往往用一个大写字母表示，$n=1$，2，3，…的壳层分别用字母 K，L，M 等表示。

每个壳层又分若干能级，能级由角量子数 l 和磁量子数 m_l 决定。$l=0$，1，2，3，…，$n-1$，分别称为 s 能级、p 能级、d 能级及 f 能级等。

每个角量子数能级或轨道数由磁量子数决定。磁量子数的总数为 $(2l+1)$，$-l$ 和 l 之间的整数给出 m_l 的值。例如 $l=2$ 时，磁量子数为 $2\times2+1$，其值为 -2，-1，0，$+1$，$+2$。

电子的自旋方向由自旋量子数 m_s 决定，m_s 取值为 $+\frac{1}{2}$ 和 $-\frac{1}{2}$。

在多电子的原子中，电子的分布遵从以下两个原理。①泡利不相容原理，在一个原子中不可能有运动状态完全相同的两个电子。因此，主量子数为 n 的壳层，最多容纳 $2n^2$ 个电子。②能量最低原理，即原子核外的电子是按能量高低而分层分布的。在同一电子层中电子的能级依 s、p、d、f 的次序增大。在稳态时，电子总是按能量最低的状态分布，即从 1s 轨道开始，按照每个轨道中最多只能容纳 2 个自旋方向相反的电子这一规律依次分布在能级较低的空轨道上，一直加到电子数等于原子序数 Z 时为止。例如锗的原子序数为 32，其原子的电子结构可用简化符号表示为 $1s^2 2s^2 2p^6 3s^2 3p^6 3d^{10} 4s^2 4p^2$。

应当注意，根据洪特规则，为减少电子之间的排斥作用，在相同能量轨道上分布的电子将尽可能分占不同的轨道，而且自旋方向相同。例如碳原子在 2p 轨道上的排布是 $\boxed{\uparrow\,|\,\uparrow\,|\,}$ 而不是 $\boxed{\uparrow\downarrow\,|\,\,|\,}$。

多电子原子的核外电子的能级常有交叉现象。例如 Sc、Ti、V、Mn、Fe、Co、Ni 这些元素中，4s 电子的能量低于（但较接近）3d 电子的能量。

以上所述都是指孤立原子的电子结构。当众多相同或不相同的原子结合在一起构成聚集状态的材料时，材料内部的电子结构决定于原子之间的结合键及材料的组织结构。例如由金属键结合起来的金属材料，其内部有自由流动的电子，因此称为导体。由共价键结合起来的材料则一般是绝缘体。又如具有不同缺陷结构的硅和锗，具有不同的半导体性能等。

1.2.2　结合键

原子之间或分子之间的结合力称为结合键或价键。原子通过结合键可构成分子，原子之间或分子之间亦靠结合键凝聚成固体状态。

结合键可分为两大类，即化学结合键（化学键即主价键）和物理结合键（物理键即次价键）。化学键包括离子键、共价键和金属键。物理键亦称范德华键，它包括色散力、诱导力及偶极力三种。此外，有时还有氢键，它介于化学键和物理键之间，但一般归入物理键的范畴。

当一种材料含有两种或两种以上原子时，一种原子将其价电子贡献给另一种原子从而填满这种原子的外层能壳层，所产生相反电荷的离子相互吸引形成离子键。离子键无方向性，键能较大，因此，由离子键构成的材料具有结构稳定、熔点高、硬度大、膨胀系数小等特点。一般，离子晶体无自由电子，故为绝缘体。但高温下可使离子本身运动而导电。

原子之间通过共用电子对而产生的结合作用称为共价结合即共价键。共价键具有方向性和饱和性两个基本特点；由共价键结合而形成的材料一般都是绝缘体。除高分子类由链状分子构成的材料外，大多数共价键结合的材料其延性和展性都比较差。

低价的金属元素往往失掉自己的价电子形成一个围绕原子的电子云。例如铝原子失掉 3 个价电子成为 Al^{3+}。这时价电子不再与任何一个特定的原子有特殊的关系，而是在电子云中自由运动，成为与若干个 Al^{3+} 相关的电子。通过这种相互作用而产生的结合力称为金属键。金属键无饱和性和方向性。当金属弯曲和改变原子之间的相互位置时，不会使金属键破坏，这就使金属具有良好的延展性，并且由于自由电子的存在，金属一般都具有良好的导电、导热等性能。

物理键有三个来源，即偶极之间的色散力、诱导力和静电力。这三种力的比例取决于结构。物理键一般具有加和性，这可以解释高聚物大分子之间何以具有较强的整体作用。物理键可在很大程度上改变材料的性质。不同的高分子之所以具有不同的性能，分子间的次价键力不同是一个很重要的因素。

氢键是一种特殊的分子间作用力。它是由氢原子同时与两个电负性很大而原子半径较小的原子（O、F、N 等）相结合而产生的具有比一般次价键大得多的键力，且氢键具有饱和性。氢键在高分子材料中特别重要，它是使像尼龙这样的聚合物具有较大分子间力的主要原因。

1.2.3 原子排列

金属、陶瓷及高分子材料的一系列特性都和原子的排列密切相关。原子的排列可分为三个等级。第一情况是无序排列，如氩、氖等气体中原子的排列就是无序的。第二种是短程有序而长程无序。若材料中原子的规则排列只延伸至原子的最邻近区域，则此种原子排列是短程有序。例如水蒸气中，由于氢原子与氧原子构成一定结构的水分子，所以对氢原子与氧原子而言是短程有序的，但就水分子的排列而言是无序的。第三种情况，原子排列的有序性遍及整个材料，即为长程有序。晶体中原子排列是短程和长程都有序。液体是短程有序而长程无序的。

材料一般是以固体状态使用的。按固体中原子排列的有序程度，固体有非晶态结构、结晶态结构两种基本类型。

1.2.4 非晶态结构

原子排列近程有序而远程无序的结构称为非晶态结构或无定形结构。最典型的非晶态材料是玻璃，所以非晶态结构又称玻璃态结构。玻璃态结构的形成是由动力学因素决定的，即主要决定于熔体的黏度。熔体黏度大时，冷却过程中难以实现分子或离子长程有序地排列而形成玻璃态结构。黏度大的熔体在形成玻璃态时须含有聚合成链状或网状的大基团络合离子或分子。例如 SiO_2 熔化时形成紊乱的网状格子，而且 Si—O—Si 键又不会断开，黏度很大，故容易形成玻璃。B_2O_3、P_2O_5、As_2O_5 等都是容易形成玻璃态的物质。由于具有长链状大分子，多数聚合物一般容易生成玻璃态结构。玻璃化的难易除黏度因素外，还与冷却速度密切相关。冷却速度越快，越易形成玻璃态结构。

具有非晶态结构材料的共同特点是：结构是长程无序的，物理性质一般是各向同性的；没有固定的熔点，而是一个依冷却速度而改变的转变温度范围；塑性形变一般较大，热导率和热膨胀性都比较小。

1.2.5　晶体结构

1.2.5.1　晶胞

晶体是原子在三维空间呈周期性的无限有序排列的结构，也称作点阵，即称为阵点的点的集合，这些阵点是按周期性方式排列的。这种周期性排列的最小单位是单位晶胞或称单位晶格，它是规定晶体形状和大小的基本单位。单位晶胞由三条晶轴 a、b、c 及它们之间的夹角 α、β、γ（α 为 b、c 之间的夹角；β 为 a、c 之间的夹角；γ 为 a、b 之间的夹角）共 6 个参数所决定，称为晶胞常数或晶格常数。这 6 个常数组合起来共构成 7 个晶系，如表 1-2 所示。这 7 个晶系的对称性互不相同。7 个晶系包括有 14 种空间点阵。

表 1-2　7 种晶系的特征

结构	轴	轴 间 夹 角	空 间 点 阵
立方	$a=b=c$	$\alpha=\beta=\gamma=90°$	体心立方,面心立方,简单立方
正方	$a=b\neq c$	$\alpha=\beta=\gamma=90°$	简单正方,体心正方
正交	$a\neq b\neq c$	$\alpha=\beta=\gamma=90°$	简单正交,底心正交,体心正交,面心正交
六方	$a=b\neq c$	$\alpha=\beta=90°,\gamma=120°$	简单六方
菱形	$a=b=c$	$\alpha=\beta=\gamma\neq9°$	简单菱形
单斜	$a\neq b\neq c$	$\alpha=\gamma=90°,\beta\neq90°$	简单单斜,底心单斜
三斜	$a\neq b\neq c$	$\alpha\neq\beta\neq\gamma\neq90°$	简单三斜

根据具体的阵点数可以确定晶胞的类别。在计算属于每个晶胞的阵点数时，必须考虑到阵点可由几个晶胞共享。晶胞一个角上的阵点由 7 个近邻晶胞共享，每个角只有 1/8 属于一个特定的晶胞，即每个角给出 1/8 个点，每个面心给出 1/2 个点，体心位置给出一个整点。例如简单立方晶胞的阵点数为 1，体心立方晶胞阵点数为 2，而面心立方晶胞的阵点数为 4。

每个晶胞的原子数是每个阵点所包含的原子数和每个晶胞阵点数之积。大多数金属晶体每个阵点就是一个原子。但对较复杂的结构，如化合物、陶瓷材料、高分子材料等，每个阵点可能包含多个原子。

1.2.5.2　配位数及堆积因子

接触一特定原子（分子）的原子数（分子数）称为配位数。配位数是原子（分子）堆积紧密程度的一种指标。对于每个阵点只有一个原子的简单晶体而言，配位数直接由点阵结构决定。例如立方点阵结构每个原子的配位数为 6，体心立方点阵为 8，面心立方点阵为 12，这是最大的配位数。

原子堆积的紧密程度可用堆积因子表示。堆积因子就是原子占据空间的分数。

$$堆积因子=\frac{（每个晶胞的原子数）\times（每个原子的体积）}{晶胞体积}$$

例如，在金属中，面心立方晶胞的堆积因子为 0.74，这是可能达到的最有效的堆积。体心立方晶胞的堆积因子为 0.68，而简单立方晶胞的堆积因子为 0.52。表 1-3 列出了一般金属晶体的一些特征值。

表 1-3　金属晶体的一些特征值

结　　构	配位数	堆积因子	典 型 金 属
简单立方	6	0.52	无
体心立方	8	0.68	Fe, Ti, W, Mo, Ta, K, Na, V, Cr, Zr
面心立方	12	0.74	Fe, Cu, Al, Au, Ag, Pb, Ni, Pt
密排六方	12	0.74	Ti, Mg, Zn, Be, Co, Zr, Cd

1.2.5.3　晶面和晶向

在晶体中由原子组成的任一平面称为晶面。由原子组成的任一直线称为晶向。晶面和晶向可分别用晶面指数和晶向指数表征。

在不同的晶面和晶向上原子的排列各不相同，显示出不同的性质，称为晶体的各向异性。晶体中某些晶向和晶面是特别重要的，例如金属的变形就是沿着原子排列最紧密的方向和晶面发生的。

1.2.5.4　同素异构转变

组成相同的材料可以具有不同的具体结构，因而性能也迥然不同。例如石墨和金刚石都属于碳，但因晶体结构不同而具有显著不同的性质。又如，铁和钛具有多种晶体结构；在低温时，铁为体心立方结构；但在高温时，则转变成面心立方结构。许多陶瓷材料和高分子材料都有类似的情况。

改变温度或压力等条件，可使固体从一种晶体结构转变为另一种晶体结构，这种现象称为同素异构转变。凡具有不止一种晶体结构的材料称为同素异构体或多晶型材料。

1.2.5.5　复杂晶体结构

对于共价键材料、离子键材料及金属键材料来说，为适应键、离子尺寸差别和价数所引起的种种限制，它们往往具有较复杂的晶体结构。例如硅、碳、锗和锡的晶体具有所谓金刚石型立方结构，这是一种特殊的面心立方结构，堆积因子为 0.34。陶瓷晶体材料和高分子晶体材料都是复杂的晶体结构，不像金属晶体那样简单。

1.2.5.6　多晶结构

有序性贯穿整块晶体时，该晶体称为单晶。如果晶体的长程有序性在某一确定的平面突然发生转折并以这一平面为界的两部分晶体有各自的长程有序性，则这种晶体称为孪晶，它可视为最简单的多晶体。由许多取向不同的晶粒（单晶或孪晶）组成的晶体称为多晶体。

晶粒之间的界面可以是两个晶粒直接接触形成的，也可以由玻璃态物质或其他杂质以及介入其间的空气形成。多晶体的特点是，它的各种性能不仅取决于构成它的晶粒，同时也与晶粒界面的性质密切相关。多晶体中晶粒是混乱排列的，所以一般表现为各向同性。不过，当晶粒足够大或使晶粒取向，也可显示出晶粒本身所固有的各向异性。

天然矿石、陶瓷材料及高分子晶体材料以及一般的金属材料大多是多晶体。

1.2.6　结构缺陷

物质中的不均匀部分，例如微裂纹等都可看作是结构缺陷。无论是晶体或非晶体都会存在各种结构缺陷，但这里所谈的结构缺陷主要是指晶体的结构缺陷。

缺陷是属于结构变化的一部分。结构缺陷并不意味着材料有缺陷，实际上往往是为了获得所要求的力学及物理性能而有意地造成某些结构缺陷。

材料的基本物理性质，如密度、比热容、折射率、介电性等主要由材料的基本结构（结合键的性质和原子、离子的空间排列状态）所决定，与结构缺陷的关系不太密切，因此又称为结构不敏感性能。材料另外的一系列物性，如导电性、介电损耗、塑性、脆性等，对材料的结构缺陷更为敏感，因此这类物性也称为结构敏感性能。基本物性也称为基础物性，结构敏感物性亦称为次生（派生）物性或高次物性。研究结构缺陷是了解材料性能与结构关系的十分重要的一个方面。

从几何学的角度，结构缺陷可分为点缺陷、线缺陷、面缺陷及体缺陷。这些缺陷对材料的性能（结构敏感性能）有极为重要的影响，与晶体的凝固、固态的相变、扩散等过程有极密切的关系，特别是对塑性变形、强度及断裂等力学性能起着决定性作用。

点缺陷、线缺陷和面缺陷属于微观缺陷，它们并非静止不变的，而是随着各种条件的改变而不断变动，可以产生、发展、运动、相互作用或合并、消失。

下面对这些结构缺陷出现的原因及其对材料性能的影响分别作一概要的阐述。

1.2.6.1　点缺陷

点缺陷亦称零维缺陷，是涉及一个或几个原子范围的点阵结构局部扰乱。点缺陷的产生是热运动引起的。在实际晶体中，原子或离子围绕其平衡位置作高频率的热振动，并且各个原子或离子的振动能量时刻变化，即存在能量的起伏现象。获得较高能量的某些原子或离子可脱离原来的平衡位置而迁移到其他位置，从而产生各种类型的点缺陷，这也称为热缺陷，如图 1-5 所示。

图 1-5(a) 是单质元素结构的点缺陷，这是在本应有原子存在的位置上出现了空位，同时在不应有原子存在的位置上多出一个原子，即成了间隙原子，这类点缺陷亦称为间隙缺陷。当原子被另一种原子取代时，就形成置换缺陷；置换原子处在原来的正常点阵上。间隙缺陷和置换缺陷可能是以复杂的形式存在于

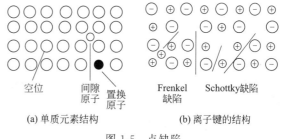

空位　　间隙　置换
　　　　原子　原子

Frenkel　Schottky缺陷
缺陷

(a) 单质元素结构　　　　　(b) 离子键的结构

图 1-5　点缺陷

材料中，也可能是作为合金化元素被有意加入到材料中去的。这些缺陷的数量往往与温度无关，它不是热缺陷。图 1-5(b) 是在离子键的结构中，小的阳离子脱离原来位置进入到空隙中形成阳离子空穴和填隙阳离子，这种缺陷叫弗伦克尔（Frenkel）缺陷。另一种是阳离子空位和阴离子空位成对地同时出现，叫肖特基（Schottky）缺陷。还有与原子排列无直接关系的电子缺陷，是在原子的价电子有多余能量时出现的。电子由原有位置逸出，变成载流子进入到阴离子的空位上，在它空出来的位置上则留下空穴（正孔），这种并发的缺陷称为 F 色心。空穴进入到阳离子空位上的并发缺陷称为 V 色心。这种缺陷与离子晶体导电性有密切关系。

点缺陷对材料的光、电等性能都有很大影响。例如半导体材料、激光材料等，点缺陷往往起着关键作用。点缺陷对材料力学性能的影响更为普遍。

点缺陷扰乱了周围原子之间的完整排列。当点阵中存在空位或小的置换原子时，周围的原子就向着点缺陷靠拢，将周围原子之间的键拉长，因而产生一个拉应力场。间隙原子与大的置换原子则将周围原子向外推开产生压应力场。这样，通过点缺陷附近运动的位错遇到原子偏离平衡位置的点阵，要求施加更高的应力才能迫使位错通过缺陷，因此，提高了材料（一般指金属）的强度。将间隙原子或置换原子有意地加入材料结构中是材料固溶强化的基础。

1.2.6.2 线缺陷

线缺陷亦称位错，是以一条线为中心的结构错乱。位错学说最早是在晶体塑性变形的研究中逐步确立的，近几十年有很大发展，已用来解释材料的许多现象。

晶体中最简单的位错是刃型位错和螺形位错，见图1-6。设想在晶体内部有一个中断的原子平面，这个中断处的边沿就是刃型位错，见图1-6(b)。如果原子平面沿一根与原子平面相垂直的轴线盘旋上升，每绕轴一周，原子面上升一个晶面距离，在中间轴线处即为一个螺型位错，见图1-6(d)，它没有中断的原子平面。两种位错同时产生时，称为混合型位错。

某一时刻晶体中已滑移的部分与未滑移的部分之间的交界线称为位错线。位错线可用柏格斯（Burgers）矢量表征，它是位错的单位滑移距离，总是平行于滑移方向。刃型位错柏格斯矢量与位错线垂直；螺型位错的柏格斯矢量与位错线平行；对混合型位错，柏格斯矢量与位错线组成一个非90°的角。

位错在晶体内形成应力场，位错线附近的原子平均能量高于其他区域，故这些原子稳定性较低，容易被杂原子替代，并因此使位错附近的区域易受腐蚀。

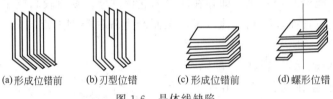

(a)形成位错前　　(b)刃型位错　　(c)形成位错前　　(d)螺形位错

图 1-6　晶体线缺陷

晶体中位错的量可用位错密度表示。单位体积中所含位错线的总长度称为位错密度。

在晶体中，位错通常形成闭合的环线。位错线只能终止在晶界或表面，不能终止在晶体内部。

滑移是晶体塑性形变的最主要形式。滑移过程是定向的晶体学面（称为滑移面）沿一定晶体学方向（滑移方向）移动，如图1-7所示。图1-7(b)表示单晶体右部分相对于左部分而发生移动的情况。$ABCO$面为滑移面，CO为滑移方向，$BB'C'C$则为滑移带。滑移方向和滑移面组成滑移系。滑移方向总是密排方向，而滑移面总是密排面。

假定将一单向应力 σ 作用于金属单晶圆柱体（图1-8），则在滑移方向的剪应力 τ 可由施密特（Schmidt）定律确定：

$$\tau = \sigma \cos\phi \cos\lambda$$

式中，λ 是滑移方向与作用力之间的夹角；ϕ 是滑移面法线和作用力之间的夹角；$\sigma = \dfrac{F}{A_0}$。

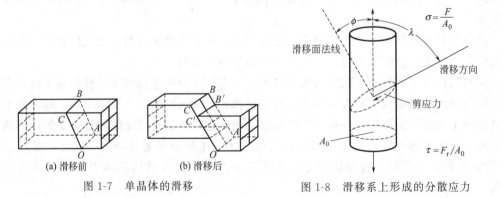

(a)滑移前　　　　　　(b)滑移后

图 1-7　单晶体的滑移

图 1-8　滑移系上形成的分散应力

产生滑移所要求的、足以破坏金属键的最小剪切应力称为临界分剪应力。因此，当作用应力产生的分剪应力超过临界分剪应力时，就会出现滑移，从而引起金属变形。

对于完整的单晶体，原子面移动一单位位移所需的切应力，其理论值是很大的。例如以单晶体锌为例，此理论值约为 0.35×10^{10} Pa，要比实测值大千余倍。这是由于滑移过程不是由原子面如同坚硬的物体一样彼此相对移动所组成，而是位错作直线运动的结果。

这就是说，滑移的实质是位错运动的结果。由于位错的存在，晶体中层片之间的相对位移即滑移变形仅需在较小的切应力作用下，通过位错线的逐步移动实现的。这是临界分剪应力较小的根本原因。

当分剪应力超过临界分剪应力时，位错很容易穿过完整的晶体部分而向前运动。但是，如果遇到原子偏离正常位置的区域，就需较高的应力才能通过这个局部高能的区域，因而使强度提高。基于同样的原因，一个位错的运动经过另一位错附近时，其运动会受到阻碍。位错密度越大，位错的相互作用就越大。因此，增加位错密度能提高金属材料的强度。

由于金属在形变过程中会使其所含位错数目增殖、位错密度提高，因此得到强化作用。金属材料的应变强化现象就是基于这种原因。

1.2.6.3 面缺陷

面缺陷亦称二维缺陷，是原子或分子在一个交界面的两侧出现不同排列而形成的缺陷。相界面、表面及晶界都属于面缺陷。

（1）界面与表面　相与相接触的面称为界面，这个界面对各相来说又是相表面，简称表面。界面的组合有多种，通常考虑的有固相-液相、固相-气相、液相-液相、液相-气相等界面。玻璃态固体，如玻璃态聚合物，在热力学的涵义上可视为液相。

由于物体表面层原子（分子）都有被拉向内部的趋势，如果把内部原子（分子）移到表面成为表面层原子（分子），就必须克服向内的拉力而做功，所消耗的功就转变成表面层原子或分子的位能，所以，表面层原子或分子一般比内部的原子或分子具有过剩的能量，称为表面能。形成单位表面积所需的能量称为比表面能，它相当于界面单位长度的力。

实际表面层与其他界面一样是很薄的，通常只有几个原子层（分子层）。表面层的原子（分子）既受到体内的束缚，又受到环境的影响，所以，表面层的实际组成和结构在很大程度上与其形成条件及随后的处理有关。

表面及界面因其能量较高，有通过原子、分子迁移或吸附其他组分来调整其结构，从而自发降低能量的趋势。

表面及界面的特性对材料及器件的影响极大。例如从表面开始的金属氧化、腐蚀与金属表面的结构与组成有密切关系。又如表面的机械损伤、周围的气氛、杂质玷污等可使半导体表面显著变化，严重影响半导体器件的性能。所以，对表面和界面的研究是材料科学的一个重要领域。

（2）晶界　多晶体中各晶粒的取向互不相同。不同取向晶粒之间的接触面称为晶界。晶界是厚度约几个原子范围的狭窄区域，其中原子（分子）的排列是异常的。原子（分子）在晶粒边界的某些部位可能过于密集，造成压应力；而另外一些部位可能过于松散而造成拉应力。因此，晶界和一般相界面及表面一样，是能量较高的区域。晶界可使位错运动受阻，因此使材料的强度提高。减少晶粒尺寸就会增加晶粒数目，从而扩大晶粒界面，于是位错运动受阻的概率增加，材料的强度提高。细晶强化就是基于这一原因。

根据晶界两边晶粒取向差错角度的大小，有大角晶界与小角晶界之分。例如嵌镶结构的晶块之间界面情况如图 1-9 所示。相邻晶粒取向小于 15°的称为小角晶界；大于 30°的称为大角晶界。因为小角晶界的界面能较小，一般不能有效地阻止滑移。

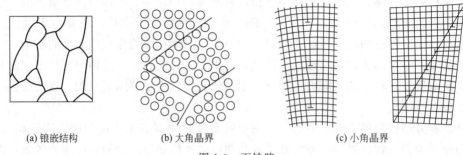

(a) 锒嵌结构　　　　　　　　　(b) 大角晶界　　　　　　　　　(c) 小角晶界

图 1-9　面缺陷

此外，层错、孪晶界、有序界、生长层、电畴界、磁畴界等都属于面缺陷。这些结构缺陷对材料物性、制备工艺都有密切关系，特别是对结构敏感性能的影响尤为显著。

1.2.6.4　体缺陷

体缺陷亦称三维缺陷，一般指宏观的结构缺陷，如空洞、裂纹、沉淀相、包裹物等。这些缺陷对材料的力学性能有很大影响。

1.3　材料的性能

材料的性能可分为两类，一类称之为特征性能，包括热学、力学、电学、磁学、光学等性能，是属于材料本身所固有的性质。另一类称为功能物性，是指在一定条件下和一定限度内对材料施加某种作用时，通过材料将这种作用转换为另一种作用的性质。

1.3.1　特征性能

常遇到的材料特征性能有以下几种。

（1）热学性能　例如材料的热容、热膨胀、热导率、熔化热、熔点、蒸发热、沸点等都属于热学性能。

（2）力学性能　外加作用力与变形及破坏的关系称为力学性能，例如材料的弹性模量、拉伸强度、压缩强度、抗冲击强度、屈服强度、耐疲劳强度等。

（3）电学性能　包括电导率、电阻率、介电性能、击穿电压等。

（4）磁学性能　如顺磁性、反磁性、铁磁性等。

（5）光学性能　包括光的反射、折射、吸收、透射以及发光、荧光等性质。

（6）化学性能　材料参与化学反应的活泼性和能力，这种能力往往用以表征材料耐腐蚀性的大小。与材料化学性能有关的问题还有催化性能、离子交换性能、吸收、吸附等性能。

1.3.2　功能物性（效应物性）

许多材料具有把力、热、电、磁、光、声等物理量通过"物理效应"、"化学效应"、"生物效应"进行相互转换的特性，用来制作各种重要的器件和装置，在科学技术的发展中起着重要的作用。对于这些功能物性举例如下。

（1）热-电转换性能　这种性能应用于红外技术、温度测定，如热敏电阻、热释电、红外探测。具有这种性能的材料如过渡金属氧化物以及 $LiTaO_3$、$PbTiO_3$ 等。

（2）光-热转换性能　是使光转换成热能的一种性质，例如使太阳光转变成热能的平板型集热器就是实现这种转换的装置。

（3）光-电转换性能　是指材料受光照射时其电阻会发生变化，有的会产生电动势或向外部逸出电子。这种光电效应在一些半导体中表现得很明显。具有这种性能的材料如 Si、Ge、GaAs、CdS 等，用于制备光敏二极管或三极管、光电池、太阳能电池等方面。

（4）力-电转换性能　是指使机械能与电能相互转换的性能。最典型的表现就是压电效应。压电效应有两方面的含义：一种是在一些介电晶体中，由于施加机械应力而产生的电极化；另一种是压电效应的反效应，即在晶体的某些晶向间施加电压而使材料产生机械形变。具有这种性能的材料有石英晶体（单晶体）、钛酸钡和锆钛酸铅（多晶体）以及高分子材料，如聚偏氟乙烯等。这类材料用于制备半导体测压元件、声纳、滤波器、压力二极管等；另外，在压力测定、应变测定等方面都有广泛的应用。

（5）磁-光转换性能　是指在磁场作用下，材料的电磁特性发生变化从而使光的传输特性发生变化的一种性能。具有这类性能的材料例子有 MnBi、亚铁石榴石、尖晶石铁氧体等。这类材料用于光调剂及记录、存储装置、激光雷达等方面。

（6）电-光转换性能　这是指晶体以及某些液体和气体在外加电场作用下折射率发生变化的性能，如 $LiNbO_3$、$LiTaO_3$ 等就有这种性能，它用于激光信号调制、光偏转等方面。

（7）声-光转换性能　声波使介质密度（或折射率）的周期性疏密变化可看作一种条纹光栅，其间隔等于声波波长，这种声光栅的衍射现象称为声光效应。常用的声光材料有 α-碘酸、$PbMoO_4$、TeO_2、GaAs 等。近年来由于高频声学和激光技术的发展，声光材料获得了迅速发展。

1.4　材料工艺及其与结构和性能的关系

1.4.1　材料工艺过程（材料化过程）

前已述及，从原料到成品需要经过一定的材料工艺过程。材料工艺过程包括材料的制备工艺和加工工艺过程。材料的制备工艺过程一般主要涉及化学反应，常以化工工艺过程为基础。材料的加工工艺过程一般是物理过程，但也涉及一定的化学过程，例如热固性塑料的成型加工过程就是这样。

对于高分子材料，其工艺过程包括各种聚合工艺、缩聚工艺、成型加工工艺（如压缩模塑、注射模塑、挤出、压延、铸塑、吹塑、混炼、纺丝）等。对于金属材料，其工艺过程有铸造、焊接、压制、粉末冶金、热处理、冷加工等。总之，不同的材料有不同的工艺过程。这些不同的工艺过程涉及不同的化学及物理过程。研究这些不同的化学、物理过程可从热力学和动力学两个基本点出发。热力学是解决过程进行的可能性、方向及限度；动力学则是解决过程进行的速度，这涉及过程进行的推动力和阻力。

热力学的基础是热力学三个基本定律，用以解决系统宏观性质之间的关系，但不能解决微观性问题，例如过程进行的机制问题。过程进行的速度与材料体系的微观结构有关，因此，通过研究过程动力学，可了解过程进行的机制。

在材料工艺过程中经常要涉及相变问题。物质从某一相转变为另一相称为相变。相变可以分为两种：①特性相变，它与电子或原子的集体特性发生变化有关。例如，通电的超导材料在温度降到一定临界值之后，电阻突然消失，这就是特性相变。②结构相变，它与原子或分子的排列发生变化有关，又分为扩散型相变及非扩散型相变两种。气相、液相及固相之间的相互转变以及大多数固态相变都是扩散型相变。但某些相变，如金属材料工艺过程中的马氏体相变，是通过原子作微小的移动而实现的，为非扩散型相变。

相变可根据相律进行研究。根据相律和实验数据可作出相图；相图亦称状态图或平衡图，是用几何（图解）的方式来描述处于平衡状态下物质的成分、相和外界条件的相互关系。相图在材料工艺过程的研究中和材料生产中是极重要的手段。因为实际材料很少是纯元素的，而是由多种元素组成。这就要弄清楚组元间的组成规律，了解不同成分在何种条件下形成何种相图。因而相平衡关系的研究就成为使用和研究材料的重要理论基础。以合金材料为例，它在结晶之后可获得单相的固溶体或中间相，也可能是包括纯组元相与各种合金相的多相组织。那么某一成分的合金在某一温度下会形成什么样的组织呢？利用合金相图就可以回答这一问题。又如，合金在许多加工、处理之后的组织状况也可用相图作为分析依据。相图是研究新材料，设计合金熔炼、铸造、加工、热处理工艺以及进行金相分析的重要工具。

但是，相图一般只描述系统的平衡状态，不能完全说明生产实际中经常遇到的亚稳态状态和非稳态状态的组织结构。所以，还需要其他方面的实验数据配合，才能很好地解决生产实际中所遇到的有关问题。

化学反应中的反应速度、结晶速度、蠕变、各种扩散过程等，都是属于动力学问题。材料工艺过程的速度不仅与始、终状态有关，还与过程进行的方式和途径有关，而这又与材料的内部结构有关。

材料工艺过程的动力学问题对材料结构和性能影响极大。例如，结晶过程中成核及晶粒生长的速率不同，晶粒大小及分布就不同，从而会对多晶材料的性能和结构产生极大影响，甚至可能改变材料的品种。

1.4.2　材料工艺与材料结构及性能的关系

材料的工艺与材料的组织结构及性能之间具有密切的关系。

材料工艺，包括材料合成工艺及材料加工工艺，影响材料的组织结构，因而对材料的性能有显著的影响。例如，用高压法合成的聚乙烯和用低压法合成的聚乙烯，在结构上有很大差别，因而性能也显著不同。又如用铸造法制造的铜棒与用轧制成型工艺制造的铜棒，其组织结构大不相同，晶粒的形状、尺寸和取向都不相同。铸造法制得的铜棒含有由于收缩或因气泡生成而形成的空洞，组织内部可能夹带非金属质点。轧制法制备的铜棒可能含有被拉长的非金属夹杂物和内部排列的缺陷。组织结构不同，性能也不同。

材料的原始组织结构及性能又常常决定着采用何种方法将材料加工成所需要的形状。例如热固性树脂与热塑性树脂因其组织结构及性能不同，选用的成型加工方法有很大差别。又如含有大缩孔的铸件不宜采用合金钢的成型加工方法等。

由上所述可知，材料工艺、材料结构及材料性能之间具有相互依赖、相互制约的密切关系，了解并能动地利用这种关系是材料科学的关键问题之一。

1.5　材料的强化机制

对通常应用的材料，最重要的指标是力学强度。提高材料的力学强度是研究材料的基本任务和关键的课题。对不同类型的材料，可通过不同的工艺和方法来提高材料的强度。例如对塑料，可采用与橡胶共混的办法来提高其抗冲击强度；采用添加填充剂和增强剂来提高其抗拉强度和硬度等。但对金属材料，提高其强度的方法与高分子材料相比是迥然不同的。方法不同，强化机制也完全不同；但是其共同点都是通过一定的工艺过程来改变材料内部的组织结构从而达到改善性能的目的。下面以金属材料的强化为例，进一步说明结构—性能—工艺之间的密切关系以及提高材料性能的基本途径。因为金属材料在这方面的研究已较为系统和成熟了。了解金属材料的强化机制，对于了解高分子材料的改性及强化机制有很大的启迪和借鉴作用。

金属材料的强化主要是提高其屈服强度。屈服强度是指使材料开始塑性流动时的应力。金属材料的塑性流动主要是通过位错运动实现的，因此，金属材料的强化途径主要有两条。①尽可能地减少位错，使其接近于完整晶体。例如精心培育的晶须接近于完整晶体，有很高的强度。②在金属中有大量位错时，尽可能设法阻止位错运动以及抑制位错源的活动，这种强化手段有很多机制，如冷变形强化、细晶强化、固溶强化、分散强化、马氏体强化等。有时将几种强化机制结合起来可产生更显著的效果。

1.5.1　冷变形强化（应变硬化）

当金属材料用冷加工的方法进行变形时，由于在组织中产生了附加的位错，位错密度增加，位错之间的交互作用加剧，阻碍了位错的运动，因而产生应变硬化，强度提高。冷变形强化在生产上有广泛的应用，如冷轧钢板、冷拉钢丝、金属的爆炸成型、喷丸处理等。

由于冷变形强化会使金属材料的延展性降低，因此，应变硬化的量是有限度的。此外，在应变硬化过程中，有可能产生有害的残余应力。利用低温回复处理可以消除残余应力而不降低强度。为了改善材料的工艺性能，可把变形和退火结合成一步进行，这就是热加工。在高温下由于材料不发生应变硬化，因此，可使材料的形状有较大的变化。把热加工和冷加工结合在一起，既可将材料加工成为有用的形状，又可提高强度。由此可见，加工工艺过程与材料性能有着密切的关系。

1.5.2　细晶强化

前已述及，晶界是阻碍位错运动的障碍。晶粒细化，晶界增大，再加上晶粒位向变化的影响，使金属材料的强度提高并能改善塑性和韧性。但是晶粒过细又会产生其他的不利影响。

细晶强化大多是通过控制凝固过程实现的。几乎所有的金属材料、某些陶瓷材料和很多高分子材料，在加工过程的某一阶段是处于液态，由液态冷却至固态的过程即为凝固过程。凝固过程中形成的组织结构，如晶粒的尺寸和形状，对材料的力学性能有显著影响。在凝固过程中加入孕育剂或晶粒细化剂，选取合适的凝固时间和温度，可获得适宜的成核和晶粒生长速率，从而控制晶粒尺寸，形成较小的晶粒，实现细晶强化。

1.5.3　固溶强化

固溶强化的实质是在金属材料中引入点缺陷，特别是加入置换原子和间隙原子，扰乱原子在点阵中的排列，使位错的运动即滑移受到干扰，从而实现强化的目的。固溶强化一般也是通过凝固过程实现的，即通过凝固形成固溶体。溶质原子即起点缺陷的作用。

固溶强化可使材料的强度显著提高，这种强度的增加可保持到高温，使材料获得良好的抗蠕变能力。

材料对固溶强化的响应取决于元素的类型，特别是原子尺寸的差别。

1.5.4　多相强化

合金的强度比纯金属的高，这除了固溶强化效应之外，可能有第二相或更多相的影响。合金中的第二相可以是纯金属，也可以是固溶体或化合物。可按第二相粒子的尺寸将合金类金属材料分成两类：第二相粒子尺寸与基体晶粒尺寸在同一数量级时，称为聚合型；若第二相粒子非常小，分散在连续的基体之中，则称为分散型。这里的多相强化即指聚合型的情况。

工业上常用的合金，第二相多是较硬、脆的金属化合物。合金的力学性能主要取决于第二相的形状、大小及分布情况。例如，若第二相为片状或层状分布，如钢中珠光体内的渗碳体，则变形首先在基体（铁素体）中发生，但很快受到硬、脆相（渗碳体）的阻碍，即位错运动被限制在硬脆相层片之间的很短距离内，使钢的强度提高。珠光体越细，层片间距越小，则材料的强度越高。如果渗碳体为球状，则其对铁素体变形的阻碍作用大大降低，强度下降，塑性提高。

1.5.5 分散强化

对多相结构的合金而言，当第二相以细小弥散的微粒均匀分散于基体相中时，会产生显著的强化作用。通过对过饱和固溶体的时效处理而沉淀析出细小弥散的第二相粒子，使强度提高，这种强化称为沉淀强化或时效强化。若第二相微粒是借助粉末冶金方法加入而起强化作用的，则称为弥散强化。

为达到明显的分散强化效应，基体应当是较软、有延展性的；而分散相应是硬、脆的。硬而脆的第二相应当是不连续的，否则裂纹就会穿过整个组织而扩散，而在第二相为分散、不连续的情况下，则在第二相上的裂纹会在相界面上受阻。第二相应当是细小且数量极多的颗粒，颗粒越小，数量越多，阻碍滑移的可能性就越大，因而强化效应就越大。此外，第二相颗粒应当是球形的，不应呈针状或带有尖锐的棱角，因为球形颗粒产生裂纹的可能性最小，不容易起缺口的作用。

1.5.6 马氏体强化

马氏体是无扩散固态转变所形成的非稳态相，是由奥氏体淬火而成的。马氏体钢十分硬脆，对马氏体强化是钢铁材料强化的重要途径。它是以下三种强化的综合结果。

（1）固溶强化　钢中马氏体是碳原子过饱和的 α-Fe 固溶体。马氏体中的碳原子位于体心点阵八面体间隙中，使点阵产生强烈畸变，造成很大的应力场，阻碍位错运动，从而产生显著的强化作用。

（2）时效强化　马氏体中过饱和的碳原子具有向晶体缺陷和内表面偏聚以及从马氏体中沉析出碳化物的强烈倾向。在淬火过程中碳原子会偏聚于位错、孪晶界或沉淀析出，这种现象称为自回火或淬火时效，它导致位错运动受阻而产生强化作用。

（3）结构强化　低碳马氏体含有大量的位错。高碳马氏体中，亚微观结构主要由孪晶组成，它使马氏体的有效晶粒度显著减小，这两种情况所导致的强化作用称为结构强化。

参 考 文 献

[1] 钱苗根. 材料科学及其新技术. 北京：机械工业出版社，1986.

[2] 师昌绪主编. 新型材料与材料科学. 北京：科学出版社，1988.

[3] Witold Brostow. Science of Materials. Wiley Interscience Publication，1979.

[4] 张缓庆. 新型无机材料概论. 上海：上海科技出版社，1985.

[5] ［日］足立吟也，岛田昌彦编. 无机材料科学. 北京：化学工业出版社，1988.

[6] Sheppard L M. Advanced Materials and Processes. 1986，2（9）：19-25，.

[7] 张留成. 材料学导论. 保定：河北大学出版社，1999.

习题与思考题

1. 简要说明材料与物质涵义的区别。

2. 举例说明材料的主要类别。

3. 举例说明功能材料与结构材料。

4. 举例说明材料的特征性能与功能物性。

5. 简要说明相变及其类型。

6. 举例简要说明材料的结构—性能—加工工艺之间的相互关系。

7. 简要说明金属材料的塑性形变与位错及滑移运动间的关系。

8. 写出锗、碳和氧原子的电子结构。

9. 假设晶体的格点是等体积硬球，试证明体心结构和面心立方结构的堆砌因子分别为 0.68 及 0.74。

10. 证明滑移形变时的分剪切应力 τ_1 遵从 Schmidt 定律：$\tau_1 = \sigma \cos\phi \cos\lambda$，且在 $\lambda = 45°$ 的方向上 τ_1 最大。式中，λ 为滑移方向与作用力之间的夹角；ϕ 为滑移面法线和作用力之间的夹角。

11. 简要阐述金属材料强化的基本途径和机制。

第2章　高分子材料的制备反应

2.1　高分子与高分子材料

2.1.1　基本概念

高分子化合物常简称高分子，是由成百上千个原子组成的大分子。大分子是由一种或多种小分子通过主价键一个接一个地连接而成的链状或网状分子。低分子和高分子之间并无严格界线，分子量❶在 10000 以上者常称作高分子化合物。

一个大分子往往由许多相同的简单结构单元通过共价键重复连接而成。例如聚氯乙烯大分子是由氯乙烯结构单元重复连接而成：

$$\text{-----CH}_2\text{---CH---CH}_2\text{---CH---CH}_2\text{---CH---}$$
$$\qquad\quad | \qquad\qquad | \qquad\qquad |$$
$$\qquad\quad\text{Cl} \qquad\qquad \text{Cl} \qquad\qquad \text{Cl}$$

为方便起见，可缩写成

$$\text{-}\!\!\!-\!\!\text{CH}_2\text{---CH}\!\!-\!\!\!\text{-}_{\overline{n}}$$
$$\qquad\quad |$$
$$\qquad\quad\text{Cl}$$

上式是聚氯乙烯分子结构式。端基只占大分子的很小部分，故略去不计。其中 —CH$_2$—CH— 是结构单元，也是重复结构单元（简称重复单元），亦称链节。形成结构单元
　　　　|
　　　Cl
的分子称作单体。上式中 n 代表重复单元数，又称聚合度，它是衡量分子量大小的一个指标。

高分子化合物一般又称为聚合物，但严格地讲，两者并不等同，因为有些高分子化合物并非由简单的重复单元连接而成，而仅仅是分子量很高的物质，这就不宜称作聚合物。但通常，这两个词是相互混用的。聚合物是由大分子构成的，如组成该大分子的重复单元数很多，增减几个单元并不影响其物理性质，一般称此种聚合物为高聚物。如组成该种大分子的结构单元数较少，增减几个单元对聚合物的物理性质有明显的影响，则称为低聚物（oligomer）。广义而言，聚合物是总称，包括高聚物和低聚物，但谈及聚合物材料时，所称的聚合物（polymer）常常是指高聚物。

由一种单体聚合而成的聚合物称为均聚物，如聚乙烯、聚氯乙烯等；有两种或两种以上单体共聚而成的聚合物称为共聚物，如氯乙烯和乙酸乙烯酯共聚生成氯乙烯-乙酸乙烯酯共聚物：

$$\text{-}\!\!\!-\!\!\text{CH}_2\text{---CH---CH}_2\text{---CH}\!\!-\!\!\!\text{-}_{\overline{n}}$$
$$\qquad\quad | \qquad\qquad\qquad |$$
$$\qquad\quad\text{Cl} \qquad\qquad\quad \text{OCOCH}_3$$

在大部分共聚物中，单体单元往往是无规排布的，很难指出正确的重复单元，上式只能代表象征性的结构。

像尼龙 66 一类的共聚物则有着另一特征：

---

❶　本书中分子量均表示相对分子质量。

$$+NH+CH_2\!\!\xrightarrow{}_{\!6}NH-CO+CH_2\!\!\xrightarrow{}_{\!4}CO\,]_{\!n}$$

结构单元　　结构单元

重复单元

重复单元由—NH—(CH$_2$)$_6$—NH—和—CO—(CH$_2$)$_4$—CO—两种结构单元组成，这两种单元比其单体己二胺和己二酸要少一些原子，这是由于缩聚反应过程中失去水分子的结果，所以这种结构单元不宜称作单体单元。

聚合物材料的强度与分子量密切相关。低分子化合物通常有固定的分子量，但聚合物却是分子量不等的同系物的混合物。聚合物分子量或聚合度是一平均值。这种分子量的不均一性亦称为多分散性，可用分布曲线或分布函数表示。根据统计平均的方法不同，有数均分子量、重均分子量等。

2.1.2　命名

聚合物和以聚合物为基础组分的高分子材料有三组独立的名称：化学名称、保护商品名称或专利商标名称和习惯名称。此外，在描述常用的塑料和橡胶时，特别重要的是以其基础组分聚合物化学名称为基础的标准缩写。

化学名称是根据大分子链的化学结构而确定的名称，国际纯化学和应用化学联合会（IUPAC）1973 年提出了以结构为基础的系统命名法。但因烦琐，目前仅见于学术研究文献中，尚未普遍采用。实际上普遍采用的化学名称是以单体或假想单体名称为基础，前面冠以"聚"字，就成为聚合物名称。大多数烯类单体的聚合物均按此命名。如聚氯乙烯、聚苯乙烯、聚乙烯、聚甲基丙烯酸甲酯分别是氯乙烯、苯乙烯、乙烯和甲基丙烯酸甲酯的聚合物。聚乙烯醇则是假想单体乙烯醇的聚合物。

重要的杂链聚合物，如环氧树脂、聚酯、聚酰胺和聚氨酯等，通常采用化学分类名称，它是以该类材料中所有品种所共有的特征化学单元为基础的。例如环氧树脂、聚酯、聚酰胺、聚氨基甲酸酯的特征化学单元分别为环氧基、酯基、酰胺基和氨基甲酸酯基。至于具体品种，应有更详细的名称。例如，己二胺和己二酸的反应产物称为聚己二酰己二胺等。

苯酚和甲醛、尿素和甲醛、甘油和邻苯二甲酸酐的反应产物分别称为酚醛树脂、脲醛树脂和醇酸树脂，即取其原料简称，后附"树脂"二字来命名。

许多合成橡胶是共聚物，常从共聚单体中各取一字，后附"橡胶"二字来命名，如丁（二烯）苯（乙烯）橡胶、乙（烯）丙（烯）橡胶等。

商品名称或专利商标名称是由材料制造商命名的，突出所指的是商品或品种。像这样的材料很少是纯聚合物的，常常是指某个基本聚合物和添加剂的配方。很多商品名称是按商号章程设计的。

习惯名称是沿用已久的习惯叫法。如聚酰胺类的习惯名称为尼龙，聚对苯二甲酸乙二醇酯的习惯名称为涤纶等，因其简单而普遍采用。

许多聚合物化学名称的标准缩写因其简便而日益广泛地采用。缩写应采用印刷体、大写，不加标点。表 2-1 列举了几种常见聚合物的缩写。

表 2-1　常见聚合物的缩写举例

聚合物	缩写	聚合物	缩写	聚合物	缩写	聚合物	缩写
丙烯腈-丁二烯-苯乙烯共聚物	ABS	氯化聚氯乙烯	CPVC	聚氯乙烯	PVC	聚丙烯	PP
		环氧树脂	EP	聚乙烯	PE	聚苯乙烯	PS
		聚酰胺	PA	聚甲基丙烯酸甲酯	PMMA		
乙酸纤维素	CA	聚丙烯腈	PAN				

2.1.3 分类

可根据来源、性能、结构、用途等不同角度对聚合物进行多种分类。这里仅简要介绍工业上常用的分类方法。

2.1.3.1 按大分子主链结构分类

根据主链结构，可将聚合物分成碳链、杂链和元素有机高分子三类。

碳链聚合物是指大分子主链完全由碳原子构成。绝大部分烯类和二烯类聚合物都属于这一类。常见的有聚氯乙烯、聚乙烯、聚丙烯、聚苯乙烯、聚丙烯腈、聚丁二烯等，见表 2-2。

杂链聚合物是指大分子主链中除碳原子外，还有氧、氮、硫等杂原子。常见的这类聚合物如聚醚、聚酯、聚酰胺、聚脲、聚硫橡胶、聚砜等。

表 2-2 一些重要的碳链聚合物

聚合物	符号	重复单元	单体
聚乙烯	PE	$-CH_2-CH_2-$	$CH_2=CH_2$
聚丙烯	PP	$-CH_2-CH-$ $\quad\quad\ CH_3$	$CH_2=CH$ $\quad\quad\ CH_3$
聚苯乙烯	PS	$-CH_2-CH-$ 苯环	$CH_2=CH$ 苯环
聚异丁烯	PIB	$\quad\quad\ CH_3$ $-CH_2-C-$ $\quad\quad\ CH_3$	$\quad\quad\ CH_3$ $CH_2=C$ $\quad\quad\ CH_3$
聚氯乙烯	PVC	$-CH_2-CH-$ $\quad\quad\ Cl$	$CH_2=CH$ $\quad\quad\ Cl$
聚偏氯乙烯	PVDC	$\quad\quad\ Cl$ $-CH_2-C-$ $\quad\quad\ Cl$	$\quad\quad\ Cl$ $CH_2=C$ $\quad\quad\ Cl$
聚四氟乙烯	PTFE	$-CF_2-CF_2-$	$CF_2=CF_2$
聚丙烯酸	PAA	$-CH_2-CH-$ $\quad\quad\ COOH$	$CH_2=CH$ $\quad\quad\ COOH$
聚丙烯酰胺	PAM	$-CH_2-CH-$ $\quad\quad\ CONH_2$	$CH_2=CH$ $\quad\quad\ CONH_2$
聚甲基丙烯酸甲酯	PMMA	$\quad\quad\ CH_3$ $-CH_2-C-$ $\quad\quad\ COOCH_3$	$\quad\quad\ CH_3$ $CH_2=C$ $\quad\quad\ COOCH_3$
聚丙烯腈	PAN	$-CH_2-CH-$ $\quad\quad\ CN$	$CH_2=CH$ $\quad\quad\ CN$
聚乙酸乙烯酯	PVAc	$-CH_2-CH-$ $\quad\quad\ OCOCH_3$	$CH_2=CH$ $\quad\quad\ OCOCH_3$

续表

聚合物	符号	重复单元	单体
聚丁二烯	PB	$-CH_2-CH=CH-CH_2-$	$CH_2=CH-CH=CH_2$
聚异戊二烯	PIP	$-CH_2-\underset{CH_3}{C}=CH-CH_2-$	$CH_2=\underset{CH_3}{C}-CH=CH_2$
聚氯丁二烯	PCP	$-CH_2-\underset{Cl}{C}=CH-CH_2-$	$CH_2=\underset{Cl}{C}-CH=CH_2$

　　元素有机聚合物是指大分子主链中没有碳原子，主要由硅、硼、铝、氧、氮、硫、磷等原子组成，但侧基却由有机基团如甲基、乙基、芳基等组成。典型的例子是有机硅橡胶。常见的杂链和元素有机聚合物详见于表 2-3。

　　如果主链和侧基均无碳原子，则称为无机高分子。

表 2-3　某些杂链和元素有机聚合物

聚合物	重复单元	单体
聚甲醛	$-O-CH_2-$	$CH_2=O$ 或 三聚甲醛环 $\begin{smallmatrix}CH_2-O\\O\quad\quad CH_2\\CH_2-O\end{smallmatrix}$
聚环氧乙烷	$-O-CH_2-CH_2-$	环氧乙烷 $CH_2\overset{\displaystyle O}{-}CH_2$
聚环氧丙烷	$-O-CH_2-\underset{CH_3}{CH}-$	环氧丙烷 $CH_2-CH-CH_3$（环氧）
聚二甲基亚苯基氧	$-O-$〈2,6-二甲基苯环〉$-$ （环上两个 CH_3）	$HO-$〈2,6-二甲基苯环〉 （两个 CH_3）
涤纶	$-OCH_2CH_2-O-\underset{O}{C}-$〈苯环〉$-\underset{O}{C}-$	$HOCH_2CH_2OH + HOOC-$〈苯环〉$-COOH$
环氧树脂	$-O-$〈苯环〉$-\underset{CH_3}{\overset{CH_3}{C}}-$〈苯环〉$-O-CH_2\underset{OH}{CH}CH_2-$	$HO-$〈苯环〉$-\underset{CH_3}{\overset{CH_3}{C}}-$〈苯环〉$-OH + CH_2-CH-CH_2Cl$（环氧）
聚砜	$-O-$〈苯环〉$-\underset{CH_3}{\overset{CH_3}{C}}-$〈苯环〉$-O-$〈苯环〉$-\underset{O}{\overset{O}{S}}-$〈苯环〉$-$	$HO-$〈苯环〉$-\underset{CH_3}{\overset{CH_3}{C}}-$〈苯环〉$-OH + Cl-$〈苯环〉$-\underset{O}{\overset{O}{S}}-$〈苯环〉$-Cl$
尼龙 6	$-NH+CH_2\frac{}{}_5CO-$	$NH+CH_2\frac{}{}_5CO$
尼龙 66	$-NH+CH_2\frac{}{}_6NH-CO+CH_2\frac{}{}_4CO-$	$NH_2+CH_2\frac{}{}_6NH_2 + HOOC+CH_2\frac{}{}_4COOH$
酚醛树脂	〈邻位含 OH、CH₂ 的苯环〉$-CH_2-$	〈苯酚 OH〉$+ HCHO$

聚合物	重复单元	单体
脲醛树脂	$-NH-\overset{\parallel}{\underset{O}{C}}-NH-CH_2-$	$NH_2-\overset{\parallel}{\underset{O}{C}}-NH_2 \quad +HCHO$
硅橡胶	$-O-\overset{CH_3}{\underset{CH_3}{Si}}-$	$Cl-\overset{CH_3}{\underset{CH_3}{Si}}-Cl$

2.1.3.2 按性能和用途分类

根据以聚合物为基础组分的高分子材料的性能和用途分类，可将聚合物分成塑料、橡胶、纤维、黏合剂、涂料、功能高分子等不同类别。这实际上是高分子材料的一种分类，并非聚合物的合理分类，因为同一种聚合物，根据不同的配方和加工条件，往往既可用作这种材料也可用作那种材料。例如，聚氯乙烯既可作塑料亦可作纤维。又如氯纶、尼龙、涤纶，是典型的纤维材料，但也可用作工程塑料。

2.1.4 高分子材料的组成和成型加工

高分子材料也称为聚合物材料，它是以聚合物为基体组分的材料。虽然有许多高分子材料仅由聚合物组成，但大多数高分子材料，除基本组分聚合物之外，为获得具有各种实用性能或改善其成型加工性能，一般还有各种添加剂。严格地讲，高分子化合物（即聚合物）与高分子材料的涵义是不同的。但通常人们并未将两者严格区分。

不同类型的高分子材料需要不同类型的添加成分，举例如下。

塑料：增塑剂、稳定剂、填料、增强剂、颜料、润滑剂、增韧剂等。

橡胶：硫化剂、促进剂、防老剂、补强剂、填料、软化剂等。

涂料：颜料、催干剂、增塑剂、润湿剂、悬浮剂、稳定剂等。

可见，高分子材料是组成相当复杂的一种体系，每种组分都有其特定的作用。所以要全面了解一种高分子材料，不但需要研究其基础组分聚合物，还需了解其他组分的性能和作用。

高分子材料是通过各种适当的成型加工工艺而制成制品的。不同类型的高分子材料有不同的成型加工工艺，例如，塑料的挤出、压延、注射、压制、吹塑；橡胶的硫化、开炼、密炼、挤出、注射等。在成型加工过程中，物料的形态、结构都会发生显著变化，从而改变材料的性能。当选择某种高分子材料时，不仅要考虑其潜在的优越性能，还必须考虑其成型加工工艺的可能性和难易。高分子材料的发展是与聚合技术的发展和成型加工技术的发展分不开的。

2.1.5 聚合反应

由低分子单体合成聚合物的反应称为聚合反应。可以从不同角度对聚合反应进行分类。

根据聚合物和单体元素组成和结构的变化可将聚合反应分成加聚反应和缩聚反应两大类。单体加成而聚合起来的反应称为加聚反应，例如由氯乙烯聚合成聚氯乙烯的反应：

$$n CH_2=\overset{}{\underset{Cl}{CH}} \longrightarrow \overset{}{\underset{Cl}{\left(CH_2-CH \right)_n}}$$

由加聚反应而生成的聚合物亦称为加聚物，其元素组成与单体相同，加聚物分子量是单体分子量与聚合度的乘积。

若在聚合反应过程中，除形成聚合物外，同时还有低分子副产物形成，则此种聚合反应称为缩聚反应，其产物亦称为缩聚物。由于有低分子副产物析出，所以缩聚物的元素组成与相应的单体不同，缩聚物分子量亦非单体分子量的整数倍。缩聚反应一般是官能团之间的反应，大部分缩聚物是杂链聚合物。例如己二胺与己二酸之间的缩聚反应可表示为：

$$nH_2N \texttt{+} CH_2 \texttt{+}_6 NH_2 + nHOOC \texttt{+} CH_2 \texttt{+}_4 COOH \longrightarrow$$
$$H \texttt{+} NH \texttt{+} CH_2 \texttt{+}_6 NH \texttt{---} CO \texttt{+} CH_2 \texttt{+}_4 CO \texttt{+}_n OH + (2n-1)H_2O$$

反应中析出小分子水，生成主链中含有 N 的聚酰胺。

按照反应机理分类，可将聚合反应分成连锁聚合反应和逐步聚合反应两大类。

烯类单体的加聚反应大部分属于连锁聚合反应，其特征是整个反应过程可划分成相继的几步基元反应，如链引发、链增长、链终止等。此类反应中，聚合物大分子的形成几乎是瞬时的，体系中始终由单体和聚合物大分子两部分组成，聚合物分子量几乎与反应时间无关，而转化率则随反应时间的延长而增加。根据连锁聚合反应中活性种的不同，此类反应可分为自由基聚合反应、阴离子聚合反应及阳离子聚合反应等。

绝大多数缩聚反应和合成聚氨酯的反应都属于逐步聚合反应。其特征是在低分子单体转变成高分子的过程中，反应是逐步进行的。反应早期，大部分单体很快生成二聚体、三聚体等低聚物，这些低聚物再继续反应，分子量不断增大。因此，随反应时间的延长，分子量增大，而转化率在反应前期就已经达到很高的值。

按反应机理分类，涉及到聚合反应的本质，所以在此后的讨论中，就根据反应机理对聚合反应进行分类和系统的阐述。

2.2　连锁聚合反应

连锁聚合反应亦称链式聚合反应。

烯类单体的加聚反应大部分属于连锁聚合反应，总反应式可表示为：

$$nM \longrightarrow \texttt{+} M \texttt{+}_n$$

若以 R^* 表示活性中心，M 表示单体，则连锁聚合反应可表示为：

链引发　　　　　　　　　　$R \cdot + M \longrightarrow RM \cdot$

链增长　　　　　　　　　　$RM \cdot + M \longrightarrow RM_2 \cdot \xrightarrow{M} RM_3 \cdot \cdots$

链终止　　　　　　　　　　$RM_x \cdot + RM_y \cdot \longrightarrow RM_{x+y}R$　偶合终止

　　　　　　或　　　　　　$RM_x \cdot + RM_y \cdot \longrightarrow RM_x + RM_y$ 歧化终止

根据链增长活性中心，可将连锁聚合反应分成自由基聚合、阳离子聚合、阴离子聚合和配位络合聚合等。

化合物的价键有两种断裂方式：一是均裂，即构成共价键的一对电子拆成两个带一个电子的基团，这种带独电子的基团称为自由基或游离基。另一种是异裂，构成价键的电子对归属于某一基团，形成负离子（阴离子），另一基团成为正离子（阳离子）。这就是说，均裂形成自由基而异裂形成正、负离子。

均裂　　　　　　　　　　　$R : R \longrightarrow 2R \cdot$

异裂　　　　　　　　　　　$R_1 : R_2 \longrightarrow R_1^+ + R_2^-$

自由基、阳离子和阴离子的活性如足够高，就可打开烯类单体的 π 键，引发相应的连锁聚合反应。

烯类单体对不同的连锁聚合机理具有一定的选择性，这主要是由取代基的电子效应和空间位阻效应所决定的。

烯类单体上的取代基是推电子基团时，使碳碳双键 π 电子云密度增加，易与阳离子结合，生成阳碳离子。阳碳离子形成后，由于推电子基团的存在，使碳上电子云稀少的情况有所改变，体系能量有所降低，阳碳离子的稳定性就增加。因此，带有推电子基团的单体有利于阳离子聚合。异丁烯是个典型的例子。

$$A^+ \ + \ CH_2 \overset{\delta^-}{=} \overset{CH_3}{\underset{CH_3}{C}}{}^{\delta^+} \ \longrightarrow \ A-CH_2-\overset{CH_3}{\underset{CH_3}{C}}{}^+$$

相反，取代基是吸电子基团时，使碳碳双键上 π 电子云密度降低，这就容易与阴离子结合，生成阴碳离子。阴碳离子形成后，由于吸电子基团的存在，密集于阴碳离子上的电子云相对地分散，形成共轭体系，使体系能量降低，这就使得阴碳离子有一定的稳定性，再与单体继续反应，使聚合继续进行下去。因此，带有吸电子基团的烯类单体易进行阴离子聚合。丙烯腈是个典型的例子。

$$B^- \ + \ CH_2 \overset{\delta^+}{=} \overset{H}{\underset{CN}{C}}{}^{\delta^-} \ \longrightarrow \ B-CH_2-\overset{H}{\underset{CN}{C}}{}^-$$

自由基聚合有些类似阴离子聚合。如有吸电子基团存在，碳碳双键上 π 电子云密度降低，易与含有独电子的自由基结合。形成自由基后，吸电子基团又能与独电子形成共轭体系，使体系能量降低。这样，链自由基有一定的稳定性，而使聚合反应继续进行下去。这是丙烯腈既能阴离子聚合、又能自由基聚合的原因。丙烯酸酯类也有类似的情况。但如果基团的吸电子倾向过强，如偏二腈乙烯，就只能进行阴离子聚合，而难以进行自由基聚合。

乙烯分子无取代基，结构对称，偶极矩为零。须在高温高压的苛刻条件下才能进行自由基聚合，或在特殊的配位络合催化剂作用下进行聚合。

带有共轭体系的烯类，如苯乙烯、丁二烯类，π 电子流动性大，易诱导极化，往往能按上述三种机理进行聚合。

按照 CH_2 ═ CHX 中取代基 X 电负性次序和聚合的关系，排列如下：

$$\begin{array}{ccccccccc} & & & & \overbrace{\hspace{6cm}}^{\text{阳离子聚合}} & & & \\ X & NO_2 & CN & COOCH_3 & CH_2═CH_2 & C_6H_5 & CH_3 & OR \\ & \underbrace{\hspace{5cm}}_{\text{自由基聚合}} & & & & & \\ \underbrace{\hspace{6cm}}_{\text{阴离子聚合}} & & & & & & \end{array}$$

烯类单体性质对不同聚合类型的选择性如表 2-4 所示。

除了取代基的电子效应对聚合反应有很大的影响外，取代基的数量、体积和位置所引起的空间位阻效应也有显著的影响。

对于单取代的烯类单体，即使取代基体积较大，也不妨碍聚合。例如乙烯基咔唑也能进行自由基聚合或阳离子聚合。

对于 1,1-双取代的烯类单体 CH_2 ═ CXY，如 CH_2 ═ $C(CH_3)_2$、CH_2 ═ CCl_2、CH_2 ═ $C(CH_3)COOCH_3$，一般都能按相应的机理聚合。并且结构上越不对称，极化程度增加越多，更易聚合。但两个取代基都是芳基时，如 1,1-二苯基乙烯，因苯基体积较大，只能形成二聚体，而使反应终止。

表 2-4　烯类单体和聚合反应类型

阳离子聚合 $CH_2=C\underset{X}{\big\backslash}$	自由基聚合 $CH_2=C\underset{X}{\big\backslash}$	阴离子聚合 $CH_2=C\underset{X}{\big\backslash}$
$CH_2=C(CH_3)_2$ $CH_2=C(CH_3)C_6H_5$ $CH_2=CHOR$ $CH_2=C(CH_3)OR$ $CH_2=C(OR)_2$ (茚) (苯并呋喃)	$CH_2=CHX \quad X=F,Cl$ $CH_2=CX_2$ $CF_2=CF_2$ $CF_2=CFCl$ $CH_2=CHOCOR$ $CH_2=CClCH=CH_2$ $CH_2=CHCOOR$ $CH_2=CHCONH_2$ $CH_2=CHCN$ $CH_2=C(COOR)_2$	$CH_2=CHNO_2$ $CH_2=C(CH_3)NO_2$ $CH_2=CCl\cdot NO_2$ $CH_2=C(CN)COOR$ $CH_2=C(CN)_2$ $CH_2=C(CN)SO_2R$ $CH_2=C(COOR)SO_2R$ $CH_2=C(CH_3)COOR$ $CH_2=C(CH_3)CONH_2$ $CH_2=C(CH_3)CN$
$CH_2=CH$ (咔唑 N 取代)	$CH_2=CH$ (N-乙烯基吡咯烷酮)	(二氢萘) (二氢萘)
$CH_2=CH_2$ $CH_2=CHCH=CH_2$	$CH_2=CHC_6H_5$ $CH_2=C(CH_3)CH=CH_2$	$CH_2=C(CH_3)C_6H_5$ $CH_2=CHCOCH_3$

与 1,1-双取代的烯类不同,1,2-双取代的烯类单体 XCH ===CHY,如 CH_3CH === $CHCH_3$、$ClCH$ === $CHCl$、CH_3CH === $CHCOOCH_3$,结构对称,极化程度低,加上位阻效应,一般不能均聚,或只能形成二聚物。同理,马来酸酐难以均聚,但能与苯乙烯一类单体共聚,其共聚物是悬浮聚合反应的良好分散剂。

三取代和四取代乙烯一般都不能聚合,但氟代乙烯却是例外。不论氟代的数量和位置如何,均易聚合。即一氟乙烯、1,1-二氟乙烯、1,2-二氟乙烯、三氟乙烯、四氟乙烯都能制得相应的聚合物。聚四氟乙烯和聚三氟氯乙烯就是典型例子,这与氟的原子半径较小(仅大于氢)有关。

2.2.1　自由基聚合反应

2.2.1.1　自由基和引发剂

自由基是带有未配对独电子的基团,性质不稳定,可进行多种反应。带有未配对独电子的基团 R 表示为 R·,这时独电子(·)应理解为处在碳原子上。自由基的活性差别很大,这与其结构有关。烷基和苯基自由基活泼,可以成为自由基聚合的活性中心。带有共轭体系的自由基,如三苯甲基自由基,因为独电子的电子云受到共轭体系的分散而均匀化,所以比较稳定,甚至可分离出来。稳定的自由基不但不能使单体继续聚合,反而能与活泼自由基结合使聚合反应终止,故有自由基捕捉剂之称。各种自由基的活性次序大致如下:

$$H\cdot > CH_3\cdot > C_6H_5\cdot > RCH_2\cdot > R_2CH\cdot > R_3C\cdot > R\overset{\cdot}{C}HCOR > R\overset{\cdot}{C}HCN$$

$$> R\overset{\cdot}{C}HCOOR > CH_2=CHCH_2\cdot > C_6H_5CH_2\cdot > (C_6H_5)_2CH\cdot > (C_6H_5)_3C\cdot$$

最后四个自由基是不活泼自由基,有阻聚作用。

在热、光或辐射能的作用下，烯类单体有可能形成自由基而进行聚合。例如苯乙烯、甲基丙烯酸甲酯等单体，在热的作用下也可引发自由基聚合。许多单体在光的激发下，能形成自由基而聚合，这称为光引发聚合。在高能辐射作用下亦可引发单体进行自由基聚合，称为辐射聚合。但应用比较普遍的是加入所谓引发剂的特殊化合物来产生自由基，引发烯类单体的自由基聚合反应。

引发剂是容易分解成自由基的化合物，分子结构上具有弱键，在热能或辐射能的作用下，沿弱键均裂成自由基。一般聚合温度下（40～100℃），要求离解能约 $1.25 \times 10^5 \sim 1.47 \times 10^5$ J·mol^{-1}。根据此要求，引发剂有偶氮化合物、过氧化物和氧化-还原体系三类。

（1）偶氮类引发剂 最常用的有：

偶氮二异丁腈（AIBN） $(CH_3)_2C—N=N—C(CH_3)_2 \longrightarrow 2(CH_3)_2C \cdot + N_2 \uparrow$
含 CN 基

偶氮二异庚腈（ABVN） $(CH_3)_2CHCH_2C—N=N—C CH_2CH(CH_3)_2 \longrightarrow 2(CH_3)_2CHCH_2C \cdot + N_2 \uparrow$
含 CH$_3$ 和 CN 基

（2）过氧化物类引发剂 常用的有：

过氧化二苯甲酰（BPO） $C_6H_5C—O—O—CC_6H_5 \longrightarrow 2C_6H_5C—O \cdot \longrightarrow 2C_6H_5 \cdot + 2CO_2 \uparrow$
含 O

过氧化十二酰（LPO）、过氧化二叔丁基也是常用的低活性引发剂。高活性的过氧化物引发剂有过氧化二碳酸二异丙酯 $[(CH_3)_2CHOCO]_2O_2$（IPP）、过氧化二碳酸二环己酯 $(C_6H_{11}OCO)_2O_2$（DCPD）、过氧化乙酰基环己烷磺酰（ACSP）是活性极大的不对称过氧化物类引发剂。

H 苯基 $—SO_2—O—O—C—CH_3 \longrightarrow$ H 苯基 $—SO_2—O \cdot + \cdot O—C—CH_3$
含 O

此外常用的还有水溶性的过硫酸盐，如过硫酸钾和过硫酸铵：

$KO—S—O—O—S—OK \longrightarrow 2KO—S—O \cdot$
含 O

它一般用于乳液聚合和水溶液聚合。

（3）氧化还原体系 由过氧化物引发剂和还原剂组成的引发体系称为氧化还原引发体系。常用的还原剂有亚铁盐、亚硫酸盐和硫代硫酸盐等。在过氧化物中加入还原剂，可使分解活化能大幅度下降。例如过氧化氢中加入亚铁盐所构成的氧化还原体系：

$$HO—OH + Fe^{2+} \longrightarrow HO \cdot + OH^- + Fe^{3+}$$

可使分解活化能由 217.7kJ·mol^{-1} 降至 39.4kJ·mol^{-1}。

引发剂的分解一般属于一级反应，其活性可用分解半衰期和分解活化能来表示。半衰期越短或分解活化能 E_d 越小，则引发剂的活性就越大。表 2-5 列出了几种典型引发剂的分解速率常数（k_d）、分解活化能（E_d）和半衰期（$t_{1/2}$）。

引发剂分解形成的初始自由基并不一定全部能引发单体聚合，常有一部分自由基消耗于其他副反应。初始自由基用于形成活性单体，即引发单体聚合的百分数称为引发效率，常用

f 表示。消耗初始自由基的副反应主要有两个：其一是诱导分解，即自由基向引发剂分子的转移；其二是所谓的笼蔽效应，即引发剂分解成初始自由基后，必须扩散出溶剂所形成的"笼子"才能引发单体聚合，这时会有部分初始自由基在扩散出"笼子"之前因相互复合而失去引发单体聚合的能力，这就称为笼蔽效应。

表 2-5 引发剂的分解速率常数和分解活化能

引发剂	溶剂	温度/℃	k_d/s^{-1}	$t_{1/2}/h$	E_d /kJ·mol^{-1}
偶氮二异丁腈	苯	50	$2.64×10^{-6}$	73	128.5
		60.5	$1.16×10^{-5}$	16.6	
		69.5	$3.78×10^{-5}$	5.1	
偶氮二异庚腈	甲苯	59.7	$8.05×10^{-5}$	2.4	121.4
		69.8	$1.98×10^{-4}$	0.97	
		80.2	$7.1×10^{-4}$	0.27	
过氧化二苯甲酰	苯	60	$2.0×10^{-6}$	96	124.4
		80	$2.5×10^{-5}$	7.7	
过氧化十二酰	苯	50	$2.19×10^{-6}$	88	127.3
		60	$9.17×10^{-6}$	21	
		70	$2.86×10^{-5}$	6.7	
过氧化叔戊酸叔丁酯	苯	50	$9.77×10^{-6}$	20	
		70	$1.24×10^{-4}$	1.6	
过氧化二碳酸二异丙酯	甲苯	50	$3.03×10^{-5}$	6.4	
过氧化二碳酸二环己酯	苯	50	$5.4×10^{-5}$	3.6	
		60	$1.93×10^{-4}$	1	
异丙苯过氧化氢	甲苯	125	$9×10^{-6}$	21.4	
		139	$3×10^{-5}$	6.4	
过硫酸钾	0.1mol/L KOH	50	$9.5×10^{-7}$	212	140.3
		60	$3.16×10^{-6}$	61	
		70	$2.33×10^{-5}$	8.3	

关于引发剂的选择，首先要根据聚合实施方法选择引发剂类型。本体聚合、悬浮聚合和溶液聚合可选用油溶性（即溶于单体）的引发剂，如偶氮类、有机过氧化物。乳液聚合可选用过硫酸盐一类的水溶性引发剂或氧化还原体系，当用氧化还原体系时，氧化剂可以是水溶性的或油溶性的，但还原剂一般应是水溶性的。其次，要根据聚合反应温度选择半衰期或分解活化能适当的引发剂，如表 2-6 所示。

表 2-6 引发剂的使用温度范围

引发剂分类	使用温度范围/℃	引发剂分解活化能 /kJ·mol^{-1}	引发剂举例
高温引发剂	＞100	138.2～188.4	异丙苯过氧化氢，叔丁基过氧化氢，过氧化二异丙苯，过氧化二叔丁基
中温引发剂	33～100	108.9～138.2	过氧化二苯甲酰，过氧化十二酰，过硫酸盐，偶氮二异丁腈
低温引发剂	−10～30	62.8～108.9	氧化还原体系：过氧化氢-亚铁盐，过硫酸盐-酸性亚硫酸钠，异丙苯过氧化氢-亚铁盐，过氧化二苯甲酰-二甲基苯胺
极低温引发剂	＜−10	＜62.8	过氧化物（过氧化氢、过氧化氢物）-烷基金属（三乙基铝、三乙基硼、二乙基铅），氧-烷基金属

2.2.1.2 自由基聚合机理

自由基聚合的全过程一般由链引发、链增长和链终止以及可能伴有的链转移反应等基元反应组成。

(1) 链引发 链引发反应是形成自由基活性中心的反应。用引发剂引发时,引发反应由两步组成。

① 引发剂 I 分解,形成初始自由基的吸热反应:

$$I \longrightarrow 2R \cdot$$

② 初始自由基与单体加成,形成单体自由基的放热反应:

$$R \cdot + CH_2=CH \longrightarrow R-CH_2-CH \cdot$$
$$\quad\quad\quad | \quad\quad\quad\quad\quad\quad |$$
$$\quad\quad\quad X \quad\quad\quad\quad\quad\quad X$$

这两步反应中,引发剂的分解是控制步骤。

(2) 链增长 引发阶段形成的单体自由基,具有很高的活性,可打开单体的 π 键并与之结合形成新的自由基,继续和其他单体分子结合成单元更多的链自由基,这个过程就称之为链增长反应,它是一种加成反应。

$$RCH_2CH \cdot + CH_2=CH \longrightarrow RCH_2CHCH_2CH \cdot \cdots \longrightarrow RCH_2CH \cdot (CH_2CH)_n CH_2CH \cdot$$

为方便起见,常将上述链自由基表示为 $\sim\sim\sim CH_2CH \cdot$ 。
$$\quad\quad\quad\quad\quad\quad\quad\quad\quad\quad | $$
$$\quad\quad\quad\quad\quad\quad\quad\quad\quad\quad X $$

在链增长反应中,自由基独电子所在的链节结构都是相同的,而自由基的活性主要决定于它所在链节的结构,而与链自由基所包含的链节数无关,所以每一增长步骤的反应速率常数都相等,可以 k_p 表示,这称为链自由基的等活性假定。

链增长反应是放热反应,反应活化能较低,约 $(2.1\sim3.4)\times10$ kJ·mol^{-1},所以增长速率很高。

在链增长反应中,结构单元间的结合可能存在"头-尾"和"头-头"(或"尾-尾")两种方式:

$$\sim\sim CH_2CH \cdot + CH_2=CH \longrightarrow \begin{cases} \sim CH_2CHCH_2CH \cdot \text{头-尾} \\ \sim CH_2CHCHCH_2 \cdot \text{头-头} \end{cases}$$

按头-尾方式连接时,取代基 X 与独电子在同一碳原子上,像苯基一类的取代基对独电子有共轭稳定作用,加上相邻亚甲基的超共轭效应,故形成的自由基较稳定些,增长反应活化能较低。而按头-头方式连接时,则无此种共轭效应,反应活化能就高一些。另外,—CH₂—端空间位阻较小,也有利于头-尾连接。因此,在烯类单体的自由基聚合中,单体主要按头-尾方式连接。

对于共轭双烯类的自由基聚合还有1,4-加成和1,2-加成两种可能的方式。

(3) 链终止 两个链自由基相遇时可产生链终止反应,终止反应有偶合和歧化两种方式。

两个链自由基的独电子相互结合成共价键,形成大分子的反应为偶合终止反应。

$$\sim\sim CH_2CH\cdot + \cdot CHCH_2\sim\sim \longrightarrow \sim\sim CH_2CH-CHCH_2\sim\sim$$
$$\qquad\qquad X\qquad\quad X\qquad\qquad\qquad X\qquad\quad X$$

某些链自由基夺取另一自由基的氢原子，会发生歧化反应，称为**歧化终止**。

$$\sim\sim CH_2CH\cdot + \cdot CHCH_2\sim\sim \longrightarrow \sim\sim CH_2CH_2 + CH=CH\sim\sim$$
$$\qquad\qquad X\qquad\quad X\qquad\qquad\qquad\quad X\qquad\quad X$$

以何种方式终止，与单体种类和聚合反应条件等因素有关。在苯乙烯聚合中，以偶合终止为主；而甲基丙烯酸甲酯的聚合，则以歧化终止为主。

链终止反应活化能很低，所以终止反应速率常数很高，比增长反应速率常数要大许多倍。

（4）**链转移**　在自由基聚合过程中，链自由基可能从单体、溶剂、引发剂或大分子上夺取一个原子（氢或卤素原子）而终止，却使这些失去原子的分子成为自由基，继续新的链增长，使聚合反应继续进行下去，因此称为链转移反应。向单体、溶剂 Y-Z 和引发剂 R-R 的链转移可分别表示为：

$$\sim\sim CH_2-CH\cdot + CH_2=CH \longrightarrow \begin{cases} \sim\sim CH_2-CH_2 + CH_2=C\cdot \\ \quad\qquad X\qquad\qquad\qquad X \\ \sim\sim CH=CH + CH_3-CH\cdot \\ \quad\qquad X\qquad\qquad\qquad X \end{cases}$$
$$\qquad\qquad X\qquad\qquad X$$

$$\sim\sim CH_2-CH\cdot + Y-Z \longrightarrow \sim\sim CH_2-CH-Y + Z\cdot$$
$$\qquad\qquad X\qquad\qquad\qquad\qquad\qquad X$$

$$\sim\sim CH_2-CH\cdot + R-R \longrightarrow \sim\sim CH_2-CH-R + R\cdot$$
$$\qquad\qquad X\qquad\qquad\qquad\qquad\qquad X$$

上述链转移反应使聚合产物的分子量降低，若新生成的自由基活性不变，则聚合速率并不受影响。有时为了避免产物分子量过高，特地加入某种链转移剂对分子量进行调节。例如在丁苯橡胶生产中，加入十二硫醇来调节分子量。这种链转移剂也称为分子量调节剂。

链自由基亦可能向已经终止了的大分子进行链转移反应，其结果形成支链大分子。

$$\sim\sim CH_2-CH\cdot + \sim\sim CH_2-\underset{X}{\overset{H}{\underset{|}{\overset{|}{C}}}}\sim\sim \longrightarrow \sim\sim CH_2-CH_2 + \sim\sim CH_2\overset{\cdot}{C}\sim\sim \xrightarrow{CH_2=CHX} \sim\sim CH_2\overset{X}{\underset{|}{C}}\sim\sim$$
$$\qquad\quad X\qquad\qquad\qquad\qquad\qquad\qquad X\qquad\qquad\qquad\qquad X\qquad\qquad\qquad CH_2CH\cdot$$
$$\qquad\qquad\qquad\qquad\qquad\qquad\qquad\qquad\qquad\qquad\qquad\qquad\qquad\qquad\qquad\qquad\qquad\qquad X$$

（5）**阻聚作用**　有些物质极易与自由基发生链转移反应，但转移后形成的自由基却十分稳定，不能再引发单体分子聚合，最后只能与其他自由基发生双基终止反应，这种现象称为阻聚作用。例如对苯二酚就是这种物质，称为阻聚剂。单体中如含有阻聚作用的杂质，使得聚合反应初期无聚合物形成，在阻聚杂质消耗完后，聚合反应才能正常进行，这就是所谓的诱导期。

还有一类物质，经链转移反应后形成的自由基虽仍能引发单体聚合，但比原来的自由基活性有明显下降，致使聚合速率明显减小，这称为缓聚作用。具有缓聚作用的物质如硝基苯，称为缓聚剂。

根据上述讨论，自由基聚合反应可以概括如下的特征：①自由基聚合反应可明显区分出引发、增长、终止、链转移等基元反应，其中引发反应速率最小，是控制总聚合速率的关键一步。②只有链增长反应才使聚合度增加。一个大分子的形成只需极短的时间，反应体系中基本上由单体和大分子组成。在聚合反应全过程中，聚合物的聚合度无大的变化，如图 2-1 所示。③聚合过程中，单体浓度逐步降低，聚合物转化率逐步增大，如图 2-2 所示。④少量（0.01%～0.1%）阻聚剂可足以使自由基聚合反应终止。

2.2.1.3 动力学

自由基聚合反应动力学主要是研究单体转化为聚合物的速率问题。假定生成的聚合物分子聚合度很大（一般情况都是这样），则在引发阶段所消耗的单体可以忽略，单体 M 的转化完全发生在链增长阶段。链增长反应为：

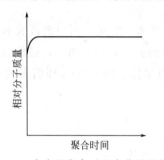

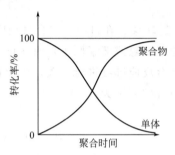

图 2-1　自由基聚合过程中分子量与　　　　　图 2-2　自由基聚合过程中转化率与
　　　　　时间的关系　　　　　　　　　　　　　　时间的关系

$$RM\cdot \xrightarrow[M]{k_{p_2}} RM_2\cdot \xrightarrow[M]{k_{p_3}} \cdots \cdots \xrightarrow[M]{k_{p_i}} RM_i\cdot$$

所以，链增长反应速率即单体 M 转变为聚合物的速率为：

$$R_p = -\left\{\frac{d[M]}{dt}\right\} = [M]\sum_i k_{pi}[M_i\cdot] \tag{2-1}$$

根据等活性理论，链自由基的反应活性与链长无关，即各步链增长速率常数都相等，即 $k_1 = k_2 = \cdots = k_i = k_p$，所以上式即可写成：

$$R_p = -\frac{d[M]}{dt} = k_p[M][M\cdot] \tag{2-2}$$

式中　[M]——单体浓度；

　　　[M·]——不同聚合度链自由基浓度的总和，即链自由基总浓度，$[M\cdot] = \sum_i [M_i\cdot]$；

　　　k_p——链增长速率常数。

自由基总浓度取决于链引发和链终止两个反应。在稳定状态下，引发速率 R_i 与链终止速率相等 $R_i = R_t$，体系中总自由基浓度不变，即聚合反应处于稳定状态，这就是所谓的稳态假定。据此假定，可求出自由基总浓度 [M·] 的表示式。

对产生自由基的引发反应的两步反应：

$$I \xrightarrow{k_d} 2R\cdot$$

$$R\cdot + M \xrightarrow{k_1} 2RM\cdot$$

引发剂 I 的分解速率 $-d[I]/dt = k_d[I]$，k_d 为引发剂分解速率常数。引发剂的分解是控制步骤，设引发效率为 f，则引发速率，即产生自由基的速率 R_i 为：

$$R_i = \frac{d[M\cdot]}{dt} = 2fk_d[I] \tag{2-3}$$

链终止反应即自由基消失反应为：

$$M_x\cdot + M_y\cdot \longrightarrow M_{x+y} \qquad 偶合终止，R_{tc} = 2k_{tc}[M\cdot]^2$$

$$M_x\cdot + M_y\cdot \longrightarrow M_x + M_y \qquad 歧化终止，R_{td} = 2k_{td}[M\cdot]^2$$

$$终止总速率 = -\frac{d[M\cdot]}{dt} = R_{tc} + R_{td} = 2k_t[M\cdot]^2 \tag{2-4}$$

式中，$k_t = k_{tc} + k_{td}$，为总的链终止常数。

根据稳态假定，于是得

$$[M\cdot] = \left(\frac{R_i}{2k_t}\right)^{\frac{1}{2}} \tag{2-5}$$

将式（2-5）代入式（2-2）即得聚合速率方程：

$$R_p = k_p[M]\left(\frac{R_i}{2k_t}\right)^{\frac{1}{2}} \tag{2-6}$$

再将 R_i 的表示式（2-3）代入，则得：

$$R_p = k_p\left(\frac{fk_d}{k_t}\right)^{\frac{1}{2}}[I]^{\frac{1}{2}}[M] \tag{2-7}$$

即聚合速率与引发剂浓度的平方根成正比，与单体浓度成正比。

稳态时，各有关速率常数一定，如引发剂浓度变化不大，而且引发效率与单体浓度无关，设 $[M]_0$ 表示单体的起始浓度，将式（2-7）积分可得：

$$\ln\frac{[M]_0}{[M]} = k_p\left(f\frac{k_d}{k_t}\right)^{\frac{1}{2}}[I]^{\frac{1}{2}}t \tag{2-8}$$

即 $\ln([M]_0/[M])$ 与反应时间 t 为线性关系，这是一级反应的特征。

图 2-3 表示了苯乙烯和甲基丙烯酸甲酯自由基聚合反应速率与引发剂浓度关系的实验曲线，其结果与式（2-7）非常一致，即 $\ln R_p$ 与 $\ln[I]$ 呈线性关系。

某些情况下，单体浓度对引发速率也有影响：

$$R_i = 2fk_d[I][M]$$

代入式（2-6）则有：

$$R_p = k_p\left(\frac{fk_d}{k_t}\right)^{\frac{1}{2}}[I]^{\frac{1}{2}}[M]^{\frac{3}{2}}$$

上述动力学方程是在等活性、稳态、大分子链很长三个假定基础上得来的，在聚合反应低转化率阶段一般都符合实验事实。在某些复杂情况下可能有所偏离，这时聚合速率可表示为：

$$R_p = K[I]^n[M]^m \tag{2-9}$$

式中，$n = 0.5 \sim 1.0$，$m = 1 \sim 1.5$。

几种常见单体的增长及终止速率常数和活化能列于表 2-7 中。

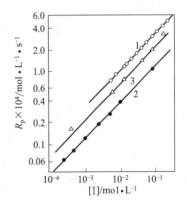

图 2-3　聚合速率 R_p 与
引发剂浓度 $[I]$ 的关系
1—MMA，AIBN，50℃；2—S，
BPO，50℃；3—MMA，BPO，50℃

表 2-7 增长和终止速率常数和活化能

单体	$k_p/dm^3 \cdot mol^{-1} \cdot s^{-1}$		$E_p/kJ \cdot mol^{-1}$	$A_p \times 10^{-7}$	$k_t \times 10^{-7}/dm^3 \cdot mol^{-1} \cdot s^{-1}$		$E_t/kJ \cdot mol^{-1}$	$A_t \times 10^{-7}$
	30℃	60℃			30℃	60℃		
苯乙烯	55	176	32.6	2.2	2.5	3.6	10.0	1.3
甲基丙烯酸甲酯	143	367	26.4	0.51	0.61	0.93	11.7	0.7
丙烯酸甲酯	720	2092	30	约10	0.22	0.47	约20.9	约15
丙烯腈	—	1960	16.3	—	—	78.2	3.7	—
乙酸乙烯酯	1240	3700	30.5	24	3.1	7.4	5.2	210
氯乙烯	6200①	12300②	15.5	0.33	110①	210②	4.2	1300
丁二烯		100	38.9	12				

① 25℃时。
② 50℃时。

对于自由基聚合反应，链引发的活化能最大，根据式（2-7）不难理解，反应温度升高时，聚合速率增大，而聚合物分子量下降。由于自由基产生的速度与引发剂浓度成正比，而聚合速率与 $[I]^{1/2}$ 成正比，所以，增加引发剂用量可使聚合物分子量减小。

每个活性中心（自由基、离子等）从引发到终止所与之反应的单体数定义为动力学链长 υ，无链转移时，动力学链长可由增长速率和引发速率之比求得。稳态时：

$$\upsilon = \frac{R_p}{R_i} = \frac{R_p}{R_t} = \frac{k_p[M]}{2k_t[M \cdot]} \tag{2-10}$$

于是可求得：

$$\upsilon = \frac{k_p[M]}{(2k_t)^{1/2}} \times \frac{1}{R_i^{1/2}} = \frac{k_p}{2(fk_dk_t)^{1/2}} \times \frac{[M]}{[I]^{1/2}} \tag{2-11}$$

因为聚合度与动力学链长是一致的，由式（2-11）可知，当引发剂用量增大时，聚合度下降。

动力学链长 υ 与聚合度的关系与链终止机理有关。对于歧化反应，二者相等；对于偶合终止，聚合度为动力学链长的 2 倍。链转移反应对动力学链长无影响，但有链转移反应时，每个动力学链可生成若干个大分子，每发生一次链转移即多生成一个大分子（对大分子的链转移除外）。所以，链转移反应会使聚合物的分子量大幅度下降。

上述有关动力学的讨论是以稳态假定为前提的。事实上，自由基聚合反应常常存在三个阶段，即刚开始时常常存在的诱导期、低转化率阶段和高转化率阶段，上述的动力学讨论只涉及低转化率时的稳定阶段。

转化率提高后，引发剂浓度和单体浓度都下降，按式（2-7），聚合速率应下降，但事实相反，当转化率较高时，聚合速率反而大幅度增大，这称之为自动加速效应。以甲基丙烯酸甲酯的聚合为例来说明这个问题。

甲基丙烯酸甲酯是其聚合物的溶剂，在本体聚合过程中，体系始终呈均相溶液，中间阶段有明显的自动加速现象，转化率-时间曲线如图 2-4 所示。50℃时聚合过程大致分成下列几个阶段。

① 转化率在 10% 以下，从流动液体变成黏滞糖浆状，这一阶段聚合接近稳态，聚合速率遵循式（2-7）。

② 转化率 10%～50%，体系从黏滞液体转变成软的固体，转化率 15% 时开始自动加

速，在几十分钟内，转化率可上升到 80%。

③ 转化率 50%～60% 以后，体系黏度继续增加，聚合逐渐转慢，但比初期仍要快得多。直到 80% 以后，速率才降得很低。最后几乎停止聚合反应。

自动加速现象是由体系黏度引起的，因此又称为凝胶效应，其原因如下：扩散因素对聚合过程影响很大，几乎聚合一开始，扩散就有影响，随着转化率的提高，扩散影响愈来愈大。体系黏度增加，长链自由基卷曲，活性末端可能被包裹，双基终止受到阻碍。但转化率在 50% 以下时，体系黏度还不足以严重妨碍单体扩散，增长速率降低不多。转化率 50% 以下时，k_p 变动不大，但 k_t 却降低了上百倍，$k_p/k_t^{1/2}$ 增加了近 7～8 倍，如表 2-8 所示，活性链寿命延长 10 多倍，因此，聚合反应显著自动加速，分子量也同时迅速增加，如图 2-5 所示。

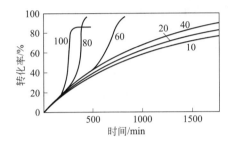

图 2-4　甲基丙烯酸甲酯聚合转化率-时间曲线
引发剂：过氧化二苯甲酰；溶剂：苯；温度：50℃；
曲线上数字系甲基丙烯酸甲酯百分含量

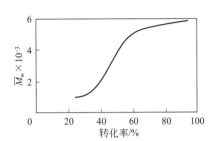

图 2-5　聚甲基丙烯酸甲酯分子量
与转化率的关系

表 2-8　甲基丙烯酸甲酯聚合动力学参数与转化率的关系（22.5℃）

转化率/%	速率/%·h⁻¹	活性链寿命/s	k_p	k_t	$k_p/k_t^{1/2}$/×10⁻²	转化率/%	速率/%·h⁻¹	活性链寿命/s	k_p	k_t	$k_p/k_t^{1/2}$/×10⁻²
0	3.5	0.89	384	$4.42×10^7$	5.78	50	24.5	9.4	258	$4.03×10^5$	40.6
10	2.7	1.14	234	$2.73×10^7$	4.58	60	20.0	26.4	74	$4.98×10^4$	33.2
20	6.0	2.21	267	$7.26×10^6$	8.81	70	13.1	79.3	16	$5.64×10^3$	21.3
30	15.4	5.0	303	$1.42×10^6$	25.5	80	2.8	216	1	$7.6×10^2$	3.59
40	23.4	6.3	368	$8.93×10^5$	38.8						

转化率继续升高后，黏度大到妨碍单体活动的程度，增长反应也受扩散控制，k_p 开始变小，k_t 继续减小，如使 $k_p/k_t^{1/2}$ 减小，则聚合速率降低。转化率很高（如 80%）时，k_p 降低的倍数大于 $k_t^{1/2}$ 降低的倍数，聚合速率变得很小，最后会小到实际上不能再继续聚合的程度。

从表 2-8 中数据可以明显看出，转化率从 0%～80%，k_p 缩小近 400 倍，k_t 减小约 10⁵ 倍，自由基寿命从 1s 左右增至 216s，可见体系黏度增加的影响是非常可观的。

自动加速现象是体系黏度增加、活性端基被包裹、双基终止困难造成的。因此，改变影响黏度诸因素，如溶剂量、温度、分子量等，都可能引起聚合速率的变化。

聚合物-单体的溶解特性对体系黏度和活性端基的包裹程度影响很大，因此对自动加速现象也产生很大的影响。

甲基丙烯酸甲酯并不是聚合物的最良溶剂，长链自由基有一定程度的卷曲。上面提到，转化率到达 10%～15% 以后，开始出现自动加速现象。

苯乙烯是聚苯乙烯的极良溶剂，活性链处在比较伸展的状态，包裹程度较浅，链段重排扩散容易，活性端基容易靠近而双基终止，转化率要高到 30% 以上，才开始出现自动加速现象。聚乙酸乙烯酯-乙酸乙酯体系也有类似的情况。

相反，丙烯酸甲酯聚合时，一开始就出现自动加速现象。主要原因是丙烯酸甲酯是其聚合物的劣溶剂，接近沉淀聚合，长链自由基的卷曲和包裹程度都较大，起始分子量较大，也加深了包裹作用，使得双基终止困难。

如果聚合物不溶于单体，聚合时，聚合物或长链自由基以固态沉淀出来，构成非均相体系，称为沉淀聚合。氯乙烯、丙烯腈等就是这种情况。单体中加有聚合物的沉淀剂，如苯乙烯中加甲醇，MMA中加环己烷也能成为沉淀聚合。在沉淀聚合中，沉淀出来的链自由基处于卷曲状态，带有独电子的端基被包裹，所以聚合一开始就会出现自动加速效应。

2.2.1.4 热力学

根据热力学第二定律，只有自由能变化 ΔG 小于零的过程才能自动进行。ΔG 与焓变量 ΔH、熵变量 ΔS 的关系为：$\Delta G = \Delta H - T\Delta S$。

单体转变成聚合物时，无序性减小，ΔS 总是负值，其值约为 $-105 \sim 125 \, \text{J} \cdot \text{mol}^{-1} \cdot \text{K}^{-1}$。一般聚合温度（室温至 $100℃$），$-T\Delta S$ 约为 $(3.14 \sim 4.19) \times 10 \text{kJ} \cdot \text{mol}^{-1}$。聚合热效应大于该值，聚合才能进行。一般烯类单体的聚合热在 $8.4 \times 10 \text{kJ} \cdot \text{mol}^{-1}$ 左右，远超过熵项。所以从热力学上看，烯类单体的聚合大多数能自动进行。当然，实际上能否进行，还要解决催化剂等动力学的问题。

聚合热可由实验测得，也可由键能做理论推算。根据键能变化的理论值，烯类单体的聚合热约为 $84 \text{kJ} \cdot \text{mol}^{-1}$。常见单体聚合时的聚合热及熵变化的值列于表 2-9。

表 2-9　25℃聚合热合熵（从液体转变成无定形聚合物）

单体	$-\Delta H^{\ominus}$ /kJ·mol^{-1}	$-\Delta S^{\ominus}$ /J·mol^{-1}·K^{-1}	单体	$-\Delta H^{\ominus}$ /kJ·mol^{-1}	$-\Delta S^{\ominus}$ /J·mol^{-1}·K^{-1}
乙烯	95.0	100.4	丙烯酸	66.9	
丙烯	85.8	116.3	丙烯酰胺	82.0	
1-丁烯	79.5	112.1	丙烯酸甲酯	78.7	
异丁烯	51.5	119.7	甲基丙烯酸甲酯	56.5	117.2
异戊二烯	72.8	85.8	丙烯腈	72.4	
苯乙烯	69.9	104.6	乙烯基醚	60.2	
α-甲基苯乙烯	35.1	103.8	乙酸乙烯酯	87.9	109.6
四氟乙烯	155.6	112.1	甲醛	54.4①	
氯乙烯	95.6		乙醛	0	
偏二氯乙烯	75.3				

① 从气态到无定形聚合物。

单体聚合时的热效应常与理论值有偏差，这主要是取代基的位阻效应、共轭效应、超共轭效应、氢键和溶剂化作用等因素造成的。

① 取代基的位阻效应将使聚合热减小。单取代烯烃的位阻效应影响不大，因此聚合热计算值与实测值基本一致。1,1-双取代烯烃，处于单体状态时，取代基能自由排布；形成聚合物后，两个取代基挤在一起，于是会产生键长的伸缩、键角的变化、未键合原子之间的相互作用等，致使聚合物大分子的内能有所提高，使聚合热下降。

② 共轭效应也使聚合热降低。例如苯环有较大的共轭效应，因此，苯乙烯的聚合热比计算值明显偏低。丁二烯、异戊二烯、丙烯腈等都是这样的。丙烯分子上的甲基有超共轭效应，故其聚合热比乙烯的低。α-甲基苯乙烯同时具有苯基的共轭效应和甲基的超共轭效应以及两个取代基的位阻效应，使得聚合热大幅度下降。

③ 电负性强的取代基可使聚合物中碳-碳键能增大，因而使聚合热升高，例如氯乙烯、四氟乙烯的情况（见表 2-9）。

④ 氢键和溶剂化因可使单体状态的能量下降，所以具有使聚合热下降的趋向，例如丙烯酸、甲基丙烯酸和丙烯酰胺的情况。不过此种因素的影响比前述三种因素的小得多。

理论上讲，形成大分子的聚合反应在热力学上都可能是可逆反应，即单体的聚合反应可表示为：

$$n\text{M} \xrightleftharpoons[\text{解聚}]{\text{聚合}} \text{+}\text{M}\text{+}_{\overline{n}}$$

但一般聚合热很大，一般温度下，解聚反应可以忽略。随着温度的升高，$T\Delta S$ 项的作用越来越大，当 $\Delta G = \Delta H - T\Delta S = 0$ 时，单体和聚合物将处于可逆平衡状态。处于聚合和解聚平衡状态时的温度称为聚合极限温度，常以 T_c 表示之，$T_c = \Delta H/\Delta S$。

有些单体聚合热很低，例如 α-甲基苯乙烯的 $-\Delta H = 35.2 \text{kJ} \cdot \text{mol}^{-1}$，和 $T\Delta S$ 值相当，常温下聚合和解聚将处于可逆平衡态，所以很难聚合。乙醛 25℃时的聚合热为零，更难聚合。除非降低温度、增加压力，聚合才有可能。

某些单体的聚合极限温度及其聚合条件列于表 2-10。

表 2-10　纯液态或气态单体的聚合极限温度

单　　体	标准态①	$T_c/℃$	平衡时压力/kPa
乙烯	gg	407②	101.325
丙烯	gg	300②	101.325
苯乙烯	gc	275②	101.325
α-甲基苯乙烯	ls	61	101.325
甲基丙烯酸甲酯	gc	164	101.325
甲醛	gc	126	101.325
乙醛	ls	−31	0.133③

① g—气态；l—液态；s—单体溶液；c—无定形固态。
② 计算值。
③ 按总单体单元计平衡时单体摩尔分数。

2.2.2　自由基共聚合反应

两种单体混合物引发聚合后，并非各自聚合生成两种聚合物，而是生成含有两种单体单元的聚合物，这种聚合物称为共聚物，该聚合过程称为共聚合反应，简称共聚反应。两种单体参加的共聚反应称为二元共聚；两种以上单体共聚则称为多元共聚。相应地，如上节所述，只有一种单体参加的聚合反应就称为均聚反应，所得聚合物称为均聚物。

由于单体单元排列方式的不同，可构成不同类型的共聚物。大致有以下几种类型。

① 无规共聚物　即 M_1 和 M_2 两种单体单元在共聚物大分子链中是无规排列的。

② 交替共聚物　即 M_1 和 M_2 在共聚物大分子键中是交替排列的：

$$\sim\sim\sim M_1 M_2 M_1 M_2 M_1 M_2 M_1 \sim\sim\sim$$

例如苯乙烯与顺丁烯二酸酐的共聚物就是典型的例子。

③ 嵌段共聚物　即共聚物大分子是分别由 M_1 及 M_2 的长链段构成：

$$\sim\sim\sim M_1 M_1 M_1 M_1 \sim\sim\sim M_2 M_2 M_2 M_2 \sim\sim\sim M_1 M_1 M_1 M_1 \sim\sim\sim$$

④ 接枝共聚物　这是以一种单体单元（如 M_1）构成主链，另一种单体单元（如 M_2）

构成支链形成的共聚物大分子：

$$\sim\!\!\sim\!\!M_1 M_1 M_1 M_1 M_1 \sim\!\!\sim\!\!M_1 M_1 M_1 M_1 M_1 \sim\!\!\sim$$
$$||$$
$$M_2 M_2 M_2 \sim\!\!\simM_2 M_2 M_2 \sim\!\!\sim$$

以上四种共聚物，除①、②两种是两种单体共聚反应制得外，后两种需用特殊的方法制取。

共聚物的命名表示方法是将两种单体或多种单体名各用短划线分开并在前面冠以"聚"字，或在后面加"共聚物"字样。例如聚乙烯-丙烯、聚丙烯腈-苯乙烯-丁二烯，或乙烯-丙烯共聚物、丙烯腈-苯乙烯-丁二烯共聚物。至于单体单元的排列方式，可分别用无规、交替、接枝和嵌段等字样加以表示。

以下仅讨论自由基共聚合且只限于无规共聚和交替共聚的情况，其他情况在以后相应的章节讨论。

2.2.2.1 共聚物组成

当两种单体共聚时，由于它们的化学结构不同，两者反应活性也就有差异。因此往往可观察到下列几个现象。

① 两种单体很容易各自均聚，而不易共聚，如苯乙烯和乙酸乙烯酯之间就不易发生共聚反应。

② 有时一个单体不能自行聚合，却能与另一种单体共聚。如顺丁烯二酸酐不能自聚，却可与苯乙烯共聚。有时两个单体都不能自聚，却能相互共聚，如 1,2-二苯基乙烯与顺丁烯二酸酐能发生共聚。

③ 两种能相互共聚的单体，由于活性不同，它们接入共聚物的速率也就不一样，从而使共聚物的组成与原料单体的组成不相同。如氯乙烯-乙酸乙烯酯共聚时，若起始原料单体中氯乙烯含量为 85%（质量分数），而最初得到的共聚物中氯乙烯含量达 91% 左右，说明氯乙烯活性较大，易共聚。

④ 共聚时先后生成的共聚物，它们的组成并不相同，甚至会有均聚物生成，使得到的产物很不均一。

⑤ 共聚反应的速率和共聚物的分子量通常都比相应均聚反应的要低。

在这许多问题中，最重要的是共聚物的组成问题。

自由基连锁共聚反应的机理与均聚反应基本上相同，也可分为链引发、链增长及链终止三个阶段。研究共聚物组成问题时，为了书写方便，常常以 M_1、M_2 各代表两种单体；以 $\sim\!\!\sim\!\!M_1\cdot$ 及 $\sim\!\!\sim\!\!M_2\cdot$ 各代表两种链自由基，其末端的单体单元各由单体 M_1 及 M_2 所组成。共聚反应的机理如下。

链引发：

$$R\cdot\ \begin{cases} \xrightarrow{M_1} RM_1\cdot\ (\text{或 } M_1\cdot) & R_{iM_1} \\[2mm] \xrightarrow{M_2} RM_2\cdot\ (\text{或 } M_2\cdot) & R_{iM_2} \end{cases}$$

链增长

$$\sim\!\!\sim\!\!M_1\cdot\ \begin{cases} \xrightarrow{M_1} \sim\!\!\sim\!\!M_1\cdot\quad k_{11}\quad R_{11} \\[2mm] \xrightarrow{M_2} \sim\!\!\sim\!\!M_2\cdot\quad k_{12}\quad R_{12} \end{cases}$$

$$\sim\sim M_2 \cdot \begin{cases} \xrightarrow{\quad M_1 \quad} \sim\sim M_1 \cdot & k_{21} & R_{21} \\ \\ \xrightarrow{\quad M_2 \quad} \sim\sim M_2 \cdot & k_{22} & R_{22} \end{cases}$$

链增长

$$\sim\sim\sim M_1 \cdot + \sim\sim M_1 \cdot \longrightarrow \text{大分子} \qquad k_{t11}$$

$$\sim\sim\sim M_1 \cdot + \sim\sim M_2 \cdot \longrightarrow \text{大分子} \qquad k_{t12}$$

$$\sim\sim\sim M_2 \cdot + \sim\sim M_2 \cdot \longrightarrow \text{大分子} \qquad k_{t22}$$

式中　　　R_{iM_1}、R_{iM_2}——相应于通过单体 M_1 及 M_2 的链引发反应速率；

k_{11}、k_{12}、k_{21}、k_{22}——相应于各链增长反应的速率常数，下标中左面的一个数字表示是哪一种单体链自由基，右面的数字表示是哪一种单体；

R_{11}、R_{12}、R_{21}、R_{22}——相应于各链增长反应速率；

k_{t11}、k_{t12}、k_{t22}——相应于各链终止的反应速率常数，下标"t"表示链终止反应。

在上列反应机理中实质上已引入了一个假定，即"链自由基的活性只取决于末端单体单元的结构"。由此才提出了两种链自由基及四种链增长反应。

根据上一节所述的三个基本假定，即长链假定、链自由基活性只取决于独电子所在链节结构和稳态假定，可推导出共聚物瞬时组成方程即共聚物组成微分方程为：

$$\frac{d[M_1]}{d[M_2]} = \frac{[M_1]}{[M_2]} \times \frac{r_1[M_1] + [M_2]}{r_2[M_2] + [M_1]} \tag{2-12}$$

式中　　　$\dfrac{d[M_1]}{d[M_2]}$——某一瞬间形成的共聚物中两种单体单元数之比；

$[M_1]$、$[M_2]$——分别为该瞬间相应的两种单体的浓度；

$r_1 = \dfrac{k_{11}}{k_{12}}$、$r_2 = \dfrac{k_{22}}{k_{21}}$——分别为两种链增长速率常数之比，表征两种单体的相对活性，分别称为单体 M_1 及 M_2 的竞聚率。

以 f_1 和 F_1 分别表示某一瞬间单体混合物和共聚物中 M_1 的摩尔分数，则

$$F_1 = \frac{r_1 f_1^2 + f_1 f_2}{r_1 f_1^2 + 2 f_1 f_2 + r_2 f_2^2} \tag{2-13}$$

若以质量分数表示组成则有

$$\frac{dw_1}{dw_2} = \frac{r_1 K w_1 + w_2}{r_2 w_2 + K w_1} \times \frac{w_1}{w_2} \tag{2-14}$$

式中　　w_1、w_2——某瞬间单体混合物中 M_1 及 M_2 所占的质量分数；

$K = \dfrac{M_2}{M_1}$——M_1 及 M_2 两种单体分子量之比。

在这里讨论的连锁共聚反应中，反应的活性中心是自由基。如果不是自由基而是阳离子，或者是阴离子，那么只要反应确实是按上述机理（只需将自由基改为离子）进行的话，式(2-12)同样适用，不过同一对单体的 r_1、r_2 值，将随不同的活性中心而具有不同的数值。

由式（2-12）可清楚地看出，共聚物的组成在通常情况下不会与原料单体的组成相同，因为 $\dfrac{d[M_1]}{d[M_2]} \neq \dfrac{[M_1]}{[M_2]}$。只有在特定的条件下，如 $r_1 = r_2 = 1$，或 $\dfrac{r_1[M_1] + [M_2]}{r_2[M_2] + [M_1]}$ 恰巧等于"1"时，才可使 $\dfrac{d[M_1]}{d[M_2]} = \dfrac{[M_1]}{[M_2]}$。由此可见竞聚率 r_1、r_2 是影响共聚物组成的重要参数。

表 2-11 列出了共聚反应中一些常用单体的竞聚率。

表 2-11　一些单体在自由基共聚中的竞聚率

单体 1	单体 2	r_1	r_2	$r_1 r_2$	$T/℃$
苯乙烯	乙基乙烯基醚	80 ± 40	0	0	80
苯乙烯	异戊二烯	1.38 ± 0.54	2.05 ± 0.45	2.83	50
苯乙烯	乙酸乙烯酯	55 ± 10	0.01 ± 0.01	0.55	60
苯乙烯	氯乙烯	17 ± 3	0.02	0.34	60
苯乙烯	偏二氯乙烯	1.85 ± 0.05	0.085 ± 0.01	0.157	60
丁二烯	丙烯腈	0.3	0.02	0.006	40
丁二烯	苯乙烯	1.35 ± 0.12	0.58 ± 0.15	0.78	50
丁二烯	氯乙烯	8.8	0.035	0.31	50
丙烯腈	丙烯酸	0.35	1.15	0.40	50
丙烯腈	苯乙烯	0.04 ± 0.04	0.40 ± 0.05	0.016	60
丙烯腈	异丁烯	0.02 ± 0.02	1.8 ± 0.2	0.036	50
甲基丙烯酸甲酯	苯乙烯	0.46 ± 0.026	0.52 ± 0.026	0.24	60
甲基丙烯酸甲酯	丙烯腈	1.224 ± 0.10	0.150 ± 0.08	0.184	80
甲基丙烯酸甲酯	氯乙烯	10	0.10	1.0	68
氯乙烯	偏二氯乙烯	0.3	3.2	0.96	60
氯乙烯	乙酸乙烯酯	1.68 ± 0.08	0.23 ± 0.02	0.39	60
四氟乙烯	三氟氯乙烯	1.0	1.0	1.0	60
顺丁烯二酸酐	苯乙烯	0.015	0.040	0.006	50

一般情况下，共聚时活泼单体将先行反应，使起始生成的共聚物中含有较多的活泼单体。随着反应的进行，活泼单体消耗较快，使不活泼单体的相对残留量越来越多，故在反应后期生成的共聚物中就含有较多的不活泼单体。由此可知，单体混合物的组成与所得共聚物的组成都是随反应的进行而不断改变的。式（2-12）只表达了某瞬间单体组成与共聚物组成间的关系。如以起始的原料单体组成来计算共聚物组成的话，式（2-12）只适用于低转化率下所形成的共聚物。反应的转化率较高时，原料单体的组成要发生变化，这时就不能用起始的原料单体组成来计算。通常必须使共聚转化率不超过 5%～10%，否则便不能计算。高转化率时，必须采用共聚物组成积分方程，它是由式（2-12）积分后得到的，如式（2-15）所示。

$$\lg \frac{[M_1]}{[M_1]_0} = \frac{r_1}{1-r_1} \lg \frac{[M_1]_0 [M_2]}{[M_2]_0 [M_1]}$$

$$-\frac{1-r_1 r_2}{(1-r_1)(1-r_2)} \lg \frac{(r_2-1)\dfrac{[M_2]}{[M_1]} - r_1 + 1}{(r_2-1)\dfrac{[M_2]_0}{[M_1]_0} - r_1 + 1} \tag{2-15}$$

式中，$[M_1]_0$、$[M_2]_0$、$[M_1]$ 及 $[M_2]$ 各为单体 M_1、M_2 的起始浓度及反应终了时的浓度。若已知 r_1、r_2、$[M_1]_0$ 及 $[M_2]_0$，并测得某一转化率下的 $[M_2]$ 值，则可由式（2-14）计算 $[M_1]$ 值。在此高转化率下，所生成的共聚物，显然是不均一的。而在许多组成不同的共聚物大分子混合物中，两种单体单元的平均比值应为 $\dfrac{[M_1]_0 - [M_1]}{[M_2]_0 - [M_2]}$，相应的平均组成为：

$$\overline{F}_1 = \frac{[M_1]_0 - [M_1]}{([M_1]_0 + [M_2]_0) - ([M_1] + [M_2])}$$

2.2.2.2　共聚物组成曲线

为了简便而又清晰地反映出原料单体的组成与共聚物组成间的关系，常常将式（2-13）画成 f_1-F_1 曲线图，这种曲线称为共聚物组成曲线。这一曲线与二元系统汽液平衡时汽液两相的组成曲线十分相似。式（2-13）中有两个参数 r_1 及 r_2，所以 f_1-F_1 曲线将随 r_1、r_2 的变化而呈现出不同的形状。按此共聚物组成曲线可分为四类，见图 2-6。现分类讨论之。

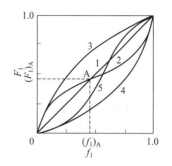

图 2-6　共聚物组成曲线

1—$r_1 = r_2 = 1$；2—$r_1 < 1$，$r_2 < 1$；
3—$r_1 > 1$，$r_2 \leqslant 1$；4—$r_1 \leqslant 1$，$r_2 > 1$；
5—$r_1 > 1$，$r_2 > 1$

（1）$r_1 = r_2 = 1$　这种情况在共聚物组成曲线图中呈现为曲线 1。用 $r_1 = r_2 = 1$ 代入式（2-13）中可得 $F_1 = f_1$，这一直线即为图 2-6 中的对角线。此直线上任意一点的纵坐标和横坐标相等，所以共聚物组成和原料单体的组成亦总是相同。这种共聚物称为恒比共聚物，而这条对角线 1 称为恒比共聚线。

如苯乙烯-对甲基苯乙烯（$r_1 = 1.0 \pm 0.12$，$r_2 = 1.0 \pm 0.12$）、偏二氯乙烯-甲基丙烯酸甲酯（$r_1 = 1.0$，$r_2 = 1.0$）等共聚反应即属此种类型。

（2）$r_1 < 1$，$r_2 < 1$　在图中相应于曲线 2。例如苯乙烯-丙烯腈的共聚反应（$r_1 = 0.41$，$r_2 = 0.04$）。此时 $F_1 \neq f_1$，共聚物组成与原料单体的组成不同。但此 f_1-F_1 曲线与对角线有一交点"A"（见图 2-6）。在 A 点 $(f_1)_A = (F_1)_A$，这一点称为恒比共聚点，它类似于二元汽液平衡组成图上的共沸点。

以 $(f_1)_A = (F_1)_A$ 这一关系代入式（2-13）可解出：

$$(f_1)_A = \frac{1 - r_2}{2 - r_1 - r_2} \tag{2-16}$$

如以苯乙烯-丙烯腈的共聚反应为例，$r_1 = 0.41$，$r_2 = 0.04$，代入式（2-16）可求得 $(f_1)_A = 0.61$。

当 $r_1 < 1$，$r_2 < 1$ 时，$k_{11} < k_{12}$，$k_{22} < k_{21}$，表示这两种单体与"自身"自由基反应时的活性较小，而倾向于共聚。若 r_1 和 r_2 比"1"小得越多，共聚的倾向就越大。当 $r_1 \to 0$，$r_2 \to 0$ 时，两种单体只能共聚而极难自聚。如苯乙烯-顺丁烯二酸酐在 60℃ 共聚时，$r_1 = 0.01$，$r_2 = 0.0$，将此代入式（2-13）可得到：

$$F_1 = \frac{0.01 \times f_1^2 + f_1 \times f_2}{0.01 \times f_1^2 + 2 f_1 f_2 + 0 \times f_2^2} \approx \frac{f_1 f_2}{2 f_1 f_2} = \frac{1}{2}$$

这时不论原料组成如何，共聚物的组成几乎是恒定的，且接近于 0.5。

若 $r_1 = r_2 = 0$，就表示两种单体只能共聚不能自聚，所以必然生成交替共聚物。

（3）$r_1 > 1$，$r_2 \leqslant 1$　这种情况在图 2-6 中相应于曲线 3，如丁二烯-苯乙烯等共聚反应的情况。$r_1 > 1$，表示 $k_{11} > k_{12}$；$r_2 \leqslant 1$ 表示 $k_{22} \leqslant k_{21}$，所以不论哪一种链自由基与单体 M_1 反应的倾向总是大于 M_2 的，故 F_1 总是大于 f_1。若 $r_1 \leqslant 1$，$r_2 > 1$，则相应于曲线 4。

若 $r_1 r_2 = 1$，则 $\dfrac{d[M_1]}{d[M_2]} = r_1 \dfrac{[M_1]}{[M_2]}$，称为理想共聚合，因为这与理想溶液中两组分蒸气压在两相分配的情况是一致的。共聚物大分子链中各单体单元无规排列，即生成无规共聚物，这是理想共聚合的一个特点。

(4) $r_1 > 1$，$r_2 > 1$　这对应于图 2-6 中的曲线 5。这时任一种链自由基都倾向于均聚而不易共聚。当 r_1 及 r_2 都比 1 大得多，两种单体显然不能共聚，或者只能生成嵌段共聚物。

2.2.2.3　竞聚率及其影响因素

竞聚率是反映链增长速率常数的参数，它必然与单体结构及反应条件有关。

(1) 反应条件的影响　反应条件的影响包括温度、压力等因素的影响。

竞聚率是两种链增长速率常数之比。如 $r_1 = \dfrac{k_{11}}{k_{12}}$，有 $\dfrac{\mathrm{d}\ln r_1}{\mathrm{d}T} = \dfrac{E_{11} - E_{12}}{RT^2}$，式中，$E_{11}$、$E_{12}$ 为相应链增长反应的活化能。因为链增长反应活化能较小，E_{11} 与 E_{12} 之差值更小，所以竞聚率对温度并不太敏感。由于反应对温度敏感程度决定于反应活化能的大小，因此竞聚率随温度升高变化的总倾向是使竞聚率数值向 1 靠近。这就是说，随着温度的升高，共聚反应趋向于理想共聚。

竞聚率随压力的变化也较小。与反应温度影响的情况相似，提高反应压力使共聚反应趋向于理想共聚。

若为溶液聚合，溶剂的极性对竞聚率也有影响，但一般影响不大。

反应介质的 pH 值有时对竞聚率也有所影响。例如有些单体本身就是一种酸，pH 值的变化对单体酸离解度有影响，从而使竞聚率也发生变化。某些盐类能使某些单体趋向于交替共聚。例如 MMA 与苯乙烯共聚时，若 AIBN 为引发剂，在 $ZnCl_2$ 存在下，$r_1 r_2$ 之值会由无 $ZnCl_2$ 存在时的 0.212 降至 0.014。

(2) 单体结构　影响竞聚的最根本的因素是单体本身的结构，这主要涉及共轭效应、极性和空间位阻效应。

竞聚率是共聚反应中两种链增长速率常数之比，$r_1 = \dfrac{k_{11}}{k_{12}}$，$r_2 = \dfrac{k_{22}}{k_{21}}$。这无疑涉及单体和链自由基的活性问题，即不同单体与同一自由基反应的速率常数大小顺序以及不同自由基与同一单体反应速率常数大小的顺序。这种顺序称为单体和自由基的相对活性顺序。显然相对活性大的单体，一般其竞聚率就大。

$$\sim\!\!\sim\!\!\sim M_1\cdot + M_1 \xrightarrow{\ k_{11}\ } \sim\!\!\sim\!\!\sim M_1\cdot$$

$$\sim\!\!\sim\!\!\sim M_1\cdot + M_2 \xrightarrow{\ k_{12}\ } \sim\!\!\sim\!\!\sim M_2\cdot$$

$$\sim\!\!\sim\!\!\sim M_2\cdot + M_2 \xrightarrow{\ k_{22}\ } \sim\!\!\sim\!\!\sim M_2\cdot$$

$$\sim\!\!\sim\!\!\sim M_2\cdot + M_1 \xrightarrow{\ k_{21}\ } \sim\!\!\sim\!\!\sim M_1\cdot$$

因为 $r_1 = \dfrac{k_{11}}{k_{12}}$，$r_2 = \dfrac{k_{22}}{k_{21}}$，所以固定一种单体 M_1，以 $\sim\!\!\sim\!\!\sim M_1\cdot$ 与 M_1 的反应作为比较标准，用不同的单体作为"第二单体"，即可列出各种单体对同一自由基的相对活性，如表 2-12 所示。单体的活性主要是由取代基的共轭效应决定的，取代基的共轭效应越大，单体活性越大。取代基共轭效应次序为：

$$\bigcirc\!\!\!\bigcirc\ ,\ -CH\!=\!CH_2 > -CN,\ -COR > -COOH,\ -COOR > -Cl > -OCOR > -OR,\ -R$$

同样，将不同自由基与同一单体反应则可排出自由基的相对活性次序。事实上，由 $r_1 = \dfrac{k_{11}}{k_{12}}$，若某一单体的链增长速率常数 k_p 和 r_1 已知，即可计算出不同链自由基与同一单体 M_1 反应速率常数 k_{12}，以 k_{12} 列表就可比较各种链自由基的活性，如表 2-13 所示。

表 2-12　乙烯基单体对各种链自由基的相对活性 $\left(\dfrac{1}{r_1}\right)$

单体	链 自 由 基						
	丁二烯	苯乙烯	乙酸乙烯酯	氯乙烯	甲基丙烯酸甲酯	丙烯酸甲酯	丙烯腈
丁二烯		1.7		29	4	20	50
苯乙烯	0.4		100	50	2.2	6.7	25
甲基丙烯酸甲酯	1.3	1.9	67	10		2	6.7
甲基乙烯酮		3.4	20	10			1.7
丙烯腈	3.3	2.5	20	25	0.82	1.2	
丙烯酸甲酯	1.3	1.4	10	17	0.52		0.67
偏二氯乙烯		0.54	10		0.39		1.1
氯乙烯	0.11	0.059	4.4		0.10	0.25	0.37
乙酸乙烯酯		0.019		0.59	0.050	0.11	0.24

由表 2-12 和表 2-13 可见,链自由基的活性次序与相应单体的活性次序正好相反。取代基共轭效应最大的单体最活泼,但由此单体所生成的自由基最不活泼。这是由于自由基独电子受取代基共轭效应的影响而使自由基能量的下降要比单体大得多,因而使自由基更稳定的缘故。同样的原因可以解释为什么活性大的单体自聚时的反应速率要比活性小的单体小。

自由基和单体反应时,除上述共轭因素的影响外,尚需考虑极性的影响。由表 2-12 及表2-13可见,如丙烯腈的行为多呈反常,但当以甲基丙烯酸甲酯自由基为标准时,丙烯腈单体的活性又呈正常次序,这就是极性原因造成的。带有推电子取代基的单体容易与带有吸电子取代基的单体共聚。

表 2-13　链自由基-单体反应的 k_{12} 值　　　　单位:$dm^3 \cdot mol^{-1} \cdot s^{-1}$

单 体	链 自 由 基						
	丁二烯	苯乙烯	甲基丙烯酸甲酯	丙烯腈	丙烯酸甲酯	乙酸乙烯酯	氯乙烯
丁二烯	100	246	2820	98000	41800		357000
苯乙烯	40	145	1550	49000	14000	230000	615000
甲基丙烯酸甲酯	130	276	705	13100	4180	154000	123000
丙烯腈	330	435	578	1960	2510	46000	178000
丙烯酸甲酯	130	203	367	1310	2090	23000	209000
氯乙烯	11	8.7	71	720	520	10100	12300
乙酸乙烯酯		2.9	35	230	230	2300	7760

r_1、r_2 的数值越接近于"零",就越显出交替共聚的特性。人们把许多单体按 r_1 和 r_2 的乘积(即 $r_1 r_2$)的大小排列成表,见表 2-14。发现表中相距越远的两种单体,其 $r_1 r_2$ 越小,而交替效应越显著。研究这些单体的结构发现,凡是有推电子取代基的单体都位于表的左上方,而具有吸电子取代基的都处于表的右下方。一个很有意义的结论是:凡是两个单体极性相差越大,它们就越易发生交替共聚。一些不能自聚的单体却能与极性相反的单体共聚。如顺丁烯二酸酐、反丁烯二酸酐能与苯乙烯、乙烯基醚共聚。甚至于两种都不能自聚的单体,如顺丁烯二酸酐(吸电子性)却能与 1,2-二苯基乙烯(推电子性)发生共聚。由上述讨论可知道交替共聚与单体的极性效应有关。

表 2-14　自由基共聚时竞聚率的乘积（$r_1 r_2$ 值）

乙烯基醚①										
	丁二烯									
	0.98	苯乙烯								
		0.55	乙酸乙烯酯							
	0.31	0.34	0.39	氯乙烯						
	0.19	0.24	0.30	1.0	甲基丙烯酸甲酯					
	<0.1	0.16	0.6	0.96	0.61	偏二氯乙烯				
			0.10	0.35	0.83	0.99	甲基乙烯基酮			
0.0004	0.006	0.016	0.21	0.11	0.18	0.34	1.1	丙烯腈		
约0		0.021	0.049	0.056		0.56			反丁烯二酸二乙酯	
约0.002		0.006	0.00017	0.0024	0.11					顺丁烯二酸酐

① 指乙基、异丁基及十二烷基乙烯基醚。

这种极性效应，可使自由基与单体间的反应活性增加。曾有人提出过这种理论：带有吸电子取代基的自由基和带有推电子取代基的单体两者间的反应，或是带推电子取代基的自由基和带吸电子取代基单体间的反应，由于极性间的相互作用使反应活化能下降，从而加速了反应。

可将自由基和单体反应的速率常数 k 表示为 $Q\text{-}e$ 方程，即

$$k_{12} = P_1 Q_2 e^{-(e_1 e_2)}$$

式中　P_1、Q_2——各为自由基 $\sim\!\!\sim\!\!\sim M_1\cdot$ 及单体 M_2 的活性，它们与共轭效应有关；

$\quad\quad\ e_1$、e_2——各为自由基 $\sim\!\!\sim\!\!\sim M_1\cdot$ 及单体 M_2 的极性，它们与极性效应有关。

又假定单体及由此单体所形成的自由基具有相同的 e 值，即单体 M_1 和自由基 $\sim\!\!\sim\!\!\sim M_1\cdot$ 有同一个 e_1 值，单体 M_2 和自由基 $\sim\!\!\sim\!\!\sim M_2\cdot$ 有同一个 e_2 值。据此便可写出其他三个链增长反应速率常数的表达式：

$$k_{11} = P_1 Q_1 e^{-(e_1 e_1)} = P_1 Q_1 e^{-e_1^2}$$

$$k_{22} = P_2 Q_2 e^{-(e_2 e_2)} = P_2 Q_2 e^{-e_2^2}$$

$$k_{21} = P_2 Q_1 e^{-(e_2 e_1)}$$

从上述四个式子可得出竞聚率：

$$r_1 = \frac{k_{11}}{k_{12}} = \frac{Q_1}{Q_2} e^{-e_1(e_1 - e_2)} \tag{2-17}$$

$$r_2 = \frac{k_{22}}{k_{21}} = \frac{Q_2}{Q_1} e^{-e_2(e_2 - e_1)} \tag{2-18}$$

又可求得：
$$\ln(r_1 r_2) = -(e_1 - e_2)^2 \tag{2-19}$$

r_1 和 r_2 可由实验测得。如将 r_1、r_2 两值代入式（2-17）及式（2-18）中仍无法解出 Q 及 e 的数值。为此不得不规定苯乙烯的 Q 值为 1.0，e 值为 -0.8，并以此值作为标准，代入实验求得的 r_1、r_2 值便可计算各个单体的 Q、e 值。表 2-15 列入了一些常见单体的 Q、e 值。

表 2-15　一些常见单体的 Q、e 值

单　体	e	Q	单　体	e	Q
叔丁基乙烯基醚	-1.58	0.15	甲基丙烯酸甲酯	0.40	0.74
乙基乙烯基醚	-1.17	0.032	丙烯酸甲酯	0.60	0.42
丁二烯	-1.05	2.39	甲基乙烯酮	0.66	0.69
苯乙烯	-0.80	1.00	丙烯腈	1.20	0.60
乙酸乙烯酯	-0.22	0.026	反式丁烯酸二乙酯	1.25	0.61
氯乙烯	0.20	0.044	顺式丁烯二酸酐	2.25	0.23
偏氯乙烯	0.36	0.22			

Q 值的大小表示了这个单体是否易于反应而生成自由基。如苯乙烯和丁二烯都容易和自由基反应，生成苯乙烯自由基及丁二烯自由基，所以它们的 Q 值较大，各为 1.0 及 2.39。e 值的正负号表明单体分子中取代基是吸电子性的，还是推电子性的。丙烯腈中的取代基"—CN"是吸电子性的，使烯烃带正电，所以是 $+1.20$。而 e 值的绝对值越大，表示极性越大。

Q、e 值相近的单体容易进行理想共聚。e 值相差大的两个单体交替共聚的倾向大。

除共轭效应和极性效应对反应速率常数的影响外，还需考虑取代基空间位阻效应的影响。表 2-16 列出了一些链自由基和带有不同取代基单体反应的 k_{12} 值。

表 2-16　一些链自由基与单体反应的 k_{12} 值　单位：$dm^3 \cdot mol^{-1} \cdot s^{-1}$

单　体	链自由基			单　体	链自由基		
	乙酸乙烯酯	苯乙烯	丙烯腈		乙酸乙烯酯	苯乙烯	丙烯腈
氯乙烯	10100	8.7	720	反式-1,2-二氯乙烯	2300	3.9	
偏二氯乙烯	23000	78	2200	三氯乙烯	3450	8.6	29
顺式-1,2-二氯乙烯	370	0.6		四氯乙烯	460	0.7	4.1

由表 2-16 可见，如果两个取代基在同一个碳原子上，那么第二个取代基对单体所产生的空间位阻效应就不显著，反而由于两个取代基效应的叠加而加强了这个单体和自由基之间的反应。但当两个取代基位于 1,2-位时，空间效应就十分明显。1,2-二取代的空间效应之所以比 1,1-位二取代基的效应要大，可用图 2-7 来说明。在 1,2-二取代的情况下，a 和 b 两个位置中一个是 H 原子，一个是取代基 X；f、g 中也是一个 H 原子，一个取代基 X。这四个位置中有两个是体积较大的 X，所以产生的空间效应较大。1,1-二取代时，a、b、f 和 g 四个位置却都是 H 原子，反应时的空间效应较小。而 d、e、h 和 i 四个位置上虽然都是体积较大的取代基 X，但在反应中它们相互远离而不产生空间效应，故没有立体阻碍。

尽管 1,2-二氯乙烯在共聚反应时活性很小，但它比均聚时的活性还是高了一些。一般 1,2-二取代的乙烯衍生物是不能自聚的，但是它能够与苯乙烯、丙烯腈及乙酸乙烯酯的自由基反应。其原因是在于这些大分子自由基旁的 β-位上没有取代基，这一点同样可用图 2-7 来解释。

再比较顺式和反式的 1,2-二氯乙烯，发现反式的活性比顺式的约高六倍。这种差异可作这样的解释：因为顺式异构体和自由基反应时，顺式体在过渡态时不易构成平面型，所以减弱了它和自由基反应

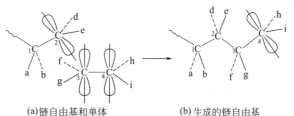

(a)链自由基和单体　　　(b)生成的链自由基

图 2-7　链自由基和单体反应的空间效应

的活性。

三氯乙烯比 1,2-二氯乙烯两种异构体的活性要高，但比偏二氯乙烯的要低些。四氯乙烯的活性不及三氯乙烯。氟原子因为体积小，所以氟代乙烯聚合时不显示出取代基的空间效应。如四氟乙烯很易聚合，也易共聚，甚至比乙烯还要容易反应。

从共轭效应、极性效应和空间位阻效应综合考虑，就可对各种单体共聚合反应行为有一个较全面的认识。同时这也是考虑共聚合反应热力学和动力学问题的基础。

2.2.3　离子型聚合

根据增长离子的特征可将离子型聚合分为阳离子聚合、阴离子聚合和配位离子聚合三类。配位离子聚合将在定向聚合一节中讨论，这里仅讨论前两类。

离子型聚合与自由基聚合的特征有很大不同，可概括如下。

① 自由基聚合以易发生均裂反应的物质作引发剂，离子性聚合则采用易产生活性离子的物质作为引发剂。阳离子聚合以亲电试剂（广义酸）为催化剂，阴离子聚合以亲核试剂（广义碱）为催化剂。这些催化剂对反应的每一步都有影响，而不像自由基聚合那样，引发剂只影响引发反应。另外，离子型聚合引发反应活化能要比自由基聚合的要小得多。

② 离子型聚合对单体有更高的选择性。带有供电子取代基的单体易进行阳离子聚合，带有吸电子基团的单体易进行阴离子聚合。

③ 溶剂对离子型聚合速率、分子量和聚合物的结构规整性有明显的影响。

④ 离子型聚合中增长链活性中心都带相同电荷，所以，不能像自由基聚合那样进行双分子终止反应，只能发生单分子终止反应或向溶剂等转移而中断增长，有的情况甚至不发生链终止反应而以"活性聚合链"的形式长期存在于溶剂中。

⑤ 自由基聚合中的阻聚剂对离子型聚合并无阻聚作用，而一些极性化合物，如水、碱、酸等都是离子型聚合的阻聚剂。

2.2.3.1　阴离子聚合

阴离子聚合常以碱作催化剂。碱性越强越易引发阴离子聚合反应；取代基吸电子性越强的单体，越易进行阴离子聚合反应。

阴离子聚合与其他连锁聚合一样，也可分为链引发、链增长和链终止三个基元反应。

（1）链引发　根据所用催化剂类型的不同，引发反应有两种基本类型。

① 催化剂 R-A 分子中的阴离子直接加到单体上形成活性中心。

$$R\text{-}A + CH_2 \!=\! \underset{Y}{CH} \longrightarrow RCH_2 \!-\! \underset{Y}{{}^-CH}A^+$$

以烷基金属（如 LiR）和金属络合物（如碱金属的蒽、萘络合物）为催化剂时即得此种情况。

② 单体与催化剂通过电子转移形成活性中心。

$$e + CH_2 \!=\! \underset{Y}{CH} \longrightarrow \overset{\cdot}{CH_2} \!-\! \underset{Y}{{}^-CH}{:}$$

例如，以碱金属为催化剂时即为此种情况：

$$Na + CH_2 \!=\! CH \longrightarrow Na^+ {}^-CH \!-\! \overset{\cdot}{CH_2} \longrightarrow Na^+ {}^-CH \!-\! CH_2 \!-\! CH_2 \!-\! {}^-CHNa^+$$

与自由基聚合的情况相似，活泼的单体，形成的阴离子不活泼，不活泼的单体则形成反应活性大的阴离子。活性大的单体对活性小的单体有一定的阻聚作用。

（2）链增长 引发阶段形成的活性阴离子继续与单体加成，形成活性增长链，如：

$$C_4H_9CH_2-CHLi^+ + nCH_2=CH \xrightarrow{k_p} C_4H_9(CH_2-CH)_nCH_2-CHLi^+$$

现已证明许多反应物分子，在适当的溶剂中，可以几种不同的形态而存在。如：

$$AB \Longleftrightarrow A^+B^- \Longleftrightarrow A^+//B^- \Longleftrightarrow A^+ + B^-$$

共价键	紧密离子对	被溶剂隔开的离子对	自由离子
（Ⅰ）	（Ⅱ）	（Ⅲ）	（Ⅳ）

即从一个极端的共价键状态（Ⅰ）、紧密离子对（Ⅱ）、被溶剂隔开的离子对（Ⅲ），到另一个极端的完全自由的离子（Ⅳ）的状态存在着。离子型聚合中活性增长链离子对在不同溶剂中也存在上述平衡关系。因此，链增长反应就可能以离子对方式、以自由离子方式或以离子对和自由离子两种同时存在的方式等进行。换言之，离子型聚合可能存在着几种不同的活性中心同时进行链增长反应，显然这比自由基聚合要复杂些。离子对存在的状态取决于反离子的性质、溶剂和反应温度。

如果离子对以共价键状态存在，则没有聚合反应能力。而离子对（Ⅱ）和（Ⅲ）的精细结构决定于特定的反应条件。当以离子对（Ⅱ）或（Ⅲ）方式进行链增长反应时，聚合速率较小。另外，由于单体加成时受到反离子的影响，使加成方向受到限制，所以产物的立构规整性好。而以自由离子（Ⅳ）方式进行链增长反应时，聚合速率较大。单体的加成方向和自由基聚合的情况相似，易得无规立构体。

（3）链终止 阴离子聚合中一个重要的特征是在适当的条件下可不发生链转移或链终止反应。因此，链增长反应中的活性链直到单体完全耗尽仍可保持活性，这种聚合物链阴离子称为"活性聚合物"。当重新加入单体时，又可开始聚合，聚合物分子量继续增加。甲基丙烯酸甲酯在丁基锂和二乙基锌催化络合物 $C_4H_9^-[LiZn(C_2H_5)_2]^+$ 作用下的聚合情况就是如此。见图 2-8 所示。

阴离子聚合中，由于活性链离子间相同电荷的静电排斥作用，不能发生类似自由基聚合那样的偶合或歧化终止反应；活性链离子对中反离子常为金属阳离子，碳-金属键的解离度大，也不可能发生阴阳离子的化合反应；如果发生向单体链转移反应，则要脱 H^+，这要求很高的能量，通常也不易发生；因此，只要没有外界引入的杂质，链终止反应是很难发生的。

阴离子聚合的链终止反应如何进行，依具体体系的情况而定。一般是阴离子发生链转移或异构化反应，使链活性消失而达终止。所以它们的终止反应速率属于一级反应。

① 链转移反应 活性链与醇、酸等质子给予体或与其共轭酸发生转移：

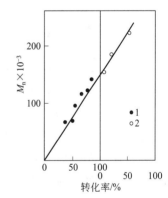

图 2-8 甲基丙烯酸甲酯聚合时
聚合物的分子量和转化率关系
1—加入第一批单体；
2—加入第二批单体

$$\underset{Y}{\overset{|}{\sim\sim\sim\overline{C}HA^+}} + CH_3OH \longrightarrow \underset{Y}{\overset{|}{\sim\sim CH_2}} + CH_3OA$$

$$\sim\!\!\!\text{CHA}^+ + RH \longrightarrow \sim\!\!\!\underset{Y}{\text{CH}_2} + R^- A^+$$

如果转移后生成的产物 $R^- A^+$ 很稳定，不能引发单体，则 RH 相当于阴离子聚合的阻聚剂。如果转移后产物 $R^- A^+$ 还相当活泼，并可继续引发单体，则 RH 就起分子量调节剂的作用。例如甲苯在某些阴离子聚合中就常作链转移剂使用，还可节约引发剂用量。

② 活性链端发生异构化 如：

$$\sim\!\!\!\text{CH}_2\text{—CHNa}^+ \sim\!\!\!\text{CH}_2\text{—CH—CH=CH} + NaOH \longrightarrow \sim\!\!\!\text{CH}_2\text{—CH}_2 + \sim\!\!\!\overset{Na^+}{\text{C—CH=CH}}$$

③ 与特殊添加剂发生终止反应 例如：

$$\sim\!\!\!\text{CH}_2 A^+ + \underset{O}{\text{CH}_2\text{—CH}_2} \longrightarrow \sim\!\!\!\text{CH}_2\text{CH}_2^- OA^+ \xrightarrow{CH_3OH} \sim\!\!\!\text{CH}_2\text{CH}_2\text{CH}_2OH$$

加入的终止剂除使活性链失活外还可得到所需的端基，此种方法可用以制备"遥爪"或"星形"聚合物。

反离子、溶剂和反应温度对聚合反应速率、聚合物分子量和结构规整性有关键性的影响。

阴离子聚合中显然应选用非质子性溶剂，如苯、二氧六环、四氢呋喃、二甲基甲酰胺等，而不能选用质子性溶剂，如水、醇等，否则溶剂将与阴离子反应使聚合反应无法进行。

在无终止反应的阴离子聚合体系中，反应总活化能常为负值，故聚合速率随温度升高而下降，而聚合物的分子量则减小。

2.2.3.2 阳离子聚合

由于乙烯基单体形成的阳碳离子高温下不稳定，易和碱性物质结合、易发生异构化等复杂反应，所以需低温下反应才能获得高分子量聚合物。此外，聚合中只能使用高纯有机溶剂而不能用水等便宜的物质作介质，所以产品成本高。目前采用阳离子聚合大规模生产的只有丁基橡胶，它是异丁烯和异戊二烯的共聚物，以 $AlCl_3$ 为催化剂、氯甲烷为溶剂在 $-100℃$ 左右聚合而得。

与阴离子聚合相反，能进行阳离子聚合的单体多数是带有强供电取代基的烯类单体，如异丁烯、乙烯基醚等，还有显著共轭效应的单体，如苯乙烯、α-甲基苯乙烯、丁二烯、异戊二烯等。此外，还有含氧、氮原子的不饱和化合物和环状化合物，如甲醛、四氢呋喃、环戊二烯、3,3-双氯甲基丁氧环等。

常用的催化剂有以下三类。

① 含氢酸 如 $HClO_4$、H_2SO_4、H_3PO_4、CCl_3COOH 等。这类催化剂除 $HClO_4$ 外，都难于获得高分子量产物，一般只用于合成低聚物。

② 路易氏（Lewis）酸 其中较强的有 BF_3、$AlCl_3$、$SbCl_3$；中等的有 $FeCl_3$、$SnCl_4$、$TiCl_4$；较弱的有 $BiCl_3$、$ZnCl_2$ 等。此类是最常用的阳离子催化剂。除乙烯基醚外，对其他单体必须含有水或卤代烷等作共催化剂时才能聚合。Lewis 酸与共催化剂先形成催化络合物，它使烯烃质子化从而发生引发反应。设以 A、RH 和 M 分别表示 Lewis 酸、共催化剂

和单体，则引发反应可表示为：

$$A + RH \rightleftharpoons H^+[AR]^-$$

$$H^+[AR]^- + M \xrightleftharpoons{k_j} HM^+[AR]^-$$

③ 有机金属化合物　如 $Al(CH_3)_3$、$Al(C_2H_5)_2Cl$ 等，此外还有 I_2 以及某些较稳定的阳碳离子盐，如 $(C_6H_5)_3C^+SnCl_5^-$、$C_7H_7^+BF_4^-$ 等。

阳离子聚合反应同样存在链引发、链增长和链终止三个主要基元反应。以 BF_3 催化下异丁烯聚合为例，反应过程可表示如下。

链引发：

$$BF_3 + H_2O \rightleftharpoons H^+ [BF_3OH]^-$$

$$H^+[BF_3OH]^- + CH_2=\underset{\underset{CH_3}{|}}{\overset{\overset{CH_3}{|}}{C}} \longrightarrow CH_3-\underset{\underset{CH_3}{|}}{\overset{\overset{CH_3}{|}}{C}}{}^+(BF_3OH)^-$$

链增长

$$CH_3-\underset{\underset{CH_3}{|}}{\overset{\overset{CH_3}{|}}{C}}{}^+(BF_3OH)^- + CH_2=\underset{\underset{CH_3}{|}}{\overset{\overset{CH_3}{|}}{C}} \xrightarrow{k_p} CH_3-\underset{\underset{CH_3}{|}}{\overset{\overset{CH_3}{|}}{C}}-CH_2-\underset{\underset{CH_3}{|}}{\overset{\overset{CH_3}{|}}{C}}{}^+(BF_3OH)^-$$

$$\xrightarrow{k_p} \cdots\cdots \xrightarrow{k_p} H+CH_2-\underset{\underset{CH_3}{|}}{\overset{\overset{CH_3}{|}}{C}}\underset{n}{}CH_2-\underset{\underset{CH_3}{|}}{\overset{\overset{CH_3}{|}}{C}}{}^+(BF_3OH)^-$$

阳离子聚合的一个特点是容易发生重排反应。因为阳碳离子的稳定性次序是：伯阳碳离子<仲阳碳离子<叔阳碳离子；而聚合过程中活性链离子总是倾向生成热力学稳定的阳离子结构，所以容易发生复杂的分子内重排反应。而这种异构化重排作用常是通过电子或键的移位或个别原子的转移进行的（如通过 H^- 或 R^- 进行）。发生异构化的程度与温度有关。通过增长链阳碳离子发生异构化的聚合反应称为异构化聚合。如 3-甲基-1-丁烯（用 $AlCl_3$ 在氯乙烷中）的聚合，就是氢转移的异构化聚合。

所得聚合物（Ⅹ）的结构在 0℃占 83%；在 −80℃占 86%，在 −130℃占 100%，这时主要是 1,3-聚合物。因为（Ⅸ）的结构比（Ⅶ）的结构更稳定。其他单体如 4-甲基-1-戊烯、5-甲基-1-己烯等也可进行异构化聚合。

链终止：与阴离子聚合反应一样，阳离子聚合也不发生双分子终止反应，而是单分子终止。形成聚合物的主要方式是靠链转移反应。例如活性链向单体分子的转移。

$$\sim\sim CH_2-\overset{\overset{\displaystyle CH_3}{|}}{\underset{\underset{\displaystyle CH_3}{|}}{C^+}}(BF_3OH)^- + CH_2=\overset{\overset{\displaystyle CH_3}{|}}{\underset{\underset{\displaystyle CH_3}{|}}{C}} \longrightarrow CH_3-\overset{\overset{\displaystyle CH_3}{|}}{\underset{\underset{\displaystyle CH_3}{|}}{C^+}}(BF_3OH)^- + \sim\sim CH_2-\overset{\overset{\displaystyle CH_3}{|}}{\underset{\underset{\displaystyle CH_3}{|}}{C}}=CH_2$$

或

$$\sim\sim CH_2-\overset{\overset{\displaystyle CH_3}{|}}{\underset{\underset{\displaystyle CH_3}{|}}{C^+}}(BF_3OH)^- + CH_2=\overset{\overset{\displaystyle CH_3}{|}}{C}\sim\sim \longrightarrow CH_2-CH + CH_2=\overset{\overset{\displaystyle CH_3}{|}}{\underset{\underset{\displaystyle CH_3}{|}}{C}}-\overset{+}{C}H_2(BF_3OH)^-$$

所以，聚合物分子量决定于向单体的链转移常数；当然此种转移反应并非真正的链终止。但是，活性链离子对中的阳碳离子与反离子化合物可发生真正的链终止反应，如：

$$\sim\sim CH_2-\overset{\overset{\displaystyle CH_3}{|}}{\underset{\underset{\displaystyle CH_3}{|}}{C^+}}(BF_3OH)^- \longrightarrow \sim\sim CH_2-\overset{\overset{\displaystyle CH_3}{|}}{\underset{\underset{\displaystyle CH_3}{|}}{C}}-OH + BF_3$$

2.2.3.3 离子型共聚合

离子型共聚合对单体有更明显的选择性。具有供电子取代基的单体易进行阳离子共聚合而难于进行阴离子共聚合，反之亦然。结构相似、极性相近的两种单体，因其单体和碳离子的反应能力相近，常发生 $r_1 r_2 \approx 1$ 的"理想共聚"现象。但两单体极性相差很大时，即使 $r_1 r_2 \approx 1$ 也难以生成均匀的共聚物，有时只能得到嵌段共聚物。这与自由基共聚合有很大的不同。自由基共聚中，即使极性相差很大的单体也能很好地进行共聚。但是许多 1,2-二取代的单体，由于空间位阻的影响，难于进行自由基共聚合，但却能进行离子型共聚合。

同一单体对按自由基共聚和按离子共聚，其共聚物组成有很大差别，这是由于按这两种不同机理共聚时，单体的竞聚率不同的缘故。

与自由基共聚合相比，反应条件对竞聚率的影响更强烈、更复杂。离子型共聚合中单体的竞聚率随催化剂、溶剂和反应温度的变化而大幅度变化。

当溶剂的极性和溶剂化能力不同时，通常对结构相似的两单体的共聚竞聚率影响较小，而对结构差别较大的两种单体，对竞聚率的影响较大，如表 2-17 所示。由表可见，随溶剂介电常数 ε 值增高，极性较大单体的竞聚率增大。

表 2-17　溶剂对竞聚率的影响（催化剂 $AlCl_3$，0℃）

溶剂	ε 值	M_1	M_2	r_1	r_2
CCl_4	2.2	苯乙烯 $e=-0.80$	对氯苯乙烯 $e=-0.33$	1.5	0.4
$CCl_4-C_6H_5NO_2(1:1)$	14.0	苯乙烯 $e=-0.80$	对氯苯乙烯 $e=-0.33$	2.0	0.34
$C_6H_5NO_2$	34.5	苯乙烯 $e=-0.80$	对氯苯乙烯 $e=-0.33$	2.3	0.36
$n\text{-}C_6H_{14}$	1.8	异丁烯 $e=-0.96$	对氯苯乙烯 $e=-0.33$	1.0	1.0
$C_6H_5NO_2$	34.5	异丁烯 $e=-0.96$	对氯苯乙烯 $e=-0.33$	14.7	0.15

催化剂对竞聚率影响也很大，例如苯乙烯与对甲基苯乙烯共聚所形成共聚物中，当其他反应条件相同、催化剂为 $SbCl_5$ 时，苯乙烯含量为 25%；而当以 $AlCl_3$ 为催化剂时则为 34%。

2.2.3.4 开环聚合和非乙烯基单体的聚合

（1）开环聚合 具有环状结构的单体将环打开形成线型聚合物的反应称为开环聚合。以 R 表示碳氢基团，以 Z 表示杂原子或官能团，如 O、N、P、S、Si 及—CH_2 =CH_2—、—C—O—、—C—NH— 等，则开环聚合可表示为：

$$nR-Z \longrightarrow \left(R-Z \right)_n$$

生成的聚合物与单体的化学组成相同。

常见的聚环氧乙烷、聚己内酰胺、聚甲醛、氯化聚醚（聚 3，3-双氯甲基丁氧烷）等就是开环聚合的产物。

环状单体开环聚合的能力主要决定于环的大小，其次是环上反应基团的性质和位置以及所用的催化剂。

环的张力越大热力学上就越不稳定，开环聚合的倾向就越大。3、4 节环和 7～11 节环聚合倾向大，但 9 节以上的环聚合活性不大。表 2-18 列出了某些环状单体的聚合能力。

表 2-18 不同环状单体的聚合能力

环状单体	环 节 数					
	3	4	5	6	7	8
环醚	+	+	+	−	+	
环缩甲醛			+	−	+	+
环酯		+		+	+	
环碳酸酯			−	−	+	
环酸酐			−	−	+	+
环酸胺		+	+	−	+	+
环亚胺	+	+				
环氨基甲酸酯			−	+	−	
环脲		+		−	+	
环酰亚胺			−	−	+	
环硫醚	+	+				

注：＋聚合，－不聚合。

开环聚合反应可采用阳离子催化剂、阴离子催化剂，有时也可用分子型催化剂如 H_2O 等来引发聚合。有时开环聚合并不具连锁聚合的特征。

环醚、环硫醚、环酯、环酰胺、环有机硅氧烷、环状缩甲醛等可用阳离子催化剂 H^+A^- 进行开环聚合，例如：

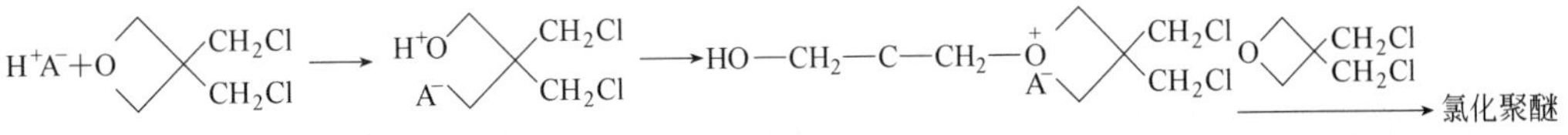

水可催化己内酰胺开环聚合，俗称水解聚合，具有逐步聚合的特征，将在逐步聚合一节中阐述。

当用 Lewis 酸为催化剂时，也常用水或极性化合物作共催化剂。

环氧乙烷、环酯、环酰胺、环氨基甲酸酯等可用烷氧基碱金属化合物、钠-萘等阴离子催化剂进行开环聚合。

水可催化己内酰胺开环聚合，俗称水解聚合，具有逐步聚合的特征，将在逐步聚合一节中阐述。

（2）非乙烯单体的聚合 非烯类单体主要有两类，一类是羰基化合物；另一类是含有两个不同类型可聚合基团的化合物。

羰基化合物含 C —O 双键，因为氧的电负性比碳大，所以碳原子带部分正电荷：

$$\overset{\delta^+}{\underset{}{\diagup}}C = \overset{\delta^-}{O}$$

因此，羰基在反应中可能形成两种活性中心即 ~~~~C$^+$ 或 ~~~~O$^-$。在不同催化剂作用下，羰基化合物可进行阳离子聚合或阴离子聚合，形成具有缩醛结构单元的聚合物。

$$\underset{R'}{\overset{R}{\diagup}}C=O \longrightarrow \sim\sim\sim\overset{R}{\underset{R'}{C}}-O-\overset{R}{\underset{R'}{C}}-O\sim\sim\sim$$

这类反应中最重要的聚合物是聚甲醛。

应当指出，羰基化合物聚合极限温度 T_c 很低，需在低温下聚合才能得到高分子量的聚合物。

带有两个不同类型可聚合基团的单体有二甲基乙烯酮、丙烯醛及异氰酸酯等。例如二甲基乙烯酮聚合时，随开键方式的不同，产物结构亦不同。通过碳-碳双键的聚合形成聚酮：

$$n(CH_3)_2C=C=O \longrightarrow \left[\begin{matrix} CH_3 & O \\ C & C \\ CH_3 & \end{matrix} \right]_n$$

通过羰基聚合则形成聚醛：

$$\left(\begin{matrix} C-O \\ C(CH_3)_2 \end{matrix} \right)_n$$

若两种基团皆参加聚合则形成不饱和聚酯：

$$\left[\begin{matrix} CH_3 & O \\ C & C & -O-C \\ CH_3 & & C(CH_3)_2 \end{matrix} \right]_n$$

产物的具体结构与所用催化剂及反应条件有关。

2.2.4 定向聚合

2.2.4.1 聚合物的立体异构现象

分子的异构现象有两类：结构异构与立体异构。

结构异构亦称化学结构异构，是由于分子中原子或原子基团相互连接的次序不同而引起的。例如，通过不同单体可合成出化学组成相同而结构不同的聚合物，如聚乙烯醇 $\left(CH_2-\underset{OH}{CH}\right)_n$、聚乙醛 $\left(\underset{CH_3}{CH-O}\right)_n$ 和聚环氧乙烷 $\left(CH_2-CH_2-O\right)_n$ 就是这种情况。同一单体也可得到结构单元排列顺序不同的聚合物结构异构体，如头-尾连接和头-头、尾-尾连接等。

立体异构是由分子中原子或原子基团在空间排布方式不同引起的。分子中原子或原子基团在空间的排布方式亦称为构型。分子组成和结构相同但构型不同时，称为立体异构体或空间异构体。立体异构可分为几何异构（顺式-反式异构）和光学异构两种类型。

光学异构是由分子的不对称性引起的。分子的不对称性可以是由于分子中存在一个或多个不对称碳原子，也可以是由于整个分子具有不对称性。许多聚合物分子都含有不对称碳原子，其中有些具有旋光性，称为光活性聚合物。但大多数聚合物，虽含有不对称碳原子，但由于内消旋作用而不显光学活性。不管是否有光学活性，只要聚合物分子链上含有不对称碳原子就存在立体异构问题。这种不对称碳原子亦称为异构中心。如聚丙烯

$$\sim CH_2-\overset{\overset{\displaystyle H}{|}}{\underset{\underset{\displaystyle CH_3}{|}}{C}}-CH_2-\overset{\overset{\displaystyle H}{|}}{\underset{\underset{\displaystyle CH_3}{|}}{\overset{*}{C}}}\sim$$ 中就含有这种立构中心 C*。

聚合物分子链中立构中心（即不对称碳原子）构型都相同的聚合物称为立构规整性聚合物。相应的对于聚合物链中含有一种、两种或三种立构中心的聚合物就称单规、双规或三规聚合物。含不对称碳原子且具有某一种构型的结构单元称为构型单元。

在单规立构中，可能出现 R（右旋）和 S（左旋）两种构型单元（按 R、S 序旋标记法）。当这两种构型单元的排列方式不同时，就会产生不同的立体异构体。

当聚合物链上每个重复的结构单元都具有相同的构型，即聚合物链是由相同构型单元所组成，如为—R—R—R—R—或—S—S—S—S—链。换言之，将聚合物主链在保持键角 109°28′不变情况下，放在一个平面上，则每个构型单元上的取代基 R 都分布在聚合物链平面上面或下面，称这种聚合物为全同立构体或等规立构体。如图 2-9（a）所示。

当聚合物链相邻两构型单元具有相反的构型，并有规则地排列着，即—RSRSRS—构型，或者说取代基 R 在聚合物主链平面上面和下面交替出现时，这种聚合物称为间同立构体或间规立构体。如图 2-9（b）所示。

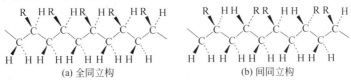

(a) 全同立构　　　　　　　　　　　(b) 间同立构

图 2-9　单立构聚合物大分子链的立体构型

当聚合物链中各构型单元的排列无规则，即取代基 R 在聚合物主链平面上下无规则排列时，则称此聚合物为无规立构体。

如果一种线型聚合物主链是由许多具有相同重复的构型单元的嵌段所组成，则称这种聚合物为立体嵌段聚合物，如—RRRRRSSSSS—型聚合物。

如上所述，含有一种立构中心的 α-烯烃聚合物，已有三个立体异构体。若聚合物主链上有两种或三种立构中心时，它们的立构体数目就更多了，结构也更加复杂。

2.2.4.2　立构规整性聚合物的合成

立体规整性聚合物亦称为定向聚合物。凡能获得立体规整性聚合物的聚合反应即称为定向聚合反应。

单体加成到增长链时，在立体方向上有不同的可能性。从烯烃聚合的立体化学上讲，定向聚合就是创造一定的反应条件，使单体以一定的空间构型加成到增长链中。这就是说，能否形成立构规整聚合（如全同立构或间同立构），主要决定于增长链末端单体单元对单体加成时，形成相反或相同构型单元的相对加成速率。如果只形成相同的构型单元，则生成全同立构的聚合物；如 R 和 S 两种构型单元交替形成，则生成间规立构聚合物；这二者都是立体规整的聚合物。若形成 R 构型和 S 构型单元的顺序是无规律的，则生成无规立构的聚合物。形成立构规整聚合物的加成方式就叫定向加成，即定向聚合。这里起关键作用的是活性链端与催化剂的连接方式，即自由方式和配位方式（缔合作用）两种情况，以自由方式存在的增长链端，不发生配位作用。只有以配位方式存在的活性链端才能进行定向加成，生成立

体规整聚合物。所以，配位离子型聚合反应是定向聚合的主要方法。

（1）配位离子型聚合　最早制备立体规整聚合物的催化剂是由过渡金属化合物和金属烷基化合物组成的配位体系，称为 Ziegler-Natta 催化剂，亦称为配位聚合催化剂或络合催化剂。聚合时单体与带有非金属配位体的过渡金属活性中心先进行配位，构成配位键后使其活化，进而按离子型机理进行增长反应。如活性链按阴离子机理增长就称为配位阴离子聚合；若活性链按阳离子机理增长就称为配位阳离子聚合。而重要的配位催化剂大都是按配位阴离子机理进行的。

配位离子聚合的特点是在反应过程中，催化剂活性中心与反应系统始终保持化学结合（配位络合），因而能通过电子效应、空间位阻效应等因素，对反应产物的结构起着重要的选择作用。人们还可以通过调节络合催化剂中配位体的种类和数量，改变催化性能，从而达到调节聚合物的立构规整性的目的。

Ziegler-Natta 催化剂就是配位离子型聚合中常用的一类络合催化剂。由于这种催化剂具有很强的配位络合能力，所以它具有形成立构规整性聚合物的特效性。

关于络合催化剂能形成立构规整性聚合物的机理，现在尚处于研究探索阶段。如以〔cat〕表示催化剂部分，则可示意如下：

$$[cat]^+ \cdots C\!-\!C \longrightarrow [cat]^+ \cdots C\!-\!C \longrightarrow [cat]^+ \cdots C\!-\!C\!-\!C$$

$$\text{(IV)} \qquad\qquad\qquad \text{(V)} \qquad\qquad\qquad \text{(VI)}$$

通常聚合过程是单体与催化剂首先发生络合（Ⅳ），经过渡态（Ⅴ），单体"插入"到活性链与催化剂之间，使活性链进行增长（Ⅵ）。单体与催化剂的络合能力和加成方向是由它们的电子效应和空间位阻效应等结构因素决定的。极性单体配位络合能力较强，配位络合程度较高，只要它不破坏催化剂，就容易得到高立构规整性聚合物。非极性的乙烯、丙烯及其他 α-烯烃，配位程度较低，因此要采用立构规整性极强的催化剂，才能获得高立构规整性聚合物。通常要选用非均相络合催化剂，以便在反应过程中借助于催化剂固体表面的空间影响。而当使用均相（可溶性）催化剂时，产物立构规整性极低，甚至有时只得无规体。那些极性介于上述两者之间的单体（如苯乙烯、1,3-丁二烯），用非均相或均相络合催化剂都可获得立构规整性聚合物。

α-烯烃如丙烯，二烯类如丁二烯、异戊二烯都可采用 Ziegler-Natta 催化剂进行配位离子聚合制得立构规整性聚合物。

此种络合催化剂中的第一组分是过渡金属化合物，又称主催化剂，常用的过渡金属有 Ti、V、Cr 及 Zr，丙烯定向聚合中常用的主催化剂为 $TiCl_3$。$TiCl_3$ 晶型有 α、β、γ 和 δ 四种，其中 α-$TiCl_3$、γ-$TiCl_3$ 和 δ-$TiCl_3$ 是有效成分。络合催化剂中的第二组分是烷基金属化合物，又称助催化剂。常用的有 Al、Mg 及 Zn 的化合物。工业上常用的是烷基铝，其中又以 $Al(C_2H_5)_3$ 所得聚丙烯的立构规整度较高。如烷基铝中一个烷基被卤素原子取代，效果更好。

为了提高络合催化剂的活性，常在双组分络合催化剂中加入第三组分。第三组分常是些含有给电子性的 N、O 和 S 等化合物。丙烯聚合中，添加第三组分的效果可从表 2-19 中看到。

从表 2-19 中可见 $TiCl_3$-$Al(C_2H_5)Cl_2$ 不能使丙烯聚合，而添加第三组分后，不仅可使丙烯聚合，而且产物立构规整度极高，分子量也较大。

第三组分的作用主要是能使 $Al(C_2H_5)Cl_2$ 转化为 $Al(C_2H_5)_2Cl$。反应可表示如下（B代表第三组分）：

$$Al(C_2H_5)Cl_2 + B \longrightarrow B：Al(C_2H_5)Cl_2（固体）\xrightarrow{Al(C_2H_5)Cl_2}$$
$$Al(C_2H_5)_2Cl + B：AlCl_3（固体）+ B：[Al(C_2H_5)Cl_2]_2（固体）$$

由于第三组分与铝的化合物都能络合，只是络合物稳定性大小各异（其稳定性次序为：B：$AlCl_3$＞B：$AlRCl_2$＞B：AlR_2Cl＞B：AlR_3），所以，必须严格控制用量。一般工业上采用 Al：Ti：B＝2：1：0.5。

表 2-19　添加第三组分对丙烯聚合的影响[①]

烷基铝	第三组分		聚合速率 /mmol·L⁻¹·s⁻¹	立构规整度 /%	$[\eta]$
	化合物	摩尔比			
$Al(C_2H_5)_2Cl$	—	—	1.51	约 90	2.45
$Al(C_2H_5)Cl_2$	—	—	0	—	—
$Al(C_2H_5)Cl_2$	$(C_4H_9)_3N$	0.7	0.93	95	3.06
$Al(C_2H_5)Cl_2$	$[(CH_3)_2N]_3P\!=\!O$	0.7	0.74	95	3.62
$Al(C_2H_5)Cl_2$	$(C_4H_9)_3P$	0.7	0.73	97	3.11
$Al(C_2H_5)Cl_2$	$(C_2H_5)_2O$	0.7	0.39	94	2.96
$Al(C_2H_5)Cl_2$	$(C_2H_5)_2S$	0.7	0.15	97	3.16

① 聚合温度 70℃。

上述以卤化钛和烷基铝为主构成的 Ziegler-Natta 络合催化剂体系，在低压下能使 α-烯烃聚合成高聚物。它的缺点是催化剂活性低，约 3kg 聚丙烯/g 钛，聚合物中催化剂残留多，后处理工艺复杂；催化剂的定向能力低，即聚合物的立构规整度低，一般在 90% 左右，须除去所含的无规体；产品表观密度小，颗粒太细，难以直接加工利用。

20 世纪 60 年代末，催化剂的研制工作有了重大的突破，出现了第二代 Ziegler-Natta 催化剂，又称高效催化剂，它的催化活性达 300kg 聚丙烯/g 钛，有的甚至更高。立构规整度提高到 95% 以上，表观密度在 0.3 以上，因此，不必经后处理和造粒等工序就可加工使用。由于聚合物分子量和立构规整度都有提高，所以产品的机械强度和耐热性也增加。

高效催化剂的特点是使用了载体。一方面是由于 Ti 组分在载体上高度分散，增加了有效的催化表面，即催化剂的比表面积由原来的 $1\sim5m^2\cdot g^{-1}$ 提高到 $75\sim200m^2\cdot g^{-1}$，使得活性中心数目剧增。另一方面是有了载体后，过渡金属与载体间形成了新的化学键，如用 $Mg(OH)Cl$ 时，就产生了 $\sim\!Mg\!-\!O\!-\!Ti\!\sim$ 键骨架，而不是简单地吸附在载体粒子表面上，所以使产生的络合物的结构改变了，导致催化剂热稳定性提高，催化剂寿命增长，不易失活，催化效率提高。

从大量实践中发现，作为载体的金属离子半径与聚合物的立构规整度有很密切的关系。如图 2-10 所示。

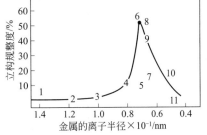

图 2-10　载体的金属离子半径和立构规整度的关系

1—Ba；2—Sr；3—Ca；4—Mn；5—Co；6—Cr；7—Ni；8—Mg；9—Fe·Ti；10—Al；11—Si；

虽然至今对于载体影响聚合活性的原因还不清楚，但已发现镁化合物作载体时聚合活性很高，因此目前在工业中被广泛采用。一般选用 $MgCl_2$、$Mg(OH)_2$ 或 $Mg(OH)Cl$，可与卤化钛和烷基铝共同调制、研磨，通常钛含量只占催化剂总重量的百分之几。

值得指出的是：在使用活性载体的情况下（如用 MgO），聚乙烯的聚合反应速率常数 k_p 值为 $2400 \mathrm{L} \cdot \mathrm{mol}^{-1} \cdot \mathrm{s}^{-1}$，比用无载体的原始体系或用惰性载体（如硅酸铝）体系时的 k_p 值（在相同条件下，$k_p \approx 110 \sim 130 \mathrm{~L} \cdot \mathrm{mol}^{-1} \cdot \mathrm{s}^{-1}$）大得多。另外，改变载体结构还可以调节聚合物分子结构、分子量及其分布。

极性单体比如丙烯酸酯类、氯乙烯、丙烯腈、乙烯基醚类等，因为含有电子给予体原子如 O、N 等，这些基团容易和络合催化剂反应而使催化剂失去活性，所以用 Ziegler-Natta 催化剂对这些单体进行定向聚合有困难。

关于定向聚合除采用 Ziegler-Natta 催化剂所进行的配位离子聚合外，某些单体也可通过自由基型聚合和离子型聚合制得立构规整性聚合物。

（2）自由基聚合　在自由基聚合的情况下，活性链末端自由基是以自由的方式存在着。它是 sp^2 结构，未成对电子垂直于末端链节的平面，单体可从这平面上方或下方进攻自由基。因此，链末端自由基不具有形成立构规整性聚合物的特效性。聚合物链的构型也不是由单体向活性中心加成的瞬间所决定的，而是在一个单体加成后才决定的。因为只有在加成后，倒数第二个链节才变成 sp^3 结构。C—C 键由于受到取代基的空间位阻效应和静电排斥作用，最后稳定下来。其过程如下（其中箭头表示 C—C 键旋转方向）：

最终产物中含立体异构体的数量和类型就决定于进行间同和全同聚合速率常数的比值 $k_{间同}/k_{全同}$。通常这个比值在 $1 \sim \infty$ 之间时，聚合物只含无规和间规立构体。

在许多情况下，自由基聚合中得到的间同立构体比全同立构体为多。因为在链增长阶段的过渡态中，以连续交替排列时，R 基之间和 R 基与倒数第二个链节之间的空间位阻和静电排斥力最小。间同立构加成反应活化能比全同立构加成的反应活化能要小 $2.09 \sim 4.18 \mathrm{~kJ} \cdot \mathrm{mol}^{-1}$。通常，取代基 R 的位阻愈大，间同立构体含量愈高。

早已发现，降低自由基聚合的温度，能减少 C—C 键的内旋转运动，使聚合产物的立构规整性增加，如表 2-20 所示。

表 2-20　甲基丙烯酸甲酯自由基聚合中温度对产物立构规整度的影响

聚合温度/℃	$k_{间同}/k_{全同}$	间同立构规整度	聚合温度/℃	$k_{间同}/k_{全同}$	间同立构规整度
−78	7.34	88	100	2.70	
−40	6.15	86	150	2.03	73
0	3.54	78	200	1.78	67
50	3.34	77			64

由于自由基聚合时，活性链端没有专一的定向能力，所以，要获得立构规整性聚合物，必须设法提高单体的极性和空间位阻，或设法使单体在聚合前就排列规整。

将极性单体和无机盐络合，然后进行自由基聚合，可获得立构规整性聚合物。如甲基丙烯酸甲酯和无水氯化锌络合，提高了单体的极性，经紫外线照射可聚合成全同立构聚甲基丙烯酸甲酯。

也可采用晶道络合物的聚合方法，获得立构规整性聚合物。即将单体（如氯乙烯、1,3-丁二烯）溶解在脲或硫脲中，经冷冻后，脲结晶，单体形成包结络合物并规则地排列在晶道中，经辐射聚合得立构规整性聚合物，如全同立构聚氯乙烯和纯反式-1,4-聚丁二烯。

（3）离子型聚合 非极性 α-烯烃难以通过离子型聚合制得立构规整性聚合物。极性单体可在一定条件下通过离子型聚合制得立构规整聚合物。

在离子型聚合中，活性增长链离子与反离子靠得愈近，形成立构规整性聚合物的可能性越大。选择极性小的溶剂以降低离子对的离解度并降低温度以使单体分子热运动减弱，此外还可减小单体浓度以利于加成过程规则排列，这样就有可能制得立构规整的聚合物。例如，在低温下用烷基锂作催化剂，以甲苯为溶剂可制得全同立构的聚甲基丙烯酸甲酯；当以四氢呋喃为溶剂时，可制得间同立构的聚甲基丙烯酸甲酯。

当乙烯基单体的 α-位、β-位上导入取代基后，容易形成立构规整性较好的聚合物，这主要是空间位阻起了决定性作用。例如，随乙烯基醚单体上取代的烷氧基愈大，聚合物的立构规整性就愈好。

2.2.4.3　光学活性聚合物

许多 α-烯烃聚合物，虽然连有取代基的碳原子是真正的立构中心，但聚合物却没有光学活性。

有些单体含有真正的不对称碳原子，形成的聚合物又具有光学活性，称这种聚合物为光学活性聚合物。如：

在自然界中许多生物高分子都具有光学活性。

光学活性聚合物可通过光学活性单体和光学活性催化剂来合成。现在广泛使用光学活性单体合成光学活性聚合物。如 R-环氧丙烷在 KOH 作用下，得 R-聚环氧丙烷。当使用外消旋单体时，用无立构规整性催化剂只能得到无规立构体。

所谓光学活性催化剂，就是用外消旋单体聚合时，这种催化剂可使其中一种构型的单体聚合，获得光学活性聚合物。如有光学活性的聚环氧丙烷，可用二乙基锌-R-冰片催化体系，使外消旋环氧丙烷聚合而得。这种能专门选择一种构型单体聚合的过程，称为立构选择性聚合反应。

2.2.5　聚合实施方法

聚合反应的实施方法可分为本体聚合、溶液聚合、悬浮聚合和乳液聚合四种。

所谓本体聚合，是单体本身加少量引发剂（或催化剂）的聚合。溶液聚合是单体与引发剂（或催化剂）溶于适当溶剂中的聚合。悬浮聚合一般是单体以液滴状态悬浮于水中的聚合方法，体系主要由水、单体、引发剂和分散剂组成。乳液聚合是单体和分散介质（一般为水）由乳化剂配成乳液状态而进行聚合，体系的基本组分是单体、水、引发剂和乳化剂。

本体聚合和溶液聚合属均相体系，而悬浮聚合和乳液聚合是非均相体系。但悬浮聚合在机理上与本体聚合相似，一个液滴就相当于一个本体聚合单元。

根据聚合物在其单体和聚合溶剂中的溶解性质，本体聚合和溶液聚合都存在均相和非均相两种情况。当生成的聚合物溶解于单体和所用的溶剂时，即为均相聚合，例如苯乙烯的本体聚合和在苯中的溶液聚合。若生成的聚合物不溶于单体和所用溶剂时则为非均相聚合，亦称沉淀聚合。例如聚氯乙烯不溶于氯乙烯，在聚合过程中从单体中沉析出来，形成两相。

气态和固态单体也能进行聚合，分别称为气相聚合和固相聚合，都属于本体聚合。

各种聚合实施方法的相互关系列于表 2-21，各种聚合实施方法的主要配方、聚合机理、特点等列于表 2-22。

表 2-21 聚合体系和实施方法示例

单体-介质体系	聚合方法	聚合物-单体(或溶剂)体系	
		均相聚合	沉淀聚合
均相体系	本体聚合 气态 液态 固态	— 苯乙烯,丙烯酸酯类 —	乙烯高压聚合 氯乙烯,丙烯腈 丙烯酰胺
	溶液聚合	苯乙烯-苯 丙烯酸-水 丙烯腈-二甲基甲酰胺	苯乙烯-甲醇 丙烯酸-己烷
非均相体系	悬浮聚合	苯乙烯 甲基丙烯酸甲酯	氯乙烯 四氟乙烯
	乳液聚合	苯乙烯,丁二烯	氯乙烯

表 2-22 四种聚合实施方法比较

项 目	本体聚合	溶液聚合	悬浮聚合	乳液聚合
配方主要成分	单体 引发剂	单体 引发剂 溶剂	单体 引发剂 水 分散剂	单体 水溶性引发剂 水 乳化剂
聚合场所	本体内	溶液内	液滴内	胶束和乳胶粒内
聚合机理	遵循自由基聚合一般机理,提高速率的因素往往使分子量降低	伴有向溶剂的链转移反应,一般分子量较低,速率也较低	与本体聚合相同	能同时提高聚合速率和分子量
生产特征	热不易散出,间歇生产(有些也可连续生产),设备简单,宜制板材和型材	散热容易,可连续生产,不宜制成干燥粉状或粒状树脂	散热容易,间歇生产,须有分离、洗涤、干燥等工序	散热容易,可连续生产,制成固体树脂时,需经凝聚、洗涤、干燥等工序
产物特征	聚合物纯净,宜于生产透明浅色制品,分子量分布较宽	一般聚合液直接使用	比较纯净,可能留有少量分散剂	留有少量乳化剂和其他助剂

离子型聚合、配位离子聚合的催化剂活性会被水所破坏，所以，一般只能选取溶液聚合和本体聚合的方法；缩聚反应一般选用熔融缩聚、溶液缩聚和界面缩聚三种方法。

鉴于悬浮聚合和乳液聚合在自由基聚合实施方法中的地位和工业生产上的重要性，以下仅重点讨论这两种方法。本体法和溶液法在原理上比较简单，不再进一步讨论。

2.2.5.1 悬浮聚合

悬浮聚合体系通常由单体、水、引发剂和分散剂四种基本成分组成。悬浮聚合机理与本体聚合的相似。与本体聚合和溶液聚合一样，悬浮聚合也有均相聚合和沉淀聚合之分。苯乙烯和甲基丙烯酸甲酯的悬浮聚合为均相聚合，氯乙烯的悬浮聚合为沉淀聚合。

悬浮聚合产物的粒子直径为 0.01～5mm，一般为 0.05～2mm。粒径大小决定于搅拌强度和分散剂的性质和用量。悬浮聚合结束后，排出并回收未聚合的单体；聚合物经洗涤、分离、干燥即得粒状或粉状产品。悬浮均相聚合可制成透明珠状聚合物，悬浮沉淀聚合产品是不透明的粉状物。

（1）液滴分散和成粉过程　苯乙烯、甲基丙烯酸甲酯、氯乙烯等大多数乙烯基单体在水中溶解度很小，只有万分之几到千分之几，实际上可以看作与水不互溶。如将这类单体倒入水中，单体将浮在水面上，分成两层。

进行搅拌时，在剪切力作用下，单体液层将分散成液滴。大液滴受力，还会变形，继续分散成小液滴，如图 2-11 中的过程①、②。但单体和水两液体间存在着一定的界面张力，界面张力将使液滴力图保持球形。界面张力愈大，保持成球形的能力愈强，形成的液滴也愈大。相反，界面张力愈小，形成的液滴也愈小。过小的液滴还会聚集成较大的液滴。搅拌剪切力和界面张力对成滴作用影响方向相反，在一定搅拌强度和界面张力下，大小不等的液滴通过一系列的分散和聚集过程，构成一定动平衡，最后达到一定的平均粒度。但大小仍有一定的分布，因为反应器内各部分受到的搅拌强度是不均一的。

搅拌停止后，液滴将聚集黏合变大，最后仍与水分层，如图 2-11 中③、④、⑤过程。单靠搅拌形成的液滴分散液是不稳定的。

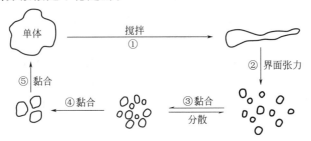

图 2-11　悬浮单体液滴分散黏合示意

在未聚合阶段，两单体液滴碰撞时，可能弹开，也可能聚集成大液滴，大液滴也可能被打散成小液滴。但聚合到一定程度后，如 20% 转化率，单体液滴中溶解有或溶胀有一定量的聚合物，变得发黏起来。这阶段，两液滴碰撞时，很难弹开，往往黏结在一起。搅拌反而促进黏结，最后会结成一整块。当转化率较高，如 60%～70%，液滴转变成固体粒子，就没有黏结成块的危险。因此，体系中须加有一定量的分散剂，以便在液滴表面形成一层保护膜，防止黏结。

加有分散剂的悬浮聚合体系，当转化率提高到 20%～70%、液滴进入发黏阶段，如果停止搅拌，仍有黏结成块的危险。因此，在悬浮聚合中，分散剂和搅拌是两个重要因素。

（2）分散剂及其分散作用　用于悬浮聚合的分散剂，大致可以分成下列两类，作用机理也有差别。

① 水溶性有机高分子物质　属于这类的有部分水解的聚乙烯醇、聚丙烯酸和聚甲基丙烯酸的盐类、马来酸酐-苯乙烯共聚物等合成高分子，甲基纤维素、羟甲基纤维素、羟丙基纤维素等纤维素衍生物，明胶、蛋白质、淀粉、藻酸钠等天然高分子。目前多广泛采用质量稳定的合成高分子。

高分子分散剂的作用机理主要是吸附在液滴表面，形成一层保护膜，起着保护胶体的作用，如图 2-12 所示。同时介质的黏度增加，有碍于两液滴的黏合。明胶、部分醇解的聚乙烯醇等的水溶液还使表面张力和界面张力降低，将使液滴变小。

② 不溶于水的无机粉末　如碳酸镁、碳酸钙、碳酸钡、硫酸钡、硫酸钙、磷酸钙、滑石粉、高岭土、白垩等。这类分散剂的作用机理是将细粉末吸附在液滴表面，起着机械隔离的作用，如图 2-13 所示。

碳酸镁微粒可以由碳酸钠溶液和硫酸镁溶液加入聚合釜中直接形成。

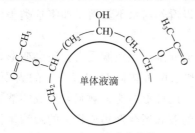

图 2-12　聚乙烯醇分散作用

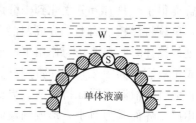

图 2-13　无机粉末分散作用

W—水；S—粉末

分散剂种类的选择和用量的确定随聚合物种类和颗粒要求而定。除颗粒大小和形状外，尚须考虑树脂的透明性和成膜性等，例如聚苯乙烯、聚甲基丙烯酸甲酯要求透明，以选用碳酸镁为宜，因为残留碳酸镁可用稀硫酸除去。

聚苯乙烯是透明珠粒状。聚氯乙烯树脂颗粒则希望表面疏松，以利于增塑剂的吸收。因此，除了上述主分散剂外，有时还另加少量表面活性剂，作为助分散剂，如十二烷基硫酸钠、十二烷基磺酸钠、环氧乙烷缩聚物、磺化油等。但表面活性剂不宜多加，否则容易转变成乳液聚合。

聚乙烯醇、明胶等主分散剂的用量约为单体量的 0.1%，助分散剂则为 0.01%～0.03%。

（3）颗粒大小和形态　不同聚合物对颗粒形态和大小有着不同的要求。聚苯乙烯、聚甲基丙烯酸甲酯要求是珠状粒料，便于直接注塑成型。聚氯乙烯则要求是表面粗糙疏松的粉料，以便与增塑剂、稳定剂、色料等助剂混合塑化均匀。

影响树脂颗粒大小和形态的除了搅拌强度和分散剂的性质和浓度两个主要因素外，还与下列诸因素有关：①水-单体比；②聚合温度；③引发剂种类和用量、聚合速率；④单体种类；⑤其他添加剂等。

一般，搅拌强度愈大，树脂粒子愈细。转速过低，粒子将黏结合成饼状而使聚合失败。生产规模聚合釜搅拌转速一般为每分钟数十到上百转，视叶径而定。搅拌强度将与搅拌器形式、尺寸和转速、反应器结构和尺寸、挡板、温度计套管形式和位置等许多因素有关。

分散剂性质和用量对树脂颗粒大小和形态有显著影响，衡量分散剂性质的主要参数是表面张力或界面张力。界面张力小的分散剂将使颗粒变细。氯乙烯悬浮聚合时，分散液表面张力在 $0.05N \cdot m^{-1}$ 以下，如醇解度为 80% 的聚乙烯醇或甲基纤维素，容易制得疏松型树脂。而 0.1%～0.2% 明胶溶液表面张力约 $0.065N \cdot m^{-1}$，将形成紧密型树脂。明胶液中加适量表面活性剂，使表面张力降低，也有可能制得疏松型树脂。分散剂的选择往往需经实验确定，这方面的基础研究尚少。

工业生产悬浮聚合中水和单体重量比多波动在 （1～3）：1 范围内。水少，容易结饼或粒子变粗；水多，则粒子变细，粒径分布窄。

（4）微悬浮聚合 悬浮聚合的液滴直径一般为 $50\sim2000\mu m$；产物颗粒直径大致与单体液滴相当。但近年来发展了称之为微悬浮聚合的方法，可将单体液滴及新制得的聚合物颗粒粒径达到 $0.2\sim2\mu m$，比一般乳液聚合产物粒径还要小。微悬浮法已在工业上用来制备高质量的聚氯乙烯糊树脂。

微悬浮（micro-suspension）法中，分散剂是由普通乳化剂和难溶助剂（如十六醇）复合组成的。在微悬浮聚合中，不论采用油溶性或水溶性引发剂，都在微液滴中引发聚合，有别于胶束成核，但产物粒径却比乳液聚合的还小。所以微悬浮聚合兼有悬浮聚合和乳液聚合的特征，具有其自身的规律和特点。

2.2.5.2 乳液聚合

单体在水介质中由乳化剂分散成乳液状态进行的聚合称作乳液聚合。乳液聚合最简单的配方由单体、水、水溶性引发剂、乳化剂四部分组成。

在本体聚合、溶液聚合或悬浮聚合中，使聚合速率提高的一些因素，往往使分子量降低。但在乳液聚合中，速率和分子量却可以同时提高。显然乳液聚合存在着另一种机理，控制产品质量的因素也有所不同。

乳液聚合产物的粒子直径约 $0.05\sim0.15\mu m$，比悬浮聚合常见粒子 $50\sim2000\mu m$ 要小得多，这也与聚合机理有关。

丁苯橡胶、丁腈橡胶等聚合物要求分子量高，产量又大，工业上适宜采用连续法生产，少量杂质对通用橡胶制品质量并无显著影响。因此，这类聚合物常选用乳液聚合法生产。生产人造革用的糊状聚氯乙烯树脂也采用乳液法，其产量约占聚氯乙烯树脂总产量的 $15\%\sim20\%$。此外，聚甲基丙烯酸甲酯、聚乙酸乙烯酯、聚四氟乙烯等也有采用乳液法生产的。

（1）乳化剂及乳化作用 像苯乙烯一类不溶于水的单体，与水相混，单凭搅拌作用只能形成不稳定的分散液；有分散剂存在，可以形成暂时稳定的分散液；加有乳化剂时，则能形成相当稳定的乳液。

乳化剂一般是兼有亲水的极性基团和疏水（或亲油）的非极性基团的物质。例如硬脂酸钠皂（$C_{17}H_{35}COONa$）中的十七烷基（$C_{17}H_{35}—$）是疏水基团，羧酸钠（$—COONa$）是亲水基团。

当乳化剂的浓度很低时，可以分子分散状态真正溶解在水中；当乳化剂达到某一浓度后，约由 $50\sim100$ 个乳化剂分子形成聚集体，这种聚集体称做胶束。胶束大致呈球形，平均直径约 $5\times10^{-9}m$，四周是一层乳化剂分子，每个分子的离子端指向外围水相，烃基端指向胶束中心。胶束也可能呈棒形。能够形成胶束的最低乳化剂浓度，称作临界胶束浓度 CMC。例如硬脂酸钠的 CMC 约 $0.13kg\cdot m^{-3}$。

临界胶束浓度是乳化剂性质的一种特征参数。浓度在 CMC 以下时，溶液的表面张力随乳化剂浓度增加而迅速降低。到达 CMC 后，表面张力的降低才开始缓慢起来。溶液的其他性质，如电导率、折射率、黏度、光散射等在 CMC 处均有明显的转折变化。乳化剂用量愈多，形成的胶束也愈多。

在乳化剂水溶液中加有单体时，单体除了按在水中的溶解度以分子分散状态真正溶于水中外，还可以较多的量溶解在胶束内，这是单体与胶束中心烃基部分相似相溶的结果。这种溶解与分子分散的真正溶解有所不同，特称作增溶作用。例如 20℃时苯乙烯在水中的溶解度只有 0.02%，而在乳液聚合所用乳化剂作用下，可增溶到 $1\%\sim2\%$。胶束中单体增溶之后，体积增大，直径可由原来的 4～5nm 增至 6～10nm。

溶液中更多的单体，经搅拌，将分散成细小的液滴。液滴四周吸附了一层乳化剂分子，烃基末端附在液滴表面，极性基团指向水介质，形成了带电的保护层，因此，乳液得以稳定，搅拌停止后，可以稳定很长一段时间而不分层，但还不是像胶束中增溶那样属于热力学稳定状态。乳液经长时期放置后，仍有分层的趋势。

乳化剂是能使界面张力显著降低的物质，因此，乳液液滴直径很小，约 $0.5～10\mu m$，比悬浮聚合时液滴 0.01～5mm 要小得多，但比增溶胶束却要大上百倍。

单体和乳化剂在水中形成分子溶解、胶束、增溶胶束和液滴的分散情况如图 2-14 所示。

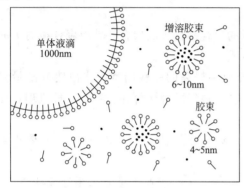

图 2-14　单体和乳化剂在水中分散示意
○—乳化剂分子；●—单体分子

由以上分析可知，乳化剂有三种作用：降低界面张力、在液滴表面形成保护层和对单体的增溶作用。

按对水表面张力的影响可将溶质分为三类：使表面张力增加，如 NaCl、NH_4Cl 以及蔗糖等；使表面张力降低，如醇、醚、酯等有机物；使表面张力急剧下降，达到某一临界浓度后下降趋缓，这就是乳化剂。

后两类物质都算表面活性剂，但用作乳化剂的表面活性剂必须能形成胶束。

根据乳化剂必须具备的一些性质，乳化剂分子一般由非极性的烃基和极性基团两部分组成。根据极性基团的性质，可将乳化剂分成阴离子型、阳离子型、两性型和非离子型四类。用于乳液聚合主要的是阴离子型乳化剂。非离子型乳化剂一般用作辅助乳化剂，以增加乳液的稳定性。阳离子乳化剂在乳液聚合中一般用得较少。

阴离子乳化剂中的阴离子基团一般是羧酸盐（—COONa）、硫酸盐（—SO_4Na）、磺酸盐（—SO_3Na）等，非极性基团一般是 $C_{11}～C_{17}$ 的直链烷基以及 $C_3～C_8$ 烷基与苯基或萘基结合在一起的疏水基团。这类乳化剂中最常用的有皂类［如脂肪酸钠（RCOONa，R＝$C_{11}～C_{17}$）、十二烷基硫酸钠（$C_{12}H_{25}SO_4$Na）、烷基磺酸钠［RSO$_3$Na(R＝$C_{12}～C_{16}$)］、烷基芳基磺酸钠［如二丁基萘磺酸钠（C_4H_9)$_2$$C_{10}H_5SO_3$Na，俗称拉开粉］、松香皂等。

阴离子乳化剂在碱性溶液中比较稳定，尤其是脂肪酸钠皂遇酸、金属盐、硬水等，会形成不溶于水的脂肪酸或金属皂，使乳化剂失效并凝聚起来，利用这性质，可以用酸和盐来进行破乳。因此在乳液聚合的配方中，经常加有 pH 调节剂，如 $Na_3PO_4 \cdot 12H_2O$，保证pH＝9～11。

非离子型乳化剂的典型代表是环氧乙烷聚合物，如 R$-$(OC$_2$H$_4)_n$OH、R$-\langle\ \rangle-$(OC$_2$H$_4)_n$OH、RCO$-$(OC$_2$H$_4)_n$OH 等，其中 R＝$C_{10}～C_{16}$，n＝4～30 不等。聚乙烯醇也属于这一类。这类乳化剂具有非离子的特性，所以对 pH 值的变化并不敏感，微酸性反而较稳定。在乳液聚合中，非离子型乳化剂并不单独使用，仅仅用作辅助乳化剂，增加对乳胶的稳定作用。

（2）乳液聚合机理　在讨论乳液聚合机理以前，应该区别两类乳液聚合：一类是用非水溶性引发剂（如偶氮二异丁腈、过氧化二苯甲酰、异丙苯过氧化氢）的乳液聚合；另一类是

用水溶性引发剂（过硫酸钾、异丙苯过氧化氢＋Fe^{2+}）的真正乳液聚合。

采用非水溶性引发剂时，聚合大部分在液滴内进行，最后形成的聚合物粒子与原始液滴大小基本相同（$0.5 \sim 10 \mu m$），这部分聚合机理与本体聚合或悬浮聚合相同。除了这部分珠状粗粒产物外，由于一部分自由基在水相中引发聚合，还会形成相当数量（约50%）粒子小于 $0.5 \mu m$ 的稳定聚合物胶乳，如乙酸乙烯酯的聚合。

以下着重讨论用水溶性引发剂的真正乳液聚合的机理。选取一"理想体系"作为研究对象，所谓"理想体系"，是由难溶于水的单体、水、水溶性引发剂、乳化剂四部分组成，苯乙烯、水、过硫酸钾、肥皂体系就是典型例子。聚合之前，单体和乳化剂分别以下列三种状态存在于体系中（见图 2-14）。

极少量单体和少量乳化剂分别以分子分散状态溶解在水中，形成水相。

大部分乳化剂形成胶束（直径约 $4 \sim 5nm$），极大部分胶束内增溶有一定量的单体（直径约 $6 \sim 10nm$）。

大部分单体分散成液滴（直径约 $1000nm$），表面吸附有乳化剂，形成稳定的乳液。

上述体系乳液聚合的全过程大致可以分成下列三个阶段。

① 第一阶段——乳胶粒生成期　从开始引发聚合，直至胶束消失，聚合速率递增。

水溶性引发剂，如过硫酸钾，在水相中分解出初级自由基。初级自由基形成以后，在哪一场所引发聚合是乳液聚合机理的核心问题。

液滴中单体重量虽然占单体总量的极大部分（>95%），但其粒子数（约 10^{10} 个/mL）要比胶束数（10^{18} 个/mL）少 8 个数量级，比表面积也要小得多，因此这部分单体并不是引发聚合的主要场所。溶于水中的单体质量分数虽然很少，但分子数却比液滴数多。同时胶束粒子也多，与溶于水中的单体分子数相当，比表面积也大。水溶性引发剂在水相中产生初级自由基后，可使溶于水和胶束中的单体迅速引发；但水中单体浓度较低，形成单体自由基或短链自由基后，往往也进入胶束中增长。随后聚合就在胶束中进行。初级自由基或短链自由基进入增溶胶束使单体引发或增长的过程称做成核过程。

增溶于胶束内的单体有限，因引发增长消耗一部分以后，由液滴、经水相不断扩散，加以补充。胶束是一独立粒子，很难由含有活性链的成核胶束接触来双基终止。只有当水中第二个初级自由基扩散到含有活性链的胶束内，才立刻双基终止，形成大分子。双基终止极快，只有 $10^{-3}s$。第三个初级自由基进入，又使其中残留单体引发增长；第四个进入，才再终止。聚合就这样地继续进行下去。增溶胶束成核之后，就逐渐转变成单体-聚合物乳胶粒（简称乳胶粒），形成了新的相。

初期产生的乳胶粒体积较小，其中单体有限，随着聚合的进行，乳胶粒中的单体有减少的趋势，液滴中的单体将通过水相，不断向乳胶粒扩散补充，液滴就成为供应单体的仓库。乳胶粒、水相、液滴三者之间单体浓度达到平衡。体系中只要有单体液滴存在，乳胶粒中单体浓度就不至于降低。这一阶段液滴数并不减少，只是体积在缩小。

随着引发聚合的继续进行，增溶胶束不断成核，乳胶粒不断增多和增大。增溶胶束原来的平均直径不过 $6 \sim 10nm$，转化率为 2%~3% 时的乳胶粒就可以长大到 $20 \sim 40nm$。胶束表面原有的乳化剂不足以掩盖体积表面渐增的乳胶粒，先由溶于水中的乳化剂分子继续由未成核的胶束和体积逐渐缩小的单体液滴表面的乳化剂通过水相来补充。转化率到达 15%，胶束全部消失，除了液滴表面和溶于水中的少量乳化剂外，大部分乳化剂集中在乳胶粒-水的界面上。胶束消失，标志着水相中乳化剂浓度在 CMC 以下，体系的表面张力将增加。未成核的增溶胶束消失时，其中单体也扩散入乳胶粒，供增长用。

胶束消失后，不再形成新的乳胶粒。胶粒数从此固定下来，约 $10^{14} \sim 10^{15}$ 个/mL。以后引发聚合就完全在乳胶粒内进行。比较原来的胶束数（10^{18} 个/mL）和最后乳胶粒数（$10^{14} \sim 10^{15}$ 个/mL）就可以看出，只有一少部分胶束成核转变成乳胶粒，极大部分胶束不活化，将分散成乳化剂分子，通过水相，扩散至乳胶粒表面起保护作用。

乳液聚合第一阶段是成粒阶段，体系由水相、单体液滴、胶束、乳胶粒四相组成，胶束和乳胶粒是引发聚合的场所，聚合速率随乳胶粒数的增多而增加，胶束的全部消失标志着这一阶段的结束。

② 第二阶段——恒速期　自胶束消失开始，乳胶粒继续增大，直至单体液滴消失。

胶束消失后，聚合进入第二阶段。再也没有胶束能够成核，变成乳胶粒，胶粒数因此而保持恒定，不再增加。链引发、链增长、链终止反应继续在乳胶粒内进行，液滴仍起着仓库的作用，不断向乳胶粒供应单体。体系中只要有液滴存在，乳胶粒中单体浓度可以保持基本不变，加上乳胶粒数恒定，这一阶段的聚合速率也基本一定。随着转化率不断提高，乳胶粒继续增大，单体液滴体积继续缩小，液滴数也逐渐减少。转化率到达 50%，液滴全部消失，单体全部进入乳胶粒，开始转入第三阶段。这时候的胶粒体积达最大值，约 $50 \sim 150$nm。这一尺寸比胶束要大得多，但比单体液滴却要小得多。

第二阶段体系由水相、乳胶粒、单体液滴三相组成。

③ 第三阶段——降速期　单体液滴消失后，体系中只留下水相和乳胶粒两相。乳胶粒内由单体和聚合物两部分组成，水中的自由基可以继续扩散入内使引发增长或终止，但单体再无补充来源，聚合速率将随乳胶粒内单体浓度的降低而降低。可以说第三阶段是单体-聚合物乳胶粒转变成聚合物乳胶粒的过程。

（3）乳液聚合动力学　乳液聚合速率的变化可分为增速、匀速和减速三个阶段。由于单体的聚合速率主要由恒速阶段决定，所以动力学问题主要是恒速阶段的问题。

由于引发和聚合主要在胶束和乳胶粒内进行，所以主要考虑胶束中单体浓度和自由基浓度。

乳胶粒体积较小，在同一时间内，只能容纳一个自由基，当第二个自由基从水相进入乳胶粒后就会立即与其中的链自由基发生双基终止成为无自由基的乳胶粒。所以统计而言，任一时刻体系中平均有一半乳胶粒各含一个链自由基在进行聚合。因此，聚合速率 r_p（分子/s）为：

$$r_p = k_p[M]N/2 \tag{2-20}$$

式中　[M]——乳胶粒中单体浓度，$mol \cdot mL^{-1}$；

　　　　N——每毫升中乳胶粒数；

　　　　k_p——链增长速率常数。

上式除以阿伏伽德罗常数 N_0 即得聚合速率（$mol \cdot mL^{-1}$）为：

$$R_p = -\frac{d[M]}{dt} = k_p[M]N/2N_0 \tag{2-21}$$

式中，k_p 为常数；[M] 亦接近常数，所以聚合速率主要决定于乳胶粒数。

动力学链长或聚合度 $\overline{X}_n$ 由增长速率和自由基产生的速率 ρ 求出。对一个乳胶粒来说，引发速率 r_i 和增长速率 r_p 分别为：$r_i = \rho/N$，$r_p = k_p[M]$，于是可得：

$$\overline{X}_n = r_p/r_i = k_p[M]N/\rho \tag{2-22}$$

上式表明，聚合物的聚合度与乳胶粒数成正比，而与自由基产生速率成反比。因此，增加乳化剂用量可使聚合速率和分子量同时提高。

按照前述的基本分析，Smith 和 Ewart 提出了如下关系式来关联乳胶粒数与乳化剂浓度及自由基形成速率：

$$N = F\left(\frac{\rho}{\mu}\right)^{2/5}(a_s[s])^{3/5} \tag{2-23}$$

式中　ρ——自由基形成速率，$mol \cdot mL^{-1} \cdot s^{-1}$；

　　　μ——乳胶粒体积增加速率，$mL \cdot s^{-1}$；

　　　a_s——一个乳化剂分子在胶束或乳胶粒表面所占面积，$cm^2 \cdot moL^{-1}$；

　　　$[s]$——乳化剂浓度，$mol \cdot mL^{-1}$；

　　　F——介于 0.37～0.53 之间的常数，一般为 0.47。

由式 (2-21) 及式 (2-23) 可得乳液聚合速率 R_p 为：

$$R_p = k_p[M][I]^{2/5}[E]^{3/5} \tag{2-24}$$

式中　$[I]$——引发剂浓度，$mol \cdot mL^{-1}$；

　　　$[E]$——乳化剂浓度，$mol \cdot mL^{-1}$。

并可得：

$$\overline{X}_n = k[M][I]^{-3/5}[E]^{3/5} \tag{2-25}$$

式中，k 为比例常数，具有修正参数的作用，它与链转移反应、交联支化的发生有关。

乳化剂、引发剂、温度的影响综合于表 2-23。

表 2-23　乳液聚合主要影响参数

下列因素增大	乳胶粒			聚合速率		聚合度	
	数量	正比于	大小	影响	正比于	影响	正比于
引发剂[I]	增	$[I]^{2/5}$	降	增	$[I]^{2/5}$	减	$[I]^{-3/5}$
单体[M]	减		增	增		增	
温度	增		减	增		减	
乳化剂[E]	增	$[E]^{3/5}$	降	增	$[E]^{3/5}$	增	$[E]^{3/5}$

应当指出，前面的讨论都是最简化的情况。在工业实际应用时还需考虑一系列因素，组分可多至十余个。例如，为了稳定介质的 pH 值常需加适量缓冲剂或 pH 值调节剂，如 $Na_3PO_4 \cdot 12H_2O$；为了调节分子量常需加分子量调节剂，如十二硫醇等。

（4）乳液聚合技术进展　由于乳液聚合方法的综合优点，使得乳液聚合技术近年来有了长足的发展，派生了一系列乳液聚合新技术和新方法，如反相乳液聚合、无皂乳液聚合、微乳液聚合、分散聚合以及种子乳液聚合等。

① 分散聚合是一种特殊类型的沉淀聚合。单体、稳定剂和引发剂都溶解于介质中，反应开始前为均相体系。反应所生成的聚合物不溶于介质中，聚合物链达到临界链长后，从介质中沉淀下来。与一般沉淀聚合不同的是，沉淀出的聚合物不是形成粉末或块状聚合物，而是借助于稳定剂悬浮于介质中，形成类似于聚合物乳液的稳定分散体系，即 P-OO 乳液。

由于 P-OO 乳液固含量高、产品耐水性好、透明性及光泽性好、可在低温下使用等一系列优点，所以此项技术已得到广泛的工业应用。

② 传统的乳液是珠滴直径在 1～20μm 范围内的不透明的非热力学稳定体系。微乳液是

由水、乳化剂及助乳化剂形成的外观透明的、热力学稳定的油-水分散体系。分散相的珠滴直径为 10～100nm，远比一般乳液的小。所用助乳化剂一般为醇类。微珠滴是靠乳化剂与助乳化剂形成的界面层来维持其稳定的。

用微乳液聚合方法制得的聚合物微乳液，乳胶粒直径很小，为纳米级，且表面张力小，有极好的渗透性、润湿性、流平性和流变性，所形成的膜高度透明。所以，微乳液聚合目前已进入了工业应用和开发的阶段。

③ 种子乳液聚合是在聚合物共混物复合技术及聚合物微粒形态设计要求的背景下发展而成的一种新型乳液聚合方法。种子乳液聚合（seeded emulsion polymerization）亦称为核壳乳液聚合或多步乳液聚合，是在单体Ⅰ聚合物乳胶粒存在下，使单体Ⅱ进行乳液聚合的方法。将单体Ⅰ乳液聚合制得的乳胶粒称为种子。因为是在种子存在下的乳液聚合，故也称之为种子乳液聚合。用这种方法可制得核壳结构的乳胶粒，也称之为核壳乳液聚合。这种乳液聚合是分步进行的，即用乳液聚合法制备种子是第一步，单体Ⅱ聚合是第二步，所以也称为两步乳液聚合。有时可进行三步或四步聚合，这时就是多步乳液聚合（multi-stage emulsion polymerization）。

种子乳液聚合基本实施方法如下：第一步是将单体（或混合单体）Ⅰ按常规乳液聚合方法进行聚合，制得聚合物Ⅰ胶乳，称为种子乳液；第二步，在种子乳液中加入单体（或混合单体）Ⅱ和引发剂，但不再加乳化剂（为了体系稳定的需要，有时也加入少量乳化剂，其量最好在 CMC 浓度以下，以免产生新种子），升温，使单体Ⅱ进行聚合，制得具有特殊结构的聚合物Ⅰ/聚合物Ⅱ复合乳胶粒。这种方法制得的乳胶粒，常常是聚合物Ⅰ为核、聚合物Ⅱ为壳的核-壳结构。有时聚合物Ⅱ为核，聚合物Ⅰ为壳，则称为"翻转"核壳结构。制得的乳胶粒的形态结构与单体种类和反应条件有关。不同的单体组合和不同的反应条件，可制得各种各样形态结构的乳胶粒。具有非正常核壳结构的乳胶粒亦称为异形结构乳胶粒。

在种子乳液聚合中，若聚合物Ⅰ及聚合物Ⅱ是交联的，或其中一个是交联的，则制得的复合乳胶粒就是所谓的胶乳型聚合物互穿网络（latex interpenetrating polymer networks，LIPNs）（见 6.1.2.3 节），是一种特殊形态的聚合物共混物。LIPNs 也可看作种子乳液聚合的一种应用。

这种方法亦不限于乳液聚合，已经应用到分散聚合及微乳液聚合，分别称之为种子分散聚合和种子微乳液聚合。

④ 非水介质中的乳液聚合。传统的乳液聚合是以水为分散介质，不溶于水（或微溶于水）的单体为分散相（油相）。但对像丙烯酸、丙烯酰胺等水溶性单体，采用传统的乳液聚合方法就有困难。非水介质中的乳液聚合就是在此背景下提出的。

非水介质中的乳液聚合有两种类型。一是反相乳液聚合，是以与水不相溶的有机溶剂为分散介质、油溶性乳化剂和油溶性引发剂，使水溶性单体的水溶液分散成油包水型（W/O）乳液而进行的聚合。这与传统的乳液聚合刚好相反，故称之为反相乳液聚合。不过反相乳液聚合中，也常采用水溶性引发剂。第二种是非水介质中的正相乳液聚合，即非水介质中的常规乳液聚合。这时仅用非水介质代替水作为分散介质，其他仍如传统乳液聚合一样。这种方法目前尚无重要的应用背景，不像反相乳液聚合那样重要。

⑤ 无皂乳液聚合。无皂乳液聚合是指在反应体系中不加或只加入微量（其浓度小于CMC）乳化剂的乳液聚合。乳化剂是在反应过程中形成的，一般采用可离子化的引发剂，它分解后生成离子型自由基。这样在引发聚合反应后，产生的链自由基和聚合物链带有离子

性端基，其结构类似于离子型乳化剂，因而起到乳化剂的作用。常用的阴离子型引发剂有过硫酸盐和偶氮烷基羧酸盐等；阳离子型引发剂主要有偶氮烷基氯化铵盐。最常用的是过硫酸钾（KPS）。

无皂乳液聚合由于不含乳化剂，克服了传统乳液聚合由于残存的乳化剂而对最终产品性能的不良影响。此外，无皂乳液聚合还可用来制备 $0.5\sim1.0\mu m$ 之间、单分散、表面清洁的聚合物粒子；还可通过粒子设计使粒子表面带有各种官能团而广泛用于生物、医学等领域。

2.3　逐步聚合反应

逐步聚合反应包括缩聚反应和逐步加聚反应。

与连锁聚合相比，这类反应没有特定的反应活性中心。每个单体分子的官能团，都有相同的反应能力。所以在反应初期形成二聚体、三聚体和其他低聚物。随着反应时间的延长，分子量逐步增大。增长过程中，每一步产物都能独立存在，在任何时候都可以终止反应，在任何时候又能使其继续以同样活性进行反应。显然这是连锁反应的增长过程所没有的特征。

对于逐步聚合反应与连锁聚合反应，可以从表 2-24 几个方面的比较中，看出它们的主要区别。

表 2-24　逐步聚合反应与连锁聚合反应的比较

特　　　性	连锁聚合反应	逐步聚合反应
单体转化率与反应时间的关系	 转化率/% 时间 单体随时间逐渐消失	 转化率/% 时间 单体很快消失，与时间关系不大
聚合物的分子量与反应时间的关系	 分子量 时间 大分子迅速形成，不随时间变化	 分子量 时间 大分子逐步形成，分子量随时间增大
基元反应及增长速率	链引发、链增长、链终止等基元反应的速率和机理截然不同 增长反应活化能较小，$E_p \approx 21 \times 10^3 J \cdot mol^{-1}$，增长速率极快，以秒计	无所谓链引发、链增长、链终止等基元反应，反应活化能较高，例如酯化反应 $E_p \approx 63 \times 10^3 J \cdot mol^{-1}$，形成大分子的速率慢，以小时计
热效应及反应平衡	反应热效应大，$-\Delta H = 84 \times 10^3 J \cdot mol^{-1}$，聚合临界温度高，$200 \sim 300℃$。在一般温度下为不可逆反应，平衡主要依赖温度	反应热效应小，$-\Delta H = 21 \times 10^3 J \cdot mol^{-1}$，聚合临界温度低，$40 \sim 50℃$。在一般温度下为可逆反应，平衡不仅依赖温度，也与副产物有关

2.3.1　缩聚反应

缩聚反应在高分子合成反应中占有重要地位。人们所熟悉的一些聚合物，如酚醛树脂、不饱和聚酯树脂、氨基树脂以及尼龙（聚酰胺）、涤纶（聚酯）等，都是通过缩聚反应合成的。特别是近年来，近代技术所需的一些数量虽然不多，但性能要求特殊而严格的产物，例如聚碳酸酯、聚砜、聚亚苯基醚、聚酰亚胺、聚苯并噁唑等性能优异的工程塑料或耐热聚合物等，它们都是通过缩聚反应制得的。

缩聚反应是由多次重复的缩合反应形成聚合物的过程。例如对于二元酸和二元醇在适当条件下的缩合脱水过程：

$$HOOC—R—COOH + HO—R'—OH \rightleftharpoons HOOC—R—COO—R'—OH + H_2O$$

所得酯分子的两端，仍有未反应的羧基和羟基，可再进行反应。

$$HOOC—R—COOH + HOOC—R—COO—R'—OH \rightleftharpoons HOOC—R—COO—R'—OOC—R—COOH + H_2O$$

$$HO—R'—OH + HOOC—R—COO—R'—OH \rightleftharpoons HO—R'—OOC—R—COO—R'—OH + H_2O$$

生成物仍有继续反应的能力：

$$HOOC—R—COO—R'—OOC—R—COOH + HO—R'—OOC—R—COO—R'—OH \rightleftharpoons$$

$$HOOC—R—COO—R'—OOC—R—COO—R'—OOC—R—COO—R'—OH + H_2O$$

$$2HOOC—R—COO—R'—OOC—R—COO—R'—OH \rightleftharpoons$$

$$HOOC—R—COO—R'—OOC—R—COO—R'—OOC—R—COO—R'—OOC—R—COO—R'—OH + H_2O$$

如此反复脱水缩合，形成聚酯分子链。说明了缩聚反应形成大分子过程的逐步性。这一系列反应过程，可简要表示如下：

$$nHOOC—R—COOH + nHO—R'—OH \rightleftharpoons H(O—R'—OCO—R—CO)_{\overline{n}}OH + H_2O$$

对于一般缩聚反应可以由如下通式表示：

$$na—R—a + nb—R'—b \rightleftharpoons a(R—R')_{\overline{n}}b + (2n-1)ab$$

式中，a、b 表示能进行缩合反应的官能团；ab 表示缩合反应的小分子产物；—R—R'—表示聚合物链中的重复单元结构。

当两种不同的官能团 a、b 存在于同一单体时，如 ω-氨基酸、羟基酸等，其聚合反应过程基本相同，如：

$$na—R—b \rightleftharpoons a(R)_{\overline{n}}b + (n-1)\ ab$$

双官能团单体的缩聚反应，除生成线型缩聚物外，常常有成环反应的可能性。因此，在选取单体时必须有克服成环的可能性。例如用 ω-羟基酸 $HO(CH_2)_{\overline{n}}COOH$ 合成聚酯时，它既能生成线型聚合物，也能形成环内酯。反应究竟往哪个方向进行，决定于羟基酸的种类和反应条件。当 $n=1$ 时，容易发生双分子缩合，形成环状的乙交酯 $O=C\begin{smallmatrix}CH_2—O\\ \\O—CH_2\end{smallmatrix}C=O$。当 $n=2$ 时，由于 β-羟基易失水，容易生成丙烯酸 $CH_2=CH—COOH$。当 $n=3$ 或 4 时，容易发生分子内缩合，形成五节环和六节环的内酯。当 $n \geqslant 5$ 时，主要是分子间缩合形成线形聚酯。氨基酸缩合时也有类似情况。实际上所有多官能团单体的缩合反应，都有类似问题。

在缩聚反应中，成环、增长反应是竞争反应，它与环的大小、官能团的距离、分子链的挠曲性、温度以及反应物的浓度等都有关系。关于环的大小对环状物稳定性的影响，已经由测定各种环状化合物的燃烧热和环张力得到证明。如用数字表示环的大小，其稳定性的顺序如下：3、4、8～11＜7、12＜5＜6。三节环、四节环由于键角的弯曲，环张力最大，稳定性最差；五节环、六节环键角变形很小，甚至没有，所以最稳定。在环中如有取代基时，要考虑其影响，一般不改变上述顺序。在缩聚反应中应尽力排除成环反应的可能性，环化反应多是单分子反应，而线型缩聚则是双分子反应。所以随着单体浓度的增加，对成环反应不利。浓度因素比热力学因素对线型缩聚的影响要大。

缩聚反应可以从不同角度分成不同的类型。

按生成聚合物分子的结构分类可分成线型缩聚反应和体型缩聚反应两类。如参加缩聚反应的单体都只含两个官能团得到线型分子聚合物，则此反应称为线型缩聚反应，如二元醇与二元酸生成聚酯的反应。如参加缩聚反应单体至少有一种含两个以上的官能团，则称为体型缩聚反应，产物为体型结构的聚合物，如丙三醇与邻苯二甲酸酐的反应。

按参加缩聚反应的单体种类分，可分为均缩聚、混缩聚和共缩聚三类。只有一种单体进行的缩聚反应称为均缩聚。两种单体参加的缩聚反应称为混缩聚或杂缩聚，例如二元胺和二元羧酸所进行的生成聚酰胺的反应。若在均缩聚中再加入第二种单体或在混缩聚中加入第三种单体，这时的缩聚反应即称为共缩聚。

缩聚反应还可按反应后所形成键合基团的性质分为聚酯反应、聚酰胺反应、聚醚反应等。按反应热力学特征分为平衡缩聚和不平衡缩聚等。

理论和实验都证明，在缩聚反应中，官能团的反应活性与此官能团所连的链长无关，这就同缩聚反应中官能团等活性的概念是一致的。等活性概念也是高分子化学反应的一个基本观点。

2.3.1.1　缩聚反应平衡

在缩聚反应中，参加反应的官能团的数目与初始官能团数目之比称为反应程度，以 p 表示之。不难证明，聚合产物平均聚合度 $\overline{X_n}$ 与反应程度的关系为：

$$\overline{X_n} = \frac{1}{1-p}, \text{或} \; p = \frac{\overline{X_n}-1}{\overline{X_n}} \tag{2-26}$$

此关系不论对均缩聚或是混缩聚都适用。但需注意，$\overline{X_n}$ 是以结构单元为基准的数均聚合度。对混缩聚，$\overline{X_n}$ 应当是重复单元数目的两倍。

根据官能团等活性概念，可简单地用官能团来描述缩聚反应。例如对聚酯反应：

$$\sim\sim\sim COOH + HO\sim\sim\sim \underset{k_{-1}}{\overset{k_1}{\rightleftarrows}} \sim\sim\sim OCO\sim\sim\sim + H_2O$$

设 K 为平衡常数，则：

$$K = \frac{k_1}{k_{-1}} = \frac{[-OCO-][H_2O]}{[-COOH][-OH]}$$

以 p 表示反应程度，以 n_w 表示产生的小分子水的浓度，则：

$$K = \frac{[-OCO-][H_2O]}{[-COOH][-OH]} = \frac{pn_w}{(1-p)^2} \tag{2-27}$$

或

$$\frac{1}{(1-p)^2} = \frac{K}{pn_w} \tag{2-28}$$

由式（2-26）得：

$$\overline{X_n} = \frac{1}{1-p} = \sqrt{\frac{K}{pn_w}} \tag{2-29}$$

如反应在封闭系统中进行，则 $n_w = p$：

$$\overline{X_n} = \frac{1}{p}\sqrt{K}$$

式（2-29）表示，平衡常数一定时，缩聚产物聚合度随小分子副产物浓度的减小而增大。可采用移去小分子以移动缩聚平衡的办法来提高产物的聚合度。

当反应程度 $p \rightarrow 1$ 时：

$$\overline{X_n} = \sqrt{\frac{K}{n_w}} \tag{2-30}$$

这就是平衡缩聚中平均聚合度与平衡常数及反应区内小分子含量的关系，称为缩聚平衡方程。

应当指出，对于平衡缩聚，除了有产生的小分子参与正、逆反应之外，还存在大分子链之间的可逆平衡反应即交换，如：

$$\sim\!\!R-\overset{\overset{\displaystyle O}{\|}}{C}\!-\!NH-R' \sim + \longrightarrow \sim\!\!R''-\overset{\overset{\displaystyle O}{\|}}{C}\!-\!NH-R' \sim +$$

$$\sim\!\!R''-\overset{\overset{\displaystyle O}{\|}}{C}\!-\!NH-R''' \sim \qquad\qquad \sim\!\!R-\overset{\overset{\displaystyle O}{\|}}{C}\!-\!NH-R''' \sim$$

或者

$$\sim\!\!R-\overset{\overset{\displaystyle O}{\|}}{C}\!-\!NH-R' \sim + \longrightarrow \sim\!\!R''-\overset{\overset{\displaystyle O}{\|}}{C}\!-\!NH-R' \sim +$$

$$\sim\!\!R''-\overset{\overset{\displaystyle O}{\|}}{C}\!-\!OH \qquad\qquad \sim\!\!R-\overset{\overset{\displaystyle O}{\|}}{C}\!-\!OH$$

2.3.1.2　线型缩聚产物分子量的控制

缩聚物作为材料，其性能与分子量有关。在缩聚反应中，必须对产物分子量即聚合度作有效的控制。上面已谈及，控制反应程度即可控制聚合度。然而再进一步加工时，端基官能团可再进行反应，使反应程度提高，分子量增大，影响产品性能。所以，用反应程度控制分子量并非有效的办法。有效的办法是使端基官能团丧失反应能力或条件。这种方法主要是通过非等摩尔比配料，使某一原料过量，或加入少量单官能团化合物，进行端基封端，例如用乙酸或月桂酸作聚酰胺分子量稳定剂就是这种情况。

设 r 为两种反应基团的摩尔比，$r=N_A/N_b\leqslant 1$，N_a 及 N_b 为起始官能团 a 及 b 的数目，则可得到：

$$\overline{X}_n=\frac{1+r}{1+r-2rp}=\frac{1+r}{2r(1-p)+(1+r)} \tag{2-31}$$

当 $r=1$ 即等摩尔比时，$\overline{X}_n=\dfrac{1}{1-p}$。

当 $p=1$，即官能团 a 完全反应时：

$$\overline{X}_n=\frac{1+r}{1-r} \tag{2-32}$$

利用非等摩尔比控制分子量时，由式（2-32）可进一步得到聚合度与单体过量分子分数 Q 的关系。设单体 b—R—b 的过量分子分数 $Q=\dfrac{N_a-N_b}{N_b+N_a}$，则有：

$$\overline{X}_n=\frac{1}{Q} \tag{2-33}$$

若用单官能分子控制分子量时，由式（2-32）可导得聚合度与单官能化合物过量分数的关系。

设

$$r=\frac{N_a}{N_b+2N_b'}=\frac{N_a}{N_a+2N_b'}$$

式中，N_b' 为单官能化合物在系统中的分子数，系数 2 是由于一个单官能团分子相当于两个 b 官能团的作用。

于是可得

$$\overline{X}_n=\frac{1+r}{1-r}=\frac{N_a+N_b'}{N_b'}=\frac{1}{q} \tag{2-34}$$

式中，$q = \dfrac{N_b'}{N_a + N_b'}$，为单官能化合物的分子分数。

2.3.1.3　体型缩聚

有多于两个官能单体参加因而形成支化或交联等非线型结构产物的缩聚反应称为体型缩聚反应。体型缩聚的特点是当反应进行到一定时间后出现凝胶，所谓凝胶就是不溶不熔的交联聚合物；出现凝胶时的反应程度称为凝胶点。

为了便于热固性聚合物的加工，对于体型缩聚反应，要在凝胶点之前终止反应。凝胶点是工艺控制中的重要参数。

热固性聚合物的生成过程，根据反应程度与凝胶点的关系，可分为甲、乙、丙三个阶段。反应程度在凝胶点以前就终止的反应产物称为甲阶聚合物；当反应程度接近凝胶点而终止反应的产物称为乙阶聚合物；反应程度大于凝胶点的产物称为丙阶聚合物。所谓体型缩聚的预聚体通常是指甲阶或乙阶聚合物。丙阶聚合物是不溶不熔的交联聚合物。

凝胶点是体型缩聚的重要参数，可由实验测定也可进行理论计算。有两种理论计算方法：卡洛泽斯（Carothers）法和统计计算法。这两种方法都是建立反应单体的平均官能度与凝胶点的关系。

缩聚反应单体的平均官能团数即平均官能度 $\overline{f}$ 为：

$$\overline{f} = \frac{f_a N_a + f_b N_b + \cdots}{N_a + N_b + \cdots} = \frac{\sum f_i N_i}{\sum N_i} \tag{2-35}$$

式中，N_i 和 f_i 分别为第 i 种单体的分子数和官能度。

根据 Carothers 计算方法，当反应体系开始出现凝胶时，数均聚合度 $\overline{X}_n \rightarrow \infty$。由此点出发可推导出凝胶点 P_c 为：

$$P_c = \frac{2}{\overline{f}} \tag{2-36}$$

此方法的缺点是过高估计了出现凝胶时的反应程度，即 P_c 的计算值偏高，这是因为实际上在凝胶点 P_c 并非趋于无穷。

根据 Flory 统计方法计算 P_c 可表示为：

$$P_c = \frac{1}{r^{1/2}\left[1 + \rho(f - 2)\right]^{1/2}} \tag{2-37}$$

式中，ρ 为多官能单元上的官能团数占全部同类官能团数的分数；$r^{1/2} \leqslant 1$ 为两种反应官能团的摩尔比。

Flory 方法求得的凝胶点数值偏低。实际上可将式（2-36）视为凝胶点的上限，而式（2-37）为下限。实测值介于二者之间。

2.3.2　逐步加聚反应

单体分子通过反复加成，使分子间形成共价键而生成聚合物的反应称为逐步加聚反应。例如二异氰酸酯和二元醇生成聚氨基甲酸酯的反应以及双环氧化合物、双亚乙基亚胺化合物，双内酯、双偶氮内酯等二官能环状化合物以及某些烯烃化合物都可按逐步加聚反应形成聚合物。Diels-Alder 反应也可视作一种逐步加聚反应。以下仅举几例作一简单介绍。

2.3.2.1　聚氨酯的合成

异氰酸酯基很活泼，可与醇、酸、胺、水等起反应。二异氰酸酯如 TDI 与二元醇反应即可制得聚氨基甲酸酯。

$$O=CN-R-NC=O+HO-R'-OH \longrightarrow O=CN-R-NHCO-O-R'-OH \xrightarrow{HO-R'-OH}$$

$$HO-R'-OCONH-R-NHCOO-R'-OH \xrightarrow{OCN-R-NCO} \cdots\cdots$$

$$\longrightarrow \left(\!O-R'-OCONH-R-NHCO\!\right)_{\overline{n}}$$

2.3.2.2 环氧聚合物

环氧树脂是分子中至少带有两个环氧 $-\overset{\displaystyle CH-CH_2}{\underset{\displaystyle O}{\big\backslash\!/}}$ 端基的物质。双酚型环氧树脂是由环氧氯丙烷与双酚 A 的加成产物,结构为:

$$CH_2\cdots\cdots CH-CH_2-O-\!\!\!\!\!\!\bigcirc\!\!\!\!\!\!\underset{CH_3}{\overset{CH_3}{C}}\!\!\!\!\!\!\bigcirc\!\!\!\!\!\!-O-CH_2-\underset{OH}{CH}-CH_2-O-\!\!\!\!\!\!\bigcirc\!\!\!\!\!\!\underset{CH_3}{\overset{CH_3}{C}}\!\!\!\!\!\!\bigcirc\!\!\!\!\!\!-\Big)_{\!\!\overline{n}}O-CH_2-\overset{\displaystyle CH-CH_2}{\underset{\displaystyle O}{\big\backslash\!/}}$$

使用能与环氧基起反应的物质可使环氧树脂固化,形成体型结构。例如胺类固化剂所引起的交联反应:

$$RNH_2+CH_2-\overset{\displaystyle CH-CH_2}{\underset{\displaystyle O}{\big\backslash\!/}}\sim\sim \longrightarrow RNH-CH_2-\underset{OH}{CH}-CH_2\sim\sim \xrightarrow{\hspace{2cm}}$$

如此反复进行可得到梯形聚合物。

2.3.2.3 Diels-Alder 反应

它是一个双轭双烯与一个烯类化合物发生的 1,4-加成反应并形成各种环状结构,可用以制备梯形聚合物、稠环聚合物等。例如 1,3-二烯烃在 $TiCl_4$-$Al(C_2H_5)_2Cl$ 形成有效催化剂 $C_2H_5AlCl^+$ 存在下可制得梯形聚合物。

如此反复进行可得到梯形聚合物。

2.3.2.4 环内酰胺的平衡聚合反应

ε-己内酰胺以水为催化剂的聚合反应,亦称水解聚合,已用于工业生产。其反应过程如下。

首先 ε-己内酰胺与水反应而开环:

$$\underset{CH_2\overset{}{\big(}CH_2\overset{}{\big)_3}CH_2}{\overset{CO\overline{\qquad}NH}{\big|\qquad\quad\big|}} + H_2O \underset{}{\overset{K_i}{\rightleftharpoons}} HOOC\!\left(CH_2\right)_{\!\overline{5}}NH_2$$

因己内酰胺不能用含水的胺引发反应,但可用氨基己酸引发反应,所以可以设想参与反

应的活性中心为 $^{-}OOC \left(CH_2\right)_5 NH_3$，铵离子对单体进行亲电加成：

$$^{-}OOC\left(CH_2\right)_5 NH_3 + \underset{HN-(CH_2)_5}{\overset{\overset{O}{\parallel}}{C}} \xrightleftharpoons{K_p} {}^{-}OOC\left(CH_2\right)_5 NHCO\left(CH_2\right)_5 NH_3$$

$$\underset{HN-(CH_2)_5}{\overset{\overset{O}{\parallel}}{C}} \xrightleftharpoons{K_p} {}^{-}OOC\left[\left(CH_2\right)_5 NHCO\right]_n CH_2 \overset{+}{N}H_3$$

　　与平衡缩聚反应不同在于反应过程中无小分子副产物析出；另外，它同时存在两个平衡，一个是引发过程的环-线转化平衡，以 K_i 表示平衡常数；另一个是增长过程平衡，以 K_p 表示平衡常数。设达到反应平衡态时单体和水的浓度分别为 M_e 和 X_e；单体和水的起始浓度分别为 M_0 和 X_0，则根据上述的两个平衡，可求得平均聚合度 $\overline{X}_n$ 与水起始浓度的关系为：

$$\overline{X}_n = \frac{M_0 - M_e}{X_0 - X_e} \tag{2-38}$$

　　式中，X_e 及 M_e 分别为水和单体的平衡浓度，可分别由 K_i 及 K_p 求出。由式（2-38）可见，起始水用量越大，平衡聚合度越小。

　　环醚单体，如四氢呋喃等的阳离子聚合也是这种类型的逐步聚合反应。

2.4　高分子材料制备反应新进展

　　20 世纪 30～60 年代之间奠定了高分子材料合成反应的基础。目前工业生产的聚合物主要使用自由基聚合、离子聚合、配位加成聚合及逐步聚合反应（主要是缩聚反应）。相对新近发展的基团转移聚合、开环易位聚合等新的聚合反应，也将自由基聚合、离子聚合、配位加成聚合及逐步聚合反应称为传统聚合反应。

　　传统聚合反应包括理论和实践两个方面，近年来也有很大发展。例如，不平衡缩聚反应、插烯亲核取代缩聚反应、相转移催化剂在缩聚反应中的应用等方面都取得了很大进展。在离子聚合和配位聚合方面有关高选择性、高效率催化剂研究方面的进展十分突出。有关这方面的详细情况可参见有关的专著和文献，以下简要介绍一下新近发展的一些新型制备反应以及某些新型的制备技术。

2.4.1　基团转移聚合反应

　　基团转移聚合（group transfer polymerization，GTP）是一种新型的聚合反应，被认为是 20 世纪 50 年代发现配位聚合以来又一重要的新聚合技术。

　　所谓 GTP 是以 α,β-不饱和酯、酮、酰胺和腈类为单体，以带有硅、锗、锡烷基基团的化合物为引发剂，用阴离子型或路易斯酸型化合物为催化剂，以适当的有机物为溶剂而进行的聚合反应。通过催化剂与引发剂端基的硅、锗、锡原子配位，激发硅、锗、锡原子，使之与单体的羰基或氮结合成共价键，单体中的双键与引发剂中的双键完成加成，而硅、锗、锡烷基基团转移至链的末端，形成"活性"化合物，以上过程反复进行，得到相应的聚合物。实际聚合过程可看作引发剂中的活性基团，如（—$SiMt_3$—）从引发剂转移至单体而完成链引发，然后又不断向单体转移而使聚合链不断增长。因而称之为"基团转移聚合"反应。

例如，以二甲基乙烯酮甲基三甲基硅烷基缩醛 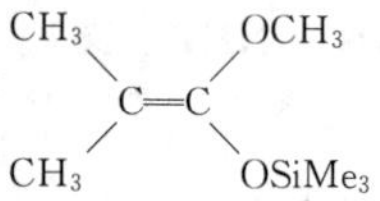 （MTS）为引发剂，用阴离子型催化剂（HF_2^-）、甲基丙烯酸甲酯（MMA）为单体，聚合反应可表示如下。

首先是在催化剂作用下，MTS 与 MMA 发生加成反应：

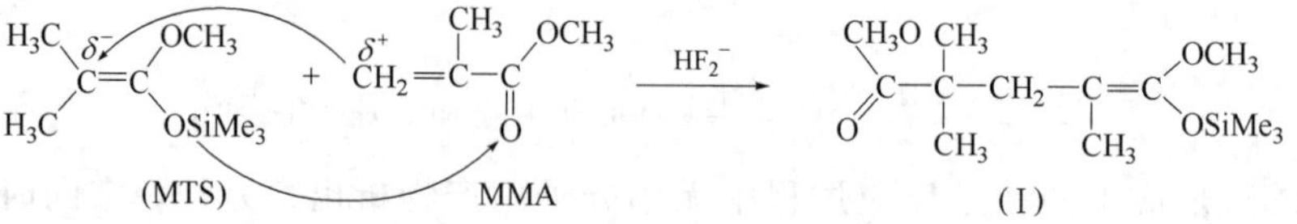

上述加成物（Ⅰ）的一端仍含有与 MTS 相似的结构，即末端为 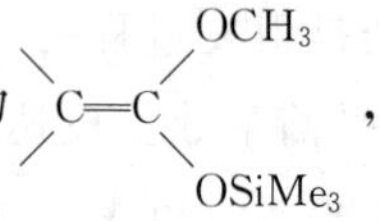 ，它可继续与 MMA 加成，直至所有的单体耗尽。所以，这个聚合过程就是活性基团——$SiMt_3$——不断转移的过程。

当前，基团转移聚合主要包括两种新型的聚合过程。第一种是基于硅烷基烯酮缩醛类为引发剂，MMA 等为单体的聚合反应，如上所述，在聚合过程中，活性基团从增长链末端转移到加进来的单体分子上：

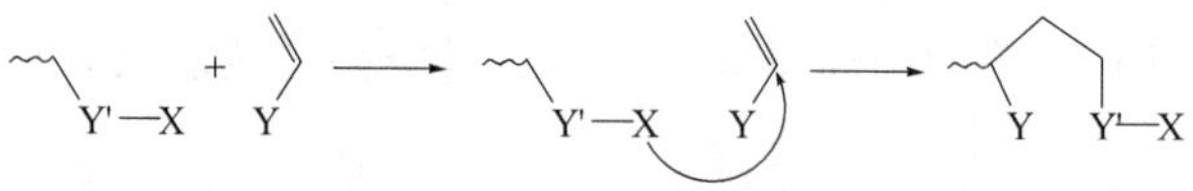

第二种过程是醛醇基转移（aldol group transfer）聚合。这时，连接于进来加成的单体分子上的一个基团转移到增长链的末端：

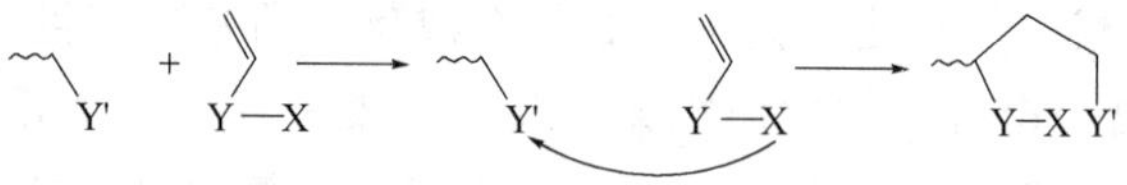

例如三甲基硅烷乙烯醚的聚合：

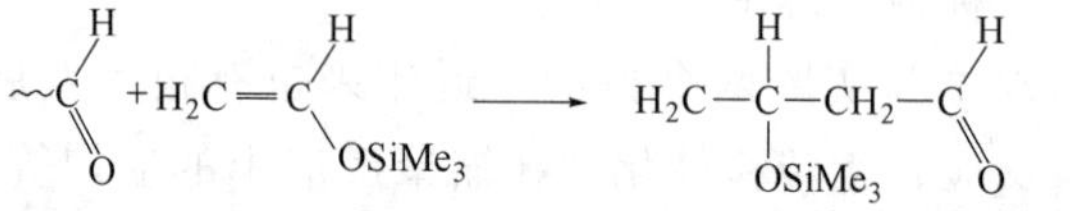

阴离子聚合的主要单体为单烯烃类和共轭双烯烃，这些都是非极性单体。极性单体容易导致副反应，使聚合体系失去活性。极性单体则可用 GTP 技术聚合。GTP 法可在室温下使丙烯酸酯类及甲基丙烯酸酯类单体迅速聚合。GTP 可视为反复进行的 Michael 加成反应，增长链是稳定的分子，可视为一种特殊的活性聚合。GTP 在控制分子量及其分布、端基官能化和反应条件等方面，比传统的聚合方法具有更多的优点，为高分子材料的分子设计开辟了新的途径。

GTP 在许多方面具有与阴离子聚合相似的特点，特别是"活性聚合"方面。所以，GTP 可用以合成分子量分布窄（$\overline{M_w}/\overline{M_n}=1.03\sim1.20$）的均聚物作为标准样品。也可用以制备无规共聚物、嵌段共聚物、星形聚合物以及带官能团的遥爪聚合物。GTP 是迄今很好的合成分子量及其分布可控的丙烯酸酯及甲基丙烯酸酯类聚合物的方法。

GTP 法尚存在不少问题。引发剂价格昂贵，使得 GTP 法尚难以大规模应用。由于存在固有的终止反应，在制备高分子量聚合物方面尚有困难。当前 GTP 法仅用于特殊场合及少量需求的情况。

2.4.2　开环易位聚合反应

环烯烃开环易位聚合（ring-opening metathesis polymerization，ROMP），亦称开环置换聚合或开环歧化聚合。ROMP 可视为烯烃易位反应的一种特例。烯烃易位反应可表示为：

$$2RCH = CHR^1 \rightleftharpoons RCH = CHR + R^1CH = CHR^1$$

烯烃易位反应一般以过渡金属化合物为催化剂，活性中心是过渡金属碳烯。C＝C 可在链烯上，亦可在环烯上；若为环烯，则易位反应的结果是聚合。这种易位反应是可逆平衡反应。

不同烯烃之间可进行交叉易位反应。环烯烃和链烯烃之间的交叉易位反应也导致聚合，形成聚合物。例如：

$$RCH = CHR + n \,\square \longrightarrow RCH = \!\!\!-\!\! CH - CH_2CH_2CH_2 - CH \!\!\!\!-\!\!\!\!-\!\!\! CHR$$

这时，链烯烃起链转移剂的作用，可用以控制分子量。

开环易位聚合（ROMP）既不同于链烯烃双键开裂的加成聚合，亦不同于内酰胺、环醚等杂环的开环聚合，而是双键不断易位，链不断增长，而单体分子上的双键仍保留在生成的聚合物大分子中。

开环易位聚合反应条件温和，反应速率快，多数情况下反应中几乎没有链转移反应和链终止反应，因而是一种活性聚合。利用开环易位聚合可制得许多特殊结构的聚合物。近十几年来，利用开环易位聚合反应已开发出一大批具有优异性能的新型高分子材料，如反应注射成型聚双环戊二烯、聚降冰片烯和聚环辛烯（新型热塑性弹性体）等，上述三种产品已进行工业规模生产。因此，开环易位聚合已成为高分子材料制备的一种重要聚合方法。

开环易位聚合催化剂是以过渡金属为主催化剂，主族金属有机化合物为共催化剂组成的复合催化剂。可从不同角度进行分类，按均相和非均相分，可分为非均相催化剂和均相催化剂两种。非均相催化剂一般是过渡金属化合物如 WO_3、$W(CO)_6$、Re_2O_7 等吸附于惰性金属氧化物如 Al_2O_3 载体上，再加入活化剂（共催化剂）如 $Sn(CH_3)_4$ + $AlEtCl_2$ 等。均相催化剂有 WCl_6 + $AlEt_3$，以及二茂二氯钛 + $Al(CH_3)_3$、

开环易位聚合的一个显著特点是单体中的 C＝C 双键在聚合物中保持不变，这是所得聚合物立体异构的主要原因之一。生成的聚合物有顺式和反式之分。双环烯制得聚合物的情况更为复杂，大分子内碳环的取向是立体异构的另一个重要原因。聚合物的立体结构与所用催化体系及催化体系中各组分用量比有密切关系。

开环易位聚合已获得广泛的实际应用。例如，降冰片烯可从石油化工副产品环戊二烯与乙烯通过 Diels-Alder 反应制得。经过开环易位聚合制得分子量高达 2×10^6 的热塑性聚降冰片烯，其主链为反式结构，已实现工业化，商品名为 Norsorex，是一种高吸油树脂；还可用作减震材料、密封材料等。

环辛烯在钨系催化剂下进行的开环易位聚合可得以反式主链结构为主的聚合物，分子量为 10^5 以上，已实现工业化。这类产品是性能优良的橡胶配合剂，能显著改善橡胶的加工流动性，提高硫化胶的弹性。

环戊烯在不同的催化剂作用下可生成反式或顺式两种主链结构的聚合物，反应如下所示：

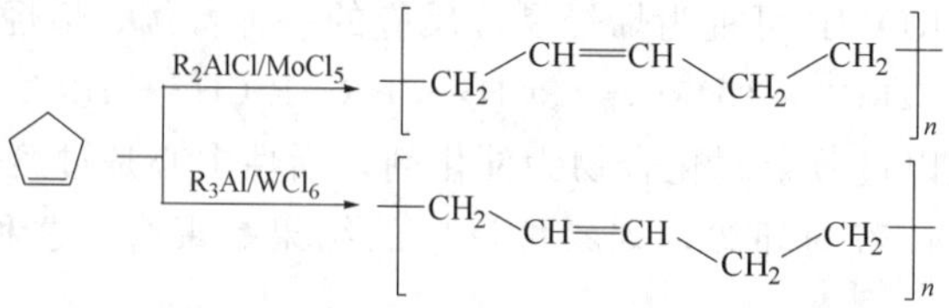

这两种环戊烯都是优良的弹性体，前者的性能接近于天然橡胶，后者则有优良的低温性能。在石油化工裂解制备乙烯的过程中有大量的 C_5 馏分副产品（约占乙烯产量的 15%～17%），其中含有大量的双环戊二烯。它们以往主要作为燃料烧掉，既污染了环境，又浪费了宝贵的资源。自从开环易位聚合问世以来，这一难题在一定程度上得到了解决。

双环戊二烯在钨系催化剂 WCl_6-Et_2AlC 作用下可进行开环易位聚合，生成一种交联的聚合物。这种聚合物具有很高的冲击、拉伸和弯曲强度，是一种新型的高抗冲塑料，可用于制备汽车零部件和运动器材，在机械工业中也有应用。20 世纪 80 年代，反应性注射成型聚双环戊二烯也已实现工业化生产。

又如，聚乙炔是一种性能优异的导电高分子材料，但其溶解性能不好，难以加工，限制了实际应用。采用开环易位聚合可克服这个问题。例如采用环辛四烯开环易位聚合可制得易成型加工的聚乙炔，用碘掺杂后，电导率可达 50～350s/cm。

ROMP 在制备高性能离子交换树脂、高性能涂料及黏合剂方面也有重要作用。因此，这是一类发展很快、应用价值突出的一类新型聚合反应。

2.4.3　活性可控自由基聚合反应

活性聚合是指无链终止反应和无链转移反应的聚合反应，在聚合过程中，活性中心的活性自始至终保持；引发速率远大于增长速率，可认为全部活性中心几乎是同时产生的，从而保证所有活性中心几乎以相同速率增长。因此活性聚合可以有效地控制聚合物分子量，分子量分布窄，结构规整性好。已成功的活性聚合反应体系包括活性阴离子聚合、活性阳离子聚合、活性开环聚合、活性开环易位聚合、基团转移聚合、配位阴离子聚合等。但这类反应，当前真正大规模工业化应用的并不多，原因是反应条件一般比较苛刻，成本高，且适用的单体较少。

自由基聚合具有可聚合的单体种类多、反应条件温和、容易实现工业化等优点。但自由基聚合中，链自由基活泼，易于发生双分子偶合或歧化终止以及链转移反应，不是活性聚合。分子量及其分布、端基结构等都难于控制。所以，近年来自由基活性聚合一直是高分子科学界的重要研究课题。

在离子型聚合中，增长阴碳离子或阳碳离子由于静电排斥，彼此不发生反应。而自由基却强烈地表现出偶合或歧化终止反应的倾向，其终止反应速率常数接近扩散控制速率常数（$k_t = 10^7 \sim 10^9 \, m^{-1} \cdot s^{-1}$），比相应增长速率常数（$k_p = 10^2 \sim 10^4 \, m^{-1} \cdot s^{-1}$）高出 5 个数量级。此外，经典自由基引发剂的慢分解（$k_d = 10^{-6} \sim 10^{-4} \, s^{-1}$）又常常导致引发不完全。这些动力学因素（慢引发、快增长、速终止和易转移）决定了传统自由基聚合的不可控制性。

另外，从自由基聚合反应动力学角度考虑，引发剂分解速率与引发剂分子中化学键的解离能密切相关，而解离能又是温度的函数，升高温度固然可以提高引发剂的分解速率，但同时加快了链增长反应速率，并且导致链转移等副反应的增加。因而，活性自由基聚合的研究焦点集中在稳定自由基、控制链增长上。

由高分子化学可知，链终止速率和链增长速率之比可用下式表示：

$$\frac{R_t}{R_p} = \frac{k_t}{k_p} \times \frac{[P \cdot]}{[M]}$$

式中，R_p、R_t、k_p、k_t、$[P \cdot]$、$[M]$ 分别为链增长速率、链终止速率、链增长速率常数、链终止速率常数、自由基瞬时浓度和单体瞬时浓度。

不难看出，k_t/k_p 值越小，链终止反应对整个聚合反应的影响越小。通常 k_t/k_p 为 $10^4 \sim 10^5$，因此，链终止反应对聚合过程影响很大。另外，R_t/R_p 还取决于自由基浓度与单体浓度之比。如自由基本体聚合中，$[M]_0$ 约为 $1 \sim 10 mol \cdot L^{-1}$，一般情况下难以改变。由此可见，要降低 R_t/R_p 值，主要应通过降低体系中的瞬时自由基浓度来实现。假定体系中单体浓度为 $1 mol \cdot L^{-1}$，则：

$$\frac{R_t}{R_p} \approx 10^4 \sim 10^5 [P \cdot]$$

当然，自由基活性种浓度不可能无限制地降低。一般来说，$[P \cdot]$ 在 $10^{-8}\ mol \cdot L^{-1}$ 左右，聚合反应的速率仍很可观。在这样的自由基浓度下，$R_t/R_p = 10^{-4} \sim 10^{-3}$，$R_t$ 相对于 R_p 就可忽略不计。另一方面，自由基浓度的下降必定降低聚合反应速率。但由于链增长反应活化能高于终止反应活化能，因此，提高聚合反应温度，不仅能提高聚合速率（因为能提高 k_p），而且能有效地降低 k_t/k_p 比值，抑制终止反应的进行。基于这一原因，"活性"自由基聚合一般应在较高温度下进行。

在实际操作中，要使自由基聚合成为可控聚合，聚合反应体系中必须具有低而恒定的自由基浓度。因为对增长自由基浓度而言，终止反应为动力学二级反应，而增长反应为动力学一级反应。而既要维持可观的聚合反应速率（自由基浓度不能太低），又要确保反应过程中不发生活性种的失活现象（消除链终止、链转移反应），有两个问题需要解决：一是如何从聚合反应开始直到反应结束始终控制如此低的反应活性种浓度；二是在如此低的反应活性种浓度的情况下，如何避免聚合所得聚合物的聚合度过大（$\overline{DP_n} = [M]_0/[P] = 1/10^{-8} = 10^8$）；这是一对矛盾。为解决这一矛盾，受活性阳离子聚合的启发，将可逆链终止反应与可逆链转移反应概念引入自由基聚合，通过在活性种与休眠种（暂时失活的活性种）之间建立快速交换反应，建立一个可逆的平衡反应，成功地实现了上述矛盾的对立统一，如下式所示：

$$P \cdot + X \underset{k_a}{\overset{k_d}{\rightleftharpoons}} P - X$$
$$ R_p \downarrow +M \qquad \diagdown\!\!\!\!\times +M$$

这种考虑的基本原理为：如果在聚合体系中加入一种数量上可以人为控制的反应物 X，此反应物 X 不能引发单体聚合，但可与自由基 P · 迅速作用而发生钝化反应，生成一种不会引发单体聚合的"休眠种"P-X。而此休眠种在实验条件下又可均裂成增长自由基 P · 及 X。这样，体系中存在的自由基活性种浓度将取决于 3 个参数：反应物 X 的浓度、钝化速率常数 k_d 和活化速率常数 k_a。其中，反应物 X 的浓度是可以人为控制的，这就解决了上面提出的第一个问题。研究表明，如果钝化反应和活化反应的转换速率足够快（不小于链增长速率），则在活性种浓度很低的情况下，聚合物分子量将不由 P · 而由 P-X 的浓度决定：

$$\overline{DP_n} = \frac{[M]_0}{[P - X]} \times d$$

式中，d 为单体转化率。这就解决了上面提出的第二个问题。

由此可见，借助于 X 的快速平衡反应不但使自由基浓度控制得很低，而且可以控制产物的分子量，使可控自由基聚合成为可能。但是上述方法只是改变了自由基活性中心的浓度，而没有改变其反应本质，因此是一种可控聚合，而并不是真正意义上的活性聚合。为了区别于真正意义上的活性聚合，人们通常将这类宏观上类似于活性聚合的聚合方法称为活性/可控聚合。有时也简称为活性自由基聚合或可控自由基聚合。

为实现上述目标，可采用以下三种途径。

（1）增长自由基与稳定自由基可逆形成休眠共价键化合物：

$$P \cdot + R \cdot \underset{k_a}{\overset{k_d}{\rightleftharpoons}} P—R$$

式中，k_a 和 k_d 分别为活化与失活的反应速率常数。目前已发现的稳定自由基化合物主要有氮氧自由基化合物（如 2,2,6,6-四甲基-1-哌啶氧化物，TEMPO）、二硫代氨基甲酸酯、三苯甲基衍生物和二苯甲基衍生物、过渡金属化合物（如烷基卟啉钴、卤化铜/联二吡啶络合物）等。

（2）增长自由基与非自由基物质可逆形成休眠持久自由基：

$$P \cdot + X \underset{k_a}{\overset{k_d}{\rightleftharpoons}} P—X \cdot$$

X 通常是有机金属化合物，与增长自由基反应形成相对稳定的高配位自由基，如烷基铝-TEMPO 络合物。

（3）增长自由基与链转移剂之间的可逆钝化转移：

$$P_n \cdot + P_L—R \underset{k_a}{\overset{k_d}{\rightleftharpoons}} P_n—R + P_L \cdot$$

理想的链转移剂应当具有较高的链转移常数 k_{tr}，常用的有烷基碘化合物、双硫酯类化合物等。

根据上述的基本途径，可将活性/可控自由基聚合反应分为以下 4 类：①稳定自由基聚合（SFRP）；②引发转移终止剂（iniferter）法；③可逆加成-裂解链转移（RAFT）活性自由基聚合；④原子转移自由基聚合（ATRP）。

经过几十年的努力，自由基活性可控聚合的研究已取得重大突破。1993 年加拿大 Xerox 公司的研究人员首先报道了 TEMPO/BPO 引发苯乙烯的高温（120℃）本体聚合。这是有史以来第一例活性自由基聚合体系。但是除苯乙烯以外，TEMPO 不能使其他种类的单体聚合。另外 TEMPO 的价格昂贵，难以工业化应用。

1994 年 Wayland 等采用四（三甲基苯基）卟啉-2,2′-二甲基丙基合钴 $[(TEM)Co-CH_2(CH_3)_3]$ 引发丙烯酸甲酯的聚合反应，发现聚丙烯酸甲酯的分子量与单体转化率呈线性增长关系，且其分子量分布很窄（$\overline{M}_w/\overline{M}_n = 1.10 \sim 1.21$），因此，是一种活性自由基聚合。但此体系也不能使其他种类的单体聚合，而且价格也很昂贵，难有工业化前途。

1995 年 Matyjaszewski 等在采用 1-PECl/CuCl/bpy 组成的非均相体系引发苯乙烯及丙烯酸酯的聚合时发现，单体转化率与时间和聚合物分子量与单体转化率之间呈线性关系且接近理论值（$\overline{DP}_n = \Delta[M]/[I]$），同时聚合物的分子量分布很窄（$\overline{M}_w/\overline{M}_n \leqslant 1.5$），因此，聚合过程呈现"活性特征"。这就是轰动高分子化学界的，被认为是活性聚合领域最重要发现的原子转移自由基聚合（ATRP）。以下仅对 ATRP 作一简单介绍。

原子转移自由基聚合的概念源于有机合成中过渡金属催化的原子转移自由基合成（atom transfer radical addition，ATRA）。ATRA 是有机合成中形成 C—C 键的有效方法，总的反应为：

$$RX + M \xrightarrow{\text{过度金属催化剂}} RMX$$

式中，M 表示烷烯。具体反应过程为：

$$R-X + M_t^n \rightleftharpoons R\cdot + M_t^{n+1}X$$

$$R\cdot + \longrightarrow R \quad 即\ R\cdot + M \longrightarrow RM\cdot$$

$$R\!\!-\!\!\cdot + M_t^{n+1}X \rightleftharpoons R\!\!-\!\!X + M_t^n \quad 即\ RM\cdot + M_t^{n+1}X \rightleftharpoons RMX + M_t^n$$

首先，还原态过渡金属种 M_t^n 从有机卤化物 R-X 中夺取原子 X，形成氧化态过渡金属种 M_t^{n+1} 和碳自由基 R·；自由基 R· 再与烷烯 M 反应，产生中间体自由基 RM·；中间体自由基与 M_t^{n+1} 反应得到目标产物 R—M—X，同时产生还原态过渡金属种 M_t^n，然后开始新一轮的反应。这种过渡金属催化的原子转移反应效率很高，加成物 RMX 的收率大于 90%，这说明 M_t^{n+1}/M_t^n 的氧化还原反应能产生低浓度自由基，从而大大抑制了自由基之间的终止反应。

ATRP 就是在此基础上提出并发展的。但应注意，ATRA 只是 ATRP 的必要条件而非充分条件。ATRA 能否转化为 ATRP，不仅取决于反应条件以及过渡金属离子及配体的性质，还与卤代烷与不饱和化合物（单体）的分子结构有关。ATRA 的关键是卤原子能顺利地加成到双键上，而加成物中的卤原子能否顺利地转移下来，对 ATRA 来说并不重要，而对 ATRP 来说却是关键。为此，分子中必须有足够的共轭效应或诱导效应以削弱 α 位置 C—X 键的强度。这是选择 R—X 的原则，这也决定了 ATRP 所适应的单体范围。

典型的 ATRP 反应模式如下：

引发

$$R-X + M_t^n \rightleftharpoons R\cdot + M_t^{n+1}X$$

$$\Big\downarrow\!\!\!\times\ +M \qquad\qquad k_i\ \Big\downarrow +M$$

$$R-M-X + M \rightleftharpoons R-M\cdot + M_t^{n+1}X$$

增长

$$RM_n-X + M_t^n \rightleftharpoons RM_n\cdot + M_t^{n+1}\ X$$

$$\times\ \Big\downarrow +M \atop k_p \qquad\qquad \Big\downarrow +M \atop k_p$$

在引发阶段，处于低氧化态的转移金属卤化物（盐）M_t^n 从有机卤化物 R—X 中吸取卤原子 X，生成引发自由基 R· 及处于高氧化态的金属卤化物 M_t^{n+1}—X。自由基 R· 可引发单体聚合，形成链自由基 R—M_n·。R—M_n· 可从高氧化态的金属配位化合物 M_t^{n+1}—X 中重新夺取卤原子而发生钝化反应，形成 R—M_n—X，并将高氧化态的金属卤化物还原为低氧化态 M_t^n。如果 R—M_n—X 与 R—X 一样（不总是一样）可与 M_t^n 发生促活反应生成相应的 R—M_n· 和 M_t^{n+1}—X，同时若 R—M_n· 与 M_t^{n+1}—X 又可反过来发生钝化反应生成 R—M_n—X 和 M_t^n，则在自由基聚合反应进行的同时，始终伴随着一个自由基活性种与有机大分子卤化物休眠种的可逆转换平衡反应。

由于这种聚合反应中包含卤原子从有机卤化物到金属卤化物、再从金属卤化物转移至自由基这样一个反复循环的原子转移过程，所以是一种原子转移聚合。同时由于其反应活性种为自由基，因此被称为原子转移自由基聚合。原子转移自由基聚合是一个催化过程，催化剂 M_t^n 及 M_t^{n+1}—X 的可逆转移控制着 $[M_n\cdot]$，即 R_t/R_p（聚合过程的可控性），同时快速的卤原子转换控制着分子量和分子量分布（聚合物结构的可控性）。这种反应具有活性聚合的特点，属于活性/可控的聚合过程。

ATRP引发体系包括引发剂、催化剂和配体三部分。

（1）引发剂　所有α位上含有诱导或共轭基团的卤代烷都能引发ATRP反应。目前已报道的比较典型的ATRP引发剂主要有α-卤代苯基化合物，如α-氯代苯乙烷、α-溴代苯乙烷、α-苄基溴等；α-卤代羰基化合物，如α-氯丙酸乙酯、α-溴丙酸乙酯、α-溴代异丁酸乙酯等；α-卤代氰基化合物，如α-氯乙腈、α-氯丙腈等；多卤化物，如四氯化碳、氯仿等。此外，含有弱S—Cl键的取代芳基磺酰氯是苯乙烯和（甲基）丙烯酸酯类单体的有效引发剂。近年的研究发现，分子结构中并没有共轭或诱导基团的卤代烷（如二氯甲烷、1,2-二氯甲烷）在$FeCl_2 \cdot 4H_2O/PPh_3$的催化作用下，也可引发甲基丙烯酸丁酯的可控聚合，从而拓宽了ATRP的引发剂选择范围。

（2）催化剂和配体　催化剂是含有过渡金属化合物与N、O、P等强配体所组成的络合物，其中心离子易发生氧化还原反应，通过建立快速氧化还原可逆平衡，使增长活性种变为休眠种。配体亦称为配位剂的主要作用是与过渡金属形成络合物，使其溶于溶剂，调整中心金属的氧化还原电位，当金属离子氧化态改变时，配位数随之增减，建立原子转移的动态平衡。

可用的过渡金属有铜、铁、镍、钌、钼、钯、铼、铑等。最早使用的配体是联二吡啶，它与卤代烷、卤化铜组成的引发体系是非均相体系，效率不高，产物分子量分布也宽。用油溶性长链烷基取代的联二吡啶效果较好。已采用过的配体还有2-吡啶缩醛亚胺、邻菲咯啉、氨基醚类化合物［如双（二甲基氨基乙基）醚］等。

可用ATRP方法聚合的单体主要有苯乙烯类、（甲基）丙烯酸酯类。至今为止，采用ATRP技术尚不能使烯烃类单体、二烯烃类单体、氯乙烯和乙酸乙烯酯等单体聚合。

原子转移自由基聚合的提出至今大约才10年光景，已经取得了巨大的发展，它在制备窄分子量分布聚合物、端活性聚合物、嵌段共聚物、星状聚合物、超支化聚合物和梯度共聚物方面都取得了巨大成就。ATRP是当前高分子合成技术研究的热点领域。重要的研究方向主要集中在：制备高活性催化剂，能够使用极少量催化剂在较低温度下（40～80℃）即可使单体聚合；研究能使乙酸乙烯酯、氯乙烯、乙烯等单体聚合的引发体系；研究无金属存在的ATRP催化剂；ATRP对聚合物立体规整性的控制问题等。

2.4.4　变换聚合反应

所谓变换聚合反应，就是将一种聚合机理所得到的并已终止的聚合物链重新引发并按另一种聚合机理进行另一种单体聚合的聚合方法。实际涉及的主要是活性聚合物链末端的转化。这种方法可以集各种聚合机理的特点于一体，弥补单一机理之不足，使不同聚合性质的单体能相互结合，得到单一聚合方法难于合成的特异结构和性质的高分子，如特种嵌段、接枝、梳状及星状等形态的高分子。变换聚合反应已成为从分子水平进行高分子设计、合成的重要手段，在新材料制备、成型加工等方面具有广阔的应用前景。

变换聚合反应的研究起于20世纪70年代。近年来，随着负离子、正离子、配位和自由基等各种活性聚合或可控聚合反应的发展，使得变换聚合反应的研究从方法论上的兴趣转变为分子构筑的重要手段。

例如对烯类单体的聚合反应，可用以下的图示表示其间的相互变换：

可采用以下步骤实现其间的相互转换：①依机理 A 使单体 1 聚合，然后将增长链端用稳定的但具有潜在反应活性的官能团屏蔽；②分离出生成的聚合物，溶于适当的溶剂中，加入单体 2；③使端官能基反应转变成一个大分子引发剂，以机理 B 使单体 2 聚合。不过现在在很多情况下，可免去分离提纯这一步，通过一釜（one-pot）反应即可合成相应的嵌段共聚物，这就是所谓的一步法。例如正离子到负离子聚合的转换以及从自由基到正离子的变换聚合已经可用一步法完成。

常见的变换聚合反应有阴离子聚合向阳离子聚合的变换、向自由基聚合的变换、向活性/可控自由基聚合的变换等；阳离子聚合向自由基聚合、ATRP 以及阴离子聚合的变换；配位聚合向自由基聚合、阳离子聚合、阴离子聚合的变换；自由基聚合向阳离子聚合反应的变换等。例如阴离子聚合向阳离子聚合的变换可表示为：

$$\sim\sim M_1^- Na^+ + RX \xrightarrow{\text{终止}} \sim\sim M_1 R + NaX$$

$$\sim\sim M_1 R \xrightarrow{\text{阳离子催化剂}} \sim\sim M_1 R^+$$

$$M_1 R^+ \xrightarrow{M_2} \sim\sim M_1 M_2 \sim\sim$$

即能使单体 M_1 进行阴离子聚合形成阴离子活性聚合物，再将其转变成聚合物阳离子。生成的聚合物阳离子引发单体 M_2 聚合，从而生成相应的嵌段共聚物。

参 考 文 献

[1]　George Odian. Principles of Polymerization. New York：MC Graw-Hill，1976.

[2]　潘祖仁. 高分子化学. 北京：化学工业出版社，2003.

[3]　张留成等. 缩合聚合. 北京：化学工业出版社，1986.

[4]　曹同玉等. 聚合物乳液合成原理、性能及应用. 北京：化学工业出版社，1997.

[5]　林尚安等. 高分子化学. 北京：科学出版社，1982.

[6]　Kennedy J. P，et al. Carbocationic Polymerization. New York：Wiley-Interscience，1983.

[7]　张留成等. 高分子材料进展. 北京：化学工业出版社，2005.

习题与思考题

1. 写出聚氯乙烯、聚苯乙烯、聚丁二烯和尼龙 66 的分子式。

2. 写出以下单体的聚合反应式，并写出单体和聚合物的名称。

(1) CH_2 =CHCl

(2) CH_2 =C$(CH_3)_2$

(3) HO$(CH_2)_5$COOH

(4) $NH_2(CH_2)_6NH_2$ + HOOC$(CH_2)_4$COOH

3. 下列烯类单体适于何种聚合：自由基聚合、阳离子聚合或阴离子聚合？并说明理由。

(1) CH_2 =CHCl

(2) CH_2 =CCl$_2$

(3) CH_2 =CHCN

（4）$CH_2 = C(CN)_2$

（5）$CH_2 = CHCH_3$

（6）$CH_2 = C(CH_3)_2$

（7）$CH_2 = CHC_6H_5$

（8）$CF_2 = CF_2$

（9）$CH_2 = C(CH_3) - CH = CH_2$

4. 以偶氮二异丁腈为引发剂，写出氯乙烯聚合历程中各基元反应式。

5. 对于双基终止的自由基聚合，设每一大分子含有 1.30 个引发剂残基，假定无链转移反应，试计算歧化终止和偶合终止的相对量。

6. 用过氧化二苯甲酰为引发剂，苯乙烯聚合时各基元反应活化能分别为 $E_d = 125.6 kJ \cdot mol^{-1}$、$E_p = 32.6 kJ \cdot mol^{-1}$、$E_t = 10 kJ \cdot mol^{-1}$，试比较反应温度从 50℃增至 60℃以及从 80℃增至 90℃，总反应速率常数和聚合度变化的情况；光引发时的情况又如何？

7. 何谓链转移反应？有几种形式？对聚合速率和产物分子量有何影响？什么是链转移常数？

8. 聚氯乙烯的分子量为什么与引发剂浓度基本上无关，而仅取决于温度？氯乙烯单体链转移常数 C_M 与温度的关系如下：

$$C_M = 12.5 \exp(30.5/RT)$$

试求 40℃、50℃、55℃及 60℃下，聚氯乙烯的平均聚合度。

9. 试述单体进行自由基聚合时诱导期产生的原因。

10. 推导二元共聚物组成的微分方程式。

11. 自由基聚合时，转化率和分子量随时间的变化有何特征？其原因何在？

12. 写出下列引发剂的分子式和分解反应式，并指出哪些是水溶性的？哪些是油溶性的？

（1）偶氮二异丁腈；（2）偶氮二异庚腈；（3）过氧化二苯甲酰；（4）异丙苯过氧化氢；

（5）过硫酸钾-亚硫酸盐体系。

13. 解释引发剂效率、诱导分解和笼蔽效应，试举例说明。

14. 推导自由基聚合动力学方程时作了哪些基本假定？聚合速率与引发剂浓度平方根成正比是由哪一机理造成的？

15. 动力学链长的定义是什么？动力学链长与平均聚合度有何关系？链转移反应对动力学链长有何影响？

16. 氯乙烯、苯乙烯、甲基丙烯酸甲酯进行自由基聚合时，都存在自动加速效应，三者有何异同？这三种单体聚合的终止方式有何不同？

17. 当竞聚率 $r_1 = r_2 = 1$；$r_1 = r_2 = 0$；$r_1 > 0$，$r_2 = 0$；$r_1 r_2 = 1$ 等特殊情况下，二元共聚物组成变化的情况如何？

18. 试分析温度、溶剂对自由基共聚竞聚率的影响。

19. 两种共聚单体的竞聚率 $r_1 = 2.0$，$r_2 = 0.5$，如 $f_1^0 = 0.5$，转化率 $c = 50\%$，试求共聚物的平均组成。

20. 说明甲基丙烯酸甲酯、丙烯酸甲酯、苯乙烯、马来酸酐、乙酸乙烯酯、丙烯腈等分别与丁二烯共聚时，其交替聚合倾向的次序及其原因。

21. 在离子型聚合反应中，活性中心离子和反离子之间的结合有几种形式？其存在形式受哪些因素影响？不同的存在形式对单体的聚合能力有何影响。

22. 试述离子型反应中，控制聚合速率和产物分子量的主要方法。

23. 异丁烯阳离子聚合时，以向单体链转移为主要终止方式，聚合物端基为不饱和端基。若 4.0g 聚异丁烯恰好使 6.0mL 的 0.01mol·L^{-1} 溴-四氯化碳溶液褪色，试计算聚合物的数均分子量。

24. 指出下列化合物可进行哪一类机理的聚合？

（1）四氢呋喃；（2）2-甲基四氢呋喃；（3）二氧六环；

（4）三氧六环；（5）丁内酯；（6）环氧乙烷。

25. 简述乳液聚合中，单体、乳化剂和引发剂存在的场所，引发、增长和终止反应的场所和特征，胶束、乳胶粒、单体液滴和聚合速率的变化规律。

26. 计算苯乙烯乳液聚合速率和聚合度。设聚合温度为 60℃，此时，$k_p = 176 L \cdot mol^{-1} \cdot s^{-1}$，$[M] = 5.0 mol \cdot L^{-1}$，$N = 3.2 \times 10^{14} mL^{-1}$，$\rho = 1.1 \times 10^{12}$ 个分子 $\cdot mL^{-1} \cdot s^{-1}$。

27. 定量比较苯乙烯在 60℃ 下本体聚合及乳液聚合的速率和聚合度。设：乳胶粒子数 $= 1.0 \times 10^{15} mL^{-1}$，$[M] = 5.0 mol \cdot L^{-1}$，$\rho = 5.0 \times 10^{12}$ 个分子 $\cdot mL^{-1} \cdot s^{-1}$，两个体系的速率常数相同：$k_p = 176 L \cdot mol^{-1} \cdot s^{-1}$，$k_t = 3.6 \times 10^7 L \cdot mol^{-1} \cdot s^{-1}$。

28. 以如下配方在 60℃ 下制备聚丙烯酸酯乳液：

丙烯酸乙酯＋共聚单体	100
水	133
过硫酸钾	1
十二烷基硫酸钠	3
焦磷酸钠（pH 缓冲剂）	0.7

聚合时间 8h，转化率 100%。试问下列各组分变动时，第二阶段的聚合速率有何变化？

(1) 用 6 份十二烷基硫酸钠；

(2) 用 2 份过硫酸钾；

(3) 用 6 份十二烷基硫酸钠和 2 份过硫酸钾；

(4) 添加 0.1 份十二烷基硫醇（链转移剂）。

29. 试比较苯乙烯和氯乙烯悬浮聚合的特征？

30. 聚合物的立体规整性的含义是什么？

31. 下列单体进行配位聚合后，写出可能的立体规整聚合物的结构式：

(1) $CH_2 = CH - CH_3$；

(2) $CH_2 = CH - CH = CH_2$；

(3) $CH_2 = CH - CH = CH - CH_3$。

32. 试讨论丙烯进行自由基、离子及配位阴离子聚合时，能否形成高分子聚合物？分析其原因。

33. 写出下列单体的缩聚反应和所形成的聚酯结构：

(1) $HO - R - COOH$；

(2) $HOOC - R - COOH + HO - R' - OH$；

(3) $HOOC - R - COOH + R'(OH)_3$；

(4) $HOOC - R - COOH + HO - R' - OH + R''(OH)_3$。

34. 等物质的量己二胺与己二酸进行缩聚反应，试求反应程度 p 为 0.50、0.90、0.99 及 0.995 时聚合物的平均聚合度 $\overline{X_n}$。

35. 等物质的量丁二醇与己二酸进行缩聚反应，制得的聚酯产物 $\overline{M_n} = 5000$，求缩聚终止时的反应程度；若在缩聚过程中有摩尔分数 0.5% 丁二醇因脱水而损失掉，求达到同一反应程度的 $\overline{M_n}$；如何补偿丁二醇的脱水损失才能获得同一 $\overline{M_n}$ 的聚酯？

36. 由己二胺和己二酸合成聚酰胺，反应程度 $p = 0.995$，相对分子质量为 15000，试计算初始单体配料比。

37. 试写出聚氨酯的制备反应。

38. 解释以下术语：

(1) 微悬浮聚合；(2) 微乳液聚合；(3) 分散聚合；(4) 种子乳液聚合；(5) 无皂乳液聚合。

39. 简要说明以下几种新型聚合反应：

(1) 基团转移聚合；(2) 开环易位聚合；(3) 原子转移自由基聚合；(4) 变换聚合反应。

第 3 章　高分子材料的结构与性能

关于高分子材料的结构与性能涉及的范围很广，本章仅就结构与性能的基本概念和基本问题作一简要阐述。有关高分子材料的界面问题及其对性能的影响、共混问题和复合问题将在以后有关的章节中讨论。

3.1　聚合物结构

聚合物结构包括大分子链本身的结构和大分子链之间的排列（凝聚态结构）这两方面。大分子可形成不同层次的结构组织；在光学或电子显微镜中可观察到这些不同层次结构组织的形状和内部结构，常称之为形态结构或形态。

3.1.1　大分子链的组成和构造

大分子链的组成和构造包括大分子链结构单元的化学组成、连接方式、空间构型、序列结构以及大分子链的几何形状。

3.1.1.1　大分子链的化学组成

按照主链的化学组成，可分为碳链大分子、杂链大分子、元素有机大分子等。大分子链的化学组成不同，聚合物的性能也不相同。

3.1.1.2　结构单元的连接方式

大分子链是由许多结构单元通过共价键连接起来的链状分子。在缩聚反应中，结构单元的连接方式比较固定。但在加聚反应中，单体构成大分子的连接方式比较复杂，存在许多可能的连接方式。例如 $CH_2\!\!=\!\!CH$ 型的烯烃单体，设有取代基 R 的一端称为"头"，另一端为 $\overset{|}{R}$

"尾"，则存在头-尾、头-头或尾-尾连接的不同方式。双烯类单体聚合时，除了"头"、"尾"连接的问题外，还存在 1,4-加成、1,2-加成及 3,4-加成等问题。

结构单元的连接方式对聚合物的化学、物理性能有明显影响。例如用聚乙烯醇制维纶时，只有头-尾连接时才能与甲醛缩合生成聚乙烯醇缩甲醛。头-头连接时不能进行缩醛化。当大分子中含有很多头-头连接时，便剩下很多羟基不能与甲醛进行缩合。有些维纶纤维缩水性很大，主要原因即在于此。此外，由于羟基分布不规则，强度亦下降。

3.1.1.3　结构单元的空间排列方式

（1）几何异构　在双烯类单体采取 1,4-加成的连接方式时，因大分子主链上存在双键，所以有顺式和反式之分。例如天然橡胶是顺式 1,4-加成的聚异戊二烯，古塔波胶是反式 1,4-加成的聚异戊二烯。由于结构不同，两者性能迥异。天然橡胶是很好的弹性体，密度为 $0.90\mathrm{g \cdot cm^{-3}}$，熔点 $T_\mathrm{m}=30℃$，玻璃化温度 $T_\mathrm{g}=-70℃$，能溶于汽油、CS_2 及卤代烃中。古塔波胶由于等同周期小，容易结晶，无弹性，密度为 $0.95\mathrm{g \cdot cm^{-3}}$，$T_\mathrm{m}=65℃$，$T_\mathrm{g}=-53℃$。又如顺式聚丁二烯为弹性体，可作橡胶用，而反式聚丁二烯只能作塑料用。

（2）结构单元的旋光异构　如果碳原子上所连接的四个原子（或原子基团）各不相同

时，此碳原子就称为不对称碳原子。例如对单烯烃聚合物大分子 $-\text{CH}_2-\overset{*}{\underset{\overset{|}{R}}{\text{CH}}}-$，可视为每

个链节上星号所示的碳原子都为不对称碳原子，因为此碳原子两边所连接的碳链长度或结构不同，因而可视为两个不同的取代基。

由于每个不对称碳原子都有 D-型及 L-型两种可能构型，所以，当一个大分子链含有 n 个不对称碳原子时就有 2^n 个可能的排列方式。有三种基本情况：各个不对称碳原子都具有相同的构型（D-型或 L-型）时称之为全同立构；若 D-型和 L-型交替出现，则称为间同（间规）立构；若 D-型及 L-型无规分布，则称为无规立构。全同立构和间同立构都属于有规立构，可通过等规聚合（即定向聚合）的方法制得此类聚合物。

对于低分子物质，不同的空间构型常有不同的旋光性。但对大分子链，虽然含有许多不对称碳原子，但由于内消旋或外消旋的缘故，一般并不显示旋光性。

大分子的立体规整性对聚合物性能有很大影响。有规立构的大分子由于取代基在空间的排列规则，大都能结晶，强度和软化点也较高。

表 3-1 列举了几种常见立体异构聚合物性能比较。

表 3-1　不同立体异构高聚物性能比较

高聚物	熔点 T_m/℃	玻璃化温度/℃	密度/g·cm^{-3}
全同立构聚丙烯	165	-35	0.92
无规立构聚丙烯	约80	-14	0.85
全同立构聚乙烯醇	212		1.12～1.31
间同立构聚乙烯醇	267		1.30
全同立构聚苯乙烯	230	100	1.127
无规立构聚苯乙烯		90～100	1.052
无规 PMMA		104	1.188
全同 PMMA	160	45	1.22
间同 PMMA	200	115	1.19

3.1.1.4　大分子链骨架的几何形状

大分子链骨架的几何形状可分为线形、支链、网状和梯形等几种类型。

线形大分子整个分子如同一根长链，无支链。支链大分子亦称支化大分子，是指分子链上带有一些长短不同的支链。产生支链的原因与单体的种类、聚合反应机理及反应条件有关。

星形大分子、梳形大分子及枝形大分子都可视为支链型大分子的特殊类型。

大分子链之间通过化学键相互交联连接起来就形成三维结构的网状大分子。这里的"分子"已不同于一般分子的涵义。这种交联聚合物的特点是不溶不熔，表征这种交联结构的参数是交联点密度或交联点之间的平均分子量。

支链的存在使得大分子不易排列整齐，因此，结晶度和密度下降。高压聚乙烯（支链大分子）、低压聚乙烯（线形大分子）及交联聚乙烯的性能比较示于表 3-2。

表 3-2　高压聚乙烯（LDPE）、低压聚乙烯（HDPE）及交联聚乙烯的性能

性　能	LDPE	HDPE	交联聚乙烯
密度/g·cm^{-3}	0.91～0.94	0.95～0.97	0.95～1.40
结晶度(X 射线法)/%	60～70	95	
熔点/℃	105	135	
拉伸强度/MPa	6.9～14.7	21.6～36.5	9.8～20.7
最高使用温度/℃	80～100	120	135
用途	薄膜	硬塑料制品、管材、单丝等	海底电缆、电工器材

形状类似"梯子"和"双股螺旋"的大分子，分别称为梯形及双螺旋形大分子。例如聚丙烯腈在氮气保护并隔绝氧气条件下加热，可形成梯形结构的产物，即所谓的碳纤维。这类大分子是双链构成的，一般具有优异的耐高温性能。

在这里顺便提出大分子链的端基。端基在大分子链中所占的比重虽很小，但其作用不容忽视；端基不同时，聚合物的性能也有所不同，特别是对化学性质和热稳定性的影响更为明显。例如聚甲醛的—OH端基被酯化后可提高热稳定性。聚碳酸酯的端羟基和端酰氯基都将促使聚碳酸酯的高温降解。所以，在聚合过程中加入苯酚之类的单官能物进行"封端"可显著提高产物的热稳定性。

3.1.1.5 共聚物大分子链的序列结构

由两种或两种以上结构单元构成的共聚物大分子都有一定的序列结构。序列结构就是指各个不同结构单元在大分子中的排列顺序。以 M_1、M_2 两种单体的共聚物为例，其大分子链一般可看作由 $-(M_1)_{m_1}$ 和 $-(M_2)_{m_2}$ 两种链段无规连接而成。m_1 及 m_2 分别表示 M_1 序列和 M_2 序列的长度，可取由 1 到任意正整数的数值。序列结构就是指 M_1 及 M_2 序列的长度分布。

共聚物大分子的序列结构可分为三种基本类型。

① 交替型　～～$M_1 M_2 M_1 M_2$～～，即交替共聚物。

② 嵌段及接枝型　～～$M_1 M_1 M_1 M_1 M_2 M_2 M_2 M_2$～～ 及 ～～$M_1 M_1 M_1 M_1 M_1$～～，
$\qquad\qquad\qquad\qquad\qquad\qquad\qquad\qquad\qquad\qquad\qquad\quad |$
$\qquad\qquad\qquad\qquad\qquad\qquad\qquad\qquad\qquad\qquad\quad M_2 M_2 M_2$～～

即嵌段及接枝共聚物。

③ 无规型　～～$M_1 M_1 M_2 M_1 M_2 M_2 M_2 M_1 M_1 M_2 M_2$～～，即无规共聚物的情况。

序列结构不同时，共聚物的性能亦不同。例如，25％苯乙烯和75％丁二烯的共聚物，当形成无规共聚物时为橡胶类物质（丁苯橡胶）；当形成嵌段共聚物时，则为两相结构的热塑性弹性体。

3.1.2 大分子链的分子量和构象

3.1.2.1 分子量

聚合物的分子量有两个基本特点，一是分子量大，二是分子量具有多分散性。

聚合物分子量可达数十万乃至数百万。大分子长度可达 $10^2 \sim 10^3$ nm。而一般低分子物的分子量不超过数百，分子长度不超过数纳米。分子量上的巨大差别反映为从低分子到高分子在性质上的飞跃。这是一个从量变到质变的过程。

聚合物是由大小不同的同系物组成，其分子量只具有统计平均的意义，这种现象称为分子量的多分散性。多分散性的大小主要决定于聚合过程，也受试样处理、存放条件等因素的影响。

（1）聚合物的平均分子量　当其他条件固定时，聚合物的性质是分子量的函数。对不同的性质，这种函数关系是不同的。因而根据不同的性质就得到不同的平均分子量。

聚合物溶液冰点的下降、沸点的升高、渗透压等，只取决于溶液中大分子的数目，这就是聚合物溶液的依数性。根据溶液的依数性测得的聚合物分子量平均值称为数均分子量，以 $\overline{M}_n$ 表示之，它实际上是一种加权算术平均值。

$$\overline{M}_n = \frac{\sum n_i M_i}{\sum n_i} = \sum x_i M_i \tag{3-1}$$

式中，n_i 及 x_i 分别是分子量为 M_i 的大分子的物质的量及摩尔分数。与 $\overline{M}_n$ 相对应的平均聚合度为数均聚合度，以 $\overline{X}_n$ 表示之。

聚合物溶液的另外一些性质，如光散射性质、扩散性质等，不但与溶液中大分子的数目有关，而且与大分子的尺寸直接有关。根据这类性质测得的平均分子量叫重均分子量，以 $\overline{M}_w$ 表示之。

$$\overline{M}_w = \frac{\sum m_i M_i}{\sum m_i} = \sum w_i M_i = \frac{\sum n_i M_i^2}{\sum n_i M_i} \tag{3-2}$$

式中，m_i 及 w_i 是分子量为 M_i 大分子的质量和质量分数。与 $\overline{M}_w$ 相对应的是重均聚合度 $\overline{X}_w$。

此外，还有根据聚合物溶液的沉降性质测得 z 均分子量：

$$\overline{M}_z = \frac{\sum n_i M_i^3}{\sum n_i M_i^2}$$

以及根据聚合物溶液的黏度性质而测得的黏均分子量：

$$\overline{M}_\eta = \left[\frac{\sum w_i M_i^a}{\sum w_i M_i} \right]^{1/a} \tag{3-3}$$

式中，w_i 为分子量 M_i 的质量分数，a 为参数，一般在 $0.5 \sim 1.0$ 之间。各平均分子量之间有如下关系：

$$\overline{M}_z \geqslant \overline{M}_w \geqslant \overline{M}_\eta \geqslant \overline{M}_n$$

等号只适用于分子量为单分散性即大分子的分子量都相等的情况。

（2）分子量的多分散性　聚合物分子量的多分散性可用分子量分布函数来完整地描述，但对实际应用而言，一般只用多分散性的大小来表示。多分散性的大小即分子量分布的宽窄，可用分子量多分散性指数 Q 表示之。

$$Q = \frac{\overline{M}_w}{\overline{M}_n} \approx \frac{\overline{X}_w}{\overline{X}_n} \tag{3-4}$$

Q 值越大即表示分子量分布越宽。

分子量的大小及多分散性对聚合物性能有显著影响。一般而言，聚合物的力学性能随分子量的增大而提高。这里有两种基本情况：①如玻璃化温度（T_g）、拉伸强度、密度、比热容等，刚开始时，随分子量增大而提高，最后达到一极限值；②某些性能如黏度、弯曲强度等，随分子量增加而不断提高，不存在上述的极限值。

Q 值的大小对聚合物性能也有很大影响。以聚苯乙烯为例，当 $\overline{M}_n$ 相同时，Q 值大的样品力学强度较高。这是由于 Q 值大即分子量分布宽时，在同一 $\overline{M}_n$ 值，高分子量的级分要多一些，而强度主要决定于高分子量级分。基于同样的原因，当 $\overline{M}_w$ 相同时，Q 值小即分子量分布窄的强度大，这是由于低分子量级分较小的缘故。

总的说来，对塑料，分子量分布窄时对加工和性能都有利。对橡胶，因为平均分子量一般都很大，足以保证制品的强度，常常是分子量分布宽一些好，这样可以改善流动性而有利于加工；对薄膜及纤维，为便于加工，一般分子量分布窄一些好；同时分布窄时，对制品的性能亦有利。

3.1.2.2　构象及形态

前面谈到的结构单元的连接方式、几何异构、旋光异构、大分子链骨架的几何形状、共聚物的序列结构等，都属于化学结构，几何异构和旋光异构称为构型（configuration）。构型不同时，分子的形状也不同，但要改变构型非破坏化学键不可。一般而言，大分子链是由众多的 C—C 单键（或 C—N、C—O、Si—O 等类单键）构成的。这些单键是由 σ 电子组成的 σ 键，其电子云分布对键轴是对称的，所以以 σ 键连接的两个原子可以相对旋转，这称为分子的内旋转。如果不考虑取代基对这种旋转的阻碍作用，即假定旋转过程中不发生能量变化，则称为自由内旋转。这时大分子链上每一个单键在空间所能采取的位置与前一个单键位置的关系只受键角的限制，如图 3-1 所示。由图可见，第三个键相对第一个键，其空间位置的任意性已很大。两个键相隔越远，其空间位置的关系越小。可以设想，从第 $(i+1)$ 个键起，其空间位置的取向与第一个键的位置已完全无关。这就是说，整个大分子链可看作是由若干个包含 i 键的段落自由连接而成的，这种段落称为链段，链段的运动是相互独立的。因此，在分子内旋转的作用下，大分子链具有很大的柔曲

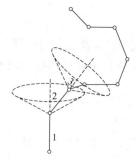

图 3-1 大分子链的内旋转

性，可采取各种可能的形态，每种形态所对应原子及键的空间排列称为构象（conformation）。构象是由分子内部热运动而产生的，是一种物理结构。

（1）大分子链柔性和均方末端距 由于分子的内旋转，在自然状态下，大分子链以卷曲状态存在，这时相应的构象数最多。在外力作用下，大分子链可以伸展开来。构象数减少，当外力去除后，大分子链又回复到原来的卷曲状态，这就是大分子链的柔顺性。

但是与完全伸直时相比，在自然状态下大分子究竟能卷曲多少倍？这就是说，在自然状态下，大分子链的末端距是多少？

假定大分子链是由 n 个长度为 l、不占有空间体积的单元构成，无任何键角的限制，也不存在取代基对内旋转的阻碍，这样的大分子链称为高斯链。可以求出此种"理想"大分子链的均方根末端距（以下简称末端距）$\sqrt{h^2}$（图 3-2）为：

$$\sqrt{h^2} = n^{\frac{1}{2}} l \tag{3-5}$$

而完全伸直时的长度 $L = nl$，这就是说，大分子链可以伸展 $n^{\frac{1}{2}}$ 倍。例如 $n = 10^4$ 时，可伸展 100 倍。所以，高斯链是十分柔顺的。对实际大分子链，存在键角、内旋转位垒以及结构单元占有一定空间体积的限制，但只需在式（3-5）的右端乘以适当的修正系数即可。例如考虑键角 θ 的影响时，式（3-5）应修正为：

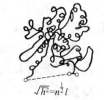

$\sqrt{h^2} = n^{\frac{1}{2}} l$

图 3-2 大分子链的柔性和末端距

$$\sqrt{h^2} = n^{\frac{1}{2}} l \sqrt{\frac{1-\cos\theta}{1+\cos\theta}} \tag{3-6}$$

考虑内旋转位垒时：

$$\sqrt{h^2} = \sigma n^{\frac{1}{2}} l \sqrt{\frac{1-\cos\theta}{1+\cos\theta}} \tag{3-7}$$

式中，σ 为大于 1 的系数，其值随内旋转位垒的增加而增大。

大分子链的柔性是决定聚合物特性的基本因素。大分子链的柔性主要来源于内旋转，而内旋转的难易决定于内旋转位垒的大小。凡是使内旋转位垒增加的因素都使柔性减小。

内旋转位垒首先与主链结构有关，键长越大，相邻非键合原子或原子基团间的距离就越大，内旋转位垒就小，链的柔性就越大。

取代基对大分子链柔性的影响取决于取代基的极性、体积和位置。一般而言，取代基的极性越强、体积越大，内旋转位垒就越大，大分子链的柔性就越小。

（2）大分子链形态的基本类型　热运动促使单键内旋转，内旋转使分子处于卷曲状态，呈现众多的构象。构象数越多，分子链的熵值就越大。但是，除熵值因素之外，决定大分子形态的还有能量因素，位能越低的形态，在能量上越稳定。大分子链的实际形态取决于这两个基本因素的竞争。在不同条件下，这两个因素的相对重要性不同，因此，就产生各种不同的形态。大分子链的形态有以下几种基本类型。

① 伸直链（ $\wedge\wedge\wedge$ ）　在这种形态中，每个链节都采取能量最低的反式连接。整个大分子呈锯齿状。拉伸结晶的聚乙烯大分子就是典型的例子。

② 折叠链（ $\sqcap\sqcup\sqcap$ ）　如聚乙烯单晶中某些大分子链就采取这种形态，聚甲醛晶体中大分子链也是这样。

③ 螺旋形链（ 00000 ）　全同立构的聚丙烯大分子链、蛋白质、核酸等大分子链大都是这种螺旋形。形成螺旋状的原因是，采取这种形态时，相邻的非键合原子基团间距离较大，相斥能较小，有利于形成分子内的氢键。

④ 无规线团（图 3-2）　大多数合成的线型聚合物在熔融态或溶液中，大分子链都呈无规线团状，这是较为典型的大分子链形态。

3.1.3　聚合物凝聚态结构

聚合物凝聚态结构是指在分子间力作用下，大分子链相互聚集在一起所形成的组织结构。聚合物凝聚态结构分为晶态结构和非晶态（无定形）结构两种类型。结构规则简单的以及分子间作用力强的大分子易于形成晶态结构；而一些结构比较复杂和不规则的大分子，则往往形成无定形即非晶态结构。当然聚合物能否结晶以及结晶程度的大小，尚与外界条件有密切关系。表 3-3 列举了结晶和无定形聚合物类型，当然这种分类并不是十分严格的。

聚合物凝聚态结构有两个不同于低分子物凝聚态的明显特点。①聚合物晶态总是包含一定量的非晶相，100%结晶的情况是很罕见的。②聚合物凝聚态结构不但与大分子链本身的结构有关，而且强烈地依赖于外界条件。例如，同一种尼龙 6，在不同条件下所制备的样品，其形态结构截然不同。将尼龙 6 的甘油溶液加热至 260℃，倾入 25℃的甘油中则形成非晶态的球状结构。如将上述溶液以 $1\sim2℃\cdot min^{-1}$ 的速度慢慢冷却，则形成微丝结构。冷却速度为 $40℃\cdot min^{-1}$ 时，形成细小的层片结构，这是规整的晶体结构。若将尼龙 6 的甲酸溶液蒸发，则得到枝状或钢丝状结构。

表 3-3　结晶和非晶聚合物

项目	结晶聚合物	非晶聚合物	介于二者之间的聚合物（结晶度较低）	
一般特征	具有较强的分子间力,结构规整	无规立构均聚物、无规共聚物、热固性塑料		
例子	聚乙烯、等规聚丙烯、聚四氟乙烯、聚酰胺、聚对苯二甲酸乙二醇酯、聚碳酸酯、聚氧化乙烯、纤维素、聚甲醛	聚苯乙烯（立体无规）、氯化聚乙烯、聚甲基丙烯酸甲酯、聚氨酯、脲醛树脂、酚醛树脂、环氧树脂、不饱和聚酯	天然橡胶 聚异丁烯 丁基橡胶 聚乙烯醇 聚氯乙烯 聚三氟氯乙烯	高应变下结晶

3.1.3.1 非晶态结构

聚合物的非晶态结构是指玻璃态、橡胶态、黏流态（或熔融态）及结晶高聚物中非晶区的结构。非晶态聚合物的分子排列无长程有序，对 X 射线衍射无清晰点阵图案。

关于非晶态聚合物的结构，目前尚有争论，有两种不同的基本观点，即两种不同的基本模型：Flory 的无规线团模型和叶叔酉（Yeh）的折叠链缨状胶束粒子模型。还有其他一些模型，但都介于二者之间。

Flory 用统计热力学理论推导并实验测定了大分子链的均方末端距和回转半径及其与温度的关系。结果表明，非晶态聚合物无论在溶液中或本体中，大分子链都呈无规线团的形态，线团之间是无规的相互缠结，具有过剩的自由体积，在此基础上提出了单相无规线团模型。根据这一模型，非晶态聚合物结构犹如羊毛杂乱排列而成的毛毡，不存在任何有序的区域结构。这一模型可以解释橡胶的弹性等许多行为，但难以解释如下的事实。①有些聚合物（如聚乙烯）几乎能瞬时结晶。很难设想，原来杂乱排列无规缠结的大分子链能在很短的时间内达到规则排列。②根据 Flory 无规线团模型，非晶态的自由体积应为 35%，而事实上，非晶态只有大约 10% 的自由体积。因此，很多人对无规线团模型表示异议，提出了非晶态聚合物局部有序（即短程有序）的结构模型，其中有代表性的是 Yeh 在 1972 年所提出的折叠链缨状胶束模型，亦称为两相模型，如图 3-3 所示。此模型的主要特点是认为非晶态聚合物不是完全无序的，而是存在局部有序的区域，即包含有序和无序两个部分，因此称为两相结构模型。根据这一模型，非晶态聚合物主要包括两个区域。一是由大分子链折叠而成的"球粒"或"链结"，其尺寸约 3~10nm。在这种"颗粒"中，折叠链的排列比较规整，但比晶态的有序性要小得多。二是球粒之间的区域，是完全无规的，其尺寸约 1~5nm。

3.1.3.2 晶态结构

与一般低分子晶体相比，聚合物晶体具有不完善性、无确定的熔点并且结晶速率较慢（也有例外，如聚乙烯）的特点，这些特点来源于大分子的结构特征。一个大分子可占据许多个格子点，构成格子点的并非整个大分子，而是大分子中的结构单元或大分子的局部段落，也就是说，一个大分子可以贯穿若干个晶胞。因此，聚合物晶体结构包括晶胞结构、晶体中大分子链的形态以及单晶和多晶的形态等。

（1）晶胞结构　聚合物晶体晶胞中，沿大分子链的方向和垂直于大分子链方向，原子间距离是不同的，使得聚合物不能形成立方晶系。一般取大分子链的方向为 Z 轴方向，晶胞结构和晶胞参数与大分子的化学结构、构象及结晶条件有关。图 3-4 表示聚乙烯的晶胞结构。

聚合物晶胞中，大分子链可采取不同的构象（形态）。聚乙烯、聚乙烯醇、聚丙烯腈、涤纶、聚酰胺等晶胞中，大分子链大都为平面锯齿状；而聚四氟乙烯、等规聚丙烯等晶胞中，大分子链呈螺旋形态。

（2）聚合物晶态结构模型　聚合物晶态结构模型的中心问题是晶体中大分子链的堆砌方式。基本模式有两种：一种是缨须状胶束模型（图 3-5），它是由非晶态结构的无规线团模型衍生出来的。另一种是折叠链模型（图 3-6），它是从局部有序的非晶态结构模型衍生出来的。

缨须状胶束模型认为，聚合物结晶中存在许多胶束和胶束间区域，胶束是结晶区，胶束间是非晶区。此种模型流行多年，主要是因为它能解释一些事实。例如晶区和非晶区之间的强力结合而形成具有优良力学性能的结构等。但此模型难以解释另外一系列事实，因而提出了折叠链结构模型。

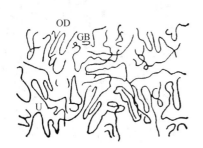

图 3-3　折叠链缨状胶束粒子模型

OD—有序区；GB—晶界区；U—粒间区

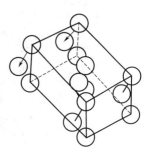

图 3-4　聚乙烯晶胞结构

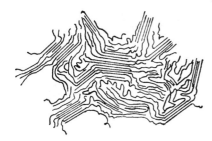

图 3-5　缨须状胶束模型

图 3-6　折叠链模型

　　折叠链模型的要点是，在聚合物晶体中，大分子链是以折叠的形式堆砌起来的。近年来许多人将上述两种模型的概念加以融合，又提出了一系列模型，但基本上仍在上述两种模型的范畴之内。

　　对于聚合物结晶度较高的情况，折叠链模型较为适用。高结晶度情况下，也存在许多缺陷，其中有以下几种。①点缺陷，如空出的晶格位置和在缝隙间的原子、链端、侧基等；②位错，主要是螺型位错和刃型位错。螺型位错使晶体生长成螺旋形，这在聚合物单晶和聚合物本体中都常见到；③二维缺陷，如折叠链表面；④链无序缺陷，如折叠点、排列改变等；⑤非晶态缺陷，即无序范围较大的区域。

　　当聚合物为低结晶度及中等结晶度时，缨状胶束模型的概念更适用一些。

　　（3）聚合物结晶形态　　根据结晶条件的不同，聚合物可以生成单晶体、树枝状晶体、球晶以及其他形态的多晶聚集体。多晶体基本上是片状晶体的聚集体。

　　聚合物单晶都是折叠链构成的片晶，链的折叠方向与晶面垂直。单晶的生长规律与低分子晶体相同，往往沿螺旋位错中心盘旋生长而变厚。一般而言，聚合物单晶只能从聚合物稀溶液中、极慢速条件下生成。浓溶液和熔体一般形成球晶或其他形态的多晶体。

　　聚乙烯在高静压和较高温度下结晶时，可以形成伸直链片晶，其厚度与大分子链长度相当，厚度的分布与分子量分布相对应。这是热力学上最稳定的晶体。尼龙6、涤纶等也可以生成伸直链片晶。

　　球晶是微小片晶聚集而成的多晶体，直径可达几十至几百微米，可用光学显微镜直接观察到。在偏光显微镜的正交偏振片之间，呈现特有的黑十字消光或带有同心环的黑十字图形，如图 3-7 所示。球晶是由扭曲的晶片构成，晶片之间由微丝状的系结链联系在一起，如图 3-8 所示。系结链可能是由分子链聚集而成的伸直链带状晶体构成，这种系结链使聚合物晶体具有较好的强度和韧性。

图 3-7　全同立构聚苯乙烯球晶的偏光显微镜照片

图 3-8　聚乙烯球晶中晶片之间的系结链

聚合物在切应力作用下结晶时，往往生成一长串半球状的晶体，称为串晶，如图 3-9 所示。这种串晶具有伸直链结构的中心轴，其周围间隔地生长着折叠链构成的片晶，如图 3-10 所示。由于伸直链结构的中心轴存在，串晶的力学强度较高。

图 3-9　聚乙烯串晶

图 3-10　串晶结构

聚合物晶体结构可归纳为以下三种结构的组合：分子链是无规线团的非晶态结构；分子链折叠排列、横向有序的片晶；伸直平行取向的伸直链晶体。任何实际聚合物材料都可视为这三种结构按不同比例组合而成的混合物。结晶部分的含量用结晶度表示；测定结晶度可采用密度法、红外光谱法、X 射线衍射法等；不同的方法涉及不同的有序度，所得结果往往是不一致。

（4）结晶过程　聚合物的结晶速率是晶核生成速率和晶粒生长速率的总效应，如图 3-11 所示。成核分均相成核和异相成核（外部添加物或杂质）。若成核速率大，生长速率小，则形成的晶粒（一般为球晶）小；反之，则形成的晶粒大。在生产上可通过调整成核速率和生长速率来控制晶粒的大小，从而控制产品的性能。

聚合物结晶过程可分为主、次两个阶段。次期结晶是主期结晶完成后，某些残留非晶部分及结晶不完整部分继续进行的结晶和重排。次期结晶速率很慢，产品在使用中常因次期结晶的继续进行而影响性能。因此，可采用退火的方法消除这种影响。

聚合物结晶速率最大时的温度 T_K 与其熔点 T_m 的关系

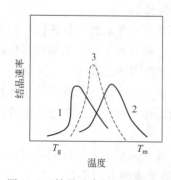

图 3-11　结晶速率与温度的关系
1—成核速率；2—晶粒生长
速率；3—结晶速率

一般为：

$$T_K = 0.8T_m \tag{3-8}$$

聚合物结晶速率对温度十分敏感，有时温度变化1℃，结晶速率可相差几倍。

依靠均相成核的纯聚合物结晶时，容易形成大球晶，力学性能不好。加入成核剂可降低球晶尺寸。对聚烯烃，常用脂肪酸碱金属盐作为成核剂。

结晶可提高聚合物的密度、硬度及热变形温度，溶解性及透气性减少，断裂伸长率下降，拉伸强度提高但韧性下降。

3.1.3.3　聚合物液晶态

液晶是介于液相（非晶态）和晶相之间的中介相；其物理状态为液体，而具有与晶体类似的有序性。根据分子排列方式的不同，液晶可分为三种不同的类型：近晶型、向列型和胆甾型（参见5.1节）。

制备液晶有两种方法：将晶体熔化，而制得的液晶称为热致性液晶；将晶体溶解，得到的液晶称为溶致性液晶。

某些刚性很大的聚合物，如某些聚芳酰胺也能形成液晶态。聚合物液晶一般都是溶致性液晶。聚合物液晶最突出的性质是其特殊的流变行为，即高浓度、低黏度和低剪切应力下的高取向度。采用液晶纺丝可克服通常情况下高浓度必伴随高黏度的困难，且易达到高度取向。美国杜邦公司的Kevlar纤维（B-纤维）就是采用液晶纺丝而制得的高强度纤维，其强度高达2815MPa，模量达126.5GPa。

3.1.3.4　聚合物取向态结构

链段、整个大分子链以及晶粒在外力场作用下沿一定方向排列的现象称为聚合物的取向。相应的链段、大分子链及晶粒称为取向单元；按取向方式可分为单轴取向和双轴取向；按取向机理可分为分子取向（链段或大分子取向）和晶粒取向。

单轴拉伸而产生的取向叫单轴取向，如图3-12(a)所示。双轴取向是沿相互垂直的两个方向上拉伸而产生的取向状态，取向单元沿平面排列，在平面内，取向的方向是无规的。如图3-12(b)所示。

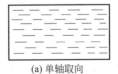
(a) 单轴取向

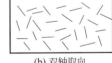
(b) 双轴取向

图 3-12　聚合物取向

非晶态聚合物取向比较简单，视取向单元的不同，分为大尺寸取向和小尺寸取向。大尺寸取向是指大分子链作为整体是取向的，但就链段而言，可能并未取向。小尺寸取向是指链段取向，而整个大分子链并未取向。大尺寸取向慢，解取向也慢，这种取向状态比较稳定。小尺寸取向快，解取向也快，此种取向状态不大稳定。分子链取向而链段不取向的情况对纺丝工艺十分重要，这样可制得强韧而又富弹性的纤维。

结晶聚合物的取向比较复杂，伴随凝聚态结构的变化。一般而言，结晶聚合物的取向主要是球晶的形变过程。在弹性形变阶段，球晶被拉成椭球形，再继续拉伸到不可逆形变阶段，球晶变成带状结构。在球晶形变过程中，组成球晶的片晶之间发生倾斜，晶面滑移和转动甚至破裂，部分折叠链被拉成伸直链，原有的结构部分或全部破坏，形成由取向的折叠链片晶和在取向方向上贯穿于片晶之间的伸直链所组成的新结晶结构。这种结构称为微丝结构，见图3-13(a)。在拉伸取向过程中，也可能原有的折叠链片晶部分地转变成分子链沿拉伸方向规则排列的伸直链晶体，见图3-13(b)。拉伸取向的结果是伸直链段增多，而折叠链段减少，系结链数目增多，从而提高了材料的力学强度和韧性。

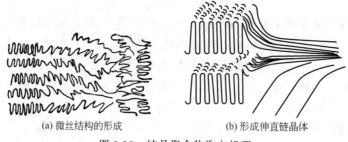

(a) 微丝结构的形成　　　　　(b) 形成伸直链晶体

图 3-13　结晶聚合物取向机理

聚合物取向后呈现明显的各向异性。取向方向的力学强度提高，垂直于取向方向的强度下降。

3.2　聚合物的分子运动及物理状态

3.2.1　聚合物分子运动的特点

分子运动的性质和程度决定于温度，不同的运动形式需要不同数量的能量来激发。因此，不同形式的运动，存在不同的临界温度，在此温度之下，该形式的运动处于"冻结"状态。

由于聚合物分子运动的结构多重性，聚合物的分子运动就存在与其结构相对应的一系列特点，可归纳为以下两个方面。

（1）聚合物的分子运动具有多重性　大分子具有多重运动单元，如侧基、支链、链节、链段及整个大分子等，与这些不同运动单元相对应的运动方式有：键长、键角的振动或扭曲；侧基、支链或链节的摇摆、旋转；分子内旋转及整个大分子的重心位移等。此外，对结晶聚合物还存在晶型转变、晶区缺陷部分的运动等。

与低分子相比，聚合物分子运动通常分为两种尺寸的运动单元，即大尺寸运动单元和小尺寸运动单元，前者指整个大分子链，后者指链段和链段以下的运动单元。小尺寸单元的运动亦称为微布朗运动。

（2）聚合物的分子运动具有明显的松弛特性　具有时间依赖性的过程称为松弛过程。任何一个体系在外场（力、电、磁等）作用下，都要由一种平衡状态过渡到与外场作用相适应的另一种平衡状态。外场的作用亦称"刺激"，受到外场"刺激"后，体系状态的变化称为"响应"或应变。从施加刺激到观察响应的时间间隔 t，称为时间尺度，简称为时间。任何体系在外场作用下，从原来的平衡状态过渡到另一平衡状态是需要一定时间的，即有一个速度问题。这样的过程在物理学上称为"松弛过程"或"弛豫过程"或"延滞过程"。所以，松弛过程也就是速度过程，在化学上就是化学动力学过程。这种过程的快慢可用松弛时间 τ 来表示，τ 越大，过程越慢。在化学上，一级反应的半衰期就可视为一种松弛时间。

在达到新的平衡状态前，要经过一系列随时间而改变的中间状态，这种中间状态就称为松弛状态。

严格而言，一切运动过程都有松弛特性。但诸如键长、键角的振动、扭曲等，在通常时间尺度内观察不到，可视为不存在松弛过程。聚合物的分子运动单元（除键长、键角及其他小单元外）一般较大，松弛时间较长，所以，在一般时间尺度下即可看到明显的松弛特性。

此外，聚合物分子运动的多重性使得具有众多的松弛过程，具有范围很大的松弛时间谱，松弛时间可在 $10^{-10} \sim 10^4 \text{s}$ 的宽范围内变化。

既然分子运动是一个速度过程，要达到一定的运动状态，提高温度和延长时间具有相同的分子运动效果，这称为时-温转化效应，或时-温等效原理。聚合物分子运动及物理状态原则上都符合时-温等效原理。这与化学反应动力学上的情况是相似的。

3.2.2　聚合物的物理状态

3.2.2.1　凝聚态和相态

相态是热力学概念，相的区别主要是根据结构学来判别的。具体地说，相态决定于自由焓、温度、压力、体积等热力学参数，相之间的转变必定有热力学参数的突跃变化。

凝聚态是动力学概念，是根据物体对外场特别是外力场的响应特性来划分的，所以也常称为力学状态。凝聚态所涉及的是松弛过程。一种物质的力学状态与时间因素密切相关，这是与相态的根本区别。

气相和气态是一致的。液态一般即为液相，但有时，力学状态为液体，结构上却划入晶相，如液晶的情况。液相也不一定是液态，如玻璃的情况。玻璃属于液相，但表现固体的性质。液相的水，在频率极大的外力作用下会表现固体的弹性。对凝聚态而言，速度和时间是关键，因此，它只有相对的意义。当然，通常所指的凝聚态（固态、液态和气态）都是指一般时间尺度下的情况。

3.2.2.2　非晶态聚合物的三种力学状态

聚合物无气相和气态。聚合物存在晶相和非晶态（无定形）两种相态，非晶态，在热力学上可视为液相。

当液体冷却固化时，有两种转变过程。一种是分子作规则排列，形成晶体，这是相变过程；另一种情况，液体冷却时，分子来不及作规则排列，体系黏度已变得很大（如 10^{12}Pa·s），冻结成无定形状态的固体。这种状态又称为玻璃态或过冷液体。此转变过程称作玻璃化过程。玻璃化过程中，热力学性质无突变现象，而有渐变区，取其折中温度，称为玻璃化温度 T_g。

非晶态聚合物，在玻璃化温度以下时处于玻璃态。玻璃态聚合物受热时，经高弹态最后转变成黏流态（见图 3-14），开始转变为黏流态的温度称为流动温度或黏流温度。这三种状态称为力学三态；在图 3-14 所示的温度-形变曲线（热机械曲线）上有两个斜率突变区，分别称为玻璃化转变区和黏弹转变区。

（1）玻璃态　由于温度低，链段的热运动不足以克服主链内旋转位垒，因此，链段的运动处于"冻结"状态，只有侧基、链节、键长、键角等的局部运动。在力学行为上表现为模量高（$10^9 \sim 10^{10} \text{Pa}$）和形变小（1%以下），具有虎克弹性行为，质硬而脆。

玻璃态转变区是对温度十分敏感的区域，转变温度范围约 $3 \sim 5 \text{℃}$。在此温度范围内，链段运动已开始"解冻"，大分子链构象开始改变、进行伸缩，表现有明显的力学松弛行为，具有坚韧的力学特性。

（2）高弹态　在 T_g 以上，链段运动已充分发展。聚合物弹性模量降为 $10^5 \sim 10^6 \text{Pa}$ 左右，在较小应力下，即可迅速发生很大的形变，除去外力后，形变可迅速恢复，因此，称为高弹性或橡胶弹性。

黏弹转变区是大分子链开始能进行重心位移的区域，模量降至 10^4Pa 左右。在此区域，聚合物同时表现黏性流动和弹性形变两个方面。这是松弛现象十分突出的区域。

应当指出，交联聚合物不发生黏性流动。对线型聚合物，高弹态的温度范围随分子量的增大而增大。分子量过小的聚合物无高弹态。

（3）黏流态　温度高于 T_f 以后，由于链段的剧烈运动，在外力作用下，整个大分子链重心可发生相对位移，产生不可逆形变，即黏性流动。此时聚合物为黏性液体。分子量越大，T_f 就越高，黏度也越大。交联聚合物则无黏流态存在，因为它不能产生分子间的相对位移。

同一聚合物材料，在某一温度下，由于受力大小和时间的不同，可能呈现不同的力学状态。因此，上述的力学状态只具有相对意义。

在室温下，塑料处于玻璃态，玻璃化温度是非晶态塑料使用的上限温度，熔点则是结晶聚合物使用的上限温度。对于橡胶，玻璃化温度则是其使用的下限温度。

3.2.2.3　结晶聚合物的力学状态

结晶聚合物因存在一定的非晶部分，因此也有玻璃化转变。但由于结晶部分的存在，链段运动受到限制，所以 T_g 以上，模量下降不大。T_g 和 T_m 之间不出现高弹态，在 T_m 以上模量迅速下降。若聚合物分子量很大且 $T_m < T_f$，则在 T_m 与 T_f 之间将出现高弹态；若分子量较低，$T_m > T_f$，则熔融之后即转变成黏流态，如图 3-15 所示。

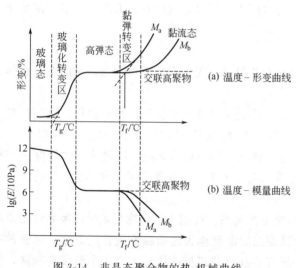

图 3-14　非晶态聚合物的热-机械曲线
（M_a、M_b—分子量，$M_a < M_b$）

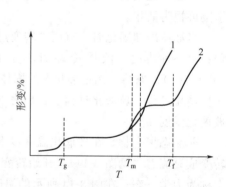

图 3-15　结晶聚合物的温度-形变曲线
1—分子量较低，$T_m > T_f$；
2—分子量较高，$T_m < T_f$

3.2.3　聚合物的玻璃化转变及次级转变

3.2.3.1　玻璃化转变

聚合物的玻璃化转变是指从玻璃态到高弹态间的转变。从分子运动的角度看，玻璃化转变温度 T_g 是大分子链段开始运动的温度。

聚合物发生玻璃化转变时，许多物理性质如模量、比体积、热焓、比热容、膨胀系数、折射率、热导率、介电常数、介电损耗、力学损耗、核磁共振吸收等都会发生急剧的变化。一般而言，所有这些在玻璃化转变时产生突变或不连续变化的物性都可用来测定聚合物的玻璃化温度。经常采用的方法是膨胀计法和差热分析法。

玻璃化转变是一个松弛过程。从松弛概念出发，T_g 可定义为外场作用的时间尺度与过

程的松弛时间 τ 相等时的温度。τ 随温度的下降而增大，随温度的提高而减小。因此，作用时间 t 增加时，T_g 下降；t 减小时，则 T_g 提高。例如，当时间尺度 t 增大 10 倍时，T_g 可下降 5～8℃。所以测定 T_g 时，必须固定时间尺度。例如用膨胀计法测定 T_g 时，升温速度必须固定。

根据 William、Landel 和 Ferry 提出的玻璃化转变的自由体积理论，链段运动的速率或松弛时间 τ 主要决定于自由体积的大小，在相同的时间尺度下，各种聚合物在 T_g 时的自由体积分数相等。自由体积 V_f 为聚合物体积 V 与大分子固有体积 V_0 之差 $V_f = V - V_0$。单位体积的自由体积称为自由体积分数 f：$f = V_f / V_0$。

实验表明，$T = T_g$ 时，$f_g = 0.025$

温度为 T 时，$f = f_T = f_g + a(T - T_g)$

$$a = 4.85 \times 10^{-4} ℃^{-1}$$

据此可得：

$$A_t = \lg \frac{\tau_{(T)}}{\tau_{(T_g)}} = \frac{-17.4(T - T_g)}{51.6 + (T - T_g)} \tag{3-9}$$

式中　　$\tau_{(T)}$——温度 T 时链段运动的松弛时间；

　　　　$\tau_{(T_g)}$——温度 T_g 时链段运动的松弛时间；

　　　　A_t——平移因子。

式（3-9）为 WFL 方程，它定量地表达了时间尺度与 T_g 的关系。

如上所述，T_g 是链段运动松弛时间 τ 与外场作用时间尺度 t 相等时的温度。因此，在时间尺度不变时，凡是加速链段运动速度的因素，如大分子链柔性的增大、分子间作用力的减小等结构因素，都使 T_g 下降。当分子量较低时，T_g 随分子量增加而提高，当分子量增大到一定程度时，T_g 即与分子量无关。一般作为高分子材料使用的聚合物，其分子量都相当大，即 T_g 与分子量无关。交联度较小时，不影响链段运动，故 T_g 与交联无关，但交联度较大时，随交联度的增加，T_g 提高。结晶也有类似的影响。

对结晶高聚物还具有如下近似的关系：

$$\frac{T_g}{T_m} \approx \frac{1}{2} \sim \frac{2}{3}$$

表 3-4 列出了一些常见聚合物的玻璃化温度。

表 3-4 常见聚合物的玻璃化温度（T_g）

聚合物	链节	$T/℃$
硅橡胶	$\begin{array}{c} CH_3 \\ \| \\ -Si-O- \\ \| \\ CH_3 \end{array}$	-123
聚丁二烯	$-CH_2-CH=CH-CH_2-$	-85
聚乙烯	$-CH_2-CH_2-$	$-120, -70$
聚异戊二烯	$\begin{array}{c} -CH_2-C=CH-CH_2- \\ \| \\ CH_3 \end{array}$	-73

续表

聚合物	链节	$T/℃$
聚异丁烯	$-CH_2-\overset{\underset{\displaystyle CH_3}{\displaystyle \vert}}{\underset{\underset{\displaystyle CH_3}{\displaystyle \vert}}{C}}-$	-70
聚丙烯酸丁酯	$-CH_2-\underset{\underset{\displaystyle COOC_4H_9}{\vert}}{CH}-$	-56
聚甲醛	$-CH_2-O-$	-50
聚丙烯	$-CH_2-\underset{\underset{\displaystyle CH_3}{\vert}}{CH}-$	-15
聚丙烯酸甲酯	$-CH_2-\underset{\underset{\displaystyle COOCH_3}{\vert}}{CH}-$	5
聚乙酸乙烯酯	$-CH_2-\underset{\underset{\displaystyle O-CH_3}{\underset{\vert}{}}}{CH}-$	29
聚对苯二甲酸乙二醇酯	$-O-CH_2CH_2-O-C-\langle\rangle-C-$	69
尼龙6	$-NH-(CH_2)_5-CO-$	50
聚氯乙烯	$-CH_2-\underset{\underset{\displaystyle Cl}{\vert}}{CH}-$	81
聚苯乙烯	$-CH_2-\underset{\underset{\displaystyle C_6H_5}{\vert}}{CH}-$	100
聚甲基丙烯酸甲酯	$-CH_2-\overset{\overset{\displaystyle CH_3}{\vert}}{\underset{\underset{\displaystyle COOCH_3}{\vert}}{C}}-$	105
聚碳酸酯	$-O-\langle\rangle-\overset{\overset{\displaystyle CH_3}{\vert}}{\underset{\underset{\displaystyle CH_3}{\vert}}{C}}-\langle\rangle-O-C-$	150

3.2.3.2 T_g 以下的次级转变

在 T_g 以下，许多聚合物仍存在多种形式的分子运动，表现了许多不同的内耗吸收峰。为方便起见，把包括 T_g 在内的多个内耗峰用以下符号标记，即从 T_g 开始依次标为 α、β、γ、δ 等，如图 3-16 所示。低于 T_g 的松弛过程，即 β、γ、δ 等松弛过程统称为次级转变过程。上述标记是依温度的高低来标示的，并不对应于松弛的分子机理。不同聚合物的次级转变机理是不同的。次级转变与主链上 3～5 个键的曲轴转动、侧基或部分侧基的转动有关。

次级转变中，主要是 β 转变对聚合物性能有明显影响。许多聚合物，如聚碳酸酯（PC）、聚氯乙烯（PVC）等，在室温下处于玻璃态，但韧而不脆，这和存在较强的 β 转变峰有关。但并非具有 β 转变的聚合物都具有韧性，如聚苯乙烯（PS）、聚甲基丙烯酸甲酯（PMMA）在室温下是脆的。β 转变使玻璃态聚合物表现韧性的条件是，β 转变峰要足够强、

T_β 低于室温以及 β 转变起源于主链的运动。

韧性大的玻璃态聚合物可进行冷加工，即在室温下可进行机械加工。这类聚合物如 PC、聚砜、聚乙烯、聚丙烯、聚酰胺、PVC、ABS 等，其 β 转变都源于主链运动，T_β 都在室温以下。PMMA 及 PS 的 β 转变起源于侧基的运动，所以韧性小，难以进行冷加工。

3.2.4　聚合物熔体的流动

非晶聚合物当外界温度在黏流温度 T_f 以上，结晶聚合物在其熔点 T_m 以上时，处于黏流态或熔融态，可统称为聚合物熔体，能够进行黏性流动。由于聚合物大分子结构的特性，使得聚合物的流动有一系列区别于一般低分子液体的特点。

3.2.4.1　流动流谱

所谓流谱是指质点在流动场中的运动速度分布。液体在流动过程中可产生两种速度梯度场，横向速度梯度场和纵向速度梯度场，如图 3-17 所示。产生横向速度梯度场的流动称为切变流动或剪切流动。产生纵向速度梯度场的流动称为拉伸流动，相应的黏度分别为剪切黏度和拉伸黏度。

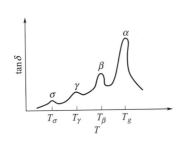

图 3-16　聚合物玻璃化转变及次级转变

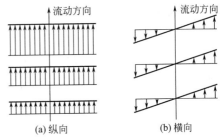

图 3-17　纵向与横向速度梯度场

聚合物熔体在挤出机、注射机、等横截面管道中的流动大都为剪切流动。吹塑成型中离开环形口模的流动、纺丝中离开喷丝孔的流动、管道或模具中截面突然缩小处的收敛流动都是拉伸流动或含有拉伸流动的成分。

一般而言，剪切流动是流动的主要类型，以下主要讨论剪切流动。

3.2.4.2　流体的流变类型

流体流动中，剪切应力 σ_s 与切变速率 $\dot\gamma$ 关系曲线称为流动曲线，剪切应力与切变速率的数学表达式 $\sigma_s = \phi(\dot\gamma)$，称为流动函数。若液体的流动行为还与时间有关，则流动函数为 $\sigma_s = \phi(\dot\gamma, t)$。根据流动函数或流动曲线的不同，流体可分为牛顿型和非牛顿型两类。

如果以剪切应力 σ_s 作用在与固定边界层相距为 x 的层流上，并使其以速度 v 移动，则黏度 η 定义为切应力与速度梯度即切变速率 $\dot\gamma$ 的比值：

$$\sigma_s = \eta \frac{\partial v}{\partial x} = \eta\dot\gamma$$

若 η 与 $\dot\gamma$ 无关，则称之为牛顿型流体。

非牛顿流体有两种类型。第一种类型是黏度随 $\dot\gamma$ 而变化。若黏度随 $\dot\gamma$ 的增加而下降则称为假塑性流体，聚合物熔体即属这种流体，此种现象称为剪切减薄。若黏度随 $\dot\gamma$ 的增大而增大，则称为胀流性流体，如某些聚合物胶乳、聚合物熔体-填料体系等，此种现象称为剪切增厚。这两种情况都可用幂律公式表示为：

$$\sigma_s = K\dot{\gamma}^n \tag{3-10}$$

式中，K 和 n 为非牛顿参数。n 亦称为非牛顿指数，K 亦称为稠度系数。对假塑性流体，$n<1$，对胀流型流体，$n>1$。第二种类型是呈现一个屈服值的流动，当临界应力低于这个值时，不发生流动，超过这个值时可产生牛顿型或非牛顿型的流动。

此外，尚有一些流体的黏度强烈地依赖于时间。随着流动时间的增长黏度逐渐下降的流体称为触变性（thixotropy）流体；反之，随流动时间延长黏度提高的液体，称为震凝性（rheopexy）流体。

3.2.4.3　聚合物熔体流动的特点

聚合物熔体流动有以下特点。

① 黏度大，流动性差。一般低分子液体的黏度约为 0.1Pa·s 左右；而聚合物熔体的黏度一般为数百帕秒乃至数千帕秒。

② 聚合物熔体是假塑性流体，黏度随剪切速率的增加而下降。从聚合熔体的流动曲线（图 3-18）看，一般包括三个区域。在低切变速率范围内，黏度基本上不随 $\dot{\gamma}$ 改变，流动行为符合牛顿流体，这为第一牛顿区。$\dot{\gamma}$ 增大到一定数值后，熔体黏度开始随 $\dot{\gamma}$ 的增加而下降，表现假塑性行为。当 $\dot{\gamma}$ 很大时，黏度再次维持恒定，表现为牛顿流体行为，这称为第二牛顿区。第一牛顿区，黏度恒定且最大，称为零切黏度，以 η_0 表示。在第二牛顿区，黏度最小，称为极限牛顿黏度，记为 η_∞，如图 3-19 所示。

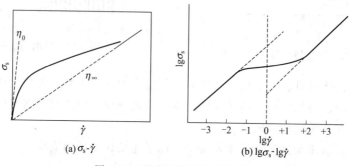

图 3-18　聚合物熔体流动曲线

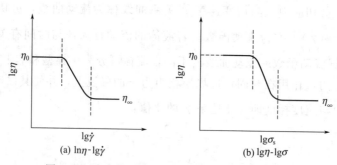

图 3-19　聚合物黏度与切变速率及切应力的关系

③ 聚合物熔体流动时伴有高弹形变，即表现弹性行为。聚合物熔体流动并非大分子链之间简单相对滑移，而是各链段分段运动的总结果。在外力作用下，大分子链不可避免地要顺着外力作用的方向伸展，因而伴随一定量的高弹形变。

聚合物挤出成型时，型材的截面实际尺寸与模口的尺寸往往有差别。一般型材的截面尺寸比模口大，如聚苯乙烯于 175～200℃ 下较快挤出时，棒材直径可达模口直径的 2～8 倍。这种截面膨胀的现象是由于外力消失后，高弹形变回缩而造成的。

弹性效应还会造成非稳态流动。许多聚合物在切应力为 2×10^5 Pa 左右出现不稳定现象，这时挤压出来的聚合物形状有巨大的畸变，呈波浪状、鲨鱼皮状或竹节状等，这称为熔体破裂。有时虽无巨大畸变，但是从细微结构观察，表面是崎岖不平、不光滑的。聚合物在成型加工过程中必须避免非稳态流动的产生。

3.2.4.4　聚合物熔体的流动机理

Eyring 根据液体结构的格子理论提出了液体流动的分子机理。根据液体结构的格子理论，液体格子结构中含有一些尚未被液体分子占据的位置即孔穴。当分子从一个位置跳到另一位置上，即这些空穴为分子填充和空出时，就相当于孔穴在整个液体中处于无规则的移动状态。在应力作用下，沿着应力的方向上，这种跃迁的概率增大。若每次跃迁克服的位垒高度即流动活化能为 E，则黏度与温度的关系可用式（3-11）表示。

$$\eta = A e^{-\frac{E}{RT}} \tag{3-11}$$

式中，A 为一个常数。因为这种跃迁和蒸发一样，都需把一个分子从它周围邻近的分子中移开，因此，活化能和蒸发潜热有关，这已为实验所证实。

当液体的同系物分子量增加到聚合物范围内时，流动活化能不再随蒸发潜热增加而增加，而是逐渐趋向一个与分子量无关的固定值。这表明，流动单元并非整个大分子，而是链段，链段尺寸约为 5～50 个碳原子。黏性流动就是通过这些链段连续地跃迁直到整个大分子链位移而产生的。大分子链越长，包括的链段越多，实现诸链段协同跃迁而使整个大分子重心位移就越困难，因此黏度就越大。

聚合物熔体大分子链相互之间存在无规缠结，这种缠结在高剪切应力或高剪切速率下能被破坏，所以提高剪切速率使黏度下降。这就是聚合物熔体表现假塑性的原因所在。

3.2.4.5　聚合物熔体黏度与大分子结构的关系

聚合物熔体黏度随分子量的增大而提高。实验表明，零切黏度 η_0 与分子量的关系用式（3-12）、式（3-13）表示。

$$\eta_0 = K_1 \overline{M}_w^{3.4} \quad (\text{当 } \overline{M}_w > M_c) \tag{3-12}$$

$$\eta_0 = K_2 \overline{M}_w \quad (\text{当 } \overline{M}_w < M_c) \tag{3-13}$$

式中　　K_1、K_2——经验常数；

M_c——临界分子量。

例如聚乙烯的 M_c 为 4000，尼龙 6 的 M_c 为 5000，聚苯乙烯的 M_c 为 35000。

分子量分布亦有很大影响。在重均分子量相同时，分布宽，则黏度下降，非牛顿性下降。

此外，大分子链的柔性及分子间作用力对黏度都有显著影响。分子链刚性较大、分子间作用力较强的聚合物，黏度一般也较大。

3.2.4.6　流动性的测定

一般测定聚合物熔体黏度方法列于表 3-5，其中最重要的方法是用旋转式和毛细管式黏度计测定黏度。

旋转式黏度计是采用各种几何形状，包括同心圆筒、角度不同的锥体、一个锥体和一个平板等组合起来的设备。用于橡胶工业中的简单旋转式黏度计是 Mooney 黏度计，它是在恒温下测定聚合物试样中的转板在恒速运动下所需的扭矩。Brabender 塑性仪也是这一类设备。

表 3-5　黏度测定方法

方　　法	应用范围/Pa·s	方　　法	应用范围/Pa·s
落球法	$10^{-1} \sim 10^2$	同轴落筒法	$10^4 \sim 10^{10}$
毛细管挤出法	$10^{-1} \sim 10^7$	旋转圆筒法	$10^{-1} \sim 10^{11}$
平行板法	$10^3 \sim 10^8$	拉伸蠕变法	$10^4 \sim 10^{11}$
应力松弛法	$10^2 \sim 10^9$		

毛细管黏度计通常是用金属制造的。可在固定的重量或气体压力下进行测量，也可在恒定移动速度下进行测量。简单的毛细管流变仪（挤出式塑性计、熔融指数测定仪）常用来测定熔融指数。熔融指数定义为，在恒定压力和温度下，单位时间内流过特定毛细管聚合物的质量。熔融指数越大，流动性就越好，黏度就越小。熔融指数是流动性的一种量度。

3.3　高分子材料的力学性能

聚合物作为材料必须具备所需要的力学强度。对于大多数高分子材料，力学性能是其最重要的性能。聚合物的力学特性是由其结构特性所决定的。

3.3.1　力学性能的基本指标

3.3.1.1　应力和应变

当材料受到外力作用而又不产生惯性移动时，其几何形状和尺寸会发生变化，这种变化称为应变或形变。材料宏观变形时，其内部分子及原子间发生相对位移，产生分子间及原子间对抗外力的附加内力。达到平衡时，附加内力与外力大小相等，方向相反。定义单位面积上的内力为应力，其值与外加的应力相等。材料受力的方式不同，发生形变的方式亦不同。对于各向同性材料，有三种基本类型。

（1）简单拉伸　材料受到的外力 F 是垂直于截面、大小相等、方向相反并作用于同一直线上的两个力。这时材料的形变称为张应变。伸长率较小时，张应变 $\varepsilon = \dfrac{l - l_0}{l_0} = \dfrac{\Delta l}{l_0}$，式中，$l_0$ 为材料的起始长度，l 为拉伸后的长度，Δl 为绝对伸长。这种定义在工程上广泛采用，称为习用应变或相对伸长，又简称为伸长率。与习用应变相应的应力 σ 称为习用应力，$\sigma = \dfrac{F}{A_0}$，A_0 为材料的起始截面积。当材料发生较大形变时，材料的截面积亦有较大的变化。这时应以真实截面积 A 代替 A_0，相应的真实应力 σ' 称为真应力 $\sigma' = F/A$，A 为样品的瞬时截面积，相应的真应变 δ 为：

$$\delta = \int_{l_0}^{l} \frac{\mathrm{d}l_i}{l_i} = \ln \frac{l}{l_0}$$

（2）简单剪切　当材料受到的力 F 是与截面相平行、大小相等、方向相反且不在同一直线上的两个力时，发生简单剪切，如图 3-20 所示。在此剪切力作用下，材料将发生偏斜，偏斜角 θ 的正切定义为切应变 $\gamma = \dfrac{\Delta l}{l_0} = \tan\theta$。当切应变很小时，$\gamma \approx \theta$。相应地，剪切应力 σ_s 定义为 $\sigma_s = \dfrac{F}{A_0}$。

（3）均匀压缩　在均匀压缩（如液体静压）时，材料周围受到压力 p 而发生体积变化，

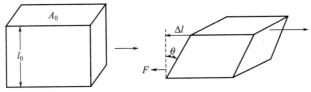

图 3-20　简单剪切示意

体积由 V_0 缩小成 V，压缩应变 $\gamma_V = \dfrac{V_0 - V}{V_0} = \dfrac{\Delta V}{V_0}$。

3.3.1.2　弹性模量

弹性模量，常简称为模量，是单位应变所需应力的大小，是材料刚性的表征。模量的倒数称为柔量，是材料容易形变程度的一种表征。以 E、G、B 分别表示与上述三种形变相对应的模量，则：

$$E = \frac{\sigma}{\varepsilon}$$

$$G = \frac{\sigma_s}{\gamma}$$

$$B = P/\gamma_V$$

式中，E 为拉伸模量，又称为杨氏模量；G 为剪切模量；B 为体积模量，亦称为本体模量。

上述三种模量之间存在如下关系：

$$E = 2G(1+\nu) = 3B(1-2\nu)$$

式中，ν 是泊松比，定义为在拉伸形变中横向应变与纵向应变的比值。常见材料的泊松比列于表 3-6。

表 3-6　常见材料的泊松比

材料名称	ν	材料名称	ν
锌	0.21	玻璃	0.25
钢	0.25～0.33	石材	0.16～0.34
铜	0.31～0.34	聚苯乙烯	0.33
铝	0.32～0.36	高压聚乙烯	0.38
铅	0.45	尼龙 66	0.33
汞	0.50	PMMA	0.49～0.50

对于各向异性材料，情况要复杂得多。这时在不同方向上材料的性质不同，因此，相应的模量亦不同。

3.3.1.3　硬度

硬度是衡量材料表面抵抗机械压力的一种指标。硬度的大小与材料的拉伸强度和弹性模量有关，有时也用硬度作为拉伸强度和弹性模量的一种近似估计。

测定硬度有多种方法，按加载方式分动载法和静载法两种。前者是用弹性回跳法和冲击力把钢球压入试样。后者是以一定形状的硬质材料为压头，平稳地逐渐加载荷将压头压入试样。因压头形状和计算方法的不同又分为布氏、洛氏和邵氏法等，测得的硬度分别称为布氏硬度、洛氏硬度和邵氏硬度等。

3.3.1.4　强度

（1）拉伸强度　拉伸强度是在规定的温度、湿度和加载速度下，在标准试样上沿轴向施加拉伸力直到试样被拉断为止。断裂前试样所承受的最大载荷 P 与试样截面积之比称为拉伸强度。

同样，若向试样上施加单向压缩载荷则可测得压缩强度。

（2）抗弯强度 抗弯强度亦称挠曲强度，是在规定的条件下对标准试样施加静弯曲力矩，取直到试样折断为止的最大载荷 P，按式（3-14）计算抗弯强度：

$$\sigma_t = \frac{P}{2} \times \frac{l_0/2}{bd^2/6} = 1.5\frac{Pl_0}{bd^2} \tag{3-14}$$

弯曲模量为：

$$E_t = \frac{\Delta P l_0^2}{4bd^3\delta_0} \tag{3-15}$$

式中 l_0，b，d——试样的长、宽、厚；

ΔP，δ_0——弯曲形变较小时的载荷和挠度。

（3）抗冲击强度 抗冲击强度亦简称抗冲强度或冲击强度，是衡量材料韧性的一种强度指标。通常定义为试样受冲击载荷而破裂时单位面积所吸收的能量，按式（3-16）计算。

$$\sigma_i = \frac{W}{bd} (\text{kJ} \cdot \text{m}^{-2}) \tag{3-16}$$

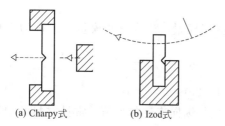

(a) Charpy式　(b) Izod式

图 3-21　Charpy 式和 Izod 式摆锤冲击试验

式中，W 为冲击过程所消耗的功；b 及 d 分别为试样截面积的宽度和厚度。

冲击强度的测试方法很多，如摆锤法、落重法、高速拉伸法等。不同方法常测出不同的冲击强度数值。

最常用的冲击试验仪是摆锤式。摆锤式试验仪按试样安放方式的不同分为简支梁式和悬臂梁式两种，如图 3-21 所示。简支梁式亦称卡皮（Charpy）式，悬臂梁式亦称为伊佐德（Izod）式。试样可用带缺口的和无缺口的两种。

3.3.2　高弹性

处于高弹态的聚合物表现出高弹性能。高弹性是高分子材料重要的性能。以高弹性为主要特征的橡胶，是一类重要的高分子材料。聚合物在高弹态都能表现出一定程度的高弹性，但并非都可作橡胶使用。作为橡胶材料必须具备一定的结构要求，以下对高弹性的特点、本质及橡胶材料的结构特征作一简要阐述。

3.3.2.1　高弹性的特点

高弹性，即橡胶弹性，同一般的固体物质所表现的普弹性相比具有如下的主要特点，这些特点也就是橡胶材料的特点。

① 弹性模量小、形变大。一般材料，如铜、钢等，形变量最大为1%左右，而橡胶的高弹形变很大，可伸长 5～10 倍，而橡胶的弹性模量则只有一般固体物质的万分之一左右。

② 弹性模量与绝对温度成正比，而一般固体的模量随温度的升高而下降。

③ 形变时有热效应。伸长时放热，回缩时吸热。

④ 在一定条件下，高弹形变表现明显的松弛现象。

上述特点是由高弹形变的本质所决定的。

3.3.2.2　高弹形变的本质

对固体的弹性形变如可逆平衡的拉伸形变，根据热力学第一定律和第二定律，可导出式

（3-17）、式（3-18）所表示的弹性回复力关系式：

$$f = \left(\frac{\partial u}{\partial l}\right)_{T,V} - T\left(\frac{\partial S}{\partial l}\right)_{T,V} \tag{3-17}$$

或
$$f = \left(\frac{\partial u}{\partial l}\right)_{T,V} + T\left(\frac{\partial f}{\partial T}\right)_{l,V} \tag{3-18}$$

可将弹性区分为能弹性和熵弹性两个基本类型。晶体、金属、玻璃以及处于 T_g 以下的塑料等，其弹性产生的原因是键长、键角的微小改变所引起的内能变化所致，熵变化的因素可以忽略，所以称为能弹性。表现能弹性的物体，弹性模量大，形变小，一般为 $0.1\% \sim 1\%$。绝热伸长时变冷，即形变时吸热，恢复时放热（释出形变时储存的内能）。能弹性亦称为普弹性，弹力 $f = \left(\frac{\partial u}{\partial l}\right)_{T,V}$，即式（3-17）及式（3-18）中的第二项可以忽略。普弹形变遵从虎克定律。

理想气体、理想橡胶的弹性起源于熵的变化，而内能不变，即式（3-17）及式（3-18）中的第一项可以忽略，故称为熵弹性。例如压缩理想气体时，其弹性来源于体系的熵值随体积的减小而减小，即 $f = -T\left(\frac{\partial S}{\partial l}\right)_{T,V}$。实验表明，典型的橡胶材料进行拉伸形变时，其弹力可表示为 $f = -T\left(\frac{\partial S}{\partial l}\right)_{T,V}$，属于熵弹性。

大分子链在自然状态下处于无规线团状态，这时构象数最大，因此熵值最大。当处于拉伸应力作用下时，拉伸形变是由于大分子链被伸展的结果。大分子链被伸展时，构象数减少，熵值下降，即 $\left(\frac{\partial S}{\partial l}\right)_{T,V} < 0$。热运动可使大分子链恢复到熵值最大、构象数最多的卷曲状态，因而产生弹性回复力，这就是高弹形变的本质。由此本质出发即可解释高弹形变的一系列特点。例如根据 $f = -T\left(\frac{\partial S}{\partial l}\right)_{T,V}$ 即可解释温度上升时何以弹性模量提高。

由线型无交联的大分子构成的聚合物，虽然在高弹态能表现一定的高弹形变，但作用力时间稍长时，会发生大分子之间的相对位移而产生永久形变，因此不能表现典型的高弹性。适度交联的聚合物，如交联的天然橡胶，则表现出典型的高弹行为。

假定一种橡胶类材料是由自由内旋转的大分子交联而成，交联点之间的分子链（称之为网链）也是高斯链，并设单位体积的网链数为 N_0，交联前大分子的分子量很大，可视为无穷大，并且形变过程中无体积变化，可根据大分子构象统计理论导出如下的关系式：

$$\sigma = G\left(\lambda - \frac{1}{\lambda^2}\right) \tag{3-19}$$

式中　σ——弹性应力，即单位面积上的弹性恢复力；

　　　λ——拉伸比，$\lambda = \dfrac{l}{l_0}$；

　　　G——$G = N_0 kT$。

当形变不太大时，$\lambda^{-2} \approx 1 - 2\varepsilon$（$\varepsilon$ 为伸长率），则式（3-19）可写成 $\sigma = 3G(\lambda - 1)$，即 $\sigma = 3G\varepsilon$（G 为剪切模量）。

对于橡胶泊松比 $\nu \approx 0.5$，所以 $E = 3G$，$\sigma = E\varepsilon$。这就是说，高弹形变不太大（$\lambda < 1.5$）时，遵从虎克定律。同样，上述关系式也可说明，弹性模量是与温度 T 成正比的。

实际上，交联前大分子的分子量是有限值，设为 $\overline{M}_n$，可得：

$$G=N_0 kT\left(1-\frac{2\overline{M}_c}{\overline{M}_n}\right)=\frac{\rho}{\overline{M}_c}RT\left(1-\frac{2\overline{M}_c}{\overline{M}_n}\right) \tag{3-20}$$

式中，$\overline{M}_c$ 为网链分子量；ρ 为橡胶的密度。

式（3-20）表明了橡胶的弹性模量与分子量、交联密度及温度的关系。

对实际应用的橡胶材料，特别是形变很大时，必然也伴随一定的能量变化，犹如高压下实际气体的内能变化不容忽略一样，所以上述是一种简化的情况。图 3-22 是天然橡胶的应力-应变关系曲线。

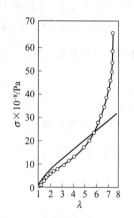

图 3-22　天然橡胶的应力-应变曲线
—○—实验值；——理论值

3.3.3　黏弹性

聚合物的黏弹性是指聚合物既有黏性又有弹性的性质，实质是聚合物的力学松弛行为。在玻璃化温度以上，非晶态线型聚合物的黏弹性表现最为明显。

对理想的黏性液体，即牛顿液体，其应力-应变行为遵从牛顿定律，$\sigma=\eta\dot{\gamma}$。对虎克体，应力-应变关系遵从虎克定律，即应变与应力成正比，$\sigma=G\gamma$。聚合物既有弹性又有黏性，其形变和应力，或其柔量和模量都是时间的函数。多数非晶态聚合物的黏弹性都遵从 Boltzman 叠加原理，即当应变是应力的线性函数时，若干个应力作用的总结果是各个应力分别作用效果的总和。遵从此原理的黏弹性称为线性黏弹性；线性黏弹性可用牛顿液体模型及虎克体模型的简单组合来模拟。

温度提高会加速黏弹性过程，也就是使过程的松弛时间减少。黏弹过程中时间-温度的相互转化效应可用 WLF 方程表示（见 3.2.3 节）。

3.3.3.1　静态黏弹性

静态黏弹性是指在固定的应力（或应变）下形变（或应力）随时间延长而发展的性质。典型的表现是蠕变和应力松弛。

在一定温度、一定应力作用下，材料的形变随时间的延长而增加的现象称为蠕变。对线型聚合物，形变可无限发展且不能完全回复，保留一定的永久形变。对交联聚合物，形变可达到一个平衡值。

在蠕变过程中形变 ε 是时间的函数，即柔量 D 是时间的函数：

$$D(t)=\varepsilon(t)/\sigma$$

一些热塑性塑料在不太大的应力作用下可近似地用如下的经验函数表示其蠕变行为：

$$\varepsilon=\sigma(B+At^a)$$

式中，B、A 及 a 为与聚合物特征有关的常数。

在温度、应变恒定的条件下，材料的内应力随时间延长而逐渐减小的现象称为应力松弛。

在应力松弛过程中，模量随时间而减小，所以这时的模量称为松弛模量，以 $E(t)$ 表示之，即

$$E(t)=\sigma(t)/\varepsilon_0$$

3.3.3.2　动态黏弹性

动态黏弹性是指在应力周期性变化作用下聚合物的力学行为，也称为动态力学性质。

一个角频率为 ω 的简谐应力作用到试样上时，应变总是落后于应力一个相位角 δ。此相位角的正切值 $\tan\delta$ 是内耗值 $\dfrac{\Delta E}{E}$ 的量度，其中，ΔE 是试样在一个应力周期中所损失的能量（即一个周期内外力所作的形变功转变成热能的部分），E 为应变达极大值时贮存在样品中的能量，所以 δ 亦称为内耗角。当外场作用的时间尺度与试样的松弛时间相近时，内耗达极大值，如图 3-23 所示。

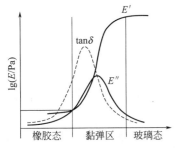

图 3-23　典型黏弹固体的 $\tan\delta$，E'
及 E'' 与频率的关系

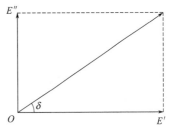

图 3-24　复数模量图解

在周期性应力作用下，模量 E 可采用复数表示式：

$$E^* = E' + iE''$$

式中，$i=\sqrt{-1}$；E' 为实数模量；E'' 为虚数模量；E^*、E'、E'' 及 δ 的关系如图 3-24 所示，即式（3-21）：

$$\tan\delta = \frac{E''}{E'} \tag{3-21}$$

动态模量是复数模量 E^* 的模，即：

$$E = |E^*| = \sqrt{E'^2 + E''^2}$$

所以，E'' 的大小也是内耗大小的一种量度。

3.3.3.3　黏弹模型

聚合物的黏弹性可采用表示弹性的弹簧与表示黏性的黏壶组合而成的模型来模拟分析。最简单的例子是由模量为 E 的弹簧和黏度为 η 的黏壶串联而成的 Maxwell 模型和由两者并联而成的 Voigt 模型（见图 3-25）。

在 Maxwell 模型中，弹簧和黏壶受到共同的应力 σ，而应变 γ 是两者应变之和：

$$\sigma = \sigma_e = \sigma_v \qquad \gamma = \gamma_e + \gamma_v$$

因此，有：

$$\frac{d\gamma}{dt} = \frac{1}{\eta}\sigma + \frac{1}{E}\left(\frac{d\sigma}{dt}\right) \tag{3-22}$$

用这种模型模拟线型聚合物的应力松弛行为，可由式（3-22）得：

$$\sigma(t) = \sigma_0 e^{-t/\tau} \tag{3-23}$$

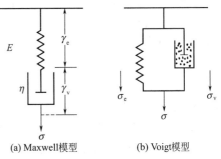

(a) Maxwell模型　　(b) Voigt模型

图 3-25　弹簧与黏壶组合而成的模型

式中，$\tau = \eta/E$，称为松弛时间；σ_0 为 $t=0$ 时的应力。设形变为 γ，则松弛模量可由式（3-23）得：

$$E(t) = \frac{\sigma(t)}{\gamma_0} = \frac{\sigma_0}{\gamma_0} e^{-t/\tau} \tag{3-24}$$

因此，松弛时间，即应力松弛行为，取决于聚合物黏性（以 η 表示）和弹性（以 E 表示）的相对比值。

Voigt 模型中，由于弹簧和黏壶的应变是共同的，而模型的应力相当于两者应力之和，即 $\sigma = \sigma_e + \sigma_v$，故可得：

$$\sigma = E\gamma + \eta \frac{d\gamma}{dt} \tag{3-25}$$

用此模型模拟线型聚合物的蠕变行为，可得形变随时间而变化的表达式为：

$$\gamma(t) = \gamma_\infty (1 - e^{-t/\tau}) = \frac{\sigma_0}{E}(1 - e^{-t/\tau}) \tag{3-26}$$

式中，松弛时间 τ 亦称为延滞时间或推迟时间；γ_∞ 为平衡应变即形变的最终值。

上述两种模型只能模拟聚合物黏弹行为的某一个方面。为了更好地模拟聚合物的黏弹性，可使上述两种模型进行串联或并联，组成更复杂的模型。然而，所有这些模型都只是实际聚合物黏弹行为的近似表示。

松弛现象是热运动对聚合物分子取向的影响。形变及形变的回复要克服大分子内及分子间的相互作用力，因而需要一定的时间才能完成。同时，克服阻力，就使一部分弹性能以热能的形式消耗掉，这就是内耗产生的原因。弹性回复作用和内摩擦作用可分别用上述的弹簧和黏壶来模拟。

当机械应力作用在聚合物上时，引起大分子链构象的改变，体系熵减小，自由焓增大。若维持形变、状态不变，由于链的热运动，使分子构象的改变逐渐减小，从而产生应力松弛，过剩的自由焓以热能的形式耗散。蠕变过程的本质也完全一样，是同一个问题的另一种表现形式。

松弛过程即黏弹过程有多种途径，对应于大分子链的多种复杂运动。这些运动可用分子链中链段的一系列不同程度的长程协同运动的特征形式来描述。整个分子的移动需要最大的协同运动，最长的松弛时间，大小不同链段的各种协同运动也都对应各种不同的特征松弛时间。由于运动的形式很多，所以存在一系列不同的松弛时间。实际聚合物的黏弹行为是由这些众多的松弛时间构成的，这些不同的松弛时间构成了近似连续的松弛时间谱。任何黏弹模型只能是实际聚合物黏弹行为的近似表示，但聚合物黏弹行为的主要特征可由 Maxwell 和 Voigt 两种模型的各种组合形式表示出来。

3.3.4 聚合物的力学屈服

3.3.4.1 力学屈服现象

在一定条件下，由于拉伸应力作用，聚合物表现出如图 3-26 所示的应力-应变曲线。其必要条件是在 T_g（非晶态聚合物）或 T_m（结晶聚合物）以下进行拉伸，所以此曲线又称为冷拉曲线。曲线的起始阶段 OA 基本上是一段直线，应力与应变成正比，试样表现虎克弹性行为。从这段直线的斜率可计算出试样的杨氏模量。这段线性区对应的应变一般只有百分之几。B 点为屈服点，当应力达到屈服点之后，在应力基本不变的情况下产生较大的形变，当除去应力后，材料也不能恢复到原样，即材料屈服了。屈服点所对应的应力称为屈服应力或屈服强度 σ_y。一般而言，屈服应力是聚合物作为结构材料使用的最大应力。屈服点之后，聚合物试样开始出现细颈（也有不出现细颈的情况）。此后的形变是细颈的逐渐扩大，直到 D 点，全部试样被拉成细颈。然后进入应变的第三阶段，试样再度被均匀拉伸，应力提高，

直到在 E 点拉断为止，相应于 E 点的应力 σ_E 称为拉伸强度，相应的形变 ε_E 称为断裂伸长率。

屈服前就出现断裂的玻璃态聚合物表现为脆性，屈服之后才出现断裂的玻璃态聚合物则表现为韧性。

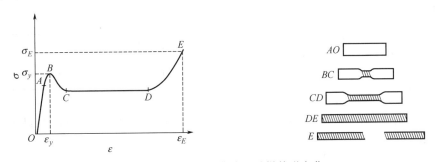

图 3-26　聚合物冷拉曲线及试样外形变化

3.3.4.2　屈服机理

非晶态聚合物在 T_g 之下，结晶聚合物在其熔点 T_m 之下，一般都有明显的拉伸屈服现象。屈服之后的形变可达百分之几百。在拉伸温度下，解除应力后，形变并不能回复，因此貌似塑性流动。但将温度提高到 T_g（非晶态聚合物）或 T_m（结晶聚合物）以上时，屈服形变可自动回复。所以屈服形变的本质是一种高弹形变。从分子机理而言，是大分子链构象改变的结果，对结晶聚合物还包括晶粒的取向、滑移、片晶的破裂、熔化及重结晶等过程。

玻璃态聚合物，由于链段的运动被冻结，松弛时间很长，在一般应力条件下不发生高弹形变。但是链段运动的活化能与应力有关，外力使沿作用力方向链段运动的活化能会减小，松弛时间变短。当应力超过屈服应力后，链段运动的松弛时间与外力作用的时间尺度达同一数量级，因而使本来冻结的链段发生运动，产生高弹形变。这就是说，增加外力和提高温度会产生相似的效果。

温度越低，所需的屈服应力越大，如图 3-27 曲线 1 所示。断裂应力 σ_E 也随温度下降而提高（曲线 2）。但二者随温度变化的快慢不同。当温度比 T_g 稍低时，屈服应力小于断裂应力，聚合物能表现屈服性能，但当温度比 T_g 低得多时，$\sigma_y > \sigma_E$，聚合物在屈服前就断裂了。两曲线相交时的临界温度 T_b 称为聚合物的脆化温度。T_b 之上聚合物是韧性的，T_b 之下聚合物是脆性的。脆化温度是塑料使用的下限温度。

从图 3-26 可见，在屈服点附近，应力有所下降（换算成真应力后也大致如此），即曲线的斜率为负值，这种现象称为应变软化现象。这可能是由于在较大应变下，大分子物理交联点发生了重新组合而形成较利于形变的超分子结构；有人曾提出了热软化理论。对此，目前尚无确切的解释。

屈服形变后形成的细颈处，模量增大，因而才能使细颈稳定发展。这种现象称为应变硬化。其原因是大分子链或晶粒的取向。

从宏观角度来看，屈服过程包含两种可能的过程，即剪切形变过程和银纹化过程。依聚合物结构及外部条件的不同，这两种过程所占的比例各不相同。

拉伸应力在试样的不同截面上会产生不同的剪切应力分量。由图 3-28 可见，拉伸应力 F 垂直于 S 面，而与 S 面成 β 角的切应力分量 σ_s：

$$\sigma_s = \frac{\sigma_0}{2}\sin 2\beta \tag{3-27}$$

式中，$\sigma_0 = \dfrac{F}{S}$。

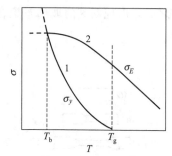

图 3-27　玻璃态聚合物屈服应力
及断裂强度与温度的关系
1—屈服应力；2—断裂强度

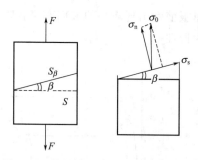

图 3-28　材料受张力后的剪切应力分量

由上式可以看出，在 $\beta = 45°$ 及 $135°$ 这两个方向，剪切应力达到最大，剪切形变亦最大。在剪切应力作用下，聚合物和金属一样可发生剪切屈服形变，但发生的机理不同。对金属，是晶格沿一定的滑移面滑动而形成的塑性形变。对聚合物，是链段配合运动的结果。在一定条件下，某些聚合物可产生明显的局部剪切形变，形成所谓的"剪切带"，如图 3-29 所示。

图 3-29　聚合物冷拉时形成剪切带

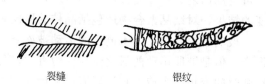

裂缝　　　　　　银纹

图 3-30　银纹和裂缝

冷拉时细颈的形成是局部剪切应变的一种表现形式。局部应变即不均匀应变的产生有两种原因，第一种是纯几何的原因，如试样截面积的某种波动造成局部应力集中；第二种是应变软化及由大分子取向而造成的应变硬化。

屈服现象的另一种原因是银纹化。银纹又常常称之为微裂纹。许多聚合物，如 PMMA、PS 等，在存放与使用过程中由于应力及环境（如蒸气、溶剂、温度等）的影响，使制品出现许多发亮的条纹。这种条纹称为银纹，这种现象称为银纹化。产生银纹的部位称为银纹或银纹体。一般仅张应力才产生银纹。银纹也是一种局部形变。产生银纹的直接原因也是由于结构的不均性或缺陷引起的应力集中所致。在银纹内，大分子链沿应力方向高度取向。银纹可进一步发展成裂缝，所以它常常是聚合物破裂的先导。

银纹的平面垂直于外加应力。银纹是由聚合物细丝和贯穿其中的空洞所组成，类似软木塞，如图 3-30 所示。

银纹中的聚合物发生很大程度的塑性形变及黏

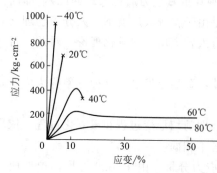

图 3-31　温度对 PMMA 应力-应变行为
的影响（拉伸速率 5mm·min^{-1}）

弹形变，大分子链沿应力方向取向并跨越银纹的两岸，赋予银纹一定的力学强度。银纹体的密度仅为聚合物本体的 $40\%\sim60\%$ 左右。

银纹体模量比本体聚合物低很多，形变时体积增加。所以，当屈服形变完全是由银纹引起的时候，则可能不出现细颈。

聚合物的力学屈服也是一种松弛过程，受温度、时间等因素的影响。同一种聚合物可因不同的温度、时间条件而表现脆性（无屈服现象）或韧性（有屈服现象）。

温度提高时，松弛时间减小，屈服应力降低，达到 T_g 时，屈服应力下降为零。而应变速率的影响则与温度的正好相反。图 3-31 表示了温度对 PMMA 应力-应变行为的影响。

3.3.5　聚合物的力学强度

3.3.5.1　理论强度与实际强度

从微观的角度看，聚合物材料的断裂包括以下三种可能性：化学键破坏；分子间或晶粒群体间的滑脱；范德华力或氢键的破坏。将聚合物材料按结构完全均匀的理想情况计算而得到的理论强度要比聚合物的实际强度高出几十倍乃至上百倍。至于弹性模量，实际值与理论值是比较接近的。

聚合物实际强度远低于理论强度的原因在于结构的不完全均匀。聚合物结构中存在许多大小不一的缺陷，这就引起了应力的局部集中。应力集中到少数化学键上，使这些键断裂，产生裂缝，最后导致材料的破裂。这就是说，由于结构上存在缺陷，造成材料破坏时各个击破的局面。这就是实际强度远低于理论强度的根本原因。

材料表面或内部存在的微裂缝是材料破裂的关键因素。裂缝所引起的应力集中，类似于椭圆形孔隙所引起的应力集中。长轴直径为 a、短轴直径为 b 的椭圆形孔，长轴两端的应力 σ_t 与平均应力 σ_0 的比值为 $\dfrac{\sigma_t}{\sigma_0}=1+\dfrac{2a}{b}$；当 $\dfrac{a}{b}$ 很大时，应力集中是很严重的。裂缝可视为 $a\gg b$ 的椭圆形孔。裂缝尖端处的最大张力为：

$$\sigma_m=\sigma_0\left(1+2\sqrt{\dfrac{a}{\rho}}\right) \tag{3-28}$$

式中　a——裂缝长度的一半；

　　　ρ——尖端的曲率半径。

因此，狭长尖锐的裂缝可导致材料的迅速破坏，强度大为降低。

现代的断裂理论是在 Griffith 理论基础上发展起来的。Griffith 认为，脆性材料的拉伸强度因材料结构的不均匀性而远未达到其理论强度。实际的脆性固体，由于在应力方向上产生裂纹缺陷而使强度变弱，裂纹或裂缝的增长，最后导致材料的破坏。当裂缝延伸时释放出的应变能等于或超过形成新的断裂表面所需要的能量时，裂缝才增长。由此可导出：材料的拉伸强度为 $\sigma_E=\sqrt{\dfrac{2E\gamma}{\pi a}}$，式中，$\gamma$ 为材料单位表面的表面能；a 为裂纹长度的一半；E 为材料的杨氏模量。上式将材料的强度与材料的表面能联系起来，因而与材料的内聚能也联系起来了。

对于聚合物材料，裂缝尖端会产生明显的黏弹形变。裂缝扩展还应包括这种黏弹功在内。这种黏弹功来源于屈服形变，它比表面能大很多。所以，聚合物的破坏过程具有明显的松弛性质。

3.3.5.2　拉伸强度和抗冲击强度

前面已经提到，聚合物的破坏过程具有松弛的特点，所以聚合物的拉伸强度除与聚合物本身的结构、取向情况、结晶度、添加填料、增塑剂等因素有关外，还与施加载荷的速率及环境温度等外界条件有关。

冲击破坏是塑料构件及制品常见的破坏形式，抗冲击性能在很大程度上取决于试样缺口的特性。例如在有钝缺口的试验中，PVC 的抗冲击强度大于 ABS。但对试样带有尖锐缺口的情况，ABS 的抗冲击强度大于 PVC。温度对抗冲击强度也有明显的影响。其他因素，如分子量、添加剂以及加工条件等均对材料的抗冲击性能有显著影响。所以，在比较各种聚合物材料的抗冲击强度时，要充分予以考虑。

表 3-7 及表 3-8 列举了某些常见聚合物的力学强度。

3.3.6 摩擦与磨耗

摩擦与磨耗是聚合物重要的力学性能，对橡胶轮胎设计十分重要。在织物制造中，纤维之间的摩擦也很重要。关于摩擦与磨耗，目前尚无严格的定量理论。

根据 Amontons 定律，物体与平整表面之间的摩擦力 F 正比于总负荷 L，而与接触面积 A 无关。

$$F = \mu L, \text{即 } \mu = \frac{F}{L} \tag{3-29}$$

式中　μ——摩擦系数。

Amontons 定律对金属材料近似成立，而对高分子材料是不适用的。实际上，看来是平滑的表面，在微观上并不平滑，是凸凹不平的。因此，两个表面之间的实际接触面积远小于接触的表观面积，整个负荷产生的法向力由表面上凹凸不平的顶端承受。在这些接触点上，局部应力很大，致使产生很大的变形，每一个顶端都压成一个小平面。在这个小范围内，两个表面之间存在紧密的原子接触，产生黏合力，若使两个表面间产生滑动必须破坏这种黏合力，在靠近界面处发生剪切形变。这就是摩擦黏合机理的基本思想，由此得出 $F = A\sigma_s$，式中，A 是接触面的实际面积；σ_s 为材料的剪切强度。

表 3-7　常见聚合物的拉伸和抗弯强度

材料名称	拉伸强度 $\times 10^{-2}$/kPa	断裂伸长率/%	拉伸模量 $\times 10^{-4}$/kPa	抗弯强度 $\times 10^{-2}$/kPa	弯曲模量 $\times 10^{-4}$/kPa
低压聚乙烯	215~380	60~150	82~93	245~392	108~137
聚苯乙烯	345~610	1.2~2.5	274~346	600~974	
ABS	166~610	10~140	65~284	248~930	296
PMMA	488~765	2~10	314	898~1175	
聚丙烯	330~414	200~700	118~138	414~552	118~157
PVC	345~610	20~40	245~412	696~1104	
尼龙 66	814	60	314~324	980~1080	287~294
尼龙 6	727~764	150	255	980	236~254
尼龙 1010	510~539	100~250	157	872	127
聚甲醛	612~664	60~75	274	892~902	255
聚碳酸酯	657	60~100	216~236	962~1042	196~294
聚砜	704~837	20~100	245~275	1060~1250	275
聚酰亚胺	925	6~8	—	>980	314
聚苯醚	846~876	30~80	245~275	962~1348	196~206
氯化聚醚	415	60~160	108	686~756	88
线型聚酯	784	200	285	1148	
聚四氟乙烯	139~247	250~350	39	108~137	

就金属而言，由表面凹凸不平处的塑性形变形成的实际接触面积大致上正比于负荷，故 Amontons 定律成立。对聚合物而言，由于形变的黏弹机理，此定律不适用。例如对橡胶，

形变是高弹性的，接触面积与负荷 $L^{2/3}$ 成正比，因此，摩擦系数随压力增加而减小。一般而言，对发生黏弹形变的聚合物：

表 3-8　一些常见聚合物的缺口 Izod 冲击强度（24℃）

材料名称	冲击强度×10^{-1} /J·m^{-1}	材料名称	冲击强度×10^{-1} /J·m^{-1}
聚苯乙烯	1.3～2.1	聚丙烯	2.65～10.5
ABS	5.3～53	聚碳酸酯	63～68.9
硬聚氯乙烯	2.1～15.9	酚醛塑料(普通)	1.3～1.9
聚氯乙烯共混物	15.9～106	酚醛塑料(布填料)	5.3～15.9
PMMA	2.1～2.6	酚醛塑料(玻璃纤维填料)	53～159
醋酸纤维素	5.3～29.7	聚四氟乙烯	10.6～21.2
乙基纤维素	18.5～31.8	聚苯醚	26.5
尼龙 66	5.3～15.9	聚苯醚(25％玻璃纤维)	7.4～7.9
尼龙 6	5.3～15.9	聚砜	6.8～26.5
聚甲醛	10.6～15.9	环氧树脂	1.0～26.5
低密度聚乙烯	＞84.8	环氧树脂(玻璃纤维填料)	53～159
高密度聚乙烯	2.15～107	聚酰亚胺	4.7

$$\mu = KL^{n-1} \tag{3-30}$$

式中　K——与材料特性有关的常数；

　　　n——$\dfrac{2}{3} < n < 1$，例如对聚四氟乙烯，$n = 0.85$。

表 3-9 列出了某些常见聚合物的滑动摩擦系数。由该表可见，聚合物的摩擦系数各不相同，聚四氟乙烯的 μ 值很小，而橡胶类聚合物的摩擦系数较大。

在由摩擦而引起的剪切过程中，能量的消耗在很大程度上取决于材料的黏弹特性，因而取决于温度和应变速率。也就是说，在这里原则上 WLF 方程是适用的。事实上，在不同的温度或滑动速度下，摩擦系数存在极大值，如图 3-32 及图 3-33 所示。此极大值与黏弹形变过程中内耗极大值大体是对应的。

表 3-9　某些常见聚合物的滑动摩擦系数

聚合物	μ	聚合物	μ
聚四氟乙烯	0.04～0.15	尼龙 66	0.15～0.40
低密度聚乙烯	0.30～0.80	聚氯乙烯	0.20～0.90
高密度聚乙烯	0.08～0.20	聚偏二氯乙烯	0.68～1.80
聚丙烯	0.67	聚氯乙烯	0.10～0.30
聚苯乙烯	0.33～0.5	丁苯橡胶	0.5～3.0
聚甲基丙烯酸甲酯	0.25～0.50	顺丁橡胶	0.4～1.5
聚对苯二甲酸乙二醇酯	0.20～0.30	天然橡胶	0.5～3.0

两种硬度差别很大的材料相对滑动时，例如聚合物在金属表面的情况，较硬材料的凹凸不平处嵌入到软质材料的表面，形成凹槽。当嵌入的尖端移动时，凹处或者复原，或者软质材料被刮下来。因此，这时的能量损耗包括黏合功和形变功两个部分。

滚动摩擦主要是由形变能量损失决定的，滚动摩擦系数通常比滑动摩擦系数小。不论滑动摩擦还是滚动摩擦，都与形变过程及内耗有关（图 3-33）。内耗大的聚合物一般摩擦系数亦较大。高损耗橡胶比同硬度的低损耗橡胶的摩擦系数要大。高损耗橡胶已被用来改善汽车轮胎的防滑性。

磨耗与摩擦是同一个现象的两个方面。黏合和嵌入的形变均可因剪切而使材料从较软的表面磨去，这称之为磨耗，因此，磨耗和摩擦是紧密相关的。此外，表层的疲劳也可引起材料脱落。

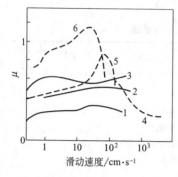
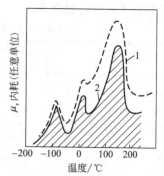

图 3-32 聚合物摩擦系数 μ 与滑动速度的关系
1—硅橡胶；2—PMMA；3—PS；
4—尼龙 66；5—PP；6—PE

图 3-33 聚四氟乙烯滚动摩擦系数 μ
与力学损耗的对应关系
1—内耗；2—摩擦系数

设滑动距离为 D，因磨耗而从表面上磨去材料的体积为 V，滑动时的负荷为 L，磨耗系数定义为 $A'=V/DL$。耐磨性 γ 为 $\gamma=A'/\mu$，式中，μ 为摩擦系数。磨耗也同样由聚合物的形变和破坏特性所决定。

磨耗是基本力学过程复杂地相互作用的结果。磨耗力引起大的局部形变，摩擦生热引起局部温度升高，这可能显著地改变了材料的黏弹特性。因此，磨耗过程常决定于材料表面的性质，而表面的黏弹特性往往有别于本体聚合物。

3.3.7 疲劳强度

聚合物材料在周期性交变应力作用下会在低于静态强度的应力下破裂，这种现象称为疲劳现象。疲劳现象同样是在应力作用下，由裂纹的发展引起的。经 N 次反复应力作用后，材料的疲劳强度 σ_a 为：

$$\sigma_a = \sigma_u - k\lg N \tag{3-31}$$

式中，σ_u 为材料的静态强度。实验表明，对于许多聚合物，存在疲劳极限 σ_e，当 $\sigma_a < \sigma_e$ 时，材料的疲劳寿命为无限大，即 $N \to \infty$ 而不破裂。

在一定负荷的反复作用下，材料的疲劳寿命随聚合物分子量的提高而增加。例如聚苯乙烯的分子量从 1.6×10^5 增至 8.6×10^5 时，疲劳寿命大约增大 10 倍之多。

对于热塑性聚合物，疲劳极限约为静强度的 1/4；对增强聚合物材料，此比值稍大一些。某些聚合物，如聚甲醛和聚四氟乙烯，此比值可达 0.4～0.5。一般而言，此比值随分子量的增大和温度的提高而有所增加。

3.4 高分子材料的物理性能

3.4.1 热性能

3.4.1.1 热导率

从微观的角度看，在一块冷平板的一个面上，外加热能的影响是增加该面上原子及分子的振动振幅。然后，热能以一定的速率向对面方向扩散。对非金属材料，扩散速率主要取决于邻近原子或分子的结合强度。主价键结合时，热扩散快，是良好的热导体，热导率大；次价键结合时，导热性差，热导率小。

根据固体物理理论，热导率 λ 与材料的体积模量 B 的关系为：

$$\lambda = c_p (\rho B)^{1/2} l \tag{3-32}$$

式中　c_p——比热容；

　　　ρ——密度；

　　　l——热振动的平均自由行程（声子），即原子或分子间距离。

例如对聚合物，得到 $\lambda \approx 0.3 \text{W} \cdot \text{m}^{-1} \cdot \text{K}^{-1}$，与实验值大致吻合。

对金属材料，原子晶格的振动对热导率的贡献是次要的，主要是自由电子的热运动，因此金属的热导率与电导率是成比例的。除很低温度的情况外，一般金属的热导率比其他材料要大得多。

聚合物一般是靠分子间力结合的，所以导热性一般较差。固体聚合物的热导率范围较窄，一般在 $0.22 \text{W} \cdot \text{m}^{-1} \cdot \text{K}^{-1}$ 左右。结晶聚合物的热导率稍高一些；非晶聚合物的热导率随分子量增大而增大，这是因为热传递沿分子链方向进行比在分子间进行的要容易。同样加入低分子量的增塑剂会使热导率下降。聚合物热导率随温度的变化而有所波动，但波动范围一般不超过 10%。取向引起热导率的各向异性，沿取向方向热导率增大，横向减小。例如聚氯乙烯伸长 300% 时，轴向的热导率比横向的要大一倍多。

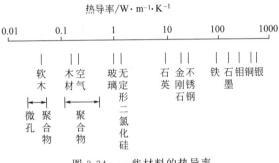

图 3-34　一些材料的热导率

微孔聚合物的热导率非常低，一般为 $0.03 \text{W} \cdot \text{m}^{-1} \cdot \text{K}^{-1}$ 左右，随密度的下降而减小。热导率大致是固体聚合物和发泡气体热导率的平均值。

图 3-34 为各种材料的热导率。表 3-10 列举了一些常见聚合物的热导率及其他热性能。

3.4.1.2　比热容及热膨胀性

高分子材料的比热容主要是由化学结构决定的，一般在 $1 \sim 3 \text{kJ} \cdot \text{kg}^{-1} \cdot \text{K}^{-1}$ 之间，比金属及无机材料的大；一些聚合物的比热容列于表 3-10。

表 3-10　高分子材料的热性能

聚合物	线性热膨胀系数/ $\times 10^{-5}\text{K}^{-1}$	比热容/ $\text{kJ} \cdot \text{kg}^{-1} \cdot \text{K}^{-1}$	热导率/ $\text{W} \cdot \text{m}^{-1} \cdot \text{K}^{-1}$	聚合物	线性热膨胀系数/ $\times 10^{-5}\text{K}^{-1}$	比热容/ $\text{kJ} \cdot \text{kg}^{-1} \cdot \text{K}^{-1}$	热导率/ $\text{W} \cdot \text{m}^{-1} \cdot \text{K}^{-1}$
聚甲基丙烯酸甲酯	4.5	1.39	0.19	尼龙 6	6	1.60	0.31
聚苯乙烯	6~8	1.20	0.16	尼龙 66	9	1.70	0.25
聚氨基甲酸酯	10~20	1.76	0.30	聚对苯二甲酸乙二醇酯		1.01	0.14
PVC（未增塑）	5~18.5	1.05	0.16	聚四氟乙烯	10	1.06	0.27
PVC（含 35%增塑剂）	7~25		0.15	环氧树脂	8	1.05	0.17
低密度聚乙烯	13~20	1.90	0.35	氯丁橡胶	24	1.70	0.21
高密度聚乙烯	11~13	2.31	0.44	天然橡胶		1.92	0.18
聚丙烯	6~10	1.93	0.24	聚异丁烯		1.95	
聚甲醛	10	1.47	0.23	聚醚砜	5.5	1.12	0.18

聚合物的热膨胀性比金属及陶瓷大，一般在 $4×10^{-5}\sim3×10^{-4}$ 之间（见表 3-10）。聚合物的膨胀系数随温度的提高而增大，但一般并非温度的线性函数。

3.4.2 电性能

聚合物如聚四氟乙烯、聚乙烯、聚氯乙烯、环氧树脂、酚醛树脂等，是极好的电器材料。聚合物的电性能主要由其化学结构所决定，受微观结构影响较小。电性能可以通过考察它对施加的不同强度和频率电场的响应特性来研究，正如力学性能可通过静态的和周期性应力的响应特性来确定一样。

3.4.2.1 电阻率和介电常数

聚合物的体积电阻率常随充电时间的延长而增加。因此，常规定采用 1min 的体积电阻率数值。在各种电工材料中，聚合物是电阻率非常高的绝缘体，如图 3-35 所示。

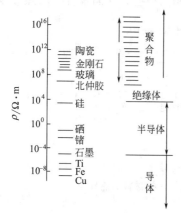

图 3-35　电工材料的体积电阻率

用来隔开电容器极板的物质叫电介质，这时的电容与极板间为真空时的电容之比称作电介质的介电常数，以无量纲量 ε 表示，其数值范围在 1～10 之间。非极性聚合物介电常数在 2 左右，极性高聚物在 3～9 之间。表 3-11 列出了某些聚合物的直流介电常数。

产生介电现象的原因是分子极化。在外电场作用下，分子中电荷分布的变化称为极化。分子极化包括电子极化、原子极化及取向极化。电子极化和原子极化又称为变形极化或诱导极化，所需时间很短，为 $10^{-15}\sim10^{-11}$ s 左右。由永久偶极所产生的取向极化与温度有关。取向极化所产生的偶极矩与热力学温度成反比；取向极化所需时间在 10^{-9} s 以上。此外，还存在界面极化。界面极化是由于电荷在非均匀介质分界面上聚集而产生的。界面极化所需时间为几分之一秒至几分钟乃至几个小时。材料的介电常数是以上几种因素所产生介电常数分量的总和。

表 3-11　某些聚合物的介电常数

聚合物	ε	聚合物	ε	聚合物	ε
聚乙烯	2.3	聚四氟乙烯	2.1	尼龙 66	6.1
聚丙烯	2.3	聚氨酯弹性体	9	聚苯乙烯	2.5
聚甲基丙烯酸甲酯	3.8	聚醚砜	3.5	酚醛树脂	6.0
聚氯乙烯	3.8	氯磺化聚乙烯	8～10		

3.4.2.2 介电损耗

电介质在交变电场作用下，由于发热而消耗的能量称为介电损耗。产生介电损耗的原因有两个：一是电介质中微量杂质而引起的漏导电流；另一个原因是电介质在电场中发生极化取向时，由于极化取向与外加电场有相位差而产生的极化电流损耗，这是主要原因。

在交变电场中，介电常数可用复数形式表示：

$$\varepsilon=\varepsilon'-i\varepsilon''$$

$$(3-33)$$

式中，ε' 为与电容电流相关的介电常数，即实数部分，它是实验测得的介电常数，ε'' 为与电阻电流相关的分量，即虚数部分。损耗角 δ 的正切，$\tan\delta=\varepsilon''/\varepsilon'$，称为介电损耗。

聚合物的介电损耗即介电松弛与力学松弛原理上是一样的。介电松弛是在交变电场刺激下的极化响应，它决定于松弛时间与电场作用时间的相对值。当电场频率与某种分子极化运动单元松弛时间 τ 的倒数接近或相等时，相位差最大，产生共振吸收峰即介电损耗峰。从介电损耗峰的位置和形状可推断所对应的偶极运动单元的归属。聚合物在不同温度下的介电损耗叫介电谱。

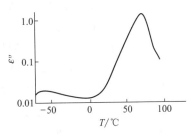

图 3-36　聚乙酸乙烯酯的 ε'' 与温度的关系（电场频率 10^4 Hz）

在一般电场的频率范围内，只有取向极化及界面极化才可能对电场变化有明显的响应。在通常情况下，只有极性聚合物才有明显的介电损耗。极性基团可位于大分子主链，如硅橡胶，或处于侧基，如 PVC。当极性侧基柔性较大时，如 PMMA 极性基团的运动几乎与主链无关。还有（如 PE）因氧化而产生的末端羰基是大分子链极性的来源。非晶态极性聚合物介电谱上一般均出现两个介电损耗峰，分别记作 α 和 β（见图 3-36）。α 峰相应于主链链段构象重排，它和 T_g 是对应的。β 峰相应于次级转变，对聚乙酸乙烯酯是柔性侧基的运动，而对 PVC 相应于主链的局部松弛运动。

对非极性聚合物，极性杂质常常是介电损耗的主要原因。非极性聚合物的 $\tan\delta$ 一般小于 10^{-4}，极性聚合物的 $\tan\delta$ 在 $10^{-1}\sim5\times10^{-3}$ 之间。

3.4.2.3　介电强度

当电场强度超过某一临界值时，电介质就丧失其绝缘性能，这称为电击穿。发生电击穿的电压称为击穿电压；击穿电压与击穿处介质厚度之比称为击穿电场强度，简称介电强度。

聚合物介电强度可达 $1000\text{MV}\cdot\text{m}^{-1}$。介电强度的上限是由聚合物结构的共价键电离能所决定的。当电场强度增加到临界值时，撞击分子发生电离，使聚合物击穿，称为纯电击穿或固有击穿。这种击穿过程极为迅速，击穿电压与温度无关。

在强电场下，因温度上升导致聚合物的热破坏而引起的击穿称作热击穿。这时，击穿电压要比固有击穿电压小。

3.4.2.4　静电现象

两种物体互相接触和摩擦时会有电子的转移而使一个物体带正电，另一个带负电，这种现象称为静电现象。聚合物的高电阻率使它有可能积累大量的静电荷，这给生产和生活带来麻烦。例如，聚丙烯腈纤维因摩擦可产生高达 1500V 的静电压。

由实验测得，一般介电常数大的聚合物带正电，小的带负电，如以下序列。

| ⊕ | 聚酰胺 | 尼龙66 | 羊毛 | 蚕丝 | 皮肤 | 纤维素（棉花） | 聚甲基丙烯酸甲酯 | 聚乙烯醇缩醛 | 涤纶 | 聚丙烯腈 | 聚碳酸酯 | 聚乙烯 | 聚丙烯 | 聚四氟乙烯 | ⊖ |

当上述序列中的两种物质进行相互摩擦时，总是左边的带正电，右边的带负电，二者相

距越远，产生的电量越多。

可通过体积传导、表面传导等不同途径来消除静电现象，其中以表面传导为主。目前工业上广泛采用的抗静电剂都是为了提高聚合物的表面导电性。抗静电剂一般都具有表面活性剂的功能，常增加聚合物的吸湿性而提高表面导电性，从而消除静电现象。

3.4.2.5 聚合物驻极体和热释电流

将聚合物薄膜夹在两个电极当中，加热到薄膜成型温度，然后施加每厘米数千伏的电场，使聚合物极化、取向；再冷却至室温，而后撤去电场。这时由于聚合物的极化和取向单元被冻结，因而极化偶矩可长期保留。这种具有被冻结的寿命很长的非平衡偶极矩的电介质称为驻极体。如聚偏氟乙烯、涤纶树脂、聚丙烯、聚碳酸酯等聚合物超薄薄膜驻极体已广泛用于电容器传声隔膜及计算机储存器等方面。

若加热驻极体以激发其分子运动，极化电荷将被释放出来，产生退极化电流，称为热释电流（TSC）。热释电流的峰值对应的温度取决于聚合物偶极取向机理，因此可用来研究聚合物的分子运动。

就分子机理而言，聚合物驻极体和热释电流现象与聚合物的强迫高弹性现象（即屈服形变）是极为相似的。这是同一本质的两种表现形式。

3.4.3 光性能

3.4.3.1 折射

当光由一种介质进入另一种介质时，由于光在两种介质中的传播速度不同而产生折射现象。设入射角为 α，折射角为 β，则折射率定义为：

$$n = \frac{\sin\alpha}{\sin\beta} \tag{3-34}$$

式中，n 与两种介质的性质及光的波长有关。通常以各种物质对真空的折射率作为该物质的折射率。聚合物的折射率是由其分子的电子结构因辐射的光频电场作用发生形变的程度所决定。聚合物的折射率一般都在 1.5 左右。

结构上各向同性的材料，如无应力的非晶态聚合物，在光学上也是各向同性的，因此只有一个折射率。结晶的和其他各向异性的材料，折射率沿不同的主轴方向有不同的数值，该材料被称为双折射的，如非晶态聚合物因分子取向而产生双折射。因此，双折射是研究形变微观机理的有效方法。在高分子材料中，由应力产生的双折射可应用于光弹性应力分析。

3.4.3.2 透明性及光泽

大多数聚合物不吸收可见光谱范围内的辐射，当其不含结晶、杂质和疵痕时，都是透明的，如聚甲基丙烯酸甲酯（有机玻璃）、聚苯乙烯等。它们对可见光的透过程度达 92%以上。

透明度的损失，除光的反射和吸收外，主要起因于材料内部对光的散射，而散射是由结构的不均匀性造成的。例如聚合物表面或内部的疵痕、裂纹、杂质、填料、结晶等，都使透明度降低。这种降低与光所经过的路程（物体厚度）有关；厚度越大，透明度越小。

"光泽"是材料表面的光学性能。越平滑的表面，光泽性越好。从 0°～90°的入射角，反射光强与入射光强之比称为直接反射系数，它用来表示表面光泽程度。

3.4.3.3 反射和内反射

对透明材料，当光垂直入射时，透过光强与入射光强之比为：$T = 1 - \frac{(n-1)^2}{(n+1)^2}$。大多聚合物，$n \approx 1.5$，所以 $T \approx 92\%$，反射光约占 8%。在不同入射角时，反射率也不太高。

设光从聚合物射入空气的入射角为 α，若 $\sin\alpha \geqslant \dfrac{1}{n}$，即发生内反射，即光线不能射入空气中而全部折回聚合物中。对大多数聚合物，$n \approx 1.5$，所以 α 最小为 42°左右。光线在聚合物内全反射，使其显得很明亮，利用这一特性可制造许多发光制品，如汽车的尾灯、信号灯、光导管等。图 3-37 所示的光导管为一透明的塑料棒。因为当 $n = 1.5$ 时，$\sin\alpha = (\gamma - d)/\gamma$，所以只要使其弯曲部分的曲率半径 γ 不小于棒直径 d 的 3 倍，即满足 $\sin\alpha \geqslant \dfrac{2}{3}$ 的条件。这时若光从棒的一端射入，在弯曲处不会射出棒外，而全反射传播到棒的另一端。这种光导管可用于外科手术的局部照明。这种全反射特性也是制造光导纤维的依据之一。

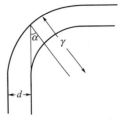

图 3-37　光导管中光的内反射
α—内反射的最小光入射角

3.4.4　渗透性

液体分子或气体分子可从聚合物膜的一侧扩散到其浓度较低的另一侧，这种现象称为渗透或渗析。另外，若在低浓度聚合物膜的一侧施加足够高的压力（超过渗透压），则可使液体或气体分子向高浓度一侧扩散。这种现象称为反向渗透。根据聚合物的渗透性，高分子材料在薄膜包装、提纯、医学、海水淡化等方面都获得了广泛的应用。

液体或气体分子透过聚合物时，先是溶解在聚合物内，然后再向低浓度处扩散，最后从薄膜的另一侧逸出。因此，聚合物的渗透性和液体及气体在其中的溶解性有关；当溶解性不大时，透过量 q 可由 Fick 第一定律表示。

$$q = -D \frac{\mathrm{d}c}{\mathrm{d}z} A t \tag{3-35}$$

式中　A、t、D——分别为面积、时间及扩散系数；

$\dfrac{\mathrm{d}c}{\mathrm{d}z}$——浓度梯度。

达到稳态时，设膜厚为 L，膜两侧浓度差为 $(C_1 - C_2)$，则扩散速率 J 为：

$$J = q/(At) = \frac{D}{L}(C_1 - C_2) \qquad (C_1 > C_2) \tag{3-36}$$

根据亨利定律，溶质的浓度 C 与其蒸气压 p 的关系为 $C = Sp$，式中，S 为溶解度系数。定义式（3-37）中 P_g 为渗透系数：

$$P_g = DS \tag{3-37}$$

可见在其他条件相同时，溶解性越好，即 S 越大，渗透系数就越大。因为：

$$J = DS \frac{p_1 - p_2}{L} = P_g \frac{p_1 - p_2}{L}$$

所以渗透性也越好。以上所述规律对气体基本是符合的；对液体，由于 D 与浓度有关，情况比较复杂，但基本原理是一样的。

在溶解度系数 S 相同时，气体分子越小，在聚合物中越易扩散，P_g 越大。若 D 和 S 都不同，D 或 S 何者占支配地位，则视具体情况而论。

聚合物的结构和物理状态对渗透性影响甚大。一般而言，链的柔性增大时渗透性提高，结晶度越大，渗透性越小。因为一般气体是非极性的，当大分子链上引入极性基团，使其对气体的渗透性下降。表 3-12 列出常见聚合物对 N_2、O_2、CO_2 和水蒸气的渗透系数。

表 3-12　聚合物的渗透系数

聚　合　物	气体或蒸气渗透系数$\times 10^{10}/cm^3$（标准状态）$\cdot mm \cdot cm^{-2} \cdot s^{-1} \cdot cmHg$ 柱$^{-1}$			
	N_2	O_2	CO_2	水蒸气
乙酸纤维素	1.6～5	4.0～7.8	24～180	15000～106000
氯磺化聚乙烯	11.6	28	208	12000
环氧树脂		0.49～16	0.86～14	
乙基纤维素	84	265	410	14000～130000
氟化乙烯丙烯共聚物	21.5	50	17	500
天然橡胶	84	230	1330	30000
酚醛塑料	0.95			
聚酰胺	0.1～0.2	0.36	1.6	700～17000
聚丁二烯	64.5	191	1380	49000
丁腈橡胶	2.4～25	9.5～82	75～636	10000
丁苯橡胶	63.5	172	1240	24000
聚碳酸酯	3	20	85	7000
氯丁橡胶	11.8	40	250	18000
聚三氟氯乙烯	0.09～1.0	0.25～5.4	0.48～12.5	3～360
聚二甲丁二烯	4.8	21	73	
聚乙烯	3.5～20	11～59	43～260	120～200
聚对苯二甲酸乙二醇酯	0.05	0.3	1.0	1300～3300
聚甲醛	0.22	0.38	1.9	5000～10000
聚异丁烯-异戊二烯(98：2)	3.2	13	52	400～2000
聚丙烯	4.4	23	92	700
聚苯乙烯	3～80	15～250	75～370	10000
苯乙烯-丙烯腈共聚物	0.46	3.4	10.8	9000
苯乙烯-甲基丙烯腈共聚物	0.21	1.6		
聚四氟乙烯				360
聚氨酯	4.3	15.2～48	140～400	3500～125000
聚乙烯醇				29000～140000
聚氯乙烯	0.4～1.7	1.2～6	10.2～37	2600～6300
聚氟乙烯	0.04	0.2	0.9	3300
聚偏氯乙烯	0.01	0.05	0.29	14～1000
偏氟乙烯六氟丙烯共聚物	4.4	15	78	520
氯化烃橡胶	0.08～6.2	0.25～5.4	1.7～18.2	250～19000
硅橡胶	1000～6000	6000～30000		106000

注：$1cm^3$（标准状态）$\cdot mm \cdot cm^{-2} \cdot s^{-1} \cdot cmHg$ 柱$^{-1} = 7.5cm^3$（标准状态）$\cdot mm \cdot cm^{-2} \cdot s^{-1} \cdot Pa^{-1}$。

3.5　高分子材料的化学性能

高分子材料的化学性能包括在化学因素和物理因素作用下所发生的化学反应。

3.5.1　聚合物的化学反应

聚合物大分子链上官能团的性质与相应小分子上相应官能团的性质并无区别，根据第 2 章所述的等活性理论，官能团的反应活性并不受所在分子链长短的影响。因此，带有官能团的小分子所在进行的化学反应，大分子上相应的官能团也同样能进行。利用大分子上官能团的化学反应，可进行聚合物改性、聚合物的接枝、交联等。例如，乙烯醇因很易异构化为乙醛而不能单独存在，所以无法用乙烯醇制取聚乙烯醇。聚乙烯醇是通过聚乙酸乙烯酯中酯键的醇解反应而制得的：

$$\begin{array}{c}-(CH_2\!-\!CH)_n \quad \xrightarrow[NaOH]{CH_3OH} \quad -(CH_2\!-\!CH)_n \\ \quad\quad | \quad\quad\quad\quad\quad\quad\quad\quad\quad | \\ \quad OCOCH_3 \quad\quad\quad\quad\quad\quad\quad OH \end{array}$$

所以，聚合物大分子上官能团的化学反应性质与相应的小分子是一样的，也可归入有机化学的范畴，这里无需赘述。但是，由于聚合物分子量高、结构和分子量的多分散性，高分子的化学反应也具有自身的特征。

① 在化学反应中，扩散因素常常成为反应速率的决定步骤，官能团的反应能力受聚合物相态（晶相或非晶相）、大分子的形态等因素影响很大。

② 分子链上相邻官能团对化学反应有很大影响。分子链上相邻的官能团，由于静电作用、空间位阻等因素，可改变官能团反应能力，有时使反应不能进行完全。

例如聚氯乙烯用 Zn 粉处理，脱氯并形成环状结构：

$$\sim\sim\underset{\underset{Cl}{|}}{CH}-CH_2-\underset{\underset{Cl}{|}}{CH}\sim\sim \xrightarrow{Zn} \sim\sim CH-CH\sim\sim +ZnCl_2$$
$$\underset{CH_2}{\diagdown\diagup}$$

实 验 表 明，最 大 反 应 率 为 86% 左 右。这 可 解 释 如 下，如

$$-\overset{①}{\underset{\underset{Cl}{|}}{CH}}-CH_2-\overset{②}{\underset{\underset{Cl}{|}}{CH}}-CH_2-\overset{③}{\underset{\underset{Cl}{|}}{CH}}-CH_2-\overset{④}{\underset{\underset{Cl}{|}}{CH}}-CH_2-\overset{⑤}{\underset{\underset{Cl}{|}}{CH}}-，即将分子链中某一段的相邻的 5 个链节中带$$

Cl 的碳原子分别标以①、②、③、④、⑤，那么若①、②和④、⑤位置先行与 Zn 反应，那么③位置的 Cl 原子就不可能进行反应。数学推导证明，未反应的 Cl 应占全部 Cl 的比例为 13.5%。

聚合物在物理因素，如热、应力、光、辐射等作用还会发生相应的降解、交联等反应。

3.5.2　高分子材料的老化

聚合物及其制品在使用或贮存过程中由于环境（光、热、氧、潮湿、应力、化学侵蚀等）的影响，性能（强度、弹性、硬度、颜色等）逐渐变坏的现象称为老化。这种情况与金属的腐蚀是相似的。

3.5.2.1　光氧化

聚合物在光的照射下，分子链的断裂取决于光的波长与聚合物的键能。各种键的离解能为 $167\sim586kJ\cdot mol^{-1}$，紫外线的能量为 $250\sim580kJ\cdot mol^{-1}$。在可见光的范围内，聚合物一般不被离解，但呈激发状态。因此，在氧存在下，聚合物易于发生光氧化过程。例如聚烯烃 RH，被激发了的 C—H 键容易与氧作用：

$$-RH+O_2 \longrightarrow R\cdot+\cdot O-OH$$
$$R\cdot+O_2 \rightarrow R-O-O\cdot \xrightarrow{RH} R-O-OH+R\cdot$$

此后开始连锁式的自动氧化降解过程。

水、微量的金属元素特别是过渡金属及其化合物都能加速光氧化过程。

为延缓或防止聚合物的光氧化过程，需加入光稳定剂。常用的光稳定剂有紫外线吸收剂，如邻羟基二苯甲酮衍生物、水杨酸酯类等。光屏蔽剂，如炭黑金属减活性剂（又称猝灭剂），它是与加速光氧化的微量金属杂质起螯合作用，从而使其失去催化活性。能量转移剂，它从受激发的聚合物吸收能量以消除聚合物分子的激发状态，如镍、钴的络合物就有这种作用。

3.5.2.2　热氧化

聚合物的热氧（老）化是热和氧综合作用的结果。热加速了聚合物的氧化，而氧化物的分解导致了主链断裂的自动氧化过程。氧化过程是首先形成氢过氧化物，再进一步分解而产生活性中心（自由基）。一旦形成自由基之后，即开始链式氧化反应。

为获得对热、氧稳定的高分子材料制品，常需加入抗氧剂和热稳定剂。常用的抗氧剂有仲芳胺、阻碍酚类、苯醌类、叔胺类以及硫醇、二烷基二硫代氨基甲酸盐、亚磷酸酯等。热稳定剂有金属皂类、有机锡等。

3.5.2.3 化学侵蚀

由于受到化学物质的作用，聚合物链产生化学变化而使性能变劣的现象称为化学侵蚀，如聚酯、聚酰胺的水解等。上述的氧化作用也可视为化学侵蚀。化学侵蚀所涉及的问题就是聚合物的化学性质。因此，在考虑高分子材料的老化以及环境影响时，要充分考虑聚合物可能发生的化学变化。

3.5.2.4 生物侵蚀

合成高分子材料一般具有极好的耐微生物侵蚀性。软质聚氯乙烯制品因含有大量增塑剂会遭受微生物的侵蚀。某些来源于动物、植物的天然高分子材料，如酪蛋白纤维素以及含有天然油的涂料醇酸树脂等，亦会受细菌和霉菌的侵蚀。

某些高分子材料，由于质地柔软，易受蛀虫的侵蚀。

3.5.3 高分子材料的燃烧特性

大多数聚合物都是可以燃烧的，尤其是目前大量生产和使用的高分子材料，如聚乙烯、聚苯乙烯、聚丙烯、有机玻璃、环氧树脂、丁苯橡胶、丁腈橡胶、乙丙橡胶等都是很容易燃烧的材料。因此了解聚合物的燃烧过程和高分子材料的阻燃方法是十分重要的。

3.5.3.1 燃烧过程及机理

燃烧通常是指在较高温度下物质与空气中的氧剧烈反应并发出热和光的现象。物质产生燃烧的必要条件是可燃、周围存在空气和热源。使材料着火的最低温度称为燃点或着火点。材料着火后，其产生的热量有可能使其周围的可燃物质或自身未燃部分受热而燃烧，这种燃烧的传播和扩展现象称为火焰的传播或延燃。若材料着火后其自身的燃烧热不足以使未燃部分继续燃烧则称为阻燃、自熄或不延燃。

聚合物的燃烧过程包括加热、热解、氧化和着火等步骤，如图 3-38 所示。

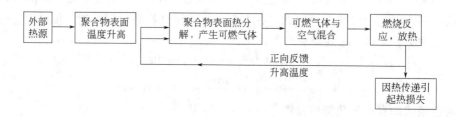

图 3-38 聚合物燃烧过程

在加热阶段，聚合物受热而变软、熔融并进而发生分解，产生可燃性气体和不燃性气体。当产生的可燃性气体与空气混合达到可燃浓度范围时即发生着火，着火燃烧后产生的燃烧热使气、液及固相的温度上升，燃烧得以维持。在这一阶段，主要的影响因素是可燃气体与空气中氧的扩散速率和聚合物的燃烧热。延燃与聚合物材料的燃烧热有关，也受到聚合物表面状况、暴露程度等因素的影响。

不同的聚合物，燃烧的传播速度也不同。燃烧速度是聚合物燃烧性的一个重要指标，一般是指在有外部辐射热源存在下水平方向火焰的传播速度。表 3-13 是某些聚合物的燃烧速度，表 3-14 为燃烧热。一般而言，烃类聚合物燃烧热最大，含氧聚合物的燃烧热则较小。

表 3-13　聚合物的燃烧速度　　　　　　单位：mm·min⁻¹

聚合物	燃烧速度	聚合物	燃烧速度
聚乙烯	7.6～30.5	硝酸纤维素	迅速燃烧
聚丙烯	17.8～40.6	醋酸纤维素	12.7～50.8
聚丁烯	27.9	氯化聚乙烯	自熄
聚苯乙烯	12.7～63.5	聚氯乙烯	自熄
苯乙烯-丙烯腈共聚物	10.2～40.6	聚偏二氯乙烯	自熄
ABS	25.4～50.8	尼龙	自熄
聚甲基丙烯酸甲酯	15.2～40.6	脲醛树脂	自熄
聚碳酸酯	自熄	聚四氟乙烯	不燃
聚砜	自熄		

表 3-14　高分子材料的燃烧发热值　　　　　单位：kJ·g⁻¹

名　称	燃烧发热值	名　称	燃烧发热值
较质 PVC	46.6	聚氯乙烯	18～28
硬质 PVC	45.8	赛璐珞	17.3
聚丙烯	43.9	酚醛树脂	13.4
聚苯乙烯	40.1	聚四氟乙烯	4.2
ABS	35.2	玻璃纤维增强塑料	18.8
聚酰胺	30.8	氯丁橡胶	23.4～32.6
聚碳酸酯	30.5	煤	23.0
PMMA	26.2	木材	14.6

　　烃类聚合物的燃烧机理与烃类燃料相似。燃烧过程是一种复杂的自由基连锁反应过程。聚合物首先热分解产生碳氢物片段——RH_2，RH_2 与氧反应产生自由基：

$$RH_2 + O_2 \longrightarrow RH\cdot + HO_2\cdot$$

　　形成自由基后即开始链式反应：

$$RH\cdot + O_2 \longrightarrow RHO_2\cdot$$
$$RHO_2\cdot \longrightarrow RO + \cdot OH$$
$$\cdot OH + RH_2 \longrightarrow H_2O + RH\cdot$$
$$\cdots\cdots$$

　　这里需要指出的是，聚合物的燃烧速率与高反应活性的 ·OH 自由基密切相关。若抑制 ·OH 的产生，就能达到阻燃的效果。目前使用的许多阻燃剂就是基于这一原则。

　　在火灾中燃烧往往是不完全的，不同程度地产生挥发性化合物和烟雾。许多聚合物在燃烧时会产生有毒的挥发物质，如含氮聚合物：聚氨酯、聚酰胺、聚丙烯腈，会产生氰化氢；氯代聚合物如 PVC 等，则会产生氯化氢。

3.5.3.2　氧指数

　　所谓氧指数就是在规定的条件下，试样在氧气和氧气的混合气流中维持稳定燃烧所需的最低氧气浓度。用混合气流中氧所占的体积百分数表示；氧指数是衡量聚合物燃烧难易的重要指标，氧指数越小越易燃。

　　由于空气中含 21% 左右的氧，所以氧指数在 22 以下的属于易燃材料，在 22～27 的为难燃材料，具有自熄性；27 以上的为高难燃材料。然而这种划分只有相对意义，因为高分子材料的阻燃性能尚与其他物理性能如比热容、热导率、分解温度以及燃烧热等有关。表 3-15 列举了几种聚合物的氧指数。

表 3-15　几种聚合物的氧指数 $\left(\dfrac{nO_2}{nO_2+mN_2}\times100\right)$

聚合物	氧指数	聚合物	氧指数
聚乙烯	17.4～17.5	聚乙烯醇	22.5
聚丙烯	17.4	聚苯乙烯	18.1
氯化聚乙烯	21.1	PMMA	17.3
PVC	45～49	聚碳酸酯	26～28
聚四氟乙烯	79.5	环氧树脂	19.8
聚酰胺	26.7	氯丁橡胶	26.3
软质 PVC	23～40	硅橡胶	26～39

3.5.3.3　聚合物的阻燃

聚合物的阻燃性就是它对早期火灾的阻抗特性。含有卤素、磷原子等的聚合物一般具有较好的阻燃性；但大多数聚合物是易燃的，常需加入阻燃剂、无机填料等来提高聚合物的阻燃性。

阻燃剂就是指能保护材料不着火或使火焰难以蔓延的助剂。阻燃剂的阻燃作用，是因其在聚合物燃烧过程中能阻止或抑制其物理变化或氧化反应速率。具有以下一种或多种效应的物质都可用作阻燃剂。

(1) 吸热效应　其作用是使聚合物的温度上升困难。例如具有 10 个分子结晶水的硼砂，当受热释放出结晶水时需吸收 $142kJ \cdot mol^{-1}$ 的热量，因而抑制聚合物温度的上升，产生阻燃效果。氢氧化铝也具有类似的作用。

(2) 覆盖效应　在较高温度下生成稳定的覆盖层或分解生成泡沫状物质覆盖于聚合物表面，阻止聚合物热分解出的可燃气体逸出并起到隔热和隔绝空气的作用，从而产生阻燃效果。如磷酸酯类化合物和防火发泡涂料。

(3) 稀释效应　如磷酸铵、氯化铵、碳酸铵等。受热时产生不燃性气体 CO_2、NH_3、HCl、H_2O 等，起到稀释可燃性气体的作用，使其达不到继续可燃的浓度。

(4) 转移效应　如氯化铵、磷酸铵等可改变高分子材料热分解的模式，抑制可燃性气体的产生，从而起到阻燃效果。

(5) 抑制效应（捕捉自由基）　如溴、氯的有机化合物，能与燃烧产生的自由基·OH作用生成水，起到连锁反应抑制剂的作用。

(6) 协同效应　有些物质单独使用并不阻燃或阻燃效果不大，但与其他物质配合使用就可起到显著的阻燃效果。三氧化二锑与卤素化合物的共用就是典型的例子。

目前使用的添加型阻燃剂可分为无机阻燃剂（包括填充剂）和有机阻燃剂，其中无机阻燃剂的使用量占 60% 以上。常用的无机阻燃剂有氢氧化铝、三氧化二锑、硼化物、氢氧化镁等。有机阻燃剂主要有磷系阻燃剂，如磷酸三辛酯、三（氯乙基）磷酸酯等；有机卤系阻燃剂如氯化石蜡、氯化聚乙烯、全氯环戊癸烷以及四溴双酚 A 和十溴二苯醚等。

3.5.4　力化学性能

聚合物的力化学性能是指在机械力作用下所产生的化学变化。聚合物在塑炼、挤出、破碎、粉碎、摩擦、磨损、拉伸等过程中，在机械力的作用下均会发生一系列的化学过程，甚至在测试、溶胀过程中也会产生力化学过程。力化学过程对聚合物的加工、使用、制备等方面具有十分重要的作用和意义。

3.5.4.1 力化学过程

聚合物在外力的作用下，由于内应力分布不均匀或冲击能量集中在个别链段上，首先达到临界应力使化学键断裂，形成自由基、离子、离子自由基之类的活性粒子，多数情况下是形成大分子自由基。这种初始形成的自由基（或其他活性粒子）引发链式反应。依反应条件（温度、介质等）和大分子链及大自由基（或其他活性粒子）结构的不同，链增长反应可朝不同的方向进行，例如力降解、力结构化、力合成、力化学流动等。最后通过歧化或偶合发生链终止，生成稳定的力化学过程产物。

很多情况下，机械力并不直接产生活性粒子、引发链式反应，而是产生力活化过程。所谓力活化是指在机械力作用下，加速了化学过程或其他过程，如光化学过程、物理化学过程等。其作用犹如化学反应中的催化剂。

力活化可与化学反应同时发生（自身力活化），也可在化学反应之前发生（后活化效应）。

实验表明，机械力常可提高聚合物的化学活性，使之易于发生化学反应。例如，拉伸的橡胶容易氧化、橡胶在多次形变下氧化过程的活化能降低。机械力可促进聚合物的降解。在生产酒精、蛋白质、酵母时，植物纤维木质素的水解活化是化学降解力活化的例子。捏合混炼、振动磨可大大加速纤维木质素水解成低聚物或单糖的速度。力活化的例子还有聚合物的化学转化及光化学卤化反应。

大分子链在应力作用下的形变直至破坏可看作是一系列形变状态的连续过程，这些状态都受键长、键角的变化支配。随着形变的发展，在形变段上势能增加，键能减弱，因而进行化学反应的活化能下降。这就是力活化的原因所在。

应当指出，力作用于聚合物时还常伴有一系列的物理现象。如发光、电子发射、产生声波及超声波、红外线辐射等。这些物理过程对力化学过程及其进行的方向会有不同程度的影响。因此聚合物力化学过程是十分复杂的，目前尚处于研究的初期阶段。

力化学过程可按转化方向和结果分为力降解、力结构化、力合成、力化学流动等不同类型。以下以力降解和力合成为主线做一简要阐述。

3.5.4.2 力降解

聚合物在塑炼、破碎、挤出、磨碎、抛光、一次或多次变形以及聚合物溶液的强力搅拌中，由于受到机械力的作用，大分子链断裂、分子量下降的力化学现象称为力降解。力降解的结果使聚合物性能发生显著变化。

（1）聚合物分子量（即相对分子质量）下降，分子量分布变窄　在力降解过程中，聚合物分子量按一定规律下降。图 3-39 为某些碳链和杂链聚合物在低温和氮气气氛下球磨时分子量与时间的关系，由图可见，当降解到某一分子量范围后，分子量基本不再变化。此极限分子量依聚合物的不同而异。例如：聚苯乙烯为 7000；PVC 为 4000；PMMA 为 9000；聚乙酸乙烯酯为

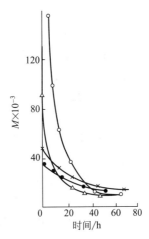

图 3-39 　几种聚合物的力降解动力学曲线

○—PMMA；×—聚乙酸乙烯酯；

•—聚乙烯醇；△—醋酸纤维素

11000 等。

聚合物分子量越大对力降解越敏感，降解速率越大，其结果是使分子量分布变窄，如图3-40 所示。

（2）产生新的端基及极性基团　力降解后大分子的端基常发生变化。非极性聚合物中可能生成极性基团、碱性端基可能变成酸性、饱和聚合物可能生成双键等。例如聚乙烯甚至拉伸时也能生成大量含氧基团。

（3）溶解度发生改变　例如高分子明胶仅在 40℃以上溶于水，而力降解后能完全溶于冷水。溶解度的变化是分子量下降、端基变化及主链结构改变所致。

（4）可塑性改变　例如橡胶经过塑炼可改善与各种配合剂的混炼性以便于成型加工。这是分子量下降引起的。

其他如大分子构型、力学强度、物理化学性质都可能改变。另外，某些聚合物如 PMMA，在一定条件下还会降解产生单体和低聚物。

（5）力结构化和化学流动　某些带有双键、α-亚甲基等的线型聚合物在机械力作用下会形成交联网络，称为力结构化作用。根据条件的不同，可能发生交联或者力降解和力交联同时进行。例如聚氯乙烯在 180℃塑炼时，同时发生力化学降解和结构化。

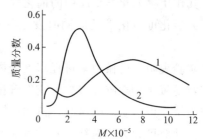

图 3-40　丁苯橡胶分子量分布的变化
1—塑炼前；2—塑炼后

由于力降解，不溶的交联聚合物可变成可溶状态并能发生流动，生成分散体，分散粒子为交联网络的片断。这些片断可在新状态下重新结合成交联网络，其结果是宏观上产生不可逆流动。此种现象称为力化学流动。马来酸聚酯、酚醛树脂、硫化橡胶等都能出现这种现象。

力降解的程度、速度及结果与聚合物的化学特性、链的构象、分子量以及存在的自由基接受体特性、介质性质以及机械力的类型等都有密切关系。聚合物在玻璃态时，力降解温度系数为零；在高弹态时为负值。随着温度升高，热降解开始起作用，温度系数按热反应的规律增大。温度系数为零或负值并不能证明力降解的活化能为零，只表明活化机理的特殊性。这与光化学过程是相似的的。

3.5.4.3　力化学合成

力化学合成是指聚合物-聚合物、聚合物-单体、聚合物-填料等体系在机械力作用下生成均聚物及共聚物的化学合成过程。

当一种聚合物遭受力裂解时，生成的大自由基与大分子中的反应中心作用进行链增长反应，产生支化或交联。两种以上的不同聚合物在一起发生力裂解时，则可形成不同类型的共聚物，如嵌段共聚物、接枝共聚物或共聚物网络。这种力化学合成过程对聚合物共混体系十分重要，例如聚氯乙烯与聚苯乙烯共混物生成的共聚物可改进加工性能。而像聚乙烯和聚乙烯醇这类亲水性相差很大的聚合物，在力化学共聚时能生成亲水的、透气的组分。

聚合物在一种或几种单体存在下，力裂解时可生成一系列嵌段或接枝的共聚物。例如马来酸酐与天然橡胶、丁苯胶等的力化学共聚物有十分重要的实用意义。

用机械力将固体物体破碎时，依固体的不同，在新生成的表面上可产生不同特性的活性中心。在有单体或聚合物存在时，可在固体表面上结合，制得与聚合物发生化学结合的聚合物-填料体系。例如聚丙烯与磺化碱木质素在 $25\sim250℃$ 共同加工时可生成支化、接枝体系，具有高强度及其它宝贵性质，是很贵重的薄膜材料。又如在球磨中或振动磨中，将丁苯胶或丁腈胶与温石棉一起加工时，橡胶在石棉粒子上接枝。在水分存在下，将甲基丙烯酸甲酯与 SiO_2 一起进行力分散时，可生成如下结构的共聚物：

$$-Si-O-(CH_2-\overset{\displaystyle\overset{COCH_3}{|}}{\underset{\displaystyle\underset{CH_3}{|}}{C}})_n-Si-$$

3.5.4.4　力化学过程的应用前景

聚合物的力化学性能是具有很大应用前景的一个领域。力化学过程是聚合物疲劳过程的起因，是橡胶及树脂塑炼等加工过程的基础。交联聚合物经力化学过程可生成具有新特性的成膜物质，力化学过程可用于交联聚合物的再生。聚合物与无机物的共聚及其在固体表面的接枝，可制得无机-有机共聚物；可以预言：这将是一个意义重大的应用领域。总之，聚合物力化学过程在聚合物加工、合成、改性、共混、复合等方面都具有十分重要的实际意义和应用前景。

3.6　高分子溶液

高分子溶液是高分子材料应用和研究中常碰到的对象，实际应用的常是高分子浓溶液，如纺丝液、胶黏剂、涂料以及增塑的塑料等；稀溶液一般作研究之用，如测定聚合物分子量等。稀和浓之间并无绝对界限，视溶质与溶剂的性质以及溶质的分子量而定。一般而言，浓度在 1% 以下者为稀溶液。

高分子溶液是大分子分散的真溶液，它和小分子溶液一样是热力学稳定体系。但是，由于高分子溶液中溶质大分子比溶剂分子大得多，而且分子量具有多分散性，使得高分子溶液的性质具有与小分子溶液不同的特殊性。突出地表现在以下几个方面。

① 高聚物溶解过程比小分子要缓慢得多。

② 高分子溶液的性质随浓度的不同而有很大变化，当浓度较大时，大分子链之间的密切接触、相互缠结，可使体系产生冻胶或凝胶，呈半固体状态。

③ 小分子稀溶液的热力学性质通常接近于理想溶液，但高分子稀溶液的热力学性质与理想溶液有较大的偏差。

④ 高分子溶液的热力学性质（如黏度、扩散）和小分子溶液很不相同。例如高分子溶液的黏度很大，含量为 1% 左右的高分子溶液，其黏度可比纯溶剂的黏度高一个数量级，5% 的天然橡胶苯溶液已呈冻胶状态。

这些特性来源于大分子的长链状结构。当溶剂分子与大分子的亲和性能较大时，在溶剂分子作用下，大分子无规线团大幅度扩展，大分子线团周围束缚大量溶剂分子，使得能自由流动的溶剂分子大量减少，表现出大的黏度。浓度越大，被束缚的溶剂分子越多，并且大分子线团之间的相互缠结越多，黏度急剧提高，最后导致冻胶或凝胶的出现。这类溶剂也称为良溶剂，其特点是使大分子链均方末端距大幅度增加。若溶剂分子与大分子的亲和性较小（不良溶剂），则大分子链的均方末端距增加得就少。当溶剂分子与大分子链段的相互作用相当时，大分子线团基本上不扩展，均方末端距不增加，此种溶剂称为 θ 溶剂。这时高分子溶液的特性消失，在行为上接近理想溶液。对于不良溶剂，也存在 θ 温度，在此温度，高分子溶液也接近于理想溶液。

3.6.1　高聚物的溶解

高分子与溶剂分子的尺寸相差悬殊，两者的分子运动速度也差别很大，溶剂分子能较快地渗入高聚物，而大分子向溶剂的扩散则甚慢。因此，高聚物的溶解过程要经过两个阶段。首先是溶剂分子渗入高聚物内部，使高聚物体积膨胀，称为"溶胀"，然后才是高分子均匀分散在溶剂中，形成完全溶解的均相体系。对于交联高聚物，与溶剂接触时也发生溶胀，但因交联化学键的存在，不能再进一步溶解，只能停留在溶胀阶段。溶胀达到的极限程度称为"溶胀平衡"，此极限程度亦称为溶胀度。

溶解度与高聚物的分子量有关。高聚物的分子量大，则溶解度小；而分子量小的，溶解度大。这是高聚物按分子量大小进行"分级"的基础，例如将分子量多分散的样品溶于适当溶剂中，再加入沉淀剂，则分子量大的部分先沉淀出来，这样可将试样分成分子量大小不同的级分，再测定每一级分的分子量，最终可测得试样的平均分子量和分子量分布。

对于交联高聚物，交联度大的溶胀度小，交联度小的溶胀度大。依此，可通过测定溶胀度来计算出交联程度的大小。

非晶态高聚物分子堆砌较松，分子间相互作用较弱，溶剂分子较易渗入使之溶胀和溶解。晶态高聚物分子排列规整，分子间相互作用力强，致使溶剂分子的渗入较难。因此，晶态高聚物的溶解比非晶态的要困难得多，非极性晶态高聚物室温时很难溶解，常需升高温度，甚至升高到熔点附近才能溶解；而极性晶态高聚物在室温就能溶解在极性溶剂中，这是由于极性大分子与极性溶剂分子之间具有较大的相互作用力。

溶解过程是溶质分子和溶剂分子相互混合的过程。在恒温恒压下，过程能自发进行的必要条件是：混合自由焓 $\Delta G_m < 0$，即：

$$\Delta G_m = \Delta H_m - T\Delta S_m < 0$$

式中　T——溶解时的温度；

ΔS_m——混合熵。

溶解时，分子排列趋于混乱，所以，通常情况下总是 $\Delta S_m > 0$，ΔG_m 的正负取决于混合热 ΔH_m 的正负及大小。

对于极性高聚物在极性溶剂中，由于溶质分子与溶剂分子具有强烈的相互作用，溶解时放热，$\Delta H_m < 0$，使体系自由焓下降，所以溶解能自发进行。这就是判断溶解能否进行的所谓溶剂化原则。这就是说，高聚物的溶胀和溶解与溶剂化作用有关。这里所谓的溶剂化作用，即广义的酸碱相互作用或亲电子体（电子接受体）与亲核体（电子给予体）的相互作用。与高聚物和溶剂有关的常见亲电、亲核基团，其强弱次序如下：

亲电基团　$-SO_2OH > -COOH > -C_6H_4OH > =CHCN > =CHNO_2 > =CHONO_2 >$
　　　　　$-CH_2Cl > =CHCl$

亲核基团　$-CH_2NH_2 > -C_6H_4NH_2 > -CON(CH_3)_2 > -CONH- > \equiv PO_4 >$
　　　　　$-CH_2COCH_2- > -CH_2OCOCH_2- > -CH_2-O-CH_2-$

例如，含酰胺基的尼龙 6，其溶剂为甲酸、间甲酚及浓硫酸；而含 $=CHCl$ 基团的聚氯乙烯的溶剂为环己酮等。

对于非极性或弱极性高聚物，其溶解过程一般是吸热的（$\Delta H_m > 0$）。因此，只有

$|\Delta H_m| < T|\Delta S_m|$ 时才能溶解，也就是说升高温度 T 或减小 ΔH_m 才能使体系自发溶解。关于 ΔH_m 的计算，可借用小分子溶度公式来计算。假定混合过程中无体积变化，则混合热为：

$$\Delta H_m = V\phi_1\phi_2(\delta_1-\delta_2)^2$$

式中　V——溶液的总体积；

ϕ_1、ϕ_2——分别为溶剂和溶质的体积分数；

δ_1、δ_2——分别为溶剂和溶质的溶解度参数。溶解度参数简称溶度参数，它是内聚能密度（CED）的平方根，即 $\delta=\varepsilon^{1/2}$，ε 表示内聚能密度。

此即经典的 Hildebrand 溶度公式。式中，ΔH_m 总是正的，溶质与溶剂的溶度参数越接近，ΔH_m 越小，越易溶解，一般 δ_1 和 δ_2 的差值应在 1.7～2.0。这就是所谓的溶解度参数相近的原则。表 3-16 和表 3-17 分别列出了一些常用高聚物及溶剂的溶度参数。

表 3-16　某些高聚物溶度参数实验值

聚 合 物	δ_2的实验值/$(J\cdot cm^{-3})^{\frac{1}{2}}$		聚 合 物	δ_2的实验值/$(J\cdot cm^{-3})^{\frac{1}{2}}$	
	下限值	上限值		下限值	上限值
聚乙烯	15.8	17.1	聚丙烯腈	25.6	31.5
聚丙烯	16.8	18.8	聚丁二烯	16.6	17.6
聚异丁烯	16.0	16.6	聚异戊二烯	16.2	20.5
聚苯乙烯	17.4	19.0	聚氯丁二烯	16.8	18.9
聚氯乙烯	19.2	22.1	聚甲醛	20.9	22.5
聚四氟乙烯	12.7	—	聚对苯二甲酸乙二酯	19.9	21.9
聚乙烯醇	25.8	29.1	聚己二酰己二胺	27.8	—
聚甲基丙烯酸甲酯	18.6	26.2			

表 3-17　常用溶剂的溶度参数

溶剂名称	$\delta_1/(J\cdot cm^{-3})^{\frac{1}{2}}$	溶剂名称	$\delta_1/(J\cdot cm^{-3})^{\frac{1}{2}}$	溶剂名称	$\delta_1/(J\cdot cm^{-3})^{\frac{1}{2}}$
己烷	14.8～14.9	乙醚	15.2～15.6	苯甲醛	19.2～21.3
环己烷	16.7	苯甲醚	19.5～20.3	甲醇	29.2～29.7
苯	18.5～18.8	四氢呋喃	19.5	乙醇	26.0～26.5
甲苯	18.2～18.3	乙酸乙酯	18.6	环己醇	22.4～23.3
十氢化萘	18.0	丙酮	20.0～20.5	苯酚	25.6
三氯甲烷	18.9～19.0	2-丁酮	19.0	二甲基甲酰胺	24.9
四氯化碳	17.7	环己酮	19.0～20.2		

在选择高聚物溶剂时，还经常使用混合溶剂。混合溶剂的溶度参数 $\delta_{混}$ 可依下式估算：

$$\delta_{混} = \delta_1\phi_1 + \delta_2\phi_2$$

式中　δ_1、δ_2——两种纯溶剂的溶度参数；

ϕ_1、ϕ_2——两种纯溶剂的体积分数。

3.6.2　高分子溶液的热力学性质

3.6.2.1　高分子溶液与理想溶液的偏差

遵从拉乌尔定律的溶液称为理想溶液。理想溶液中各组分分子间的作用力与纯组分时相同，溶解过程中无体积变化，即 $\Delta V_m=0$，无热量变化，即 $\Delta H_m=0$。理想溶液的混合熵为：

$$\Delta S_m = -R[n_1\ln x_1 + n_2\ln x_2] \tag{3-38}$$

式中　n_1、n_2——分别为溶剂及溶质的物质的量；

x_1、x_2——分别为溶剂和溶质的摩尔分数；

R——气体常数。

混合自由焓为：
$$\Delta G_m = \Delta H_m - T\Delta S_m = RT(n_1 \ln x_1 + n_2 \ln x_2) \tag{3-39}$$

溶剂的偏摩尔混合自由焓 $\Delta \overline{G}_m$ 为：

$$\Delta \overline{G}_m = \left(\frac{\partial \Delta G_m}{\partial n_1}\right)_{T,P,n_2} = \mu_1 - \mu_0 = \Delta \mu_1 = RT \ln x_1 \tag{3-40}$$

式中 μ_1、μ_0——溶液中溶剂及纯溶剂的化学位。

溶液蒸气压：
$$\ln \frac{p_1}{p_1^\ominus} = \frac{\Delta \mu_1}{RT}$$

得：
$$p_1 = p_1^\ominus x_1$$

式中 p_1、$p_1^\ominus$——分别为溶液中溶剂及纯溶剂蒸气压。

溶液渗透压 Π 为：$\Pi = -\dfrac{\Delta \mu_1}{\overline{V}_1} = \dfrac{RT}{\overline{V}_1} x_2$

式中 $\overline{V}_1$——溶剂的偏摩尔体积。

可见，理想溶液的依数性质 p、Π 等只与溶质的摩尔分数有关。

绝大多数高分子溶液，即使浓度很小（<1%）时，亦不符合理想溶液的规律，例如高分子溶液的混合熵比式（3-38）的计算值要高出数十倍。此外，一般 $\Delta H_m \neq 0$。因此，高分子溶液的依数性亦与理想溶液有很大偏差。这种偏差的根本原因在于大分子链的柔顺性，每个高分子含有众多的独立运动单元——链段，使得一个大分子相当于若干个小分子。这里所谓的"链段"是指和溶剂分子体积相近的段落，接近一个链节，每个大分子的"链段"数 x 大致相当于聚合度。所以，一个大分子的作用远大于一个普通的小分子，但其作用又要小于 x 个独立的小分子，因为这 x 个"链段"是相互连接在一起的。这是在推导混合熵时的基本出发点。

3.6.2.2 Flory-Huggins 高分子溶液理论

1942 年，Flory 和 Huggins 分别用统计热力学的方法得到了高分子溶液的 ΔS_m 和 ΔH_m 表达式，这就是所谓的"晶格模型"理论。根据此理论，混合熵可表示为：

$$\Delta S_m = -R(n_1 \ln \phi_1 + n_2 \ln \phi_2)$$

式中 ϕ_1——$\phi_1 = \dfrac{N_1}{N_1 + xN_2}$ 为溶剂的体积分数；

N_1、N_2——分别为溶剂及溶质的分子数；

ϕ_2——$\phi_2 = \dfrac{xN_2}{N_1 + xN_2}$ 为溶质大分子的体积分数。

与理想溶液的混合熵比较，这里 ΔS_m 表达式中用体积分数代替了摩尔分数。

混合热可表示为：
$$\Delta H_m = \chi_1 RT n_1 \phi_2$$

式中，χ_1 为 Huggins 参数，即高分子-溶剂相互作用参数，表征高分子与溶剂混合过程中相互作用能的变化或溶剂化程度，为无量纲量。对于一定的高分子-溶剂体系、一定的温度，就有一个 χ_1 值。

由 ΔS_m 和 ΔH_m 表达式可得：

$$\Delta G_m = RT[n_1 \ln \phi_1 + n_2 \ln \phi_2 + \chi_1 n_1 \ln \phi_2] \tag{3-41}$$

可见，高分子溶液的 ΔG_m 与理想溶液 ΔG_m 的差别主要为以下两点：

① 以体积分数代替了摩尔分数，这反映了分子量的影响；

② 增加了含 χ_1 的项，这反映了 $\Delta H_m \neq 0$ 的影响。

对 ΔG_m 作偏微分，得到高分子溶液的偏摩尔混合自由焓，即化学位 $\Delta\mu_1$ 为：

$$\Delta\mu_1 = RT\left[\ln(1-\phi_2) + \left(1-\frac{1}{x}\right)\phi_2 + \chi_1\phi_2^2\right] \tag{3-42}$$

当溶液很稀，即 $\phi_2 \ll 1$ 时，$\ln\phi_1 = \ln(1-\phi_2) = -\phi_2 - \frac{1}{2}\phi_2^2$

所以

$$\Delta\mu_1 = RT\left[-\frac{1}{x}\phi_2 + \left(\chi_1 - \frac{1}{2}\right)\phi_2^2\right]$$

而极稀溶液中，$\dfrac{\phi_2}{x} \approx x_2$

而对理想溶液，$\Delta\mu_1^i \approx -RT\ln x_1$，当溶液很稀时：

$$\Delta\mu_1^i \approx -RTx_2$$

可见，高分子溶液 $\Delta\mu_1$ 表示式中的第一项即相当于理想溶液的化学位。而第二项相当于非理想部分，称为溶剂的超额化学位，以 $\Delta\mu_1^E$ 表示之：

$$\Delta\mu_1^E = RT\left(\chi_1 - \frac{1}{2}\right)\phi_2^2 \tag{3-43}$$

3.6.2.3　稀溶液理论及 θ 溶液

Flory-Huggins 晶格模型理论没考虑到由于高分子链段间、溶剂分子间以及链段与溶剂分子间相互作用的不同会引起熵值的减小，也没考虑到高分子链段分布的不均匀性。为此 20 世纪 50 年代又提出了稀溶液理论，该理论认为，高分子溶液的超额化学位 $\Delta\mu_1^E$ 实际上应由过量的偏摩尔混合热和偏摩尔混合熵两部分组成。令 K_1 为热参数，Ψ_1 为熵参数，可得：

$$\chi_1 - \frac{1}{2} = K_1 - \Psi_1 \tag{3-44}$$

所以，当 $\chi_1 = \dfrac{1}{2}$ 或 $K_1 = \Psi_1$ 时，$\Delta\mu_1^E = 0$，这一条件称为 θ 条件。对确定的高分子，只要选择适当的溶剂和温度，就可满足 θ 条件，θ 溶液的微观状态可描述如下。

在高分子溶液中，每个高分子均被溶剂分子包围和渗透，好比一朵朵的"云"，称为高分子链段云，如图 3-41 所示。在稀溶液中，一个大分子很难进入另一个大分子所占有的区域，也就是说每个大分子都有一个排斥体积。排斥体积的大小与大分子相互接近时的自由能变化有关。如果高分子链段与溶剂分子的相互作用大于链段之间的相互作用，则高分子被溶剂化而扩张，排斥体积很大，彼此不能接近，更不能相互贯穿；若链段间的相互作用力接近或等于链段与溶剂间的相互作用力，那么链段之间就可彼此接近，相互贯穿，排斥体积接近于零，相当于高分子处于无扰状态，这一状态即为 θ 溶液的微观状态。若链段之间作用力大于

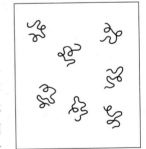

图 3-41　高分子稀溶液
中的链段云

链段与溶剂之间作用力，大分子将紧缩，从溶液中沉淀下来。高分子稀溶液，当温度降低，接近 θ 温度，即接近浊点时，表现为 θ 溶液性质。

$\chi_1 = \dfrac{1}{2}$ 时的稀溶液为 θ 溶液，微观状态和宏观热力学性质遵从理想溶液规律。然而此时，偏摩尔混合热和混合熵并非为零，实质上是非理想的，只是两者的效应刚好相互抵消，

这犹如实际气体在波义耳温度时符合理想气体的行为规律一样。表 3-18 列出了某些高聚物的 θ 溶剂和 θ 温度。

表 3-18　某些高聚物的 θ 溶剂和 θ 温度

高聚物	溶剂	θ 温度/℃	高聚物	溶剂	θ 温度/℃
聚 1-丁烯(无规)	苯甲醚	86.2	聚苯乙烯(无规)	十氢萘	31
聚乙烯	二苯醚	161.4		环己烷	35
聚异丁烯	乙苯	-24.0	聚氯乙烯(无规)	苯甲醇	155.4
	甲苯	-13.0	丙烯腈-苯乙烯共聚物	苯/甲醇(66.7/33.3)	25
	苯	24.0	聚甲基丙烯酸甲酯(无规)	丙酮	-55
	四氯化碳/二氧六环 (63.8/36.2)	25.0		丙酮/乙醇(47.7/52.3)	25
	氯仿/正丙醇(77.1/22.9)	25.0	丁苯橡胶(70/30)	正辛烷	21
聚丙烯(无规)	氯仿/正丙醇(74/26)	25.0	尼龙 66	2.3mol/LKCl 的 90%甲酸溶液	28
聚丙烯(等规)	二苯醚	145～146.2	聚二甲基硅氧烷	乙酸乙酯	18
聚苯乙烯(无规)	环己烷/甲苯(86.9/13.1)	15		甲苯/环己醇(66/34)	25
	甲苯/甲醇(20/80)	25		氯苯	68

3.6.2.4　利用高分子稀溶液的热力学依数性测定高聚物分子量

利用稀溶液的依数性测定溶质分子量的方法是经典的物理化学方法。高分子溶液的热力学性质与理想溶液的偏差很大，只有在无限稀释的条件下才符合理想溶液的规律，因此必须在几个浓度下测定其依数性，如沸点升高值、蒸汽压下降值、渗透压等，然后对浓度 c 作图并外推至 $c \to 0$ 时的依数性质的数值并计算出分子量。根据这些依数性质测得的高聚物分子量为数均平均值 $\overline{M}_n$。

例如，对于理想溶液，渗透压 $\Pi = RT \dfrac{c}{M}$，M 为溶质分子量，所以 $\dfrac{\Pi}{c} = RT \dfrac{1}{M}$，测得 Π，即可求得分子量 M。但对高分子稀溶液，$\dfrac{\Pi}{c}$ 与 c 有关，可用下式表示：

$$\frac{\Pi}{c} = RT\left[\frac{1}{\overline{M}_n} + A_2 C + A_3 C^2 + \cdots\right] \tag{3-45}$$

式中，A_2、A_3 分别称为第二、第三维利系数，一般 A_3 很小，可忽略，所以 $\dfrac{\Pi}{c}$ 对 c 作图为一直线，从直线的截距即可求得分子量 $\overline{M}_n$，从直线的斜率可求得 A_2。根据 Flory-Huggins 溶液理论：

$$\Pi = \frac{RT}{\overline{V}_1}\left[\ln(1-\phi_2) + \left(1-\frac{1}{x}\right)\phi_2 + \chi_1\phi_2^2\right]$$

把 $\ln(1-\phi_2)$ 按级数展开，略去高次项可得：

$$\frac{\Pi}{c} = RT\left[\frac{1}{M} + \left(\frac{1}{2}-\chi_1\right)\frac{c}{\overline{V}_1\rho_2^2} + \cdots\right] \tag{3-46}$$

式中，ρ_2 是高聚物的密度。将式（3-45）与式（3-46）对比可知：

$$A_2 = \frac{\dfrac{1}{2}-\chi_1}{\overline{V}_1\rho_2^2}$$

这就是第二维利系数的物理意义。它是高分子链段之间以及高分子与溶剂分子间相互作用的一种量度。当 $\chi_1 = \dfrac{1}{2}$ 时，$A_2 = 0$，即成为 θ 溶液。

依据同样的原则用沸点升高法、冰点下降法、等温蒸馏等方法来测定高聚物的数均分子量。

3.6.3　高分子溶液的动力学性质

以高分子溶液的黏度为例说明高分子溶液动力学性质的特点。

3.6.3.1　高分子溶液的黏度表示方法

高分子溶液的黏度可用相对黏度、增比黏度、比浓黏度、比浓对数黏度及特性黏度等来表示。设 η 为溶液黏度，η_0 为纯溶剂黏度，则上述各种黏度表示如下：

相对黏度 η_r：$\eta_r = \dfrac{\eta}{\eta_0}$，为无量纲量。

增比黏度 η_{sp}：$\eta_{sp} = \dfrac{\eta - \eta_0}{\eta_0} = \eta_r - 1$，也是无量纲量。

比浓黏度 $= \eta_{sp}/c$，其单位为浓度单位的倒数。

比浓对数黏度 $= \ln\eta_r/c$，单位与比浓黏度相同。

特性黏度 $[\eta]$：$[\eta] = \lim\limits_{c \to 0} \dfrac{\eta_{sp}}{c} = \lim\limits_{c \to 0} \dfrac{\eta_r}{c}$，其单位为浓度单位的倒数。

3.6.3.2　特性黏度 $[\eta]$ 的物理涵义

特性黏度 $[\eta]$ 表示无限稀释时，单个大分子对溶液黏度的贡献。$[\eta]$ 与单个大分子的流体力学体积成比例，单个大分子的流体力学体积即在溶液中大分子线团的体积。此体积与分子量及溶剂的性质等因素有关。在一定意义上，$[\eta]$ 为大分子线团流体力学体积的一种表征。

特性黏度与分子量等因素的关系可表示为：

$$[\eta] = K \overline{M}_\eta^\alpha \tag{3-47}$$

式中，$\overline{M}_\eta$ 为黏均分子量；K 及 α 为参数。K 在一定分子量范围内可视为常数。α 值反映高分子在溶液中的形态，它取决于温度以及大分子和溶剂的性质。线形柔性大分子在良溶剂中，线团扩张，α 接近于 0.8～1.0。溶剂溶解能力减弱时，α 值减小；在 θ 溶剂中，大分子线团收缩，α 为 0.5。对于刚性链大分子，$1 < \alpha \leqslant 2$。其次，温度升高时，有利于大分子线团扩展。对于不良溶剂，温度升高时，α 值增大；对良溶剂，线团已经高度扩展，所以，温度对 α 值影响不大。对同一高分子-溶剂体系，分子量范围不同时，α 值亦不同。总之，对于一定的高分子-溶剂体系，在一定温度下，一定的分子量范围内，K 和 α 为常数，此时的特征黏度也就确定了大分子在溶液中的流体力学性质。

3.6.3.3　高聚物溶液黏度与浓度的关系

高聚物溶液黏度与浓度的关系有很多经验和半经验的表达式，常用的有：

$$\frac{\eta_{sp}}{c} = [\eta] + K'[\eta]^2 c \tag{3-48}$$

及

$$\frac{\ln\eta_r}{c} = [\eta] - \beta[\eta]^2 c \tag{3-49}$$

即 $\dfrac{\eta_{sp}}{c}$ 和 $\dfrac{\ln\eta_r}{c}$ 对 c 作图各为一条直线，且在 $c \to 0$ 时交于一点，其截距即为 $[\eta]$。所以测得不同浓度下的 $\dfrac{\eta_{sp}}{c}$ 及 $\dfrac{\ln\eta_r}{c}$ 值，外推至 $c \to 0$ 即可求得特性黏度 $[\eta]$。

3.6.3.4　黏度法测定高聚物分子量

根据 $[\eta] = K \overline{M}_\eta^\alpha$，求出 $[\eta]$ 即可测得高聚物分子量。黏度法测得的分子量为黏均分

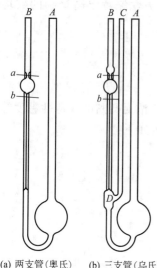

(a) 两支管(奥氏)　(b) 三支管(乌氏)

图 3-42　毛细管黏度计

子量 $\overline{M}_\eta$，黏均分子量的数值一般介于 $\overline{M}_n$ 和 $\overline{M}_w$ 之间，但靠近 $\overline{M}_w$，通常 $\overline{M}_\eta \approx 0.8\overline{M}_w$。

测定高分子溶液特性黏度时，以毛细管黏度计最为方便，常用的有奥氏黏度计和乌氏黏度计两种，如图 3-42 所示。

在恒定条件下，同一支黏度计测定几种不同浓度溶液和纯溶剂的流出时间 t 及 t_0，由于极稀溶液中溶液密度 ρ 和溶剂密度近似相等，$\rho \approx \rho_0$，所以 $\eta_r = \dfrac{t}{t_0}$，由 η_r 求得 η_{sp} 及 $\ln\eta_r$，并根据式（3-48）及式（3-49）作图，如图 3-43 所示，由截距即可求得 $[\eta]$；再由 $[\eta] = K\overline{M}_\eta^\alpha$ 求得黏均分子量 $\overline{M}_\eta$。

3.6.4　高分子浓溶液

高分子浓溶液常见的形式有高聚物的增塑、高分子溶液纺丝、凝胶和冻胶以及涂料和黏合剂等。

为了改进某些高聚物，如 PVC 的柔软性能，或者为了加工成型的需要，常常在高聚物中加入高沸点的小分子液体，这种作用称之为增塑，所用的小分子物质称为增塑剂；高聚物增塑体系属于高分子浓溶液的范畴。高聚物中加入增塑剂后，可降低高聚物的玻璃化温度和脆化温度；同时也降低黏流温度，有利于加工成型。高聚物增塑后，高聚物的柔软性、抗冲击强度、断裂伸长率等都有所提高，但常使拉伸强度和介电性能下降。

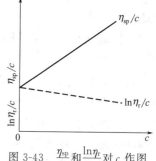

图 3-43　$\dfrac{\eta_{sp}}{c}$ 和 $\dfrac{\ln\eta_r}{c}$ 对 c 作图

高聚物溶液失去流动性即成为所谓的凝胶和冻胶。

通常凝胶是交联高聚物的溶胀体，不能溶解亦不能熔融。它既是高分子的浓溶液，又是高弹性的固体。冻胶是由范德华力交联形成的，经加热或搅拌可将这种物理交联键拆开，使冻胶溶解。

自然界的生物体大多是凝胶的，一方面有强度可以保持形态，另一方面允许新陈代谢、排泄废物和吸收营养。凝胶和冻胶是研究生物功能高分子的重要方面。

参 考 文 献

［1］ 马德柱等. 高聚物的结构与性能. 北京：科学出版社，1995.

［2］ Billmeyer F W. Textbook of Polymer Science. John Wiley，1971.

［3］ Elias H G. Macromolecules. New York and London：Plenum Press，1977.

［4］ Bovey F A，et al. Macromolecules，An Introduction to Polymer Science：Chapter 1 and 3. New York：Academic Press，1979.

［5］ Hall C. Polymer Materials. The Macmillan press LTD：Chapter 1，2，1981.

［6］ Clark E S. Structure of Crystalline Polymers in Polymer Materials：Chapter 1，Ohio：American Society of Metals，Metals Park，1975.

［7］ Magill J H. Morphologenesis of Solid Polymer Microstructures//Treatise on Materials Science and Technology. Vol. 10A. New York：Academic Press，1977.

[8]　何曼君等. 高分子物理. 上海：复旦大学出版社，1982.

[9]　Ward I M. Mechanical Properties of Solid Polymers. New York：Wiley-Interscience，1971.

[10]　Aklons J I, et al. Introduction to Polymer Viscoelastisity. New York，1972.

[11]　Nielsen L E. Mechanical Properties of Polymers and Composites. Vol. 2，Dekker，New York，1974.

[12]　Blythe A R. Electrical Properties of Polymers. Cambridge University Press，1979.

[13]　Stuetz D E, et al. J. Polymer Sci.，1975，Pt. A，13：585～621.

[14]　徐应麟等编. 高聚物材料的实用阻燃技术. 北京：化学工业出版社，1987.

[15]　[苏联] 巴拉姆鲍伊姆 H K 著. 高分子化合物力化学. 江畹兰，费鸿良译. 北京：化学工业出版社，1982.

[16]　[英] 艾伦 N. S. 等著. 聚烯烃的降解与稳定. 张培茎等译. 北京：烃加工出版社，1988.

习题与思考题

1. 什么是高分子的构型与构象？能否用改变构象的办法提高聚合物的等规度？

2. 假定聚乙烯的聚合度为 2000，C—C 键角为 109.5°，求伸直链的长度与自由旋转链均方末端距之比值。

3. 某聚 α-烯烃，聚合度为 1000，C—C 长度为 0.154nm，C—C 键角为 109.5°，试计算：（1）完全伸直时大分子链的理论长度；（2）全反式构象时大分子链的长度；（3）看作高斯链时的均方末端距；（4）看作自由内旋转链的均方末端距；（5）此种聚合物的理论弹性限度。

4. 解释如下术语：

（1）立体规整聚合物；（2）间规立构；（3）全同立构；（4）共聚物的序列结构。

5. 求下列同系聚合物混合物的数均分子量、重均分子量和多分散性指数。

组分 1：质量分数＝0.5，分子量＝$1×10^4$

组分 2：质量分数＝0.4，分子量＝$1×10^5$

组分 3：质量分数＝0.1，分子量＝$1×10^6$

6. 聚乙烯分子链上无侧基，内旋转位能不大，柔顺性好，为什么聚乙烯在室温下是塑料而不是橡胶？

7. 聚合物在不同条件下结晶时，可能得到哪几种主要的结晶形态？

8. 天然橡胶的松弛活化能近似为 1.05kJ/结构单元，试估算由 27℃升温至 127℃ 时，其松弛时间缩短几倍？

9. 简要阐述聚合物的玻璃化转变及玻璃化温度以下的次级转变。

10. 用膨胀计法测定聚合物玻璃化温度时，为什么冷却速度越快，测得的 T_g 越高？用膨胀计法测量聚苯乙烯的 T_g 时，若冷却速率提高一倍，T_g 变化多少？

11. 比较下列各组聚合物 T_g 的高低并说明其原因：

（1）聚甲基硅氧烷，顺式聚 1,4-丁二烯；

（2）聚丙烯，聚 4-甲基-1-戊烯；

（3）聚氯乙烯，聚偏二氯乙烯。

12. 简要阐述对于松弛过程时温等效的基本思路。

13. 从自由体积概念出发，推导出 WLF 方程。

14. 举例说明聚合物的蠕变、应力松弛、滞后和内耗现象。

15. 什么是松弛时间？为什么外场作用时间与松弛时间相当时，松弛现象才能被明显地观察到？

16. 以某种聚合物材料作为两根管子接口法兰的密封垫圈。若该材料的力学行为可用 Maxwell 模型描述，已知此垫圈压缩形变为 0.2，初始模量为 $3×10^6$ N·m^{-2}，材料的应力松弛时间为 300 天，管内流体压力为 $0.3×10^6$ N·m^{-2}，试问多少天后接口处将发生泄漏？

17. 试述聚合物具有高弹性的必要和充分条件。

18. 利用橡胶弹性理论，计算交联点间平均分子量为 5000，密度为 0.925g·cm^{-3} 的弹性体在 23℃ 时的拉伸模量和剪切模量（$R=8.314$ J·k^{-1}·mol^{-1}）。若考虑自由末端校正，模量怎样改变？（已知 $\overline{M_n}=10$ 万）

19. 什么是假塑性流体？

20. 简要阐述聚合物黏性流动的特点及与分子量及其分布的影响。

21. 为什么聚合物的黏流活化能与分子量无关？

22. 分析温度、切变速率对聚合物熔体黏度的影响规律，并举例说明此规律在聚合物材料成型加工中的应用。

23. 解释如下术语：

(1) 溶解度参数；(2) 高分子 θ 溶液；(3) 体积排斥效应；(4) 第二维利系数。

24. 甲苯的 T_g (s)$=113$K，PS 的 T_g (p)$=373$K，以甲苯增塑 PS，当甲苯用量为 20%（体积）时，PS 的玻璃化温度是多少？

25. 某橡胶样品的密度为 0.95×10^3kg·m^{-3}，起始平均分子量为 10^5，交联后网链分子为 5×10^3，试计算室温下（300K）的剪切模量。

26. 苯乙烯-丁二烯共聚物 $[\delta=16.7$ (J·cm^{-3})$^{\frac{1}{2}}]$ 难溶于戊烷 $[\delta=14.4$ (J·cm^{-3})$^{\frac{1}{2}}]$ 和乙酸乙酯 $[\delta=17.8$ (J·cm^{-3})$^{\frac{1}{2}}]$，若选用上述两种溶剂的混合物，什么体积配比时对共聚物的溶解能力最好？

27. 在 35℃ 时，环己烷为聚苯乙烯的 θ 溶剂。现将 300mg 聚苯乙烯（$\rho=1.05$g·cm^{-3}，$\overline{M_n}=1.5\times10^5$）于 35℃ 下溶于 150mL 环己烷中，试计算：(1) 第二维利系数 A_2；(2) 溶液的渗透压。

28. 根据聚苯乙烯试样的动态力学实验，当频率为 1Hz 时，125℃ 出现内耗峰。试计算频率为 1000Hz 时，出现内耗峰的温度。（聚苯乙烯的 $T_g=100$℃）

29. 推导按 Maxwell 黏弹模型所表示的应力松弛表达式：σ (t) $=\sigma_0 e^{-t/\tau}$，以及按 Voigt 模型所表示的蠕变行为表示式：γ (t) $=\gamma_\infty$ $(1-e^{-t/\tau})=\dfrac{\sigma_0}{E}$ $(1-e^{-t/\tau})$。

30. 动态力学实验中，内耗峰的峰值所对应的温度即为玻璃化温度 T_g，这是为什么？

31. 对于交联聚合物 Maxwell 及 Voigt 模型完全适合吗？为什么？考虑一下，用怎样的弹簧和黏壶组合模型来反映交联键的存在？

32. 塑料中加入增塑剂可使导热性下降，这是为什么？高度拉伸的聚合物表观导热性的各向异性，其原因何在？

33. 比较聚合物导热与金属导热机理的差异。

34. 从分子运动角度来比较聚合物的屈服形变和聚合物驻极体、热释电流现象。

35. 有人说，聚合物机械加工过程是纯物理过程，这种说法正确吗？为什么？

36. Huggins 参数的物理意义是什么？当聚合物和温度选定后，χ_1 值与温度有何关系？分子尺寸与温度又有何关系？

37. 聚合物稀溶液的特性黏度有何物理意义？

38. 在 25℃ 时，测定不同浓度的聚苯乙烯甲苯溶液的渗透压，结果如下：

$c\times10^3$/g·cm^{-3}	1.55	2.56	2.93	3.85	5.38	7.80	8.68
Π/g·cm^{-2}	0.15	0.28	0.33	0.47	0.77	1.36	1.60

试求聚苯乙烯的数均分子量、第二维利系数 A_2 和 Huggins 参数 χ_1。已知甲苯密度 $\rho=0.8623$g/mL，聚苯乙烯密度 $\rho=1.087$g/mL。

39. 将 0.1375g 聚苯乙烯配制成 25mL 的苯溶液，用移液管取 10mL 此溶液注入黏度计中，测出流出时间 $t_1=241.6$s，然后依次加入 5mL、5mL、10mL、10mL 苯以稀释之，分别测出流出时间 $t_2=18976$s、$t_3=166.0$s、$t_4=144.4$s、$t_5=134.2$s，纯苯的流出时间 $t_0=106.8$s，已知 $K=0.99\times10^{-2}$，$\alpha=0.74$，试求此试样的黏均分子量。

40. 何谓聚合物的强度？为什么理论强度要比实际强度高许多倍？

41. 简要阐述聚合物的摩擦与磨耗特性，并简要阐述聚合物的摩擦系数与力学损耗性能的关系。

42. 如何表征聚合物的疲劳强度？它与聚合物的分子量有何关系？

43. 试述聚合物力学屈服现象、本质和特点。

44. 简要分析聚合物热性能及电性能特点。

45. 在 298K 时，PS 的剪切模量为 $1.25 \times 10^9 \, \text{N} \cdot \text{m}^{-2}$，泊松比为 0.35，求其拉伸模量（$E$）和本体模量（$B$）。

46. 简要阐述聚合物介电损耗性能并与其力学损耗现象进行分析、对比。

47. 试述聚合物材料的静电现象及其消除方法。

48. 解释如下术语：

(1) 聚合物驻极体和热释电流；(2) 聚合物材料的老化；(3) 氧指数；(4) 聚合物的阻燃剂。

49. 简要阐述聚合物材料的力化学特性并举例说明此种特性在聚合物成型加工及聚合物改性方面的应用。

50. 为了减轻桥梁的震动，常在桥梁的支点处垫上衬垫，当货车的轮距为 10m，以每小时 51km 的车速通过桥梁时，欲缓冲其震动，今有三种高分子抗震材料可供选择：(1) $\eta_1 = 10^9 \, \text{Pa} \cdot \text{s}$，$E_1 = 2 \times 10^7 \, \text{N} \cdot \text{m}^{-2}$；(2) $\eta_2 = 10^7 \, \text{Pa} \cdot \text{s}$，$E_2 = 2 \times 10^7 \, \text{N} \cdot \text{m}^{-2}$；(3) $\eta_3 = 10^5 \, \text{Pa} \cdot \text{s}$，$E_3 = 2 \times 10^7 \, \text{N} \cdot \text{m}^{-2}$。请问选择哪一种材料为宜？

51. 聚甲基丙烯酸甲酯的 $T_g = 105℃$，问它在 155℃ 时应力松弛速度比 125℃ 时的快多少倍？

第4章　通用高分子材料

本章对用途较广的高分子材料，包括塑料、橡胶、纤维、涂料及黏合剂等作一简要阐述。重点是基本知识和基本概念，有关制备技术、加工技术等方面的细节可参考有关的专著和查阅有关的手册。本章只作引导性的介绍。

4.1　塑料

4.1.1　类型及特征

塑料是以聚合物为主要成分，在一定条件（温度、压力等）下可塑成一定形状并且在通常条件下能保持其形状不变的材料，习惯上也包括塑料的半成品，如压塑粉等。

作为塑料基础组分的聚合物，不仅决定塑料的类型，而且决定塑料的主要性能。一般而言，塑料用聚合物的内聚能介于纤维与橡胶之间，使用温度范围在其脆化温度和玻璃化温度之间。应当注意，同一种聚合物，由于制备方法、制备条件及加工方法的不同，常常既可作塑料用，也可作纤维或橡胶用。例如，尼龙既可作塑料用，也可作纤维用。

作为高分子材料主要品种之一的塑料，目前大批量生产的已有 20 余种，少量生产和使用的则有数百种。对塑料有各种不同的分类。例如，根据组分数目可分为单一组分的塑料和多组分塑料。单一组分塑料是由聚合物构成或仅含少量辅助物料（染料、润滑剂等），如聚乙烯塑料、聚丙烯塑料、有机玻璃等。多组分塑料则除聚合物之外，尚包含大量辅助剂（如增塑剂、稳定剂、改性剂、填料等），如酚醛塑料、聚氯乙烯塑料等。

根据受热后形状、性能表现的不同，可分为热塑性塑料和热固性塑料两大类。热塑性塑料受热后软化，冷却后又变硬，这种软化和变硬可重复、循环，因此可以反复成型，这对塑料制品的再生很有意义。热塑性塑料占塑料总产量的 70% 以上，大吨位的品种有聚乙烯、聚丙烯、聚氯乙烯等。

热固性塑料是由单体直接形成网状聚合物或通过交联线型预聚体而形成，一旦形成交联聚合物，受热后不能再回复到可塑状态。因此，对热固性塑料而言，聚合过程（最后的固化阶段）和成型过程是同时进行的，所得制品是不溶不熔的。热固性塑料的主要品种有酚醛树脂、不饱和聚酯、环氧树脂、氨基树脂等。

按塑料的使用范围可分为通用塑料和工程塑料两大类。通用塑料是指产量大、价格较低、力学性能能满足一般要求、主要用作非结构材料使用的塑料，如聚乙烯、聚氯乙烯、聚丙烯、聚苯乙烯等。工程塑料一般是指可作为结构材料使用，能经受较宽的温度变化范围和较苛刻的环境条件，具有优异的力学性能、耐热性能、耐磨性能和良好的尺寸稳定性等。工程塑料的大规模发展有五十多年的历史，主要品种有聚酰胺、聚碳酸酯、聚甲醛、聚苯醚和聚酯等。最初，这类塑料的开发大多是为了某一特定用途而进行的，因此，产量小、价格贵。近年来随着科学技术的迅速发展，对高分子材料性能的要求越来越高，工程塑料的应用领域不断开拓，产量逐年增大，使得工程塑料与通用塑料之间的界限变得模糊。某些通用塑料，如聚丙烯等，经改性之后也可作满意的结构材料使用。

在以下的讨论中，将按热塑性塑料和热固性塑料进行分类，但鉴于工程塑料的发展迅速、应用广泛，所以单列一类作系统介绍。

塑料是一类重要的高分子材料，具有质轻、电绝缘、耐化学腐蚀、容易成型加工等特点。某些性能是木材、陶瓷甚至金属所不及的。各类塑料的相对密度大致在 $0.9\sim$ $2.2g\cdot cm^{-3}$；其密度一般仅为钢铁的 $1/4\sim1/6$。密度的大小主要决定于填料的用量。

绝大多数塑料为电的不良导体，表面电阻约为 $10^9\sim10^{18}\Omega$，因而广泛用作电绝缘材料。塑料中加入导电的填料，如金属粉、石墨等，或经特殊处理，可制成具有一定电导率的导体或半导体以供特殊需要。塑料也常用作绝热材料；许多塑料的摩擦系数很低，可用作制造轴承、轴瓦、齿轮等部件，且可用水作润滑剂。同时，有些塑料摩擦系数较高，可用于配制制动装置的摩擦零件。塑料还可制成各种装饰品，制成各种薄膜、型材、配件及产品。塑料性能可调范围宽，具有广泛的应用领域。

塑料的突出缺点是，力学性能比金属材料差，表面硬度亦低，大多数品种易燃，耐热性也较差。这些正是当前研究塑料改性的方向和重点。

4.1.2　塑料的组分及其作用

单组分的塑料通常是由聚合物组成的，典型的是聚四氟乙烯，不加任何添加剂；聚乙烯、聚丙烯等，只加少量添加剂。但大多数塑料品种是一个多组分体系，除聚合物基本组分外，还包含各种各样的添加剂。聚合物的含量一般为 $40\%\sim100\%$。通常最重要的添加剂可分成四种类型：有助于加工的润滑剂和热稳定剂；改进材料力学性能的填料、增强剂、抗冲改性剂、增塑剂等；改进耐燃性能的阻燃剂；提高加工、使用过程中耐老化性的各种稳定剂。

主要的添加剂及其作用简要介绍如下。

(1) 填料及增强剂　为提高塑料制品的强度和刚性，可加入各种纤维状材料作增强剂，最常用的是玻璃纤维、石棉纤维。新型的增强剂有碳纤维、石墨纤维、硼纤维和金属纤维等。填料的主要功能是降低成本和收缩率，在一定程度上也有改善塑料某些性能的作用，如增加模量和硬度，降低蠕变等。主要的填料种类有：硅石（石英砂）、硅酸盐（云母、滑石、陶土、石棉）、碳酸钙、金属氧化物、炭黑、玻璃珠、木粉等。增强剂和填料的用量通常为 $20\%\sim50\%$。

增强剂和填料的增强效果取决于它们与聚合物界面分子间相互作用的状况。采用偶联剂处理填料及增强剂，可增加其与聚合物之间的作用力；通过化学键偶联起来，可更好地发挥其增强效果。

(2) 增塑剂　对一些玻璃化温度较高的聚合物，为制得室温下软质的制品和改善加工时熔体的流动性能，往往需要加入一定量的增塑剂。增塑剂一般为沸点较高、不易挥发、与聚合物有良好相溶性的低分子油状物。增塑剂分布在大分子链之间，降低了分子间作用力，因而具有降低聚合物玻璃化温度及成型温度。增塑体系的玻璃化转变温度值（T_g）可用 FOX 等式来近似估算。同时，增塑剂也使制品的模量降低、刚性和脆性减小。

FOX 等式：

$$\frac{1}{T_g}=\frac{W_1}{T_{g_1}}+\frac{W_2}{T_{g_2}}$$

式中，W_1、W_2 分别为聚合物和增塑剂的质量分数；T_{g_1}、T_{g_2} 分别为聚合物金和增塑剂的玻璃化温度（用热力学温度表示）。

增塑剂可分为主增塑剂和副增塑剂两大类。主增塑剂的特点是与聚合物的相溶性好、塑化效率高。副增塑剂与聚合物的相溶性稍差，通常是与主增塑剂一起使用，以降低成本，所以也称为增量剂。

工业上使用增塑剂的聚合物，最主要的是聚氯乙烯，80%左右的增塑剂是用于聚氯乙烯塑料。此外，还有聚乙酸乙烯酯以及以纤维素为基的塑料。常用的增塑剂多是碳原子数为6~11的脂肪酸与邻苯二甲酸类合成的酯类化合物。主要的增塑剂品种有邻苯二甲酸二辛酯（DOP）、邻苯二甲酸二丁酯（DBP）及邻苯二甲酸二甲酯（二乙酯）。此外还有环氧类、磷酸酯类、癸二酸酯类增塑剂以及氯化石蜡类增量剂。樟脑是纤维素基塑料的增塑剂。

（3）稳定剂　为了防止塑料在光、热、氧等条件下过早老化，延长制品的使用寿命，常加入稳定剂。稳定剂又称为防老剂，它包括抗氧剂、热稳定剂、紫外线吸收剂、变价金属离子抑制剂、光屏蔽剂等。

能抑制或延缓聚合物氧化过程的助剂称为抗氧剂。抗氧剂的作用在于它能消除老化反应中生成的过氧化自由基，还原烷氧基或羟基自由基等，从而使氧化的链锁反应终止。抗氧剂有取代酚类、芳胺类、亚磷酸酯类、含硫酯类等。一般而言，酚类抗氧剂对制品无污染和变色性，适用于烯烃类塑料或其他无色及浅色塑料制品。芳胺类抗氧剂的抗氧化效能高于酯类且兼有光稳定作用，缺点是有污染性和变色性。亚磷酸酯类是一种不着色抗氧剂，常用作辅助抗氧剂。含硫酯类作为辅助抗氧剂用于聚烯烃中，它与酚类抗氧剂并用有显著的协同效应。

热稳定剂主要用于聚氯乙烯及其共聚物。聚氯乙烯在热加工过程中，在达到熔融流动温度之前，常有少量大分子链断裂放出 HCl，而 HCl 会进一步加速分子链断裂的连锁反应。加入适当的碱性物质中和分解出来的 HCl 可防止大分子进一步发生断链，这就是热稳定剂的作用原理。常用的热稳定剂有：金属盐类和皂类，主要的有碱式硫酸铅和硬脂酸铅；其次有钙、镉、锌、钡、铝的盐类及皂类；有机锡类是聚氯乙烯透明制品必须用的稳定剂，它还有良好的光稳定作用；环氧化油和酯类是辅助稳定剂也是增塑剂；螯合剂是能与金属盐类形成络合物的亚磷酸烷酯或芳酯，单独使用并不见效，与主稳定剂并用才显示其稳定作用。最主要的螯合剂是亚磷酸三苯酯。

波长为 290~350nm 的紫外线能量达 365~407kJ·mol^{-1}，它足以使大分子主链断裂，发生光降解。紫外线吸收剂是一类能吸收紫外线或减少紫外线透射作用的化学物质，它能将紫外线的光能转换成热能或无破坏性的较长光波的形式，从而把能量释放出来，使聚合物免遭紫外线破坏。各种聚合物对紫外线的敏感波长不同，各种紫外线吸收剂吸收的光波范围也不同，应适当选择才有满意的光稳定效果。常用的紫外线吸收剂有多羟基苯酮类、水杨酸苯酯类、苯并三唑类、三嗪类、磷酰胺类等。

变价金属离子如铜、锰、铁离子能加速聚合物（特别是聚丙烯）的氧化老化过程。变价金属离子抑制剂就是一类能与变价金属离子的盐联结为络合物，从而消除这些金属离子的催化氧化活性的化学物质。常用的变价金属离子抑制剂有醛和二胺缩合物、草酰胺类、酰肼类、三唑和四唑类化合物等。

光屏蔽剂是一类能将有害于聚合物的光波吸收，然后将光能转换成热能散射出去或将光反射掉，从而对聚合物起到保护作用的物质。光屏蔽剂主要有炭黑、氧化锌、钛白粉、锌钡白等黑色或白色的能吸收或反射光波的化学物质。

（4）润滑剂　加入润滑剂是为了防止塑料在成型加工过程中发生粘模现象。润滑剂可分为内、外润滑剂两种。外润滑剂主要作用是使聚合物熔体能顺利离开加工设备的热金属表面，这有利于它的流动和脱模。外润滑剂一般不溶于聚合物，只是在聚合物与金属的界面处形成薄薄的润滑剂层。内润滑剂与聚合物有良好的相溶性，能降低聚合物分子间的内聚力，从而有助于聚合物流动并降低内摩擦所导致的升温。最常用的外润滑剂是硬脂酸及其金属盐类；内润滑剂是低分子量的聚乙烯等。润滑剂的用量一般为 $0.5\% \sim 1.5\%$。

(5) 抗静电剂　抗静电剂的作用是通过降低电阻来减少摩擦电荷，从而减少或消除制品表面静电荷的形成。大多数抗静电剂是吸水的化合物（电解质），它们基本上不溶于聚合物，易渗出到表面，形成亲水性导电层。抗静电剂一般是有机氮化物（如酰铵、胺类及季铵化合物）或具有醚结构的化合物。

(6) 阻燃剂　阻燃剂是用以减缓塑料燃烧性能的助剂。

(7) 着色剂　着色剂亦称色料，它赋予塑料制品各种色泽。着色剂分为染料和颜料两种。染料为有机化合物，常能溶于增塑剂或有机溶剂中。颜料可分为有机化合物和无机化合物两类，它们的颗粒较大，通常不溶于有机溶剂。

(8) 发泡剂　发泡剂是一类受热时会分解放出气体的有机化合物，它是制备泡沫塑料的助剂之一。发泡剂应具备以下条件：加热后短时间内即可放出气体，放气速度可以调节；分解出的气体应是 CO_2、N_2 之类无毒的惰性气体；在塑料中容易分散，分解温度适当，分解时发热量不大。最常用的发泡剂是偶氮二甲酰胺（AC）。

(9) 偶联剂　增强剂或填料用偶联剂处理后可提高其效能，改善塑料制品的性能。常用的偶联剂有：有机硅烷、有机钛酸酯、铝酸酯等。

(10) 固化剂　在热固性塑料成型时，线型聚合物转变为体型交联结构的过程称为固化。在固化过程中加入的、对固化起催化作用或本身参加固化反应的物质称为固化剂，如酚醛压塑粉中所用的六亚甲基四胺和不饱和树脂固化过程中加入的过氧化二苯甲酰。广义而言，各种交联剂也都可视为固化剂。

上述各种组分的加入应根据塑料制品的性能和用途不同而定。如制造介电性能高、耐化学腐蚀性强、绝热好及光学透明的制品时，应尽量少加或不加。

4.1.3　塑料的成型加工方法

塑料制品通常是由聚合物或聚合物与其他组分的混合物，于受热后在一定条件下塑制成一定形状，并经冷却定型、修整而成，这个过程就是塑料的成型与加工。热塑性塑料与热固性塑料受热后的表现不同，因此，其成型加工方法也有所不同。塑料的成型加工方法已有数十种，其中最主要的是挤出、注射、压延、吹塑及模压，它们所加工的制品重量约占全部塑料制品的80%以上。前四种方法是热塑性塑料的主要成型加工方法。热固性塑料则主要采用模压、铸塑及传递模塑的方法。

4.1.3.1　挤出成型

挤出成型又称挤压模塑或挤塑，是热塑性塑料最主要的成型方法，有一半左右的塑料制品是挤出成型的。挤出法几乎能成型所有的热塑性塑料，制品主要有连续生产、等截面的管材、板材、薄膜、电线电缆包覆以及各种异型制品。挤出成型还可用于热塑性塑料的塑化造粒、着色和共混等。

热塑性聚合物与各种助剂混合均匀后，在挤出机料筒内受到机械剪切力、摩擦热和外热的作用使之塑化熔融，再在螺杆的推送下，通过过滤板进入成型模具被挤塑成制品。图 4-1是一种单螺杆挤出机结构。

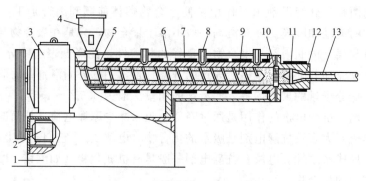

图 4-1　单螺杆挤出机结构

1—机座；2—电动机；3—传动装置；4—料斗；5—料斗冷却套；6—料筒；7—料筒加热器；

8—热电偶控温点；9—螺杆；10—过滤板；11—机头加热器；12—机头及芯棒；13—挤出物

　　挤出机的特性主要取决于螺杆数量及其结构。料筒内只有一根螺杆的称为单螺杆挤出机，它是当前普遍使用的挤出机。料筒内有同向或反向啮合旋转的两根螺杆的，则称为双螺杆挤出机，其塑化能力及质量远优于单螺杆挤出机。

　　螺杆长度与直径之比称为长径比 L/D，是关系物料塑化好坏的重要参数，长径比越大，物料在料筒内受到混炼时间就越长，塑化效果越好。按螺杆的全长可分为加料段、压缩段、计量段，物料依此顺序向前推进，在计量段完全熔融后受压进入模具成型为制品。重要的是挤出物熔体黏度要足够高以免挤出物在离开口模时塌陷或发生不可控的形变，因此挤出物在挤出口模时应立即采取水冷或空气冷却使其定型。对结晶聚合物，挤塑的冷却速率影响结晶程度及晶体结构，从而影响制品性能。

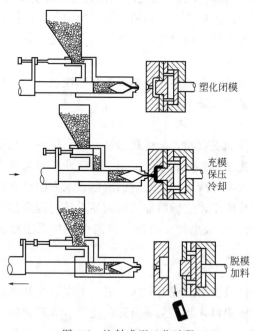

塑化闭模

充模
保压
冷却

脱模
加料

图 4-2　注射成型工艺过程

4.1.3.2　注射成型

　　注射成型又称注射模塑或注塑，此种成型方法是将塑料（一般为粒料）在注射成型机料筒内加热熔化，当呈流动状态时，在柱塞或螺杆加压下熔融塑料被压缩并向前移动，进而通过料筒前端的喷嘴以很快速度注入温度较低的闭合模具内，经过一定时间冷却定型后，开启模具，顶出制品。

　　注射成型是根据金属压铸原理发展起来的。由于注射成型能一次成型制得外形复杂、尺寸精确，或带有金属嵌件的制品，因此得到广泛的应用，目前占成型加工总量的 20% 以上。

　　注射成型过程通常由塑化、充模（即注射）、保压、冷却和脱模五个阶段组成，如图 4-2 所示。

　　注射料筒内熔融塑料进入模具的机械部件可以是柱塞或螺杆，前者称为柱塞式注射机，后者称为螺杆式注射机。每次注射量超过 60g 的注射机均为螺杆式注射机。与挤出机不同的是注射机的螺杆除了能旋转外，还能前后往复移动。图 4-3 为一种卧式螺杆注射机的结构示

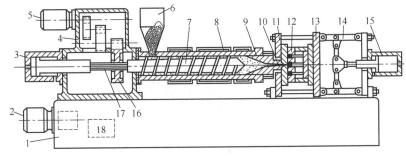

图 4-3　卧式螺杆注塑机结构

1—机座；2—电动机及油泵；3—注射油缸；4—齿轮箱；5—齿轮传动电动机；6—料斗；7—螺杆；
8—加热器；9—料筒；10—喷嘴；11—定模板；12—模具；13—动模板；14—锁模机构；
15—锁模用（副）油缸；16—螺杆传动齿轮；17—螺杆花键槽；18—油箱

意图。

　　一般的注射成型制品都有浇口、流道等废边料，需加以修整除去。这不仅耗费工时也浪费原料。近年来发展的无浇口注射成型不仅克服了上述弊端还有利于提高生产效率。无浇口注射成型是从注射机喷嘴到模具之间装置有歧管部分（也称流道原件），流道分布在内。对热塑性塑料，为使流道内物料始终保持熔融状态，流道需加热，故称热流道。对热固性塑料，应使流道保持较低的流动温度，故称为冷流道。无浇口注射成型所得制品一般不再需要修整。

　　注射成型主要应用于热塑性塑料。近年来，热固性塑料也采用了注射成型，即将热固性塑料在料筒内加热软化时应保持在热塑性阶段，将此流动物料通过喷嘴注入模具中，经高温加热固化而成型；这种方法又称喷射模型。如果料筒中的热固性塑料软化后用推杆一次全部推出，无物料残存于料筒中，则称之为传递模塑或铸压成型。图 4-4 为传递模塑成型原理。

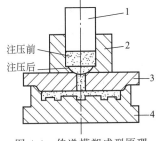

图 4-4　传递模塑成型原理
1—注压活塞；2—加料套；
3—阳模；4—阴模

　　随着注塑件尺寸和长径比的增大，在注塑期间要保证聚合物熔体受热的均匀性和足够的合模力就变得相当困难了。近年来发展的反应性注塑成型可克服这一困难。反应性注塑实质上是在模具中完成大部分聚合反应，可使注射物料黏度降低两个数量级以上。这种方法已被广泛用于制备聚氨酯泡沫塑料及增强弹性体制品。

4.1.3.3　压延成型

　　将已塑化的物料通过一组热辊筒之间使其厚度减薄，从而制得均匀片状制品的方法称为压延成型。压延成型主要用于制备聚氯乙烯片材或薄膜。

　　把聚氯乙烯树脂与增塑剂、稳定剂等助剂捏和后，再经挤出机或两辊机塑化，得到塑化料，然后直接喂入压延机的滚筒之间进行热压延。调节辊距就得到不同厚度的薄膜或片材，再经一系列的导向辊把从压延机出来的膜或片材导向有拉伸作用的卷取装置。压延成型的薄膜若通过刻花辊就得到刻花薄膜。若把布和薄膜分别导入压延辊经过热压后，就可制得压延人造革制品。图 4-5 为压延成型法生产软质聚氯乙烯薄膜的生产工艺流程。

4.1.3.4　模压成型

　　在液压机的上下模板之间装置成型模具，使模具内的塑料在热与力的作用下成型，经冷

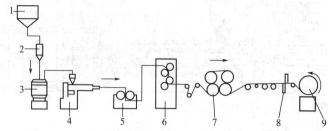

图 4-5 软质聚氯乙烯薄膜生产工艺流程

1—树脂料仓；2—计量斗；3—高速捏合机；4—塑化挤压机；5—辊筒机；

6—四辊压延机；7—冷却辊群；8—切边；9—卷绕装置

却、脱模即得模压成型制品。对热固性塑料，模压时模具应加热。对热塑性塑料，模压时，模具应冷却。

4.1.3.5　吹塑成型

吹塑成型只限于热塑性塑料中空制品的成型。该法是先将塑料预制成片，冲成简单形状或制成管形坯后，置入模型中吹入热空气，或先将塑料预热吹入冷空气，使塑料处于高度弹性变形的温度范围内而又低于其流动温度，即可吹制成模形状的空心制品。在挤出机前端装置吹塑口模，把挤出的管坯用压缩空气吹胀成膜管，经空气冷却后折叠卷绕成双层平膜，此即为吹塑薄膜的成膜工艺。用挤出机或注射机先挤成型胚，再置于模具内用压缩空气使其紧贴于模具表面冷却定型，这就是吹塑中空制品的成型工艺。

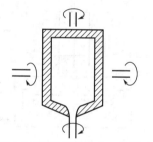

图 4-6　滚塑成型设备工作原理

4.1.3.6　滚塑成型

把粉状或糊状塑料原料计量后装入滚塑模中，通过滚塑模的加热和纵横向的滚动旋转（图 4-6），聚合物塑化成流动态并均匀地布满滚塑模的每个角落，然后冷却定型、脱模即得制品。这种成型方法称为滚塑成型法或旋转模塑法。

4.1.3.7　流延成型

把热塑性或热固性塑料配制成一定黏度的胶液，经过滤后以一定的速度流延到卧式连续运转着的基材（一般为不锈钢带）上，然后通过加热干燥脱去溶剂成膜，从基材上剥离就得到流延薄膜。流延薄膜的最大优点是清洁度高，特别适于制光学用塑料薄膜。缺点是成本高、强度低。

4.1.3.8　浇铸成型

将液状聚合物倒入一定形状的模具中，常压下烘焙、固化、脱模即得制品。浇铸成型对流动性很好的热塑性及热固性塑料都可应用。

4.1.3.9　固相成型

在熔融温度以下成型塑料的方法称为固相成型。其中，在高弹态成型时称为热成型，例如真空成型等；在玻璃化温度以下成型则称为冷成型。固相成型属于二次加工，所采用的工艺和设备类似于金属加工。

塑料制品的二次加工，一般都可采用同金属或木材加工相似的方法进行，例如，切削、钻、割、刨、钉等加工处理。此外，尚可进行焊接（粘接）、金属镀饰、喷涂、染色等处理，以适应各种特殊需要。

4.1.4　热塑性塑料

当前世界塑料总产量约 3×10^8 t，其中热塑性塑料约占全部塑料产量的 60%，其中产量最大、应用最广泛的是聚乙烯、聚丙烯、聚氯乙烯和聚苯乙烯（包括 ABS 树脂），这四种产品占热塑性塑料总产量的 80％以上。以下对各种热塑性塑料作一简要介绍，重点是上述四种塑料。

4.1.4.1 聚烯烃塑料

聚烯烃塑料的主要品种有聚乙烯、聚丙烯、聚苯乙烯及聚丁烯，其中以聚乙烯产量最大。聚烯烃的主要原料为石油。

（1）聚乙烯 聚乙烯（PE）是乙烯聚合而成的聚合物，分子式为 $-\left[CH_2-CH_2\right]_n-$。作为塑料使用时，其分子量要达 1 万以上。

聚乙烯最先是由英国 ICI 公司发明的，1939 年开始采用高压法生产低密度聚乙烯；1957 年德国和美国采用低压催化法生产高密度聚乙烯；与此同时，美国还采用中压法生产中密度聚乙烯和高密度聚乙烯。聚乙烯是现在全世界产量最多的塑料品种，1987 年美国年产量超过 800 万吨，居各国的首位；日本聚乙烯的产量仅次于聚氯乙烯。我国引进几项大的乙烯工程后，1988 年聚乙烯产量开始超过聚氯乙烯，达到 80 万吨；而 1981 年时我国聚乙烯产量仅约 33 万吨，美国当年是 545 万吨；而到 2009 年，我国聚乙烯产量达到 812.85 万吨，聚乙烯总进口量 740.85 万吨，预计到 2016 年，中国的聚乙烯产能将达到 1350 万吨，约占全球总产能的 14.6％。但即便这样，中国仍将是一个净进口国。

① 合成方法 目前，单体乙烯主要是由石油烷烃热裂解后，分离精制而得。次要的方法有乙醇脱水、乙炔加氢、天然气中分离出乙烯等。

乙烯的聚合主要有三种方法。

a. 高压聚合法（ICI 法）：在 150～300MPa 的压力、180～200℃下，以氧气或有机过氧化物为引发剂，按自由基聚合机理使乙烯聚合而得聚乙烯。要求乙烯纯度达 99％以上。所得聚乙烯支化度较大，密度较低（0.91～0.93g·cm^{-3}），结晶度为 55％～65％。

b. 中压法（菲利浦法）：在压力为 1.5～8.0MPa、温度为 130～270℃的条件下，以过渡金属氧化物为催化剂、烷烃为溶剂，按离子聚合机理聚合制得聚乙烯。中压法聚乙烯结晶度为 90％左右。密度分为 0.926～0.940g·cm^{-3} 的中密度聚乙烯和 0.941～0.965g·cm^{-3} 的高密度聚乙烯。

c. 低压法（齐格勒法）：以 $Al(C_2H_5)_3＋TiCl_4$ 体系在烷烃（汽油）中的浆状液为催化剂，在压力为 1.3MPa、温度为 100℃的条件下，按离子聚合机理反应制得聚乙烯。低压法聚乙烯为高密度（0.941～0.965g·cm^{-3}）、高结晶度（85％～90％），支化程度很小，聚乙烯大分子是线型的。控制不同的工艺条件也可制得分子量在 150 万以上的超高分子量聚乙烯（UHMWPE），超高分子量聚乙烯可作为工程塑料使用。

以上三种方法制得的聚乙烯，在性能上有显著不同，这是大分子的支化程度及结构有较大差异之故。

② 性能 聚乙烯为白色蜡状半透明材料，柔而韧，比水轻，无毒，具有优异的介电性能。易燃烧且离火后继续燃烧，火焰上端呈黄色而下端为蓝色，燃烧时产生熔融滴落。透水率低，对有机蒸气透过率则较大。聚乙烯的透明度随结晶度增加而下降，一般经退火处理后不透明而淬火处理后透明。在一定结晶度下，透明度随分子量增大而提高。

线性高密度聚乙烯熔点范围为 132～135℃，支化低密度聚乙烯熔点较低（112℃）且转变温度范围宽。聚乙烯的玻璃化转变温度为－125℃左右。

常温下聚乙烯不溶于任何已知溶剂中，仅矿物油、凡士林、植物油、脂肪等能使其溶胀并使其物性产生永久性局部变化。70℃以上可少量溶解于甲苯、乙酸戊酯、三氯乙烯、松节油、氯代烃、四氢化萘、石油醚及石蜡中。

聚乙烯有优异的化学稳定性。室温下耐盐酸、氢氟酸、磷酸、甲酸、氨、胺类、过氧化氢、氢氧化钠、氢氧化钾、稀硫酸和稀硝酸。而发烟硫酸、浓硝酸、硝化混酸、铬酸-硫酸混合液在室温下能缓慢作用于聚乙烯。但在90℃以上，硫酸和硝酸能迅速破坏聚乙烯。

当聚乙烯支链结构较多时，容易光氧化、热氧化、臭氧分解；在紫外线作用下容易发生光降解。炭黑对聚乙烯有优异的光屏蔽作用。聚乙烯受辐射后可发生交联、断链、形成不饱和基团等反应，但主要倾向是交联反应。

聚乙烯具有优异的力学性能。结晶部分赋予聚乙烯较高的强度，非结晶部分赋予其良好的柔性和弹性。聚乙烯力学性能随分子量增大而提高，分子量超过150万的聚乙烯是极为坚韧的材料，可作为性能优异的工程塑料使用。聚乙烯塑料材料的基本性能列于表4-1。

表 4-1　聚乙烯树脂的基本性能

项目	低密度 PE	中密度 PE	高密度 PE
收缩率/%	1.5	1.5	2.0
拉伸强度/MPa	17	25	25～40
拉伸模量/GPa	0.27	0.4	0.4～1.3
断裂伸长率/%	800	600	130
压缩强度/MPa	—	—	20～25
弯曲强度/MPa	—	35.0	50
缺口冲击强度/kJ·m^{-2}	不断	35	43
硬度/D	50	60	70
热导率/W·m^{-1}·K^{-1}	8×10^{-4}	9×10^{-4}	12×10^{-4}
燃烧速度/cm·min^{-1}	2.6	2.5	2.5
耐电弧性/s	160	200	—
比热容/J·kg^{-1}·K^{-1}	2.3×10^{3}	2.3×10^{3}	2.3×10^{3}
热膨胀系数/℃$^{-1}$	2.0×10^{-4}	1.5×10^{3}	1.2×10^{3}
热变形温度(负荷 0.465MPa)/℃	40	45	60～85
体积电阻率/Ω·cm	≥10^{16}	≥10^{16}	≥10^{16}
电压击穿强度/kV·mm^{-1}	16～40	16～40	16～20
介电常数/10^{3}Hz	2.30	2.30	2.35
吸水率(24h)/%	<0.01	<0.01	<0.01

根据聚乙烯品种不同，其用途亦有所不同。高压聚乙烯一半以上用于薄膜制品，其次是管材、注射成型制品、电线包覆层等。中、低压聚乙烯则以注射成型制品及中空制品为主；超高分子量聚乙烯由于其优异的综合性能，可作为工程塑料使用。

聚乙烯塑料的使用领域主要有电线绝缘、管材、薄膜（农膜、包装薄膜等）、容器、板材等。

用辐射法或化学法可对聚乙烯进行交联以提高其耐热性、强度和尺寸稳定性；也可用 Cl_2 氯化制得氯化聚乙烯。乙烯与丙烯酸乙酯或乙酸乙烯酯共聚可制得相应的共聚物 EEA 和 EVA。

（2）聚丙烯　聚丙烯（PP）的分子式为 $-\!\!\left[CH_2-CH\right]_n\!\!-$，分子量一般为 10 万～50 万。
$$\begin{array}{c}|\\CH_3\end{array}$$

1957 年由意大利 Montecatini 公司首先生产了聚丙烯，经过十几年的发展，至 1975 年世界总产量已达 4×10^6 t。当前聚丙烯已成为发展速度最快的塑料品种，其产量仅次于 PE、PVC 和 PS 而居第四位。目前生产的聚丙烯 95% 为等规聚丙烯；无规聚丙烯是生产等规聚丙烯的副产物。间规聚丙烯则是采用特殊的齐格勒催化剂并于−78℃低温聚合而得。

① 合成方法　聚丙烯生产均采用 Ziegler-Natta（齐格勒-纳塔）催化剂，其聚合工艺基本上与低压聚乙烯相同。聚合过程中有 5%～7% 的无规聚丙烯，可用己烷、庚烷溶剂进行萃取分离；等规聚丙烯结晶部分不溶于溶剂，无规物溶解，因而可进行分离。在正庚烷中不溶部分的质量分数作为聚丙烯的等规度。

单体丙烯的制法大致与乙烯相仿，主要是从天然气、轻油、石脑油等石油馏分热裂解、分离、精制而得。

② 性能　聚丙烯的主要物性及力学性能列于表 4-2。

表 4-2　聚丙烯物理及力学性能

性　　能	数　据	性　　能	数　据
密度/g・cm^{-3}	0.9	断裂伸长率/%	200～700
熔点/℃	165～170	弯曲强度/10^3kPa	49～58.8
脆折点/℃	<−10	弹性模量/10^4kPa	98～980
拉伸强度/10^3kPa	29.4	缺口冲击强度(悬臂梁法)/(kJ・m^{-2})	5～10

聚丙烯抗硫酸、盐酸及氢氧化钠的能力优于 PE 及 PVC，且耐热温度高，对 80% 的硫酸可耐 100℃。由于叔碳原子上 H 的存在，聚丙烯在加工和使用中易受光、热、氧的作用而发生降解和老化，所以一般要添加稳定剂。聚丙烯与 PE 一样，易燃，火焰有黑烟，燃烧后滴落并有石油味。

聚丙烯由于软化温度高、化学稳定性好且力学性能优良，因此应用十分广泛。主要用于制造薄膜、电绝缘体、容器、包装品等，还可用作机械零件如法兰、接头、汽车零部件、管道等。此外，聚丙烯还可拉丝成纤维。

（3）聚苯乙烯　美国在 1930 年首先开始聚苯乙烯（PS）的工业生产，至今聚苯乙烯的产量仅次于 PE 和 PVC，居第三位。

① 合成方法　聚苯乙烯是由单体苯乙烯通过联锁聚合反应制得的。

单体苯乙烯可由乙苯通过不同的方法制得，或由乙炔与苯直接反应而得。用氧或过氧化物之类的引发剂，聚合反应按自由基聚合机理进行。工业上的聚合实施方法有本体法、溶液法、悬浮法和乳液法四种方法。制得的聚苯乙烯分子量一般为 20 万左右。

② 性能　聚苯乙烯是非结晶聚合物，透明度达 88%～92%，折射率为 1.59～1.60，由于折射率高，所以具有良好的光泽。热变形温度为 60～80℃，在 300℃ 以上解聚；易燃烧。PS 的热导率不随温度而改变，因此是良好的绝热材料。PS 具有优异的电绝缘性，体积电阻和表面电阻高，功率因数接近于 0，是良好的高频绝缘材料。PS 能耐某些矿物油、有机酸、盐、碱及其水溶液。PS 溶于苯、甲苯及苯乙烯。

聚苯乙烯是最耐辐射的聚合物之一，大剂量辐射时发生交联而变脆。聚苯乙烯的主要缺点是性脆。

由于聚苯乙烯具有透明、价廉、刚性大、电绝缘性好、印刷性能好等优点，所以广泛应用于工业装饰、照明指示、电绝缘材料以及光学仪器零件、透明模型、玩具、日用品等。另一类重要用途是制备泡沫塑料，聚苯乙烯泡沫塑料是重要的绝热和包装材料。

为克服聚苯乙烯脆性大、耐热低的缺点，发展了一系列改性聚苯乙烯，其中主要的有 AS、ABS、MBS、AAS、ACS、EPSAN 等。

a. AS 及 BS　AS 亦称 SAN，是丙烯腈和苯乙烯的共聚物。BS 亦称 BDS，是丁二烯与苯乙烯的共聚物。二者都改进了聚苯乙烯的韧性。

b. ABS　ABS 是丙烯腈、丁二烯、苯乙烯三种单体组成的重要工程塑料，其名称来源于这三个单体的英文名字的第一个字母。可用接枝共聚法、接枝混炼法制备。

c. AAS　亦称 ASA，是丙烯腈、丙烯酸酯和苯乙烯三种单体组成的热塑性塑料，它是将聚丙烯酸酯橡胶的微粒分散于丙烯腈-苯乙烯共聚物（AS）中的接枝共聚物，橡胶含量约 30%。AAS 的性能、成型加工方法及应用与 ABS 相近。由于用不含双键的聚丙烯酸酯橡胶代替了聚丁二烯（PB），所以 AAS 的耐候性要比 ABS 高 8～10 倍。

d. ACS　ACS 是丙烯腈、氯化聚乙烯和苯乙烯构成的热塑性塑料，是将氯化聚乙烯与丙烯腈、苯乙烯一起进行悬浮聚合而得。其一般组成为丙烯腈 20%、氯化聚乙烯 30%、苯乙烯 50%。ACS 的性能、加工及应用与 AAS 相近。

e. EPSAN　EPSAN 是在乙烯-丙烯-二烯烃（简称 EPDM）橡胶上用苯乙烯-丙烯腈进行接枝的共聚物。二烯烃可用亚乙基降冰片烯、双环戊二烯、1,4-己二烯等。其性能与 ABS 相仿，但透明性、耐老化性能比 ABS 的好。

f. MBS　MBS 是甲基丙烯酸甲酯、丁二烯和苯乙烯组成的热塑性塑料。其性能与 ABS 相仿，但透明性好，故有透明 ABS 之称。

（4）其他聚烯烃塑料　其他已有工业规模生产的聚烯烃塑料有以下几种。

① 聚 1-丁烯　聚 1-丁烯是丁烯以离子聚合方法制得的聚合物，其结构式为 $-\text{[CH}_2-\text{CH]}_n-$。聚丁烯的特点是具有突出的耐应力开裂性，是多晶型聚合物。主要用途是 $\underset{\displaystyle \underset{\displaystyle CH_3}{|}}{\overset{\displaystyle |}{CH_2}}$ 作管道、密封件、缓冲器、压敏黏合剂等。

② 4-甲基-1-戊烯　简称 TPX，结构式为 $-\text{[CH}_2-\text{CH]}_n-$，是以丙烯的二聚体 4-甲基- $\underset{\displaystyle CH_2-CH(CH_3)_2}{|}$ 1-戊烯为单体，通过定向聚合得到的立体等规聚合物，结晶度为 40%～65%。TPX 是迄今为止密度（0.83g·cm^{-3}）最小的塑料。透明性介于 PMMA 和 PS 之间；对 O_2、N_2 等气体的透过率为 PE 的 10 倍。刚性大，超过 PP。其他性能类似于 PE 及 PP。TPX 广泛应用于医疗器械、容器、照明设备、透明包封材料等。

③ 聚降冰片烯　简称 PN，是在 20 世纪 70 年代首先由日本发展的新型聚烯烃塑料，它是由环戊二烯和各种乙烯基化合物或其他不饱和化合物聚合而成的。PN 为非晶聚合物，玻璃化温度 120℃，热变形温度 110～120℃，具有优异的力学性能。主要用于汽车零部件、电气绝缘材料、建筑材料及包装材料。

④ 离子聚合物（ionomer）　是在乙烯和丙烯酸的共聚物主链上引入金属离子进行交联而得的产品，受热时金属离子的交联键断裂，冷却时又能重新形成，所以为热塑性塑料。离子聚合物性能与 PE 类似，但透明性好。

⑤ 聚异质同晶体（polyallomer）　是两种以上单体在阴离子配位催化剂存在下进行嵌段共聚而得的共聚物。通常是以丙烯为主，与 0.1%～15% 的乙烯、1-丁烯、异戊二烯等共聚，其中以丙烯-乙烯聚异质同晶体最重要。它具有结晶聚丙烯及高密度聚乙烯的综合优异

性能，抗冲击强度为聚丙烯的 3～4 倍，是一种综合性能良好的新型热塑性塑料。

4.1.4.2　聚氯乙烯塑料

聚氯乙烯（PVC）的结构式为 —CH_2—CH—$\overset{\displaystyle |}{\underset{\displaystyle Cl}{}}$，是氯乙烯的均聚物，是仅次于 PE 的第

二位大吨位塑料品种，PVC 的发展已有 100 年的历史。

（1）合成方法　氯乙烯单体在过氧化物、偶氮二异丁腈等引发剂作用下，或在光、热作用下按自由基型连锁聚合反应的机理聚合而成为聚氯乙烯。聚合实施方法可分为悬浮法、乳液法、溶液法和本体法四种。最初实现工业化的是乳液法，而当前是以悬浮聚合法为主。

单体氯乙烯的制备方法分电石乙炔法、烯炔法、电石乙炔与二氯乙烷联合法及氧氯化法四种。以石油化工原料为基础的氧氯化法，由于成本比其他方法低，为当前生产氯乙烯的主要方法，世界上 82% 左右的氯乙烯由此法生产。

（2）结构与性能　工业生产的聚氯乙烯为无规结构，单体分子以头-尾方式连接，但用过氧化二苯甲酰为引发剂时，大分子上有相当数量的头-头、尾-尾结构。数均分子量约 5～12 万；通常 PVC 的工业牌号以分子量的大小来区分。分子量的大小可用二氯乙烷 1% 溶液的黏度（cP）来表示，亦可用 K 值表示。K 值是 PVC 环己酮溶液的固有黏度值。

由于 PVC 不溶于单体氯乙烯中，所以具有其自身较特殊的形态结构。尺寸小于 0.1μm 的结构为亚微观结构，尺寸在 0.1～10μm 的为微观结构，10μm 以上则为宏观形态结构。对上述四种制备方法，PVC 的微观特别是亚微观形态结构基本上是相同的。宏观形态结构则依制备方法和聚合工艺条件的不同而异。

悬浮法合成的 PVC 中有些颗粒难以塑化，在薄膜中是不易着色的亮点，俗称"鱼眼"，这种形态的颗粒可能是分子量过高的釜壁垢物造成的。PVC 颗粒宏观形态结构的一个重要参数是孔隙率，孔隙率大的为疏松型 PVC，小的为紧密型 PVC。前者吸收增塑剂容易，易塑化；后者则较难。这是由聚合条件所决定的。

PVC 的脆化温度在 -50℃ 以下，75～80℃ 变软。PVC 的玻璃化温度 T_g 与聚合反应温度密切相关，-75℃ 聚合，T_g 达 105℃；125℃ 聚合时则下降为 68℃。通常 T_g 取 80～85℃。温度超过 170℃ 或受光的作用，PVC 会脱去 HCl 而形成共轭键，这是 PVC 加工过程中变色的原因。PVC 溶于四氢呋喃和环己酮。

PVC 为无定形聚合物，结晶度在 5% 以下，难燃，离火即灭。

（3）成型加工及应用　一般加工工艺为，首先将 PVC 与增塑剂、稳定剂、颜料等按一定配方比例均匀混合（固-固混合称混合，固-液混合称捏合）。第二步是将混合料进行塑化。在挤出机或两辊机上进行塑化后的物料可直接成型（如压延）或经造粒后再成型（挤出、注射等）。

聚氯乙烯塑料主要应用于：①软制品，主要是薄膜和人造革，薄膜制品有农膜、包装材料、防雨材料、台布等；②硬制品，主要是硬管、瓦楞板、衬里、门窗、墙壁装饰物等；③电线、电缆的绝缘层；④地板、家具、录音材料等。

（4）氯化聚氯乙烯　将 PVC 氯化即得氯化聚氯乙烯（CPVC）。氯化方法有溶液氯化法和悬浮氯化法两种。CPVC 的特点是耐热、耐老化、耐化学腐蚀性好，基本性能与 PVC 相近，但耐热性比 PVC 高。

（5）改性聚氯乙烯　氯乙烯可与乙烯、丙烯、丁二烯、乙酸乙烯酯进行共聚改性，这些共聚物都已实现工业化生产。

（6）聚偏氯乙烯塑料　聚偏氯乙烯（PVDC），结构式为 $-\!\!\left[CH_2\!-\!\overset{\displaystyle Cl}{\underset{\displaystyle Cl}{C}}\right]\!\!-$，是偏氯乙烯的均

聚物，具有高度结晶性，分子量一般为 2 万～10 万。PVDC 软化点高且与分解温度接近，与一般的增塑剂相溶性又差，成型加工较困难。工业上所见的聚偏氯乙烯都是偏氯乙烯（占 85％以上）与其他单体，如氯乙烯、乙酸乙烯酯、丙烯腈、MMA、苯乙烯、不饱和酯的共聚物。共聚单体起内增塑作用，可适当降低其软化温度、提高与增塑剂的相溶性，同时不失 PVDC 高结晶特性，从而获得实用价值。其中以其与氯乙烯的共聚物最为重要。

4.1.4.3　聚乙烯醇及其衍生物塑料

（1）聚乙烯醇　聚乙烯醇（PVA），结构式为 $-\!\!\left[CH\!-\!CH_2\!-\!CH\!-\!CH_2\right]_{\!n}\!$，是聚乙酸乙烯酯
$\qquad\qquad\qquad\qquad\qquad\qquad\qquad\quad\ \ OH\qquad\quad\ OH$

（PVAc）的水解产物。由于水解过程中有少量降解，故聚合度稍小于相应的 PVAc。PVA 为白色或奶黄色粉末，是结晶性聚合物，熔点 220～240℃，T_g 为 85℃，吸湿性大。PVA 能溶于水，160℃开始脱水，发生分子内或分子间的醚化反应，醚化的结果使水溶性下降，耐水性提高；用醛处理生成缩醛而丧失水溶性。用含有 5％磷酸的 PVA 水溶液制成的薄膜加热至 110℃变为淡红色，并完全不溶于水。聚乙烯醇的性能主要决定于水解度、含水量和分子量。

　　PVA 可用浇铸法及挤出法制成薄膜，用于包装，特别在食品包装方面应用前景很大。PVA 的主要用途是用以制聚乙烯醇缩醛树脂，其次是用作织物处理剂、乳化剂、黏合剂等。

（2）聚乙烯醇缩醛　聚乙烯醇缩醛是聚乙烯醇与甲醛、乙醛或丁醛等醛类的缩合产物。作为塑料使用的主要是聚乙烯醇缩丁醛（PVB）。

　　PVB 是透明、韧性、惰性材料，主要是用流延法或挤出与热压相结合的方法制成薄膜。由于其对玻璃有高黏力，所以 PVB 薄膜主要用作安全玻璃夹层。PVB 也可挤出成型制成软管或硬管使用。

4.1.4.4　丙烯酸塑料

　　丙烯酸塑料（Acrylic）包括丙烯酸类单体的均聚物、共聚物及共混物为基的塑料。作塑料用的丙烯酸类单体主要有丙烯酸、甲基丙烯酸、丙烯酸甲酯、甲基丙烯酸甲酯、2-氯代

丙烯酸甲酯、2-氰基丙烯酸甲酯，其通式为 $CH_2\!=\!\overset{\displaystyle R'}{\underset{\displaystyle }{C}}\!-\!COOR$。丙烯酸塑料中以聚甲基丙烯酸甲酯最为重要。

（1）聚甲基丙烯酸甲酯　聚甲基丙烯酸甲酯（PMMA），俗称有机玻璃，是甲基丙烯酸甲酯（MMA）的均聚物：

$$nCH_2\!=\!\overset{\displaystyle CH_3}{\underset{\displaystyle COOCH_3}{C}}\quad\longrightarrow\quad -\!\!\left[CH_2\!-\!\overset{\displaystyle CH_3}{\underset{\displaystyle COOCH_3}{C}}\right]\!\!-$$

① 合成方法　MMA 可按自由基机理或阴离子机理聚合成 PMMA，分子量一般为 50 万～100 万。按自由基聚合机理聚合得无规立构 PMMA；按阴离子机理聚合得有规立构、可结晶的 PMMA。当前工业生产的 PMMA 都是按自由基聚合机理聚合而得，可用引发剂引发，亦可进行辐射、光及热聚合，聚合方式分本体聚合、悬浮聚合、溶液聚合及乳液聚合四种。乳液聚合主要用来制造胶乳，用于皮革和织物处理。

　　单体 MMA 的制备主要有丙酮氰醇法和异丁烯氧化法两种方法。

　　② 性能　PMMA 是透明性最好的聚合物，但表面硬度较低，易被硬物划伤起痕，有可燃性。但 PMMA 具有优良的耐候性，耐稀无机酸、油、脂，不耐醇、酮，溶于芳烃及氯代烃，与显影液不起作用。PMMA 具有某些独特的电性能，在很高的频率范围内其功率因数随频率升高而下降，耐电弧及不漏电性均良好。玻璃化温度为 104℃左右。

　　PMMA 在飞机、汽车上用作窗玻璃和罩盖。在建筑、电气、光学仪器、医疗器械、装饰品等方面都有广泛应用。

　　(2) 聚 2-氯代丙烯酸甲酯　聚 2-氯代丙烯酸甲酯为 2-氯代丙烯酸甲酯（即 α-氯代丙烯酸甲酯）的均聚物，在紫外线或热作用下能引发其快速聚合。

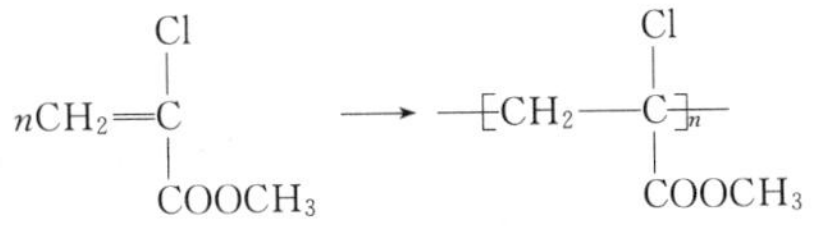

$$n\mathrm{CH_2\!=\!\underset{COOCH_3}{\overset{Cl}{C}}} \longrightarrow \mathrm{\left[CH_2\!-\!\underset{COOCH_3}{\overset{Cl}{C}}\right]_n}$$

　　其性能与 PMMA 相近，表面硬度比 PMMA 高，但耐候性稍差。其拉伸强度、弯曲强度及硬度、耐划痕性均优于 PMMA。

4.1.4.5　纤维素塑料

　　纤维素是最丰富的天然聚合物，是构成植物机体的主要成分。纤维素的化学组成属于多糖类化合物，分子式为 $\mathrm{\left[C_6H_{10}O_5\right]_n}$，化学结构为：

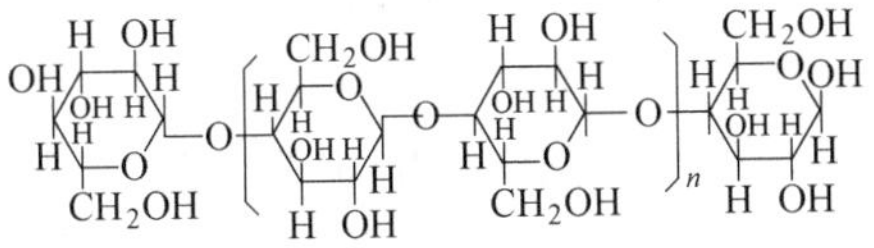

　　大分子链中具有羟基形成的众多氢键，分子间作用力极强，所以是不可塑材料。但将羟基进行酯化或醚化后，由于氢键被破坏，所得衍生物具有可塑性。早在 1845 年就有人制得了硝化纤维素，发现樟脑可作为硝化纤维素的增塑剂后，1869 年产生了第一个塑料工业产品——"赛璐珞"，打开了塑料工业发展的大门。

　　纤维素 (cellulose)，结构式为 $\mathrm{\left[C_6H_{10}O_5\right]_n}$，其聚合度 n 依植物不同而异，例如棉花纤维素 $n=6200$，木材纤维素 $n=3000$ 等。各种纤维素用酸完全水解后几乎全部变成葡萄糖。工业上将纤维素分为 α-纤维素、β-纤维素及 γ-纤维素三种。不溶于 17.5% NaOH 溶液的部分为 α-纤维素；可溶于 17.5% NaOH 溶液但在甲醇中沉析的部分为 β-纤维素；在甲醇中亦不沉析的部分为 γ-纤维素。

　　纤维素具吸水性，溶于四氨基氢氧化铜溶液。可水解生成葡萄糖，也可在光、热、氧、机械作用下降解。纤维素分子中羟基的氢原子可以被取代而生成酯或醚，此类衍生物可用来制造人造纤维、涂料、黏合剂、塑料及炸药。

　　纤维素塑料是在纤维素酯或醚类衍生物中加入增塑剂、稳定剂、润滑剂、填充剂、着色剂等助剂，通过压延、流延、挤出、注射等成型加工过程而得。常用的增塑剂有邻苯二甲酸酯类、脂肪酸酯类、磷酸酯类，用作食品包装时应选用无毒的柠檬酸酯类为增塑剂，硝酸纤维素则多以樟脑为增塑剂。通常以弱有机酸为热稳定剂，水杨酸苯酯为光稳定剂，取代酚类为抗氧剂。通常加 15%～25% 的有机填料或无机填料。为改善纤维素塑料的表面硬度、加工性能和降低价格，可添加 5%～10% 的酚醛树脂、醇酸树脂等。

4.1.5 工程塑料

工程塑料的发展只有五十多年的历史，但其增长速度远远超过通用塑料。当前工程塑料的发展方向是对现有品种进行改性、进一步追求性能与价格之间的最佳平衡并开拓其应用范围。由于工程塑料的综合性能优异，其使用价值远远超过通用塑料。当前工程塑料主要品种有聚酰胺、聚碳酸酯、聚甲醛、改性聚苯醚、聚酯、聚砜、聚苯硫醚等 8 种，约 1100 多个品级牌号，总产量占全部塑料的 18% 左右。当前 ABS、MBS 也已成为重要的工程塑料，将在聚合物共混一章中阐述。

4.1.5.1 聚酰胺

聚酰胺俗称尼龙（Nylon），简写为 PA，是主链上含有酰胺基团 $\left(\begin{array}{c} -NH-C- \\ \\ O \end{array}\right)$ 的聚合物，可由二元酸和二元胺缩聚而得，也可由内酰胺自聚制得。尼龙首先是作为最重要的合成纤维原料而后发展为工程塑料。它是开发最早的工程塑料，产量居于首位，约占工程塑料总产量的三分之一。

（1）性能　尼龙是结晶性聚合物，酰胺基团之间存在强烈的氢键，因而具有良好的力学性能。与金属材料相比，虽然刚性逊于金属，但比抗拉强度高于金属，比抗压强度与金属相近，因此可作代替金属的材料。抗弯强度约为抗张强度的 1.5 倍。尼龙有吸湿性，随着吸湿量的增加，尼龙的屈服强度下降，屈服伸长率增大，其中尼龙 66 的屈服强度较尼龙 6 和尼龙 610 大。加入 30% 玻璃纤维的尼龙 6 其抗拉强度可提高 2～3 倍。尼龙的抗冲强度比一般塑料高得多，其中以尼龙 6 最好。与抗拉、抗压强度的情况相反，随着水分含量的增大、温度的提高，其抗冲强度提高。尼龙的疲劳强度为抗张强度的 20%～30%，其疲劳强度低于钢，但与铸铁和铝合金等金属材料相近。疲劳强度随分子量增大而提高，随吸水率的增大而下降。尼龙具有优良的耐摩擦性和耐磨耗性，其摩擦系数为 0.1～0.3，约为酚醛塑料的 $\frac{1}{4}$。是巴比合金的 $\frac{1}{3}$。尼龙对钢的摩擦系数在油润滑下明显下降，但在水润滑下却比干燥时高。添加二硫化钼、石墨、PE 或聚四氟乙烯粉末可降低摩擦系数和提高耐磨性。各种尼龙中，以尼龙 1010 的耐磨耗性最好，约为铜的 8 倍。

尼龙的使用温度一般为 -40～100℃，其具有良好的阻燃性；在湿度较高的条件下也具有较好的电绝缘性；尼龙耐油、耐溶剂性良好。其缺点是吸水性较大，影响其尺寸稳定性。

（2）成型加工与应用　尼龙可用多种方法成型，如注射、挤出、模压、吹塑、浇铸、流化床浸渍涂覆、烧结及冷加工等，其中以注射成型最为重要。烧结成型法与粉末冶金法相似，是尼龙粉末压制后在熔点以下烧结而成。

尼龙塑料也常加入各种添加剂，其中有：稳定剂，如炭黑、有机或无机类稳定剂；增塑剂，如脂肪族二醇、芳族氨磺酰化合物等，用于要求柔性好的制品，如软管、接头等；润滑剂，如蜡、金属皂类等。

由于尼龙具有优异的力学性能、耐磨、100℃ 左右的使用温度和较好的耐腐蚀性、自润滑摩擦性能，因此广泛应用于制造各种机械、电气部件，如轴承、齿轮、辊轴、滚子、滑轮、涡轮、风扇叶片、高压密封扣卷、垫片、阀座、储油容器、绳索、砂轮黏合剂、接头等。

（3）主要品种　尼龙 66 是产量最大的品种，其次是尼龙 6，再次是尼龙 610 和尼龙

1010。尼龙 1010 是中国 1958 年首先研究成功并于 1961 实现工业生产的。

（4）改性和新型聚酰胺　具体有以下几种。

① 增强尼龙　尼龙虽有一系列优良性能，但与金属材料相比，还存在着强度较小、刚性较低、由吸湿而引起的尺寸变化较大等不足，使应用受到一定限制。因此，开发了玻璃纤维、石棉纤维、碳纤维、钛金属晶须等增强的品种，在很大程度上弥补了尼龙性能上的不足。其中以玻璃纤维增强尼龙最为重要。

尼龙用玻璃纤维增强后力学强度、耐疲劳性、尺寸稳定性和耐热性、耐候性都有明显的提高。

② 单体浇铸尼龙（monomer casting nylon，MC 尼龙）　MC 尼龙是尼龙 6 的一种，所不同的是它采用了碱聚合法，加快了聚合速度，使己内酰胺单体能通过简便的聚合工艺直接在模具内聚合成型。MC 尼龙的分子量比一般尼龙 6 的高一倍左右，达 3.5 万～7.0 万，因此各项力学性能都比尼龙 6 高。MC 尼龙成型加工设备及模具简单，可直接浇铸，因而特别适用于大件、多品种和小批量制品的生产。

③ 反应注射成型（reaction injection molding，RIM）尼龙　RIM 尼龙是在 MC 尼龙基础上发展起来的，是把具有高反应活性的尼龙原料于高压下瞬间反应，再注入密闭的模具中成型的一种液体注射成型方法，其成型工艺如图 4-7 所示。

目前较多的是采用尼龙 6 作为 RIM 尼龙原料，在单体熔点以上，聚合物熔点以下，在模具内快速聚合成型。反应过程以钾为催化剂，N-乙酰基己内酰胺为助催化剂，反应温度在 150℃以上。与尼龙 6 相比，RIM 尼龙具有更高的结晶性和刚性、更小的吸湿性。

④ 芳香族尼龙　芳香族尼龙是 20 世纪 60 年代首先由美国杜邦公司开发成功的耐高温、耐辐射、耐腐蚀的尼龙新品种，目前主要有聚间苯二酰间苯二胺和聚对苯酰胺两种。

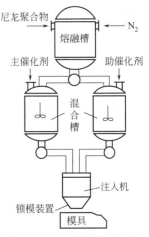

图 4-7　RIM 尼龙成型工艺

聚间苯二甲酰间苯二胺（商名品 Nomex），由间苯二甲酰氯和间苯二胺通过界面缩聚法制得，其结构式为

。Nomex 在 340～360℃很快结晶，

晶体熔点为 410℃，分解温度 450℃，脆化温度 −70℃，可在 200℃连续使用。Nomex 耐辐射，具有优异的力学性能和电性能，拉伸强度为 80～120MPa，压缩强度为 320MPa，抗压模量高达 4400MPa。Nomex 通常用铝片浸渍后剥离的方法制取薄膜，亦可层压制取层压板，为 H 级绝缘材料。

聚对苯酰胺（商名品 Kevlar）由对氨基苯甲酸或对苯二甲酰氯与对苯二胺缩聚而成，

其结构式为 。Kevlar 具有高强度、低密度、耐高温等一系列优异性能，利用其液晶流变特性，也就是可实现高浓度、低黏度纺丝，用以制造超高强度、耐高温纤维，亦可用作塑料，制成薄膜和层压材料。

⑤ 透明尼龙　普通尼龙是结晶型聚合物，产品呈乳白色。要获得透明性，必须抑制晶体的生成，使其形成非晶态聚合物。一般采用主链上引入侧链的支化法及与不同单体进行共

缩聚方法来实现。透明尼龙具有高度透明、低吸水性、耐热水性及耐抓伤性，并且仍有一般尼龙所具有的优良力学强度。目前主要品种是支化法透明尼龙 Trogamid-T 和共缩聚法透明尼龙 PACP-9/6。

Trogamid-T 是采用支化法、以三甲基己二胺（TMD）和对苯二甲酸为原料缩聚而成，其结构式为 $\left[OC-\bigcirc-CONH-\underset{\underset{CH_3}{|}}{\overset{\overset{CH_3}{|}}{C}}-CH_2-\underset{\underset{CH_3}{|}}{CH}-CH_2-CH_2-NH\right]_n$，具有自熄性，可采用注射、挤出和吹塑法成型。

PACP-9/6 是采用共缩聚法，以 2,2-双（4-氨基环己基）丙烷与壬二酸和己二酸共缩聚而得，其结构式为 $\left[NH-\bigcirc-\underset{\underset{CH_3}{|}}{\overset{\overset{CH_3}{|}}{C}}-\bigcirc-NH-\overset{\overset{O}{\parallel}}{C}-(CH_2)_x-\overset{\overset{O}{\parallel}}{C}\right]_n$。PACP-9/6 玻璃化温度高达 185℃，热变形温度 160℃，可采用注射、挤出、吹塑等方法成型。

⑥ 高抗冲尼龙　高抗冲尼龙是以尼龙 66 或尼龙 6 为基体，通过与其他聚合物共混的方法来进一步提高抗冲强度的新品种。杜邦公司最早于 1976 年开发成功，商品名为 Zytel ST。其抗冲强度比一般尼龙高 10 倍。Zytel ST 是以尼龙 66 为基体，近年来日本开发的 EX 系列则以尼龙 6 为基体。

⑦ 电镀尼龙　过去电镀塑料主要为 ABS 塑料，近年来开发了电镀尼龙，如日本东洋纺织公司的 T-777 具有与电镀 ABS 相同的外观，但性能更为优异。尼龙电镀的工艺原理是，通过化学处理（浸蚀）先使制品表面粗糙化，再使其吸附还原催化剂（催化工艺），然后再进行化学电镀和电气电镀，使铜、镍、铬等金属在制品表面形成密实、均匀和导电性薄层。

4.1.5.2　聚碳酸酯

聚碳酸酯（PC）是分子主链中含有 $\left[-ORO-\overset{\overset{O}{\parallel}}{C}\right]$ 基团的线型聚合物。根据 R 基团种类的不同，可分为脂肪族、脂环族、芳香族及脂肪族-芳香族聚碳酸酯等多种类型。目前用作工程塑料的聚碳酸酯以双酚 A 型的芳香族聚碳酸酯为主。近年来研制了具有阻燃性的卤代双酚 A 聚碳酸酯以及有机硅-聚碳酸共缩聚物。

当前生产聚碳酸酯的主要公司有德国的拜耳、美国的通用电器及莫贝、日本的帝人及三菱化成等。2000 年世界产量约 1.6×10^6 t。拜耳公司聚碳酸酯的产量最大。

PC 的主要原料为双酚 A。PC 的结构式为 $\left[O-\bigcirc-\underset{\underset{CH_3}{|}}{\overset{\overset{CH_3}{|}}{C}}-\bigcirc-O-\overset{\overset{O}{\parallel}}{C}\right]_n$。其合成方法分光气法和酯交换法两种。

PC 的玻璃化温度为 145～150℃，脆化温度在 −100℃，最高使用温度为 135℃，热变形温度为 115～127℃（马丁耐热）。PC 呈微黄色，刚硬而韧，具有良好的尺寸稳定性、耐蠕变性、耐热性及电绝缘性。缺点是制品容易产生应力开裂，耐溶剂、耐碱性能差，高温易水解，摩擦系数大、无自润滑性，耐磨性和耐疲劳性都较低。表 4-3 列举了 PC 在室温的力学性能。

PC 在电气、机械、光学、医药等工业部门都有广泛应用，多用于制造机器的零部件、105℃的 A 级绝缘材料、空气调节器壳子、工具箱、安全帽、容器、泵叶轮、齿轮、医疗器械等。

表 4-3　聚碳酸酯的力学性能

性　　能	数值	性　　能	数值
拉伸强度/10^5Pa	610～700	10^7 周期	75
拉伸模量/10^5Pa	21300	剪切强度/10^5Pa	350
伸长率/%	80～130	剪切模量/10^5Pa	7950
弯曲强度/10^5Pa	1000～1100	冲击强度/10^3J·m^{-2}	
弯曲模量/10^5Pa	21000	无缺口	38～45
压缩强度/10^5Pa	850	缺口	17～24
疲劳强度/10^5Pa		布氏硬度/10^7Pa	15～16
10^6 周期	105		

4.1.5.3　聚甲醛

聚甲醛（POM）学名聚氧化亚甲基，是分子链中含 $\overline{+CH_2-O+}$ 基团的聚合物。聚甲醛是一种高熔点、高结晶性热塑性工程塑料，可分为共聚甲醛和均聚甲醛两种。共聚甲醛是三聚甲醛与少量二氧五环的共聚物。均聚甲醛是 1959 年由美国杜邦公司首先实现工业化生产，商品牌号为 Delrin；1961 年美国制得共聚甲醛，商品牌号为 Celcon。均聚甲醛力学性能稍高，但热稳定性不及共聚甲醛，并且共聚甲醛合成工艺简单，易于成型加工，所以共聚甲醛目前在产量和发展趋势上都占优势。全球 POM 需求量从 2002 年的 62 万吨增加到 2007 年的 85 万吨，到 2010 年增加到 95.5 万吨。2007 年 POM 的主要消费市场在欧洲、中东和非洲（40%），亚太以及北美地区消费 POM 约占 30%；增长最快的市场是中国。在工程塑料中仅次于尼龙和 PC 居第三位。

聚甲醛的生产工艺路线分为以甲醛为单体和以三聚甲醛为单体两种。均聚甲醛的端基—OH 受热后易发生解聚，所以通常要进行乙酰化使其变成酯基或用三甲基氯硅烷进行处理，如 $HOCH_2\!\overline{+CH_2O+}_n CH_2OH \xrightarrow{乙酰化} CH_3\!-\!\overset{\text{O}}{\underset{\|}{C}}\!-\!O\!-\!CH_2\!\overline{+CH_2O+}_n CH_2O\!-\!\overset{\text{O}}{\underset{\|}{C}}\!-\!CH_3$。聚甲醛的熔体流动性类似于聚苯乙烯；其熔体流动性对剪切速率较为敏感。成型加工方法有注射、挤出、吹塑、冷加工等。

聚甲醛具有优异的力学性能，是塑料中力学性能最接近金属材料的品种之一。可在 100℃ 下长期使用。其比强度接近金属材料，达 50.5MPa，比刚度达 2650MPa，可在许多领域中代替钢、锌、铝、铜及铸铁。POM 具有优良的耐疲劳性和耐磨耗性，蠕变小、电绝缘性好且有自润滑性，尺寸稳定性好，耐水、耐油。其缺点是密度较大，耐酸性和阻燃性不很好。

聚甲醛可代替有色金属和合金在汽车、机床、化工、电气、仪表中应用，用来制造轴承、凸轮、辊子、齿轮、垫圈、法兰、各种仪表外壳、容器等，特别适用于某些不允许用润滑油情况下使用的轴承、齿轮等。由于聚甲醛对钢材的静、动摩擦系数相等，没有滑黏性，进一步扩大了其应用范围。

其他较重要的工程塑料还有聚苯醚（PPO）、聚对苯二甲酸丁二醇酯（PBT）和乙二醇酯（PET）、聚酰亚胺（PI）、聚砜（PSF）等。

4.1.6　热固性塑料

热固性塑料的基本组分是体型结构的聚合物，所以一般都是刚性的，而且大都含有填料。工业上重要的品种有酚醛塑料、环氧塑料、不饱和聚酯塑料、氨基塑料及有机硅塑料等。

热固性塑料成型加工的共同特点是，所用原料都是分子量较低的液态黏稠流体，脆性固态的预聚体或中间阶段的缩聚体，其分子内含有反应活性基团，为线型或支链结构。在成型为塑料制品过程中同时发生固化反应，由线型或支链型低聚物转变成体型聚合物。这类聚合物不仅可用来制造热固性塑料制品，还可作黏合剂和涂料，并且都要经过固化过程才能生成坚韧的涂层或发挥粘接作用。热固性塑料成型的一般方法是模压、层压及浇铸，有时亦可采用注射成型及其他成型方法。

热固性聚合物的固化反应有两种基本类型。①固化过程中有小分子如 NH_3 或 H_2O 析出，即固化过程是由缩合反应完成的；成型通常在高压条件下进行，以使小分子化合物逸出而不聚集成气孔，造成制件缺陷。但是在低温、固化反应较慢的情况下也可选用常压成型，此时小分子缓慢扩散、蒸发而不致形成气孔。②固化过程是依聚合机理进行的，无小分子物析出，这时就不必考虑如何使小分子物逸出的措施。

4.1.6.1 酚醛塑料

以酚类化合物与醛类化合物缩聚而得的树脂称为酚醛树脂，其中主要是苯酚与甲醛缩聚物（phenolic formaldehyde，PF）。近些年国外发展了酚醛树脂的改性聚合物 Xylok 树脂，它是苯酚与二甲氧基对二甲苯的缩聚物。

酚醛塑料于 1909 年即开始工业生产，历史最为悠久。当前酚醛树脂世界总产量占合成聚合物的 $4\%\sim6\%$，居第六位。

最常用的酚醛树脂单体是苯酚和甲醛，其次是甲酚、二甲酚、糠醛等。根据催化剂是酸性或碱性的不同、苯酚/甲醛的比例不同，可生成热塑性或热固性树脂。热塑性酚醛树脂需以酸类为催化剂，酚与醛的比例大于 1 （6/5 或 7/6），即在酚过量的情况下生成；若甲醛过量，则生成的线型低聚物容易被甲醛交联。热塑性酚醛树脂为松香状，性脆，可溶、可熔，溶于丙酮、醚类、酯类等。若甲醛过量，以酸或碱为催化剂，或甲醛虽不过量，但以碱为催化剂时，都生成热固性酚醛树脂。

热塑性酚醛树脂与热固性酚醛树脂能相互转化。热塑性树脂用甲醛处理后可转变成热固性树脂；热固性树脂在酸性介质中用苯酚处理可变成热塑性酚醛树脂。

热固性酚醛树脂，由于缩聚反应进行程度的不同，相应的树脂性能亦不同。可将其分为三个阶段：甲阶树脂，能溶于乙醇、丙酮及碱的水溶液中，加热后可转变成乙阶和丙阶树脂；乙阶树脂，不溶于碱液但可全部或部分地溶于乙醇及丙酮中，加热后转变成丙阶；丙阶树脂为不溶不熔的体型聚合物。

酚醛塑料是以酚醛树脂为基本组分，加入填料、润滑剂、着色剂及固化剂等添加剂制成的塑料，填料用量可达 50% 以上。热塑性酚醛树脂分子内不含—CH_2OH 基团，所以必须加固化剂才能进行固化。一般采用六亚甲基四胺为固化剂。按成型加工方法的不同，酚醛塑料可分为以下几种主要类型。

（1）酚醛层压塑料　将各种片状填料（棉布、玻璃布、石棉布、纸等）浸以 A 阶热固性酚醛树脂，干燥、切割、叠配，放入压机内层压成制品。

（2）酚醛模压塑料　可分为粉状压塑料（压塑粉）和碎屑状压塑料两种。压塑粉所用的主要填料为木粉，其次是云母粉等，树脂为热塑性酚醛树脂或 A 阶热固性酚醛树脂。将磨碎后的树脂与填料混合均匀后就成为压塑粉。可采用模压成型，近年来发展了注射及挤出成型方法。碎屑状压塑料是由碎块状填料（布、纸、木块等）浸渍于 A 阶树脂而得，可用模压法成型。

（3）酚醛泡沫塑料　热塑性或 A 阶热固性酚醛树脂，加入发泡剂、固化剂等，经起泡后使其固化，即得酚醛泡沫塑料，可用作隔热材料、浮筒、救生圈等。

酚醛塑料的主要特点是价格便宜、尺寸稳定性好、耐热性优良，根据不同的性能要求可选择不同的填料和配方以满足不同用途的需要。酚醛塑料主要用作电绝缘材料，故有"电木"之称。在宇航中可作为耐烧蚀材料以隔绝热量防止金属壳层熔化。

4.1.6.2　氨基塑料

氨基塑料是以氨基树脂为基本组分的塑料。氨基树脂是一种具有氨基官能团的原料（脲、三聚氰胺、苯胺等）与醛类（主要是甲醛）经缩聚反应而制得的聚合物，主要包括脲-甲醛树脂、三聚氰胺-甲醛树脂、苯胺-甲醛树脂以及脲和三聚氰胺与甲醛的共缩聚树脂，但最重要的是前两种，通常的氨基塑料一般就是指脲-甲醛塑料。

脲-甲醛树脂（UF）的单体是脲 $H_2N-\overset{\overset{\displaystyle O}{\|}}{C}-NH_2$ 和甲醛；脲与甲醛在稀溶液中在酸或碱催化作用下缩合成线型树脂，它在固化剂，如草酸、邻苯二甲酸等存下，在 100℃左右可交联固化成体型结构。

蜜胺-甲醛树脂（MF）是三聚氰胺（蜜胺）与甲醛的缩聚物，初聚物是线型或分支结构，经固化后成为体型结构。苯胺-甲醛树脂（AF）是苯胺与甲醛的缩聚物。

氨基树脂加填料、固化剂、着色剂、润滑剂等即制得层压料或模塑料，经成型、固化即得氨基塑料制品。采用脲醛树脂水溶液浸渍填料纸粕（纸浆）等添加剂，经干燥、粉碎等过程制得的压塑粉称为电玉粉。以纸浆为填料的压塑粉是无色半透明粉末物，可加各种色料，制得鲜艳色彩的制品。

氨基树脂的特点是无色，可制成各种色彩的塑料制品。氨基塑料制品表面光洁、硬度高。具有良好的耐电弧性，可用作绝缘材料。氨基塑料主要用作各种颜色鲜艳的日用品、装饰品以及电器设备等。

4.1.6.3　呋喃塑料

呋喃塑料是以呋喃树脂为基本组分的塑料。呋喃树脂是分子链中含有呋喃环结构
$\overset{\displaystyle -C===C-}{\underset{\displaystyle O}{HC\diagdown\;\diagup CH}}$ 的聚合物。它主要包括由糠醛自缩聚而成的糠醇树脂。糠醛与丙酮缩聚而成的糠醛-丙酮树脂以及由糠醛、甲醛和丙酮共缩聚而成的糠醛-丙酮-甲醛树脂。

呋喃树脂在固化过程中基本上无低分子物放出，故可用低压成型法制备呋喃塑料。呋喃塑料的主要特点是能耐强酸和强碱且耐热性好，可达 180~200℃，这在制取火箭液体燃料方面有重要应用价值。

呋喃树脂加固化剂、填料后可制得浇铸塑料、模压塑料及层压塑料，用于制备耐腐蚀化工设备和容器、管件等。

4.1.6.4　环氧树脂

分子中含有环氧基团 $\overset{\displaystyle CH_2-CH-}{\underset{\displaystyle O}{\diagdown\;\diagup}}$ 的聚合物称为环氧树脂（EP）。环氧树脂自 1947 首先在美国投产以来，世界年产量已达几十万吨。环氧树脂的品种很多，除通用的双酚 A 型环氧树脂外，其他品种有：卤代双酚 A 环氧树脂、有机钛环氧树脂、有机硅环氧树脂；非双酚 A 环氧树脂，如甘油环氧树脂、酚醛环氧树脂、三聚氰胺环氧树脂、氨基环氧树脂以及脂环族环氧树脂等。虽然种类很多，各有特点，但 90％以上的产量是由双酚 A 和环氧氯丙

烷缩聚而成的环氧树脂，通常所说的环氧树脂一般就是指此种环氧树脂。

由双酚 A 和环氧氯丙烷所生成的环氧树脂分子结构为：

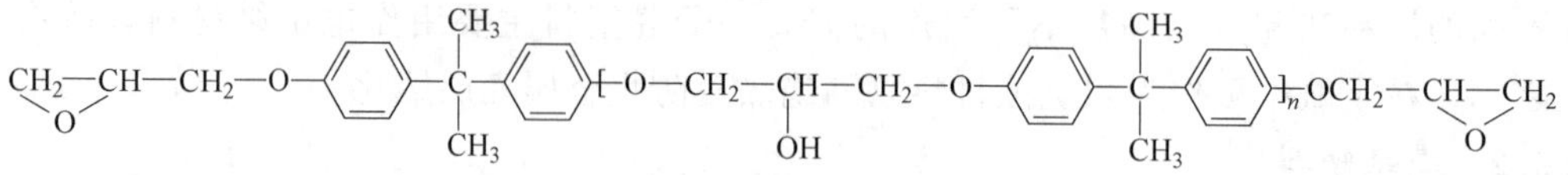

在固化剂作用下，这种线型结构环氧树脂的环氧基打开、相互交联而固化。环氧树脂固化后具有坚韧、收缩率小、耐水、耐化学腐蚀和优异的介电性能。

线型环氧树脂按其平均聚合度 $\bar{n}$ 的大小可分为三种：$\bar{n}<2$ 的称为低分子量环氧树脂，其软化点在 50℃以下；$\bar{n}=2\sim5$ 的为中等分子量环氧树脂，软化点在 $50\sim95℃$；$\bar{n}>5$ 的称为高分子量环氧树脂，软化点在 100℃以上。种类不同，其性能及应用情况亦有所不同。

环氧树脂的固化有两种情况：①通过与固化剂产生化学反应而交联为体型结构，所用固化剂有：多元脂肪胺、多乙烯多胺、多元芳胺、多元酸酐等。②在催化剂作用下环氧基发生聚合而交联，催化剂不参与反应，催化剂有叔胺、路易斯酸等。

环氧树脂除用作塑料外，另外的重要应用是作为黏合剂使用，环氧树脂型黏合剂有"万能胶"之称。

环氧塑料有增强塑料、泡沫塑料、浇铸塑料之分。增强塑料主要是用玻璃纤维增强，俗称环氧玻璃钢，是一种性能优异的工程材料。环氧泡沫塑料用于绝热、防震、吸声等方面；而环氧浇铸塑料主要用于电气方面。

4.1.6.5 不饱和聚酯塑料

不饱和聚酯塑料是以不饱和聚酯树脂为基础的塑料。不饱和聚酯树脂亦称聚酯树脂，经玻璃纤维增强后的塑料，俗称玻璃钢。

不饱和聚酯通常由不饱和二元酸混以一定量的饱和二元酸与饱和二元醇缩聚获得线型初聚物，再在引发剂作用下固化交联即形成体型结构。所用的不饱和二元酸主要有顺丁烯二酸酐，其次是反丁烯二酸酐。饱和二元酸主要是邻苯二甲酸和邻苯二甲酸酐。二元醇可用丙二醇、丁二醇等，但一般是用丙二醇。加入饱和二元酸的目的是降低交联密度和控制反应活性。

在上述单体中还要加入交联单体如苯乙烯等并加入各种助剂，主要有：①引发剂，其作用是引发树脂与交联单体的反应；②加速剂，又称促进剂，用以促进引发剂的引发反应，不同的引发剂要与不同的加速剂配套使用，常用的有胺类和钴皂类两种；③阻聚剂，如对苯二酚、取代对苯醌、季铵碱盐、取代肼盐等，其作用是延长不饱和聚酯初聚物的存放时间；④触变剂，如 PVC 粉、二氧化硅粉等，用量 1%～3%，其作用是能使树脂在剪切（如搅拌等）作用下变成流动性液体，当剪切力消失后，体系又恢复到高黏度的不流动状态，防止大尺寸制品成型时垂直或斜面树脂流胶。

制备不饱和聚酯时，一般先将上述组分混合（不加交联剂）以达到一定反应程度，再加入交联剂，使在成型过程中发生交联固化反应。

不饱和聚酯塑料制品，一般都要加入填料或增强剂，通常是表面处理的玻璃微珠或玻璃纤维。

4.1.6.6 有机硅塑料

有机硅即聚有机硅氧烷，其主链由硅氧键构成，侧基为有机基团。与硅原子相连的侧基主要有：—CH_3、—C_6H_5、CH_2＝CH—以及其他有机基团。由于组成与分子量大小的不同，有机硅聚合物可为液态（硅油）、半固态（硅脂），二者皆为线型低聚物。弹性体（硅橡胶），它为高分子量线型聚合物。树脂状流体（硅树脂），它是具有反应活性（主要是 —Si—OH 基团）的含支链低聚物。硅树脂为基本组分的塑料即有机硅塑料。硅树脂受热可交联固化，故为热固性塑料。有机硅塑料的主要特点是不燃、介电性能优异、耐高温，可在300℃以下长期使用。

4.2　橡胶

橡胶是有机高分子弹性化合物。在很宽的温度（−50～150℃）范围内具有优异的弹性，所以又称为高弹体。

橡胶具有独特的高弹性外，还具有良好的疲劳强度、电绝缘性、耐化学腐蚀性以及耐磨性等，使它成为国民经济中不可缺少和难以代替的重要材料。

橡胶按其来源可分为天然橡胶和合成橡胶两大类。天然橡胶是从自然界含胶植物中制取的一种高弹性物质。合成橡胶是用人工合成的方法制得的高分子弹性材料。

合成橡胶品种很多，按其性能和用途可分为通用合成橡胶和特种合成橡胶。凡性能与天然橡胶相同或相近、广泛用于制造轮胎及其他大批量橡胶制品的，称为通用合成橡胶，如丁苯橡胶、顺丁橡胶、氯丁橡胶、丁基橡胶等。凡具有耐寒、耐热、耐油、耐臭氧等特殊性能，用于制造特定条件下使用的橡胶制品，称为特种合成橡胶。如丁腈橡胶、硅橡胶、氟橡胶、聚氨酯橡胶等。但是，特种橡胶随着其综合性能的改进，成本的降低以及应用推广的扩大，也可以作为通用合成橡胶使用，例如乙丙橡胶、丁基橡胶等。

合成橡胶还可按大分子主链的化学组成的不同分为碳链弹性体和杂链弹性体两类。碳链弹性体又可分为二烯类橡胶和烯烃类橡胶等。

4.2.1　结构与性能

4.2.1.1　结构特征

作为橡胶材料使用的聚合物，在结构上应符合以下要求，才能充分表现橡胶材料的高弹性能。

① 大分子链具有足够的柔顺性，玻璃化温度应比室温低得多。这就要求大分子链内旋转位垒较小，分子间作用力较弱，内聚能密度较小。橡胶类聚合物的内聚能密度一般在290kJ·cm^{-3}以下，比塑料和纤维类聚合物的内聚能密度低得多。

前已述及，只有在 T_g 以上，聚合物才能表现出高弹性能，所以，橡胶材料的使用温度范围在 T_g 与熔融温度之间。表 4-4 列举了几种橡胶类聚合物的玻璃化温度及其使用温度范围。

② 在使用条件下不结晶或结晶度很小。例如聚乙烯、聚甲醛等，在室温下容易结晶，故

表 4-4　几种主要橡胶的玻璃化温度及其使用温度范围

名　称	T_g/℃	使用温度范围/℃	名　称	T_g/℃	使用温度范围/℃
天然橡胶	−73	−50～120	丁腈橡胶(70/30)	−41	−35～175
顺丁橡胶	−105	−70～140	乙丙橡胶	−60	−40～150
丁苯橡胶(75/25)	−60	−50～140	聚二甲基硅氧烷	−120	−70～275
聚异丁烯	−70	−50～150	偏氟乙烯-全氟丙烯共聚物	−55	−50～300

不宜用作橡胶材料。但是，如天然橡胶等在拉伸时可结晶，而除去负荷后结晶又熔化，这是最理想的，因为形成的结晶部分能起到分子间交联（物理）作用而提高模量和强度，除去载荷后结晶又熔化，不影响其弹性恢复性能。

③ 在使用条件下无分子间相对滑动，即无冷流，因此大分子链上应存在可供交联的位置，以进行交联，形成网络结构。

也可采用物理交联方法，例如苯乙烯和丁二烯嵌段共聚物，由于在室温下苯乙烯链段聚集成玻璃态区域，把橡胶链段的末端连接起来形成网络结构，故可作为橡胶材料使用。这类橡胶材料亦称为热塑性弹性体。

4.2.1.2 结构与性能的关系

橡胶的性能，如弹性、强度、耐热性、耐寒性等与分子结构和超分子结构密切相关。

（1）弹性和强度 弹性和强度是橡胶材料的主要性能指标。

分子链柔顺性越大，橡胶的弹性就越大。线型大分子链的规整性越好，等同周期越大，含侧基越少，链的柔顺性越好，其橡胶的弹性越好。例如高顺式聚1,4-丁二烯是弹性最好的橡胶。此外，分子量越高，橡胶的弹性和强度越大。橡胶的分子量通常为 $10^5 \sim 10^6$，比塑料类和纤维类要高。

交联使橡胶形成网状结构，可提高橡胶的弹性和强度。但是交联度过大时，交联点间网链分子量太小，强度大而弹性差。

如前所述，橡胶在室温下是非晶态时才具有弹性，但结晶对强度影响较大，结晶性橡胶拉伸时，形成的微晶能起网络物理交联点作用，因此，纯硫化胶的拉伸强度比非结晶橡胶的要高得多。

（2）耐热性和耐老化性能 橡胶的耐热性主要取决于主链上化学键的键能，表4-5列出了一些典型链的离解能。从表可以看出，含有C—C、C—O、C—H和C—F键的橡胶具有较好的耐热性，如乙丙橡胶、丙烯酸酯橡胶、含氟橡胶和氯醇橡胶等。橡胶中的弱键能引发降解反应，对耐热性影响很大。在光、热、氧等作用下，聚合物老化机理如3.5.2节所述，不饱和橡胶主链上的双键易被臭氧氧化；亚甲基上的氢也易被氧化，因而耐老化性差。分子链饱和的橡胶没有降解反应途径而耐热氧老化性好，如乙丙橡胶、硅橡胶等。此外，带供电取代基的容易氧化，如天然橡胶；而带吸电取代基者较难氧化，如氯丁橡胶。由于氯原子对双键和 α-H 的保护作用，使它成为双烯类橡胶中耐热性最好的橡胶。

表4-5 一些主要化学键的离解能

键	平均键能 /kJ·mol^{-1}	键	平均键能 /kJ·mol^{-1}	键	平均键能 /kJ·mol^{-1}	键	平均键能 /kJ·mol^{-1}
O—O	146	C—N	305	N—H	389	C=O	约740
Si—Si	178	C—Cl	327	C—H	430~510	C≡N	890
S—S	270	C—C	346	O—H	464		
C—C	272	C—O	358	C—F	485		
Si—C	301	Si—O	368	C=C	611		

（3）耐寒性 当温度低于玻璃化温度（T_g）时，或者由于结晶，橡胶将失去弹性。因此，降低其 T_g 或避免结晶，可以提高橡胶材料的耐寒性。

降低橡胶 T_g 的途径有：降低分子链的刚性；减小分子链间作用力；提高分子链的对称性；与 T_g 较低的聚合物共聚；支化以增加链末端浓度；减少交联键（见表4-6）以及加入溶剂和增塑剂等方法。避免结晶，则可以通过以下方法使结构无规化：无规共聚；聚合之后无规地引入基团；进行分子链支化和交联；采用不容易形成立构规整性聚合物的聚合方法及控制几何异构等。

（4）化学反应性 橡胶的化学反应性质有两个方面：一方面是可进行有利的反应，如交联反应或进行取代等改性反应；另一方面是有害的反应，如氧化降解反应等。上述两方面反应往往同时存在，例如，二烯烃类橡胶主链上的双键，一方面为硫化提供了交联的位置，同时又易受氧、臭氧和某些试剂所攻击。为了改变这种不利的局面，可以制成大部分结构的化学活性很低，而引入少量可供交联活性位置的橡胶。例如，丁基橡胶、三元乙丙橡胶、丙烯酸酯橡胶及氟橡胶等。

表 4-6 结合硫对玻璃化温度的影响

硫/%	T_g/℃	硫/%	T_g/℃
0	−64	10	−40
0.25	−65	20	−24

（5）加工性能 结构对橡胶加工中熔体黏度、压出膨胀率、压出胶质量、混炼特性、胶料强度、冷流性以及黏着性有较大影响。

如橡胶的分子量越大，则熔体黏度越大，压出膨胀率增加，胶料的强度和黏着强度也随之增加。橡胶的分子量通常大于缠结的临界分子量；分子链的缠结，引入少量共价交联键或离子键、早期结晶等效应导致的交联都可减少冷流和提高胶料强度。

橡胶的分子量分布一般较宽，其中高分子量部分提供强度，而低分子量部分起增塑剂作用，以提高胶料流动性和黏性，增加胶料混炼效果，改善混炼时胶料的包辊能力。同时，加宽分子量分布，可有效地防止压出胶产生鲨鱼皮表面和熔体破裂现象。长链支化也可改善胶料的包辊能力。

此外，胶料的黏着性与结晶性有关。在界面处结晶性橡胶可以由不同胶块的分子链段形成晶体结构，从而提高了黏着程度；对于非结晶性橡胶，则需加入添加剂。

4.2.2 原料及加工工艺

4.2.2.1 橡胶制品的原材料

橡胶制品的主要原材料是生胶、再生胶以及其他配合剂；有些制品还需用纤维或金属材料作为骨架材料。

（1）生胶和再生胶 生胶包括天然橡胶和合成橡胶。天然橡胶来源于自然界中含胶植物，有橡胶树、橡胶草和橡胶菊等，其中三叶橡胶树含胶多，产量大，质量好。从橡胶树上采集的天然胶乳经过一定的化学处理和加工可制成浓缩胶乳和干胶，前者可直接用于胶乳制品，而后者就作为橡胶制品中的生胶。

再生胶是废硫化橡胶经化学、热及机械加工处理后所制得的，具有一定可塑性，可重新硫化的橡胶材料。再生过程中主要反应称为"脱硫"，即利用热能、机械能及化学能（加入脱硫活化剂）使废硫化橡胶中的交联点及交联点间分子链发生断裂，从而破坏其网络结构，恢复一定的可塑性。再生胶可部分代替生胶使用，以节省生胶、降低成本；还可改善胶料工艺性能，提高产品耐油、耐老化等性能。

（2）橡胶的配合剂 橡胶虽具有高弹性等一系列优越性能，但也存在许多缺点，如机械强度低、耐老化性差等。为了制得符合使用性能要求的橡胶制品，改善橡胶加工工艺性能以及降低成本等，必须加入其他配合剂。橡胶配合剂种类繁多，根据在橡胶中所起的作用，主要有以下几种。

① 硫化剂　在一定条件下能使橡胶发生交联的物质统称为硫化剂。由于天然橡胶最早是采用硫黄交联，所以将橡胶的交联过程称为"硫化"。随着合成橡胶的大量出现，硫化剂的品种也不断增加。目前使用的硫化剂有硫黄、碲、硒、含硫化合物、过氧化物、醌类化合物、胺类化合物、树脂和金属化合物等。

② 硫化促进剂　凡能加快硫化速度、缩短硫化时间的物质称为硫化促进剂，简称促进剂。使用促进剂可减少硫化剂用量，或降低硫化温度，并可提高硫化胶的物理机械性能。

促进剂种类很多，可分为无机和有机两大类。无机促进剂有氧化镁、氧化铅等，其促进效果小，硫化胶性能差，多数场合已被有机促进剂所取代。有机促进剂的促进效果大，硫化胶物理机械性能好，发展较快，品种较多。

有机促进剂可按化学结构、促进效果以及与硫化氢反应呈现的酸碱性进行分类。目前常用的是按化学结构分类，分为噻唑类、秋兰姆类、次磺酰胺类、胍类、二硫代氨基甲酸盐类、醛胺类、黄原酸盐类和硫脲类八大类。其中常用的有硫醇基苯并噻唑，商品名为促进剂M、二硫化二苯并噻唑（促进剂DM）、二硫化四甲基秋兰姆（促进剂TMTD）等。根据促进效果分类，国际上是以促进剂M为标准，凡硫化速度快于M的为超速或超超速级，相当或接近于M的为准超速级，低于M的为中速及慢速级。

③ 硫化活性剂　硫化活性剂简称活性剂，又称助促进剂。其作用是提高促进剂的活性。几乎所有的促进剂都必须在活性剂存在下，才能充分发挥其促进效能。活化剂多为金属氧化物，最常用的是氧化锌。由于金属氧化物在脂肪酸存在下，对促进剂才有较大活性，通常用氧化锌与硬脂酸并用。

④ 防焦剂　防焦剂又称硫化延迟剂或稳定剂。其作用是使胶粉在加工过程中不发生早期硫化现象。但加入防焦剂会影响胶料性能，如降低耐老化性等，故一般不用。常用防焦剂有邻羟基苯甲酸、邻苯二甲酸酐等。

⑤ 防老剂　橡胶在长期贮存或使用过程中，受氧、臭氧、光、热、高能辐射及应力作用，逐渐发黏、变硬、弹性降低等现象称为老化。凡能防止和延缓橡胶老化的化学物质称为防老剂。

防老剂品种很多，根据其作用可分为抗氧化剂、抗臭氧剂、有害金属离子作用抑制剂、抗疲劳老化剂、抗紫外线辐射防治剂等。按作用机理，防老剂可分为物理防老剂和化学防老剂两大类。物理防老剂如石蜡等，是在橡胶表面形成一层薄膜而起到屏障作用。化学防老剂可破坏橡胶氧化初期生成的过氧化物，从而延缓氧化过程。有胺类防老剂和酚类防老剂，其中胺类防老剂防护效果最为突出。

⑥ 补强剂和填充剂　补强剂与填充剂之间无明显界限。凡能提高橡胶机械性能的物质称补强剂，又称为活性填充剂。凡在胶料中主要起增加容积作用的物质称为填充剂或增容剂。橡胶工业常用的补强剂有炭黑、白炭黑和其他矿物填料，其中最主要的是炭黑，用于轮胎胎面胶，具有优异的耐磨性。通常加入量为生胶的 50% 左右。白炭黑是水合二氧化硅（$SiO_2 \cdot nH_2O$），为白色，补强效果仅次于炭黑，故称白炭黑，广泛用于白色和浅色橡胶制品。橡胶制品中常用的填充剂有碳酸钙、陶土、碳酸镁等。

⑦ 其他配合剂　除上述配合剂外，橡胶工业常用的配合剂还有软化剂、着色剂、溶剂、发泡剂、隔离剂等。品种很多，可根据橡胶制品的特殊要求进行选用。

（3）纤维和金属材料　橡胶的弹性大，强度低，因此，很多橡胶制品必须用纤维材料或金属材料作骨架材料，以增加制品的机械强度，减小变形。

4.2.2.2　加工工艺

主要包括塑炼、混炼、压延、压出、成型、硫化等工序，如图 4-8 所示。

4.2.3　天然橡胶

天然橡胶的利用始于 15 世纪，主要来源于巴西等国。中国天然橡胶产量居世界第四位。

天然橡胶的主要成分是橡胶烃，它是由异戊二烯链节组成的天然高分子化合物，其结构式为：

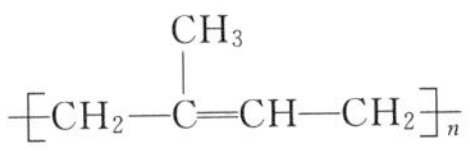

$$\left[CH_2-\underset{\underset{CH_3}{|}}{C}=CH-CH_2\right]_n$$

n 值约为 10000 左右，分子量为 3 万～3000 万，其多分散性指数为 2.8～10，并具有双峰分布规律（见图 4-9）。因此，天然橡胶具有良好的物理机械性能和加工性能。

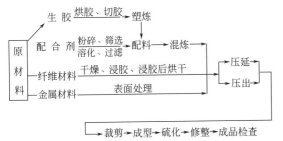

图 4-8　橡胶制品生产基本工艺流程

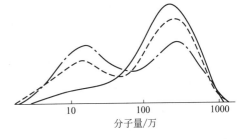

图 4-9　天然橡胶分子量分布曲线类型

橡胶树的种类不同，其大分子的立体结构也不同。巴西橡胶含 97% 以上顺式 1,4-加成结构（见图 4-10），在室温下具有弹性及柔软性，是名副其实的弹性体。而古塔波胶是反式 1,4-加成结构，室温下呈硬固状态。

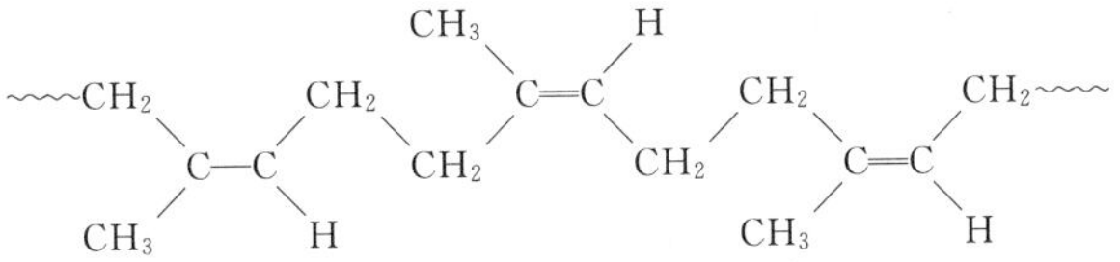

顺式 1,4-加成结构（天然橡胶）

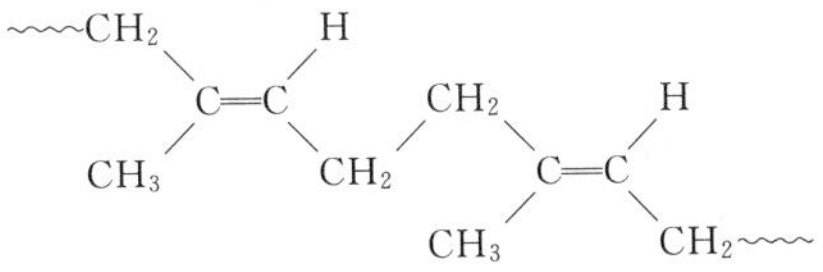

反式 1,4-加成结构（古塔波胶）

图 4-10　天然橡胶结构

天然橡胶具有一系列优良的物理机械性能，是综合性能最好的橡胶。一些物理常数见表 4-7。

表 4-7　天然橡胶的物理常数

项　目	生胶	纯胶硫化胶	项　目	生胶	纯胶硫化胶
密度/g·cm^{-3}	0.906～0.916	0.920～1.000	折射率（n_D）	1.5191	1.5264
体积膨胀系数/K^{-1}	670×10^{-6}	660×10^{-6}	介电常数（1kHz）	2.37～2.45	2.5～3.0
热导率/W·m^{-1}·K^{-1}	0.134	0.153	电导率（60s）/S·m^{-1}	2～57	2～100
玻璃化温度/K	201	210	体积弹性模量/MPa	1.94	1.95
熔融温度/K	301		拉伸强度/MPa		17～25
燃烧热/kJ·kg^{-1}	−45	−44.4	断裂伸长率/%	75～77	750～850

① 具有良好的弹性，弹性模量约为钢铁的 1/30000，而伸长率为钢铁的 300 倍。回弹率在 0～100℃ 范围内可达 50%～80%。伸长率最大可达 1000%。

② 具有较高的机械强度。天然橡胶是一种结晶性橡胶，在外力作用下拉伸时可产生结晶，具有自补强作用。纯胶硫化胶的拉伸强度为 17～25MPa，炭黑补强硫化胶可达 25～35MPa。

③ 具有很好的耐屈挠疲劳性能，滞后损失小，多次变形时生热低。

此外，还具有良好的耐寒性、优良的气密性、防水性、电绝缘性和绝热性能。

天然橡胶的缺点是耐油性差，耐臭氧老化性和耐热氧老化性差。天然橡胶为非极性橡胶，因此，易溶于汽油和苯等非极性有机溶剂。天然橡胶含有不饱和双键，化学性质活泼；在空气中易与氧进行自动催化氧化的连锁反应，使分子断链或过度交联，使橡胶发生粘连或龟裂，即发生老化现象，未加防老剂的橡胶曝晒 4～7 天即出现龟裂；与臭氧接触几秒钟内即发生裂口。加入防老剂可以改善其耐老化性能。

天然橡胶是用途最广泛的一种通用橡胶。大量用于制造各类轮胎，各种工业橡胶制品，如胶管、胶带和工业用橡胶杂品等。此外，天然橡胶还广泛用于日常生活用品，如胶鞋、雨衣等，以及医疗卫生制品。

4.2.4 合成橡胶

4.2.4.1 二烯类橡胶

二烯类橡胶包括二烯类均聚橡胶和二烯类共聚橡胶。属于前一类的有聚丁二烯橡胶、聚异戊二烯橡胶和聚间戊二烯橡胶等；属于后一类的主要是丁苯橡胶、丁腈橡胶和丁吡橡胶等。

二烯类共聚橡胶主要是由自由基型聚合反应制得，发展较早，而由于二烯类单体聚合时常形成各种立体异构体，直到 1954 年发明了 Ziegler-Natta 催化剂后，才制成了立体规整性好的二烯类均聚橡胶。

（1）聚丁二烯橡胶　聚丁二烯橡胶是以 1,3-丁二烯为单体聚合而得的一种通用合成橡胶，1956 年美国首先合成了高顺式丁二烯橡胶；中国于 1967 年实现顺丁橡胶的工业化生产。在世界合成橡胶中，聚丁二烯的产量和消耗量仅次于丁苯橡胶，居第二位。

① 种类和制法　按聚合方法不同，聚丁二烯橡胶可分为溶液聚合（溶聚）丁二烯橡胶、乳液聚合（乳聚）丁二烯橡胶和本体聚合丁钠橡胶三种。按分子结构分类，可分为顺式聚丁二烯和反式聚丁二烯；而顺式聚丁二烯橡胶又依顺式含量不同分三类：用钴或镍化物构成的 Ziegler-Natta 催化体系制得的高顺式（96%～98%）聚 1,4-丁二烯；以钛化物体系制得的中顺式（86%～95%）聚丁二烯以及以烷基锂催化剂制得的低顺式（35%～40%）聚丁二烯。

a. 溶聚丁二烯橡胶，它是丁二烯单体在有机溶剂中，利用 Ziegler-Natta 催化剂、碱金属或其他有机化合物催化聚合的产物。使用不同的催化剂可制得高顺式聚丁二烯橡胶、低顺式聚丁二烯橡胶和反式聚 1,4-丁二烯橡胶三种产品。

b. 乳聚丁二烯橡胶，它是丁二烯单体在去离子水介质中进行乳液聚合的产物。其顺式 1,4-结构含量为 10%～20%，反式 1,4-结构含量为 58%～75%，1,2-结构含量低于 25%。平均分子量在 10 万左右。

c. 丁钠橡胶，它是以金属钠为催化剂，丁二烯单体进行本体聚合的产物。1932 年前苏联开始工业化生产。因其性能不太好，未大规模发展。

② 性能与应用　聚丁二烯橡胶中最重要的品种是溶聚高顺式丁二烯橡胶。其性能特点是：弹性高，是当前橡胶中弹性最好的一种；耐低温性能好，其玻璃化温度为 $-105℃$，是通用橡胶中耐低温性能最好的一种；此外，其耐磨性能优异，滞后损失小，生热量低；耐屈挠性好；与其他橡胶的相容性好。

高顺式聚丁二烯橡胶的缺点是：拉伸强度和抗撕裂强度均低于天然橡胶和丁苯橡胶；用作轮胎时，抗湿滑性能不良；工艺加工性能和黏着性能较差，不易包辊。

由于高顺式聚丁二烯橡胶具有优异的高弹性、耐寒性和耐磨耗性能，主要用于制造轮胎，也用于制造胶鞋、胶带、胶辊等耐磨性制品。

③ 丁二烯橡胶新品种　近十多年来，针对顺丁橡胶的弱点，从结构上进行调整，出现一些新品种。

a. 中乙烯基丁二烯橡胶，含有 $35\%\sim55\%$ 乙烯基结构（1,2-结构），其抗湿滑性能和热老化性能优于高顺式聚丁二烯，但强度和耐磨性稍有下降。

b. 高乙烯基丁二烯橡胶，其乙烯基含量为 70%，它抗湿滑性好，适于制造轿车胎的胎面胶。

c. 低反式丁二烯橡胶，含顺式 1,4-结构为 90%，反式 1,4-结构为 9%。不仅拉伸强度、撕裂强度有所提高，而且包辊性、压延性、冷流性也有改善。

d. 超高顺式丁二烯橡胶，其顺式 1,4-结构含量大于 98%。拉伸时结晶速度快，结晶度高。分子量分布宽，因此黏着性、强度和加工性能好。

（2）聚异戊二烯橡胶　聚异戊二烯橡胶简称异戊橡胶，其分子结构和性能与天然橡胶相似，故也称作合成天然橡胶。

① 制备方法　异戊橡胶是在催化剂作用下，异戊二烯单体经溶液聚合而制得的顺式聚1，4-异戊二烯。

$$CH_2{=}C{-}CH{=}CH_2 \quad\longrightarrow\quad \left[\begin{array}{c} CH_2 \\ | \\ CH_3 \end{array}\ \overset{CH_3}{\underset{CH_2}{C{=}C}}\ \overset{H}{\ }\ CH_2\ \overset{CH_2}{\underset{H}{C{=}C}}\ CH_2 \right]_n$$

用齐格勒型催化剂得到的异戊橡胶，其顺式 1,4-结构含量为 $96\%\sim98\%$；采用丁基锂催化时，顺式 1,4-结构含量为 $92\%\sim93\%$；中国 1966 年研制成功的采用有机酸稀土盐三元催化体系制得的异戊橡胶，其顺式 1,4-结构含量为 $93\%\sim94\%$。

② 性能与应用　异戊橡胶是一种综合性能最好的通用合成橡胶。具有优良的弹性、耐磨性、耐热性、抗撕裂及低温屈挠性。与天然橡胶相比，又具有生热小、抗龟裂的特点，且吸水性小，电性能及耐老化性能好，但其硫化速度较天然橡胶慢。此外，炼胶时易粘辊，成型时黏度大，而且价格较贵。

异戊橡胶的用途与天然橡胶大致相同，用于制作轮胎、各种医疗制品、胶管、胶鞋、胶带以及运动器材等。

③ 其他异戊橡胶　它主要包括两种。

a. 充油异戊橡胶，系填充各种不同分量的油（如环烷油、芳烃油），可改善异戊橡胶性能，降低成本。充油异戊橡胶的流动性好，适用于制造复杂的模型制品。

b. 反式聚 1,4-异戊二烯橡胶，又称合成巴拉塔橡胶。其常温下是结晶状态，因而具有较高的拉伸强度和硬度。主要用于制造高尔夫球皮层，还可制作海底电缆、电线、医用夹板等。但由于成本高，尚未广泛使用。

（3）丁苯橡胶　丁苯橡胶是以丁二烯和苯乙烯为单体共聚而得的高分子弹性体。其结构式为：

$$+CH_2-CH=CH-CH_2\frac{}{}_x(CH_2-CH)_y(CH_2-CH)_z-$$

丁苯橡胶是最早工业化的合成橡胶，1937 年德国首先实现工业化生产。目前丁苯橡胶的产量约占合成橡胶总产量的 55％，其产量和消耗量在合成橡胶中占第一位。

丁苯橡胶的主要品种如图 4-11 所示。

丁苯橡胶的耐磨性、耐热性、耐油性和耐老化性均比天然橡胶好，硫化曲线平坦，不容易焦烧和过硫，与天然橡胶、顺丁橡胶混溶性好。丁苯橡胶的缺点是弹性、耐寒性、耐撕裂性和黏着性能均较天然橡胶的差，纯胶强度低，滞后损失大，生热高。而且由于含双键比例较天然橡胶少，硫化速度慢。

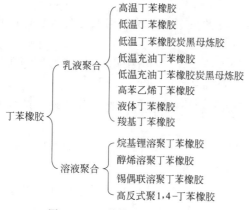

图 4-11　丁苯橡胶的主要品种

丁苯橡胶成本低廉，其性能不足之处可通过与天然橡胶并用或调整配方得到改善。因此，至今丁苯橡胶仍是用量最大的通用合成橡胶。可以部分或全部代替天然橡胶，用于制造轮胎及其他工业橡胶制品，如胶带、胶管、胶鞋等。

（4）丁腈橡胶　丁腈橡胶是以丁二烯和丙烯腈为单体、经乳液共聚而制得的高分子弹性体。其结构式为：

$$\left[+CH_2-CH=CH-CH_2\frac{}{}_x(CH_2-CH)\frac{}{}\right]_n$$
$$\underset{CN}{|}$$

丁腈橡胶是以耐油性而著称的特种合成橡胶。1937 年德国首先投入工业化生产。

丁腈橡胶可按丙烯腈含量、分子量、聚合温度等因素分类。丁腈橡胶中丙烯腈含量一般在 15％～50％范围内，按其含量不同分成五种（见表 4-8）。固体丁腈橡胶分子量达几十万，门尼黏度在 20～140 之间，按门尼黏度可分成许多类。依聚合温度不同，可分为热聚丁腈橡胶和冷聚丁腈橡胶。前者聚合温度为 25～50℃，而后者为 5～20℃。

表 4-8　各种丁腈橡胶的丙烯腈含量

名　称	丙烯腈含量/%	名　称	丙烯腈含量/%
极高丙烯腈丁腈橡胶	43 以上	中丙烯腈丁腈橡胶	25～30
高丙烯腈丁腈橡胶	36～42	低丙烯腈丁腈橡胶	24 以下
中高丙烯腈丁腈橡胶	31～35		

4.2.4.2　氯丁橡胶

氯丁橡胶是 2-氯-1,3-丁二烯聚合而成的一种高分子弹性体。其结构式为：

$$+CH_2-C=CH-CH_2\frac{}{}_n$$
$$\underset{Cl}{|}$$

氯丁橡胶是合成橡胶的主要品种之一，于 1931 年在美国首先实现工业化生产。

氯丁橡胶根据其性能和用途分为通用型和专用型两大类。通用型氯丁橡胶又可分为硫黄调节型和非硫黄调节型。前者是以硫黄作调节剂，秋兰姆作稳定剂；后者系采用硫醇作调节剂。专用型氯丁橡胶是指用作黏合剂及其他特殊用途的氯丁橡胶。

工业上采用乙炔法和丁二烯法制造氯丁二烯。乙炔法是将乙炔气体通入氯化亚铜·氯化铵络盐的溶液中，使之二聚生成乙烯基乙炔，再在氯化亚铜催化剂的作用下，与氯化氢反应制得氯丁二烯。

丁二烯法是丁二烯经氯化、异构化、脱氯化氢等过程制取氯丁二烯。

氯丁橡胶普遍采用乳液聚合法进行生产，以松香酸皂为乳化剂，过硫酸钾为引发剂。硫调节型氯丁橡胶的聚合温度为 40℃；非硫调节型一般在 10℃ 以下。聚合后经凝聚、水洗、干燥而得成品。

氯丁橡胶具有优异的耐燃性，是通用橡胶中耐燃性最好的；优良的耐油、耐溶剂、耐老化性能，其耐油性仅次于丁腈橡胶而优于其他通用橡胶。氯丁橡胶是结晶性橡胶，有自补强性，生胶强度高，还具有良好的黏着性、耐水性和气密性，其耐水性是合成橡胶中最好的，气密性比天然橡胶大 5～6 倍。

氯丁橡胶的缺点是电绝缘性较差，耐寒性不好，密度大，贮存稳定性差，贮存过程中易硬化变质。

氯丁橡胶具有较好的综合性能和耐燃、耐油等优异特性，广泛用于各种橡胶制品，如耐热运输带、耐油、耐化学腐蚀胶管和容器衬里、胶辊、密封胶条等。

4.2.4.3　聚异丁烯和丁基橡胶

（1）**聚异丁烯**　聚异丁烯是异丁烯的聚合产物，是接近无色或白色的弹性体。其结构式为：

$$\left[CH_2-\underset{\underset{\displaystyle CH_3}{|}}{\overset{\overset{\displaystyle CH_3}{|}}{C}}\right]$$

聚异丁烯是第一个实现工业化生产的聚烯烃，1931 年在美国首先投入工业化生产。

聚异丁烯是异丁烯在阳离子催化剂作用下，由低温聚合而制得的。工业上采用两种生产工艺：一种是在三氟化硼存在下，于蒸发的乙烯介质中，在转动的链带上进行异丁烯的聚合（图 4-12）。异丁烯预冷至 −30～−40℃，借液体乙烯蒸发可降至 −90℃。聚合物用刀具从链带上切下，经混炼-塑炼机混匀后切成小块而得成品。另一种是在带搅拌的聚合釜内，在三氯化铝存在下，于氯甲烷溶液中进行异丁烯的聚合。

异丁烯具有高度饱和结构，所以耐热性、耐老化性和耐化学腐蚀性好，分解温度达 300℃。聚异丁烯耐寒性好，−50℃ 下仍能保持弹性。此外，还具有优异的介电性能，优良的防水性和气密性，以及与橡胶和填料的混溶性。聚异丁烯耐油性差，还具有冷

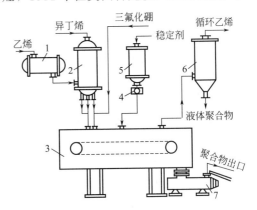

图 4-12　在三氯化硼存在下于蒸发的乙烯介质中制取异丁烯的工艺流程

1—液体乙烯收集槽；2—蛇管冷却器；3—聚合装置；4—视镜；5—稳定剂计量槽；6—吸附塔；7—混炼-塑炼机

流性。由于分子链不含双键，所以不能用硫黄硫化。

聚异丁烯广泛用来与天然橡胶、合成橡胶和填料并用。其硫化胶可用于制作防水布、防腐器材、耐酸软管、输送带等。

（2）丁基橡胶　丁基橡胶是异丁烯和少量异戊二烯的共聚物。为白色或暗灰色透明弹性体，其结构式为：

$$\begin{array}{ccccc} & CH_3 & & CH_3 & & CH_3 \\ & | & & | & & | \\ +C-CH_2 \frac{}{x}CH_2-C=CH-CH_2+CH_2-C\frac{}{y} \\ & | & & & & | \\ & CH_3 & & & & CH_3 \end{array}$$

丁基橡胶于 1943 年在美国开始工业生产。由于性能好，发展较快，已成为通用橡胶之一。

丁基橡胶是气密性最好的橡胶，其气透率约为天然橡胶的 1/20，顺丁橡胶的 1/30。丁基橡胶的耐热性、耐候性和耐臭氧老化性都很突出，最高使用温度可达 200℃。能长时间曝露于阳光和空气中而不易改变结构；抗臭氧性能比天然橡胶、丁苯橡胶等不饱和橡胶约高 10 倍。丁基橡胶耐化学腐蚀性好，耐酸、碱和极性溶剂。此外，丁基橡胶的电绝缘性和耐电晕性能比一般合成橡胶好。耐水性能优异，水渗透率极低。减震性能好，在 −30～50℃ 具有良好的减震性能，在玻璃化温度（−73℃）时仍具有屈挠性。

丁基橡胶的缺点是硫化速度很慢，需要高温或长时间硫化，自黏性和互黏性差，与其他橡胶相容性差，难以并用，耐油性不好。

丁基橡胶主要用于气密性制品，如汽车内胎、无内胎轮胎的气密层等；也广泛用于蒸汽软管、耐热输送带、化工设备衬里、耐热耐水密封垫片、电绝缘材料及防震缓冲器材等。

4.2.4.4　以乙烯为基础的橡胶

聚乙烯分子链柔性大，其内聚能与橡胶材料相近，玻璃化转变温度也很低；但由于分子链规整性好，易于结晶，常温下不呈现弹性。在聚乙烯分子链中引入其他原子或基团时，可以抑制结晶，从而获得橡胶态的性质。由此，开发了乙丙橡胶、氯磺化聚乙烯及氯化聚乙烯等弹性材料。

乙丙橡胶是以乙烯、丙烯或乙烯、丙烯及少量非共轭双烯为单体，在有规立体催化剂作用下制得的无规共聚物，是一种介于通用橡胶和特种橡胶之间的合成橡胶。1957 年意大利首先实现了二元乙丙橡胶工业化生产。

乙丙橡胶主要分为二元乙丙橡胶和三元乙丙橡胶两大类。三元乙丙橡胶按第三单体种类不同又分为：双环戊二烯、亚乙基降冰片烯和 1,4-己二烯三元乙丙橡胶三类。

乙丙橡胶基本上是一种饱和橡胶，因此，具有独特性能，其耐老化性能是通用橡胶中最好的一种。具有突出的耐臭氧性能，优于以耐老化而著称的丁基橡胶，耐热性好，可在 120℃ 长期使用，具有较高的弹性和低温性能。其弹性仅次于天然橡胶和顺丁橡胶，最低使用温度可达 −50℃ 以下，具有非常好的电绝缘性和耐电晕性，由于吸水性小，浸水后电气性能变化很小。乙丙橡胶耐化学腐蚀性较好，对酸、碱和极性溶剂有较大的耐受性。此外，还具有较好的耐蒸气性、低密度和高填充性。乙丙橡胶的密度为 $0.860～0.870g \cdot cm^{-3}$，是所有橡胶中最低的。

乙丙橡胶的缺点是硫化速度慢，不易与不饱和橡胶并用，自黏性和互黏性差，耐燃性、耐油性和气密性差，因而限制了它的应用。

乙丙橡胶主要用于汽车零件、电气制品、建筑材料、橡胶工业制品及家庭用品，如汽车轮胎胎侧、内胎及散热器胶管，高、中压电缆绝缘材料，代替沥青的屋顶防水材料，耐热输送带，橡胶辊，耐酸、碱介质的罐衬里材料及冰箱用磁性橡胶等。

此外还有氯化聚乙烯橡胶和氯磺化聚乙烯橡胶。

4.2.4.5　其他合成橡胶

除上述合成橡胶外，还有一些品种的合成橡胶，其一般物理机械性能较差，但具有某方面的独特性能，可满足某些特殊需要，所以，尽管产量不大、用量不多，但在技术上、经济上都具有特殊的意义。简要介绍如下。

(1) 聚氨基甲酸酯橡胶　聚氨基甲酸酯橡胶简称聚氨酯橡胶，是由聚酯或聚醚与异氰酸酯反应制得。它随原料种类和加工方法的不同而分为许多种类。这种橡胶的最大优点是具有优良的耐磨性，强度、弹性也很好；同时还具有良好的耐油、耐低温及耐臭氧老化等性能。因此，它主要用于耐磨制品、高强度耐油制品。聚氨酯橡胶的最大缺点是易于水解，其制品不宜在潮湿条件下应用。另外，生热大，散热慢，耐热性不好。但可以利用聚氨酯橡胶水解反应放出二氧化碳的特点，制得密度很小的泡沫橡胶。

(2) 硅橡胶　硅橡胶是由环状有机硅氧烷开环聚合或以不同硅氧烷进行共聚而制得的弹性共聚物。

硅橡胶分子主链含有硅氧结构（ $-\overset{|}{\underset{|}{Si}}-O-$ ），分子链柔性大，分子间作用力小。因而性能优异，其最大特点是耐热性、耐寒性好，可在很宽的温度范围内（ $-100\sim300℃$ ）使用。还具有高度的电绝缘性和良好的耐候性和耐臭氧性能，并且无味、无毒。因此可用于制造耐高温、低温橡胶制品，如各种垫圈、密封件、高温电线、电缆绝缘层、食品工业耐高温制品及人造心脏、人造血管等人造器官和医疗卫生材料。硅橡胶主要缺点是拉伸强度和撕裂强度低，耐酸碱腐蚀性差，加工性能不好，因而限制了它的应用。

(3) 氟橡胶　氟橡胶是含氟单体聚合或缩聚而得的高分子弹性体。氟橡胶品种很多，主要分为 4 大类：含氟烯烃类、亚硝基类、全氟醚类和氧化磷腈类。氟橡胶的突出特点是耐热、耐油及耐化学腐蚀。其耐热性可与硅橡胶媲美，对日光、臭氧及气候的作用十分稳定，对各种有机溶剂及腐蚀性介质的耐抗性，均优于其他橡胶。因此是现代航空、导弹、火箭、宇宙航行等尖端科学技术部门及其他工业部门不可缺少的材料，用作耐高温、耐特种介质腐蚀的制品。其主要缺点是弹性和加工性能较差。

(4) 丙烯酸酯橡胶　丙烯酸酯橡胶是丙烯酸烷基酯与其他不饱和单体共聚而得的一类弹性体。其中最主要的品种是丙烯酸丁酯与丙烯腈共聚物。这类橡胶的性能特点是具有较高的耐热性、耐油性和耐臭氧性以及良好的气密性；但耐寒、耐水及耐溶剂性较差。主要用于汽车的有关密封配件。

(5) 聚硫橡胶　聚硫橡胶是分子主链含有硫的一种橡胶，是以有机二卤化物和碱金属多硫化物缩聚而制得。有固态、液态橡胶和乳胶三种，其中以液态橡胶产量最大。由于其主链含硫原子，所以，聚硫橡胶具有良好的耐油性、耐溶剂性和耐臭氧老化性，但强度较差。主要用于印刷胶辊等耐油制品和长效性油灰、腻子、油箱密封材料等。

(6) 氯醚橡胶　氯醚橡胶是环氧氯丙烷均聚或环氧氯丙烷与环氧乙烷共聚而制得的弹性体。又称氯醇橡胶。氯醚橡胶具有高度饱和结构，又含有氯甲基，因此兼具饱和橡胶和极性橡胶的特性，其耐热性、耐寒性、耐臭氧性、耐油性、耐燃性、耐酸碱和耐溶剂性能等均较好，气密性也很好。因此，用途广泛。可用作汽车、飞机和机械的配件，如各种垫圈、密封圈等；也可制作印刷胶辊、耐油胶管等。

4.2.5 热塑性弹性体

热塑性弹性体是指在高温下能塑化成型而在常温下又能显示橡胶弹性的一类材料。

热塑性弹性体具有类似于硫化橡胶的物理机械性能，又有类似于热塑性塑料的加工特性，而且加工过程中产生的边角料及废料均可重复加工使用。因此这类新型材料自 1958 年问世以来，引起极大重视，被称之为"橡胶的第三代"，得到了迅速发展。目前已工业化生产的有聚烯烃类、苯乙烯嵌段共聚物类、聚氨酯类和聚酯类。

4.2.5.1 结构特征

（1）交联形式 热塑性弹性体和硫化橡胶相似，大分子链间也存在"交联"结构。这种"交联"可以是化学"交联"或者是物理"交联"，其中以后者为主要交联形式。但这些"交联"有可逆性，即温度升高时，"交联"消失，而当冷却到室温时，这些"交联"又都起到与硫化橡胶交联键相类似的作用。图 4-13 是苯乙烯和丁二烯热塑性三嵌段共聚物的结构。

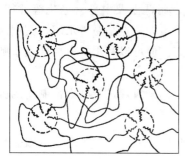

图 4-13 苯乙烯-丁二烯热塑性三嵌段共聚物的结构

（2）硬段和软段 热塑性弹性体高分子链的突出特点是它同时串联或接枝化学结构不同的硬段和软段。硬段要求链段间作用力足以形成物理"交联"或"缔合"，或具有在较高温度下能离解的化学键；软段则是柔性较大的高弹性链段。并且硬段不能过长，软段不能过短，硬段和软段应有适当的排列顺序和连接方式。

（3）微相分离结构 热塑性弹性体从熔融态转变成固态时，硬链段凝聚成不连续相，形成物理交联区域，分散在周围大量的橡胶弹性链段之中（图 4-13），从而形成微相分离结构。

4.2.5.2 聚烯烃类热塑性弹性体

聚烯烃类热塑性弹性体主要指热塑性乙丙橡胶，此外还包括丁基橡胶接枝改性聚乙烯。1971 年美国首先开发并投产。商品名为 TPR。

热塑性乙丙橡胶是由二元或三元乙丙橡胶与聚烯烃树脂（聚丙烯或聚乙烯）共混而制得。共混比例随用途而异，100 份乙丙橡胶混入 25～100 份聚丙烯为最好。丁基橡胶接枝聚乙烯是将丁基橡胶用酚醛树脂接枝到聚乙烯链上而制得。

聚烯烃类热塑性弹性体，具有良好的综合机械性能、耐紫外线和耐气候老化性。使用温度范围较宽，为 −50～150℃。对多种有机溶剂和无机酸、碱具有化学稳定性。此外，电绝缘性能优异，但耐油性差。主要用于汽车车体外部配件、电线电缆、胶管、胶带和各种模压制品。

4.2.5.3 苯乙烯类热塑性弹性体

苯乙烯类热塑性弹性体是指聚苯乙烯链段和聚丁二烯链段组成的嵌段共聚物。1963 年美国 Philips 公司首先投入生产。

线型三嵌段苯乙烯热塑性弹性体（SBS）采用单官能团引发的三步合成法，或采用双官能团引发的两步合成法，也可采用单官能团的两步合成加偶联反应制得。

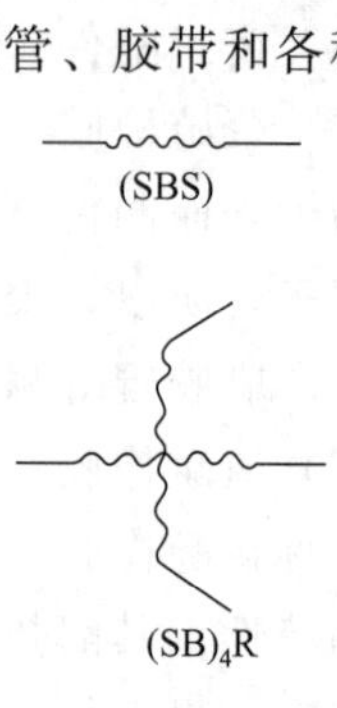

星型苯乙烯类热塑性弹性体（SB)₄R 采用单官能团活性双嵌

(SBS)

(SB)₄R

图 4-14 苯乙烯嵌段共聚物

段共聚物和多官能团偶联剂反应制得。如用四氯化硅作偶联剂，可得到四臂嵌段共聚物 $(SB)_4R$，如图 4-14 所示。

4.2.5.4 聚酯型热塑性弹性体

聚酯型热塑性弹性体是由长、短两种聚酯链段组成的嵌段共聚物。1972 年美国开始投产，商品名为 Hytrel。

由对苯二甲酸二甲酯、聚四亚甲基乙二醇醚和 1,4-丁二醇进行酯交换反应而制得无规嵌段共聚物。其结构为：

$$\left[\overset{O}{\overset{\|}{C}}\!\!-\!\!\bigcirc\!\!-\!\!\overset{O}{\overset{\|}{C}}\!\!-\!\!O\!\!-\!\!(CH_2)_4\!\!-\!\!O\right]_m\left[\overset{O}{\overset{\|}{C}}\!\!-\!\!\bigcirc\!\!-\!\!\overset{O}{\overset{\|}{C}}\!\!-\!\!O\!\!-\!\!CH_2\!\!-\!\!CH_2\!\!-\!\!CH_2\!\!-\!\!CH_2\!\!-\!\!O\right]_n$$

<table>
<tr><td>硬链段</td><td>软链段</td></tr>
<tr><td>相对分子量质量 220</td><td>相对分子质量 1132（$x\approx14$）</td></tr>
</table>

聚酯型热塑性弹性体弹性好，耐挠曲性能优异，耐磨，使用温度范围宽（$-55\sim150℃$）。此外还具有良好的耐化学腐蚀、耐油、耐老化性能，可制作耐压软管、浇铸轮胎、传动带等。

4.2.5.5 热塑性聚氨酯弹性体

热塑性聚氨酯是最早开发的一种热塑性弹性体，1958 年由德国首先研制成功。

热塑性聚氨酯是二异氰酸酯和聚醚或聚酯多元醇以及低分子量二元醇扩链剂反应而制得。聚醚或聚酯链段为软链段，而氨基甲酸酯基为硬链段。氨基甲酸酯基的高极性，使分子间相互作用形成结晶区，起到类似"交联"作用。

热塑性聚氨酯弹性体具有较好的耐磨性、硬度和弹性外，还具有良好的抗撕裂性、抗臭氧性和对化学药品、溶剂等的抗耐性。适用于汽车外部制件、电线电缆护套、胶管、鞋底、薄膜等。

4.2.5.6 其他热塑性弹性体

（1）热塑性天然橡胶　为天然橡胶和热塑性树脂机械共混或化学接枝而制得。

（2）热塑性聚 1,2-丁二烯　高 1,2-结构的聚 1,2-丁二烯，其 1,2-结构含量 90% 以上，结晶度达 15%～25% 时，材料显示热塑性弹性体性能。

（3）热塑性硅弹性体　是聚苯乙烯或聚碳酸酯与聚二甲基硅氧烷的嵌段共聚物。

此外，还有许多正在研制之中的新品种。

4.2.6 微孔高分子材料

内部具有大量微小气孔的一类高分子材料称为微孔高分子材料。以树脂为基体的称泡沫塑料；而以生胶或胶乳为基体的称为泡沫橡胶，俗称为海绵橡胶。根据微孔结构，泡沫塑料和泡沫橡胶均可分为开孔型和闭孔型两类。微孔间互相连通的称开孔型；微孔互相隔离的称闭孔型。根据机械强度，又可分为硬质和软质制品两种。

微孔高分子材料的制造方法有机械法和化学法。机械法是借助强烈机械搅拌，把大量空气、其他气体引入液态塑料或浓缩胶乳中，然后用物理或化学方法固定微孔结构。例如制泡沫橡胶时，搅拌发泡后再经硫化而成。化学法是在成型时加发泡剂发泡。制泡沫塑料是在成型前将发泡剂加入树脂的配合料中，而泡沫橡胶则是加入生胶中。

微孔高分子材料具有质轻、绝热、吸声、防震、耐潮湿、耐腐蚀等优良特性。泡沫橡胶更加柔软、弹性大。因此，这类材料广泛用于汽车、飞机、化工、建筑、日用品等工业中，用作保温材料、隔声材料、防震材料以及制造坐垫和床垫等。

4.3 纤维

纤维是指长度与其直径大很多倍，并具有一定柔韧性的纤细物质。供纺织应用的纤维，长度与直径之比一般大于 1000：1。典型的纺织纤维的直径为几微米至几十微米，而长度超过 25mm。

4.3.1 引言

纤维可分为两大类：一类是天然纤维，如棉花、羊毛、蚕丝和麻等；另一类是化学纤维，即用天然或合成高分子化合物经化学加工而制得的纤维。化学纤维可按高聚物的来源、化学结构等进行分类，其主要类型如图 4-15 所示。

人造纤维是以天然高聚物为原料，经过化学处理和机械加工而制得的纤维，其中以含有纤维素的物质如棉短绒、木材等为原料的，称纤维素纤维；以蛋白质为原料的，称再生蛋白质纤维。

合成纤维是由合成高分子化合物加工制成的纤维。根据大分子主链的化学组成，又分为杂链纤维和碳链纤维两类。

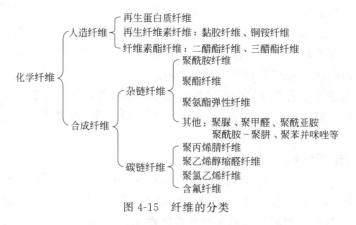

图 4-15　纤维的分类

合成纤维品种繁多，已经投入工业生产的约三、四十种。其中最主要的是聚酯纤维（涤纶）、聚酰胺纤维（锦纶）和聚丙烯腈纤维（腈纶）三大类，这三大类纤维的产量占合成纤维总产量的 90% 以上。

纤维加工过程包括纺丝液的制备、纺丝及初生纤维的后加工等过程。一般是先将成纤高聚物溶解或熔融成黏稠的液体（称纺丝液），然后将这种液体用纺丝泵连续、定量而均匀地从喷丝头小孔压出，形成的黏液细流经凝固或冷凝而成纤维；最后根据不同的要求进行后加工。

工业上常用的纺丝方法主要是熔融纺丝法和溶液纺丝法。此外还有一些改进的新方法。

熔融纺丝法是将高聚物加热熔融制成熔体，并经喷丝头喷成细流，在空气或水中冷却而凝固成纤维的方法。

溶液纺丝法是将高聚物溶解在溶剂中以制得黏稠的纺丝液，由喷丝头喷成细流，通过凝固介质使之凝固而形成纤维。

合成纤维的主要纺丝方法除熔融纺丝、溶液纺丝等常规纺丝法外，随着航空、空间技术、国防等工业的发展，对合成纤维的性能提出了新的要求，合成了许多新的成纤高聚物，它们往往不能用常规纺丝方法进行加工。因此，出现了一系列新的纺丝方法，如干湿纺丝法、液晶纺丝、冻胶纺丝、相分离法纺丝、乳液或悬浮液纺丝、反应纺丝法等。

用上述方法纺制出的纤维，强度很低，手感粗硬，甚至发脆，不能直接用于纺织加工制成织物，必须经过一系列后加工工序，才能得到结构稳定、性能优良、可以进行纺织加工的纤维。

另外，目前化学纤维还大量用于与天然纤维混纺，因此，在后加工过程中有时需将连续不断的丝条切断，得到与棉花、羊毛等天然纤维相似的、具有一定长度和卷曲度的纤维，以适应纺织加工的要求。

后加工的具体过程，根据所纺纤维的品种和纺织加工的具体要求而有所不同。

4.3.2　天然纤维和人造纤维

4.3.2.1　天然纤维

如前所述，天然纤维包括植物纤维和动物纤维。植物纤维主要是棉纤维和麻纤维；动物纤维主要是羊毛和蚕丝。

（1）棉纤维　棉纤维主要成分是纤维素，占 90%～94%；其次是水分、脂肪、蜡质及灰分等。纤维素是由许多失水 β-葡萄糖基连接而成的天然高分子化合物，分子式可表示为 $-\!\!\!-\!(C_6H_{10}O_5)_n\!\!-\!\!\!-$ ，式中 n 为平均聚合度，一般可达 1000～15000。棉纤维的截面是由许多同心层组成，纤维长度与直径之比为 1000～3000。

棉纤维强度较低，延伸率较低，但湿强度较高。

（2）麻纤维　麻纤维是一年或多年生草本双子叶植物的韧皮纤维和单子叶植物的叶纤维总称。以苎麻纤维和亚麻纤维为主。

麻纤维的组成物质与棉纤维相似；纤维细胞的断面形状有扁圆形、椭圆形、多角形等。

苎麻纤维和亚麻纤维的性能特点是：干、湿强度均较高；延伸率低；初始模量高；耐腐蚀性好。

（3）毛纤维　毛纤维以羊毛纤维为主。毛纤维的组成物质主要是蛋白质。毛纤维弹性好，吸湿率较高，耐酸性好；但强度低，耐热性和耐碱性较差。

（4）蚕丝　蚕丝又称为天然丝。生丝是由两根丝纤朊（约 75%～82%）被丝胶朊（约 18%～25%）黏合而成。丝胶朊能溶于热水或弱碱性溶液；除去丝胶朊而得的丝纤朊，俗称熟丝。具有白色、柔软有光泽、强度高等特点，是热和电的不良导体。

4.3.2.2　人造纤维

人造纤维是以天然聚合物为原料，经过化学处理与机械加工而制得的化学纤维。人造纤维一般具有与天然纤维相似的性能，有良好的吸湿性、透气性和染色性，手感柔软，富有光泽，是一类重要的纺织材料。

人造纤维按化学组成不同可分为：再生纤维素纤维、纤维素酯纤维、再生蛋白质纤维三类。再生纤维素纤维是以含纤维素的农林产物，如木材、棉短绒等为原料制得，纤维的化学组成与原料相同，但物理结构发生变化。纤维素酯纤维也以纤维素为原料，经酯化后纺丝制得的纤维，纤维的化学组成与原料不同。再生蛋白质纤维的原料则是玉米、大豆、花生以及牛乳酪素等蛋白质。

下面具体介绍几种主要的人造纤维。

（1）黏胶纤维　黏胶纤维于 1905 年开始工业化生产，是化学纤维中发展最早的品种。由于原料易得，成本低廉、应用广泛，至今在化学纤维生产中仍占有相当重要的地位。

黏胶纤维是以木材、棉短绒、甘蔗渣、芦苇为原料，以湿法纺丝制成的。

先将原料经预处理提纯，得到 α-纤维素含量较高的"浆粕"，再依次通过浓碱液和二硫化碳处理，得到纤维素磺原酸钠，再溶于稀氢氧化钠溶液中而成为黏稠的纺丝液，称为黏胶。黏胶经过滤、熟成（在一定温度下放置约 18～30h，以降低纤维素磺原酸酯的酯化度）；脱泡后，进行湿法纺丝，凝固浴由硫酸、硫酸钠和硫酸锌组成。其纤维素磺原酸钠与硫酸作用而分解，从而使纤维素再生而析出。最后经过水洗、脱硫、漂白、干燥即得到黏胶纤维。

黏胶纤维的基本化学组成与棉纤维相同，因此，某些性能与棉相似，如吸湿性与透气性、染色性以及纺织加工性等均较好。但由于黏胶纤维的大分子链聚合度较棉纤维低，分子取向度较小，分子链间排列也不如棉纤维紧密，因此，某些性能较棉纤维差，如干态强度比较接近于棉纤维，而湿态强度远低于棉纤维。棉纤维的湿态强度往往大于干态强度，约增加 2%～10%；而黏胶纤维湿态强度大大低于干态强度，通常只有干态强度的 60% 左右。另外，黏胶纤维缩水率较大，可高达 10%。同时由于黏胶纤维吸水后膨化，使黏胶纤维织物在水中变硬。此外，黏胶纤维的弹性、耐磨性、耐碱性较差。

黏胶纤维可以纯纺，也可以与天然纤维或其他化学纤维混纺。黏胶纤维长丝又称人造丝，应用广泛，可织成各种平滑柔软的丝织品。毛型短纤维俗称人造毛，是毛纺厂不可缺少的原料。棉型黏胶短纤维俗称人造棉，可以织成色彩绚丽的人造棉布，适用于做内衣、外衣以及各种装饰织物。

近年来发展起来的新型黏胶纤维——高湿模量黏胶纤维，中国称之为富强纤维，其大分子取向度高、结构均匀。在坚牢度、耐水洗性、抗皱性和形状稳定性方面更接近优质棉。黏胶强力丝则有高的强度，适用于轮胎的帘子线。

（2）醋酯纤维　醋酯纤维又称醋酸纤维素纤维，是以醋酸纤维素为原料经纺丝而制得的人造纤维。

醋酸纤维素是以精制棉短绒为原料，与醋酐进行酯化反应得到三醋酸纤维素（酯化度为 280～300）。将三醋酸纤维素用稀醋酸液进行部分水解，可得到二醋酸纤维素（酯化度为 200～260）。

因此，醋酸纤维依所用原料、醋酸纤维素的酯化度不同，分为二醋酯纤维和三醋酯纤维两类。通常醋酯纤维即指二醋酯纤维。

（3）铜铵纤维　铜铵纤维是经提纯的纤维素溶解于铜铵溶液中，纺制而成的一种再生纤维素纤维。

与黏胶纤维相同，一般采用经提纯的 α-纤维素含量高的"浆粕"作原料，溶于铜铵溶液中，制成浓度很高的纺丝液，采用溶液法纺丝。由喷丝头的细口压入纯水或稀酸的凝固浴中，在高度拉伸（约 400 倍）的同时，逐渐固化形成纤维。可制得极细的单丝。

铜铵纤维在外观、手感和柔软性方面与蚕丝很近似，它的柔韧性大，富有弹性和极好的悬垂性。其他性质和黏胶纤维相似；纤维截面呈圆形。

一般铜铵纤维纺制成长纤维，特别适合于制造变形竹节丝，纺成很像蚕丝的粗节丝。铜铵纤维适于织成薄如蝉衣的织物和针织内衣，穿用舒适。

（4）再生蛋白质纤维　再生蛋白质纤维简称蛋白质纤维，是用动物或植物蛋白质为原料制成。主要品种有酪朊纤维、大豆蛋白质纤维、玉米蛋白质纤维和花生蛋白质纤维。其物理和化学性质与羊毛相近似，染色性能很好。但强度较低，湿强度更差，因而应用不普遍。通常切断成短纤维，也可以纯纺或与羊毛、黏胶纤维和锦纶短纤维等混纺。

4.3.3 合成纤维

合成纤维工业是 20 世纪 40 年代才发展起来的，由于合成纤维性能优异、用途广泛、原料来源丰富易得，其生产不受自然条件限制，因此合成纤维工业发展速度十分迅速。

合成纤维具有优良的物理、机械性能和化学性能，如强度高、密度小、弹性高、耐磨性好、吸水性低、保暖性好、耐酸碱性好、不会发霉或虫蛀等。某些特种合成纤维还具有耐高温、耐辐射、高弹力、高模量等特殊性能。因此，合成纤维应用之广泛已远远超出了纺织工业的传统概念的范围，而深入到国防工业、航空航天、交通运输、医疗卫生、海洋水产、通信联络等重要领域，成为不可缺少的重要材料。不仅可以纺制轻暖、耐穿、易洗快干的各种衣料，而且可用作轮胎帘子线、运输带、传送带、渔网、绳索、耐酸碱的滤布和工作服等。高性能的特种合成纤维则用做高空降落伞、飞行服，飞机、导弹和雷达的绝缘材料，原子能工业中作特殊的防护材料等。

合成纤维品种繁多，但从性能、应用范围和技术成熟程度方面看，重点发展的是聚酰胺、聚酯和聚丙烯腈纤维三类。

4.3.3.1 聚酰胺纤维

聚酰胺纤维是世界上最早投入工业化生产的合成纤维，是合成纤维中的主要品种。

聚酰胺纤维是指分子主链含有酰胺键 $\left(-\overset{O}{\underset{}{\overset{\|}{C}}-NH-\right)$ 的一类合成纤维。我国商品名称为锦纶，国外商品名有"尼龙"、"耐纶"、"卡普隆"等。聚酰胺品种很多，我国主要生产聚酰胺 6、聚酰胺 66 和聚酰胺 1010 等。后者以蓖麻油为原料，是我国特有的品种。

聚酰胺纤维一般分为两大类，一类是由二元胺和二元酸缩聚而得，通式为：

$$-[HN(CH_2)_x NHCO(CH_2)_y CO]-$$

根据二元胺和二元酸的碳原子数目，可得到不同品种的命名。例如，聚酰胺 66 纤维是己二胺和己二酸缩聚而得；聚酰胺 610 纤维是由己二胺和癸二酸缩聚而得。另一类是由 ω-氨基酸缩聚或由内酰胺开环聚合而得，通式为：

$$-[NH(CH_2)_x CO]-$$

根据其单体所含碳原子数目，可得到不同品种的命名，例如聚酰胺 6 纤维是由己内酰胺开环聚合而得的。聚酰胺纤维的主要品种列于表 4-9。

表 4-9 聚酰胺纤维的主要品种和命名

纤维名称	分子结构	系统命名	商品名称
聚酰胺 4	$-[NH(CH_2)_3 CO]_n-$	聚 α-吡咯烷酮纤维	锦纶 4
聚酰胺 6	$-[NH(CH_2)_5 CO]_n-$	聚己内酰胺纤维	锦纶 6
聚酰胺 7	$-[NH(CH_2)_6 CO]_n-$	聚 ω-氨基庚酸纤维	锦纶 7
聚酰胺 8	$-[NH(CH_2)_7 CO]_n-$	聚辛内酰胺纤维	锦纶 8
聚酰胺 9	$-[NH(CH_2)_8 CO]_n-$	聚 ω-氨基壬酸纤维	锦纶 9
聚酰胺 11	$-[NH(CH_2)_{10} CO]_n-$	聚 ω-氨基十一酸纤维	锦纶 11
聚酰胺 12	$-[NH(CH_2)_{11} CO]_n-$	聚十二内酰胺纤维	锦纶 12
聚酰胺 66	$-[NH(CH_2)_6 NHCO(CH_2)_4 CO]_n-$	聚己二酸己二胺纤维	锦纶 66
聚酰胺 610	$-[NH(CH_2)_6 NHCO(CH_2)_8 CO]_n-$	聚癸二酸己二胺纤维	锦纶 610
聚酰胺 1010	$-[NH(CH_2)_{10} NHCO(CH_2)_8 CO]_n-$	聚癸二酸癸二胺纤维	锦纶 1010
聚酰胺 6T	$-[NH(CH_2)_6 NHCO-\bigcirc-CO]_n-$	聚对苯二甲酸己二胺纤维	锦纶 6T
MXD-6	$-[NHCH_2-\bigcirc-CH_2 NHCO(CH_2)_4 CO]_n-$	聚己二酸间亚苯基二甲基胺纤维	锦纶 MXD-6

纤维名称	分子结构	系统命名	商品名称
奎纳（Qiana）	$-[NH-\bigcirc-CH_2-\bigcirc-NHCO(CH_2)_{10}CO]_n$	聚十二烷二酰双环己基甲烷二胺纤维	锦纶 472
聚酰胺 612	$-[NH(CH_2)_6NHCO(CH_2)_{10}CO]_n$	聚十二酸己二胺纤维	锦纶 612

聚酰胺纤维是合成纤维中性能优良、用途广泛的品种之一。其性能特点有以下几点：

① 耐磨性好，优于其他纤维，比棉花高 10 倍，比羊毛高 20 倍；

② 强度高、耐冲击性好，它是强度最高的合成纤维之一；

③ 弹性、耐疲劳性好，可经受数万次双挠曲，比棉花高 7～8 倍；

④ 密度小，除聚丙烯和聚乙烯纤维外，它是其他纤维中最轻的，相对密度为 1.04～1.14。

此外，耐腐蚀、不发霉，染色性较好。

聚酰胺纤维的缺点是弹性模量小，使用过程中易变形，耐热性及耐光性较差。

聚酰胺纤维可以纯纺和混纺作各种衣料及针织品，特别适用于制造单丝、复丝弹力丝袜，耐磨又耐穿。工业上主要用作轮胎帘子线、渔网、运输带、绳索以及降落伞、宇宙飞行服等军用物品。

4.3.3.2 聚酯纤维

聚酯纤维是由聚酯树脂经熔融纺丝和后加工处理制成的一种合成纤维，聚酯树脂是由二元酸和二元醇经缩聚而制得。其大分子主链中含有酯基 $\left(\overset{\quad}{-}\underset{\underset{O}{\parallel}}{C}-O-\right)$，故称聚酯纤维。

聚酯纤维的品种很多，但目前主要品种是聚对苯二甲酸乙二醇酯纤维，是由对苯二甲酸或对苯二甲酸二甲酯和乙二醇缩聚制得的。中国聚酯纤维的商品名称为"涤纶"，俗称"的确良"。国外商品名称有"达柯纶"、"帝特纶"、"特丽纶"、"拉芙桑"等。

聚酯纤维于 1953 年投入工业化生产，由于性能优良，用途广泛，是合成纤维中发展最快的品种，产量居第一位。除聚对苯二甲酸乙二醇酯纤维外，目前已工业化生产的新型聚酯纤维如表 4-10 所示。

表 4-10　已工业化生产的各种聚酯纤维

名　称	生　产　方　式	性能特点
聚对苯二甲酸 1,4-环己烷二甲酯纤维	1,4-环己烷二甲醇 $HOH_2C-\bigcirc-CH_2OH$ 与对苯二甲酸 $HOC-\bigcirc-COOH$ 缩聚	耐热性高，熔点 290～295℃
聚对苯二甲酸乙二醇酯、间苯二甲酸乙二醇酯纤维	对苯二甲酸、间苯二甲酸与乙二醇共缩聚	易染色
低聚合度聚对苯二甲酸乙二醇酯纤维	降低聚合度	抗起球
聚醚酯纤维	添加 5%～10% 对羟乙基苯甲酸（$HOCH_2CH_2-\bigcirc-COOH$）共缩聚	易染色
	添加 5%～10%（摩尔分数）对羟基苯甲酸共缩聚	易染色
含有二羧基苯磺酸钠的聚对苯二甲酸乙二醇酯纤维	添加 2%（摩尔分数）3,5-二羧基苯磺酸钠共缩聚	易染色，抗起球

以对苯二甲酸二甲酯为原料生产涤纶纤维，主要经过酯交换、缩聚、纺丝、纤维后加工四个步骤。首先将对苯二甲酸二甲酯溶于乙二醇，进行酯交换反应，生成的对苯二甲酸乙二酯，在高真空度下于 265～285℃进行缩聚，然后将聚合物熔体铸带、切片。聚酯纤维纺丝通常采用挤压熔融纺丝法进行。

聚酯纤维具有一系列优异性能，具体如下。

① 弹性好　聚酯纤维的弹性接近羊毛，耐皱性超过其他纤维，弹性模量比聚酰胺纤维的高。

② 强度大　湿态下强度不变。其冲击强度比聚酰胺纤维的高 4 倍，比黏胶纤维的高 20 倍。

③ 吸水性小　聚酯纤维的回潮率仅为 0.4％～0.5％，因而电绝缘性好，织物易洗易干。

④ 耐热性好　聚酯纤维熔点 255～260℃，比聚酰胺耐热性好。

此外，耐磨性仅次于聚酰胺纤维，耐光性仅次于聚丙烯腈纤维；还具有较好的耐腐蚀性。

由于聚酯纤维弹性好、织物有易洗易干、保形性好、免熨等特点，是理想的纺织材料。可纯纺或与其他纤维混纺制作各种服装及针织品。在工业上，可作为电绝缘材料、运输带、绳索、渔网、轮胎帘子线、人造血管等。

4.3.3.3　聚丙烯腈纤维

聚丙烯腈纤维是以丙烯腈 $\left(\begin{array}{c} CH_2{=}CH \\ | \\ CN \end{array}\right)$ 为原料聚合成聚丙烯腈，而后纺制成的合成纤维。中国商品名称为"腈纶"，国外商品名称有"奥纶"、"开司米纶"等。

聚丙烯腈纤维自 1950 年投入工业生产以来，发展速度一直很快，目前产量仅次于聚酯纤维和聚酰胺纤维，其世界产量居合成纤维第三位。

目前大量生产的聚丙烯腈纤维是由 85％以上的丙烯腈和少量其他单体的共聚物纺制而成的。因为丙烯腈均聚物纺制的纤维硬脆，难于染色，这是由于大分子链上的氰基极性大，使大分子间作用力强、分子排列紧密所致。为了改善纤维硬、脆的缺点，常加入 5％～10％的丙烯酸甲酯、乙酸乙烯酯等"第二单体"进行共聚。而改善染色性常加入 1％～2％的亚甲基丁二酸、丙烯磺酸钠等"第三单体"共聚。

聚丙烯腈纤维无论外观或手感都很像羊毛，因此有"合成羊毛"之称，而且某些性能指标已超过羊毛。纤维强度比羊毛高 1～2.5 倍；密度（相对密度 1.14～1.17）比羊毛小（相对密度 1.30～1.32）；保暖性及弹性均较好。

聚丙烯腈纤维的弹性模量高，仅次于聚酯纤维，比聚酰胺纤维高 2 倍，保型性好。

聚丙烯腈纤维的耐光性与耐气候性能，除含氟纤维外，是天然纤维和化学纤维中最好的。纤维在室外曝晒一年，强度仅降低 20％；而聚酰胺纤维、黏胶纤维等则强度完全损失。

此外，聚丙烯腈纤维具有很高的化学稳定性，对酸、氧化剂及有机溶剂极为稳定，其耐热性也较好。因此，聚丙烯腈纤维已经广泛地用来代替羊毛，或与羊毛混纺，制成毛织物、棉织物等。还适用于制作军用帆布、窗帘、帐篷等。

4.3.3.4　其他纤维

（1）聚丙烯纤维　聚丙烯纤维是 1957 年投入工业化生产的，中国商品名为"丙纶"，国外称"帕纶"、"梅克丽纶"等。近年来发展速度亦很快，产量仅次于涤纶、锦纶和腈纶，是合成纤维第四大品种。

目前聚丙烯纤维的工业生产是采用连续聚合的方法进行定向聚合，得到等规聚丙烯树脂。由于熔体黏度较高、热稳定性好，普遍采用熔融挤压法纺丝。

（2）聚乙烯醇纤维　聚乙烯醇纤维是将聚乙烯醇纺制成纤维，再用甲醛处理而制得的聚乙烯醇缩甲醛纤维。中国商品名为"维纶"，国外商品名有"维尼纶"、"维纳纶"等。

聚乙烯醇纤维于1950年投入工业化生产，目前世界产量在合成纤维中占第五位。

聚乙烯醇纤维的生产，是以乙酸乙烯酯为原料，经聚合生成聚乙酸乙烯酯，再经醇解而得聚乙烯醇。将聚乙烯醇溶于热水中经湿法纺丝、拉伸等工序，再经热处理、缩醛化而制得聚乙烯醇纤维，缩醛度控制在30%左右。湿法纺丝主要生产短纤维，干法纺丝生产维纶长丝。

由于聚乙烯醇纤维原料易得、性能良好，用途广泛，性能近似棉花，因此，有"合成棉花"之称。最大特点是吸湿性好，可达5%，与棉花（7%）接近。它是高强度纤维，强度为棉花的1.5～2倍，不亚于以强度高著称的锦纶与涤纶。此外，耐化学腐蚀、耐日晒、耐虫蛀等性能均很好。聚乙烯醇纤维的缺点是弹性较差，织物易皱，染色性能较差，并且颜色不鲜艳；耐水性不好，不宜在热水中长时间浸泡。

聚乙烯醇纤维的最大用途是与棉混纺制成维棉混纺布或针织品；长丝可用于人力车胎帘子线。

（3）聚氯乙烯纤维　聚氯乙烯纤维是用聚氯乙烯树脂采用溶液纺丝法制得的纤维。中国商品名为"氯纶"，国外商品名有"天美纶"、"罗维尔"等。通常将氯乙烯为基本原料制成的纤维统称为含氯纤维。其中主要包括聚氯乙烯纤维、过氯乙烯纤维（过氯纶）、偏二氯乙烯和氯乙烯共聚物纤维（偏氯纶）等。

聚氯乙烯纤维突出的优点是：耐化学腐蚀性、保暖性和难燃性；耐晒、耐磨和弹性都很好；它的吸湿性很小，电绝缘性强；其强度接近棉纤维。缺点是耐热性差、沸水收缩率大和染色困难。

（4）特种合成纤维　特种合成纤维具有独特的性能，产量较小，但起着重要的作用。特种合成纤维品种很多，按其性能可分为耐高温纤维、耐腐蚀纤维、阻燃纤维、弹性纤维、吸湿性纤维等。现就其中主要品种简述如下。

① 耐高温纤维　主要有以下几种。

a. 芳香族聚酰胺纤维，是大分子由酰胺基和芳基连接的一类合成纤维。中国商品名为"芳纶"。几种主要的芳香族聚酰胺纤维列于表4-11。

表 4-11　几种主要的芳香族聚酰胺纤维

学　名	结　构　式	商　品　名
聚间苯二甲酰间苯二胺纤维	$\left[\begin{array}{c} \text{C}-\text{C}-\text{HN}-\text{NH} \end{array}\right]_n$	HT-1,芳纶 1313
聚对苯二甲酰对苯二胺纤维	$\left[\begin{array}{c} \text{C}-\text{C}-\text{HN}-\text{NH} \end{array}\right]_n$	纤维-B,芳纶 1414
聚对氨基苯甲酰纤维	$\left[\begin{array}{c} \text{HN}-\text{C} \end{array}\right]_n$	PRD-49,芳纶 14

学　名	结　构　式	商　品　名
聚对苯二甲酰己二胺纤维	$\left[\text{C}\underset{O}{\overset{O}{\parallel}}\text{—}\overset{O}{\underset{O}{\parallel}}\text{C—HN—(CH}_2)_6\text{—NH}\right]_n$	尼龙 6T
聚对苯二甲酰对氨基苯甲酰肼纤维	$\left[\text{C}\underset{O}{\overset{O}{\parallel}}\text{—}\overset{O}{\underset{O}{\parallel}}\text{C—NH—NH—C—}\overset{O}{\underset{O}{\parallel}}\text{NH}\right]_n$	X-500

b. 碳纤维，是主要的耐高温纤维之一。是用再生纤维素或聚丙烯腈纤维高温碳化而制得的。

碳纤维包括碳素纤维和石墨纤维两种，前者含碳量为 80%～95%，后者含碳量在 99% 以上。碳素纤维可耐 1000℃ 高温，石墨纤维则可耐 3000℃ 高温，并具有高强度、高模量、高温下持久不变形、高温化学稳定性、良好的导电性和导热性。它们是宇宙航行、飞机制造、原子能工业的优良材料。

c. 聚酰亚胺纤维，是由均苯四酸二酐和芳香族二胺聚合经溶液纺丝后，再经热处理脱水环化而制得聚酰亚胺纤维。其外观为金黄色。商品名为 PRD-14。

聚酰亚胺纤维可在 －150～340℃ 下使用。具有高强度、高弹性、高韧性、高度耐原子辐射、高绝缘等性能。可用于宇宙航行、电气绝缘、核动力防护织物、涂层织物和层压材料等。

此外，耐高温纤维还有聚苯并咪唑纤维、聚砜酰胺纤维等。

② 耐腐蚀纤维　主要有聚四氟乙烯纤维，此外还有四氟乙烯-六氟丙烯共聚纤维、聚偏氟乙烯纤维等含氟共聚纤维。

③ 阻燃纤维　是指纤维在中、小型火源点燃下会发生小火焰燃烧，而火源撤走又能较快地自行熄灭的一类纤维。阻燃纤维又称难燃纤维。

阻燃纤维主要品种有聚偏二氯乙烯纤维（偏氯纶）、聚氯乙烯纤维（氯纶）、维氯纶、腈氯纶等，其中以偏氯纶阻燃性能最好。

偏氯纶是 80%～90% 的偏氯乙烯和 10%～20% 的氯乙烯共聚物经熔融纺丝制成的纤维。具有突出的难燃性和耐腐蚀性，弹性较好，但强度低。主要用作工业用布及防火织物。

近年来，采用共聚法、共混法和纤维阻燃后整理法制得了阻燃涤纶、阻燃腈纶和阻燃丙纶，其中阻燃涤纶已实现了工业化生产。

④ 弹性纤维　是指具有类似橡胶丝的高伸长性（＞400%）和回弹力的一类纤维。通常用于制作各种紧身衣、运动衣、游泳衣及弹性织物。目前主要品种有聚氨酯弹性纤维和聚丙烯酸酯弹性纤维。

聚氨酯弹性纤维在中国的商品名为"氨纶"。它是由柔性的聚醚或聚酯链段和刚性的芳香族二异氰酸酯链段组成的嵌段共聚物，再用脂肪族二胺进行了交联，获得了似橡胶的高伸长性和回弹力。当聚氨酯弹性纤维伸长 600%～750% 时，其回弹率可达 95% 以上。

丙烯酸酯类弹性纤维商品名为"阿尼姆"。此类纤维是由丙烯酸乙酯或丁酯与某些交联性单体乳液共聚后，再与偏二氯乙烯等接枝共聚，经乳液纺丝法制得。这类纤维的强度和延伸特性不如聚氨酯类弹性纤维，但是它的耐光性、抗老化性和耐磨性、耐溶剂及漂白剂等性能均比聚氨酯类纤维好，而且还具有难燃性。

⑤ 吸湿性纤维和抗静电纤维。合成纤维的缺点之一是吸湿性差，吸湿性纤维主要品种

是锦纶 4，由于分子链上的酰胺基比例较大，吸湿性优于锦纶品种，比锦纶 6 高 1 倍，与棉花相似，兼有棉花和锦纶 6 的优点。近年来还出现了高吸湿性腈纶、亲水丙纶，主要是改变纤维的物理结构，如增加纤维的内部微孔，使纤维截面异形化和表面粗糙化等。

容易带静电是合成纤维又一缺点，这是由于分子链主要由共价键组成不能传递电子之故，通常把经过改性而具有良好导电性的纤维称抗静电纤维。合成纤维的带静电性与疏水性密切相关；吸湿性越大，则导电性越好。

目前，抗静电纤维主要有：耐久性抗静电锦纶和耐久性抗静电涤纶，是通过与添加的抗静电组分共聚等方法制得，主要用于制作无尘衣、无菌衣、防爆衣等。

4.4 胶黏剂及涂料

4.4.1 胶黏剂

胶黏剂又称黏合剂，是一种能把其他材料紧密结合在一起的物质；借助胶黏剂将几种物件连接起来的技术称为胶接（粘接、黏合）技术。胶黏剂是具有良好粘接能力的物质，其中最有代表性的是高分子材料。

4.4.1.1 胶黏剂的分类及组成

（1）分类 胶黏剂分类如下。

① 按胶接强度特性分类 可分为结构型胶黏剂、非结构型胶黏剂及次结构型胶黏剂三种类型。结构型胶黏剂具有足够高的胶接强度，胶接接头可经受较苛刻的条件，因而此类胶黏剂可用以胶接结构件；非结构型胶黏剂的胶接强度较低，主要用于非结构部件的胶接；次结构型胶黏剂则介于二者之间。

② 按主要组成成分分类 见图 4-16。

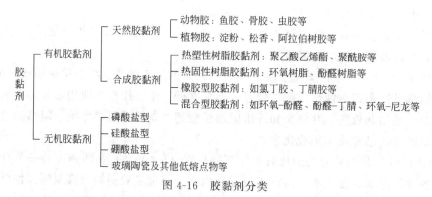

图 4-16 胶黏剂分类

这里所讨论的胶黏剂主要是指合成胶黏剂。合成胶黏剂，按固化类型可分为以下三种。

a. 化学反应型胶黏剂，其主要成分是含有活性基团的线型聚合物；当加入固化剂后，由于化学反应而生成交联的体型结构，从而产生胶接作用。此类胶黏剂，主要包括热固性树脂胶黏剂、聚氨酯胶黏剂、橡胶类胶黏剂及混合型胶黏剂。

b. 热塑性树脂溶液胶黏剂，它是热塑性聚合物加溶剂配制而成，如聚乙酸乙烯酯胶黏剂、聚异氰酸酯胶黏剂等。

c. 热熔胶黏剂，这种胶黏剂是以热塑性聚合物为基本组分的无溶剂型固态胶黏剂，通过加热熔融黏合，然后冷却凝固。如乙烯-乙酸乙烯酯共聚物热熔胶、低分子量聚酰胺热熔胶等。

（2）组成 胶黏剂一般是以聚合物为基本组分的多组分体系。除基本组分聚合物（即黏料）外，根据配方及用途的不同，尚包含以下辅料中的一种、数种或全部。

① 增塑剂及增韧剂 主要用以提高韧性。

② 固化剂 用以使胶黏剂交联、固化。

③ 填料 用以降低固化时的收缩率、降低成本，提高耐冲击强度、胶接强度，提高耐热性等。有时则是为了胶黏剂具有某种指定性能，如导电性、耐温性等。

④ 溶剂 胶黏剂有溶剂型与无溶剂型之分。加入溶剂是用以溶解黏料以及调节黏度，以便于施工。溶剂的种类与用量、胶接工艺密切相关。

⑤ 其他辅料 如稀释剂、稳定剂、偶联剂、色料等。

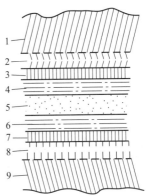

图 4-17 胶接接头结构

1,9—被粘物；2,8—被粘物表面层；

4,6—受界面影响的胶黏剂层；

3,7—被粘物与胶黏剂界面；

5—胶黏剂本体

4.4.1.2 胶接及其机理

靠胶黏剂将物体连接起来的方法称为胶接。胶接接头是由胶黏剂夹在物件中间构成的。其结构见图 4-17。显而易见，要达到良好的胶接，必须具备两个条件：第一胶黏剂要能很好地润湿被粘物表面；第二胶黏剂与被粘物之间要有较强的相互结合力，这种结合力的来源和本质就是胶接机理。

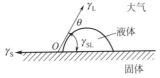

图 4-18 液体与固体表面的接触角

（1）液体对固体表面的润湿 液体对固体表面的润湿情况可用接触角来描述，如图 4-18 所示。所谓接触角 θ 就是在液滴与固体、气体接触的三相点 O 处液滴曲面的切线与固体表面的夹角。图中 γ_{SL}、γ_L 及 γ_S 分别为固-液界面、液体和固体的表面张力。在平衡状态下符合下列关系式：

$$\gamma_S = \gamma_{SL} + \gamma_L \cos\theta \tag{4-1}$$

固、液之间的黏附功 W_A 为：

$$W_A = \gamma_S + \gamma_L - \gamma_{SL} \tag{4-2}$$

于是可得：

$$W_A = \gamma_L(1 + \cos\theta) \tag{4-3}$$

由式（4-2）可知：液体能润湿固体表面的必要条件是 $\gamma_S + \gamma_L > \gamma_{SL}$。由式（4-3）可知，接触角越小则黏附功越大。$\theta$ 角趋于零时，液体的表面张力称为临界表面张力，以 γ_C 表示。

大多数金属、金属氧化物的表面张力都较大，属于高能表面；而有机高分子物的表面张力较低，玻璃、陶瓷介于二者之间（见表 4-12 及表 4-13）。胶黏剂表面张力（即表面能）比被粘物的小，才能较好地润湿其表面，易于胶接；反之则难以胶接。例如环氧树脂表面张力大于聚乙烯而小于金属的表面张力，可较好地胶接金属而难以胶接聚乙烯。胶接的难易可根据聚合物的临界表面张力 γ_C 来确定。当 $\gamma_L \leqslant \gamma_C$ 时，才能完全润湿被粘物表面。常见聚合物的 γ_C 列于表 4-14。

然而，即使符合上述条件，胶黏剂未必就能很好润湿被粘物的表面，一般还必须对被粘物表面进行一定的清洗和处理才能达到良好的润湿，这是由固体表面的特性所决定的。

表 4-12　一些高、中表面能物质液态表面张力

物质名称	温度/℃	$\gamma_L/10^3 N \cdot m^{-1}$	物质名称	温度/℃	$\gamma_L/10^3 N \cdot m^{-1}$
汞	20	4840	铜	1120	1270
铅	350	442	铁	1570	1835
锡	700	538	镍	1550	1925
锌	700	750	钴	1550	1935
铝	700	900	氧化亚铁	1420	585
银	1000	920	氧化铝	2080	700
金	1120	1128	玻璃	1000	225～290

表 4-13　一些常用胶黏剂的表面张力

胶黏剂	在20℃时的 $\gamma_L/10^3 N \cdot m^{-1}$	胶黏剂	在20℃时的 $\gamma_L/10^3 N \cdot m^{-1}$
酸固化酚醛胶	78	聚乙酸乙烯酯乳胶	38
脲醛胶	71	动物胶	43
酪朊胶	47	硝酸纤维素胶	26
环氧树脂	47		

表 4-14　一些聚合物的临界表面张力

聚合物	20℃时的 $\gamma_C/10^3 N \cdot m^{-1}$	聚合物	20℃时的 $\gamma_C/10^3 N \cdot m^{-1}$
聚己二酰己二胺(尼龙66)	46	聚乙烯	31
聚对苯二甲酸乙二醇酯	43	聚氟乙烯	28
聚偏氯乙烯	40	聚三氟乙烯	22
聚氯乙烯	39	聚甲基硅氧烷	20.1
聚甲基丙烯酸甲酯	39	聚四氟乙烯	18.5
聚乙烯醇	37	聚全氟丙烯	16.2
聚苯乙烯	33	聚甲基丙烯酸全氟辛酯	10.6

（2）固体表面的特性　固体表面的结构及性质与固体内部是不同的。固体表面有如下的重要特性。

① 固体表面由于原子、分子间作用力不平衡，因而都具有吸附性。吸附分为产生化学键的化学吸附和只产生次价键结合的物理吸附。

② 固体表面通常是由气体吸附层、油污尘埃污染层、氧化层等所组成。所以要使胶黏剂能润湿表面，必须很好地清洗被粘物表面。

③ 固体表面是不平滑的，而是由凸凹不平的峰谷组成的粗糙表面，即使是镜面，粗糙度亦达25nm以上。因此一般两固体表面间的接触只是点接触，实际接触面积只有几何表面积的1%左右。

④ 固体表面常具有多孔性，如木材、皮革、纸张等材料，即使是金属与玻璃的表面，也具有一定的多孔性。

（3）胶接机理　产生胶接的过程可分为两个阶段。第一阶段，液态胶黏剂向被粘物表面扩散，逐渐润湿被粘物表面并渗入表面微孔中，取代并解吸被粘物表面吸附的气体，使被粘物表面间的点接触变为与胶黏剂之间的面接触。施加压力和提高温度，有利于此过程的进行。第二阶段，产生吸附作用形成次价键或主价键，黏合剂本身经物理或化学的变化由液体变为固体，使胶接作用固定下来。当然，这两个阶段是不能截然分开的。

至于胶黏剂与被粘物之间的结合力，大致有以下几种可能：①由于吸附以及相互扩散而形成的次价结合；②由于化学吸附或表面化学反应而形成的化学键；③配价键，例如金属原子与胶黏剂分子中的 N、O 等原子所生成的配价键；④被粘物表面与胶黏剂由于带有异种电荷而产生的静电吸引力；⑤由于胶黏剂分子渗进被粘物表面微孔中以及凸凹不平处而形成的

机械啮合力。

不同情况下，这些力所占的相对比重不同，因而就产生了不同的胶接理论，如吸附理论、扩散理论、化学键理论及静电吸引理论等。

（4）胶接强度　在外力作用下胶接接头的破坏有四种基本情况：①胶黏剂本身被破坏，称为内聚破坏；②被粘物破坏，称为材料破坏；③胶层与被粘物分离，称为黏附破坏；④兼有①及③两种情况的称为混合破坏。一般而言，当被粘物强度较大而胶接又较好时，①、④两种情况是主要的破坏形式。可见胶黏剂本身的内聚力及黏附力的大小是决定胶接强度的关键因素。

根据接头受力情况的不同，胶接强度可分为剪切强度、拉伸强度、扯裂（劈开）强度及剥离强度等，如图 4-19 所示。

一般而言，接头的拉伸强度约为剪切强度的 2～3 倍、劈裂强度的 4～5 倍，而比剥离强度要大数十倍。

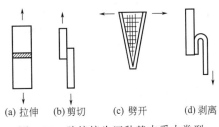

(a) 拉伸　(b) 剪切　(c) 劈开　(d) 剥离

图 4-19　胶接接头四种基本受力类型

关于影响胶接强度的因素，可分为胶黏剂分子结构及粘接条件（胶接工艺）两个方面。胶黏剂分子中含有能与被粘物形成化学键或强力次价结合（如氢键）的基团时，可大幅度提高胶接强度。胶黏剂分子若能向被粘物中扩散，也可提高胶接强度。外界条件的影响主要有温度、被粘物表面情况、黏附层厚度等。提高温度、被粘物表面有适度的粗糙度则有利于提高胶接强度。黏附层不宜过厚，厚度越大，产生缺陷和裂纹的可能越大，因而越不利于胶接强度的提高。被粘物和黏合剂热胀系数不宜相差过大，否则由于产生较大的内应力而使胶接强度下降。合理的胶接工艺可创造最适宜的外部条件而提高胶接强度。

（5）胶接工艺　胶接工艺一般可分为初清洗、胶接接头机械加工、表面处理、上胶、固化及修整等步骤。初清洗是将被粘物件表面的油污、锈迹、附着物等清洗掉；然后根据胶接接头的形式和形状对接头处进行机械加工，如表面机械处理以形成适当的粗糙度等。胶接的表面处理是胶接好坏的关键。常用的表面处理方法有溶剂清洗、表面喷砂、打毛、化学处理等。化学处理一般是用铬酸盐和硫酸溶液、碱溶液等，除去表面疏松的氧化物和其他污物，或使某些较活泼的金属"钝化"，以获得牢固的胶接层。上胶厚度一般以 0.05～0.15mm 为宜。固化时应掌握适当的温度。固化时施加压力有利于胶接强度的提高。

4.4.1.3　各类材料的胶接

不同的材料需选择不同的胶黏剂和不同的胶接工艺条件进行胶接。以下简要介绍几类材料胶接时所适用的胶黏剂。

（1）金属材料　金属材料是高强度材料，在胶接金属时，应考虑载荷、工作环境等条件来选择适当的胶黏剂。对铁和铝，大多数混合型胶黏剂都能适用，铜、锌、镁、钛次之，而银、铂、金适用的胶黏剂甚少。胶接金属的胶黏剂主要有改性环氧胶、丙烯酸酯胶、改性酚醛胶及聚氨酯胶等。杂环化合物胶种及聚苯硫醚（PPS）也是较好的金属胶黏剂。由于金属是质密材料，不能吸收水分和溶剂，所以一般不宜采用溶剂型或乳液型胶黏剂。胶接金属时，表面处理至关重要。表 4-15 为金属与非金属胶接时常选用的胶黏剂。

（2）塑料、橡胶　胶接塑料用胶黏剂列于表 4-16。

表 4-15　金属与非金属胶接用胶黏剂

被粘物	常用胶黏剂类型	被粘物	常用胶黏剂类型
金属-木材	环氧胶、氯丁胶、聚乙酸乙烯酯胶	金属-玻璃	环氧胶、α-氰基丙烯酸酯胶、第二代丙烯酸酯胶
金属-织物	氯丁胶	金属-混凝土	环氧胶、聚酯胶、氯丁胶
金属-纸张	聚乙酸乙烯酯胶	金属-橡皮	氯丁胶、氰基丙烯酸酯胶
金属-皮革	氯丁胶、聚氨酯胶	金属-PVC	聚氨酯胶、丙烯酸酯胶、氯丁胶

表 4-16　塑料用胶黏剂

塑　料	胶　黏　剂	塑　料	胶　黏　剂
聚甲基丙烯酸甲酯	不饱和聚酯、聚氨酯胶	软聚氯乙烯	溶液胶、氯丁胶
醋酸纤维素	溶液胶、聚氨酯胶、腈干胶	聚偏氯乙烯	酚醛-丁腈胶
乙酸丁酸纤维素	溶液胶、聚氨酯胶、腈干胶	聚苯乙烯	腈干胶、环氧胶、聚氨酯胶
硝酸纤维素	溶液胶、聚氨酯胶、腈干胶	聚氨酯	腈干胶、环氧胶、聚氨酯胶
乙基纤维素	环氧胶、溶液胶、酚醛-丁腈胶	聚缩醛	氯丁胶、聚氨酯胶、环氧胶
聚乙烯	热熔胶	尼龙	聚乙烯醇缩醛、改性环氧胶、溶液胶
聚乙烯(经表面处理)	环氧胶、酚醛-丁腈胶	聚邻苯二甲酸烯丙酯	环氧胶、不饱和聚酯
聚丙烯	热熔胶	环氧树脂	环氧胶、酚醛胶、不饱和聚酯
聚丙烯(经表面处理)	环氧胶、酚醛-丁腈胶	聚酯	环氧胶、酚醛胶、不饱和聚酯
聚四氟乙烯	氟塑料胶	呋喃树脂	呋喃胶、环氧胶
聚四氟乙烯(经表面处理)	环氧胶、酚醛胶	三聚氰胺树脂	环氧-酚醛胶、聚氨酯胶
聚碳酸酯	不饱和聚酯、腈干胶、环氧胶	酚醛树脂	环氧胶、酚醛胶
硬聚氯乙烯	环氧胶、聚氨酯胶		

　　橡胶与橡胶胶接可用橡胶胶泥、氯丁胶黏剂等。橡胶与其他非金属的胶接，一般可视另一材料的情况来选择胶种。橡胶-皮革可用氯丁胶、聚氨酯胶；橡胶-塑料、橡胶-玻璃及橡胶-陶瓷可用硅橡胶胶种；橡胶-玻璃钢、橡胶-酚醛塑料可用氰基丙烯酸酯、丙烯酸酯等胶种；橡胶-混凝土、橡胶-石材可用氯丁胶、环氧胶、氰基丙烯酸酯胶等。橡胶-金属的胶接一般可选用改性的橡胶胶黏剂，如氯丁-酚醛胶、氰基丙烯酸酯胶等。

　　(3) 玻璃　用于粘接玻璃的胶黏剂，除考虑强度外，还要考虑透明性以及与玻璃的热胀系数的匹配。作为胶接玻璃的胶黏剂，应含有—OH、$>C=O$、—COOH 等极性基团并与玻璃有良好的浸润性，常用的有环氧树脂胶、聚乙酸乙烯酯胶、聚乙烯醇缩丁醛、氰基丙烯酸酯胶、有机硅胶、天然的加拿大香脂等。

　　(4) 混凝土　胶接混凝土一般采用环氧树脂胶黏剂，对载荷不大的非结构件也可用聚氨酯胶。混凝土与其他材料胶接时常用的胶黏剂列于表 4-17。

表 4-17　混凝土与其他材料胶接的常用胶种

胶接材料	胶　种	胶接材料	胶　种
混凝土-木材	环氧胶、聚乙酸乙烯酯胶、聚乙烯醇缩醛胶、氯丁胶	混凝土-石材	环氧树脂胶、聚乙酸乙烯酯胶
		混凝土-陶瓷	环氧树脂胶、聚乙酸乙烯酯胶
混凝土-塑料	聚氨酯胶、氯丁胶、丙烯酸酯胶	混凝土-金属	环氧树脂胶、丙烯酸酯胶、聚氨酯胶
混凝土-橡胶	氰基丙烯酸酯胶、氯丁胶	混凝土-织物	氯丁胶

4.4.1.4　环氧树脂胶黏剂

　　凡是以环氧树脂为基料的胶黏剂统称为环氧树脂胶黏剂，简称为环氧胶。环氧胶是由环氧树脂、固化剂、其他添加剂组成的，是当前应用最广泛的胶种之一。环氧胶有很强的黏合力，它对大部分材料如金属、木材、玻璃、陶瓷、橡胶、纤维、塑料、皮革等都有良好的黏合能力，故有"万能胶"之称。与金属的胶接强度可达 $2×10^7$ Pa 以上。

　　(1) 环氧树脂及其固化剂　用作胶黏剂的环氧树脂，分子量一般为 300～7000，黏度为

4～15Pa·s。主要有两类。一类是缩水甘油基型环氧树脂，包括常用的双酚 A 型环氧树脂、环氧化酚醛、丁二醇双缩水甘油醚环氧树脂等；另一类是环氧化烯烃，如环氧化聚丁二烯等。环氧树脂的指标主要是黏度、外观、环氧当量、环氧值等。环氧当量是指含 1g 环氧基的树脂质量（克），环氧值是 100g 环氧树脂内所含环氧基的份数。

环氧树脂固化剂可分为有机胺类固化剂、改性胺类固化剂、有机酸酐类固化剂等。

有机胺类又分脂肪胺和芳香胺，常用的有乙二胺、二乙烯三胺、三乙烯四胺、多乙烯多胺、己二胺、间苯二胺、苯二甲胺、三乙醇胺、苄基二甲胺及双氰胺等。伯胺固化环氧树脂时反应分三个阶段：第一阶级主要是氨基与环氧基加成，使环氧树脂分子量提高，同时伯氨基转变成仲氨基；第二阶段主要是仲氨基与环氧基以及羟基与环氧基反应生成支化大分子；第三阶段是余下的环氧基、氨基和羟基之间的反应，最终生成交联结构。叔胺类的固化机理则不同，叔胺并不参与反应，而是起催化作用，使环氧树脂本身聚合并交联。叔胺用量一般为环氧树脂的 5%～15%。伯胺、仲胺直接参与反应，氨基上的一个氢和一个环氧基反应，如每 100g 环氧树脂应加入的伯胺、仲胺固化剂质量（g）＝环氧值×胺的分子量/胺中活泼氢的原子数。例如用二乙烯三胺使 E-44 环氧树脂（环氧值为 0.44）固化，则 100gE-44 需 9.6g 二乙烯三胺。

采用改性胺固化剂可改进与环氧树脂的混溶性，提高韧性、耐候性等。常用的改性胺固化剂有 591 固化剂（二乙烯三胺与丙烯腈的加成物），703 固化剂（乙二胺、苯酚、甲醛缩合物）等。

有机酸酐固化剂有马来酸酐、均苯四酐、桐油改性酸酐等。与胺类固化剂相比，酸酐类固化剂的固化速度较慢、固化温度较高，但酸酐固化的环氧胶有较好的耐热性和电性能。

其他类型的固化剂还有咪唑类固化剂、低分子量聚酰胺树脂、线型酚醛树脂、脲醛树脂、聚氨酯等。此外尚有潜伏性固化剂，如双氰双胺、胺-硼酸盐络合物等。

（2）添加剂　主要有以下几种。

① 增塑剂和增韧剂　增塑剂主要用来改进低温韧性，一般就是塑料中常用的那些增塑剂。增韧剂多为高分子物，参与固化反应，能大幅度改进环氧胶的韧性。常用的有低分子量聚酰胺、低分子量聚硫橡胶、液体丁腈胶、羧基丁腈胶等。

② 稀释剂　稀释剂的加入是为降低黏度，可分非活性稀释剂（如丙酮、甲苯、苯乙烯等）和活性稀释剂。活性稀释剂是分子中含有环氧基团的低分子物，不仅可使胶的黏度下降，还参与固化反应，有时还能改善环氧胶的性能（如韧性）。常用的活性稀释剂有环氧丙烷丁基醚、乙二醇缩水甘油醚、甘油环氧树脂、多缩水甘油醚等。

③ 填料　填料可降低成本、改进某些性能、降低固化收缩率和热膨胀系数等。常用的填料有石棉纤维、玻璃纤维、云母粉、铝粉、水泥、瓷粉、滑石粉、石英粉、氧化铝、二氧化钛、石墨粉等。

④ 其他辅料　其他辅料有固化促进剂、防老剂（稳定剂）、偶联剂等。

（3）改性环氧胶黏剂　当前广泛使用的改性环氧胶有以下三种。

① 聚硫改性环氧胶　它是在环氧胶中加入低分子量的聚硫橡胶，用以提高韧性、黏附性和密封性能等。

② 丁腈橡胶改性环氧胶　这是目前性能最好的结构胶。

③ 其他改性环氧胶　有着重提高韧性的聚氨酯改性胶、聚乙烯醇缩醛改性胶、聚酯改性胶、改善综合性能的尼龙-环氧胶等。

近年来还发展了第二代环氧胶、吸油环氧胶、光固化环氧胶等。

4.4.1.5 酚醛树脂胶黏剂

酚醛树脂胶的粘接力强、耐高温，配方优良的胶可在 300℃ 以下使用；其缺点是性脆、剥离强度差。酚醛树脂胶是用量最大的品种之一。

未改性的酚醛树脂胶主要以甲阶酚醛树脂为黏料，以酸类如石油磺酸、对甲苯磺酸、磷酸的乙二醇溶液、盐酸的酒精溶液等为固化催化剂而组成的，在室温或加热下固化。主要用于胶接木材、木质层压板、胶合板、泡沫塑料，也可用于胶接金属、陶瓷。通常还可以加入填料以改善其性能。

可采用某些柔性聚合物，如橡胶、聚乙烯醇缩醛等来提高酚醛树脂胶黏剂的韧性和剥离强度，从而制得了一系列性能优异的改性酚醛树脂胶黏剂。

4.4.1.6 丙烯酸酯类胶黏剂

烯类聚合物用作胶黏剂可分为两类：一类是以聚合物本身作胶黏剂，例如溶液型胶黏剂、热熔胶、乳液胶黏剂等；另一类是以单体或预聚体作胶黏剂，通过聚合而固化，例如 α-氰基丙烯酸酯胶黏剂和厌氧胶等。

（1）α-氰基丙烯酸酯胶黏剂 α-氰基丙烯酸酯胶黏剂的基本组分是 α-氰基丙烯酸酯类单体，常用的有 α-氰基丙烯酸甲酯、α-氰基丙烯酸乙酯及丁酯等；其他组分是稳定剂、增塑剂、增稠剂、阻聚剂等。

α-氰基丙烯酸酯是十分活泼的单体，很容易在弱碱和水的催化下进行阴离子聚合，并且反应速度很大。因为反应太快，胶层很脆，所以必须加入其他组分。稳定剂是为防止贮存中发生阴离子聚合，常用的是二氧化硫；增稠剂是为提高黏度便于施工，常用的是 PMMA，用量为 5%～10%；增塑剂如邻苯二甲酸二丁酯、磷酸三甲酚等，用以提高胶膜韧性；阻聚剂是为防止单体存放时发生自由基聚合反应，常用的是对苯二酚。市售的"501"胶和"502"胶就是这类胶黏剂。

α-氰基丙烯酸酯具有透明性好、固化速度快、使用方便、气密性好等优点，广泛应用于胶接金属、玻璃、宝石、有机玻璃、橡皮、硬质塑料等。其缺点是不耐水、性脆、耐温性差，有一定气味等。

（2）厌氧性胶黏剂 厌氧胶是一种新型胶种，它贮存时与空气接触，一直保持液态，不固化，但一旦与空气隔绝就很快固化而起到粘接或密封作用，因此，称为厌氧胶。厌氧胶主要由三部分组成：可聚合的单体、引发剂和促进剂。用作厌氧胶的单体都是甲基丙烯酸酯类，常用的有甲基丙烯酸二缩三乙二醇双酯、甲基丙烯酸羟丙酯、甲基丙烯酸环氧酯、聚氨酯-甲基丙烯酸酯等。常用的引发剂有异丙苯过氧化氢、过氧化二苯甲酰等。常用的促进剂有 N，N-二甲基苯胺、三乙胺等。厌氧胶主要应用于螺栓紧固防松、密封防漏、固定轴承以及其他机件的胶接。

（3）第二代丙烯酸酯胶黏剂 第二代丙烯酸酯胶黏剂是 20 世纪 70 年代中期才问世的反应型双包装胶黏剂，是由丙烯酸酯类单体或低聚物、引发剂、弹性体、促进剂等组成。组分应分装，可将单体、弹性体、引发剂等装在一起，促进剂另装。当这两包组分混合后即发生固化反应，使单体（如 MMA）与弹性体（如氯磺化聚乙烯）产生接枝聚合，从而得到很高的胶接强度。

第二代丙烯酸酯胶黏剂具有室温快速固化、胶接强度大、胶接范围广等优点，可用于胶接钢、铝、青铜等金属，ABS、PVC、玻璃钢、PMMA 等塑料以及橡胶、木材、玻璃、混凝土等。特别适于异种材料的胶接。但目前尚存在有气味、耐水耐热性差、贮存稳定性不好等缺点。

4.4.1.7　其他常用的胶黏剂

（1）聚乙酸乙烯酯胶黏剂　聚乙酸乙烯酯及其共聚物，可制成乳液胶黏剂（简称白胶）、溶液胶黏剂，主要用于胶接木材、纸张、皮革、混凝土、瓷砖等。这是一类用途很广的非结构型胶种。

（2）聚氨酯胶黏剂　以多异氰酸酯和聚氨酯为基本组分的胶黏剂统称为聚氨酯胶黏剂。聚氨酯胶黏剂分多异氰酸酯胶黏剂、单包装封闭型聚氨酯胶黏剂、端异氰酸酯基聚氨酯预聚体胶黏剂以及热熔性聚氨酯胶黏剂四种类型。这类胶因分子中含有—NCO、—NH—COO—基团，具有高度的极性和反应活性，对多种材料均有很高的黏附性，可用于胶接金属、陶瓷、玻璃、木材等多种材料。

（3）橡胶类胶黏剂　以氯丁橡胶、丁腈橡胶、丁基橡胶、聚硫橡胶、天然橡胶等为基本组分配制成胶黏剂称为橡胶类胶黏剂。这类胶黏剂强度较低、耐热性不高，但具有良好的弹性，适用于胶接柔软材料以及热膨胀系数相差悬殊的材料。

（4）有机硅胶黏剂　有机硅胶黏剂分为以硅树脂为基的胶黏剂和以有机硅弹性体为基的胶黏剂两种，此外尚有各种改性的有机硅胶黏剂。有机硅胶黏剂具有耐高温、低温、耐蚀、耐辐射、防水性和耐候性等特点，广泛用于宇航、飞机制造、电子工业、建筑、医疗等方面。

（5）溶液型胶黏剂　一般热塑性聚合物为线型结构，可溶于有机溶剂中，配制成热塑性树脂溶液型胶黏剂。这类胶黏剂主要用于塑料等非结构件上的胶接，强度是通过溶剂的挥发来实现的。

有机玻璃、PVC、聚苯乙烯、尼龙、醋酸纤维素、橡皮、聚碳酸酯等都常用来配制溶液型胶黏剂。

（6）热熔型胶黏剂　热塑性聚合物受热后软化、熔融而有流动性，其中不少熔体可作为胶黏剂使用，冷却后凝固而达到粘接的目的，所以称为热熔型胶黏剂，简称为热熔胶。常用的热熔胶有乙烯-乙酸乙烯酯共聚物热熔胶（EVA热熔胶）、聚酰胺热熔胶、聚酯热熔胶等。

除热熔性聚合物外，热熔胶配方中常常还包括增黏剂、增塑剂、填料等。热熔胶主要用于包装材料、服装内衬、塑料制品等。

（7）压敏胶黏剂　压敏胶黏剂简称压敏胶，在常温下、施加轻微的外力就能在被粘表面间形成良好的黏附性，最常见的品种是橡皮膏。压敏胶的应用是通过压敏胶带、标签、医用制品等来实现的。压敏胶带是将压敏胶涂于基材上，加工而成的带状制品。压敏胶的特点是其黏附性对压力很敏感，可用压力黏附于被粘物表面又可扯下来。压敏胶是以长链聚合物为基础，加入增黏剂、软化剂、填料、防老剂、溶剂等配制而成的，可分为橡胶系压敏胶和树脂系压敏胶两类。树脂系压敏胶最重要的品种是丙烯酸酯类压敏胶。

压敏胶制成的胶带主要用于包装、绝缘包覆、标签、医用等方面。

4.4.2　涂料

涂料是指涂布在物体表面而形成具有保护和装饰作用膜层的材料。最早是用植物油和天然树脂熬炼而成，其作用与中国的大漆相近，因而称为"油漆"。随着石油化工和合成聚合物工业的发展，当前植物油和天然树脂已逐渐为合成聚合物改性和取代，涂料所包括的范围已远远超过"油漆"原来的狭义范围。

4.4.2.1 涂料的组成

涂料为多组分体系,是由成膜物质(亦称粘料)和颜料、溶剂、催干剂、增塑剂等组分构成。成膜物质为聚合物或者能形成聚合物的物质,它是涂料的基本组分,决定了涂料的基本性能。根据不同的聚合物品种和使用要求需添加各种不同的添加剂,如颜料、溶剂等。

(1)成膜物质 作为成膜物质,必须与物体表面和颜料具有良好的结合力(附着力)。原则上各种天然的和合成的聚合物都可作为成膜物质。与塑料、纤维、橡胶等所用聚合物的主要差别是,涂料用聚合物的平均分子量一般较低。

成膜物质可分为反应性及非反应性两种类型。

植物油或具有反应活性的低聚物、单体等所构成的成膜物质称为反应性成膜物质,将它涂布于物体表面后,在一定条件下进行聚合或缩聚反应,从而形成坚韧的膜层。非反应性成膜物质是由溶解或分散于液体介质中的线型聚合物构成,涂布后,由于液体介质的挥发而形成聚合物膜层。

反应性成膜物质有植物油、天然树脂、环氧树脂、醇酸树脂、氨基树脂等。非反应性成膜物质有纤维素衍生物、氯化橡胶、乙烯基聚合物、丙烯酸树脂等。

(2)颜料 涂料中加入颜料起装饰作用,并对物体表面起到抗腐蚀的保护作用。常用的颜料有:无机颜料,如铬黄、铁黄、镉黄、铁红、氧化锌、钛白粉、铁黑等;防锈颜料,如红丹、锌铬黄、铝粉、磷酸锌等;金属颜料,如铝粉、铜粉等;有机颜料,如炭黑、酞菁蓝、耐光黄、大红粉等;特种颜料,如夜光粉、荧光颜料等。

(3)填充剂 填充剂又称增量剂,在涂料工业中亦称为体质颜料,如重晶石粉、碳酸钙、滑石粉、石棉粉、云母粉、石英粉等,它们不具有遮盖力和着色力,而是起到改进涂料的流动性能、提高膜层的力学性能和耐久性、光泽的目的,并可降低涂料的成本。

(4)溶剂 溶剂是用以溶解成膜物质的易挥发性液体。常用的溶剂有甲苯、二甲苯、丁醇、丁酮、乙酸乙酯等。

(5)增塑剂 增塑剂是为提高漆膜柔性而加入的有机添加剂。常用的有氯化石蜡、邻苯二甲酸二丁酯(DBP)及邻苯二甲酸二辛酯(DOP)等。

(6)催干剂 对聚合物膜层的聚合或交联称为漆膜的干燥。催干剂就是促使聚合或交联的催化剂。常用的催干剂有环烷酸、辛酸、松香酸及亚油酸的铝盐、钴盐和锰盐;其次是有机酸的铅盐和锆盐。

(7)增稠剂及稀释剂 增稠剂是为提高涂料的黏度而加入的添加剂,常用的有纤维素醚类、细分散的二氧化硅以及黏土等。

稀释剂是为降低涂料的黏度、便于施工而加入的添加剂。常用的有乙醇、丙酮等。

(8)其他添加剂 在涂料中,其他添加成分还有杀菌剂、颜料分散剂以及为延长贮存期而加入的阻聚剂、防结皮剂等。

4.4.2.2 涂料的类型

当前,涂料的品种有上千种,可从不同的角度进行分类。

最早出现的是清油和厚漆。清油是单纯植物油熬炼而成的;而在清油中加入颜料、填充剂等制成的糊状物称为厚漆。最初的调和漆是厚漆加清油调制而成的,其目的是为了便于涂布。后来,为提高漆膜的光泽度和改进漆膜的性能,加进了天然树脂或合成树脂。加有树脂的清油称为清漆,清漆加颜料后即成为色漆,因为漆膜光亮,和搪瓷一般,因而又称为磁漆。

根据施工的层次，涂料可分为腻子、底漆、面漆、罩光漆等。根据稀释介质的不同，可分为溶剂型、水溶型、水乳型等。根据漆膜的光泽，可分为无光漆、半光（平光）漆和有光漆等。根据用途，可分为防锈漆、绝缘漆、耐高温漆、地板漆、罐头漆、船舶漆、铅笔漆、美术漆等。根据施工方法，可分为喷漆、烘漆、电泳漆等。但是，一般是按成膜物质中所包含的树脂类型进行分类。可分为以下的类别。

（1）油性涂料　即油基树脂漆，它是一种低档漆，包括油脂类漆、天然树脂类漆、沥青漆等。

（2）合成树脂类漆　包括酚醛树脂漆、醇酸树脂漆、氨基树脂漆、纤维素漆、过氯乙烯漆、乙烯树脂漆、丙烯酸酯树脂漆、聚酯树脂漆、环氧树脂漆、聚氨基甲酸酯漆及元素有机聚合物漆等。合成树脂类漆都属于高档漆。

4.4.2.3　油基树脂漆

（1）油脂类漆　油脂类漆是以植物油或植物油加天然树脂或改性酚醛树脂为基的涂料，有清油、清漆、色漆等不同类型。清油是干性油的加工产品，含有树脂时称为清漆，清漆中加颜料即为色漆（瓷漆）。在配方中 1 份树脂所使用油的份数称为油度比。以重量计，树脂：油为 1：3 时称为长油度，1：（2～3）时称为中油度，1：（0.5～2）时称为短油度。下面对油脂类漆所用的主要成分简介如下。

① 油类　植物油主要成分为甘油三脂肪酸酯，其通式为 $\begin{array}{l} CH_2—OOCR_3 \\ CH—OOCR_2 \\ CH_2—OOCR_1 \end{array}$ ，R_1、R_2、R_3 可以相同也可以不相同，这是体现油类性质的主要部分。此外，植物油中尚含有一些非脂肪成分，如磷脂、固醇、色素等杂质，这类物质一般对制漆不利，制漆时应除去。

形成甘油三酸酯的脂肪酸分为饱和及不饱和两种。饱和脂肪酸如硬脂酸，因分子内不含双键，因而不能进行聚合反应。不饱和脂肪酸如油酸、桐油酸等，含有双键，可在空气中氧的作用下进行聚合与交联反应。

含有不饱和脂肪酸的植物油，可进行氧化聚合而干燥成膜，故称为干性油；不能进行氧化聚合的植物油称为不干性油。涂料工业应用的植物油可分成干性油、半干性油和不干性油 3 种，是依碘值划分的。碘值在 140 以上的为干性油，如桐油、梓油、亚麻油、大麻油等。碘值在 100～140 的为半干性油，如豆油、花生油、棉籽油等，它们干燥的速度比干性油小。不能自行干燥的油称为不干性油，一般用作增塑剂和制造合成树脂，如蓖麻油、椰子油、米糠油等都属于不干性油。

② 松香加工树脂　松香的主要成分为树脂酸 $C_{19}H_{29}COOH$。树脂酸有多种异构体，包括松香酸、新松香酸、海松酸等，其中最主要的是松香酸，它是一种不饱和酸。涂料中用的松香加工树脂是松香经加工处理可制得的松香皂类、酯类或与其他材料改性的树脂，如松香改性酚醛树脂。

③ 催干剂　催干剂即油类氧化聚合的催化剂，常用的有钴、锰的有机酸皂类，其中最重要的是环烷酸钴。钙和锌的有机酸皂常用作助催干剂。

④ 其他的树脂　油性涂料常用的其他树脂有松香改性酚醛树脂、丁醇醚化酚醛树脂、酚醛树脂、石油树脂、古马隆树脂等。

⑤ 溶剂　油基树脂漆主要使用油漆溶剂油、二甲苯及松节油。

（2）大漆　大漆是一种天然漆，俗称土漆或生漆。生漆经加工即成熟漆。

生漆是漆树的分泌物，是一种天然水乳胶漆。生漆的主要成分是漆酚。漆酚是含有不同脂肪烃取代基的邻苯二酚混合物，可表示为 ，R 中双键越多，漆的质量越好。漆酚在生漆中的含量为 $50\%\sim80\%$，是生漆的成膜物质。

生漆中含有不到 1% 的漆酶，它是一种氧化酶，为生漆的天然有机催干剂。生漆中还含有 $20\%\sim40\%$ 的水分，$1\%\sim5\%$ 的油分，$3.5\%\sim9\%$ 的树脂质。树脂质即松香质，是一种多糖类化合物。在生漆中起到悬浮剂和稳定剂的作用。

生漆可用油类改性及其他树脂改性。

（3）沥青漆　沥青漆是以沥青为基料加有植物油、树脂、催干剂、颜料、填料等助剂而制成的涂料。沥青漆具有耐水、耐酸、耐碱和电绝缘性。因其成本低，用途比较广泛。

4.4.2.4　合成树脂漆

（1）醇酸树脂漆　以醇酸树脂为基、加入植物油类而成的漆类称为醇酸树脂漆。

醇酸树脂是由多元醇、多元酸与脂肪酸制得的。常用的多元醇有甘油、季戊四醇；常用的多元酸为邻苯二甲酸酐。常用的油类有椰子油、蓖麻油、豆油、亚麻油、桐油等。醇酸树脂约占用于涂料的合成树脂量的一半。

醇酸树脂分为两类。一种是干性油醇酸树脂，是采用不饱和脂肪酸制成的，能直接固化成膜。另一种是不干性油醇酸树脂，它不能直接作涂料用，需与其他树脂混合使用。

醇酸树脂漆具有附着力强、光泽好、硬度大、保光性和耐候性好的特点，可制成清漆、磁漆、底漆和腻子，用途十分广泛。醇酸树脂可与硝酸纤维素、过氧乙烯树脂、氨基树脂、氯化橡胶并用改性，也可在制备过程中加入其他成分制成改性的醇酸树脂，如松香改性醇酸树脂、酚醛改性醇酸树脂、苯乙烯改性醇酸树脂、丙烯酸酯改性醇酸树脂等。

（2）氨基树脂漆　涂料中使用的氨基树脂有三聚氰胺甲醛树脂、脲醛树脂、烃基三聚氰胺甲醛树脂以及其他改性的和共聚的氨基树脂。氨基树脂也可与醇酸树脂、丙烯酸树脂、环氧树脂、有机硅树脂等并用，制得改性的氨基树脂漆。

氨基醇酸烘漆是应用最广的一种工业用漆。

（3）环氧树脂漆　环氧树脂漆可根据固化剂的类型分为胺固化型漆、合成树脂固化型漆、脂肪酸酯固化型漆等。环氧树脂也可制成无溶剂漆和粉末涂料。环氧树脂漆性能优异，广泛应用于汽车工业、造船工业以及化工和电气工业中。

环氧树脂漆常为双组分的，一种是树脂组分，另一种是固化剂组分，使用时将二者按比例混合。表 4-18 列出一种用于钢质贮罐内壁的环氧树脂漆配方（按质量计）。

表 4-18　一种用于钢质贮罐内壁的环氧树脂漆配方　　　　单位：质量份

组分 A（树脂组分）	环氧树脂(E-20)	28.0
	红丹	59.90
	硅藻土	5.65
	滑石粉	4.65
	丁醇醚化三聚氰胺甲醛树脂	0.85
	甲苯/丁醇(8/2)	25
组分 B（固化剂组分）	己二胺	1.63
	乙醇	1.63

（4）聚氨酯漆　选用不同的异氰酸酯与不同的聚酯、聚醚、多元醇或与其他树脂配用可

制得许多品种的聚氨酯漆。例如，先将干性油与多元醇进行酯交换，再与二异氰酸酯反应，加入催干剂后即制得单组分的氨酯油，它是通过油脂中的双键氧化聚合而固化的。聚氨酯漆主要有几种类型：多异氰酸酯/含羟基树脂——双组分漆；封端型多异氰酸酯/含羟基树脂——单组分烘干漆；预聚物，潮气固化型——单组分漆；预聚物，催化固化型——双组分漆；聚氨酯沥青漆；聚氨酯弹性涂料（用于皮革、纺织品等）。

聚氨酯漆具有耐磨性优异、附着力强、耐化学腐蚀等特点，广泛用作地板漆、甲板漆、纱管漆等。

（5）纤维素漆　纤维素漆是指以纤维素醚或纤维素酯为基料的漆类。常用的有硝酸纤维素、醋酸纤维素、醋酸丁酸纤维素、乙基纤维素等。使用时常与其他天然的或合成的树脂并用，以改善漆膜的性能。纤维素漆常用作汽车快干漆。

（6）丙烯酸酯漆　丙烯酸酯漆分热塑性及热固性两类。

热塑性丙烯酸酯漆广泛应用于织物、木器及金属制件，加入荧光颜料可制成发光漆，在航空工业及建筑工业中有广泛应用。

热固性丙烯酸酯漆固化后性能更好，在要求高装饰性能的轻工产品如缝纫机、洗衣机、电冰箱、仪表等方面应用十分广泛。

丙烯酸酯类单体经过不同的工艺，可制成各种水性漆、电泳漆、乳胶漆，也可制成粉末涂料。常用的单体有甲基丙烯酸-β-羟乙酯、甲基丙烯酸缩水甘油酯、丙烯酰胺、甲基丙烯酰胺等。

（7）其他合成树脂漆　其他合成树脂漆有乙烯树脂漆，如氯乙烯-乙酸乙烯酯共聚树脂漆、偏氯乙烯共聚树脂漆、聚乙烯醇缩醛漆、过氯乙烯漆、氯化聚烯烃漆等，不饱和聚酯漆、有机硅树脂漆、橡胶漆等。橡胶漆是将天然橡胶进行化学处理转变成分子量较低的氯化橡胶、环化橡胶后制成的漆类。合成橡胶如丁苯胶、聚硫橡胶、丁腈橡胶、氯丁橡胶等都可制成橡胶漆。橡胶漆主要用于防腐、防护、水闸、交通工具等方面。

4.4.2.5　水性树脂涂料

水性树脂涂料主要是指以水为溶剂的水溶性聚合物涂料和以水为介质的乳胶型涂料。

（1）水溶性树脂涂料　聚合物一般不溶于水，但可通过一定的方法制得水溶性聚合物。制备方法有：带有氨基的聚合物以羧酸中和成盐；带有羧基的聚合物用胺或碱（如 NaOH）中和成盐；破坏氢键，例如使纤维素甲基化制成甲基纤维素，破坏了纤维素分子间的氢键，从而制成可溶于水的甲基纤维素；皂化，例如从聚乙酸乙烯酯制备可溶于水的聚乙烯醇等。

水溶性涂料中常用的聚合物有水溶性油、水溶性环氧树脂、水溶性醇酸树脂、水溶性聚丙烯酸酯类等。水溶性树脂漆常用的固化剂有水溶性三聚氰胺甲醛树脂、脲醛树脂等。

水溶性树脂漆除可采用喷、浸、刷等方法涂布外，还可采用电沉积法（电泳法）进行施工。

（2）乳胶涂料　各种合成乳液加入颜料、体质颜料、保护胶体、增塑剂、润湿剂、防冻剂、防锈剂、防霉剂等，经研磨分散即成为乳胶涂料（即乳胶漆）。

乳胶漆的主要品种有聚乙酸乙烯酯乳胶漆、乙酸乙烯酯-顺丁烯二酸二丁酯共聚乳胶漆、丙烯酸酯类乳胶漆及丁苯乳胶漆等。

4.4.2.6　粉末涂料

粉末涂料为固体粉末状的涂料，全部组分都是固体，采用喷涂、静电喷涂等工艺施工，再经加热熔化成膜。最早出现的粉末涂料有聚乙烯、聚氯乙烯和尼龙粉末涂料。德国早在

20 世纪 60 年代就开始生产粉末涂料；中国是从 20 世纪 80 年代开始生产的。

粉末涂料分为两类，一是热塑性粉末涂料如聚乙烯、尼龙和聚苯硫醚（PPS）等；另一类是热固性粉末涂料，它是由反应性成膜物质复合物（树脂、交联剂、颜料、填料、流干剂等）混合而成。最常用的有环氧粉末涂料、聚酯型粉末涂料等。

热固性粉末涂料主要用于家用电器、自行车、电子元件、金属家具等。热塑性粉末涂料主要用于防腐及纺织方面。

参 考 文 献

[1] BrydsonJ. A. Plastics Materials. Iliffe，1969.

[2] 石安富，龚云表. 工程塑料. 上海：上海科学技术出版社，1986.

[3] 蔡贤钦等. 特种工程塑料及树脂的国外发展概况. 高分子材料，1981，（1）：35-56.

[4] 钱知勉. 塑料性能应用手册. 上海：上海科学技术出版社，1981.

[5] 赵德仁. 高聚物合成工艺学. 北京：化学工业出版社，1983.

[6] 张留成等. 缩合聚合. 北京：化学工业出版社，1986.

[7] ［苏］加尔莫诺夫 ИВ 著. 秦怀德等译. 合成橡胶. 北京：化学工业出版社，1988.

[8] ［美］沃克 BM 著. 朱绍忠等译. 热塑性弹性体手册. 北京：化学工业出版社，1984.

[9] 董纪震等. 合成纤维生成工艺学. 上册. 北京：中国纺织出版社，1981.

[10] 成晓旭等. 合成纤维新品种和用途. 北京：中国纺织出版社，1988.

[11] Boxall J，et al. Paint Formulation，Principles and Practice. George Godwin limited，London，1980.

[12] 杨玉昆等. 合成胶粘剂. 北京：科学出版社，1980.

[13] 刘国杰等. 涂料应用科学与工艺学. 北京：轻工业出版社，1994.

[14] 耿跃宗等. 合成聚合物乳液制造与应用技术. 北京：中国轻工业出版社，1999.

[15] 金关泰主编. 高分子化学理论与应用进展. 北京：中国石化出版社，1995.

习题与思考题

1. 简要说明塑料的特性及其类型。

2. 解释如下术语：

（1）填料；（2）增强剂；（3）增塑剂；（4）稳定剂；（5）润滑剂；（6）抗静电剂；（7）阻燃剂；（8）偶联剂；（9）固化剂。

3. 简述塑料成型加工的主要方法。

4. 试述橡胶的结构特征。

5. 写出天然橡胶和合成橡胶的主要品种。

6. 简述橡胶制品的主要原料。

7. 举例说明热塑性弹性体结构特征和性能特点。

8. 解释如下术语：

（1）热塑性聚氨酯弹性体；（2）微孔高分子材料。

9. 举例说明纤维的结构特点及其主要品种。

10. 简要叙述胶黏剂及涂料的主要类型。

11. 根据受力情况的不同，黏结强度有哪几种？

12. 解释下列名词：

（1）压敏胶；（2）热熔胶；（3）厌氧胶。

第5章 功能高分子材料

功能高分子材料是指具有特定的功能作用，可做功能材料使用的高分子材料。当前这是一类甚受瞩目、发展迅速的高分子材料，本章择其主要者作一简单介绍。

5.1 液晶高分子

5.1.1 基本概念

物质在晶态和液态之间还可能存在某种中间状态，此中间状态称为介晶态（mesophase），而液晶态是一种主要的介晶态。液晶（liquid crystal）即液态晶体，既具有液体的流动性，又具有晶体的各向异性。事实上，物质中存在两种基本的有序性：取向有序和平移有序，晶体中原子或分子的取向和平移（位置）都有序。将晶体加热，它可沿着两个途径转变为各向同性液体，一是先失去取向有序，保留平移有序而成为液晶，而只有球状分子才可能有此表现；另一途径是先失去平移有序而保留取向有序，成为液晶，但这时平移有序未必立即完全丧失，所以某些液晶还可能保留一定程度的平移有序性。

胆甾醇苯甲酸酯是在 1888 年最早发展的液晶物质，并于 1904 年被 Lehman 称之为液晶，由此开始了对液晶领域的研究。

根据液晶分子在空间排列的有序性的不同，液晶相可分为向列型、近晶型、胆甾型和碟型四类，如图 5-1 所示。向列型（nematic state）常以字母 N 表示，此种液晶中分子排列只有取向有序，无分子质心的远程有序，分子排列是一维有序的。近晶型（smectic state）除取向有序外还有由分子质心组成的层状结构，分子呈二维有序排列，根据层内排列的差别，近晶型液晶还可细分为不同的子集相结构，这些子集相分别标注为 S_A、S_B、S_C、S_D、S_E、S_F、S_G、S_H、S_I、S_J、S_K 及 S_M 等。如果这类液晶分子中含有不对称碳原子，则会形成螺旋结构，因而生成相应的具有手征性的相，这种手征性相常用星号"*"表示。例如，S_C^*、S_G^* 即分别表示具有手征性的近晶 C 相和近晶 G 相。

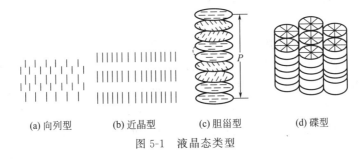

(a) 向列型　　(b) 近晶型　　(c) 胆甾型　　(d) 碟型

图 5-1　液晶态类型

胆甾型液晶态（cholesteric state）具有扭转分子层结构，在每一层分子平面上分子以向列型方式排列，而各个分子层又按周期扭转或螺旋方式上下叠在一起，使相邻各层分子取向方向间形成一定的夹角。此类液晶分子都具有不对称碳原子因而具有手征性。此类液晶常用字母 N^* 表示，也可用 Ch 或 C^* 表示。

除以上三种基本类型外，在 1977 年还发现了一类被称之为碟型液晶态（discotic state）的物质。此外，有些物质虽然本身不是液晶物质，但在一定外界条件（压力、电场、光照等）下，可形成液晶相，此类物质可称为感应性液晶物质。

根据液晶相形成条件的不同，液晶物质可分为热致型液晶和溶致型液晶两种类型。对溶致型液晶，一个重要的物理量是形成液晶的临界浓度，即在此浓度以上，液晶相才能形成。当然，临界浓度也是温度的函数。

热致型液晶其相态间的转变是由温度变化引起的。相转变点温度是表征液晶态的重要物理量，从晶态到液晶态的转变温度称为熔点或转变点，由液晶态转变为各向同性液体的温度称为澄清点或清亮点。有些物质如 N-对戊苯基-N'-对丁苯基对苯二甲胺（TBPA），在不同温度下可呈不同的液晶态结构。例如 TBPA 的相变序为 $I_{233} N_{212} S_{A179} S_{C149} S_{F140} S_{G61} S_H \rightarrow Cr$。其中 S_A、S_C、S_F、S_G、S_H 分别表示近晶 A 相、C 相、F 相、G 相和 H 相，Cr 表示晶相，I 表示各向同性的液相，数字表示相应的相转变温度。

大多数液晶物质是由棒状分子构成的。其分子结构常常具有两个显著的特征：一是分子的几何形状具有不对称性，即有大的长径比（L/D），一般 L/D 都大于 4；二是分子间具有各向异性的相互作用。Gray 和 Brown 指出，多数液晶物质具有如下的分子结构：

$$R-\langle\text{〇}\rangle-X-\langle\text{〇}\rangle-R'$$

即此类分子由三部分构成：由两个或多个芳香环组成的核，最常见的是苯环，有时为杂环或脂环；核之间有一个桥键 X，例如 $-CH=N-$，$-N=N-$，$-N=N(O)-$，$-COO-$，

$-\overset{\overset{\displaystyle O}{\|}}{C}-NH-$ ， $-C\equiv C-$ 等；分子的尾端含有较柔顺的极性或可极化的基团—R，—R′，例如酯基、氰基、硝基、氨基、卤素等；分子的中间部分，如 $-\langle\text{〇}\rangle-X-\langle\text{〇}\rangle-$ ，也常称为介晶单元。

除棒状分子外，近来发现，盘状或碟状分子也可能呈液晶态，如

这些"碟子"状的分子一个个重叠起来形成圆柱状的分子聚集体，组成一类称之为柱状相的新的液晶相。

还有一类液晶是双亲分子的溶液，如正壬酸钾溶液。

自从 Frergason 等人设计出了根据胆甾型液晶的颜色变化来测定表面温度的方法，以及 20 世纪 60 年代末 Heilmeier 发现在外加电场作用下，向列型液晶的透明薄膜出现浑浊的现象，并在此基础上完成了数字显示器件及液晶钟表以来，液晶的研究和应用已取得了长足的进展。20 世纪 90 年代以来，液晶特别是液晶材料的研究和应用继续向纵深发展，已成为国际科技界的一个热点。

液晶高分子（LCP）的发现当追溯到 20 世纪 30 年代。自从 1966 年美国 Du Pont 公司首次用向列态液晶聚对氨基苯甲酸制成了高强度、高模量的商品纤维——Fiber，并紧接着制成了聚对苯二甲酰对苯二胺纤维——Kevlar 以来，液晶高分子的研究进入了高潮，已成为国际上的一个重要研究热点。

5.1.2　液晶高分子的类型及合成方法

与一般小分子液晶类似，液晶高分子同样具有近晶态、向列态、胆甾型和碟状液晶，其中以具有向列态或近晶态的液晶高分子居多。

液晶高分子的分类方法有两种。从应用的角度出发可分为热致型和溶致型液晶两类；从分子结构出发可分为主链型和侧链型液晶两类。这两种分类方法是相互交叉的。例如主链型液晶高分子既有热致型液晶，也有溶致型液晶；热致型液晶高分子既有主链型的也有侧链型的。为便于对液晶高分子结构与性能关系的研究，常按分子结构进行分类，即分为主链型液晶高分子和侧链型液晶高分子两类。

5.1.2.1　主链型液晶高分子

主链型液晶高分子是指介晶基元处于主链上的一类高分子。主链型液晶高分子又可分为热致型和溶致型两种情况。

（1）溶致主链型液晶高分子　最先发现的溶致主链型液晶高分子是天然存在的聚（L-谷氨酸-γ-苄酯），而最先受到普遍关注的合成溶致主链液晶高分子是聚对苯甲酸胺（PBA）和聚对苯二甲酸对苯二胺（PPTA）。

在合成的溶致液晶高分子中，最重要的类型是芳香族聚酰胺。溶剂可以是强质子酸，也可以是酰胺类溶剂，一般常需加 2%～5%的 $LiCl$ 或 $CaCl_2$ 以增加聚合物的溶解性。吲哚类高分子也能形成溶致型液晶。

广泛采用的制备可溶型芳族聚酰胺的方法是胺和酰氯的缩合反应，例如：

$$H_2N-Ar-COOH \xrightarrow[-SO_2]{+SOCl_2} HCl \cdot H_2N-Ar-COCl \xrightarrow{-HCl} \displaystyle{\left[NH-Ar-CO \right]_n}$$

其他的缩合方法，如界面缩聚，使用缩合磷酸盐和吡啶混合物等亦有报道，但尚未有工业化的报道。

除缩合聚合反应外，还有氧化酰化反应、酯的氨解以及在有咪唑存在下的酰胺反应也被用来制备芳香族酰胺液晶。

吲哚类聚合物也可形成溶致型液晶，吲哚类聚合物具有梯形结构，多用于制备耐热材料，但被称为 PBZ 的一类吲哚聚合物例外，它用于制备超强纤维，即通过由它们形成的溶致液晶进行纺丝制得高模量高强度的纤维。此类聚合物的结构为：

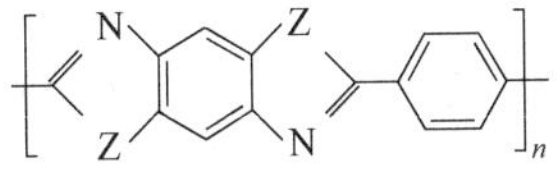

其中按 Z 代表的原子不同又可分为：聚对亚苯基苯并二噻唑（PBT）（当 Z 为 S 时）和聚对亚苯基苯并二噁唑（PBO）（当 Z 为 O 时）以及聚对亚苯基苯并二咪唑（PBI）（当 Z 为 N 时），其中研究较多的是反式 PBT，其合成路线为：

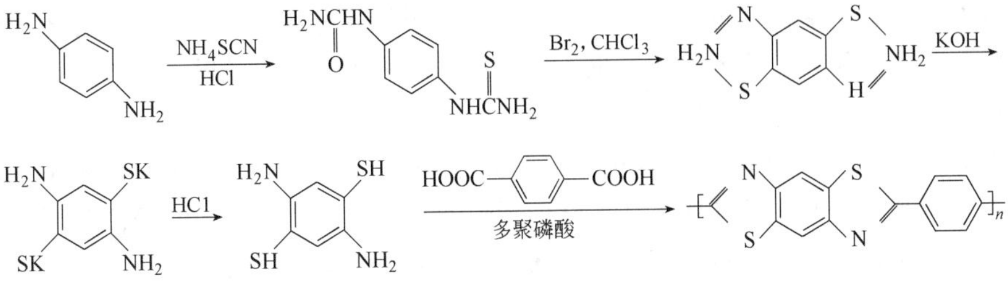

除了上述两类在应用中取得很大成功的溶致主链型液晶高分子外，还有很多液晶高分子也能形成此类液晶，如聚肽、共聚酯类等。

纤维素及其衍生物如二羟丙基纤维素等也能形成溶致型液晶，所形成的液晶一般是胆甾型的。此外，聚有机磷嗪、含有金属的聚炔烃也可形成溶致型液晶。

（2）**热致主链型液晶高分子** 热致主链型液晶高分子通常是由聚酯类高分子形成的。由于缺少酰胺键中的氢原子，此类高分子很难形成溶致型液晶。此种聚酯类高分子一般为芳香族聚酯及共聚酯。此外，还有含有偶氮苯、氧化偶氮苯和苄连氮等特征基团的共聚酯。

由于主链的刚性和不溶解的性质，此类高分子的合成比较困难。改进的办法是：先制备分子量较小的中间体，然后在此中间体的熔点附近进行固态聚合，进一步缩聚成高分子量的芳香族聚酯。有以下四个基本反应可用于芳香族聚酯的合成：

① 芳香族酰氯与酚类的 Schotten-Baumann 反应；

② 高温酯交换反应；

③ 氧化酯化，其反应机理可表示为：

$$ArOH + Ar'COOH + (C_6H_5)_3P + C_2Cl_6 \longrightarrow ArCOOAr' + (C_6H_5)_3PO + C_2Cl_4 + 2HCl$$

④ 通过新的酸酐进行聚合，此反应是酯与酚交换反应的改进，例如：

$$RCOOH + ArSO_2Cl \longrightarrow RCOOSO_2Ar \xrightarrow{R'OH} RCOOR' + ArSO_3H$$

工业上广泛应用的是高温酯交换反应。

除上述的主链型液晶高分子外，已有报道表现热致液晶行为的主链型液晶高分子还有：聚醚 ；聚叠氮膦 ；聚对二甲苯 以及聚二甲基硅氧烷 等。

5.1.2.2 侧链型液晶高分子

侧链型液晶高分子是指介晶基元位于大分子侧链的液晶高分子。与主链型液晶高分子不同，侧链型液晶高分子的性质主要决定于介晶基元，受大分子主链的影响程度较小。对侧链型液晶高分子，液晶态的形成并不要求大分子链处于取向态，而完全由介晶基元的各向异性排列决定。由于介晶基元多是通过柔性链与聚合物主链相接，所以其行为接近于小分子液晶。主链型液晶高分子主要用于增强材料；而侧链液晶高分子则主要用作功能材料。

介晶基元按结构分为双亲介晶基元和非双亲介晶基元，相应地，侧链型液晶高分子分为双亲侧链型液晶高分子和非双亲侧链型液晶高分子两类，研究和应用较多的是非双亲侧链型液晶高分子。一般而言，若非特别指明，侧链型液晶高分子都是指非双亲性的。

（1）**非双亲侧链型液晶高分子** 侧链型液晶高分子的主链一般都是柔性大分子链，主要有聚丙烯酸酯类、聚硅氧烷、聚苯乙烯及聚乙烯醇四类。由于聚硅氧烷链柔性较大，是受到重视的一类主链。

介晶基元与主链的连接方式有端接（end-on）、侧接（side-on）两种，另外还有在一根侧链上并列接上两个介晶基元的连接方式，从而形成孪生（twin）侧链型液晶高分子。侧链型液晶高分子的分子结构可分为主链、间隔链（spacer）和介晶基元三个部分：

$$\begin{array}{c} R \\ | \\ -\!\!\!+\!\!C-CH_2\!\!-\!\!\!\!+_{\!n} \leftarrow \text{主链} \\ | \\ \text{\Large\\~} \leftarrow \text{间隔链} \\ | \\ \square \leftarrow \text{介晶基元} \end{array}$$

间隔链的作用十分重要。当无柔性的间隔链时，由于受大分子主链构象的影响，介晶基元取向困难，难以出现液晶相；同时又由于介晶基元的影响，整个大分子链刚性增大，T_g 提高，这种现象也称为大分子主链与侧链间的偶合（coupling）作用。间隔链，即柔性连接链，可消除或大大减弱此种偶合作用，称之为去偶合（decoupling）作用。

侧链型液晶高分子可通过加聚、缩聚及大分子反应制得，如图 5-2 所示。

需要指出，各向异性单体的聚合过程对液晶有序性的影响，例如，无论单体是胆甾型或近晶型，聚合后均表现为近晶液晶行为。因此，要得到胆甾型液晶高分子，就必须采用能形成液晶而处于各向同性的光学活性单体。

丙烯酸酯类聚合物多是通过自由基聚合物反应获得的，分子量分布较宽，使其光电转换的效率受到限制。近年来，采用阳离子聚合方法制备侧链型液晶高分子以控制分子量分布受到重视。活性开环聚合反应也用以制备分子量分布较窄的液晶高分子。

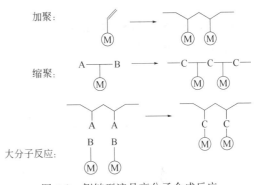

图 5-2　侧链型液晶高分子合成反应

Ⓜ—液晶基元

共聚合反应是制备侧链型液晶高分子最有效的方法。两种共聚单体或者都含有介晶基元或者其中一种单体不含介晶基元，采取共聚的方法可有效地调节聚合物的结构和性质。由于含有胆甾型介晶基元的单体，得到的均聚物一般只表现近晶态，因此，含有介晶基元的单体共聚是制备胆甾型液晶高分子的唯一办法。

除聚合反应外，另一种方法是使用含有活性功能团的聚合物链与含有介晶基元的小分子进行反应。例如：

$$\begin{array}{ccccc} & CH_3 & CH_3 & CH_3 & & & & CH_3 \\ & | & | & | & & & & | \\ CH_3\!-\!Si\!-\!O\!-\!Si\!-\!O\!-\!Si\!-\!CH_3 & + & CH_2\!=\!CH\!-\!R & \longrightarrow & -\!Si\!-\!O\!-\!\!+_{\!n} \\ & | & | & | & & & & | \\ & CH_3 & H & CH_3 & & & & CH_2\!-\!R \end{array}$$

缩聚反应是合成侧链型液晶高分子的另一类重要反应。通过缩聚反应还可制得主链上和侧链上都含有介晶基元混合结构的液晶高分子。对同一高分子物，两种不同介晶基元的相互作用会引起性质的变化，使液晶分子设计增加了新的途径。

基团转移聚合反应也是制成侧链液晶高分子的有效方法，目前此类反应主要用来合成聚甲基丙烯酸酯类为主链的侧链液晶高分子。

（2）双亲侧链型液晶高分子　双亲单体进行聚合可得到双亲聚合物，亦称"聚皂"。此类溶致液晶是由 Friberg 等首先提出的，由单体至聚合物的转变伴随着由单体六方相到聚合物片晶相（lamellar）的转变。

此类液晶的相结构与双亲介晶基元与大分子主链的连接方式有关。一般而言，有以下两种连接方式。

① A 型　憎水一端与主链相接，例如：

$$\cdots\cdots CH_2\!-\!CH\!\cdots\cdots$$
$$(CH_2)_8$$
$$COO\!-\!Na^+$$

② B 型　亲水一端与主链相接，例如：

$$\cdots\cdots CH_2\!-\!CH\!\cdots\cdots$$

5.1.3　液晶高分子的特性及应用

液晶中分子的取向程度可用有序参数 S 来表征。对向列态，液晶体系是轴对称的，S 可表示为：

$$S=\langle P_2\rangle=\left\langle \frac{3}{2}\cos^2\theta-\frac{1}{2}\right\rangle$$

式中，θ 为主链方向与取向方向之间的夹角。如果不是向列态，液晶系不是轴对称，S 必须用张量表示。

S 是一个重要参数，随温度的提高而减小。

在液晶的许多特性中，特别有意义的是它独特的流动性。

图 5-3 中给出了聚对苯二甲酰对苯二胺（PPTA）溶液的黏度-浓度关系曲线。从图可以看到，这种液晶态溶液的黏度随浓度的变化规律与一般高分子溶液体系不同。一般高分子溶液体系的黏度是随浓度增加而单调增大的，而这个液晶溶液在低浓度范围内黏度随浓度增加急剧上升，出现一个黏度极大值；随后浓度增加，黏度反而急剧下降，并出现了一个黏度极小值；最后，黏度又随浓度的增大而上升。这种黏度随浓度变化的形式是刚性高分子链形成的液晶态溶液体系的规律，它反映了溶液体系内区域结构的变化。浓度很小时，刚性高分子在溶液中均匀分散，无规

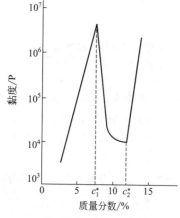

图 5-3　聚对苯二甲酰对苯二胺浓
硫酸溶液的黏度-浓度曲线
（20℃，$M=29700$）

取向，形成均匀的各向同性溶液，此时该溶液的黏度-浓度关系与一般体系的相同，随着浓度的增加，黏度迅速增大，黏度出现极大值的浓度是一个临界浓度 c_1^*。达到这个浓度时，体系开始建立起一定的有序区域结构，形成向列型液晶，使黏度迅速下降。这时，溶液中各向异性相与各向同性相共存。浓度继续增大时，各向异性相所占的比例增大，黏度减小，直到体系成为均匀的各向异性溶液时，体系的黏度达到极小值，这时溶液的浓度是另一个临界值 c_2^*。临界浓度 c_1^*、c_2^* 的值与高聚物的分子量和体系的温度有关，一般随分子量增大而降低，随温度升高而增大。

液晶态溶液的黏度-温度之间的变化规律也不同于一般高分子浓溶液体系。随着温度的升高，黏度出现极大值和极小值。

根据液晶态溶液的浓度-温度-黏度关系，已创造了新的纺丝技术——液晶纺丝。该技术解

决了通常情况下难以解决的高浓度必然伴随高黏度的问题；同时由于液晶分子的取向特性，纺丝时可以在较低的牵伸倍率下获得较高的取向度，避免纤维在高倍拉伸时产生内应力而受到损伤，从而获得高强度、高模量、综合性能好的纤维。例如，聚对苯二甲酰对苯二胺（芳香尼龙）的某些溶剂体系的浓溶液，运用新技术纺丝获得的纤维拉伸强度高达每旦 25g，模量高达每旦 1000g（旦为旦尼尔的简称，为纤度单位。9000m 长的天然丝或化学纤维的重量是多少克数，即称其纤度为多少旦）。

此外，大家熟悉的液晶显示技术是利用向列型液晶灵敏的电响应特性和光学特性的例子。把透明的向列型液晶薄膜夹在两块导电玻璃板之间，施加适当电压，很快变成不透明，因此，当电压以某种图形加到液晶薄膜上，便产生图像。这一原理可以应用于数码显示、电光学快门，甚至可用于复杂图像的显示，做成电视屏幕、广告牌等。还有胆甾型液晶的颜色随温度变化的特征，可用于温度的测量，对小于 0.1℃ 的温度变化，就可以借液晶的颜色用视觉来辨别。胆甾型液晶的螺距会因某些微量杂质的存在而受到强烈的影响，从而改变颜色，这一特性可用作某些化合物痕量存在的指示剂。

5.1.4　液晶高分子材料的发展趋势

液晶高分子是近十几年迅速发展的一类新型高分子材料，具有高强度、高模量、低热膨胀系数、低成型收缩率、低密度、耐化学腐蚀等一系列优异的性能。主链型高分子液晶主要用于结构材料，侧链型高分子液晶作为功能材料使用有很大的发展潜力。液晶高分子目前发展的趋势有以下几个重点。

（1）热致型液晶高分子结构材料　特别是共聚酯型的液晶自增强材料以及高比强度、高比模量和耐高温的液晶高分子纤维。应用的关键是降低成本和解决制品的各向异性问题。

（2）发展分子复合材料和原位复合材料　20 世纪 70 年代末出现了液晶高分子的分子复合材料（molecular composites）。这是将增强纤维与树脂基的宏观复合扩展到分子水平的微观复合，也就是用刚性高分子链或微纤维作增强剂，将其均匀分散在柔性高分子基体中，分散程度接近分子水平以获得高强度、高模量的高性能复合材料。这也可视为一种高分子共混，例如用溶液共沉淀法将溶致液晶高分子 PPTA 与尼龙 6、尼龙 66、PVC 和 ABS 等进行共混，用不到 5％ 的 PPTA 就足以使此共混物的强度比原树脂基体的提高 2 倍以上，模量提高 3 倍以上。

液晶高分子原位复合材料（in situ composites）是指用热致型液晶高分子与热塑性树脂进行熔融共混的产物。由于液晶高分子易于取向，共混物在加工剪切应力下注射或挤出成型时，液晶微区取向成微纤结构，这种结构在制品冷却过程中被冻结，从而起到增强剂的作用。由于微纤是在成型加工过程中原位就地形成的，因此称为"原位复合材料"，也可称为一种原位共混材料。这时，液晶高分子具有增强剂、加工成型改性剂和降低能耗的三重作用。

（3）功能液晶高分子　作为功能材料的主要是侧链型液晶高分子，国内外对此都十分重视，注意力主要集中于聚硅氧烷类、聚丙烯酸酯类和聚甲基丙烯酸酯类以及含有手性基团的侧链液晶高分子。应用领域主要是光记录和存储材料、显示材料、铁电和压电材料、非线性光学材料、分离功能材料以及光致变色材料等。这些材料目前尚处于实验室研究阶段，但已可看到其重要的应用前景。

（4）新型液晶高分子　近几年发展了几类新型结构的液晶高分子，突破了原来关于液晶高分子结构特征的一些概念。

① 液晶树状物　树状大分子（dendrimer）简称树状物，1994年美国已建成生产装置，是一类很有发展前途的高分子化合物。经典理论认为：刚性棒状结构是液晶高分子结构的必要条件，而树状物为球状，与此不符。但近几年已有关于液晶树状物的报道，由于树状物具有无缠结、低黏度、高反应活性、低摩擦、高可溶性等特点，可望成为一类具有很大潜在应用价值的新型液晶材料。

② 分子间氢键作用液晶高分子　传统观点认为，液晶高分子都含有介晶基团，但现已发现，糖类分子以及某些不含介晶基团的柔性高分子也可形成液晶态，这是由于这些聚合物在熔融态因存在分子间的氢键而形成有序分子聚集体所致。有人将它称之为第三类液晶聚合物。对于这类液晶聚合物，通过调节质子给予体和接受体之间的配比，可方便地改变相转变温度，以满足对材料不同功能性质的要求。

③ 液晶离聚物　传统液晶聚合物中，介晶基团是以共价键连接到大分子链上。最近发现，通过离子间的相互作用也可将介晶基元连接到大分子链而形成液晶，这称之为液晶离聚物。液晶离聚物具有许多特异性能和良好的热稳定性。体系中电荷的可流动性为其在光学材料和导电材料中的应用提供了可能。

④ 液晶网络体　交联的液晶高分子称为液晶网络体。液晶网络体根据交联密度的大小可分为热固性液晶高分子（LCT）和高分子液晶弹性体（LCES），前者深度交联，后者轻度交联，两者都有液晶有序性。

热固性液晶高分子即交联液晶高分子是由含液晶基元并应用可交联或共聚的活性端基进行封端而形成的一类新型液晶高分子，主要封端基有马来酰亚氨基、异氰酸酯基、苯乙炔基、环氧基、烯丙基、乙烯基和腈基等。LCT的制备就是合成可交联的具有液晶基元的单体或低聚物，经交联后，液晶相牢固地嵌入高分子网络结构中，从而制备稳定的二维增强的高分子材料。例如，热固性液晶环氧树脂与普通环氧树脂相比，其耐热性、耐水性和抗冲强度都显著提高；在取向方向，线胀系数减小、介电损耗减小、介电强度升高，可用于高性能复合材料。

液晶弹性体兼有弹性、有序性和流动性，是一类新型功能材料。这类材料具有取向记忆性能。此外，具有 S_C^* 相的液晶弹性体还具有铁电性、压电性和取向稳定性，使其在光学开关和波导等领域具有诱人的应用前景；同时在制备兼有高选择性和高透过性的无孔分离膜方面具有很大的潜在应用前景。将具有非线性光学特性的生色基元引入到液晶弹性体中，利用液晶弹性体在应力场、电场和磁场作用下的取向特性，可制得具有非中心对称结构的液晶弹性体，可望在非线性光学领域中有重大应用。

此外，也可应用互穿聚合物网络（IPNs）技术制备高分子液晶网络。用IPNs方法制得的高分子液晶网络也称为高分子液晶互穿网络，高分子液晶互穿网络具有可控相态并同时将两种组分的性能融合为一体，也是高分子液晶领域中具有潜在重要性的新技术方向。

5.2　吸附性高分子材料

吸附性高分子材料是指具有突出吸附或吸收能力的高分子功能材料，主要包括吸附树脂、活性碳纤维、高吸水树脂和吸油树脂四类。

5.2.1　吸附树脂

吸附树脂是一类多孔性的、高度交联的高分子共聚物，亦称为高分子吸附剂。1980年后我国才开始工业化生产和应用。

吸附树脂具有多孔结构，其外观为球形颗粒，颗粒内部由众多微球堆积、连接在一起。正是这种多孔结构赋予吸附树脂优良的吸附性能。

吸附树脂可按化学结构分为非极性和极性吸附树脂等不同类型，也可按吸附机理或孔结构等进行分类，一般是按化学结构进行区分的。

非极性吸附树脂是指由非极性单体聚合而成的多孔树脂，例如由二乙烯基苯为单体聚合而成的吸附树脂。

极性吸附树脂，按极性的大小又可区分为中极性、极性和强极性吸附树脂。中极性吸附树脂一般是含酯基、羰基的一类单体聚合而成的；极性吸附树脂一般含有酰胺基、亚砜基、氰基等；强极性吸附树脂含有吡啶基、氨基等强极性基团。

5.2.1.1 吸附树脂的制备

吸附树脂的制备技术主要包括成球和致孔两个方面。

（1）成球　一般采用悬浮聚合方法制成粒径为 0.3～1.0mm 的吸附树脂。例如，单体（二乙烯基苯）、致孔剂（甲苯、200 号汽油）、引发剂（过氧化二苯甲酰）按一定比例混合，悬浮聚合即可制得非极性的吸附树脂。

当烯烃类单体含有极性基团时，如丙烯酸甲酯、甲基丙烯酸甲酯、丙烯腈、乙酸乙烯酯、丙烯酰胺等，它们在水中具有较大的溶解度，虽然仍能采用悬浮聚合方法合成相应的球形聚合物，但聚合条件与非极性苯乙烯、二乙烯基苯等单体的悬浮聚合有所不同。缩聚树脂所用单体多为水溶性的，所以需要采用反相悬浮缩聚反应进行成球反应，即反应时的分散介质为惰性的有机液体，如液体石蜡等。

（2）致孔技术　就是在球形聚合物颗粒内形成孔隙的技术，一般方法是在聚合过程中加入致孔剂。致孔剂可区分为低分子和高分子两种。

在悬浮聚合体系的单体相中，加入不参与聚合反应并与单体相溶、沸点高于聚合温度的惰性溶剂，在聚合完成后再用适当的方法（如萃取或冷冻干燥）将其从聚合物珠体中除去得到大孔聚合物珠体，惰性溶剂原来占据的空间成为聚合物珠体中的孔。这种惰性溶剂就是一种低分子致孔剂。

线型高分子也可用作致孔剂，称为聚合物致孔剂。可用作致孔剂的线型聚合物有聚乙烯、聚乙酸乙烯酯、聚丙烯酸酯类等。在聚合过程中，作为线型聚合物溶剂的单体逐渐减少和消失，发生相分离。悬浮聚合完成后，采用溶剂抽提出聚合物珠体中的线型聚合物，得到孔径较大的大孔树脂。

也可将合适的低分子致孔剂和高分子致孔剂按一定比例混合使用，以制得所需孔结构的吸附树脂。

以上方法制得的吸附树脂，孔径大，而孔的比表面积较小，因此吸附效率不理想。为提高孔的比表面积，近年来发展了如下几种新的致孔技术。

① 后交联成孔技术　用悬浮聚合方法制备吸附树脂时，交联度（二乙烯苯 DVB 的含量）对孔结构的影响较大，用 50% 含量的工业 DVB 制得的吸附树脂，比表面积不足 500m^2/g，而采用后交联成孔技术可大幅度提高孔的比表面积。

例如，先用苯乙烯和少量 DVB 以悬浮聚合方法制成凝胶（不加致孔剂）或多孔性（比比表面积不大）的低交联（0.5%～6%）的共聚物，再用氯甲醚进行氯甲基化反应（Fridel-Crafts 反应）：

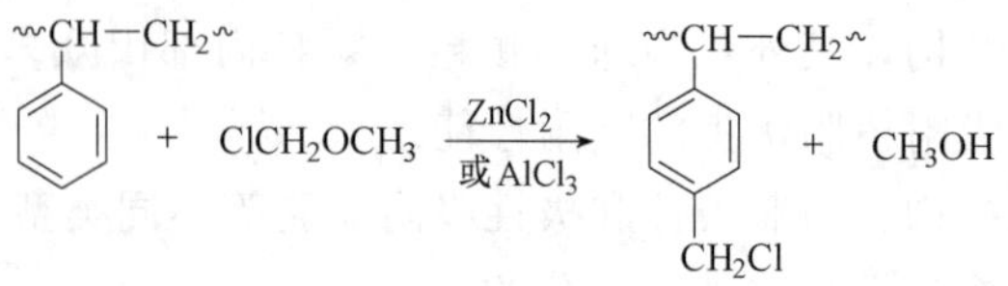

$$\text{～CH—CH}_2\text{～} + \text{ClCH}_2\text{OCH}_3 \xrightarrow[\text{或 AlCl}_3]{\text{ZnCl}_2} \text{～CH—CH}_2\text{～} + \text{CH}_3\text{OH}$$

引入的氯甲基在较高温度下，可与邻近的苯环进一步发生 Fridel-Crafts 反应：

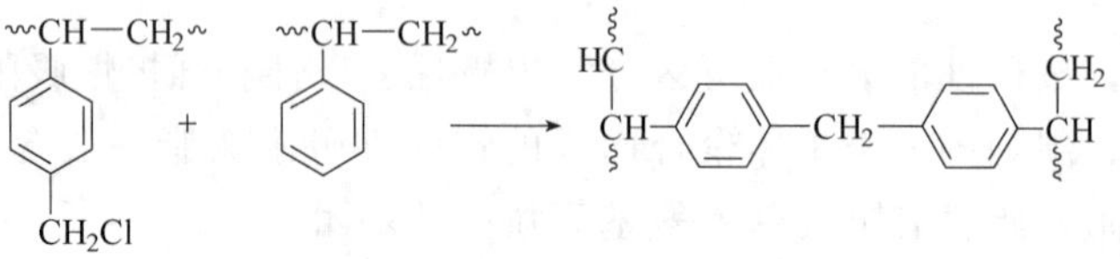

这样，原来分属两个分子链上的苯环通过亚甲基实现了交联，因未用另外的交联剂，又是在聚合后实现的交联，故称为后交联。如此制得的吸附树脂孔的比表面积可达 $1000\text{m}^2/\text{g}$ 以上。

② 乳液制孔技术　是以可聚合的单体为油相，制备油包水（W/O）乳液，在聚合时分散在油相中的水珠起致孔剂的作用。通过控制分散剂类型与用量、油相与水相比例、搅拌速度等因素来调整孔径（水珠直径）和孔度（水珠含量）。此法制得的吸附树脂，孔径比均一，具有良好的吸附动力特征和较高的吸附选择性。

③ 无机微粒致孔技术　采用溶胶-凝胶工艺制备出粒度均一的无机纳米粒子。若此种纳米粒子在一定条件下能够溶解，就可用作多孔材料的致孔剂；以其作为致孔剂，采用模板胶体晶技术可制得三维有序、窄分布的孔结构材料。已用这种方法制得平均孔径为 71～480nm 的三维有序间规聚苯乙烯吸附树脂。

5.2.1.2　特性和用途

吸附树脂具有吸附选择性，一般规律如下。

① 水溶性不大的有机物易被吸附，在水中的溶解度越小，越易被吸附。无机酸、碱、盐不被吸附。

② 吸附树脂不能吸附溶于有机溶剂的有机物。如溶于水中的苯酚可被吸附，而溶于乙醇或溶于丙酮中的苯酚不能被吸附。

③ 当吸附树脂与有机物形成氢键时，可增加吸附量和吸附选择性。

吸附树脂已广泛用于天然食品添加剂的提取、药物提取纯化、环境保护以及血液净化等方面。图 5-4 列出了吸附树脂的应用领域。

5.2.2　活性碳纤维

活性碳纤维是以高聚物为原料，经高温碳化和活化而制成的一种纤维状高效吸附分离材料。一般根据原料的名称分类和命名，例如以纤维素为原料制得的为纤维素基活性碳纤维；以聚丙烯腈为原料制得的称为聚丙烯腈基活性碳纤维等。

活性碳纤维的制备工艺可概括为预处理、碳化和活化三个主要阶段，如图 5-5 所示。

活化碳纤维的表面包括大量含氧官能团如酚羟基、醌基、酮基、羧基等，此外还有 C—H 结构以及 C 原子与 N 等杂原子所形成的基团。活性碳纤维的本体（体相）的 C 原子主要以类石墨平面片层大共轭结构存在。活性碳纤维的比表面积一般为 $1000～3000\text{m}^2/\text{g}$，巨大的比表面积赋予它极高的吸附容量。表 5-1 列举了几种活性碳纤维的比表面积和孔径。

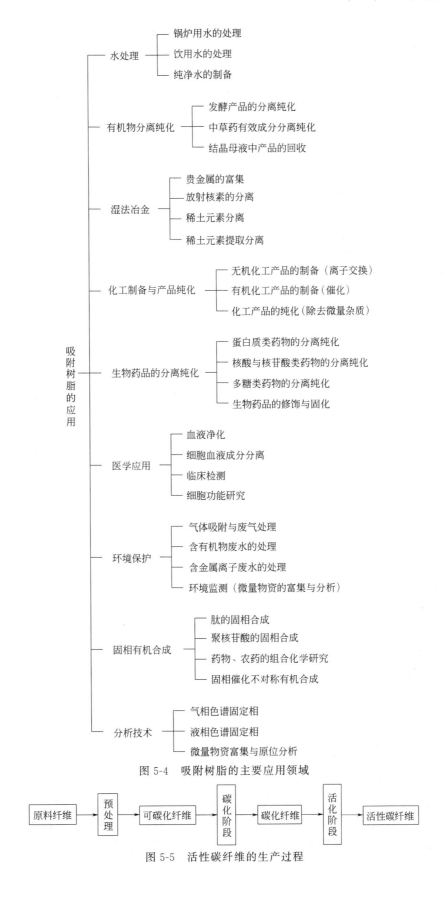

图 5-4 吸附树脂的主要应用领域

图 5-5 活性碳纤维的生产过程

表 5-1 活性碳纤维的比表面积和孔径

样品	外表面积 /(m²/g)	比表面积 /(m²/g)	平均孔径/nm	孔径分布曲线 举点/nm	产　地
NACF		900～1000		1.0	日本东邦贝丝纶公司
KF-A	1.5	1000		<0.9	日本东洋纺织公司
KF-B	约2.0	1500	约1.4	1.6	日本东洋纺织公司
酚醛基 ACF		1000～3000	1～2.8		美国碳化硅公司
PACF		1300～1700	1.4		中山大学
SNACF		800～1000	1.4		中山大学
GAC	0.01	900	2.6	1.8, 50, 200	

活性碳纤维孔结构特点是：微孔占孔体积的 90％以上（孔径 2nm 以下的为微孔），孔径小而且分布窄（见图 5-6），所以吸附分离性能好。另一特点是微孔直接分布于纤维表面，吸附和解吸的途径短，因而具有很高的吸附和解吸速度；不像粒状活性炭，吸附物质分子必须经过大孔、中孔才到达微孔吸附中心。图 5-7 及图 5-8 分别表示活性碳纤维和活性炭的孔结构模型。

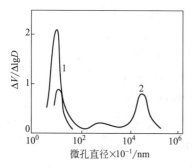

图 5-6　活性碳纤维和活性炭的孔径分布

1—活性碳纤维；2—活性炭

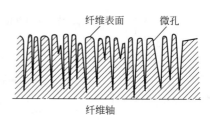

图 5-7　活性碳纤维的孔结构模型

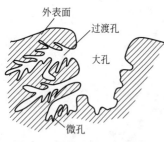

图 5-8　活性炭的孔结构模型

活性碳纤维具有与传统活性炭等吸附材料不同的化学结构与物理结构，优异的性能特征、碳含量高、比表面积大、微孔丰富、孔径小且分布窄，因而吸附量大、吸附速度快、再生容易。此外，能以纱、线、布、毡等形式使用，在工程应用上灵活方便，在化学化工、环境保护、医疗卫生、电气、军工等领域具有良好的应用前景，已被成功地用于溶剂回收、废水废气净化、毒气、毒液、放射性物质及微生物的吸附处理、贵金属回收等方面。因此，活性炭纤维一直受到科学家和企业家的重视，是当今国际上多孔吸附分离材料研究的热点，将是 21 世纪最优秀的环境材料之一。

5.2.3　高吸水性树脂

高吸水性树脂是一种吸水能力高、保水能力强的功能高分子材料，它能吸收自身重量几十倍乃至上千倍的水分并膨润成凝胶，即使受到外加压力也不能把水分离出来。迄今为止，研制成功的高分子吸水树脂最高吸水倍数可达 5000 倍。由于高吸水性树脂是用作凝胶的干状物质，有时也被称作干胶。因高分子吸水树脂奇特的性能和可观的应用前景，近 30 年来发展极其迅速，由一般的应用性能、功能，向智能化、多功能材料的高层次开发发展，其应用领域已经渗透到国民经济的各行各业。

5.2.3.1　高吸水性树脂结构特征及吸水机理

高吸水性树脂一般是具有轻度交联的三维网络结构，其主链大多是由饱和的碳-碳键组成，侧链因参与聚合的单体不同而不同，常常有羧基、羟基、磺酸基等亲水基团，因而高吸水性树脂吸水，但不溶于水，也不溶于常规的有机溶剂。其结构特征在于含有大量亲水基团的侧链、不溶于水的骨架主链及网络。

高吸水性树脂的分子结构大多数是聚电解质，是一种带有离子基团的聚合物。当聚合物接触到水，反离子溶解于水，同时网络结构上也形成固定的离子基团，由于树脂内外离子浓度差别，形成一定的渗透压，导致了水分进入吸水树脂，如图 5-9 所示。另一方面，聚合物支链上存在亲水基团，它们的水合作用也促使了树脂吸水膨胀。

在盐溶液中，由于电荷屏蔽效应，溶液中的离子改变了聚电解质分子内外的相互作用，更重要的是由于吸水树脂外部离子浓度的升高，凝胶内的渗透压降低，导致吸水树脂膨胀的大幅减少。

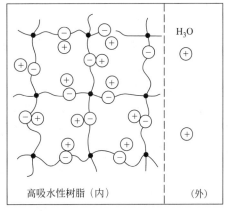

图 5-9　高吸水性树脂吸水机理

5.2.3.2　高吸水性树脂的分类及制备

高吸水性树脂种类繁多，以原料来源分类，可分为天然高分子及其改性物，如淀粉系列（淀粉接枝、羧甲基化等）、纤维素系列（羧甲基化、接枝等）；合成高分子，如聚丙烯酸、聚丙烯酰胺等。有些吸水树脂可降解，有些则不能。

吸水性高分子材料的合成大多采用功能性单体的均聚、共聚及接枝共聚。引发方法有化学引发、射线辐射引发、微波辐射法、紫外线辐射法和等离子体引发，其中以化学引发为主。聚合实施方法可以采用本体聚合法、溶液聚合法和反相悬浮聚合法等。与前两种方法相比，采用反相悬浮聚合法，聚合过程稳定，聚合产物不易成块状凝胶、粒径均匀、吸水率高。由于采用的原料及产物是亲水性的，采用反相悬浮聚合法可避免聚合产物吸收大量水分，有利于产物的后处理。

（1）淀粉类接枝共聚物　淀粉是亲水性的天然多羟基高分子化合物，其接枝共聚物是世界上最早开发的一种高吸水性树脂。其制备方法是淀粉和取代烯烃在引发剂存在下进行接枝共聚，如用淀粉和丙烯腈在引发剂存在下进行接枝共聚，聚合产物在强碱条件下加压水解，接枝的丙烯腈变成丙烯酰胺或丙烯酸盐，干燥后即得产品。这种接枝的吸水树脂吸水率较高，可达自身质量的千倍以上，但长期保水性和耐热性较差。

（2）纤维素类　纤维素与淀粉相似，也可以作为接枝共聚体的骨架，接枝单体除丙烯腈外，还可使用丙烯酰胺或丙烯酸等，所得产品为片状。将纤维素与单氯乙酸反应得到羧甲基纤维素，在经加热进行不溶化处理或用环氧氯丙烷等进行交联后可制得高吸水树脂。目前国内在这方面的研究不多。虽然纤维素类吸水性树脂的吸水能力比淀粉类要低，但是在一些特殊的性能方面，纤维素类吸水性树脂是不能代替的，例如制作高吸水性织物等。

（3）合成树脂类　合成树脂类高吸水树脂有如下几大类。

① 聚丙烯酸系树脂　这类树脂的代表性产品是丙烯酸甲酯与乙酸乙烯酯共聚后的皂化产物。它有三大特点：一是高吸水状态下仍有很高的强度；二是对光和热有较高的稳定性；

三是具有优良的保水性。与淀粉类树脂相比，具有更高的耐热性、耐腐蚀性和保水性。

② 聚丙烯腈系树脂　这类树脂是由聚丙烯腈纤维皂化其表面层，再用甲醛交联制得。腈纶废丝水解后用 Al (OH)$_3$ 交联的产物也属于此类，后者的吸水能力可达自身质量的 700 倍，而且成本低廉。

③ 聚乙烯醇系树脂　日本 Kuraray 公司开发了用聚乙烯醇与粉状酸酐反应制备改性聚乙烯醇高吸水性树脂的方法。顺酐溶解在有机溶剂中，然后加入聚乙烯醇粉末，加热搅拌进行非均相反应，使聚乙烯醇上的部分羟基酯化并引进羧基，然后用碱处理，得到高吸水性的改性聚乙烯醇树脂。

④ 聚环氧乙烷系树脂　聚环氧乙烷交联制得的高吸水性树脂虽然吸水能力不高，但它是非电解质，耐热性强，盐水几乎不降低其吸水能力。

⑤ 其他非离子型合成树脂　近年来开发出了以羟基、醚基、酰胺基水溶液进行辐射交联，得到含羟基的吸水性树脂。这类树脂吸水能力较小，一般只能达到自身质量的 50 倍。它们通常不做吸水材料用，而是作为水凝胶用于人造水晶和酶的固化方面。

5.2.3.3　高吸水性树脂的应用

高分子吸水性树脂具有高吸水性、高保水性、高增稠性三大功能。高吸水性树脂主要有如下几方面的应用。

（1）日常用品　一次性卫生用品是高分子吸水性树脂主要的、也是成熟的应用领域，约占高分子吸水性树脂总用量的 70%～80%，主要是用于婴幼儿护理卫生用品、妇女护理卫生用品和成人失禁卫生用品。

（2）农林方面　土壤中混入 0.1%～0.5% 高吸水性树脂后，即使干旱缺水时也能保持其有效湿度稳定，可减少浇水次数，使作物生长旺盛、产量提高、节省劳动力。此外，高分子吸水性树脂还有改善土壤团粒结构的作用。在改造沙漠中，高吸水性树脂可作水分保持剂、肥料缓蚀剂。高吸水性树脂吸水后与种子混合，用于大规模机械化流体播种，不仅可节省 50% 种子，而且种子受机械损害程度小，成活率高。高分子吸水性树脂在这一方面的应用有望进一步得到推广。

（3）隔水材料　用高吸水性树脂与橡胶或塑料共混后加工成各种形状，用于土木建筑领域挤缝，这些材料一遇水就会急剧膨胀，有很高的水密性。这一技术在防止油气渗漏、废水渗漏等油田化学中，作为密封或包装密封而得到广泛应用。

（4）露点抑制剂和温度调节剂　高吸水性树脂具有平衡水分的功能，在高湿度下能吸收水分，在低湿度下又能放出水分。国外制造高吸水性树脂非织布，将它衬在包装箱内或做成口袋来包装水果、蔬菜，这样可调节水分并防止在塑料袋内形成水珠，以保持水果、蔬菜等的鲜度。该非织布用于内墙装饰可防止结露并调节空气湿度。

（5）医疗保健　用作外用软膏基质，有提高药效、清洗方便之特点；用于缓释药物的制造；制成的冰枕、冰袋有降低体温、防止体温局部过热的作用。

（6）高吸水性树脂在水泥改性中的应用　高吸水性树脂应用于水泥改性、制造高强度混凝土的研究始于 20 世纪 70 年代末，这些研究大多集中在丙烯酸及其衍生物高吸水性树脂上，研究工作多见于国外的专利，国内的研究极少。将耐盐型的部分磷酸化聚乙烯醇高吸水性树脂应用于混凝土改性中，效果良好。当选择合适的交联密度和可解离磷酸根含量时，添加 2.4%～3.0% 的此类树脂，可使抗压强度提高 25% 以上，且耐蚀性大为提高，而收缩率大大降低。

5.2.4　高吸油性树脂

5.2.4.1　概述

高吸油性材料是 20 世纪 60 年代出现，近十几年得到迅速发展的一种可吸油（包括有机液体）的材料。随着工业的发展，含油污的废水、废液、海洋石油泄漏等造成的污染已不容忽视，不解决这些问题，将给地球和人类造成更大的破坏。吸油性树脂是帮助人们解决这一问题的重要方法之一，它的发展经历了一个由简单向高性能演化的过程。最近几年来，研究人员受到高吸水性树脂某些理论的启发，使吸油性材料向高吸油性树脂方向发展。目前研究较多的高吸油性树脂主要是低交联度聚合物，它以亲油性单体为基本组分，经适度交联构成网络结构，吸收的油以范德华力保存在这个网络中。这种吸油性材料吸油倍率高、油水选择性好，且保油性能大大提高，不易重新漏油，是一种高性能的新型材料。

高吸油性树脂原则上采用亲油性单体，经适度交联制得。如 1966 年美国道化学公司以烷基乙烯为单体，经二乙烯苯交联制得一种非极性的高吸油性树脂，1990 年日本触媒化学工业公司以丙烯酸类单体为原料，制得的侧链上有长链烷基的丙烯酸酯低交联聚合物是一种中等极性的高吸油性树脂。国内这方面的研究起步比较晚，只有少数几家高校和研究所在开展这项工作，部分研究人员研究了聚降冰片烯树脂、聚氨酯泡沫等吸油材料，大多数研究人员则是采用甲基丙烯酸酯系列为原料，以过氧化苯甲酰、过硫酸盐等为引发剂，用二丙烯酸 1，4-丁二醇酯、乙二醇二丙烯酸酯、双烯烃为交联剂，采用悬浮聚合、乳液聚合或微波辐射聚合等多种方法制得了吸油率在 10～30 倍不等的高吸油性树脂。

5.2.4.2　吸油性高分子树脂分类及吸油机理

吸油材料可以根据不同的分类方法进行多种分类。按原料分，吸油材料可以分为无机吸油材料和有机吸油材料，有机吸油材料又可以分为天然有机吸油材料和合成有机吸油材料。按吸油材料的产品外观可分为片状类、颗粒固体类、粒状水浆类、编织布类、包裹类、乳液类等。表 5-2 将通用吸油材料的种类、应用领域及特征归类如下。

表 5-2　通用吸油材料的种类、应用领域及特征

分类		种类	应用领域	优点	缺点
无机	包藏型	黏土 二氧化硅 珠层铁 石灰	工厂废油处理 漏油处理	低价 安全	吸油少 运输成本高 体积大，也吸水 不可燃弃
有机	天然 包藏型	棉 泥炭沼 木棉 纸浆	油炸食品废油处理 工厂废油处理 漏油处理	低价 安全 可燃弃	受压漏油 也吸水 体积大
	合成 包藏型	PP 织物 聚苯乙烯织物 聚氨酯泡沫	工厂废油处理 工厂排水混入油处理 流出油处理 漏油处理	吸速快 可燃弃	受压漏油 也吸水 体积大
	合成 凝胶型	金属皂类 12-羟基硬脂酸 亚苄基山梨糖醇 氨基酸类	油炸食品废油处理 油黏度调整剂 流出油处理 漏油处理	安全可燃弃 小型紧凑 体积小	需加热熔融 高价
	合成 复合型	聚降冰片烯树脂	废油处理 漏油处理	可燃弃 体积小	高价，吸速慢 吸油量少 不吸油酯类

高分子树脂吸油机理研究得还很少，基本上可以分为吸藏型、凝胶型和吸藏凝胶复合型。吸藏型的吸油材料往往是具有疏松多孔结构的物质，它利用毛细管现象吸油，如黏土、棉、PP织物等。吸藏型吸油材料的吸油速度比较快，但缺点是它既吸油也吸水，且保油性差。凝胶型吸油材料大多是低交联的亲油性高聚物，吸油机理类似于非离子型高吸水性树脂的吸水机理，原则上用亲油基取代高吸水树脂中的亲水基，使高吸水性树脂转化为高吸油性树脂。高聚物中的亲油基与油分子相互的亲和作用力为吸油推动力，油吸入后储藏在树脂内部的网络空间中。高聚物交联度越低，则它的网络空间越大，吸油储油能力也越大；同时，由于交联度降低将会导致高聚物在油中的溶解度增大。因此，这对矛盾需要合理地把握两者间的平衡。凝胶型的吸油材料吸油倍率大，保油性好。吸藏凝胶复合型集中了前两者的优点，具有吸藏型的吸油材料吸油速度比较快和凝胶型吸油材料吸油倍率大、保油性好和选择性好的优点。

5.2.4.3 吸油性高分子树脂性能指标

吸油树脂性能的好坏可用下列几个指标来表示：①吸油倍率；②吸油速度，吸油速度可以用单位质量的树脂在一定时间内吸多少油来表示，也可以用单位质量的树脂吸一定量的油需要多少时间来表示；③保油性，指吸收了油之后的树脂在一定的压力条件下的保油性能；保油性好的树脂不易漏油，保油性差的树脂吸油后又会重新漏油；④油水选择性，油水选择性可以用吸油量和吸水量的比值来表示，也可以用吸水量与吸油量来表示，就高吸油树脂而言，通常希望它多吸油，少吸甚至不吸水；⑤水面浮油回收性能，水面浮油回收性能是指树脂对油水混合物中的油的回收情况。迄今为止的研究表明，吸油倍率高的树脂，吸收水面浮油也多，吸油速度快的树脂吸收水面浮油的速度也快。另外，水面浮油总量在树脂饱和吸收总量的80%以下时，树脂可将浮油吸收完全。

树脂的吸油性能与树脂的结构及制备条件等因素密切相关，分别描述如下。

(1) 单体结构的影响　单体是树脂的重要组成部分，因此选择合适的单体至关重要。首先单体的极性直接影响着树脂对油品亲和力的大小，对树脂的吸油率及吸油速率起着决定性的作用。当树脂与油品的溶度参数相近时，树脂达到最大吸油率。就丙烯酸酯类树脂而言，一般单体的碳链越长，则对非极性油品的吸收性越好。但也有研究发现：若酯基的链过长，由于树脂的有效网络容积变化，吸油率会下降。其次单体的空间结构决定了树脂内部微孔的数量和大小，对油品选择性有很大影响。一般来说，选择多支链单体可有效地提高树脂内微孔的数量，但它对聚合性能的影响也不可忽视，需综合考虑。另外，选用合适的共聚单体也可改进树脂的亲和性能及内部结构，是改善树脂性能的有效手段。

(2) 交联剂种类与用量的影响　交联剂不同，所得的树脂性能也不同，对此有关文献进行了有益的探索，如交联剂用量对树脂性能影响较大。用量太多，则交联点增加，交联点间的链段较短，伸缩力差，吸油率低；交联剂用量太低，则三维分子网交联程度差，会溶于油中而使吸油率降低；此外保油性也将较差。

(3) 引发剂的影响　常见的自由基引发剂是过氧化物和偶氮化物，例如过氧化苯甲酰和偶氮二异丁腈。引发剂用量对树脂性能的影响不容忽视。用量过大，反应太快，交联度增加，吸油率下降；用量太小，反应太慢，交联度过小，吸油率也会降低。因此，与交联剂用量影响相同，引发剂用量也有一最佳点。

(4) 分散剂的影响　分散剂的主要作用是使树脂在聚合过程中形成稳定、均匀的颗粒，它决定着树脂的粒径大小，同时分散剂对转化率及分子量也有间接的影响。因此，选用合适的分散剂及其用量，不仅能降低生产成本，还能减少树脂的分散剂残余量，对提高产品的吸油速率起着重要作用。

（5）聚合工艺的影响　随着乳液聚合工艺的不断发展，出现许多新兴的聚合技术，如运用致孔技术改善树脂结构，就可在保持原有工艺的基础上，大幅度地提高树脂的吸油率和吸油速率。目前，这方面的研究应用还很少，但采用新的聚合技术是从本质上改善树脂性能的方案。

5.2.4.4　吸油性高分子树脂的应用

随着研究的深入，研究人员已经发现，高吸油性树脂可以用在相当广泛的领域，例如，利用它的吸油性，高吸油性树脂可以用在工业含油废水处理、食品废油处理、海面石油泄漏处理等；利用它吸油后对油的缓释性，可以做油品释放基材；利用高吸油性树脂的吸油机制和释放功能，可以作为油污过滤材料、橡胶改性剂、纸张用添加剂、黏胶添加剂等；利用它在油中的溶胀性，可以用作防漏油密封材料等。

5.3　离子交换高分子材料、螯合树脂及配位高分子

5.3.1　离子交换树脂和离子交换纤维

离子交换树脂，亦称为离子交换剂，是由交联结构的高分子骨架与可电离的基团两个部分组成的不溶性高分子电解质，它能与液相中带相同电荷的离子进行交换反应，并且此交换反应是可逆的；当条件改变时，用适当的电解质（如酸或碱等）又可恢复其原来的状态而供再次使用，这称为离子交换树脂的再生。以强酸型离子交换树脂 R—SO₃H 为例（R 为树脂母体），存在如下的可逆反应。

$$R—SO_3H + Na^+ \Longrightarrow R—SO_3Na + H^+$$

在过量 Na^+ 存在时，反应向右进行，H 型树脂可完全转化成钠型，此为除去溶液中 Na^+ 的原理。当 H^+ 过量时（即加入酸时），则反应向左进行，此即强酸型离子交换树脂再生的原理。

5.3.1.1　类型

离子交换树脂品种繁多，可以从不同的角度进行分类。一般有两种分类方法，即根据离子交换树脂上所带交换官能基团进行分类和树脂的孔结构进行分类。

根据离子交换树脂所带离子化基团的不同可分为如下几类。

（1）阳离子交换树脂　按其交换性能的强弱分为强酸性、中等酸性及弱酸性三类。强酸型如磺化苯乙烯-二乙烯基苯共聚物、磺化酚醛树脂等，其交换功能基都是—SO₃H。中等酸性离子交换树脂的例子有：磷酸类及膦酸类离子交换树脂。弱酸性的例子有含羧基或酚基的离子交换树脂。

（2）阴离子交换树脂　有强碱、弱碱及强弱碱混合树脂之分。强碱性又分为季铵类、镦离子类和锍离子类交换树脂，分别以 $\equiv N^+ X^-$，$\equiv P^+ X^-$ 和 $\equiv S^+ X^-$ 基作为离子交换基团。弱碱性，如间苯二胺-甲醛、三聚氰胺-胍-甲醛、吡啶-二乙烯苯及苯酚-多乙烯胺-甲醛等离子交换树脂。强弱碱性混合树脂，如四乙烯五胺 $H(HNCH_2CH_2)_4NH$ 与环氧氯丙烷所生成的离子交换树脂。

（3）特殊的离子交换树脂　包括螯合树脂、两性离子交换树脂（蛇笼树脂）、氧化还原树脂等特殊功能的离子交换树脂。

螯合树脂可以螯合键吸附金属离子，如下式所示：

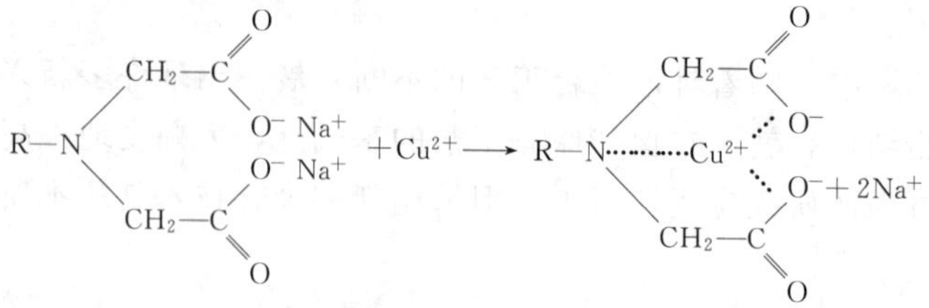

这是一类具有高度选择性的离子交换树脂。

两性离子交换树脂是同时具有酸性阳离子交换基团与碱性阴离子交换基团的离子交换树脂。其中最有趣的是所谓的"蛇笼树脂"（snake cage resin）。它是在同一个树脂颗粒里带有阴、阳交换功能的两种聚合物，一种交联的树脂为"笼"，另一种线型树脂为"蛇"。例如，以交联的阴离子交换树脂为笼，使能聚合的阴离子，例如丙烯酸盐在其中聚合，所生成的线型聚合物在体型母体内被紧紧抓住，而不能被其他离子所置换。此种树脂的两种功能基团可以相互接近，相互中和，但遇到溶液中的离子时，还能起交换作用，可使溶液脱盐，使用后只需用水洗即可恢复交换能力，如图 5-10 所示。蛇笼树脂应用的原理是离子阻滞，即利用蛇笼树脂中所带阴、阳两种功能基团截留阻滞处理液中的电解质。

图 5-10　蛇笼树脂及其离子交换机理

氧化还原树脂亦称为电子转移性树脂，是指能反复进行氧化-还原反应的高分子，例如带氢醌基、巯基等基团的高分子化合物。这类树脂主要应用于催化氧化-还原反应，以及作去氧剂和抗氧剂、净化单体及环境保护等。

此外尚有热再生树脂、磁性树脂、碳化树脂等具有特殊功用的交换树脂，在耐热高分子骨架上赋予交换基团的耐热性离子交换树脂。

根据树脂的孔结构，可分为凝胶型和大孔型离子交换树脂。凝胶型离子交换树脂一般是指在合成离子交换树脂或其前体的过程中，聚合体系中除单体和引发剂之外不含不参与聚合的物质即致孔剂，所得离子交换树脂在干态和湿态都是透明的颗粒。在溶胀状态下存在聚合物链间的凝胶孔，孔径一般为 2~4nm，小分子或离子可在凝胶孔内扩散。大孔型离子交换树脂是指在其合成过程中或其前体的合成过程中除单体和其引发剂之外尚加入不参加反应、与单体互溶的所谓致孔剂。所得的离子交换树脂颗粒内存在海绵状多孔结构，因而是不透明的。这种聚合物在分子水平上类似烧结玻璃过滤器。大孔型离子交换树脂的孔径从几个纳米到几百纳米甚至到微米级，比表面积可达每克数百平方米。

凝胶型离子交换树脂的优点是体积交换容量大、成本低，缺点是耐渗透强度差。大孔型离子交换树脂耐渗透强度高、抗有机污染、可交换较大的离子且交换速率大，缺点是成本高、体积交换量较低。

5.3.1.2　制备方法

离子交换树脂是在具有微细网状结构的高分子骨架（母体）上引入离子交换基团的树脂。其合成方法可分为两类：一是在交联的高分子骨架上通过高分子反应引入交换基团，例如使苯乙烯与二乙烯基苯共聚（二乙烯基苯的用量决定交联度），再进行磺化，引入—SO_3H，即得强酸型离子交换树脂；另一种方法是带有离子交换基团的单体进行聚合或缩聚反应，例如通过以下反应：

从而制得弱酸性离子交换树脂。

最早是将块状聚合物粉碎制成粒状离子交换树脂，现在市售物料都是 20～50 目的球体，一般是通过悬浮聚合的方法制得的。

在制大孔树脂时，还需在聚合过程中加入适当的致孔剂。

5.3.1.3　离子交换纤维

离子交换纤维是以合成纤维或天然纤维为基体的纤维状离子交换材料。离子交换纤维可以不同的织物形式存在，如纤维、纱绒、无纺布、毡、纸，还有中空离子交换纤维、离子交换纤维膜等。

与离子交换树脂一样，离子交换纤维也分为阳离子、阴离子和两性离子交换纤维。离子交换纤维的制备方法可分为直接功能化法和共混法或共混物成纤-功能化法。

5.3.1.4　离子交换高分子材料的用途

离子交换树脂和离子交换纤维的应用已遍及各个工业领域，是发展较完善的一类高分子材料。其用途主要有以下几个方面。

（1）水的处理　包括硬水软化、高压锅炉用水、医疗用水、海水淡化、去除水中放射物质、回收废水中贵金属等。

（2）铀的提取及其他贵重金属的分离回收。

（3）在医药方面的应用　例如用弱酸性阳离子交换树脂分离与提纯链霉素，用于治疗溃疡病等。

（4）在食品工业中　用于精制白糖，在酿酒中用于除去醛类物质以及回收氨基酸、酒石酸等。

（5）在化工中　广泛用作高分子催化剂，如酯的水解、醇醛缩合、蔗糖转化等都可应用离子交换树脂作催化剂，它具有选择性高、不腐蚀设备、减少副反应、可回收等一系列优点。在某些氧化还原反应中可用氧化-还原树脂作为催化剂。

此外，在化学分析、净化、脱色、环境保护等方面也都有广泛的应用。

5.3.2　螯合树脂及配位高分子

5.3.2.1　配位化合物的基本概念

配位化合物简称配合物，也称为络合物，是指由配位键结合的化合物。所谓配位键就是相结合的双方共用的电子对是由一方提供而形成的键。按照配位理论，金属的原子价有主价和副价之分，例如在 $CoCl_3 \cdot 4NH_3$ 中，钴的主价为 +3，副价为 4。主价必须由负离子来满足，副价可由负离子或中性分子来满足。副价有方向性，因而一定的配合物存在有确定的立体结构。

配合物由内界和外界两部分组成。例如上述的 $CoCl_3 \cdot 4NH_3$ 应写成 $[Co(NH_3)_4Cl_2]^+Cl^-$，方括号内为"内界"，其中 Cl、NH_3 与 Co 紧密结合，不易离解，方括

号外的一个 Cl^- 处在"外界",易离解。内界带电荷时称为配离子;中心离子 Co^{3+} 称为中心离子或中心原子,也称为配合物形成体。在配合物内界,同中心离子配位的离子或分子叫配位体,简称配体。每一个配体中直接与中心原子结合的原子称为配位原子,与中心原子配位的原子数目为该中心原子的配位数。每一个中心原子都有一定的配位数,一般为 2、4、6、8,以 4 和 6 最为常见。事实上,配位体 L 的特点是至少有一对孤立电子,而中心原子(或离子)M 的特点是含有空价电子的轨道。M 与 L 的结合方式是 L 提供孤电子对与 M 共用,形成 σ 配键,σ 配键的数目就是配合物形成体的配位数。

配位体所具有的配位原子数称为该配体的齿数,有单齿及多齿配体之分。通过多个配位原子与中心金属原子相结合的多齿配体称为螯合配体,所形成的配合物称为螯合物。

5.3.2.2 螯合树脂

螯合树脂是指聚合物大分子链骨架上含有螯合基团的一类高分子化合物。因此,螯合树脂可视为高分子多齿配体,它可与金属离子形成如下式所示的螯合物:

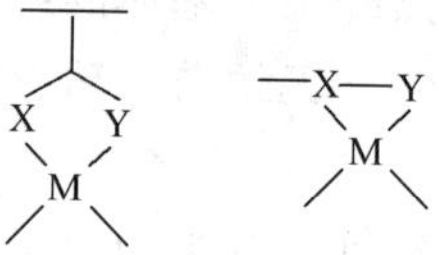

大分子骨架上的配位基团多是低分子金属配合物化学中所熟知的,如氨基多羧酸、多胺、喹啉、羟基酸、β-二酮等。将这些基团引入高分子链即可制得相应的螯合树脂。制备螯合树脂的方法可分为两类:使具有配位基的低分子化合物聚合或缩聚,例如将氨基羧酸、亚胺二羧酸等缩聚;通过高分子反应将配位基团引入聚合物,例如,将聚苯乙烯首先氯甲基化,再与亚胺二乙酸反应即可制得相应的聚苯乙烯为骨架的螯合树脂。

常见的螯合树脂有 PDTA-4 树脂:

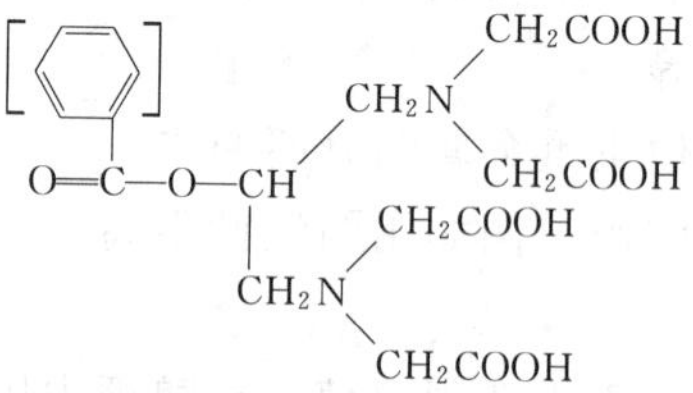

β-二酮类大孔网树脂:

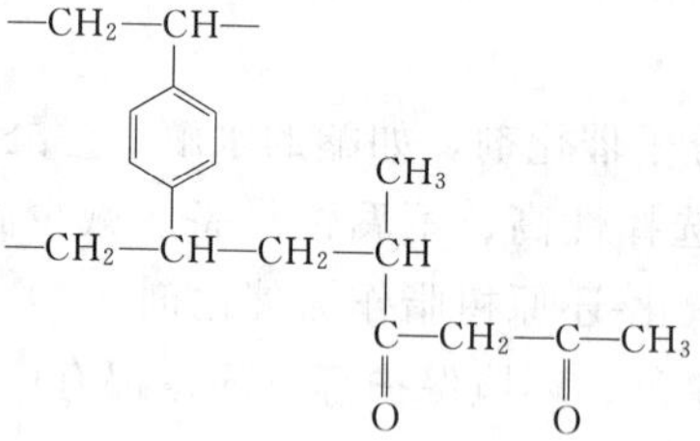

罗丹宁类树脂:

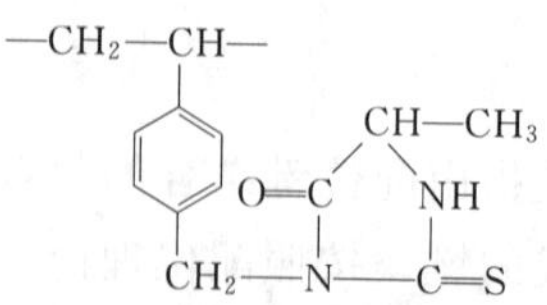

以及偶氮类螯合树脂、变色酸螯合树脂、二氨基螯合树脂、邻苯二酚型二乙酸螯合树脂等。

由于螯合树脂具有与金属离子螯合的特性,使得它不仅在金属配合物化学方面,而且在工业上都有十分重要的用途,例如,用于痕量金属离子的分离、浓缩及回收,金属离子的定量分离,金属盐及有机化合物的精制等。

5.3.2.3　配位高分子

由低分子多齿配位体与金属离子螯合而形成的高分子螯合物称为配位高分子，如下所示：

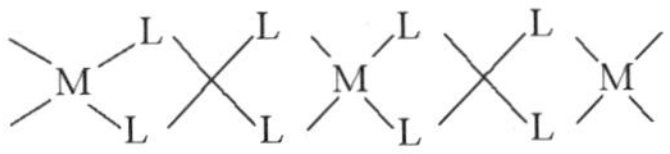

有时把如下结构的高分子配合物也归入配位高分子：

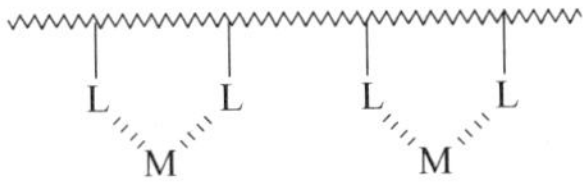

具有两个螯合配位基团的低分子多齿配体与过渡金属离子配位即可形成高分子配位化合物，例如：

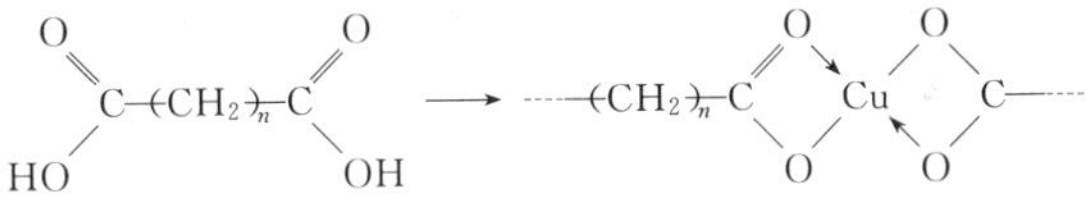

配位高分子通常具有耐高温性、半导电性、光电导性、催化活性等特点，在这些方面有广阔的应用前景。

5.4　感光性高分子

感光性高分子又称为感光性树脂，是具有感光性质的高分子物质。高分子的感光现象是指高分子吸收了光能量后，分子内产生化学或结构的变化，如降解、交联、重排等。吸收光的过程可能是借助于其他感光性低分子物（光敏剂），当光敏剂吸收光能后再引发高分子物的化学变化。

感光性高分子主要是根据照相制版术的需要而发展起来的，所以，用于照相制版的感光树脂称为光致抗蚀剂或光致抗蚀材料。

感光性高分子的研究可追溯到 1813 年。当时法国 Niepce 研究了沥青的光固性，将沥青涂在石板上，放进照相机中，曝光后以松节油揩去未固化的沥青而得图像。进入 20 世纪以来，特别是第二次世界大战后，以聚乙烯醇肉桂酸酯为开端，感光性高分子的研究和应用进入了迅速发展的阶段，特别是近年来的进展令人瞩目。

5.4.1　感光性高分子的类型

感光性高分子根据光照后物性的变化可分为光致溶化型、光致不溶化型、光降解型、光导电型、光致变色性型等。

根据感光基团的种类，可分为重氮型、叠氮型、肉桂酸型、丙烯酸型等。根据骨架聚合物的类型，可分为 PVA 系、聚酯系、尼龙系、丙烯酸系、环氧系、氨基甲酸系、聚酰亚胺系等。根据光反应的种类，可分为光交联型、光聚合型、光氧化还原型、光二聚型、光分解型等。

常采用的分类方法是根据聚合物的形态或组成，分为以下类型。

（1）感光性化合物＋高分子型　这是感光性化合物与高分子物混合而成的感光高分子。一般组成中还有溶剂和染料、增塑剂等添加剂。常用的感光性化合物有重铬酸盐类、芳香族重氮化合物、芳香族叠氮化合物、有机卤素化合物；此外还包括光聚合引发剂与不饱和高分子所组成的体系。

（2）带有感光基团的高分子型　严格讲，感光性高分子就是指此类高分子物。作为感光材料使用时，一般还加有光敏剂、溶剂、增塑剂等添加物。

带感光基团的高分子，主要品种有：聚乙烯醇肉桂酸酯及其他带有肉桂酸基的高分子；具有重氮和叠氮基的高分子；具有其他感光基团的高分子，如噻唑系高分子、含硝基的高分子等。此外，尚有光降解型的感光高分子，如聚甲基乙烯基酮。

（3）光聚合组成型　作为感光性材料用的光聚合组成体系是多组分的，一般包括单体、聚合物或预聚物、光聚合引发剂、热聚合抑制剂、增塑剂、色料等。

光聚合组成型可分为单纯光聚合体系，由单体和光敏剂组成，光聚合单体加高分子所组成的体系。

5.4.2　感光性高分子的合成方法

这里主要是指带有感光基团高分子的合成方法。有两种基本类型。

① 使带有感光基团的单体进行聚合或缩聚反应，表 5-3 中列出了一些带有感光基团的单体。

② 通过高分子反应，使高分子骨架上带感光基团。例如把聚乙烯醇用肉桂酰氯酯化而制得聚乙烯醇肉桂酸酯：

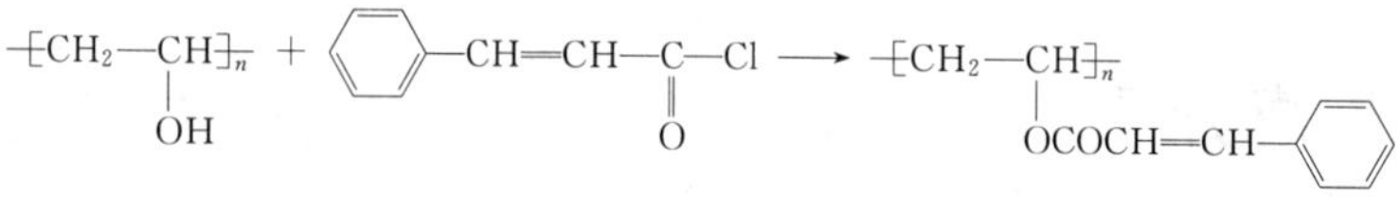

该聚合物受到光照后发生交联固化，是一种研究较早的感光性高分子。用此方法可研制出很多品种的感光性高分子。

表 5-3　一些带有感光基团的单体

感光基团	单体
肉桂酰基	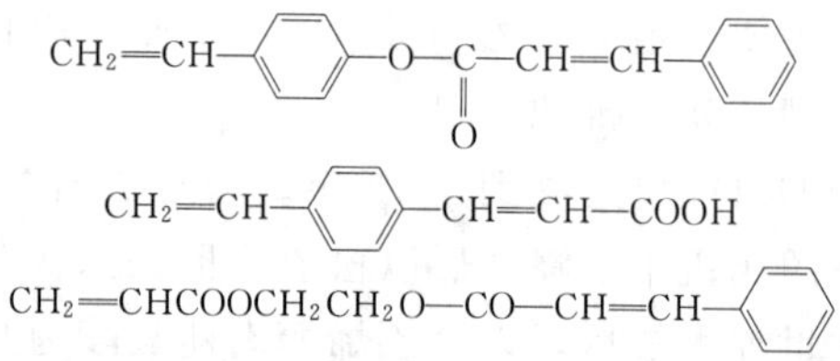
亚肉桂基	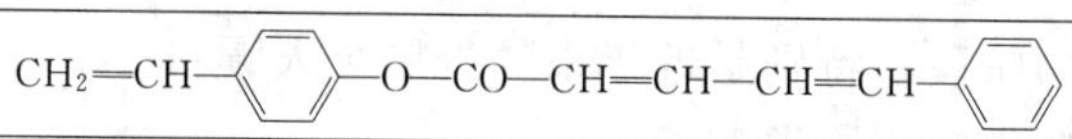
吡喃酮	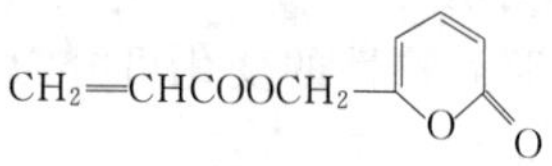
香豆素	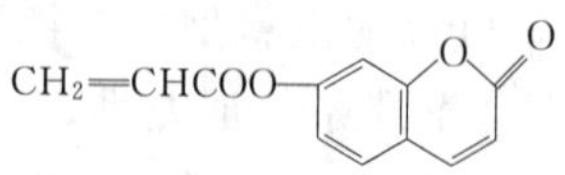
叠氮	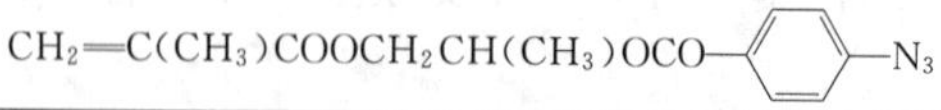 $CH_2=C(CH_3)COOCH_2CH(CH_3)OCO-$ —N_3
二苯酮	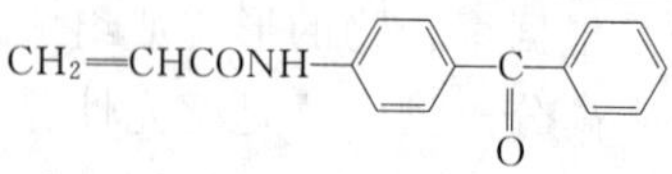

在实际应用中，只引入感光基团还不够，常需对高分子骨架进行改性。改性的主要途径是通过高分子反应引入新的侧基，以及与其他单体进行共聚合。改性的目的是为改进溶解性

能、成膜性能以及力学性能等，以满足实用的要求。例如用聚乙烯醇肉桂酸酯类光致抗蚀剂，显影时需用有机溶剂，这是很大的缺点。改为水体系显影液，可采用在大分子骨架上引入羟基、磺酸基等方法来提高其水溶性。为提高其成膜性，则可引入长链烷基或进行共聚改性。

5.4.3　感光性高分子的功能性质

感光性高分子具有制作照相图像、制作固化膜、降解老化、催化及其他反应、固相表面改性等功能。

（1）照相功能　感光性高分子是主要的光致抗蚀剂和印刷制版的感光材料，它属于非银盐感光材料。感光性高分子的图像形成是通过显影，不需要的部分被溶解去掉，可直接得到永久图像，即显影也包括定影。感光性高分子的照相性能有以下几种主要指标。

① 感度（S）　即感光速度，是以能引起一基准量的变化所必需的曝光量为基础而规定的。这是对光照敏感程度的一种量度。

② 分辨力　系指 2 条以上等间隔排列的、线与线之间的幅度能够在感光面上再现的宽度（最小线宽）。也有用在单位长度上等间隔排列的组数来表示。例如分辨力为 100 线/mm，就是指能够清晰区别 $5\mu m$ 的间隔之意。理论讲，分辨力有可能达到 $0.2\sim0.5\mu m$ 的，但目前工业上一般只能达到 $4\sim5\mu m$。

③ 显影性　是指显影条件，如显影液组成、温度、显影时间、显影方法等条件变化和感光性高分子的感度、分辨力的关系。一般而言，显影条件对感度和分辨力等特性变化影响小的材料，谓之显影性好。

④ 耐用性　以光致抗蚀型感光性高分子作抗蚀膜时，在腐蚀、电镀或印刷等工序中必须保持最大限度的耐用性。腐蚀是将腐蚀液垂直喷向抗蚀膜，从而在垂直方向较快地进行腐蚀，但也会发生少许侧壁腐蚀。设腐蚀深度为 d，侧壁腐蚀大小为 l，则 d/l 为腐蚀系数，腐蚀系数越大越好。抗蚀剂和金属表面黏合力越大、柔性越高，耐用性也越好。

此外，在光刻和电成型之后，需剥膜去除抗蚀剂，所以也要求光致抗蚀剂具有易剥膜性。

照相功能受膜厚度及分子量的影响。一般而言，减少膜的厚度可提高感度及分辨力。分子量越大，感度越高，但分辨力却下降。分子量分布越窄，感度和分辨力越高。

（2）光固化功能及光降解（老化）功能　光固化反应可在常温下进行，这对于高温不易变质产品的包装及涂饰很有意义。光降解功能可用于制备一次性无污染包装材料，如农用塑料薄膜。

（3）其他功能　借助高分子感光性基团去催化其他的光化学反应，叫作高分子光敏剂，又称为感光性高分子的光反应的催化剂。

在侧链上带有大的 π 电子系结构的高分子具有光导电性，例如聚乙烯基咔唑就是一种典型的光导电性高分子。此外尚有感光性高分子具有光致发光性和光致变色性的功能。

5.4.4　感光性高分子的应用

感光性高分子已广泛应用于印刷工业的各种制板材料及 UV 油墨中，例如感光树脂凸版、平版中的感光液，凹版中的光致抗蚀剂，网版印刷中的膜及感光液，印刷油墨中的紫外线固化油墨等。

当前，感光高分子作为光致抗蚀材料最重要和最有前途的应用是制造大规模集成电路，工业上称为光刻胶。在光的作用下，光刻胶发生化学反应（交联或降解），使溶解度降低

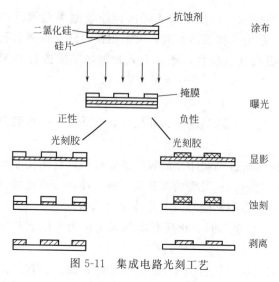

图 5-11 集成电路光刻工艺

（负性光刻胶）或提高（正性光刻胶）。负性光刻胶曝光后产生交联而变成不溶，洗去未曝光的可溶部分后，不溶部分能经受下道工艺的刻蚀。正性光刻胶正好相反，曝光部分变得可溶。在制造大规模集成电路中光刻工艺如图 5-11 所示。

光刻胶所能达到的分辨力是集成电路能达到集成度的关键。目前光刻工艺分辨力可达到 $1\sim2\mu m$，研究水平接近 $0.1\mu m$。为了发展亚微米级（$0.1\mu m$）和纳米级（$0.01\mu m$）的超微细光刻工艺，除了要发展适于波长更短的光源（紫外线、电子束、X射线等）曝光的新型光刻胶外，还必须改进光刻工艺，如曝光系统、显影、腐蚀、去胶等方面加以提高。

此外，光致抗蚀剂已广泛应用于各种精细加工中，如半导体元件、印刷线路板、表面的精细加工、玻璃及陶瓷的精细刻蚀等。

感光树脂除根据其照相功能而作为光致抗蚀剂外，还可利用感光高分子的光导电、光固化功能而获得重要应用，例如光电导摄影材料、光信息记录材料、光-能转换材料等。在化学工业中，光固化膜、光固化胶黏剂等则是光固化功能的具体应用。

5.5　高分子催化剂

高分子催化剂是一类对化学反应有催化作用的高分子物质。高分子催化剂易于从反应体系分离，可重复使用，不污染产物，在实际应用中具有很多优点，已在工业生产中应用。

高分子催化剂，可分为以下几种类型。①高分子电解质型，如各种离子交换树脂，用于催化水解、缩合、烷基化等化学反应。例如，交联磺化聚苯乙烯型离子交换树脂，早在 20 世纪 40 年代就已经作为催化剂使用；②氧化还原性高分子，用以催化各种氧化-还原反应，例如用含有氢醌基或硫醇基的氧化还原树脂催化过氧化氢的合成反应、有机化合物的氧化反应等；③使用旋光性高分子进行的不对称合成；④金属螯合物高分子催化剂；⑤以高分子为载体的酶催化剂。

酶本身是由氨基酸组成的蛋白质高分子化合物，是自然界中最有效的催化剂。虽然在合成化学中也用酶作催化剂，但反应后难以分离，在不使酶发生变性的情况下难以回收，所以污染生成物。将酶固定在适当的载体上，使之不溶于水、提高使用效果，称为固定化酶。以高分子为载体制备固定化酶是当前酶固定化的研究方向。

从 20 世纪 60 年代开始，模拟酶（即合成酶）的研究很活跃。这主要是试图模拟酶的结构，制成高效、专一性强的高分子催化剂，这方面目前尚处于起步和探索阶段。

5.6　医用高分子

用于医学的高分子材料，如人工心脏瓣膜、人工肺、人工肾、人工血管、人工骨骼、人造血液等，已有很多研究报道。医用高分子在性能上要求有"生体适应性"，如良好的化学稳定性、无毒、无副作用、耐老化、耐疲劳以及生物相容性（无异物反应、抗血凝性等），如医用缝线、高分子药物、组织黏合剂等，还要求在其发挥了效用之后能被机体组织分解、吸收或迅速排出体外。

医用高分子目前最大的难点是血凝性。生物体有一种排斥异物的能力，血液一接触到植入人体的高分子材料就会产生排它反应，在植入物表面形成血凝。生物机体的高级结构是由亲水性微区与疏水性微区组成的微观非均一结构。采用微相分离的亲水-疏水型嵌段共聚物可望解决这一问题，例如已合成聚醚与聚氨酯反应形成的嵌段共聚物 Biomer，具有层状微观相分离结构，与血浆蛋白质中的白蛋白亲合性特别好，抗血凝性优良。其他抗血凝性好的高分子还有：聚醚聚氨酯嵌段共聚物与聚硅氧烷形成的 Avcothane、甲基丙烯酸羟乙酯和二甲基硅氧烷嵌段共聚物以及聚环氧丙烷和尼龙 610 组成的嵌段共聚物等。

医用高分子药物有两种基本类型：一是以高分子为载体，连接上低分子药物，即所谓药物高分子化，这类药物与相应的未经高分子化的药物相比具有低毒、高效、缓释、长效等优点，例如通常的抗癌药物都有毒并容易引起恶心、脱发等不良反应，将其高分子化后，其情况大大改善；另一类高分子药物是本身具有药效的高分子物，例如聚乙烯吡咯烷酮可作血浆代用品等。

5.7　导电性高分子材料及聚合物光导纤维

5.7.1　导电高分子材料

导电高分子材料是指自身具有导电功能的、以聚合物为基体的一类功能材料。

5.7.1.1　类型及导电机理

导电高分子材料根据其组成可分为复合型及本征型两大类。

复合型导电高分子也称为导电聚合物复合材料，是指以通用聚合物为基体，加入各种导电性物质（金属及非金属导体、本征型导电高分子等）采用物理或化学方法复合后而得到的具有一定导电功能又具有良好力学性能的多相复合材料。这种导电材料的导电机理与其具体组成有关，导电机理比较复杂，通常包括导电通道、隧道效应和场致发射三种机理。

本征型导电高分子根据其导电机理的不同又分为：载流子为自由电子的电子导电聚合物；载流子为离子的离子导电聚合物；氧化还原反应为电子转移的氧化还原型导电高分子。

常见的电子导电高分子的名称及结构通式见图 5-12，这类导电高分子材料也是导电高分子的主体。

电子导电高分子的共同结构特征是分子内有大的共轭 π 电子体系，给自由电子提供了离域迁移条件。当共轭结构足够大时，电子的离域性就足够大，因而就具有导电功能。但要导电性足够大，一般还需要掺杂。电子导电聚合物的导电性能受掺杂剂、掺杂量、温度、共轭链长度的影响。

固体离子导电两个先决条件是：具有能定向移动的离子和具有对离子有溶解能力的载体。离子导电高分子材料也必须满足这两个条件：一是在玻璃化温度以上，聚合物类似高黏液体，有一定流动性；二是在电场作用下，离子可作定向扩散，因而产生导电性。

氧化还原型导电高分子，大分子侧链上常带有可进行可逆氧化还原反应的活性基团，有时大分子主链也具有氧化还原能力。当电极电位达到聚合物活性基团的还原（氧化）电位

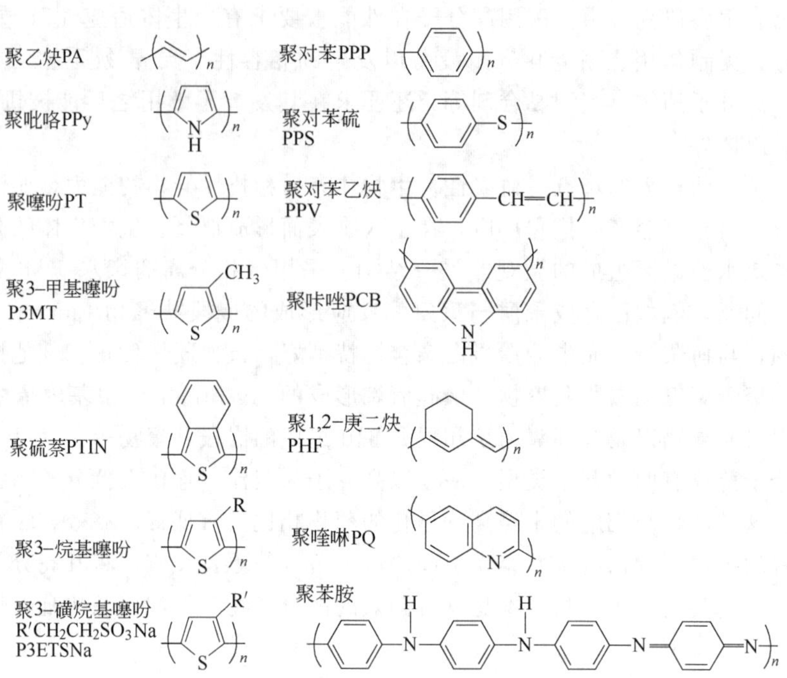

图 5-12　常见导电高分子的名称及结构通式

时，靠近电极的活性基团首先被还原（氧化），得到（失去）一个电子，形成的还原（氧化）态基团可通过同样的还原（氧化）反应传递给相邻的基团。如此重复，直到将电子传送另一侧电极，完成电子的定向移动。

5.7.1.2　导电高分子的掺杂

具有大 π 键结构的、电子导电的导电高分子是导电高分子材料的主体。纯净聚合物大分子中各 π 键分子轨道之间还存在一定的能级差，使得 π 电子还不能自由移动，因此大分子的导电性一般不高。降低这一能垒是提高其导电性的有效方法，这就是掺杂的方法。"掺杂"一词来自半导体科学。掺杂的作用是在大分子的空轨道中加入电子，或从占有轨道中提出电子，减小能带间能量差，使得自由电子或空穴迁移时阻力减小，使导电能力提高。

这类 π 共轭体系高分子经化学或电化学掺杂后普适结构式为：

$$p \text{ 型掺杂} \left[(P^+)_{1-y}(A^{-1})_y\right]_n$$

$$n \text{ 型掺杂} \left[(P^-)_{1-y}(A^{+1})_y\right]_n$$

式中，P^+ 及 P^- 分别为带正电（p 型掺杂）和带负电（n 型掺杂）的大分子链，而 A^{-1} 和 A^{+1} 为一价阴离子（p 型掺杂）和一价阳离子（n 型掺杂）对；y 为掺杂度，n 为聚合度。因此，导电高分子是由 π-共轭大分子链和一对离子构成。离子与大分子链无化学键合，仅是正负电荷平衡，因而导电高分子的掺杂/脱掺杂过程是完全可逆的。

5.7.1.3　特性及应用

导电性高分子一方面像一般高分子一样具有可分子设计和合成外，还有半导体（p 型或 n 型掺杂）和金属的特性（高导电性、电磁屏蔽效应），是一种极具发展前途的功能材料。

由于大分子共轭键的结构特征、独特的掺杂机制和完全可逆的掺杂/脱掺杂过程，使导电性高分子具有如下的性能特征。

（1）电性能　导电性高分子室温电导率依掺杂度的变化可在绝缘体—半导体—金属的范

围内变化（$10^{-10} \sim 10^{15}$ s/cm）。绝缘体/半导体/导体三相共存是其电学性能的显著特点，导电性常常还是各向异性的，沿分子链拉伸方向电导率较大，垂直于分子链拉伸方向的电导率小。

（2）光学性能　由于大分子具有 π 共轭结构，在紫外-可见光区有强的光吸收，并且具有显著的非线性光学效应。

（3）磁性能　导电性高分子的磁化率 χ 是由与温度有关的居里磁化率（χ_c）和与温度无关的泡利磁化率（χ_p）两部分构成。

（4）电化学性能　导电性高分子一般都具有氧化/还原特性，并且伴随氧化/还原过程，高分子颜色也发生相应的变化。例如，当聚苯胺经历全还原态⟶中间氧化态⟶全氧化态的可逆变化时，聚苯胺的颜色也呈现黄色⟶蓝色⟶紫色的可逆变化。

由于导电性高分子的一系列特征，所以在能源（二次电池、太阳能电池）、光学电子器件、电磁屏蔽、隐身技术、传感器、金属防腐、分子器件和生命科学等领域都有广阔的应用前景，有些还向实用化方向发展，它是 21 世纪最有前途的功能材料之一。

5.7.2　聚合物光导纤维

电可在由导电材料制成的线路中传输，同样光也可在线路中传输，这种线路是由光导材料制成的，光导纤维就是传导光波的线路。

光导纤维是一种由导光材料制成的细丝状传导光功率的传输线，亦简称为光纤。

透明材料即可视为导光材料，透明材料就是不吸收光波的材料。如 3.4.3.3 节图 3-37 所示，设光从介质射入空气的入射角为 α，若 $\sin\alpha \geq 1/n$（n 为介质折射率）即发生内反射，即光波不能射入空气而全部折回介质中。这时若光从一端射入就一直传输到另一端，犹如电子在导线中传输一样，这就是光导纤维传输光波的基本原理。

光导纤维按光纤材料可分为石英光纤、多组分玻璃光纤和聚合物光纤（POF），其中石英光纤是当今通信使用量最大的一种光纤，这是由于它具有低色散、高带宽、低损耗、耐高温等一系列优点。多组分玻璃光纤通常含有多个氧化物组分的玻璃，如钠钙硅酸盐玻璃、钠硼硅酸盐玻璃、磷酸盐玻璃、硼硅酸盐玻璃等。

聚合物光纤材料主要是透明性好的一些聚合物，如聚苯乙烯（PS）、有机玻璃（PM-MA）、聚碳酸酯（PC）等。聚合物光纤的优点是质量轻、成本低，缺点是损耗大、耐热性不高。

聚合物光纤是应用领域日益拓宽、重要性不断增加的一类光导纤维。对此类光导纤维最为关注的是损耗问题。

聚合物光纤的损耗包括固有损耗和非固有损耗两方面。固有损耗包括吸收损耗和瑞利散射损耗。

吸收损耗是因大分子链的主链及侧基 C—X 键（X 可为 C、H、O、N 等）振动吸收而产生的。散射损耗是由材料密度、取向和成分的变化引起的。

非固有损耗包括因吸收水、含有重金属及有机杂质而产生的吸收损耗和因灰尘、波导结构缺陷而产生的散射损耗。波导缺陷包括波导（指光纤芯线及包层）几何缺陷（如直径、椭圆度等）以及包层中的气泡、裂纹、灰尘等。

聚合物光纤是由芯和皮层两部分组成。聚合物光纤对材料的要求很严格，大致如下。

① 聚合物光纤芯材、皮材最明显的特征是其透明性，一般要求透光率在 90% 以上。

② 要有足够大的折射率。

③ 皮层一般厚度在 $1\mu m$ 以上，且耐候性、耐热性好。

④ 为保证传光性能，芯材要有高的纯度，通常不要加入添加剂；同时 POF 芯材和皮材纯度是同聚合工艺紧密联系的。一般 POF 芯材的制备采用本体聚合方法，不易采用悬浮聚合或乳液聚合。

⑤ 芯材和皮材之间的匹配，POF 芯材与皮材除折射率要求匹配外，还要芯材与皮材之间有较好的黏附性能，以免传输光在芯皮界面上产生散射导致一部分光从皮层泄漏，增加 POF 非固有损耗。此外，POF 芯与皮层材料应有相应的热膨胀系数。

用于聚合物光纤的聚合物主要有以下几种。

① 聚苯乙烯 PS　PS 芯 POF 的优点在于芯材吸湿系数低，可在潮湿环境中使用。

② 聚甲基丙烯酸甲酯 PMMA　其透光性优异，比一般光学玻璃还好，可采用共聚改性等方法来提高其耐热性。

③ 聚碳酸酯 PC　是综合性能优异的 POF 材料，但其透明性不如 PMMA。

④ 耐热 ARTON 树脂　其主要单体组成为双环戊二烯。ARTON 是以降冰片烯结构为分子主链骨架结构，其 T_g 为 171℃，透光率为 92%。

⑤ 氟塑料 Teflon AF　其力学性能与一般氟塑料类似，易加工，透光性优于 PMMA。

⑥ 聚 4-甲基-1-戊烯（TPX）　用 4-甲基-1-戊烯制备出的立体等规聚合物 TPX 是结晶型透明材料，密度仅为 $0.83g/cm^3$。其虽是结晶聚合物，但其结晶区和非晶区的密度几乎相等，折射率相等，故有好的透明性，且具有优异的抗老化性和抗溶剂性能。

此外，尚有环烯烃聚合物、四氟乙烯-偏二氟乙烯共聚物等。

5.8　高分子功能膜材料

高分子功能膜是一种新兴功能材料，它以天然的或合成的高分子化合物为基材，用特殊工艺和技术制备成膜状材料。由于材料的物理化学性质和膜的微观结构特性，使其具有对某些小分子物质有选择性透过功能，其中包括对不同气体分子、离子和其他微粒性物质的透过选择性。依据膜结构和分离机理，分离膜可以分成微滤膜、超滤膜、反渗膜和透析膜等数种。与其他常规方法相比较，用膜分离方法简便、快捷、节约能源。高分子功能膜材料的这一独特性质，已经在气体分离、海水和苦咸水淡化、污水净化、食品保鲜、混合物的分离等方面得到广泛应用。最近，高分子功能膜材料在医学和药学方面的应用研究也取得了较大进展。

5.8.1　分类

高分子功能膜材料有很多种，分类的方法也多种多样，缺乏统一的分类方法。多种多样的分类方式是基于研究目的、观察角度不同，因而需要不同的归类标准。功能膜材料如果按照使用功能划分，包括用于混合物分离的分离膜（separation film）、用于药物定量释放的缓释膜（controlled release film）、起分隔作用的保护膜（protected film）。根据被分离物质性质不同，有气体分离膜、液体分离膜、固体分离膜、离子分离膜、微生物分离膜等。如果根据被分离物质的粒度大小可以分成超细滤（hyperfiltration HF）膜、超滤（ultrafiltration UF）膜、微滤（microfiltration MF）膜。如果根据膜的形成过程划分有沉积膜（deposited film）、熔融拉伸膜（melt-extruded film）、溶剂注膜（solvent-cast film）、界面膜（interface film）和动态形成膜（dynamically formed membrane）。根据膜性质不同还可以分成密度膜

（dense membrane）、相变形成膜（phase-inversion membrane）、乳化膜（emulsion-type membrane）和多孔膜（porous membrane）。下面根据后三种分类方法对几种功能膜的分类依据加以介绍。

（1）微滤（microfiltration MF）膜　微滤膜主要应用于压力驱动分离过程，膜孔径的范围在 $0.1 \sim 10 \mu m$ 之间，孔积率约 70%，孔密度约为 10^9 个/cm^2，操作压力在 $69 \sim 207 kPa$ 之间。在工业上用于含水溶液的消毒脱菌和脱除各种溶液中的悬浮微粒，适用于含量约为 10% 的溶液处理。其分离机理为机械滤除，透过选择性主要依据膜孔径的尺寸。制备方法有相转变法（phase-inversion process）、裂变碎片辐照（irradiated by fission fragment）、密度膜法、烧结法（sintered process）等。

（2）超滤（ultrafiltration UF）膜　与微滤膜一样，也应用于压力驱动分离过程，但滤膜的孔径范围在 $1 \sim 100 nm$ 之间，孔积率约 60%，孔密度约为 10^{11} 个/cm^2，操作压力在 $345 \sim 689 kPa$ 之间，用于脱除粒径更小的溶质，包括胶体级的微粒和大分子，适用于浓度更低的溶液分离。其分离机理仍为机械过滤，选择性依据为膜孔径的大小。制备方法与微滤膜基本相同。

（3）超细滤（hyperfiltration HF）膜　超细滤有时也称为反渗（reverse osmosis），是压力驱动分离过程中分离颗粒粒径最小的一种分离方法。由于存在反渗现象，因此分离用压力常用有效压力表示，有效压力等于施加的实际压力减去溶液的渗透压。膜孔径在 $0.1 \sim 10 nm$ 之间，孔积率约为 50% 以下，孔分布密度在 10^{12} 个/cm^2 以上，操作压力在 $689 \sim 5516 kPa$ 之间。超细滤膜主要用于脱除溶液中的溶质，如海水和苦咸水的淡化。分离机制不仅包括机械过滤，膜与被分离物质的溶解性和吸附性能也参与分离过程。

（4）密度膜（dense membrane）　密度膜的定义是相对于前三种膜材料而言的，与前三种膜相比，它几乎不存在人为的微孔。膜中聚合物以非晶态或半晶态存在，与其他常见聚合物宏观结构类似，因此有时也直接称为聚合物膜。密度膜主要用于混合气体的分离，如合成氨工业中原料水煤气与产品氨气的分离，其分离机理主要为气体在聚合物膜中的溶解和扩散作用。

（5）电透析膜（electrodialysis membranes）　电透析膜的主要特征在于分离的主要驱动力来源于电场力，在电场力的作用下带电粒子（主要是各种离子）会透过分离膜的微孔向与所带电荷相反的电极运动。因此，电透析膜不仅有前面提到的各种膜的过滤作用（依据粒子体积大小），还有电场的区分作用（依据所带电荷种类）。非带电粒子不受电场力驱动不能透过膜，而带电粒子还必须受到膜孔径和所带电荷极性的限制，只有满足三个条件的粒子才能通过分离膜。

最常用的电透析膜是由离子交换树脂制成的离子交换膜。

离子膜法烧碱的制备是膜电解的应用实例之一。制烧碱的离子膜是由四氟乙烯和全氟乙烯醚共聚物制备的。在 NaCl 水溶液中插入两个电极，在两电极间加一定电压，阴极生成氯气，阳极生成氢气和 NaOH。阳离子交换膜允许 Na^+ 渗透进入阳极室，同时阻拦了 OH^- 向阴极运动。这个过程利用氟代烃类离子交换膜和单极或双极的电渗透器制备 NaOH，当前几乎全部取代了其他制备 NaOH 的方法。

（6）液体膜（liquid membranes）　与其他膜材料相比，液体膜的不同点是液体膜材料在使用过程中仍然以液态存在，多存在于两相之间的界面（气-液或液-液界面），因此有时也称为界面膜。根据膜的结构和形态不同，液体膜还可以进一步分成乳状液体膜（emulsion-type liquid membrane）、支撑型液体膜（supported liquid membrane）和动态形成膜（dynamically formed membrane）。乳状液体膜是将两种不相混溶的液体乳化混合，并转移到另一个连续相，使形成的微胶囊内外的不同液体被胶囊膜隔开，并可以通过膜进行物质交流。支撑型液体膜是在具有微孔的材料表面形成液体膜。动态形成膜是使聚合物溶液通过过滤器时在其表面形成的一层分离膜。

此外，根据膜材料的宏观外形，常用的有平面膜、中空纤维膜和管状膜。

（1）管状膜　其特征为膜的侧截面为封闭环形，被分离溶液可以从管的内部加入，也可以从管的外部加入，在相对一侧流出。在使用中经常将许多这样的管排列在一起组成分离器。管状分离膜最大的特点是容易清洗，适用于分离液浓度很高或者污物较多的场合。在其他构型中容易造成的膜表面污染、凝结、极化等问题，在管型膜中可以由于溶液在管中的快速流动冲刷而大大减轻，而且在使用后，管的内外壁都比较容易清洗。由于在圆筒状管道内的流体比较容易控制，有利于动态分析研究，因此多数有关膜的流体力学方面的研究多在管状分离膜中进行。管状分离膜的缺点在于使用密度较小，在一定使用体积下，有效分离面积最小。同时，为了维持系统循环，需要较多的能源消耗。因此在实际大规模应用中只有在其他结构的膜分离材料不适合时才采用管状分离膜。

（2）中空纤维　这是由半透性材料通过特殊工艺制成的中空式纤维，其外径在 $50 \sim 300\mu m$ 之间，壁厚约 $20\mu m$（依据外径不同有所变化）。

在使用中通过纤维外表面加压进料，内部为收集的分离液。高使用密度是中空纤维过滤装置的主要特征，由于机械强度较高，常在高压力场合下使用。与管状分离膜相反，中空纤维的缺点是容易在使用中受到污染，受到污染后也比较难于清洗。因此在分离前，分离液要经过预处理。中空纤维的重要应用场合是在血液透析设备（采用大孔径中空纤维）和人工肾脏（外径 $=250\mu m$，壁厚 $=10 \sim 12\mu m$）的制备方面。

（3）平面型分离膜　这是分离膜中宏观结构最简单的一种。平面型分离膜还可以进一步分成以下几个类别：无支撑膜（膜中仅包括分离用膜材料本身），增强型分离膜（膜中还包含用于加强机械强度的纤维性材料），支撑型分离膜（膜外加有起支撑作用的材料）。平面型分离膜可以制成各种各样的使用形式，如平面型、卷筒型、折叠型和三明治夹心型等，适用于超细滤、超滤和微滤等多种形式。平面型分离膜容易制作，使用方便，成本低廉，因此使用的范围较广。表 5-4 列出了几种不同外形结构分离材料的分离面积与使用体积之比。

表 5-4　几种不同外形结构分离材料的分离面积与使用体积之比

分离膜的结构	面积与体积之比（A/V）	分离膜的结构	面积与体积之比（A/V）
中空纤维		中空纤维	
外径 $=50\mu m$	12000	外径 $=300\mu m$	200
外径 $=100\mu m$	6000	平面分离膜	$150 \sim 250$
外径 $=200\mu m$	3000	管状分离膜（外径 $=2cm$）	50

5.8.2　膜分离原理及应用

被分离材料能够从膜的一侧克服膜材料的阻碍穿过分离膜，需要有特定的内在因素与合适的外在条件。有些物质容易透过，而另一些则比较困难，这也说明各种物质与膜的相互作用不一致。从目前掌握的材料，膜分离作用主要依靠过筛作用和溶解扩散作用。聚合物分离膜的过筛作用类似于物理过筛过程，与常见的筛网材料相比，其不同点在于膜的孔径要小得多。被分离物质能否通过筛网取决于物质粒径尺寸和网孔的大小，物质的尺寸既包括长度和体积，也包括形状参数。当被分离物质以分子分散态存在时，分子的大小决定粒径尺寸；而当物质以聚集态存在时，由其聚集态颗粒尺寸起作用。分离膜网孔的大小则决定了允许哪些物质透过，哪些物质被阻挡在一侧。应当指出，在任何膜分离过程中，都不仅仅存在物理过筛一种作用形式，分离膜和被分离物质的亲水性、相容性、电负性等性质也起着相当重要的作用。因为在膜分离过程中往往还伴有吸附、溶解、交换等作用发生，这样膜分离过程不仅与膜的宏观结构关系密切，而且取决于膜材料的化学组成和结构，以及由此而产生的与被分离物质的相互作用关系等因素。

膜分离的另外一种作用形式是溶解扩散作用。当膜材料对某些物质具有一定溶解能力时，在外力作用下被溶解物质能够在膜中扩散运动，从膜的一侧扩散到另一侧，再离开分离膜。这种溶解扩散作用对于用密度膜对气体的分离和用反渗透膜对溶质与溶液的分离过程起主要作用。

气体或液体混合物的分离是功能膜材料的主要应用领域。分离过程是可以自发进行的混合过程的逆过程，不能自发完成，需要有外力的参与，这类外力包括浓度差驱动力、压力驱动力和电场驱动力。在这些外力作用下，上述难以自动发生的过程，如气体富集、溶液的浓缩、混合物的分离等过程，可以通过膜分离过程实现。目前功能分离膜材料的最主要应用领域包括医学上的透析、人工肾脏；环保方面的水处理，包括海水的脱盐；化学工业方面的气体和液体分离、医用输液的消毒等。依据的分离机理包括纯机械的过滤作用、溶解扩散作用、物质交换作用和电场力的吸引和排斥作用。功能膜材料，特别是各种分离膜研究的发展，对于节约能源、发展高新产业具有重要意义。此外对于具有其他特殊功能的膜材料在修饰电极和光电子器件研究方面的应用也经常见诸报道。

根据膜的特性、驱动力和分离特点，膜分离可分成六类，如表 5-5 所示。同时表中还列出了几种分离膜的应用领域。

表 5-5　主要膜分离的性质及特征

分离方法	分离结果及产物	驱动力	分离依据	分离机理	迁移物质
气体、蒸气、有机液体分离	某种成分的富集	浓度梯度驱动（压力和温度起间接作用）	立体尺寸和溶解度	扩散与溶解	所有组分
透析	脱除大分子溶液中的小分子溶质	浓度梯度	立体尺寸和溶解度	扩散、溶解、过滤	小分子溶质
电渗析	①脱除离子型溶质	电场力	离子迁移性	反离子通过离子聚合膜	小分子离子
	②浓缩离子型溶质	电场力	离子交换能力	反离子通过离子聚合膜	小分子离子
	③离子置换	电场力	离子交换能力	反离子通过离子聚合膜	小分子离子
	④电解产物分离	电场力	离子迁移性	反离子通过离子聚合膜	小分子离子
微滤	消毒、脱微粒	压力	立体尺寸	过筛	溶液
超滤	①脱除大分子溶液中的小分子溶质	压力	立体尺寸	过筛	小分子溶质
	②大分子溶液的分级	压力	立体尺寸	过筛	体积较小的大分子溶质
超细滤	①纯化溶剂	有效压力	立体尺寸和溶解度	选择吸附和毛细流动	溶剂
	②脱盐	有效压力	溶解度和吸附性	选择吸附和毛细流动	水

5.8.3 其他功能膜材料

除了上述的密度和多孔膜等分离膜之外，还有其他一些具有特殊性能的功能膜构成膜科学的重要组成部分，其中比较重要的是 LB（langmuir-blodgett）膜和自我成型（self-assembly）膜。近年来这两种膜获得了广泛重视和迅速发展，最主要的原因是有机非线性光电子器件和分子电子器件迅速发展的推动。分子有序排列有机材料研究的地位日益提高，目前已经成为功能材料学科发展的前沿。虽然非线性光电子器件和分子电子器件是两种不同的科学领域，但是二者的发展都要求热稳定分子有序排列的有机分子体系作为进一步拓展的物质基础。而 Langmuir-Blodgett（LB）膜和 Self-Assembly（SA）膜的发展为实现有机分子的完全有序排列提供了现实可能性。

5.8.3.1 Langmuir-Blodgett 膜

Langmuir 膜是指在水和空气界面形成的分子有序排列的单分子膜，将这种分子膜用某种方法转移到固体基质上所形成的膜称为 Langmuir-Blodgett（LB）膜。

LB 膜一般由两类分子构成，即一端有极性基团，显亲水性；另一端为非极性基团，显亲油性。为了形成稳定的 LB 膜，要求两亲基团的比例和强度要适当。两亲单分子层膜首先是在液体和气体界面形成的，虽然液体和气体可以为各种各样物质，但是使用最多的还是水和空气。两亲分子亲水一端浸入水中（但是整个分子不溶于水），亲油一端伸向空气，构成分子排列有序的单分子层。这种单分子层经过仔细安排，完整移至固体介质表面，即成为 LB 膜。固体介质的表面可以是亲水性的，如板状的普通玻璃、石英、金属和金属氧化物等，也可以是亲油性的，如经过硅烷化处理的玻璃等物体的表面。

LB 膜的制备过程可以分成两个部分，首先是制备合适的单分子层，一般将溶在挥发性溶剂中的经过纯化的两亲分子溶液滴加在洁净水中，溶剂挥发后，两亲分子分散在水的表面，在气液界面精心设计的小推板的推动下，两亲分子在水-空气界面聚集形成分子有序排列的单分子层；第二步是将形成的单分子层转移至固体介质表面。目前常用的转移方法主要有两种，一种是垂直转移法，将清洁好的固体板状介质垂直插入或者拉出形成好的单分子层水溶液，由于表面张力和接触角的作用，加上小推板的推动，即可将单分子层转移到固体表面。对于亲水性表面介质，采用拉出法，单分子层中亲水一侧与固体接触。而对疏水性固体介质，采用插入法，单分子层亲油一侧与介质表面接触，制备过程如图 5-13 所示。另外一种制备方法是水平转移法，也称为 Scheafer 法，方法如图 5-14 所示。具有疏水性表面的固体介质被铺展在水溶液表面，将形成好的单分子层借助于介质与分子层的亲和作用结合在一起，并提出水面。值得注意的是，水平转移法一般只适用于制备疏水固体介质的 LB 膜。重复以上过程还可制成多层 LB 膜。

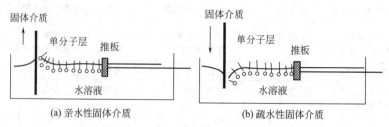

|(a) 亲水性固体介质|(b) 疏水性固体介质|

图 5-13　垂直法转移单分子层

虽然 LB 膜采用的两亲分子多为小分子化合物，但是为了提高膜的性能和稳定性，人们越来越多地采用两亲聚合物制备 LB 膜。制备聚合物 LB 膜的方法主要分成两大类，一类是采用可聚合两亲分子首先制备小分子 LB 膜，然后利用两亲分子的聚合反应实现两亲分子的高分子化。可用于这一类反应的两亲分子通常含有双键、三键或者环氧基团。另外一种方法是直接使用聚合物两亲分子制备 LB 膜。其他天然的和合成的大分子也常作为制备 LB 膜的材料。

LB 膜由于其分子排列的有序性，经常表现出特殊的光学和电学特征。某些功能化基团的引入，如有选择性捕获离子能力的冠醚、液晶体，有特殊络合作用的肽氰、卟啉等分子结构，常可以使 LB 膜具备许多新的功能。LB 膜的主要应用领域包括非线性光电子器件、压电装置、热电装置、光电转换装置、电显示装置、新型半导体器件及化学敏感器的制作方面。

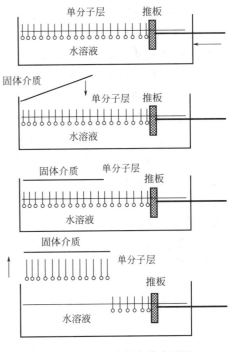

图 5-14　水平法转移单分子层

5.8.3.2　自我成型膜

自我成型膜（self-assembled monolayers, SA）是当合适的介质浸入含有某些表面活性分子的有机溶液时，自发形成具有特定功能的单分子层膜。这些 SA 膜包括有机硅分子在含有羟基表面的固体介质（玻璃、金属和非金属氧化物等）上形成的单分子层，以及烷基硫醇在金、银和铜表面，二烷基硫醚在金表面，醇和胺类在铂表面，羧酸类在氧化铝和银表面形成的单分子膜都属于这一类 SA 膜。

从能量角度划分，自我成型表面分子可以分成以下三种情况：

① 分子具有可以与固体介质形成共价键的基团，如氯硅烷中的硅氯键与固体介质表面的羟基反应生成硅氧键，其能量范围在每摩尔几十千焦耳，此反应是放热反应，可以自发进行；

② 分子具有与固体介质生成络合键，或者产生较强的静电引力的基团，其能量范围在每摩尔几千焦耳；

③ 分子与固体介质之间靠范德华力结合，其能量范围在 $4kJ \cdot mol^{-1}$ 以下。

从制备工艺和稳定性方面来讲，与 LB 膜相比，SA 膜有一定优越性。以三氯硅烷类衍生物生成的 SA 膜为例，由于与固定在固体表面的羟基反应，在膜与载体之间生成硅氧键，因此，反应的结果是分子自发地在固体表面聚集成单分子层，消除了 LB 膜制备上的困难。另外，由于分子层与固体介质之间以共价键连接，稳定性大大增强，甚至可以耐受 1% 洗涤剂，或者热水的洗涤，对有机溶剂和酸性水溶液也有较强耐受力。

SA 膜还可以制成多层膜，层与层之间可以是由相同分子构成，也可以由不同的分子构成，以适应不同需要。多层 SA 膜的制备工艺也与 LB 膜不同，仍以三氯硅烷类分子为例，当三氯硅烷衍生物分子另一端含有反应性官能团时，多数情况是显性或隐性羟基，可以据此进行连续反应制备相同分子，或者不同分子的多层 SA 膜。首先一端带有甲酯基团的长链三氯硅烷与固体介质表面的羟基反应，在载体表面制成单层 SA 膜；经过氢化铝锂还原，将甲酯还原成羟基；生成的羟基可以继续与同种或非同种三氯硅烷衍生物反应，制成两层 SA 膜。重复以上过程即可得到多层 SA 膜。

由于 SA 膜在结构上与 LB 膜的相似性，因此也可以应用到类似的领域，比如各种非线性光电器件、分子电子器件和化学敏感器件制备等方面。值得特别指出的是，由于 SA 膜在稳定性方面的优势，如用三氯硅烷衍生物制备的 SA 膜，可以作为一种润滑手段，用在某些需要减小摩擦的表面上，如磁记录材料（磁带、磁盘等）表面涂层，表面生成的 SA 膜可以大大减小磁头和磁盘之间的摩擦，保护磁性材料和磁头，提高其使用寿命。

5.8.4 发展趋势

从当前的应用而言，最重要的高分子功能膜是高分子分离膜。高分子分离膜中，最重要的是离子交换膜、反渗透膜、气体分离膜和透过蒸发膜。重点是突破氯碱工业用全氟离子交换膜的工业化制造技术，达到高效、性能稳定和较长的使用寿命。研究开发各种类型的气体分离膜，重点是氮/氢分离膜、富氧分离膜、二氧化碳分离膜。研究开发应用于海水淡化、超纯水制备、废水处理以及生物医学工程领域的反渗透膜、超滤膜、透析膜等。

用于制备分离膜的高分子材料有许多种，当前用得较多的是聚砜、聚烯烃、有机硅及纤维素酯类等。

5.9 智能高分子材料

智能高分子即高层次的功能高分子，是新近发展的一类新型高分子材料。

5.9.1 刺激响应性高分子凝胶

刺激响应性高分子凝胶是其结构、物理性质、化学性质等可以随外界环境而变化的高分子凝胶。当它受到环境刺激时就会随之响应，即当溶剂的组成、pH 值、离子强度、温度、光的强度和电磁场等刺激信号发生变化时，或受到某种化学物质刺激时，凝胶就会发生突变，呈现相转变行为（溶胀相⇌收缩相）。这种响应性体现了凝胶的智能行为，所以刺激响应性高分子凝胶属于智能材料。

智能高分子凝胶是由交联结构的大分子和溶剂构成，大分子主链或侧链上有亲水性（极性）基团和疏水基团，或（和）有离解性基团。此种交联大分子的三维网络可以吸收溶剂而溶胀，也可排出溶剂而收缩。根据溶胀剂的不同，又可分为高分子水凝胶和高分子有机凝胶，简称水凝胶和有机凝胶。

智能高分子凝胶体系如图 5-15 所示。当凝胶受到外界刺激时，凝胶网络内的链段有较大的构象变化，发生溶胀或收缩，因此凝胶系统发生相应的形变。一旦外界刺激消失，凝胶系统有自动回复到内能较低的稳定状态的趋势。

根据对刺激响应信号的敏感性，高分子凝胶可分为 pH 响应性凝胶、化学物质响应性凝胶、温度敏感性凝胶、光敏性凝胶、电活性凝胶、磁场响应性凝胶、压敏性凝胶和生理活性凝胶。

图 5-15　实际高分子网络与溶剂组成的凝胶

5.9.2 富勒球

大量粒子组成的宏观体系具有自平均性，宏观物体的物理性质表现出一种"共性"。但当物体的尺寸减小到某一特征尺度以下，进入介观尺度范围时，则自平均性消失。当前对介观体系了解尚少。

富勒球（fullerences）的研究与开发涉及介观体系化学的进展。1990 年 Kratschmer

Hoffman 利用在氩或氦气氛中石墨电极的蒸发，得到含有 $12\%C_{60}$、$2\%C_{70}$ 及少量含碳原子更多的高次富勒球，优化条件下 C_{60} 产率可超过 30%。由于 C_{60} 和 C_{70} 易溶于苯、甲苯和二氯甲烷这样的普通有机溶剂中，萃取和柱色谱分离得到克量级的 C_{60} 和 C_{70}。而用高效液相色谱分离法，可得毫克数量级的 C_{76}、C_{78}、C_{82}、C_{84}、C_{90}、C_{94} 和 C_{96}。

C_{60} 对电子的亲和性很大，它可接受 6 个电子，有人称之为"电子海绵"，电子能可逆地加成到 C_{60} 上，所生成的 C_{60}^{-}、C_{60}^{2-} 及 C_{60}^{3-} 与其他多电荷有机离子相比，具有独特的相对稳定性。所以，C_{60} 可参与许多电子供体（ED）的可逆电子迁移过程，生成的电荷转移盐（如 $[C_{60}^{-}][ED^{+}]$）相当稳定，具有潜在的应用前景，例如可设想可制成三维有机导体、高临界温度的超导体和有机铁磁体。

C_{60} 可进行各种化学反应而功能化。可与有机自由基反应，有机自由基能重复加成到 C_{60} 上，C_{60} 犹如"自由基海绵"。

现已发现有 C_{70}、C_{76}、C_{82} 等，相当于 C_{500} 的大富勒球也已被发现。由大的富勒球可组成纳米管、纳米粒子。

富勒球可望在高分子材料智能化方面有特殊应用领域。

5.9.3　智能超分子体系

超分子是较弱的原子间相互作用形成的分子装配体，其间无共价键合。

超分子（Supra molecules）按来源可分为天然超分子（生体超分子）和人工超分子（合成超分子），如图 5-16 所示。超分子和生命现象密切相关，如遗传因子的复制、蛋白质合成、能量变换及酶反应等涉及高度分子装配体的功能。基于冠醚、主客体化学、超分子化学的研究将促进纳米机械和分子工厂变为现实。

随着配位化学的发展，以较弱原子间相互作用装配的一些超分子体系是以分子体系为基础，具有分子识别能力，由此产生了与分子信号的发生、处理、变换和检测相关的智能超分子体系。图 5-17 所示为受外界刺激可变换信息的分子组装体。其信息输入器为外部刺激的感受器，它经信息传递器和向外部输出信息的信息输出器相连，由烷基偶氮吡啶和四氰代二甲基苯醌（TCNQ）配合物 $APT_{(m-n)}$ 构成的组装体，以紫外线（UV）、可见光（VIS）交替照射时，其电导率发生规则变化。此组装体的输入器为偶氮苯部

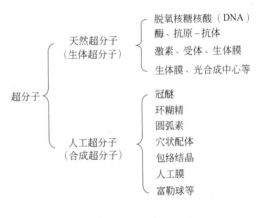

图 5-16　超分子化合物

分，其形状和性质借吸收紫外线和可见光变化。导电的 TCNQ 为信息输出器。烷基为信息传递器，控制 APT 的烷基 $m-n$ 值则能调整此类组装体的光电导率的开关功能。由于光致分子的变形使分子间相互作用发生变化，此组装体响应特定波长，使光的电导率变化，这就是视觉细胞的模型。

此类组装是其组元在一定条件下自发进行，形成具有一定功能的智能超分子结构。组元的自组装，不仅需要组元借配位键结合，更需要信息。上例中的输入信息为光，其组元中必须具有贮存处理的功能，如偶氮苯部分经光照而发生异构化，再经选择分子（烷基偶氮苯和 TCNQ）相互作用而转换。此类体系是程序分子 $[ATP_{(m-n)}]$ 组装成的超分子组织的实例。

　　除以上所述之外，智能药物释放体系、智能高分子膜材料、智能高分子微球以及电磁流变体等都是值得重视的智能高分子材料。

　　总体而言，智能高分子材料尚处于发展初始阶段，但可以预见其深远的意义和广阔的应用前景。

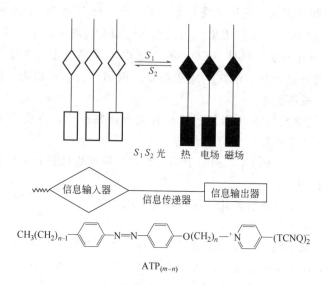

图 5-17　具有信息变换功能的分子组装体

5.10　电流变材料

5.10.1　引言

　　电流变体（ER）是指其流变性能在外加电场作用下发生变化的流体，主要是指黏度随外加电场强度的增加而急剧增大，在足够高的场强下失去流动性而固态化的一类流体。由于这类流体对外加电场的响应速度快（毫秒级）且具有可逆性，因而在各种传动、制动等装置中具有广阔的应用前景。例如，将 ER 液制成制动器，用于机器人装置中的低能界面处可提高机器人操作的灵敏度和准确度。ER 液是一种重要的人工智能材料和机电一体化中最具潜力的智能流体（smart fluid），因而受到普遍关注。

　　电流变体通常是由固态极性材料（包括半导体材料）悬浮分散于液体绝缘介质中形成。在电场作用下，作为分散相的固体粒子极化，由于偶极间的相互作用形成大量粒子链，致使整个悬浮体呈现类似固态性质。因此，使电流变体具有电流变效应的组分（亦称电流变材料）是作为分散相的固体极性材料。对于构成电流变体的液态介质，要求其具有较高的沸点和密度、电绝缘性和化学稳定性，以利于电流变材料的分散稳定和使用。常用的液体包括硅油、各种矿物油、高碳数烷烃及卤代烃等。

　　关于电流变悬浮液的研究始于 20 世纪 40 年代，直到 20 世纪 80 年代，关于电流变体的研究报道数量还很少。20 世纪 80 年代中期以来，研究报道的数目急剧增加。纵观发表的专利和文献，主要研究工作包括以下四个方面。

　　（1）新型电流变体的制备　关于这方面的工作多见于专利报道。主要是通过不同电流变材料的选择及改变分散相粒子的结构以求获得性能优异的电流变体。

（2）关于电流变性能的研究 研究在外加电场作用下，分散相微粒分散状态的变化，微粒的化学结构、组成、尺寸及分布和分散相体积分数等对电流变体的屈服应力、黏度及某些动态性能（G'、G''）的影响，为设计高效电流变体提供理论依据。

（3）电流变效应的模型化研究及计算机模拟 在假定电流变效应起源的基础上，从微观相互作用的角度进行理论推导，得到黏度、屈服应力等与外界场强及有关电流变体本身特性参数间的关系，进行计算机模拟和预测，以求与实验事实相对照，探讨电流变效应的产生机理。

（4）电流变体的应用探索 利用所研制的电流变体制成离合器、控制阀等进行应用方面的尝试。

这里仅对电流变材料的类型、介质及添加剂的影响和电流变机理作简单介绍。

5.10.2 电流变材料的类型

从不同角度对电流变液（ERF）进行分类。按照悬浮粒子（有时也称 ER 材料）的极化特征可分为非本征极化粒子和本征极化粒子两类。

（1）非本征极化粒子 非本征极化粒子是由较低介电常数的物质组成，这类悬浮粒子总是需要添加剂（如水、醇之类的极性物质）才能获得明显的 ER 效应。这类材料包括无机物如分子筛、硅胶和有机高分子如纤维素、壳聚糖、淀粉及其衍生物；聚电解质如聚苯乙烯磺酸盐和聚丙烯酸盐等。

非本征极化的 ER 材料因需要添加低分子活化剂，限制了其使用温度范围，添加剂的冰点和沸点之间的温度区间是其最大的使用温度范围。

（2）本征极化粒子 本征极化悬浮粒子与非本征极化粒子不同，本征极化悬浮粒子不需要加入活化剂，因为活化剂常用水，本征极化粒子构成的 ER 液称为无水电流变液。本征极化粒子材料有以下几类。

① 有机半导体聚合物 如聚辛胺、取代聚辛胺、聚芳醌、聚对亚苯基、热解酚醛树脂、聚丙烯腈、聚乙烯醇，热处理的沥青中间产物等半导体聚合物和聚醚类固体电解质等。

② 无机物 如沸石、$BaTiO_3$、$PbTiO_3$、$SrTiO_3$、TiO_2、PbS 等。

③ 金属类 一般是以在其外面包一层绝缘物质的核壳粒子形式使用。

④ 复合材料 包括有机半导体-无机物复合材料、金属-无机物复合材料、聚合物-金属复合材料以及聚合物-聚合物复合材料等。

按照电流变材料（主要指悬浮粒子）的化学组成，可分为无机电流变材料、高分子电流变材料和复合型电流变材料，还有新近发展的由液晶高分子所构成的均相电流变材料。

5.10.2.1 无机电流变材料

已报道的具有电流变效应的无机材料有 SiO_2、沸石、金属氧化物（如 Cr_2O_3、Al_2O_3、CoO、Ni_2O_3、TiO_2 等）、多价金属酸盐（如金属硅酸盐等）、复合金属氧化物等，其中以对 SiO_2、沸石等的研究最早。由于无机粒子密度大，与介质的密度差过大，易于沉降，电流变液的稳定差。另外，无机粒子硬度大，对电极或器壁的磨损大。许多无机物如 SiO_2、沸石、金属氧化物等，需用水为活化剂，这一方面限制了其使用温度；另一方面会增加漏电电流，使能耗增大，不利于实际应用。

某些复合金属氧化物、氢氧化物及复合金属盐等可归之于本征极化物质，不需添加水，且电流变效应强而成为无机物电流变体发展的主流，这类材料的例子有：美国 General Motors 公司开发的、结构式为 $A_5MSi_4O_{12}$（式中，A 为单价金属 Na、K、Li、Ag 等；M 为三价金属 Sc、Fe、La、Eu、Tb 等）复合金属氧化物；道化学公司开发的组成为 $Mg_{1.7}Al_{0.5}(OH)_5$ 等；硫酸联氨锂（$LiN_2H_5O_4$）是一种特殊的电流变材料，其介电常数呈现明显的各向异性，具有优异的电流变性能。

为了增加无机电流变悬浮液的稳定性，常加入一些表面活性剂。这类活性剂多为高分子物，靠空间位阻效应阻止粒子的凝聚和沉降，如聚二甲基硅氧烷等。一些嵌段和接枝共聚物也已被采用。

为了克服无机粒子的磨蚀性，可将其用黏弹性的高分子包覆起来，形成具有核-壳结构的复合粒子，这在下面还要谈到。

5.10.2.2 高分子电流变材料

由于高分子材料与无机材料的密度相比较小，因而与介质密度差小，混合分散性亦相对较好，分散粒子不易沉降，流制成的电流变材料稳定性较大。高分子硬度较无机材料低，对电极的磨蚀程度小。高分子易于进行分子结构和粒子结构的设计，以适应电流变性能的需要。由于这些优势，故自 20 世纪 80 年代以来，高分子电流变材料的开发与研究超过了无机材料。高分子电流变材料有以下几类。

（1）天然高分子及离子交换树脂　天然高分子主要包括淀粉、纤维素及其衍生物。离子交换树脂主要是交联聚苯乙烯类离子交换树脂。这类材料电流变效应较弱，且需添加水为活性剂。为克服加水后的缺点，可以醇、酰胺、胺等低分子极性物质代替水作活化剂。

（2）高分子电解质　用作电流变液的高分子电解质主要有聚丙烯酸盐、聚甲基丙烯酸盐、含有磺酸（盐）基团的聚苯乙烯或其共聚物以及丙烯酸盐与乙酸乙烯酯、马来酸酐等单体的共聚物。

一般而言，高分子电解质需添加少量水（2%～5%）才能表现显著的电流变效应，因为水的存在可促进电解质分子电离，促进其在电场作用下的极化。但水含量不宜过多，多余的自由水会引起体系的漏电电流增大。

（3）结构型导电高分子及高分子半导体　高分子半导体作为电流变材料是目前研究的一个热点，原因在于其电流变效应不依赖于水，且有报道表明：其电流变效应也很显著，关于这一点可从其结构及机理方面予以简单分析。目前有关电流变效应的起因较公认的观点是在电场作用下被极化的粒子间产生的库仑力，从而使粒子相互吸引，在两电极间成链状排列，导致抵抗形变的高屈服应力的产生乃致使电流变体失去流动性，呈现类似固体状。这种极化控制的物理机制最近也得到了理论计算及分子动态模拟结果的支持。

因此，从结构设计的角度，开发新型电流变流体的关键在于寻找能够高度极化（最好无水条件下）的高分子材料或其他能够实现离子或电子迁移的物质。结构导电高分子及高分子半导体可以满足这一要求。以高分子半导体为例，部分离域的共轭 π 电子结构有利于通过电子的迁移使粒子快速而高度地极化，因而近年来有关报道趋于增加。

可作为电流变材料的高分子半导体主要有部分氧化的聚丙烯腈、聚苯胺、聚醌类、聚亚苯基等以及高度共轭、梯形结构的聚（对亚苯基-2,6-苯并噻唑）（PBET）。

5.10.2.3 复合型电流变材料

复合型电流变材料主要指将不同材料复合在一起，形成具有复合相结构（如核/壳结构）的微粒，再分散于液体介质中形成电流变体。复合可以是不同高分子间的复合、不同无机物之间的复合或是无机物与高分子材料之间、金属与高分子之间的复合。

例如，以憎水的交联丙烯酸高烷基酯为核，亲水高分子（含有羟基、羧基等强极性基团的聚合物）为壳，形成核/壳结构的复合粒子。由于壳层单体具有足够的亲水性，可吸附水等极性液体（活化剂），而疏水的核层又可免于水的渗入，降低整个粒子的吸水量，有利于电流变体性能的改进。

将无机材料与高分子材料复合形成的新型电流变材料可集无机电流变材料的强电流变效应与高分子材料的调节保护功能于一体，显示出独特的优越性，有关专利报道也较多。例如，以高分子化合物为核，无机微粒为壳的复合电流变材料。在材料的选择方面，以干态下具有强电流变效应的无机粒子交换剂如多价金属的氢氧化物、水滑石 [$M_{13}Al_6(OH)_{43}(CO)_3 \cdot 12H_2O$] 复合金属氧化物等为壳，以求在低电场下获得较高的抗剪切强度，克服水分带来的不利影响，核层高分子化合物绝缘、低密度，这样既使壳的密度及导电性较高，通过调节核/壳组分的配比，可以改善所得电流变体的分散稳定性，降低电能消耗；其次，核层聚物应较软，这样，尽管壳为硬的无机粒子，复合粒子总体是软的，与电极或器壁接触时，靠核层高聚物的形变，改善对电极或器壁的磨蚀性。

当然也可以无机物为核，黏弹性的高分子材料为壳制得复合型电流变材料。例如，以 $\gamma\text{-}Fe_2O_3$ 为核，聚丙烯酸为壳制得的复合电流变材料，具有良好的电流变性能。

5.10.2.4　均相电流变材料

从广泛意义上来说，ER 液可以分为粒子悬浮型 ER 液和均相 ER 液。粒子悬浮型 ER 液（即通常所说的 ER 液）由于绝缘油中的微米级粒子本身具有沉降、聚集的倾向，尤其是在受到震动和离心力的作用时，因而存在着稳定性差的特点，从而限制了它在某些领域中的作用。另外，它在使用过程中还有粒子使电极产生磨损的弊端。主要由液晶高分子（LCP）组成的均相 ER 液是高性能 ER 液材料的一个重要研究方向，最近引起了人们浓厚的研究兴趣。由于不含悬浮粒子，它不仅能避免上述缺陷，而且在设计 ER 器件时，能使用很小的电极间距（可小于 0.1mm），从而能明显降低控制电源的输出功率和电压；另外，它还是一类调节黏度型（无屈服应力）的 ER 液。

事实上，某些极性液体或小分子液晶形成的电流变材料早已有过尝试，但因其电流变效应过于微弱，无实用价值而未引起重视。A. Inoue 等有感于液晶对弱电场的响应能力，认为小分子液晶电流变效应弱的原因，在于电场作用下其晶区之间的相互作用弱，如果能将这些晶区用柔性大分子链连接起来，可望获得较强的相互作用。在此基础上，制备了以聚硅氧烷柔性大分子为主链，以 —O—⬡—COO—⬡—CN 或 —OC—⬡—OOC—⬡—COO 为液晶基团的高分子液晶于二甲基硅烷中形成的均相电流变体，发现侧链液晶的电流变效应最高，并且其电流变性能优于传统的微粒分散的电流变体。

其他被采用的液晶高分子还有聚谷氨酸酯类、聚正己基异氰酸酯、聚对苯二甲酸二苯酯、聚对苯甲酰胺等。

液晶高分子作为均相电流变材料的主要问题是如何选择适当的溶剂或稀释剂。

5.10.3　分散介质及添加剂

分散介质即连续相，通常为不导电的绝缘油或其它的非导电型的液体。ER 液中理想的分散介质应符合下列条件：①高沸点、低凝固点、低挥发性；②低黏度，以便使电流变液在不加电场时，黏度低，有良好的流动性；③高体积电阻，以降低 ER 液的涌电电流，高介电强度以使其能在更宽广的电场强度范围内使用而不致电击穿，以便使流体能承受高电压而不放电；④密度大，使载液与悬浮颗粒的密度接近，减少沉降现象发生；⑤高 ER 活性，具有高的化学稳定性，以便在存放和使用过程中不发生降解或其它的化学变化；⑥高的疏水性；⑦有良好的润滑性能；⑧无毒、无味、无腐蚀性，价廉等。

常用的分散介质有硅油、改性硅油、石蜡油、氧化石蜡油、变压器油。为了理论研究的目的，也常采用卤代烃、环烷烃、甲苯、卤代芳烃等化合物。

一般而言，氧化石蜡油较烷烃油和硅油有更高的 ER 活性。用各向异性的，特别是向列相液晶作 ER 液的分散介质，具有提高 ER 液的电流变效能的作用。这是因为这种分散介质在电场作用下发生取向，因此，分散介质本身也表现出 ER 活性。

事实上，有些分散颗粒只在某一种或某几种分散介质中才表现出较强的 ER 效应。所以存在分散颗粒与分散介质之间的协同效应，应引起重视，但这方面的研究尚少。

ER 液中的添加剂主要可分为两类：一类是提高 ER 效应的"活化剂"；另一类是提高 ER 液稳定性、阻碍悬浮粒子团聚和沉降的表面活性剂和悬浮稳定剂。

活化剂亦称促进剂，使用较多的是水；此外，还有乙醇、乙二醇、二甲基甲酰胺等极性液体和某些酸、碱和盐类。

含水 ER 液一般都存在与温度和电场强度有关的最佳水含量，一般为悬浮粒子重量的 $3\% \sim 10\%$。少于最佳含量就不能充分发挥增加电流变效应的作用，高于最佳含量将导致漏电电流增加，ER 效应反而下降。关于水活化的机理，多数人认为，可用离子极化机理或"电导效应"解释，即粒子中的离子在水分作用下发生离解，成为可移动离子。可移动离子在电场作用下产生粒子内迁移是这类体系产生 ER 效应的根源。若水分过多，在电场作用下会脱附成为"自由水"，在粒子表面形成离子迁移通道，使离子产生粒子间迁移，从而提高漏电电流，使 ER 效应下降。当悬浮粒子中，可移动离子能通过其它途径产生时，ER 便无需水活化。某些研究表明，某些体系采用醇、酰胺和胺类为活化剂会有更好的效果。

为提高 ER 液的稳定性，可加入表面活性剂或分散稳定剂。这类添加剂对 ER 效应有不同的影响，有些使 ER 效应下降，有些对 ER 效应影响不大，而还有一些能起稳定作用的同时，使 ER 效应亦有提高。

5.10.4　ER 液的结构与流变特性

（1）结构　在电场作用下，无规分散于 ER 液中的粒子会迅速沿电场方向形成粒子链，并进一步聚集成柱状体。柱状体的直径为几个粒子大，随电极面积的增大而增加，与 $a(L/a)^{2/3}$ 成正比（式中 L 为电极间隙的距离，a 为悬浮粒子的粒径）。随着粒子体积分数 ϕ 的增加，位于柱状体中的粒子百分数和粒子链的支化现象都会增加；形成柱状体所需的时间 t_c 随电场强度 E 和 ϕ 的增加而缩短，柱状体变粗，柱状体之间距离增加，ER 液强度也增大。去除电场后，柱状体消散的松弛时间远大于 t_c 且随粒径的增大而延长，与 ϕ 无关。当 ER 液中含有聚合物稳定剂时，ER 液的结构可能由柱状体变为粒子链。

ER 液在垂直电场方向产生小应变时，其柱状体会倾斜和拉伸，但仍黏附于两电极板上，表现为弹性应变。应变较大时，可导致柱状体的断裂，使 ER 液产生流动。在低剪切作用下，在电场与剪切方向决定的平面内的粒子链会一致地只黏附于一个电极板形成紧密堆砌的层状结构，ER 液通过层间的相对滑移而产生流动。

（2）流变特性　在零电场下，ER 液的流变性能与一般悬浮液类似。由于 ER 液稳定性欠佳，易发生粒子间某种程度的聚集，而表现在零电场下有一个低屈服应力；在足够大的电场作用下，ER 液会产生一个较大的场致屈服应力。

随着电场强度 E 的增加，其黏度缓慢增大，E 达到某一临界值 E^* 时，急剧增大到

$10^6 \sim 10^8 \mathrm{Pa \cdot s}$，当电场强度大于 E^* 时，ER 呈固体状，表现出与固体相似的属性，即表现出典型的黏弹特性。当 ER 液作小的振动应变时，表现出明显的力学损耗，其实数模量 G' 与损耗模量 G'' 之比 G'/G'' 常常接近于 0.8，并随电场强度 E 和体积分数 ϕ 的增大而增加。当应变较小时（如剪切形变 $\nu_c \leqslant 0.03$），表现为线性响应；而形变大于临界剪切形变 ν_c 时，则产生塑性响应；ν_c 随 E 的增加而增大。

ER 液的流变特性可用修正的宾汉模型表征，即屈服应力随 E 的增加而增大。在低剪切速率（$\dot{\gamma}$）下产生一个剪切应力平台，也就是动态屈服应力 τ_y^d。当 $\dot{\gamma}$ 很大时，ER 液的黏性作用远大于电场诱导效应，此时它能承受的剪切应力（即屈服应力）基本与外加电场无关。

在电场作用下，当 $\dot{\gamma}$ 由零开始增加，一开始应力下降，这一反常现象的原因是 ER 液的结构重排是一个松弛过程，ER 液达到稳态需一定时间。所以，一般而言，ER 液的静态屈服应力 τ_y^s 要大于屈服应力 τ_y^d。

5.10.5　电流变理论

电流变理论即 ER 效应的机理，是分析 ER 液在外场（包括电场和力场）作用下，粒子间相互作用力产生的原因，建立 ER 效应与材料性能和电场的关系规律。目前虽尚无完整的理论，但电流变效应的产生源于分散微粒在外加电场作用下的极化却已成为普遍被接受的事实。

5.10.5.1　ER 液中分散粒子在电场作用下的极化

分散粒子在电场作用下的极化方式包括自身极化、界面极化和双电层变形极化。

（1）分散粒子的自身极化　这包括分子极化及偶极矩的取向极化。

在 ER 液中，悬浮粒子处于分散介质中，因此，分子的极化行为又与介质的性质有关，这主要取决于分散粒子与分散介质二者介电常数之差 β，β 值亦称为介电不匹配常数。

$$\beta = \frac{\varepsilon_p - \varepsilon_f}{\varepsilon_p + 2\varepsilon_f}$$

式中，ε_p 及 ε_f 分别为分散粒子和介质的介电常数。

许多情况下，β 越大，ER 效应越大。因此，ER 液的许多性能，如屈服应力、弹性模量 G' 等均与 β 值的大小有关。

分散粒子的极化率 α 与粒子半径 a 及 β 值的关系可表示为：

$$\alpha = \frac{a^3 \varepsilon_f (\varepsilon_p - \varepsilon_f)}{\varepsilon_p + 2\varepsilon_f} = a^3 \varepsilon_f \beta$$

（2）双电层的界面极化　双电层界面极化，简称双电层极化，即分散粒子周围双电层的变形极化。这种极化产生的诱导偶极使粒子间相互作用而导致 ER 效应。

事实上，一系列实验表明，电流变悬浮液在电场的作用下，分散粒子有做定向运动的现象，即电泳现象，说明粒子是带电的。在非水介质中，粒子表面电荷的来源有两方面原因：粒子本身的可离解基团；介质存在一定的电离状态的离子对，粒子吸附这些离子带电。当然，不同的体系，这种双电层极化的程度和所占的分量会有所不同。

（3）界面极化　这是指分散粒子与介质的界面处，在电场的作用下而产生的极化。这种极化与双电层极化相似，不仅与分散粒子的性质有关，而且与介质的性质有关。添加剂会影响界面的组成和性质，因而添加剂也会对这种极化产生影响。

界面极化主要是吸附于分散颗粒表面上的分子或某些离子的极化。

界面极化和双电层变形极化都是强调分散微粒表面性质对 ER 效应的重要性，许多实验事实都表明着两种极化在某些体系中对 ER 效应起决定性的作用。例如，SiO_2 离子在萘中形成的 ER 液，比钛酸钙具有更强的 ER 效应，尽管钛酸钙的介电常数更高、更易极化。又如 ER 效应的快速响应（毫秒级）表明：这与粒子表面的原子或分子的迁移有关，而非粒子本身的运动。

事实上，对于不同的体系和不同的外界条件（包括电场强度和电场交变频率等），上述各种极化的强度所占比例都会有所不同，因而就有不同的电流变行为。例如，界面极化（包括双电层极化）所需时间，一般要比粒子自身极化所需时间长一些，所以，在频率较大的交变电场作用下，粒子本身的极化占主导地位。而在直流电场作用下，界面极化作用可能更大一些。所以，同一体系的 ER 行为也与电场交变频率有关。

5.10.5.2　电流变理论

现在人们普遍认为，ER 效应是按极化机理产生的。在电场作用下，ER 液中的粒子由于其复介电常数（ε_p^*）与悬浮介质的复介电常数（ε_f^*）不匹配而产生界面极化，形成偶极子，偶极子在"多粒子效应"作用下增强，进而通过库仑力使粒子产生强烈的相互吸引或排斥，沿电场方向形成粒子链或柱状体，ER 液表现出剪切屈服 τ_y 及表观黏度增加等 ER 现象。

5.10.6　影响因素

影响电流变效应的因素有：外加电场强度及频率、分散粒子的化学组成、分散介质的性质、添加剂、悬浮液浓度、颗粒的电导和介电性质以及温度等。

5.10.6.1　电场强度及频率

屈服应力 τ_y 是表征 ER 效应强弱的主要指标之一。对某些体系，研究发现：τ_y 与外加电场强度 E 成线性关系：

$$\tau_y = k_y(E - E_c)$$

式中，k_y 为常数；E_c 为临界电场强度。

低于 E_c 时，无明显的 ER 效应。但也有的研究表明，τ_y 与 E^2 成正比，且当 E 足够大时，τ_y 及表观黏度 η_a 趋于某一饱和值，不再随 E 的增加而提高。也有人提出以下关系：

$$\tau_y = AE^n$$

式中，A 与具体 ER 液体系有关，n 值在 $1\sim2.5$，取值与电场强度有关，多数情况下取 2，在 E 值较大时，一般 $n=1$。

可见，关于电场强度影响的定量关系目前尚缺乏一致的关系，但在一定范围内，τ_y 随 E 的增大而提高这一定性规律则是一致的。

电场频率的影响也非常重要。随着外加电场频率的提高，某些形式的极化可能跟不上电场的变化而使极化程度下降，ER 效应减弱。但也有些体系电场频率与 ER 效应的关系是非单调的。

5.10.6.2　温度的影响

温度的影响存在相互竞争的两个方面：一是温度对粒子极化强度的影响，表现为粒子介电常数和电导随温度的变化；另一方面是温度对粒子热运动的影响，布朗运动加大时，ER 效应将减弱。总的影响取决于这两个因素的竞争。所以，温度对电流变效应的影响常常是非单调的，且不同的体系也有很大的差别。

5.10.6.3　粒子浓度的影响

粒子浓度过低时，ER 效应不明显。浓度过高时，则零场黏度过大，甚至失去流动性，并且易使电极两端短路。一般而言，粒子浓度应不高于 50%。在一定的浓度范围内，屈服应力随浓度的增加而提高。例如对 SiO_2/硅油 ER 液，屈服应力与浓度的 2/3 次方成正比。许多体系都存在一个浓度的最佳值。

5.10.6.4　分散粒子电导和介电常数的影响

分散粒子的电导率存在一最佳值，过大过小都会使 ER 效应下降，例如氧化聚丙烯腈-硅油体系的情况，这可能是由于在此电导率最佳值时，界面极化达到极大值。

分散相与分散介质的介电常数差越大，越有利于 ER 效应的提高，前面已提及这个问题。一般而言，屈服应力与 β^2 成正比。但也发现，某些 ER 体系并不遵从这种规律。

5.10.7　应用前景

美国 Ford 汽车公司用于汽车工业中的 ER 液具备的性能报告中，对 ER 液的综合性能指标提出如下要求：

① 在外加电场为 5kV/mm 时，动态屈服应力大于 20kPa，或其表观黏度与零场黏度的比值大于 100；

② 零场黏度小于 100mPa·s，最好小于 50mPa·s；

③ 能耗小，在室温和 5kV/mm 下，漏电流密度小于 $100\mu A/cm^2$，最好小于 $10\mu A/cm^2$；

④ 工作温度区间大，至少能在 $-40\sim120$℃，最好在 $-40\sim200$℃范围内工作；

⑤ 响应速度快，在毫秒（ms）级范围内；

⑥ 稳定性好；

⑦ 与 ER 器件中的其他材料有良好的相容性，如不产生磨损和腐蚀；

⑧ 环境友好，对人体无毒。

目前已研究出的最好的悬浮型 ER 液具有如下的指标：在 3kV/mm 的电场作用下，动态屈服应力为 $3\sim5$kPa，静态屈服应力为 $16\sim20$kPa；漏电流密度分别小于 $30\mu A/cm^2$ 和 $3\mu A/cm^2$。

虽然 ER 液的研究距工业大规模应用还有一段距离，也还有一系列理论问题和技术问题需要解决；但 ER 液的应用前景还是比较乐观的。

电流变体的特点是在外加电场作用下，能从流动性良好的牛顿流体转变为屈服应力很高的塑性体，并且这种转变连续、可逆、迅速且易于控制，因此具有广泛的应用前景。例如：

① 在汽车工业中，汽车传动用的离合器和减震器、供发动机用的风扇调速离合器；

② 用电流变技术制造各种控制量和压力的阀，有可能取代目前通用的各种液压阀，其特点是不需精密机加工，流量和压力可直接用信号控制；

③ 机器人领域，可制造出体积小、响应快、动作灵活并直接用微机控制的活动关节；

④ 国防工业，例如可把电流变技术用于直升机的旋翼叶片上。

此外，还可用于流体密封等领域。

鉴于 ER 液的特性，它是可能使诸如交通工具、液压设备、机器制造业、机器人、传感器技术等领域发生革命性进展的一种智能材料。美国能源部的一项报告中曾预测，如果 ER 液在工程应用方面能取得突破，其产生的经济效益每年可达数百亿美元。

以下仅对专利报道的离合器、减震器和液压阀的应用等予以简单介绍。

（1）离合器　ER 液制备的离合器，可通过电压控制离合程度，实现无级可调，如图 5-18 所示。未加电场时，电流变体为液态且黏度低，因此不能传递力矩。施加电场后，ER 液的黏度随电场强度的增加而增大，能传递的力矩也相应增大；当电流变体为固体时，主轴与转子结合成一个整体。

（2）液压阀 液压阀主要有两种形式：一是同心圆筒型；另一种为平板型。同心圆筒型液压阀如图 5-19 所示。当 ER 液在狭缝中流动时，零场下阻力很小；当施加高压电场时，流动阻力骤增；电压足够大时，ER 液因固化而失去流动性，从而起到调节流量及开关的作用。

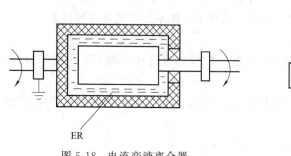

图 5-18　电流变液离合器

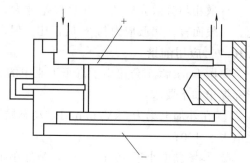

图 5-19　电流变液压阀

（3）减震器 图 5-20 为固定电极阀型减震器。它由活塞缸和阀门形成回路。在高压电场下，液体不能在两电极环形成的隙缝中流动，活塞就受到很大的阻力；反之，在低电压或零场下，活塞很容易上下滑动。用计算机自动选取最佳电压，就可控制狭缝中流体的流动阻力，把车辆、电极底座等的振动尽快吸收掉。

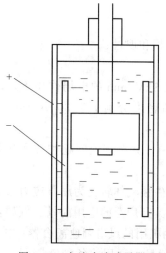

图 5-20　电流变液减震器

5.10.8　磁流变液和电磁流变液

磁流变（MR）液和电磁流变（EMR）液是与 ER 液类似的另外两种重要的人工智能流体，其中 MR 液是由软磁微粒分散在液体介质中组成的悬浮液。在外场作用下，其流变性能可以发生较快和基本可逆的显著变化。与 ER 液相比，MR 液具有场致屈服力（τ_y）高和 τ_y 的温度依赖性小等优点。当外磁场为 1.3T 时，MR 液的 τ_y 可高达 150kPa，远大于 ER 液的 τ_y。因而普遍认为，MR 液在汽车工业和光学抛光等领域中的应用前景远超过 ER 液。

一般认为，MR 液中理想的悬浮粒子应具有以下特性：饱和磁化强度大，磁滞回线窄，最好没有矫顽力，密度低，能与悬浮介质相匹配，且具有较好的分散性和良好的摩擦性能。但事实上，目前开发的高性能 MR 液的悬浮粒子基本上都是 Fe、Co、Ni 及其合金、或铁氧体等粒径为微米级的无机磁性粒子。它们不但密度很大（大多为 $7\sim8g/cm^3$ 甚至更大），而且磁滞回线是一狭长的椭圆，有相对较大的矫顽力，与（有机）分散介质的相容性差，所以，目前的 MR 液通常存在稳定性差、响应时间长、可逆性不甚理想等缺点。为了提高 MR 液的稳定性和再分散性，人们曾先后提出：在 MR 液中使用硅石等胶体陶瓷粒子、碳纤维等方法，但效果均不明显。按 Stokes 定律，即在牛顿液体中的悬浮粒子，其沉降速度 μ 应满足：

$$\frac{\mu}{\bar{\omega}}=\frac{8a(\rho_p-\rho_f)}{9\eta_f}$$

式中，$\bar{\omega}$ 为加速度。

可见，提高 MR 液稳定性的根本措施是减少悬浮粒子的半径 a，降低其密度 ρ_{p}。但降低 a 会使 MR 液的 τ_{y} 同时降低，并使 τ_{y} 表现出较强的温度依赖性。另一方面实验表明，往含微米级磁性粒子组成的 MR 液中添加纳米胶体粒子作为添加剂，或对磁性悬浮粒子用偶联剂或表面活性剂进行适当的改性处理，能在不降低 MR 活性的前提条件下，显著提高 MR 液的稳定性和再分散性。开发高饱和磁化强度和矫顽力低甚至为零的磁性微及其制备技术，是目前 MR 液领域的另一个研究重点。基于磁性纳米粒子具有矫顽力随粒径的变化而发生较大改变，甚至可以为零的特点，将无机磁性纳米与聚合物复合，制成复合粒子是一个重要的研究方向。由于这种聚合物-无机磁性纳米复合微粒的电磁性能均可设计，密度也可做到与悬浮介质相当，而且外层的聚合物与悬浮介质有较好的相容性，可构成稳定性好的 MR 液，也可用以制备电磁流变液。

电磁流变液（EMRF）是一种既能表现出 ER 效应又能表现 MR 效应的悬浮液，它的流变性能在外加电场或磁场作用下，均能产生迅速、可逆的变化。EMRF 的研究虽然只有十几年的历史，但已引起极大的关注，这主要是因为 EMR 液同时具备 ER 液和 MR 液两者的特点，即具有 ER 液响应速度快和 MR 液场致屈服力大的优点，因而具有更乐观的应用前景。EMRF 在电场和磁场同时作用下产生的 τ_{y} 远大于在单独的电场或磁场作用下产生的 τ_{y} 的线性加和值，即具有显著的协同效应。但总的来说，EMRF 目前还处于研究的起步阶段。

参 考 文 献

[1] 黄维垣等. 高技术有机高分子材料进展. 北京：化学工业出版社，1994.
[2] 高以烜等. 膜分离技术基础. 北京：科学出版社，1989.
[3] 周其凤等. 液晶高分子. 北京：科学出版社，1994.
[4] 姚康德等. 智能材料. 天津：天津大学出版社，1996.
[5] 赵文元等. 功能高分子材料化学. 北京：化学工业出版社，1996.
[6] 施良和，胡汉杰. 高分子科学的今天与明天. 北京：化学工业出版社，1994.
[7] 张留成. 材料学导论. 保定：河北大学出版社，1999.
[8] 马建标等. 功能高分子材料. 北京：化学工业出版社，2000.
[9] 何炳林等. 离子交换与吸附树脂. 上海：上海科技教育出版社，1995.
[10] 祁喜望等. 膜科学与技术. 1995，15（3）：1.
[11] ［日］永松原太郎等. 感光性高分子. 丁一等译. 北京：科学出版社，1984.
[12] 张留成等. 高分子材料进展. 第 5 章. 北京：化学工业出版社，2005.
[13] 李秀错等. 复合材料学报，2000，17（4）：119-123.

习题与思考题

1. 聚合物液晶的分子结构有何特点？根据液晶分子排列的有序性，液晶可分为哪几种类型？如何表征？

2. 解释如下术语：

（1）热致性液晶；（2）溶致性液晶；（3）液晶高分子原位复合材料；（4）液晶离聚物；（5）功能液晶高分子。

3. 液晶高分子溶液的黏度变化有何特性，此种特性有何应用？

4. 简述液晶高分子的发展趋势。

5. 解释如下术语：

（1）离子交换树脂；（2）离子交换纤维；（3）蛇笼树脂；（4）吸附树脂；（5）活性碳纤维。

6．简要叙述螯合树脂及配位高分子的基本概念及其主要用途。

7．试述感光高分子的功能性质及其主要用途。

8．举例说明如下术语：

（1）高分子催化剂；（2）医用高分子；（3）高吸水树脂；（4）导电高分子；（5）LB膜；（6）高吸油树脂；（7）电流变材料；（8）电磁流变材料。

9．试述高分子功能膜材料的主要类型及其应用。

10．简要介绍智能高分子材料的基本概念。

第6章 聚合物共混物

聚合物共混是获得综合性能优异的高分子材料卓有成效的途径，聚合物共混物是指两种或两种以上聚合物通过物理或化学的方法混合而形成的宏观上均匀、连续的固体高分子材料。

关于聚合物共混物的历史可追溯到1846年，当时Hancock将天然橡胶与古塔波胶混合制成了雨衣，并提出了两种聚合物混合以改进制品性能的思想。表6-1列出了聚合物共混改性的重要历史进程。

表6-1 聚合物共混改性发展进程中的重要事项

年　代	重要事项及意义
1846	聚合物共混物的第一份专利——天然橡胶与古塔波胶共混
1942	研制成PVC/NBR共混物，NBR作为常效增塑剂使用，发表了热塑性聚合物共混物的第一份专利
1942	制成苯乙烯和丁二烯的互穿聚合物网络(IPNs)，商品名为"Styralloy"，首先使用了"聚合物合金"这一名称
1946	发展了A型-ABS树脂(机械共混物)
1951	制成了结晶聚丙烯，此后发展了PP/PE共混物
1954	美国马尔邦化学公司首先采用接枝共聚-共混法制成ABS树脂，聚合物共混工艺获得重大进展
1960	发现了PPE/PS相容性共混物并于1965年开始Noryl系列共混物的工业化生产
1960	建立了互穿聚合物网络(IPNs)的概念，开始了一类新型聚合物共混物的发展
1960	提出了银纹核心理论，使橡胶增韧塑料机理的研究有了重大进展
1962	ABS与α-甲基苯乙烯-芳腈共聚物共混，制成高耐热ABS
1964	四氧化锇(OsO_4)染色技术研究成功，使得可用透射电镜直接观察共混物的形态结构
1965	研制成SBS树脂，发表了SBS的第一篇专利
1969	ABS/PVC共混物工业化生产，商品名为Cycovin
1969	制成PP/EPDM共混物
1975	Du Pont公司发展了超韧性尼龙——Zytel-ST
1976	发展了PET/PBT共混物(Valox800系列)
1979	研制了PC与PBT及PET的增韧共混物，商品名为Xenoy
1981	制成苯乙烯-马来酸酐共聚物(SMA)与ABS的共混物(Cadon)以及SMA与PC的共混物(Arloy)
1983	PPE/PA共混物研究成功，商品名为Noryl GTX
1984	发展了聚氨酯/聚碳酸酯共混物，它广泛用于汽车工业，商品名为Texin
1984	发展了ABS/PA共混物
1984	发展了用于汽车工业的PC/PBT/弹性体共混物，商品名为Macroblend
1985	制成PC与丙烯酸酯-苯乙烯-丙烯腈共聚物(ASA)的共混物，商品名为Terblend
1986	PC/ABS新型共混物，商品名为Pulse，适用于轿车内衬

6.1 聚合物共混物及其制备方法

6.1.1 基本概念

聚合物共混物的初期概念仅局限于异种聚合物组分的简单物理混合。20世纪50年代ABS树脂的出现，形成了接枝共聚-共混物这一新概念。随着对聚合物共混体系形态结构研究的深入，发现存在两相结构是此种体系普遍、重要的特征。所以，广义而言，凡具有复相结构的聚合体系均属于聚合物共混物的范畴。这就是说，具有复相结构的接枝共聚物、嵌段共聚物、互穿聚合物网络（interpenetrating polymer networks，IPNs）、复合聚合物（复合聚合物薄膜、复合聚合物纤维），甚至含有晶相与非晶相的均聚物、含有不同晶型结构的结晶聚合物均可看作聚合物共混物。两种聚合物不同的组合方式见图 6-1。

聚合物共混物有许多类型，但一般是指塑料与塑料的共混物以及在塑料中掺混橡胶的共混物，在工业上常称之为高分子合金或塑料合金。对于在塑料中掺混少量橡胶的共混物，由于在抗冲性能上获得很大提高，故亦称为橡胶增韧塑料。

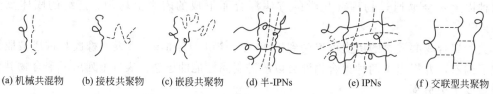

(a) 机械共混物　　(b) 接枝共聚物　　(c) 嵌段共聚物　　(d) 半-IPNs　　　　(e) IPNs　　　　(f) 交联型共聚物

图 6-1　两种聚合物组分间不同组合方式

聚合物共混物按聚合物组分数目分为二元及多元聚合物共混物。按共混物中基体树脂名称可分为聚烯烃共混物、聚氯乙烯共混物、聚酰胺共混物等。按性能特征又有耐高温、耐低温、耐燃、耐老化等聚合物共混物之分。虽然从形态结构上看，某些均聚物亦属聚合物共混物的范围，但一般并不归入共混物之中。

为简单而又明确地表示聚合物共混物的组成情况，对由基体聚合物 A 和聚合物 B 按 x/y 的比例而组成的共混物可表示为 A/B（x/y）。例如聚丙烯/聚乙烯（85/15）即表示由 85 份聚丙烯和 15 份聚乙烯所组成的共混物。

聚合物共混已成为高分子材料改性极重要的手段，其主要优点体现在以下几个方面。

① 综合均衡各聚合物组分的性能，取长补短，消除单一聚合物组分性能上的弱点，获得综合性能优异的高分子材料。例如将聚丙烯与聚乙烯共混，可克服聚丙烯耐应力开裂性差的缺点，获得综合性能优异的共混材料。

② 使用少量的某一聚合物可以作为另一聚合物的改性剂，改性效果显著。例如聚苯乙烯、聚氯乙烯等硬脆性聚合物掺入 10%～20%的橡胶类聚合物，可使其抗冲击强度提高 2～10 倍。又如乙烯-乙酸乙烯酯共聚物可用作聚氯乙烯的长效增塑剂等。

③ 通过共混可改善某些聚合物的加工性能。例如难熔、难溶的聚酰亚胺与熔融流动性良好的聚苯硫醚共混后可进行注射成型。为改进聚碳酸酯的流动性能，可采用三元共聚的方法，例如聚碳酸酯/聚对苯二甲酸乙二醇酯/乙烯-乙酸乙烯酯共聚物及聚碳酸酯/丁腈橡胶/MBS 等，其中聚碳酸酯组分是基体，丁腈胶是流动性改性剂，MBS 是抗冲改性剂。

④ 聚合物共混可满足某些特殊性能的需要，制备一系列具有崭新性能的高分子材料。例如：为制备耐燃高分子材料，可使基体聚合物与含卤素等耐燃聚合物共混；为获得装饰用具有珍珠光泽的塑料，可将光学性能差异较大的不同聚合物共混；利用硅树脂的润滑性，可与许多聚合物共混以制得具有良好自润滑性的高分子材料；可将拉伸强度较悬殊的两种混溶性欠佳的树脂共混后发泡，制成多层多孔材料，具有美丽的自然木纹，可代替木材使用。

共混技术在制备低收缩模压料方面具有特别重要的作用。不饱和聚酯树脂模压料在加热、加压和过氧化物作用下交联熟化时，有很大的体积收缩，因此容易使制品表面粗糙、外观不良以及产生内部裂纹和气泡。为解决这一问题，曾采用加入大量填料、分步聚合、共聚等方法，均未获得理想效果。近年来采用共混的方法，在不饱和聚酯模压料中掺入 7%～20%的热塑性树脂，如聚苯乙烯、聚乙烯、聚酰胺等，制得了低收缩或无收缩的模压料。

6.1.2 制备方法

聚合物共混物的制备方法可分为物理方法和化学方法两种类型。

6.1.2.1 物理共混法

物理共混法又称为机械共混法,是将不同种类聚合物在混合(或混炼)设备中实现共混的方法。共混过程一般包括混合作用和分散作用。在共混操作中,通过各种混合机械供给的能量(机械能、热能等)的作用,使被混物料粒子不断减小并相互分散,最终形成均匀分散的混合物。由于聚合物粒子很大,在机械共混过程中,主要是靠对流和剪切两种作用完成共混的,扩散作用较为次要。

在机械共混操作中,一般仅产生物理变化。但在强烈的机械剪切作用下,可能使少量聚合物降解,产生大分子自由基,继而形成接枝或嵌段共聚物,即伴随一定的力化学过程(见第 3 章)。

物理共混法包括干粉共混、熔体共混、溶液共混及乳液共混等方法。

(1)干粉共混法 将两种或两种以上不同的细粉状聚合物,在通用的塑料混合设备中进行混合,以制备聚合物共混物的方法。常用的混合设备有球磨机、各种混合机、捏合机等。干粉混合的同时可加入各种配合剂,制得的共混物料,可直接成型或经挤出造粒后再成型成制品。干粉共混的效果一般不太好,不宜单独使用,而是作为融熔共混的初混过程,但对难溶难熔聚合物的共混有一定实用价值。

(2)熔体共混法 亦称熔融共混法,是将各聚合物组分在黏流温度以上进行分散、混合以制备聚合物共混物的方法,其工艺流程如图 6-2 所示。熔融共混法具有共混效果好、适用面广的优点,是最常采用的共混方法。

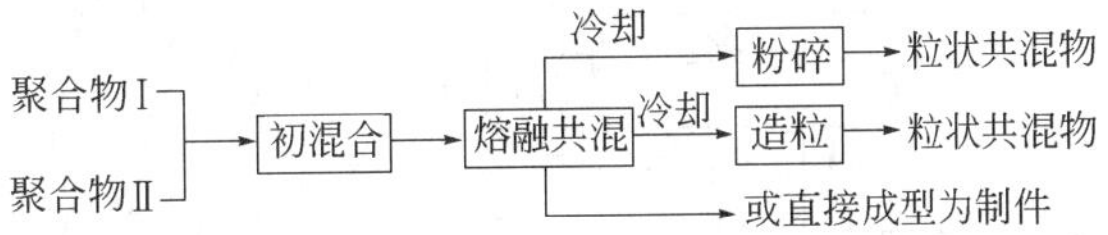

图 6-2 熔融共混过程

(3)溶液共混法 将各聚合物组分加入共同溶剂中(或分别溶解再混合),搅拌均匀,然后除去溶剂或加入沉淀剂沉淀以制得聚合物共混物。此法除共混物以溶液状态直接应用外,主要用于聚合物共混的理论研究,如相图分析等;而在工业生产中应用意义不大。

(4)乳液共混法 将不同品种聚合物乳液一起混合均匀,加入凝聚剂使之共沉析以制得共混物的方法。当原料聚合物为乳液,或者共混物以乳液形式应用时,可采用这种方法。

聚合物的机械共混是依靠各种混合、捏合及混炼设备来实现的,共混物的性能与共混设备的混炼效率有密切关系。为达到高效的混合分散效果,制得性能优异的共混物,发展了一系列高效混炼挤出设备。这些混炼挤出设备强化了剪切和对流作用,从提高剪切速率、延长混炼作用时间、加强对混合物料的分割和扰动这三个方面来提高共混效果。高效混炼挤出设备主要有以下几种类型。

① 混炼型单螺杆挤出机 通常将装有混炼型螺杆的挤出机称为混炼型挤出机。混炼型螺杆有屏障型、销钉型及沟槽型等不同类型,如图 6-3 所示。当被混物料通过螺杆上设置的屏障段、销钉或特殊的沟槽时,遭受较大的剪切作用,同时流体被分割、流向发生转折,从而使物料得以充分混合、分散。

② 混炼-挤出机组 是由两个操作段组成的(图 6-4)。第一段由混炼装置构成,在此段以高剪切速率(500~1500s⁻¹)使聚合物受到混炼;第二段由单螺杆挤出机构成,用 30~

$70s^{-1}$的低剪切速率挤出。

③ 双螺杆挤出机　由两根互相啮合的螺杆（图6-5）构成的挤出机，其工作原理与单螺杆挤出机完全不同。物料在单螺杆挤出机中的输送主要靠摩擦力，而双螺杆挤出机主要是由两根相互啮合的螺杆在料筒内旋转所产生的正向输送作用，强制地将物料推向料筒末端。采用双螺杆挤出机进行聚合物共混具有混炼效果好、物料在料筒内停留时间分布窄以及挤出量大、能耗小等优点。

④ DIS螺杆挤出机　一种新型的分配混合装置，是使用具有特殊结构的DIS螺杆（图6-6）而构成的挤出机，混炼效果优异，对于混溶性不良的聚合物共混尤为适用。

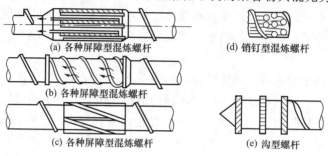

(a) 各种屏障型混炼螺杆　　　　(d) 销钉型混炼螺杆

(b) 各种屏障型混炼螺杆

(c) 各种屏障型混炼螺杆　　　　(e) 沟型螺杆

图6-3　混炼型螺杆

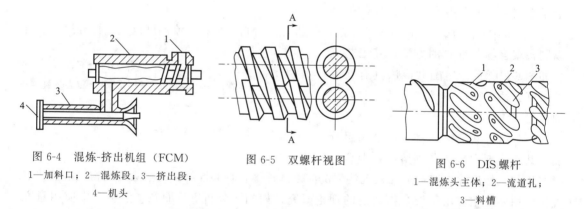

图6-4　混炼-挤出机组（FCM）　　　图6-5　双螺杆视图　　　　图6-6　DIS螺杆
1—加料口；2—混炼段；3—挤出段；　　　　　　　　　　　　　1—混炼头主体；2—流道孔；
4—机头　　　　　　　　　　　　　　　　　　　　　　　　　3—料槽

⑤ 静态混合器　一类使流体在流动过程中不断被静止的设备元件所分割的渠道式连续混炼设备，它装于挤出机机头与模口之间，不能单独使用。若用于注射机，可与注射机喷嘴合为一体。最早出现的静态混合器是1965年美国Kenics公司创制的Kenics静态混合器，如图6-7所示，此后发展了ISG静态混合器、Sulzer静态混合器及LPO静态混合器等。

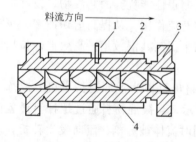

料流方向

图6-7　Kenics静态混合器
1—测温元件；2—螺旋形元件；3—套筒；
4—加热器

6.1.2.2　共聚-共混法

共聚-共混法是一种化学方法，有接枝共聚-共混与嵌段共聚-共混之分。在制备聚合物共混物方面，接枝共聚-共混法更为重要。

接枝共聚-共混法，首先是制备聚合物1，然后将其溶于另一种单体2中，使单体2聚合并与聚合物1发生接枝共聚。制得的聚合物共混物通常包含3种组分，聚合物1、聚合物2以及聚合物1骨架上接枝有聚合物2的接枝共聚物。两种聚合物的比例、接枝链的长短、数量及分布对共混物的性能有决定性影响。

接枝共聚物的存在改进了聚合物 1 及聚合物 2 间的混溶性，增强了相与相之间的作用力，因此，共聚-共混法制得的聚合物共混物，其性能优于机械共混物。共聚-共混法近年来发展很快，一些重要的聚合物共混材料，如抗冲聚苯乙烯（HIPS）、ABS 树脂、MBS 树脂等，都是采用这种方法制备的。

6.1.2.3 互穿聚合物网络

互穿网络聚合物，简记为 IPNs，是用化学方法将两种或两种以上的聚合物相互贯穿成交织网络状的一类新型复相聚合物共混材料，IPNs 技术是制备聚合物共混物的新方法。

互穿网络聚合物从制备方法上接近于接枝共聚-共混法，从相间化学结合看则接近于机械共混法（见图 6-1）。因此可把 IPNs 视为用化学方法实现的机械共混物。

由 x 份聚合物 A 和 y 份聚合物 B 所组成的互穿网络聚合物，简记为 IPNs x/yA/B。

IPNs 有分步型、同步型、互穿网络弹性体及胶乳-IPNs 等不同类型，它们是用不同的合成方法制备的。

（1）分步型 IPNs　简记为 IPNs，它是先合成交联的聚合物 1，再用含有引发剂和交联剂的单体 2 使之溶胀，然后使单体 2 就地聚合并交联而得。例如先合成交联的聚乙酸乙烯酯（PEA），再用含有引发剂和交联剂的等量苯乙烯单体使其溶胀，待溶胀均匀后将苯乙烯聚合并交联即制得白色革状的 IPNs 50/50PEA/PS。

由于最先合成的 IPNs 是弹性体为聚合物 1，塑料为聚合物 2，因此，当以塑料为聚合物 1 而以弹性体为聚合物 2 时，就称为逆-IPNs。

若构成 IPNs 的两种聚合物成分中仅有一种聚合物是交联的，则称为半-IPNs。

上述分步 IPNs 都是指单体 2 对聚合物 1 的溶胀已达到平衡状态，因此制得的 IPNs 具有宏观上均一的组成。若在溶胀达到平衡之前就使单体 2 迅速聚合，由于从聚合物 1 的表面至内部，单体 2 的浓度逐渐降低，因此，产物的宏观组成具有一定的变化梯度，如此制得的产物称为梯度 IPNs（gradient IPNs）。

（2）同步型 IPNs　若两种聚合物网络是同时生成的，不存在先后次序，则称为同步 IPNs，简记为 SIN。其制备方法是，将两种单体混溶在一起，使两者以互不干扰的方式各自聚合并交联。当一种单体进行加聚而另一种单体进行缩聚时，即可达此目的，由环氧树脂（epoxy）和交联聚丙烯酸酯（arylic）构成的同步 IPNs，即 SIN epoxy/acrylic，就是一例。

半-SIN 亦常称作间充复相聚合物，生成半-SIN 的反应称为间充聚合反应。

（3）互穿弹性体网络　由两种线型弹性体胶乳混合在一起，再进行凝聚并同时进行交联，如此制得的 IPNs 称为互穿网络弹性体，简记为 IEN。例如将氨酯脲（PU）胶乳与聚丙烯酸（PA）胶乳混合、凝聚并交联，即制成 IEN PU/PA。

（4）胶乳-IPNs　当 IPNs、SIN 及 IEN 为热固性材料时，因难于成型加工，可采用乳液聚合法加以克服。胶乳-IPNs 简记为 LIPNs，就是用乳液聚合的方法制得的 IPNs。将交联的聚合物 1 作为"种子"胶乳，加入单体 2、交联剂和引发剂，使单体 2 在"种子"乳胶粒表面进行聚合和交联，如此制得的 IPNs 具有核-壳状结构。因为互穿网络仅限于各个乳胶粒范围内，所以又称为微观 IPNs。LIPNs 可采用注射或挤出法成型，并能制成薄膜。

6.2 主要品种

6.2.1 以聚乙烯为基的共混物

聚乙烯是最重要的通用塑料之一，产量居各种塑料之首位。聚乙烯的主要缺点是软化点低、强度不高、容易应力开裂、不容易染色等。采用共混法是克服这些缺点的重要途径。以聚乙烯为主要成分的共混物主要有以下几种。

6.2.1.1 不同密度聚乙烯之间的共混物

这包括高密度聚乙烯与低密度聚乙烯共混物、中密度聚乙烯与低密度聚乙烯共混物等。不同密度聚乙烯共混可使熔化区域加宽；冷却时，延缓结晶，这对聚乙烯泡沫塑料的制备很有价值。控制不同密度 PE 的比例，能得到多种性能的泡沫塑料。

6.2.1.2 聚乙烯/乙烯-乙酸乙烯酯共聚物

PE 与乙烯-乙酸乙烯酯共聚物（EVA）组成的共混物具有优良的韧性、加工性，较好的透气性和印刷性。PE/EVA 的性能可在宽广的范围内变化，EVA 中 VAc 的含量、EVA 的分子量、EVA 的用量以及共混时的加工成型条件等都对共混物制品性能有明显影响。

PE/EVA 熔体流动性随 EVA 含量的变化显示有极大值和极小值，如图 6-8 所示。

PE/EVA 多用于制泡沫塑料，也用于印刷业。

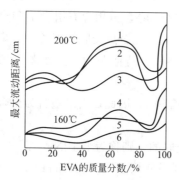

图 6-8 EVA 含量对 PE/EVA 流动性的影响

1,4—EVA 中含 VAc 18%，熔融指数 146；
2,5—EVA 中含 VAc 28%，熔融指数 147；
3,6—EVA 中含 VAc 28%，熔融指数 49

6.2.1.3 聚乙烯与丙烯酸酯类共混物

PE 与 PMMA 及 PEMA 共混可大幅度提高对油墨的黏结力。例如加 5%～20% 的 PMMA，与油墨的黏结力可提高七倍。因此，这类共混物在印刷薄膜方面很有应用价值。

6.2.1.4 聚乙烯与氯化聚乙烯（CPE）共混物

将氯化聚乙烯加入到 PE 中可以提高 PE 的印刷性、耐燃性和韧性。例如，将 PE 与 5%CPE（含氯量 55%）共混，可使 PE 与油墨的黏结力提高 3 倍。CPE 具有优良的阻燃性，将其加入 PE 并同时加入三氧化二锑，可制得耐燃性很好的共混物。

6.2.1.5 聚乙烯与其他聚合物的共混物

HDPE 与橡胶类聚合物，如热塑性弹性体、聚异丁烯、丁苯胶、天然橡胶共混可显著提高抗冲击强度，有时还能改善其加工性能。

其他有应用价值的共混物还有：PE 与 PP、EPR、EPDM、PC、PS 等所组成的共混物。

6.2.2 以聚丙烯为基的共混物

聚丙烯耐热性优于聚乙烯，可在 120℃ 以下长期使用，刚性好、耐折叠性好、加工性能优良。主要缺点是：成型收缩率较大、低温容易脆裂、耐磨性不足、耐光性差、不容易染色等。与其他聚合物共混是克服这些缺点的主要途径。聚丙烯的共混普遍采用机械共聚法，近年来，采用嵌段共聚-共混方法已得到发展，例如已开始用于聚丙烯与聚乙烯、乙-丙共聚物共混物的制备。

6.2.2.1 PP/PE 共混物

PP/PE 共混物的拉伸强度一般随 PE 含量增大而下降，但韧性增加。在 PP 中加入 10%～40% 的 HDPE，－20℃时的落球抗冲击强度可提高八倍，且加工流动性增加，因而此种共混物适用于大型容器的制备。聚丙烯钙塑材料中加入 PE，亦有良好的改性效果。

6.2.2.2 PP/EPR 共混物及 PP/EPDM 共混物

PP 与乙丙橡胶（EPR）共混可改善聚丙烯的抗冲击性能和低温脆性。另一种常用作 PP 改性的乙丙共聚物是含有二烯类成分的三元共聚物：乙烯、丙烯和非共轭二烯烃共聚物，简称 EPDM。PP/EPDM 的耐老化性能超过 PP/EPR。此外，还发展了 PP/PE/EPR 三元共混物，这种共混物具有较理想的综合性能，已受到普遍重视。

PP/EPR 类共混物广泛用于生产容器、建筑防护材料等。

6.2.2.3 PP/BR 共混物

聚丙烯与顺丁橡胶（BR）共混可大幅度提高聚丙烯的韧性，例如 PP 与 15% BR 共混，抗冲击强度可提高到 6 倍以上；同时，脆化温度由 PP 的 30℃降至 8℃。PP/BR 的挤出膨胀比 PP、PP/PE、PP/EVA、PP/SBS 等都小，所以，制品的尺寸稳定性好，不容易翘曲变形。

PP/PE/BR 三元共混物也已获得工业应用。

6.2.2.4 聚丙烯与其他聚合物的共混物

聚丙烯与聚异丁烯（PIB）、丁基橡胶、热塑性弹性体（TPE）如 SBS 以及与 EVA 的共混物也逐渐得到发展。PP/EVA 具有较好的印刷性、加工性能、耐应力开裂性等，且共混物的抗冲击性能较好。PP/PIB/EPDM 三元共混物具有很好的加工性能，而 PP/PIB/EVA 三元共混物具有较好的力学性能、刚度和透明性。PP/PE/EVA/BR 四元共混物具有优良的韧性，已获得工业应用。

6.2.3 以聚氯乙烯为基的共混物

聚氯乙烯是一种综合性能良好、用途广泛的聚合物。其主要缺点是热稳定性不好。100℃即开始分解，因而加工性能欠佳。聚氯乙烯本身较硬脆，抗冲击强度不足，耐老化性差、耐寒性不好，与其他聚合物共混是 PVC 改性的主要途径之一。聚氯乙烯与某些聚合物共混具有多方面显著的改性作用（见表 6-2）。

6.2.3.1 PVC/EVA

PVC/EVA 可采用机械共混法和接枝共聚-共混法制备，EVA 起到增塑、增韧的作用。PVC/EVA 共混物使用范围很广泛，可用于生产硬质制品和软质制品。硬质制品以挤出管材为主，还有板材、异型材、低发泡合成材料、注射成型制品等。软质制品主要有薄膜、软片、人造革、电缆及泡沫塑料等。

表 6-2 聚氯乙烯共混改性一览表

共混物形态	主要改性效果	聚合物类型	代表的聚合物
均相	增塑，软化	相溶性低分子量聚合物	PER
	改善一次加工性促进凝胶化	相溶性高分子量聚合物	PMMA、PAS
	改善二次加工性	极性橡胶及树脂	NBR、CPE、EVA、CR、ACR
非均相	改善抗冲击性	橡胶类聚合物，二烯烃	ABS、MBS、SAN
	改善低温特性	或接枝共聚物，非二烯烃	EVA、CPE、EPDM
	改善流动性	不相容树脂	PE、PP

6.2.3.2　PVC/CPE

目前 PVC/CPE 共混物均采用机械共混法生产。PVC 与 CPE 共混可改进加工性能、提高韧性。PVC/CPE 具有良好的耐燃性和抗冲击性能，广泛应用于生产抗冲、耐候、耐燃的各种塑料制品，主要为建筑型材，其他还有如薄膜、管道、建筑板、支架等、劳动保护（安全帽）用品等。

6.2.3.3　聚氯乙烯与橡胶的共混物

聚氯乙烯与天然橡胶（NR）、顺丁胶（PB）、聚异戊二烯胶（IR）、氯丁胶（CR）、丁腈胶（NBR）、丁苯胶（SBR）等共混可大幅度提高 PVC 的抗冲性能。此类共混物目前主要由机械共混法制备。

由于 NR、PB、IR 等与 PVC 混溶性差，常需在这些非极性橡胶分子中引入卤素、腈基等极性基团后才能制得性能好的共混物。氯丁胶及 NBR 与 PVC 的混溶性较好，可制得高性能的共混物。PVC/CR（85/15）可使抗冲击强度提高 8 倍，但刚性也大幅度下降。PVC/NBR 比 PVC/CR 性能好；当 NBR 中 AN 含量为 20％左右时，PVC/NBR 的抗冲击强度最高。PVC/NBR 的拉伸强度随 NBR 中 AN 含量的增加而提高。

6.2.3.4　PVC 与 ABS 及 MBS 的共混物

PVC/ABS 抗冲击强度高、热稳定性好、加工性能优良。作为 PVC 增韧改性剂的 ABS，按其中丁二烯的含量分为标准 ABS［丁二烯（30）-丙烯腈（25）-苯乙烯（45）］和高丁二烯 ABS［丁二烯（50）-丙烯腈（18）-苯乙烯（32）］。由于高丁二烯 ABS 增韧效果优于标准 ABS（见图 6-9），故大多采用高丁二烯 ABS 作为 PVC 的增韧改性剂。

PVC/MBS 是透明、高韧性的材料，其透明性高于 PVC/ABS。PVC/MBS 的抗冲击强度比 PVC 高 5～30 倍。此种共混物适用于制备透明薄膜、吹塑容器、真空成型制品、管材、异型材等。

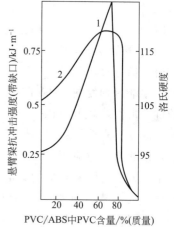

图 6-9　PVC/ABS 的抗冲击
强度与硬度

1—标准 ABS；2—高丁二烯 ABS

6.2.3.5　PVC 与其他聚合物的共混物

其他有应用价值的 PVC 共混物还有 PVC 与丙烯酸酯类如 PMMA 等的共混，主要用以改进加工性能；PVC 与 ACR 共混以改进抗冲击性能或加工性能；以及 PVC 与聚 α-甲基苯乙烯的共混物，PVC 与聚酯、聚氨酯等的共混物。

6.2.4　以聚苯乙烯为基的共混物

聚苯乙烯的主要缺点是性脆、抗冲击强度低、容易应力开裂、不耐沸水。采用共混改性是克服这些缺点的主要措施，目前共混改性聚苯乙烯在苯乙烯系聚合物体系中占首要地位。共混改性聚苯乙烯主要包括高抗冲聚苯乙烯和 ABS 树脂两种类型。

6.2.4.1　高抗冲聚苯乙烯

高抗冲聚苯乙烯（HIPS）是聚苯乙烯与橡胶的共混物。制备方法有机械共混法和接枝共聚共混法两种。机械共混法，目前主要采用丁苯胶，按 PS/SBR（80/20）的比例共混。当前 PS/SBR/SBS 三元共混物也获得广泛应用。接枝共混法生产 HIPS 的操作方法以本体聚合法和本体-悬浮聚合法为主。PS/EPR、PS/EPDM 近年来也得到发展。

抗冲聚苯乙烯除韧性优异之外，还具有刚性好、容易加工、容易染色等优点，广泛用于生产仪表外壳、纺织器材、电器零件、生活用品等。

6.2.4.2　ABS 树脂

ABS 树脂（参见第 4 章）是一类由苯乙烯、丁二烯和丙烯腈三种成分构成的共混物。ABS 树脂最初是以机械共混法制备的，目前大多采用接枝共聚-共混法。

机械共混法 ABS 亦称 B 型 ABS，其生产包括：丁腈胶乳制备、苯乙烯-丙烯腈共聚物（AS 树脂）乳液制备及上述两组分共混等三个主要步骤。橡胶组分除丁腈胶外，亦可选用丁苯胶、顺丁胶及混合胶等。

接枝共聚-共混法通常选用聚丁二烯作为接枝骨架，在其主链上接枝苯乙烯-丙烯腈共聚物支链而成；用于制备 ABS 的橡胶要求具有一定的交联度。制备过程主要包括：聚丁二烯胶乳制备、接枝共聚和后处理三个工序。最近发展了生产 ABS 的乳液-悬浮法工艺。此法第一步是进行乳液接枝共聚，反应到一定程度后再在悬浮聚合条件下进行悬浮聚合。此外，还有不久前研究成功的乳液接枝-本体悬浮混合法的新工艺。

ABS 树脂是目前产量最大、应用最广的聚合物共混物，同时也是最重要的工程塑料之一（见第 4 章）。近年来为了进一步改善 ABS 树脂的耐候性、耐热性、耐寒性、耐燃性等，开拓了许多新型 ABS 树脂，如 MBS、MABS、AAS、ACS、EPSAN 等。亦可将 ABS 再加以共混改性，例如与 PVC 共混以改进耐燃性、与聚芳砜共混以提高其耐热性等。

6.2.5　其他聚合物共混物

其他比较重要的聚合物共混物有以下几种。

（1）以聚碳酸酯为基的共混物　如 PC/PS、PC/ABS、PC/氟树脂、PC/丙烯酸酯类树脂等。

（2）以聚对苯二甲酸酯类为基的共混物　例如聚对苯二甲酸乙二醇酯（PET）与聚对苯二甲酸丁二醇酯（PBT）共混物、PET/PC 共混物等。

（3）以聚酰胺为基的共混物　例如尼龙 6/尼龙 66 共混物、尼龙 6/LDPE、尼龙 6/聚丙烯/聚丙烯-酸酐接枝共聚物/酸酐多元共混物、聚酰胺/EVA 共混物、聚酰胺/ABS、聚酰胺/聚酯共混物等。

（4）以环氧树脂为基的共混物　例如环氧树脂与聚硫橡胶、聚乙酸乙烯酯、低分子量聚酰胺的共混物等。

（5）酚醛树脂为基的共混物　如酚醛树脂与 PVC、NBR、聚酰胺、环氧树脂等的共混物。

此外，以聚乙烯醇为基的共混物、以氟树脂为基的共混物和以聚苯硫醚（PPS）为基的共混物等，都日益受到重视。表 6-3 列出了一些重要工程聚合物及其共混物的性能。

表 6-3　一些重要工程聚合物及其共混物的性能

聚合物或其共混物	商品名	伸长率/%	弯曲模量/GPa	拉伸强度/MPa	缺口冲击强度(23℃)/J·m^{-1}	热变形温度(1.8MPa)/℃
PC	Lexan	90	2.20	56	640	132
PC/ABS	Pulse	100	2.59	53	530	96
PC/SMA	Arloy	80	2.20	45	640	121
PC/PET	Macroblend	165	2.07	52	970	88
PC/PBT	Xenoy	130	2.07	56	854	121
PA-66	Zytel	60	2.83	83	53	90

续表

聚合物或 其共混物	商品名	伸长率 /%	弯曲模量 /GPa	拉伸强度 /MPa	缺口冲击 强度(23℃) /J·m⁻¹	热变形温度 (1.8MPa)/℃
PA/PO	Zytel-ST	60	1.72	52	907	71
PA/PPS		90	2.18	45	955	—
PA-6/ABS	Elemld	—	2.07	48	998	200
HIPS		8	7.66	159	105	235
PSF	Udel	60	2.69	70	69	174
PSF/PC		14	2.46	62	390	180
POM	Delrin	40	2.83	48	75	136
POM/弹性体	Duraloy	220	1.04	37	<220	60
POM/弹性体	Delrin	75	2.62	69	123	136

6.3 聚合物之间的互溶性

聚合物之间的互溶性（miscibility）亦称混溶性，与低分子物中溶解度（solubility）相对应，是指聚合物之间热力学上的相互溶解性。聚合物间的相容性（compatibility）起源于乳液体系各组分相容的概念，是指聚合物间容易相互分散而制得性能良好、结构稳定的共混物的能力，是聚合物共混工艺性能的一种表达形式。相容性与混溶性并不完全一致，例如两种聚合物熔体的黏度比对热力学互溶性并无直接关系，但对相容性却是很重要的参数。不过，总的来说，聚合物之间良好的混溶性是良好的相容性的基础。

聚合物之间的混溶性是选择适宜共混方法的重要依据，也是决定共混物形态结构和性能的关键因素之一，所以，有必要作较系统的阐述。

6.3.1 聚合物/聚合物互溶性的基本特点

聚合物分子量很大，混合熵很小，因此，热力学上真正完全互溶即可任意比例互溶的聚合物对为数不多，大多数聚合物之间是不互溶或部分互溶的。当部分互溶性（即相互溶解度）较大时称为互溶性好；当部分互溶性较小时称之为互溶性差；当部分互溶性很小时，称为不互溶或基本不互溶。表 6-4 及表 6-5 分别列出了一些常见的完全互溶和不互溶聚合物对的例子。

表 6-4　室温下可以任意比例互溶的聚合物对

聚合物 1	聚合物 2	聚合物 1	聚合物 2
硝基纤维素	聚乙酸乙烯酯	聚苯乙烯	聚 2,6-二乙基-1,4-亚苯醚
硝基纤维素	聚甲基丙烯酸甲酯	聚苯乙烯	聚 2-甲基-6-乙基-1,4-亚苯醚
硝基纤维系	聚丙烯酸甲酯	聚苯乙烯	聚 2,6-二丙基-1,4-亚苯醚
聚氯乙烯	α-甲基苯乙烯/甲基丙烯腈/丙烯	聚丙烯酸异丙酯	聚甲基丙烯酸丙酯
	酸乙酯共聚物,质量比 58：40：2	聚 α-甲基苯乙烯	聚 2,6-二甲基-1,4-亚苯醚
聚乙酸乙烯酯	聚硝酸乙烯酯	聚 2,6-二甲基-1,4-亚苯醚	聚 2-甲基-6-苯基-1,4-亚苯醚
聚苯乙烯	聚 2,6-二甲基-1,4-亚苯醚	聚乙烯醇缩丁醛	苯乙烯/顺丁烯二酸共聚物

表 6-5　某些不互溶的聚合物对

聚合物 1	聚合物 2	聚合物 1	聚合物 2
聚苯乙烯	聚异丁烯	尼龙 6	聚甲基丙烯酸甲酯
聚甲基丙烯酸甲酯	聚乙酸乙烯酯	尼龙 66	聚对苯二甲酸乙二醇酯
天然橡胶	丁苯橡胶	聚苯乙烯	聚丙烯酸乙酯
聚苯乙烯	聚丁二烯	聚苯乙烯	聚异戊二烯
聚甲基丙烯酸甲酯	聚苯乙烯	聚氨酯	聚甲基丙烯酸甲酯
聚甲基丙烯酸甲酯	纤维素三醋酸酯		

6.3.1.1 聚合物/聚合物二元体系相图

图 6-10 表示了聚合物/聚合物二元体系相图的基本类型。图 6-10(a) 为任意比例互溶；(b) 为具有最高临界互溶温度（UCST）；(c) 表示具有最低临界互溶温度（LCST）；(e) 同时有 UCST 和 LCST；(d) 和 (f) 表示具有局部不互溶区域的情况。应当指出，聚合物/聚合物的互溶度和相图的类型尚与其分子量及其分布有密切关系。

相图对分析聚合物共混物各相组成和相的体积分数非常有用。只要知道某一聚合物对的相图和起始组成即可算出共混物两相的组成和体积比。

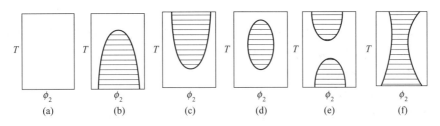

图 6-10 聚合物/聚合物相图的基本类型

阴影部分代表相分离区，ϕ_2 为聚合物 2 的体积分数，T 为热力学温度

6.3.1.2 增容作用及增容方法

如上所述，大多数聚合物之间互溶性较差，这往往使共混体系难以达到所要求的分散程度。即使借助外界条件，使两种聚合物在共混过程中实现均匀分散，也会在使用过程中出现分离现象，导致共混物性能不稳定和性能下降。解决这一问题的办法可采用"增容"措施。增容作用有两方面涵义：一方面是使聚合物之间易于相互分散以得到宏观上均匀的共混物；另一方面是改善聚合物之间相界面的性能，增加相间的黏合力，从而使共混物具有长期稳定的优良性能。

产生增容作用的方法有：加入增容剂（亦称增混剂），即加入大分子共溶剂。在聚合物组分之间引入氢键或离子键以及形成互穿网络聚合物等。

（1）加入增容剂方法　增容剂是指与两种聚合物组分都有较好互溶性的物质，它可降低两组分间界面张力，增加互溶性，其作用与胶体化学中的乳化剂以及高分子复合材料中的偶联剂相当。

（2）混合过程中化学反应所引起的增容作用　在高剪切混合机中，橡胶大分子链会发生自由基裂解和重新结合，这是众所周知的事实。在强烈混合聚烯烃时，也发生类似的现象，形成少量嵌段或接枝共聚物，从而产生增容作用。为提高这一过程的效率，有时加入少量过氧化物之类的自由基引发剂。

缩聚型聚合物在混合过程中，由于发生链交换反应可产生明显的增容作用。例如聚酰胺66 和聚对苯二甲酸乙二醇酯（PET）在混合过程中，由于催化酯交换反应所形成的嵌段共聚物而产生明显的增容作用。

在混合过程中使共混物组分发生交联也是一种有效的增容方法，交联可分化学交联和物理交联两种情况。例如，用辐射的方法使 LDPE/PP 产生化学交联，在此过程中首先形成具有增容作用的共聚物，在共聚物作用下，形成所希望的形态结构；然后，继续交联使所形成的形态结构稳定。结晶作用属于物理交联，例如 PET/PP 及 PET/尼龙 66，由于取向纤维结构的结晶，使已形成的共混物形态结构稳定，从而产生增容作用。

（3）聚合物组分之间引入相互作用的基团　聚合物组分中引入离子基团或离子-偶极的相互作用可实现增容作用。例如，聚苯乙烯中引入大约 5%（物质的量）的—SO_3H 基团，同时将丙烯酸乙酯与约 5%（物质的量）的乙烯基吡啶共聚，然后将二者共混即可制得性能优异且稳定的共混物。

利用电子给予体和电子接受体的络合作用，也可产生增容作用。存在这种特殊相互作用的共混物，常表现 LCST 行为。

（4）共溶剂法和 IPNs 法　两种互不相容的聚合物常可在共同溶剂中形成真溶液。将溶剂除去后，相界面非常大，以致很弱的聚合物-聚合物相互作用就足以使形成的形态结构和性能稳定。

互穿网络聚合物（IPNs）技术是产生增容作用的新方法，其原理是将两种聚合物结合成稳定的相互贯穿的网络，从而产生明显的增容作用。

6.3.2　聚合物/聚合物互溶性的热力学分析

6.3.2.1　二元体系的稳定条件

在恒定温度 T 和压力 p 下，多元体系热力学平衡的条件是其混合自由焓 ΔG_m 为极小值。这一热力学原则可用以规定二元体系的相稳定条件。图 6-11 为一种二元体系混合自由焓 ΔG_m 与组分 2 摩尔分数 X_2 的关系曲线。设此二元体系的组成为 P，则 $A_1P = x_2$，$\Delta G_m = PQ$。

若此体系分离为组成分别为 P' 和 P'' 的两个相，此两相量的比为 $PP'' : PP'$，其混合自由焓分别为 $P'Q'$ 和 $P''Q''$。由简单的几何原理可以证明，此两相总的混合自由焓为 PQ^+。若在 Q 点 ΔG_m 曲线是向上凹的，则 Q^+ 位于点 Q 之上。因此，当发生相分离时，自由焓增大。

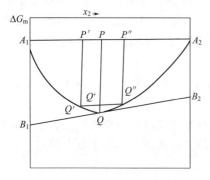

图 6-11　组分之间完全相容的二元体系混合自由焓 ΔG_m 与组成的关系

$PQ = \Delta G_m$，$A_1B_1 = \Delta \mu_1$，$A_2B_2 = \Delta \mu_2$

这就是说，当组成在 P 点及其邻近区域时，均相状态是热力学稳定的。若 ΔG_m 曲线在整个组成范围内都是向上凹的，则此二元体系在任意组成时，均相都是热力学的稳定平衡状态，即组分之间可以任意比例相容（即相互溶解）。

设组分 1 及组分 2 的化学位分别为 $\Delta \mu_1$ 及 $\Delta \mu_2$，则根据 Gibbs-Duhm 关系式，有：

$$\Delta G_m = x_1 \Delta \mu_1 + x_2 \Delta \mu_2 \tag{6-1}$$

$$\left(\frac{\partial \Delta G_m}{\partial x_2} \right)_{T,p} = \Delta \mu_2 - \Delta \mu_1 \tag{6-2}$$

因此，　$\Delta \mu_1 = \Delta G_m - x_2 \left(\frac{\partial \Delta G_m}{\partial x_2} \right)_{T,p}$

$$\Delta \mu_2 = \Delta G_m - x_1 \left(\frac{\partial \Delta G_m}{\partial x_2} \right)_{T,p} \tag{6-3}$$

于是，在 ΔG_m 曲线上任意点作切线，则此切线在 $x_1 = 1$ 及 $x_2 = 1$ 处的截距即分别为 $\Delta \mu_1$ 及 $\Delta \mu_2$。图 6-11 中，对切线 B_1B_2，$\Delta \mu_1 = A_1B_1$，$\Delta \mu_2 = A_2B_2$。

图 6-12 所示的情况则比较复杂。这时，当组成在 A_1P' 或 A_2P'' 范围内，均相是热力学稳定状态。而当组成在 P' 和 P'' 之间时，情况比较复杂。例如在 P 点，ΔG_m 曲线仍是向上凹的，依上所述，它对分离为相邻组成的两相来说，是热力学稳定的。但对分离为组成分别是 P' 及 P''（相应于双切线 $Q'Q''$ 上的两个切点）的两相来说，是热力学不稳定的。这种情况称为介稳状态。当组成在 ΔG_m 曲线两个拐点之间时，均相状态是绝对不稳定的，会自发地分

离为相互平衡的两个相。

由于 $\Delta\mu_1$ 及 $\Delta\mu_2$ 由切线的截距给出，而对组成分别为 P' 及 P'' 的两个平衡相，必然有：

$$\Delta\mu_1' = \Delta\mu_1'' \text{ 及 } \Delta\mu_2' = \Delta\mu_2'' \qquad (6-4)$$

所以，其切线必然是重合的。这就是说，仅当其组成分别相应于二重切线两个切点的两个相时，才处于热力学平衡状态。

不稳定区域的范围由 ΔG_m 曲线的拐点所决定。在拐点处，$\dfrac{\partial^2 \Delta G_m}{\partial x_2^2} = 0$，由式 (6-2) 知：

$$\frac{\partial \Delta\mu_1}{\partial x_2} = \frac{\partial \Delta\mu_2}{\partial x_2} = 0 \qquad (6-5)$$

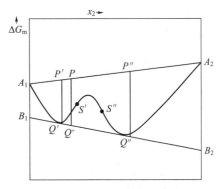

图 6-12 组分间具有部分相容的二元
体系混合自由焓与组成的关系曲线

S' 及 S'' 为曲线的两个拐点，$A_1B_1 = \Delta\mu_1$，
$A_2B_2 = \Delta\mu_2$

ΔG_m-组成曲线与温度有密切关系。例如，多数低分子混合物，随着温度的提高，双重切线的两个切点相互靠近，最后相互重合，转变成图 6-11 类型的曲线。这时不仅式 (6-5) 成立，而且式 (6-6) 亦成立：

$$\frac{\partial^2 \Delta\mu_1}{\partial x_2^2} = \frac{\partial^2 \Delta\mu_2}{\partial x_2^2} = 0 \qquad (6-6)$$

相互平衡共存的两相相互重合而形成均相的重合点称为临界点，与临界点相对应的温度称为临界温度，相应的组成称为临界组成。临界点由式 (6-5) 及式 (6-6) 所决定。

对二元体系，稳定性的判据可归纳为以下几点：

① 若 $\dfrac{\partial^2 \Delta G_m}{\partial x_2^2} > 0$，即 ΔG_m-组成曲线向上凹的组成范围内，均相状态是热力学稳定的或介稳的；

② 若 $\dfrac{\partial^2 \Delta G_m}{\partial x_2^2} < 0$，即 ΔG_m-组成曲线向上凸的组成范围内，均相状态是热力学不稳定的；

③ 上述两组成范围的边界由式 (6-5) 决定；

④ 对大多数低分子物二元系，温度升高时，不稳定区域逐渐消失，在临界点有

$$\frac{\partial^3 \Delta G_m}{\partial x_2^3} = 0 \quad \text{即} \quad \frac{\partial^2 \Delta\mu_1}{\partial x_2^2} = \frac{\partial^2 \Delta\mu_2}{\partial x_2^2} = 0 \qquad (6-7)$$

如图 6-13 所示的情况。

图 6-13 表示具有最高临界互溶温度（UCST）的部分互溶二元聚合物体系混合自由焓 ΔG_m 与组成的关系。图的上部表示恒温恒压下 ΔG_m 与组成的关系，其中 s' 及 s'' 为拐点；下部表示为此二元体系的相图。ΔG_m 随 x_2 的平衡变量由实线 $b'b''$ 表示。

当组成在两拐点 s' 和 s'' 之间时，会自发分离成组成为 b' 及 b'' 的两个相。这种相分离过程是通过反向扩散（即向浓度较大的方向扩散）完成的，称为旋节分离（SD），因此，拐点 s' 及 s'' 亦称为旋节点。图 6-13 下部的点虚线称为旋节线。旋节相分离倾向于产生两相交错的形态结构，相畴较小，相界面较模糊，常有利于共混物性能的提高。

当组成在 b' 和 s' 以及 b'' 和 s'' 之间时为介稳态，组成的微小波动会使体系自由焓增大，所以相分离不能自发进行，需要成核作用促使相分离。这种相分离过程包括成核和核的增长两个阶段，称为成核-增长相分离过程（NG）。这种相分离过程较慢，所形成的分散相常为较

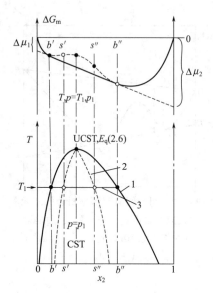

图 6-13　具有最高临界互溶温度（UCST）
的部分互溶二元聚合物体系混合自由焓
ΔG_{m}-组成曲线及二元体系恒压相图
1—双结线；2—旋节线；3—联结线

规则的球状颗粒。

　　对部分互溶的聚合物/聚合物体系，ΔG_{m}-组成曲线与温度常存在复杂的关系。图 6-13 所表示的为表现最高临界互溶温度（UCST）的情况。最高临界互溶温度是指超过此温度，体系完全互溶。同样最低临界互溶温度（LCST）是指低于此温度，体系完全互溶。图 6-10 表示了聚合物/聚合物相图的各种类型。

　　根据经典热力学分析，聚合物/聚合物体系表现 UCST 行为是易于理解的，但对 LCST 等情况却常在意料之外，所以，需进一步对聚合物/聚合物体系的互溶性作进一步的热力学分析。

6.3.2.2　聚合物/聚合物互溶性热力学理论

　　根据热力学第二定律，两种液体等温混合时：

$$\Delta G_{\mathrm{m}} = \Delta H_{\mathrm{m}} - T\Delta S_{\mathrm{m}} \tag{6-8}$$

式中　ΔG_{m}——摩尔混合自由焓；

ΔH_{m}——摩尔混合热；

ΔS_{m}——摩尔混合熵；

T——热力学温度。

只有当 $\Delta G_{\mathrm{m}} < 0$ 时，混合才能自发进行。

　　1949 年，Huggins 和 Flory 从液-液相平衡的晶格理论出发，导出了 ΔH_{m} 和 ΔS_{m} 的表示式，得出聚合物二元混合物的热力学表示式：

$$\Delta G_{\mathrm{m}} = RT(n_1 \ln\phi_1 + n_2 \ln\phi_2 + \chi_{12} n_1 \phi_2) \tag{6-9}$$

即

$$\Delta S_{\mathrm{m}} = -R(n_1 \ln\phi_1 + n_2 \ln\phi_2)$$

$$\Delta H_{\mathrm{m}} = RT \chi_{12} n_1 \phi_2$$

式中　n_1 及 n_2——组分 1 及组分 2 的摩尔分数；

ϕ_1 及 ϕ_2——组分 1 及组分 2 的体积分数；

R——气体常数；

χ_{12}——Huggins-Flory 相互作用参数。

令 V_1 及 V_2 分别为组分 1 及组分 2 的摩尔体积，则式（6-9）亦可写成如下的形式：

$$\Delta G_{\mathrm{m}}^{R} = \Delta G_{\mathrm{m}}/RT = \phi_1 \ln\phi_1/V_1 + \phi_2 \ln\phi_2/V_2 + \chi_{12}/V_1 \phi_1 \phi_2 \tag{6-10}$$

$$\text{或}\quad \Delta G_{\mathrm{m}}^{R} = \phi_1 \ln\phi_1/V_1 + \phi_2 \ln\phi_2/V_2 + \chi_{12}' \phi_1 \phi_2 \tag{6-10a}$$

式中，χ_{12}' 为二元体系的相互作用参数：

$$\chi_{12}' = \chi_{12}/V_1 \tag{6-11}$$

χ_{12}' 是纯粹的焓，与组分 1 及组分 2 溶解度参数 δ_1 和 δ_2 之差的平方成正比：

$$\chi_{12}' = (\delta_1 - \delta_2)^2/RT \tag{6-12}$$

因此，χ_{12}' 或 χ_{12} 是非负的。所以，按 Huggins-Flory 理论，仅由于混合熵的作用才能达到聚合物之间的相互溶解。

　　χ_{12}' 用式（6-12）表示，可以解释聚合物/聚合物体系的 UCST 行为，并且由于聚合物分子量很大，混合熵很小，所以一般而言，聚合物之间的互溶度是很小的。但式（6-10）并未直接给出互溶度与聚合物分子量的直接关系。

Scott 从一般热力学概念出发讨论了聚合物之间混合热力学问题。聚合物/聚合物二元体系偏摩尔混合自由焓为：

$$\Delta \widetilde{G}_1 = RT \left[\ln\phi_1 + \left(1 - \frac{m_1}{m_2}\right)\phi_2 + m_1 \chi_{12} \phi_2^2 \right] \tag{6-13}$$

$$\Delta \widetilde{G}_2 = RT \left[\ln\phi_2 + \left(1 - \frac{m_2}{m_1}\right)\phi_1 + m_2 \chi_{12} \phi_1^2 \right] \tag{6-14}$$

式中　$\Delta \widetilde{G}_1$ 及 $\Delta \widetilde{G}_2$ ——聚合物 1 及聚合物 2 的偏摩尔混合自由焓；

　　　ϕ_1 及 ϕ_2 ——聚合物 1 及聚合物 2 的体积分数；

　　　χ_{12} ——Huggins-Flory 作用参数，吸热时为正值，放热时为负值；

　　　m_1、m_2 ——聚合物 1、聚合物 2 的聚合度；

　　　T ——热力学温度；

　　　R ——气体常数。

分别求 $\Delta \widetilde{G}_1$ 及 $\Delta \widetilde{G}_2$ 对 ϕ_1 及 ϕ_2 的一阶和二阶导数，令其为零，求得开始发生相分离时的 χ_{12} 临界值 $(\chi_{12})_c$ 为：

$$(\chi_{12})_c = \frac{1}{2} \left[\left(\frac{1}{m_1}\right)^{\frac{1}{2}} + \left(\frac{1}{m_2}\right)^{\frac{1}{2}} \right] \tag{6-15}$$

两种聚合物互溶的条件是 χ_{12} 小于或等于 $(\chi_{12})_c$。由式 (6-15) 可知，聚合物分子量越大，则值 $(\chi_{12})_c$ 越小，越不易相容。通常 $(\chi_{12})_c$ 为 0.01 左右，这是很小的数值，两种聚合物之间的 χ_{12} 值多数情况下大于此值，所以，真正热力学上相互溶解的聚合物对不太多。

按式 (6-12) 将 χ'_{12} 和 χ_{12} 与溶解度参数联系起来，那么可以算出，当两种聚合物之间的溶解度参数相差 0.5 以上时就不会互溶。但是，按照 χ_{12} 一定为非负值，即混合热为非负值的假定是无法解释 LCST 现象的（这是聚合物/聚合物体系的多数情况）。事实上，只有非极性聚合物才可能用溶解度参数衡量聚合物之间的互溶性。对极性聚合物，极性基团之间的相互作用常常起到关键作用。

为解释聚合物之间互溶性的复杂情况，发展了一系列热力学理论，例如状态方程理论、气体晶格模型理论等，都从不同侧面修正了经典的统计热力学理论。

事实上对聚合物-聚合物体系，混合熵很小，常可忽略，所以，仅当 χ_{12} 为零或负值时，才可能 $\Delta G_m < 0$，产生完全的相溶。χ_{12} 可看作由三种分量组成：色散力、自由体积和特殊的相互作用力。这些分量的相对大小及其与温度的关系示于图 6-14(a) 及 (b)。图中 χ'_{12} 与 χ_{12} 的关系见式 (6-11)。

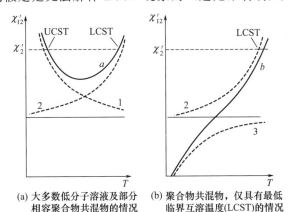

(a) 大多数低分子溶液及部分　　(b) 聚合物共混物，仅具有最低
　相容聚合物共混物的情况　　　　临界互溶温度(LCST)的情况

图 6-14 χ'_{12} 与温度的关系示意图

1—色散力；2—自由体积；3—特殊的相互作用

由图 6-14 可见，根据 $\chi'_{12}(\chi_{12})$ 与温度的不同关系即可解释 LCST 及 UCST 行为。

6.3.3 不互溶体系相分离机理

如前所述，有两种相分离机理：成核与增长机理（NG）和旋节分离机理（SD）。

成核与增长机理发生于双结线与旋节线之间的亚稳区。在亚稳区发生相分离，首先需沿图 6-13 中的切线上面的联结线"跳跃"，以越过 ΔG_m-x 曲线上与其相邻的、位置比它较高的部分。这种跳跃所需的活化能即成核活化能。此后分离成组成为双结线所决定的两个相是自发进行的。

成核是由浓度的局部升落引发的。成核活化能与形成一个核所需的界面能有关，即依赖于界面张力系数 γ 和核的表面积 S。成核之后，因大分子向成核微区的扩散而使珠滴增大，此过程的速度可近似地表示为：

$$\frac{dV_d}{dt} \propto V x_e V_m D_t / RT \text{ 或 } d \propto t^{1/n_e} \tag{6-16}$$

式中 n_e——$n_e \approx 3$，为粗化指数；

     d 和 V_d——珠滴的直径和体积；

     x_e——$x_e = b'$ 或 $x_e = b''$（见图 6-13），x_e 为平衡浓度；

     V_m——珠滴相的摩尔体积；

     D_t——扩散系数。

如图 6-15 所示，在 NG 区，x_e＝常数，与时间无关。珠滴的增长分扩散和凝聚粗化两个阶段，每一阶段都决定于界面能的平衡。

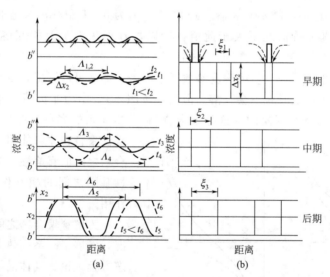

图 6-15 按 SD 机理（a）和 NG 机理（b）进行的相分离的不同阶段

在 SD 机理的初始阶段，浓度升落的波长 $\Lambda(t_1) = \Lambda(t_2)$；但在中、后期阶段，

$\Lambda(t_3) < \Lambda(t_4)$；相分离时间 $t_1 < t_2 \ll t_3 < t_4$（图上部表示了相分离过

程中不同的扩散机理）

由 NG 机理进行相分离而形成的形态结构主要为珠滴/基体型，即一种相为连续相，另一相以球状颗粒的形式分散其中。

如上所述，成核的原因是浓度的局部升落。这种升落可表示为能量或浓度波。波的幅度依赖于到达临界条件的距离。当接近旋节线时，相分离可依 NG 机理亦可按 SD 机理进行。

如图 6-13 所示，在温度 T_1 进行相分离就形成平衡组成 x_e 分别为 b' 及 b'' 的两个独立相。

不管起始组成在不稳定区（SD 区）或亚稳区（NG 区）都是这样。但是，在相分离的初期阶段，SD 和 NG 是完全不同的。在 NG 区，相分离微区的组成分别为 $x'_e = b'$ 或 b''，是常数，仅成核珠滴的直径及其分布随时间而改变；而在 SD 区，组成和微区尺寸都依时间而改变（见图 6-15）。此外前面已述及，SD 过程是靠反向扩散来完成的。

按 SD 机理进行的相分离，相畴（即微区）尺寸的增长可分为三个阶段：扩散、液体流动和粗化。在扩散阶段，尺寸的增长遵从式（6-16）。扩散阶段仅限于 $d_0 \leqslant d \leqslant 5d_0$。$d_0$ 为起始直径。d_0 随冷却宽度 $\Delta T = |T - T_c|$ 的增大而减小。例如对 PS/PVME 体系，当 ΔT 分别为 82℃、85℃及 94℃时，d_0 分别为 9nm、3nm 和 2nm。

流动区的范围为：$5d_0 \leqslant d = 0.9t\nu/\eta \leqslant 1\mu m \approx d_{最大}$。式中，$t$ 为时间；ν 为界面张力系数；$d_{最大}$ 为最大直径；η 为分散液体的黏度；d_0 和 $d_{最大}$ 依赖于分子参数。流动区之后的粗化阶段可使相畴进一步增大。

SD 过程中，形态结构发展的一个例子示意于图 6-16。图 6-16(f)、(g) 是粗化阶段产生的形态结构。

(a)　　　　　(b)　　　　　(c)　　　　　(d)

(e)　　　　　(f)　　　　　(g)　　　　　(h)

图 6-16　聚合物-聚合物体系按 SD 机理进行相分离时，形态结构的发展过程

一般而言，SD 机理可形成三维共连续的形态结构。这种形态结构赋予聚合物共混物优异的力学性能和化学稳定性，是某些聚合物共混物具有明显协同效应的原因。

很多情况下，当一种聚合物含量较少，例如在 10％左右时，SD 机理亦形成珠滴/基体型形态结构，但分散相的精细结构与 NG 的情况往往不同。

除温度之外，压力、应力等对相平衡也有显著影响，因而也可通过控制相分离过程，从而控制共混物的形态结构和性能。例如，在恒定 T、p 下，改变施加的应力强度也可产生 SD 型或 NG 型的相分离，从而产生不同的相应形态结构。

相逆转也可产生两相共连续的形态结构。但是，相逆转和 SD 相分离之间存在三个基本区别。① SD 起始于均相的、互溶的体系，经过冷却而进入旋节区从而产生相分离，相逆转是在不混溶共混物体系中形态结构的变化。② SD 可发生于任意浓度，而相逆转仅限于较高的浓度范围。③ SD 产生的相畴尺寸微细，在最初阶段为纳米级，而相逆转导致较粗大的相畴，尺寸为 0.1～10μm。总之，与相逆转相比，SD 可在更宽的浓度范围内对聚合物共混物性能进行更好的控制，但仅限于相容体系。而相逆转是不互溶聚合物共混物的一般现象，通常发生于高浓度范围。

6.3.4 研究聚合物/聚合物互溶性的实验方法

热力学上互溶意味着分子水平上的均匀。但就实际意义而言，是分散程度的一种量度，与测定方法有密切关系，因而是指在实际测定条件下所表现的均匀性。不同的测定方法有时会得到不同的结论。例如，根据玻璃化温度的测定，共混物 PVC/NBR-40 只有一个玻璃化温度，是均相体系。而根据电子显微镜分析，它仍然是相畴很小的复相体系。所以，就实际意义而言，各种实验方法测得的关于聚合物之间相容性的结论具有一定的相对性。这种情况具有一般性，并非聚合物共混物的独特现象。例如，设法将油和水制成分散极细的乳液，它虽非热力学稳定状态，但具有相当的稳定性，称为介稳态。该体系是透明的，用一般光学显微镜看不到液滴存在，在很多方面表现均相性质。但用电子显微镜或用光散射法可观察到其非均相的特征。因此，即使是简单的液体相混合，也常常难于断定混合物是均相体系或多相体系。均相和多相只具有热力学统计的意义，并非完全绝对的概念。是否均相，这依赖于鉴定的标准——空间尺度和时间尺度。由不同的鉴定方法得出不很相同的结论是不足为奇的。

研究聚合物之间相容性的方法很多。前面已述及，以热力学为基础的溶解度参数（δ）及 Huggins-Flory 相互作用参数 χ_{12} 来判断互溶性。除热力学方法外，还可用玻璃化温度（T_g）法、红外光谱法、反气相色谱法和黏度法。工程上最常用的是玻璃化温度法。以下仅介绍 T_g 法估计聚合物之间的互溶性。

玻璃化温度法测定聚合物-聚合物的互溶性，主要是基于如下的原则：聚合物共混物的玻璃化温度与两种聚合物分子水平的混合程度有直接关系。若两种聚合物组分互溶，则共混物为均相体系，就只有一个玻璃化温度，此玻璃化温度决定于两组分各自的玻璃化温度和体积分数。若两组分完全不互溶，形成界面明显的两相结构，就有两个玻璃化温度，分别等于对应两组分的玻璃化温度。部分互溶的体系介于上述两种极限情况之间。

当构成共混物的两聚合物之间具有一定程度的分子水平混合时，相互之间有一定程度的扩散，界面层就占有不可忽略的地位。这时虽然仍有两个玻璃化温度，但相互靠近了，其靠近的程度决定于分子级混合的程度。分子级混合程度越大，相互就越靠近。在某些情况下，界面层也可能表现出不太明显的第三个玻璃化温度。因此，根据共混物的玻璃化温度数值和数量，不但可推断组分之间的互溶性，还可得到有关形态结构方面的信息。

有人还提出，可用共混物玻璃化转变区的宽度（T_W）来估计聚合物之间的互溶性。对纯聚合物，$T_W=6℃$；对完全互溶的聚合物共混物，$T_W=10℃$ 左右；对部分互溶的共混物，$T_W \geqslant 32℃$。某些情况，T_W 与共混物的组成有关。

最近 Lipatov 提出了半经验的关系式以表征聚合物共混物的相分离程度（segregation degree）和两聚合物组分之间的互溶程度，如图 6-17 所示。

相分离度 α 定义为：

$$\alpha = [h_2 + h_1 - (l_1 h_1 + l_2 h_2 + l_m h_m)/L]/(h_1^0 + h_2^0)$$

$$(6-17)$$

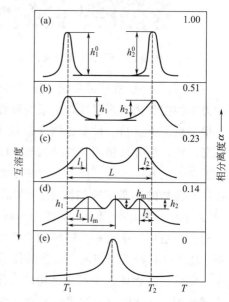

图 6-17 聚合物共混物的互溶度和
相分离程度

图中的峰为 $\tan\delta$ 峰，与峰值对应的温度
为相应的 T_g

式中　　l_1 和 l_2——分别表示共混物两纯组分玻璃化温度的温度位移；

　　　　h_1 和 h_2——分别表示共混物与两个 T_g 相应的转变峰（$\tan\delta$ 峰）的高度；

　　　　h_1^0 及 h_2^0——与共混物两纯组分相应的两 T_g 转变峰的高度；

　　　　　　L——共混物两纯组分 T_g 间的温度差值。

　　下标 m——中间相（界面相），所以，h_m 表示此中间相的 T_g 转变峰的高度，而 l_m 表示中间相 T_g 与纯组分 T_g 之间的温度差值。

　　中间相并非对共混物体系都存在。式（6-17）并不适用于图 6-17 中的情况（e），这时只有一个转变峰，实际上是完全互溶的情况。

　　$l_1 h_1$ 及 $l_2 h_2$ 是相应 T_g 转变峰下面积的量度。当 $l_1 + l_2 = L$ 时，开始出现微多相形态结构，如图 6-17(b) 所示，这时式（6-17）简化为：

$$\alpha = (h_1 + h_2)/(h_1^0 + h_2^0) \tag{6-18}$$

6.4　聚合物共混物的形态结构

　　人们常把聚合物共混物称作聚合物合金（当然，如前所述，严格讲，聚合物共混物与聚合物合金并不完全同义）。合金可能是均相的，也可能是复相的。均相合金与无规共聚物以及互溶性聚合物共混物对应；而复相合金则与不互溶的复相聚合物共混物相对应。这种对比对研究聚合物共混物有很大的启发作用。

　　众所周知，在 1110℃ 左右可将大约 0.8% 的碳溶于铁中，随后将温度降至 720℃，发生相分离，出现两个相：其一是组成为 Fe_3C 的渗碳体即碳化铁；其二是含 0.025% 碳的纯粒铁即 α-Fe。这种两相结构的合金叫珠层铁，两相呈层状结构。α-Fe 柔软可延，渗碳体很坚硬。珠层铁则兼具二者的综合性能。为说明两相的形态结构对合金性能的影响，可把珠层铁与回火马丁体相对比。回火马丁体中碳化铁是以球状颗粒分散于纯粒铁的连续相中，这和珠层铁的层状结构显然不同。所以，这两种合金虽然组成相同，但性能迥然不同。

　　上述例子说明，相的形态结构对合金的性能有重大影响。聚合物共混物也存在同样的情况，例如用橡胶与聚苯乙烯共混而制得的高抗冲聚苯乙烯（HIPS），尽管组成相同，但不同的制备方法和不同的工艺条件，可产生极不相同的形态结构，从而产物的冲击强度会有很大的差别。

　　由此可见，和金属合金的情况相似，聚合物共混物的形态结构也是决定其性能的最基本的因素之一。所以，系统地研究聚合物共混物的形态结构是很有必要的。

　　聚合物共混物的形态结构受一系列因素的影响，这些因素可归纳成以下三种类型。

　　① 热力学因素。如聚合物之间的相互作用参数、界面张力等。平衡热力学可用以预期共混物最终的平衡结构是均相的或是多相的。相分离可形成组成均匀的层或其他分散结构。

　　② 动力学因素。相分离动力学决定平衡结构能否达到以及达到的程度。根据相分离动力学的不同，可出现两种类型的形态结构：NG 机理一般形成分散结构；SD 机理一般形成交错层状的共连续结构，具体的形态结构主要决定于骤冷程度。骤冷程度越大，聚结的起始尺寸越小，可由 100nm 降至 10nm。结构尺寸随时间的延长而趋于平衡热力学所预期的最终值，这种平衡结构一般难于达到；采用增容的方法可将相分离的力学所形成的结构稳定下

来，从而提高产品性能的稳定性。这个问题已在上节中阐述过。

③ 在混合加工过程中，流动场诱发的形态结构。这本质上是由于流动参数的不同而形成的各种不同的非平衡结构。

了解以上三个方面就可对聚合物共混物形态结构形成的基本机理有一个概括的概念，从而可了解控制共混物形态结构和性能的基本途径。本节从上述观点出发，概括讨论聚合物共混物形态结构的基本类型、相界面结构、互溶性和混合加工方法对形态结构的影响以及形态结构的主要测定方法。

6.4.1 聚合物共混物形态结构的基本类型

聚合物共混物可由两种或两种以上的聚合物组成，对于热力学互溶的共混体系，有可能形成均相的形态结构，也可能形成两个或两个以上的多相形态结构，这种多相形态结构最为普遍，也最为复杂，是下面讨论的重点。为简单起见，这里主要讨论双组分的情况，但所涉及的基本原则同样适用于多组分体系。

由两种聚合物构成的两相聚合物共混物，按照相的连续性可分成三种基本类型：单相连续结构，即一个相是连续的而另一个相是分散的；两相互锁或交错结构以及相互贯穿的两相连续结构。

6.4.1.1 单相连续结构

单相连续结构是指构成聚合物共混物的两个相或多个相中只有一个相是连续的。此连续相可看作分散介质，称为基体，其他的相分散于连续相中，称为分散相。单相连续的形态结构又因分散相相畴（即微区结构）的形状、大小以及与连续相结合情况的不同而表现为多种形式。在复相聚合物体系中，每一相都以一定的聚集形态存在。因为相之间的交错，所以连续性较小的相或不连续的相就被分成很多的微小区域，这种区域称作相畴（phase domain）或微区。不同的体系，相畴的形状和大小亦不同。

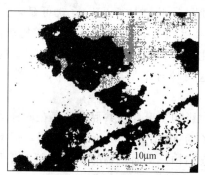

图 6-18 机械共混法 HIPS
电子显微镜照片
黑色不规则颗粒为橡胶分散相

（1）分散相形状不规则　分散相是由形状很不规则、大小极为分散的颗粒所组成。机械共混法制得的产物一般具有这种形态结构。一般情况下，含量较大的组分构成连续相，含量较小的组分构成分散相。分散相颗粒尺寸通常为 $1\sim10\mu m$。图 6-18 是机械共混法制得的 HIPS 超薄样品电子显微镜照片，橡胶成分（聚丁二烯）是以形状不规则的颗粒分散于聚苯乙烯基体（连续相）中。

（2）分散相颗粒较规则　分散相颗粒较规则（一般为球形），颗粒内部不包含或只包含极少量的连续相成分。用羧基丁腈橡胶（CTBN）增韧的双酚 A 二缩水甘油醚环氧树脂即为这种形态结构的例子，如图 6-19 所示。在 $50\sim80$℃，CTBN 溶于低分子量环氧树脂中，再加入固化剂，最后将混合物加热固化。所得产物中，橡胶以规则的球状颗粒分散于环氧树脂基体中，橡胶颗粒直径 $1\mu m$ 左右。虽然基体中也可能存在分子程度分散的橡胶，橡胶颗粒中亦可能溶解有微量环氧树脂，但两相基本上都是由单一组分构成。

上述结构的另一例子是某些三嵌段共聚物，例如苯乙烯-丁二烯-苯乙烯三嵌段共聚物（SBS）。当丁二烯嵌段较短而丁二烯含量较少（一般为 20%）时，丁二烯嵌段以均匀的球状

颗粒分散于聚苯乙烯嵌段所构成的连续相基体之中。球形颗粒的直径约为数百埃（1Å =
0.1nm），如图 6-20 所示。当然，丁二烯含量增加时，相应的形态结构也会发生变化。例如
当丁二烯含量为 40％时，分散相变成圆柱状结构。随着丁二烯含量进一步增加，最后丁二
烯转变成连续相，苯乙烯嵌段变成分散相。

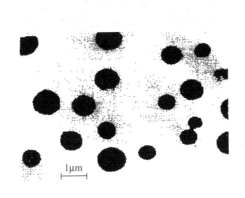

图 6-19　8.7％CTBN 橡胶增韧的环氧
树脂的形态结构的电镜照片
黑色小球为橡胶颗粒

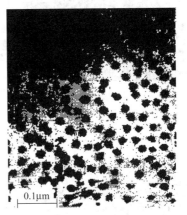

图 6-20　SBS（丁二烯含量 20％）
三嵌段共聚物的形态结构

（3）分散相为胞状结构或香肠状结构　这类形态结构较前面两种情况复杂。其特点是分
散相颗粒内尚包含连续相成分所构成的更小颗粒。因此，在分散相内部又可把连续相成分所
构成的更小的包容物当作分散相，而构成颗粒的分散相成分则成为了连续相。这时分散相颗
粒的截面形似香肠，所以称为香肠结构。也可把分散相颗粒当作胞，胞壁由连续相成分构
成，胞本身由分散相成分构成，而胞内又包含连续相成分构成的更小颗粒，所以，也称为胞
状结构。接枝共聚-共混法制得的共混物大多都具有这种类型的形态结构。图 6-21 是 G 型
（乳液接枝共聚法）ABS 共混物电镜照片。这是用四氧化锇将丁二烯链节染色的方法得到的
照片，其中黑色部分为橡胶，白色部分为树脂。这种类型的 ABS 是由橡胶颗粒和树脂基体
构成的两相共混物，橡胶颗粒粒径约为 0.1～0.5μm。反应过程中所生成的接枝共聚物主要
集中在两相的界面，起到增容剂的作用。一般而言，这种接枝共聚物包络在分散颗粒表面，
形成芯壳状结构。

（4）分散相为片层状　此种形态是指分散相呈微片状分散于连续相基体中，当分散相
浓度较高时，进一步形成了分散相的片层。例如想要获得阻隔性良好的层状分散的聚合
物共混物（将阻隔性卓越的聚酰胺呈微片状均匀分散于聚乙烯中），以及获得抗静电性优
良的聚合物共混物（将亲水性聚合物呈微片状分散并富集于聚乙烯或聚酰胺等连续相的
表层中）。图 6-22 为此类形态结构的电镜照片。形成上述形态的必要条件是：分散相的熔
体黏度大于作为连续相聚合物的熔体黏度、共混时大小适当的剪切速率以及采用恰当的
增容技术。

6.4.1.2　两相互锁或交错结构

这类形态结构有时也称为两相共连续结构，包括层状结构和互锁结构。嵌段共聚物产生
两相旋节分离以及当两嵌段组分含量相近时，常形成这类形态结构。例如 SBS 三嵌段共聚
物，当丁二烯含量为 60％左右时即形成两相交错的层状结构，如图 6-23 所示。以邻苯二甲
酸正丁酯为溶剂浇铸的苯乙烯-氧化乙烯嵌段共聚物也是这种类型，呈层状结构。所以，以

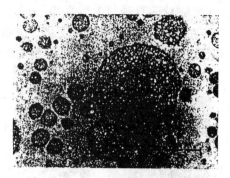

图 6-21　G 型 ABS 结构的电镜照片
黑色部分为聚丁二烯

图 6-22　分散相为片层状聚合物共混物的形态结构
微片状分散相（PA）均匀分布于连续相（HDPE）中或
微片状分散相（亲水性聚合物）富集于连续相（ABS）表层中

图 6-23　SBS（丁二烯含量 60％）
形态结构电镜照片

样品为以甲苯为溶剂的浇铸薄膜，用四
氧化锇染色；黑色部分为聚丁二烯嵌段相，
白色部分为聚苯乙烯嵌段相

嵌段共聚物为主要成分的聚合物共混物也容易形成此类形态，例如苯乙烯和异戊二烯的二嵌段共聚物（PS-b-PI）的形态结构为层状交错。当与 PS 共混，由于 PS 与嵌段共聚物中的 PS 嵌段相容，在 PS 用量不多时，层状形态只是出现某些"膨胀"，还不会变形；只有当 PS 量很大时，才会使层状形态受到破坏。

聚合物共混物可在一定的组成范围内发生相的逆转。原来是分散相的组分变成连续相，而原来是连续相的组分变成分散相。这与乳液相逆转的情况相似。设发生相逆转时组分 1 及组分 2 的体积分数分别为 ϕ_{1i} 及 ϕ_{2i}，则存在如下的经验关系式：

$$\frac{\phi_{1i}}{\phi_{2i}} = \frac{\eta_1}{\eta_2} = \lambda \qquad (6\text{-}19)$$

式中，η_1 及 η_2 分别为共混条件下组分 1 及组分 2 的熔体黏度。

这是一个很好的近似式。例如，共混物 PS/PMMA、PS/HDPE、PS/PB 等的相逆转都与此经验式相吻合。应当注意，因为 λ 值常与剪切应力有关，所以，相逆转时的组成也受混合、加工方法及工艺条件的影响。

还有一些体系，相逆转组成 ϕ_i 对 λ 值的变化并不敏感，这与水/油乳液的情况相似。水/油乳液的 ϕ_i 值主要依赖于乳化剂的类型和用量而非 λ 值。这种情况表明：界面的不对称性。所谓界面的不对称性就是说，可把界面视为一层液膜，膜两边的界面张力系数是不相同的。

应当指出，交错层状的共连续结构在本质上并非热力学稳定结构。但由于聚合物屈服应力 σ_y 的存在，此结构可长期稳定存在。σ_y 随组分浓度增大而提高，但不是对称函数。即使 $\lambda=1$，以聚合物 1 稀释聚合物 2 或以聚合物 2 稀释聚合物 1，在组成相同时，产生的 σ_y 值却不同，因而形态结构也可能不同。

在相逆转的组成范围内，常可形成两相交错、互锁的共连续形态结构，使共混物的力学性能提高。这就为混合及加工条件的选择提供了一个重要依据。

6.4.1.3　相互贯穿的两相连续形态结构

相互贯穿的两相连续形态结构的典型例子是互穿聚合物网络（IPNs）。在 IPNs 中两种聚合物网络相互贯穿，使得整个共混物成为一个交织网络，两个相都是连续的。

IPNs 的两相连续性已为电子显微镜分析（见图 6-24）和动态力学性能等的研究所证实。另外。根据 Davies 方程，两相连续体系的杨氏模量与组成的关系为：

$$E^{\frac{1}{5}} = \phi_1 E_1^{\frac{1}{5}} + \phi_2 E_2^{\frac{1}{5}} \tag{6-20}$$

式中　E，E_1 及 E_2——分别为共混物、组分 1 及组分 2 的杨氏模量；

ϕ_1 及 ϕ_2——分别为组分 1 及组分 2 的体积分数。

IPNs 基本上符合 Davies 方程，这亦可证明 IPNs 为两相连续的形态结构。

IPNs 中两个相的连续程度一般不同。聚合物 1 构成的相连续性较大，聚合物 2 构成的相连续性较小；即使聚合物 2 含量较多，结果也是这样。连续性较大的相，对性能影响亦较大。

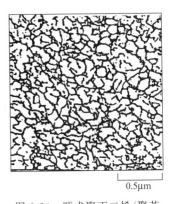

图 6-24　顺式聚丁二烯/聚苯乙烯 IPNs 电镜照片

顺式聚丁二烯/聚苯乙烯 = 24/50；黑色部分为聚丁二烯

由图 6-24 可见，聚合物 1，即顺式聚丁二烯（*cis*-PB），构成连续性较大的相。同时还可以看到，IPNs 具有胞状结构，聚合物 1 即 *cis*-PB 形成胞壁，聚合物 2 即 PS 构成胞体，胞的尺寸为 $0.05 \sim 0.1 \mu m$。胞壁及胞的内部尚有尺寸为 $10 \sim 20 nm$ 更微细的结构。

两组分的相容性越大、交联度越大，则 IPNs 两相结构的相畴尺寸越小。

6.4.1.4　含结晶聚合物共混物的形态特征

以上所述是指两种聚合物都是非晶态结构的情况。对两种聚合物都是结晶性的，或者其中之一为结晶性的，另一种为非结晶性的情况，上述原则也同样适用。所不同的是，对结晶聚合物的情况尚需考虑共混后结晶形态和结晶度的改变。

聚合物共混物中一种成分为晶态聚合物，另一种为非晶态聚合物的例子有：聚己内酯/聚氯乙烯（PCL/PVC）共混物、全同立构聚苯乙烯（i-PS）/无规立构聚苯乙烯（a-PS）共混物以及 i-PS 与聚苯醚（PPO）的共混物、聚偏氟乙烯（PVDF）/PMMA 共混物等。这类共混物的形态结构早期曾归纳成 4 种类型，见图 6-25。根据近年来广泛的研究报道，以上 4 类结晶结构尚不能充分代表晶态/非晶态聚合物共混物形态的全貌，即至少应增加如下 4 种：球晶几乎充满整个共混体系（为连续相），非晶聚合物分散于球晶与球晶之间；球晶被轻度破坏，成为树枝晶并分散于非晶聚合物之间；结晶聚合物未能结晶，形成非晶/非晶共混体系（均相或非均相）；非晶聚合物产生结晶，体系转化为结晶/结晶聚合物共混体系（也可能同时存在一种或两种聚合物的非晶区）。

结晶/结晶聚合物共混物的例子主要有聚对苯二甲酸丁二醇酯（PBT）/对苯二甲酸乙二醇酯（PET）共混物、PE/PP 共混物、聚酰胺（PA）/PE 共混物等。由于结晶聚合物尚有非晶区，结晶性及晶体结构又受多方面因素的影响，此类共混物的形态结构就更为复杂，Stein 曾指出可能呈现如图 6-26 所示的六种形态。

图 6-26 中（a）、（b）两种情况破坏了原两结晶聚合物的结晶性，形成了非晶态的共混体系，其中互溶性好时为（a）的形态，互溶性差时为（b）的形态。例如 PBT/PET 熔融共混，因发生酯交换形成了无规嵌段共聚物，完全失去了结晶性，其共混物就表现为这类非晶共混体系的形态。

图 6-26 中（c）、（d）两结晶聚合物分别结晶的形态是较为普遍的，例如 PP/UHMWPE

（超高分子量聚乙烯）和聚苯硫醚（PPS）/PA 共混物，在一定制备条件下均可形成两相分离的结晶/结晶形态。图 6-26(c)、(d) 所表现的似乎是晶态分散于非晶态中，但当共混体系能充分结晶达到高结晶度时，则成为少量非晶区夹层分布于晶粒和球晶之间的另外的形态，其状况显然有别于图 6-26(c)、(d)。

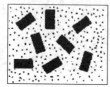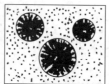

(a) 晶粒分散在非晶区中　(b) 球晶分散在非晶区中　(c) 非晶态分散于球晶中　(d)非晶态集聚成较大的
　　　　　　　　　　　　　　　　　　　　　　　　　　　　　　　　　　　　　相畴分散在球晶中

图 6-25　晶态/非晶态共混物形态结构

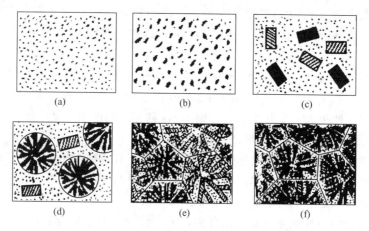

图 6-26　结晶/结晶聚合物共混物可能出现的形态结构

图 6-26(e) 所表现的形态是两结晶聚合物分别形成球晶，但球晶中含有非晶区（或未含非晶区，图中未表现）。

若两结晶聚合物能形成共晶，则有如图 6-26(f) 所示的形态，该形态中的共混球晶中，同样也有含非晶区和不含非晶区之分。后一种情况，图中未表现。关于聚合物共混中共晶的存在，已有大量研究证实，Vadhar 和 Hu 等对溶液共混法得到的 LLDPE/UHMWPE 共混物研究表明，其结晶熔融峰是单一、且不同于两种原来聚合物的熔融峰，借此证明了共晶的形成。

除以上所述各种可能的形态外，依据近年来进行的广泛研究，尚有如下形态发现于结晶/结晶聚合物共混体系中：①一结晶聚合物形成晶体，另一结晶聚合物未结晶而转化为非晶态，例如对于 PP/UHMWPE 聚合物熔融共混体系。当在 140℃下高温结晶，就会出现仅 PP 结晶，PE 成为非晶态的这种形态，并且 PE 可渗透到 PP 球晶或片晶中；②单组分晶体与双组分共晶同时存在的形态。在研究 HDPE/LLDPE 的报告中，证实经热处理的试样，LLDPE 中规整性低的部分是单独结晶，而规整性高的部分与 HDPE 形成共晶。HDPE/LDPE 共混体系的研究也有类似的结论。

此外，附晶（epitaxial crystallization）也是结晶/结晶聚合物共混物形态中一种特别值得注意的情况，所谓附晶，又称附生结晶、外延结晶，是一种结晶物质在另一物质（基质）

上的取向生长。结晶聚合物间附晶的研究始于 20 世纪 80 年代中期，当前研究较多的是 i-PP/HDPE 及 i-PP/PA 等共混体系。以 i-PP/PE 共混物为例，当拉伸此类共混物薄膜，作为基质的 PP 就会出现如图 6-27(a) 所示的形态。该形态中黑色为结晶区，标以 A 字的浅色区为非晶区，结晶区中的 PP 分子沿应力方向取向，而结晶沿垂直于应力的方向增长，形成"羊肉串式"的结晶；另一共混组分 PE 在 PP 晶体上附生增长，其增长方向与 PP 晶体成长方向呈 45°角，如图 6-27(b) 所示。附晶的生成可以显著提高共混物的力学性能，因此，引起人们极大的研究兴趣。

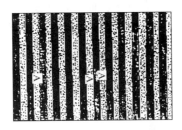 

(a) 基质 PP 在拉伸下的结晶形态　　　(b) PE 在 PP 晶体上的附生结晶

图 6-27　PP/PE 共混物薄膜在拉伸下的附生结晶

6.4.2　聚合物共混物的界面层

由两种聚合物形成的共混物中存在三种区域结构：两种聚合物各自独立的相和两相之间的界面层。界面层也称为过渡区，在此区域发生两相的黏合和两种聚合物链段之间的相互扩散。界面层的结构，特别是两种聚合物之间的黏合强度，对共混物的性质，特别是力学性能有决定性的影响。

6.4.2.1　界面层的形成

聚合物共混物界面层的形成可分为两个步骤：第一步是两相之间的相互接触；第二步是两种聚合物大分子链段之间的相互扩散。

增加两相之间的接触面积无疑有利于大分子链段之间的相互扩散，提高两相之间的黏合力。因此，在共混过程中保证两相之间的高度分散、适当减小相畴尺寸是十分重要的。为增加两相之间的接触面积、提高分散程度，可采用高效率共混机械设备，如双螺杆挤出机和静态混合器；另一种途径是采用 IPNs 技术；第三种方法，也是目前最可行的方法是采用添加增容剂。

当两种聚合物相互接触时，即发生链段之间的相互扩散。若两种聚合物大分子具有相近的活动性，则两种大分子的链段就以相近的速度相互扩散；若两种聚合物大分子的活动性相差悬殊，则发生单向扩散。这种扩散的推动力是混合熵即链段的热运动。若混合过程吸热，则熵的增加最终为混合热所抵消。最终扩散的程度主要取决于两种聚合物的热力学互溶性。

扩散的结果使得两种聚合物在相界面两边产生明显的浓度梯度（见图 6-28）。相界面以及相界面两边具有明显浓度梯度的区域构成了两相之间的界面层（亦称界面区），如图 6-28 所示。

6.4.2.2　界面层厚度

界面层的厚度主要决定于两种聚合物的互溶性，此外，尚与大分子链段尺寸、组成以及相分离条件有关。基本不互溶的聚合物，链段之间只有轻微的相互扩散，因而两相之间有非常明显和确定的相界面。随着两种聚合物间互溶性的增加，扩散程度提高，相界面越来越模

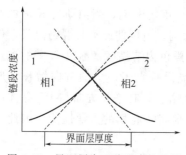

图 6-28　界面层中两种聚合物链段
的浓度梯度

1—聚合物 1 链段浓度；2—聚合物 2 链段浓度

糊，界面层厚度 Δl 越来越大，两相之间的黏合力增大。完全互溶的两种聚合物最终形成均相结构，相界面消失。

一般情况下，界面层厚度 Δl 约为几纳米至数十纳米，例如共混物 PS/PMMA 用透射电镜法（TEM）测得的 Δl 为 5nm。相畴很小（即高度分散）时，界面层的体积可占相当大的比例。例如当分散相颗粒直径为 100nm 左右时，界面层可达总体积的 20％左右。因此，界面层可视为具有独立特性的第三相。

界面层厚度可根据不同的理论进行估算。Ronca 等人提出，界面层厚度 Δl 可表示为：

$$\Delta l^2 = k_1 M T_c Q(T_c - T) \tag{6-21}$$

式中　M——聚合物分子量；

$\quad\quad T_c$——临界混溶温度；

$\quad\quad Q$——与 T_c 及 M 有关的常数；

$\quad\quad T$——温度；

$\quad\quad k_1$——比例系数。

根据 Helfand 理论，对非极性聚合物，当分子量很大时，界面层厚度为：

$$\Delta l = 2(k/\chi_{12})^{\frac{1}{2}} \tag{6-22}$$

式中　k——常数；

$\quad\quad \chi_{12}$——Huggins-Flory 相互作用参数。

从热力学观点看，界面层的厚度决定于熵和能两种因素。能量因素是指聚合物 1 和聚合物 2 之间的相互作用能，它与两种聚合物溶解度参数 δ_1 与 δ_2 之差的平方成正比，而此差的平方又与 χ_{12} 成比例。表 6-6 列出了一些共混物对的 χ_{12} 及其界面层厚度。

表 6-6　聚合物共混物的界面层厚度

聚合物对	界面层厚度/nm	χ_{12}
PS/PB	3	0.03
PS/PMMA	5	0.01

当然，若两聚合物组分之间极性很大时，χ_{12} 与溶解度参数差并无简单关系。当两聚合物存在特殊的相互作用（如强的极性作用和氢键）时，χ_{12} 甚至为负值，这时界面层厚度可达到很大的值。

6.4.2.3　界面层的性质

（1）两相之间的黏合　就两相之间黏合力而言，界面层有两种基本类型。第一类是两相之间由化学键结合，例如接枝和嵌段共聚物的情况。第二类是两相之间仅靠次价力作用而结合，如一般机械法共混物。

关于两种聚合物之间的次价力结合，普遍接受的是润湿-接触理论和扩散理论。根据润湿-接触理论，黏合强度主要决定于界面张力。界面张力越小，黏合强度越大。根据扩散理论，黏合强度主要决定于两种聚合物之间的互溶性，互溶性越大，黏合强度越高。当然，为使两种聚合物大分子链段能相互扩散，温度必须在 T_g 以上。

事实上这两种理论是内在统一的，只是处理问题的方法不同而已。界面张力与溶解度参数之差的平方成正比，所以互溶性好时，界面张力也必然小。

（2）界面层大分子链的形态　　如图 6-29 所示，在界面层，大分子尾端的浓度要比本体的高，即链端向界面集中。链端倾向垂直于界面取向，而大分子链整体则大致平行于界面而取向。

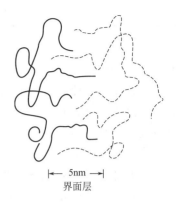

图 6-29　聚合物共混物界面层
的大分子链和链端的取向

（3）界面层分子量分级的效应　　如最近 Reiter 等人的研究结果证明，若聚合物分子量分布较宽，则低分子量部分向界面区集中，产生分子量分级效应。这是由于分子量较低时，聚合物互溶性大，而分子链熵值损失较小之故。

（4）密度及扩散系数　　界面层聚合物密度可能增大亦可能减小，这取决于两相之间的相互作用力的大小。当存在化学键作用和强的相互吸引力时，界面层的密度会比本体的大；若无这种作用，则界面层的密度比本体的要小。两相之间只存在次价力的情况，一般界面层的密度要比本体的小。这时，界面层的自由体积分数增大。虽然自由体积分数增加的值不很大，但使扩散系数提高 3 个数量级。

（5）其他添加剂　　若在共混体系中还有其他添加剂，那么这些添加剂在两聚合物本体相和界面层中分配一般是不相同的。具有表面活性的添加剂、增容剂以及表面活性杂质等会向界面集中。

如上所述，界面层的力学松弛性能与本体相的是不同的。界面层及其所占的体积分数对共混物的性能有显著影响，这也是相畴尺寸对共混物性能有明显影响的原因。

Bares 证实，界面层的玻璃化温度介于两聚合物纯组分玻璃化温度之间。随着相畴尺寸的减小，界面所占体积分数增大，作为第三相的玻璃化转变也越明显。

总之，无论就组成而言，还是就结构与性能而言，界面层都可视之为介于两种聚合物组分单独相之间的第三相。

6.4.3　互溶性对形态结构的影响

在许多情况下，热力学互溶性是聚合物之间均匀混合的主要推动力。两种聚合物的互溶性越好就越容易相互扩散而达到均匀的混合，过渡区也就宽广。相界面越模糊，相畴越小，两相之间的结合力也越大。有两种极端情况，其一是两种聚合物完全不互溶，两种聚合物链段间相互扩散的倾向极小，相界面很明显，其结果是混溶性较差，相之间结合力很弱，共混物性能不好。为改进共混物的性能需采取适当的工艺措施，例如采取共聚-共混的方法或加入适当的增容剂。第二种极端情况是两种聚合物完全互溶或互溶性极好，这时两种聚合物可相互完全溶解而成为均相体系或相畴极小的微分散体系。这两种极端情况都不利于共混改性的目的（尤其指力学性能改性）。一般而言，所需要的形态结构是两种聚合物有适中的互溶性，从而制得相畴大小适宜、相之间结合力较强的复相结构的共混产物。

为说明互溶性对共混物形态结构的影响，下面以 PVC/NBR 共混物为例进行讨论。

丙烯腈-丁二烯共聚物即丁腈橡胶（NBR）的溶解度参数 δ 与丙烯腈（AN）的含量有关，如表 6-7 所示 [PVC 的 δ 为 9.7 $(J \cdot cm^{-3})^{\frac{1}{2}}$]。

表 6-7　NBR 的 δ 与 AN 含量的关系

AN 质量分数/%	51	41	33	29	21	0
$\delta/(\mathrm{J}\cdot\mathrm{cm}^{-3})^{\frac{1}{2}}$	10.2	9.6	9.4	9.1	8.6	8.2

　　根据动态黏弹性能的测定和电镜分析，PVC 与 PB 是不互溶的，相畴粗大，相界面明显，两相之间结合力弱，冲击强度小。对 PVC/NBR 共混体系，当 AN 含量为 20% 左右时，是部分互溶体系，相畴适中，两相结合力较大，冲击强度很高。当 NBR 中 AN 含量超过 40% 时，PVC 与 NBR 二者的 δ 很接近，基本上是完全互溶，共混物近于均相，相畴极小，冲击强度亦低。图 6-30 可充分说明相畴大小与互溶性的关系。

　　聚合物的分子量分布对共混物界面层及两相之间的结合力亦有影响。前曾述及，聚合物之间互溶性与分子量有关，分子量减小时，互溶性增加。聚合物分子量分布较宽时，低分子级分倾向于向界面层扩散，在一定程度上起到乳化剂的作用，增加两相之间的黏合力。

　　应当指出，在共混加工过程的流动场中，聚合物之间的互溶性可能发生变化。有两种不同的情况：① 应力引起不可逆变化如沉淀、结晶等，这时组分之间的互溶性降低；② 应力引起可逆性变化使互溶性增大。应力使互溶性增大的现象常称为应力均化。由于分散相珠滴的可变形性，在流动场中表现黏弹效应，所储存的弹性能是珠滴破碎而产生均化作用的主要原因。

(a) PVC/PB(100/15),AN%=0

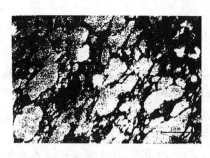

(b) PVC/NBR-20(100/15)

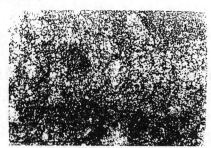

(c) PVC/NBR-40(100/15)

图 6-30　PVC/NBR 共混物超薄片电镜照片

6.4.4　制备方法和工艺条件对形态结构的影响

　　聚合物共混物的形态结构与制备方法、工艺条件有密切关系。同一种聚合物共混物，采用不同的制备方法，产物的形态结构会迥然不同。同一种制备方法，由于具体工艺条件不同，形态结构也会不同。所以，混合和加工的工艺条件主要是指聚合物共混物熔体在混合及加工设备中各种不同的流动参数。

6.4.4.1 制备方法的影响

一般而言，接枝共聚-共混法制得的产物，其分散相为较规则的球状颗粒；熔融共混法制得的共混物其分散相颗粒较不规则，颗粒尺寸亦较大。但有一些例外，如乙丙橡胶与聚丙烯的机械共混物，分散相乙丙橡胶颗粒是规则的球形。这大概是由于聚丙烯是结晶的，熔化后黏度较低，界面张力的影响起主导作用的缘故。

用本体法和本体-悬浮法制备高抗冲聚苯乙烯 HIPS 和 ABS 时，丁腈胶颗粒中包含有 $80\%\sim90\%$（体积）的树脂（PS）。树脂包容物的产生主要是由于相转变过程的影响。用同样的方法制备橡胶增韧的环氧树脂时，无相转变过程，因此，橡胶颗粒中不包含环氧树脂。以乳液聚合法制得的 ABS，橡胶颗粒中约包含 50%（体积）的树脂，橡胶颗粒的直径亦较小。不同制备方法所制得的 ABS 的形态结构示于图 6-31。

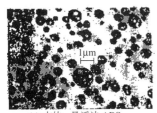  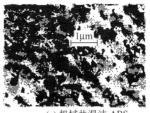

(a) 本体-悬浮法 ABS   (b) 乳液聚合法 ABS   (c) 机械共混法 ABS

图 6-31 三种不同方法制得的 ABS 形态结构的对比

用四氧化锇染色的电镜照片，黑色部分为橡胶相

当用溶液浇铸成膜时，产品的形态结构与所用的溶剂种类有关。例如 SBS 三嵌段共聚物浇铸成膜时，若以苯/庚烷（90/10）为溶剂，丁二烯嵌段为连续相。这是由于苯可溶解丁二烯嵌段亦可溶解苯乙烯嵌段，而庚烷只能溶解丁二烯嵌段。因此，先蒸发掉苯再干燥除去庚烷时，苯乙烯嵌段首先沉析而分散于丁二烯嵌段的连续相中；反之，若用四氢呋喃/甲乙酮（90/10）为溶剂时，由于四氢呋喃为共同溶剂，甲乙酮只溶胀苯乙烯嵌段，因此，先蒸发掉四氢呋喃再除去甲乙酮而制得的薄膜中，苯乙烯嵌段为连续相而丁二烯嵌段为分散相。

6.4.4.2 流动参数的影响

很多情况下，两种聚合物的共混是在熔融状态下在挤出机或双辊混炼机上进行的。典型的流动是剪切流动。因此，首先讨论在剪切作用下，熔体珠滴变形和破碎过程。

Cox 和 Leal 研究了在剪切作用下牛顿液体珠滴的变形和流体力学的稳定性，采用稀乳液为模型体系，用如下参数来表征流动情况。

① 悬浮液滴的黏度 η_i 与连续介质黏度 η_0 之比 λ：

$$\lambda = \eta_i / \eta_0 \tag{6-23}$$

② 参数 k：

$$k = \nu / \eta_0 \dot{\gamma} a \tag{6-24}$$

或参数 n：

$$n = \sigma_{12} d / \nu \tag{6-25}$$

式中　ν——两相之间的界面张力系数；

$\dot{\gamma}$——剪切速率；

a 及 d——分别为液滴的半径及直径；

σ_{12}——剪切应力。

在剪切作用下，珠滴会变成椭球状并沿速度梯度的方向取向（见图 6-32）。设椭球状液滴的长轴与速度梯度之间的夹角为 α，液滴的形变为 D，则当形变不太大时，D 与 λ、k 之间具有如下的关系：

$$D = \frac{d_1 - d_2}{d_1 + d_2} = \frac{5(19\lambda + 16)}{4(\lambda + 1)\left[(20k)^2 + (19\lambda)^2\right]^{1/2}} \tag{6-26}$$

或

$$D = \frac{d_1 - d_2}{d_1 + d_2} = x(19\lambda/16 + 1)/2(\lambda + 1) = E_T \tag{6-27}$$

及

$$\alpha = \frac{\pi}{4} + \frac{1}{2}\tan^{-1}\left(\frac{19\lambda}{20k}\right) \tag{6-28}$$

式中，d_1 及 d_2 分别为椭球状液滴的长轴和短轴。

图 6-32　在剪切力作用下液滴的变形

由式（6-26）可见，λ 及 k 越大，形变 D 就越小，液滴就越不易破碎。而 k 值与界面张力系数 ν 成正比［见式（6-24）］，ν 值又与两种液体的互溶性有关。两种液体间的互溶性越小，ν 值就越大。由此可见，在其他条件相同时，两种聚合物的互溶性越小，则所得共混物分散相的颗粒就越大，这和前面已阐述的情况完全一致。

当 η_0 不变时，分散相的黏度越大，则 λ 值越大，液珠的变形和破碎就越难。由此可见，聚合物共混时，欲得到分散均匀的产物，两种聚合物熔体黏度的匹配是十分重要的。

Cox 提出，液珠发生破碎的临界条件为：

$$\sigma_{12}(19\lambda + 16)/16(\lambda + 1) > \nu/d \tag{6-29}$$

式中　σ_{12}——剪切应力；

　　　d——液珠直径；

　　　ν——界面张力系数。

由式（6-29）可见，当其他条件相同时，液珠直径越小就越稳定。因此，要得到高度稳定的共混物，分散相颗粒不能过大。

Vanoene 估算了一般情况下 k 及 λ 的数值范围，对于一般的聚合物熔体，在一般混合加工条件下剪切应力为 $10^4 \sim 10^5 \text{Pa}$，λ 约为 $0.2 \sim 5.0$，这时 k 值主要决定于液珠半径 a。若 $a < 1\mu\text{m}$，则 $k \gg 1$；$a \approx 1\mu\text{m}$，则 $k \approx 1$；若 $a > 1\mu\text{m}$，则 $k \ll 1$。这说明当 $a > 1\mu\text{m}$ 时液珠是不稳定的，易于变形和破碎。

若界面张力系数 ν 很大，$k \gg \lambda$ 时，由式（6-28）可知，$\alpha \approx 45°$，即液珠的长轴与流动方向成 $45°$ 夹角。对于这种情况，可以认为界面张力起到了主导作用。反之，若 $\lambda \gg k$，则黏度因素起主导作用，$\alpha \approx 90°$，即液珠的长轴基本上与流动方向一致。

上述定量关系式是根据牛顿型液体的稀乳液模型导出的，用于聚合物共混物时，则仅是极粗略的近似。对于聚合物共混物，还必须考虑浓度和聚合物熔体弹性效应等影响。

除非聚合物共混物中一种聚合物组分含量很小的情况，还必须考虑液珠的聚集和屈服应力问题。与液珠破碎相反，聚集过程使分散相颗粒尺寸增大。聚集是一个动力学过程，其临界参数为临界聚结时间 t_c（开始出现聚集的时间）：

$$t_c = (3n/4\dot{\gamma})\ln\frac{d}{4h_c} \tag{6-30}$$

式中 h_c——临界分离距离；

d——液珠直径。

$$n = \sigma_{12}d/\nu \tag{6-31}$$

式（6-30）表示液珠聚集的临界条件；式（6-31）表示液珠破碎的临界条件。由参数 x 和 t_c 所确定的液珠尺寸与剪切应力及界面张力系数的关系示于图 6-33。

实际体系中，液珠的平均直径介于式（6-29）和式（6-30）所确定的临界直径之间。一般而言，平均直径正比于分散相体积分数的 2/3 次方，即

$$\bar{d} \propto \phi^{2/3}$$

根据式（6-29），对任意的 ν、d 和 λ 都存在一个导致液球破碎的剪切应力。然而实际情况并非如此，在一定的 λ 值范围，液珠可能不破碎而变成拉长的椭球或微丝状。Rumscheid 和 Grace 提出，在剪切和拉伸流动中，由于熔体的弹性，可存在四个液珠变形区：①$\lambda < 0.2$ 时，液珠呈 S 状，次级液珠从尖端脱离而形成更小的液珠；②当 $0.2 < \lambda < 0.7$ 时，液珠从器壁迁移向内部；③$0.7 < \lambda < 3.7$ 时，液珠可被拉长成线状并依毛细不稳定的机理破裂；④$\lambda > 3.7$ 时，液珠可形成拉长的椭球而不破裂。这些情况示于图 6-34。

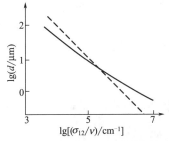

图 6-33 液珠直径 d 与剪切应力和界面张力系数比值（σ_{12}/ν）的关系

------式（6-29）的计算值；
——式（6-30）的计算值

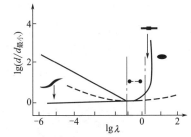

图 6-34 在剪切和拉伸流动中对比直径 $d/d_{最小}$ 与 λ 的关系

$d_{最小}$ 表示最小直径

——库爱特（Couette）流动；------双曲流动

图 6-35 表示了共混物 PE/PS 形态结构与流动参数之间的关系，由图可见，此种体系可在广阔的范围内形成纤维状结构，微丝直径约为 $2\sim5\mu m$。

聚合物熔体一般为非牛顿液体，对聚合物共混物尚需考虑弹性效应的影响。根据 Vaneone 的研究，在剪切作用下，两种聚合物熔体之间的界面张力与在静止状态下这两种聚合物熔体之间的界面张力是不相等的。因此，对聚合物共混物，应用式（6-29）及式（6-30）时必须对界面张力进行修正。

此外，两种聚合物的共混物，以聚合物 1 为分散相和以聚合物 2 为分散相这两种情况，界面张力也常常并不相同。另一个要考虑的因素是聚合物熔体的黏度与剪切应力 σ_{12} 有关。在毛细管不同径向位置，σ_{12} 不同，因此，λ 值常与熔体在流动中所处的位置有关。而流动包封作用和相反转又与 λ 值密切相关，所以，聚合物共混物如 PE/PS、PA6/PC 等，挤出物的形态结构会依径向位置的不同而改变。

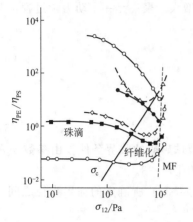

图 6-35　PE/PS 共混物形态结构与
流动参数的关系

点—实验值；直实线 σ_c—形成纤维状形态结构
与珠滴状形态结构之间的临界应力；

MF—熔体破裂；η_{PE}/η_{PS}—即 λ；σ_{12}—剪切应力

一般而言，聚合物共混物熔体在流动过程中可诱发以下几种形态结构。

① 流动包埋（flow encapsulation）。这是指在一定条件下，黏度较小的组分（比如说，聚合物 1）迁移到器壁，最后包封组分 2（聚合物 2）而形成包埋型形态结构。

② 形成微丝状或微片状结构。

③ 由于剪切诱发的聚结而形成的层状结构。

例如，共混物 HDPE/PA6，由于混合、加工方法和条件的不同（即流动参数不同）可形成不同的形态结构，如图 6-36 所示。

在混合及加工过程中，除流动参数的影响外，可能发生的化学反应如剪切氧化、酯交换反应等对形态结构也有很大影响。例如，当 PC/PBT 在 260℃共混 30min，可使组成为 60/40 共混物的形态结构由以 PBT 为连续相转变成以 PC 为连续相的结构，这可能是由于在混合过程中，PC 发生降解而使黏度比 $\lambda = \eta_{PC}/\eta_{PBT}$ 下降的缘故。

由于聚合物共混物的黏弹性以及共混物在混合和加工过程中复杂的流动场，形态结构的形成是一个十分复杂的过程，形态结构具有多层次性，会产生各种次级结构，如复杂的颗粒结构（A 的小珠滴分散于 B 的珠滴中，整个珠滴又分散于 A 相的连续基体中）、纤维状结构和条带结构等。目前尚不能从理论上准确预测这些复杂的形态结构。关于各种因素的影响，目前也只限于粗略的定性估计，尚缺乏严密的定量关系。

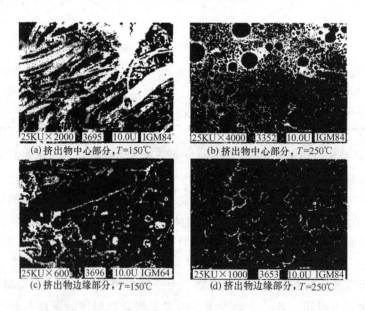

(a) 挤出物中心部分，$T=150$℃　　(b) 挤出物中心部分，$T=250$℃

(c) 挤出物边缘部分，$T=150$℃　　(d) 挤出物边缘部分，$T=250$℃

图 6-36　HDPE/PA6（70/30）共混物的扫描电镜照片

6.4.5　形态结构的测定方法

直接测定聚合物共混物形态结构的方法主要是显微分析法。

显微分析法包括光学显微镜（OM）、扫描电子显微镜（SEM）和透射电子显微镜（TEM）法三种。这三种方法的主要指标和应用的尺寸范围列于表 6-8。

表 6-8 显微分析法

参数	OM	SEM	TEM
放大倍数	$1\sim500$	$10\sim10^5$	$10^2\sim5\times10^6$
分辨率[①]/nm	$500\sim1000$	$5\sim10$	$0.1\sim0.2$
维数	$2\sim3$	3	2
景深[②]/μm	约 1	$10\sim100$	约 1
观察尺寸范围[③]/nm	$10^3\sim10^5$	$1\sim10^4$	$0.1\sim100$
样品	固体或液体	固体	固体

① 分辨率：显微镜所能分清邻近两个小质点的最短距离。

② 景深：在垂直于电场方向可分辨的深度。

③ 观察尺寸范围：指观察范围的对角线尺寸。

光学显微镜仅用于较大尺寸形态结构的分析，尺寸范围为 $10^3\sim10^5$ nm。在用电子显微镜法测定共混物形态结构时，样品的制备是一个很关键的环节，它关系到实验的成败。由于电子的穿透能力较弱，大约只有 X 射线穿透能力的万分之一，电子只能穿透几十纳米至一百纳米的深度，因此，一般物体都不能直接进行观察，必须制备专用的薄膜样品。薄膜样品的制备可采用稀溶液挥发成膜的方法，也可以使用专门的超薄切片机，直接从固体聚合物共混物上切取。前者适用于观察分子的尺寸和形态以及薄膜的结构等；后者适用于研究固体试样内部的形态结构。

对于许多电子不能透过的块状样品，为研究其表面结构，必须采用样品复型的方法，制备可供观察的间接样品。方法是在原样品的表面上蒸发一层很薄的碳膜，然后将原样品溶解掉，留下一层与原样品表面结构相对应的复型薄膜，即可用电镜观察。为了增加所得物像的清晰度，常需增加物像的反差。对表面凹凸不平的样品，一般可作金属定向蒸发处理来提高物像的反差，即在样品上以较小的角度定向蒸发一层重金属原子，使凹凸不平的表面上落下数量不等的重金属原子。由于重金属原子对电子具有强的散射能力，因此，落有重金属原子的部分在物像中出现阴影，增加物像的明暗对比。同时，从阴影区的大小还可确定凸起部分的高度。

关于聚合物共混物试样的制备，很多情况下尚需采用染色、溶胀、破裂、蚀镂等步骤。

6.4.5.1 光学显微镜法

当聚合物共混物相畴较大时，可用光学显微镜直接观察。例如可用光学显微镜直接观察 HIPS 中橡胶颗粒的形态和尺寸。

有以下三种常用的操作方法可供选择。

（1）溶剂法 用适当的溶剂将样品溶胀，用相衬显微镜或干涉显微镜观察其形态结构或进行照相。其原理是根据共混物中两组分折射率的不同，因而可从显微镜中观察到光强度的差别。图像中明暗不同的部位显示了形态结构及相畴尺寸。为提高分辨效果可用适当的染料，如史密斯混合物（甲基蓝和苏丹Ⅲ的混合物）、四氧化锇（OsO_4）等，使其中一种组分染上颜色。例如研究高抗冲聚苯乙烯（HIPS）的形态结构时，可将 HIPS 试样置于显微镜载片之间，加一滴甲苯。为增加分辨率，可用偶氮染料使橡胶颗粒染成红色，然后观察其形态结构。

（2）切片法 用超薄切片机将样品切成 $1\sim5\mu m$ 厚的薄片，用透射相衬显微镜或干涉显微镜观察薄片的形态结构。

（3）蚀镂法　用适当的蚀镂剂浸蚀试样中的某一组分，再用反射的方法观察蚀镂后的试样表面。有很多方法可制得符合要求的试样表面，例如，模塑薄膜、低温破裂以及用抛光法或磨平法来制得平滑的试样表面。对 HIPS 可采用如下的蚀镂剂：100mL H_2SO_4、30mL H_3PO_4、30mL H_2O 再加 5g CrO_3。这种蚀镂剂可有效地蚀镂带有不饱和键的橡胶，而对聚苯乙烯基本上无作用。实验步骤如下：先将 HIPS 试样表面用适当的方法抛平或磨平，于70℃在蚀镂剂中浸蚀 5min，然后用显微镜观察试样表面的形态结构。

溶剂法简单易行，由于溶剂对橡胶的溶胀作用，橡胶颗粒的形状及空间排列情况会发生变化，因此，所得结果与真实情况可能有出入。切片法的缺点是，有时切片困难以及由于剪切作用使橡胶颗粒的形态可能有些变化。蚀镂法无上述之弊，其关键是选择适当的蚀镂剂。

光学显微镜法的应用范围有限。当相畴尺寸在 1μm 以下时，便不再适用，这时必须采用放大倍数更高的电子显微镜。

6.4.5.2　电子显微镜法

电子显微镜可观察到 0.01μm，甚至比 0.01μm 更小的颗粒。电子显微镜法又分为透射电镜法（TEM）和扫描电镜法（SEM）两种。

（1）透射电子显微镜法　要使电子束透过，试样薄膜的厚度需要在 0.2μm 以下，一般为 0.05μm 为宜。当前制备超薄片的技术已比较成熟，不过在某些情况下尚存在一些困难。

制备聚合物共混物超薄片试样的主要方法有：复制法和超薄切割法（切片法），有时亦可采用溶剂浇铸法。

所谓复制法就是将试样形态结构的特点用适当的方法以超薄膜的形式复制下来，再用电镜分析复制膜的形态结构，从而了解试样的形态结构。一般是先选择适当的蚀镂剂将样品表面浸蚀，如用铬酸蚀镂剂处理 HIPS，则橡胶颗粒被蚀去，在样品表面形成空洞，此空洞的形状和大小与原来的橡胶颗粒相同；然后用适当的方法将这种蚀镂过的表面复制下来，再用电镜进行观察分析。

复制可采用一步法或两步法。一步法是直接将炭粉蒸发到腐蚀过的样品表面上，再用适当方法除去聚合物；两步法则是先用明胶水溶液涂在已腐蚀过的样品表面，干燥后，剥离复制物，用涂炭成影，最后用水洗去明胶，剩下的复制膜用电子显微镜进行观察分析。

复制法可直接了解分散相颗粒的大小和形状以及颗粒在空间的配置情况；其缺点是难于得知分散相颗粒的内部结构。而采用切片法可克服这一缺点。

切片法是用电镜研究聚合物共混物最有成效的方法。对于一般的树脂/树脂型共混物，超薄切割无太大困难。但对橡胶增韧塑料，由于橡胶的韧性，超薄切割存在困难。这一困难在 1965 年被 Kato 成功地解决了，Kato 方法的要点是用四氧化锇（OsO_4）处理样品。样品中含有双键的橡胶组分与四氧化锇作用，变硬，从而便于超薄切割。同时，橡胶组分亦被 OsO_4 染色而便于用电镜进行观察分析。

四氧化锇与橡胶大分子中的双键按如下的方式反应，生成环状的锇酸酯：

进行实验时可将样品置于 OsO_4 蒸汽中数小时，或于室温下用 1% 的 OsO_4 水溶液浸渍两昼夜，取出晾干，切成超薄片进行观察分析。

不含双键的饱和型橡胶不与 OsO_4 发生上述反应。这时虽也可设法进行超薄切割，但未染色的橡胶颗粒和基体难于在电镜下清楚地区别开来。对此，已提出了一些解决办法，例如，Kaning 提出了丙烯酸丁酯橡胶的两步染色法，即先用 $NH_2—NH_2$ 处理，再用四氧化锇进行染色。最近几年还发展了 Br_2 和四氧化钌（RuO_4）染色法等，RuO_4 可有效地使聚苯乙烯染色。

（2）扫描电子显微镜法　扫描电镜法是近年来发展起来的聚合物共混物形态结构分析的新方法，具有分析迅速、制样容易等一系列优点。

此法制样不需切片。先将样品表面进行适当处理，如磨平、抛光等，然后再用适当的蚀镂剂浸蚀之，用真空法涂上 $0.02\mu m$ 厚的金属薄层以防止在样品表面上因电子束而带电。这种方法避免了复制法中常常遇到的技术上的困难，但是，扫描电镜法不能测定分散相颗粒的内部结构。

电子显微镜法用于聚合物共混物形态结构分析还存在一些不足，在某些情况下，还会造成人为的假象。例如 SEM 法的镀金属、TEM 法中的 OsO_4 染色等，可能引入人为的粒子结构，特别是当其与被分析的结构尺寸相近时，情况更为严重。染色和硬化作用还可能使体系产生某种化学变化，这可能会引起体系相分离行为的某种变化，使测定结果产生误差。

最近几年发展了两种新的、具有很大优点的方法：扫描-透射电镜法（STEM）和低压扫描电镜法（LVSEM）。

STEM 法使用厚度为 200nm（$0.2\mu m$）的浇铸薄膜并经硬化和染色。此法具有分辨率高的突出优点，已用于 PVC/PMMA、PVC/SAN 等共混物的形态结构及混溶性分析，还可用来估计相间的相互作用。

LVSEM 法的加速电压为 $0.1\sim2kV$，采用平滑的超薄试样。LVSEM 法与 SEM 法相比，图像对比度可提高 10 倍，且几乎不存在带电问题。由于次级电子系数值高，微小的组成变化即可在图像中显示出来。由于次级电子能量低，此法亦不需试样的导电涂覆处理。LVSEM 法已用于 PC/PPS、PE/PS 及 PC/ABS 等聚合物共混物形态结构的研究。

X 射线散射法包括 X 射线小角散射法（SAXS）和 X 射线大角散射法（WAXS），也可用以测定聚合物共混物的相畴尺寸和有关的形态结构信息。

6.5　聚合物共混物的性能

6.5.1　聚合物共混物性能与其组分性能的一般关系

双组分体系的性能与其组分性能之间的关系可用"混合物法则"作近似估算，最常用的有如下两个关系式：

$$p = p_1\beta_1 + p_2\beta_2 \tag{6-32}$$

$$\frac{1}{p} = \frac{\beta_1}{p_1} + \frac{\beta_2}{p_2} \tag{6-33}$$

式中，p 为双组分体系的某一指定性能，如 T_g、密度、电性能、模量等；p_1 及 p_2 为组分 1 及组分 2 相应的性能；β_1 及 β_2 分别为组分 1 及组分 2 的浓度或质量分数、体积分数。

在大多数情况下，式（6-32）给出混合物性能的上限值而式（6-33）给出下限值。

双组分体系是均相的或是复相的，为简单计，习惯上统称为混合物。对于聚合物共混物，与上述法则偏离常比较大，偏离幅度与共混物的形态结构密切相关。

对两种聚合物完全互溶的情况，如无规共聚物等，基本上符合式（6-33）。但很多情况下，由于两组分间的相互作用，对简单的混合物法则常有明显的偏差，这时可采用修正式（6-34）：

$$p = p_1\beta_1 + p_2\beta_2 + I\beta_1\beta_2 \tag{6-34}$$

式中，I 为表示组分间相互作用的一个常数，称为作用因子，可正可负。例如对乙酸乙烯酯与氯乙烯无规共聚物的玻璃化温度可近似表示为：

$$T_g = T_{g_1}W_1 + T_{g_2}W_2 - 28W_1W_2$$

式中，W 为质量分数。

对复相结构的共混物，组分之间的相互作用主要发生在界面层，这集中表现于两相之间黏合力的大小。黏合力的大小对某些性能例如力学性能有很大的影响，而对另外一些性能则可能影响不大，因此，对同一体系但对不同的性能，具体关系式差别会很大。

材料的破坏是一个很复杂的过程，上述一般关系式往往不适用于计算力学强度。

对两相都连续的共混物，其性能与组成的关系可表示如式（6-35）：

$$p^n = p_1^n\phi_1 + p_2^n\phi_2 \tag{6-35}$$

式中，n 为与具体性能有关的常数，例如对 IPNs，其弹性模量符合 $n = \dfrac{1}{3}$ 的情况。

一般，共混物中含量大的组分构成连续相。当组成改变时，会发生相的反转，分散相变成连续相。在相转变区，如弹性模量等性能较符合式（6-36）：

$$\lg p = \phi_1\lg p_1 + \phi_2\lg p_2 \tag{6-36}$$

实际体系要复杂得多，上述各关系式仅有基本的指导原则，并不能代替具体体系和具体性能的关系式。

6.5.2 力学松弛性能

与均聚物相比，聚合物共混物的玻璃化转变有两个主要特点：一般有两个玻璃化温度；玻璃化转变区的温度范围有不同程度的加宽。这里起决定性作用的是两种聚合物的互溶性，这一点前面已讨论过了。

两个玻璃化转变的强度和共混物的形态结构及两相含量有关。以损耗正切值 $\tan\delta$ 表示玻璃化转变强度，有以下规律：构成连续相组分的 $\tan\delta$ 峰值较大，构成分散相组分的 $\tan\delta$ 峰值较小；在其他条件相同时，分散相的 $\tan\delta$ 峰值随其含量的增加而提高；分散相 $\tan\delta$ 峰值与形态结构有关，一般而言，起决定作用的是分散相的体积分数。以 HIPS 为例，机械共混法 HIPS 橡胶相颗粒中不包含聚苯乙烯，本体聚合法 HIPS 分散颗粒中包含 PS，故在相同组成比时，后者的分散相所占的体积分数较大，所以，其分散相的 $\tan\delta$ 峰值较大。但是，由于包容 PS 也使橡胶相的 T_g 稍有提高，如图 6-37 所示。

某些实验表明，分散相颗粒大小对玻璃化温度亦有影响。Wetton 等指出，当颗粒尺寸减小时，由于机械隔离作用的增加，分散相的 T_g 会有所下降。此外，某些情况下会出现与界面层对应的转变峰。

共混物力学松弛性能的最大特点是力学松弛谱的加宽。一般均相聚合物在时间-温度叠合曲线上，玻璃化转变区的时间范围为 10^9s 左右，而聚合物共混物的这一时间范围可达

$10^{16}\,\mathrm{s}$，这可用图 6-38 作粗略的解释。共混物内特别是在界面层，存在两种聚合物组分的浓度梯度。共混物恰似由一系列组成和性能递变的共聚物所组成的体系，因此，松弛时间谱较宽，如图 6-38 所示。

由于力学松弛时间谱的加宽，共混物具有较好的阻尼性能，可作防震和隔声材料，具有重要的应用价值。

6.5.3　模量和强度

6.5.3.1　模量

共混物的弹性模量可根据混合法则作近似估计，最简单的是根据式（6-32）及式（6-33）分别给出模量（E）的上、下限。一般而言，当模量较大的组分构成连续相、模量较小的组分为分散相时，结果比较符合式（6-32）。若模量较小的组分构成连续相、模量较大的构成分散相时，结果较符合式（6-33），如图 6-39 所示。图中曲线 2 为共混物模量实测值的示意曲线。AB 区中，模

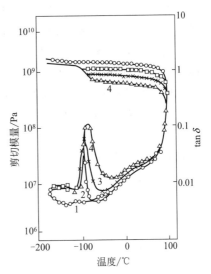

图 6-37　HIPS 动态力学损耗曲线

1—聚苯乙烯；2—机械共混法 HIPS，
10%聚丁二烯（质量）；

3—本体聚合法 HIPS，5%聚丁二烯（质量）；

4—本体聚合法 HIPS，10%聚丁二烯（质量）

量较小的组分为连续相，实测值接近按式（6-33）所得的理论值曲线 1。在 CD 区，模量较大的组分为连续相，故实测值较接近按式（6-32）所得的上限值曲线 3。BC 区为共混物的相转变区。对两相都连续的共混物弹性模量，可按式（6-35）作近似估计。上述原则也适用于以无机填料填充的塑料或橡胶。

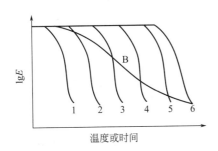

图 6-38　模量-温度（时间）关系

曲线 1～6—六种组成的无规共聚物；

曲线 B—由上述六种无规共聚物所组成的共混物

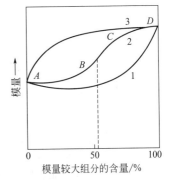

图 6-39　共混物弹性模量与组成关系

1—理论值；2—实测值；3—上限值

6.5.3.2　力学强度

聚合物共混物是一种多相结构的材料，各相之间相互影响，又有明显的协同效应，其力学强度并不等于各级分力学强度的简单平均值。在大多数情况下，增加韧性是聚合物共混改性的主要目的，下一节将集中讨论这个问题。

6.5.4　聚合物共混物熔体的流变特性

聚合物共混物的熔体黏度一般都与混合法则有很大的偏离，常有以下几种情况：①小比

例共混就能产生较大的黏度下降，例如聚丙烯与苯乙烯-甲基丙烯酸四甲基哌啶醇酯（PDS）共混物和 EPDM 与聚氟弹性体（Viton）共混物的情况（见图 6-40）。有人认为，这种小比例共混使黏度大幅度下降的原因是少量不相混溶的第二种聚合物沉积于管壁因而产生了管壁与熔体之间滑移所致。②由于两相的相互影响及相的转变，当共混比改变时，共混物熔体黏度可能出现极大值或极小值，如图 6-41 所示。③共混物熔体黏度与组成的关系受剪切应力大小的影响。例如，POM（甲醛和 2％ 1,3-二氧戊环共聚物）与 CPA（44％己内酰胺和37％己二酸己二醇酯、19％癸二酸己二醇酯的共聚物）共混物熔体黏度与组成的关系对剪切应力十分敏感，如图 6-42 所示。

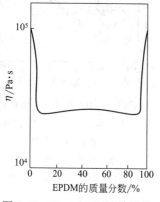

图 6-40　Viton/EPDM 共混物
熔体黏度与组成的关系
温度 160℃，剪切速率 14s^{-1}

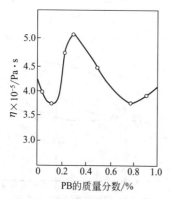

图 6-41　PS/PB 共混物熔体黏度
与组成的关系

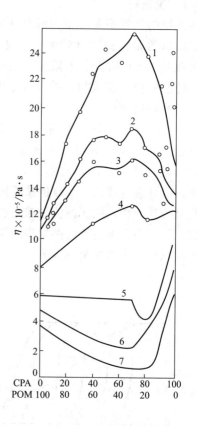

图 6-42　CPA/POM 共混物熔体黏度
与组成的关系
剪切应力：1—1.27N·cm^{-2}；2—3.93N·cm^{-2}；
3—5.44N·cm^{-2}；4—6.30N·cm^{-2}；
5—12.59N·cm^{-2}；6—19.25N·cm^{-2}；
7—31.62N·cm^{-2}

　　共混物熔体流动时的弹性效应随组成比而改变，在某些特殊组成下会出现极大值与极小值，并且弹性极大值常与黏度的极小值相对应，弹性的极小值与黏度的极大值相对应，共混物 PE/PS 就是这种情况。共混物熔体的弹性效应还与剪切应力的大小有关，如图 6-43所示。

单相连续的共混物熔体，例如橡胶增韧塑料熔体，在流动过程中会产生明显的径向迁移作用，即橡胶颗粒由器壁向中心轴方向迁移，结果产生了橡胶颗粒从器壁向中心轴的浓度梯度。一般而言，颗粒越大、剪切速率越高，这种迁移现象就越明显，这会造成制品内部的分层作用，从而影响制品的强度。

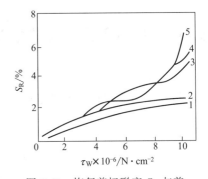

图 6-43　恢复剪切形变 S_R 与剪切应力 τ 的关系

1—75/25，PE/PS；2—PE；3—PS；4—50/50，PE/PS；5—25/75，PE/PS

6.5.5　其他性能

6.5.5.1　透气性和可渗性

聚合物的透气性和可渗性具有很大的实用意义，例如在薄膜包装、提纯、分离、海水淡化及医学方面的应用。这往往需要聚合物薄膜具有较好的机械强度、透过作用的高度选择性和较大的透过速度等。单一的聚合物一般难于满足多方面的综合要求，常需借助于共混方法来制得综合性能优异的共混物薄膜。例如用三醋酸纤维素与二醋酸纤维素共混制成适于海水淡化的隔膜、聚乙烯吡咯烷酮与聚氨酯共混制得高性能的渗析膜等。

一般而言，连续相对共混物的透气性起主导作用。当渗透系数较大的组分为连续相时，共混物的渗透系数接近按式（6-32）的计算值。若渗透系数较小的组分为连续相时，共混物的渗透系数接近式（6-33）的计算值。当两组分完全混溶时，共混物的渗透系数 p_c 一般符合下式：

$$\ln p_c = \phi_1 \ln p_1 + \phi_2 \ln p_2$$

对液体或蒸汽的透过性称为可渗性。被共混物所吸附的蒸气或液体常常发生明显的溶胀作用，显著改变共混物的松弛性能。因此，共混物对蒸气或液体的渗透系数常依赖于浓度。共混物对蒸气或液体的平衡吸附量与共混物中两组分分子间的作用力有关，两组分间的 Huggins-Flory 作用参数 χ_{12} 越大，则平衡吸附量越小。因此，也可以据此探测共混组分之间的混溶性。

6.5.5.2　密度

当两组分不混溶或互溶性较小时，共混物的密度可按式（6-33）作粗略估计。但当两组分混溶性较好时，例如 PPO/PS、PVC/NBR 等，其密度可超过计算值 1%～5%。这是由于两组分间有较大的分子间作用力，使得分子间的堆砌更加密切的缘故。

6.5.5.3　电性能和光性能

共混物的电性能主要决定于连续相的电性能。例如聚苯乙烯/聚氧化乙烯，当聚苯乙烯为连续相时，共混物的电性能接近于聚苯乙烯的电性能；当聚氧化乙烯为连续相时，则与聚氧化乙烯电性能相近。

由于复相结构的特点，大多数共混物是不透明的或半透明的。减小分散相颗粒尺寸可改善透明性，但最好的办法是选择折射率相近的组分。若两组分折射率相等，则不论形态结构如何，共混物总是透明的，例如 MBS 的透明性就很好。透明 PVC 塑料已为人们关注，用 MBS 改性的抗冲 PVC 具有很好的透明性。

由于两组分折射率的温度系数不同，共混物的透明性与温度有关，常常在某一温度范围透明度达极大值，这对应于两组分折射率最接近的温度范围。

6.6 橡胶增韧塑料的增韧机理

6.6.1 引言

以橡胶为分散相的增韧塑料是聚合物共混物的主要品种，比较重要的有高抗冲聚苯乙烯（HIPS），ABS 塑料，MBS 塑料，以 ABS、MBS、ACR 等增韧的 PVC，增韧聚碳酸酯，橡胶增韧的环氧树脂等。

橡胶增韧塑料的特点是具有很高的抗冲击强度，常比基体树脂的抗冲击强度提高 5～10 倍，有时甚至数十倍。此外，橡胶增韧塑料的抗冲击强度与制备方法关系很大，因为不同制备方法常使界面黏合强度、形态结构变化很大。例如以聚丁二烯增韧聚苯乙烯，不同的制备方法，抗冲击强度差别很大，如图 6-44 所示。

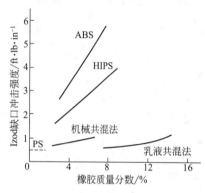

图 6-44 不同方法制备的增韧聚
苯乙烯的抗冲击强度

1ft・lb・in⁻¹＝53.3J・in⁻¹

6.6.2 增韧机理

关于橡胶增韧塑料的机理，从 20 世纪 50 年代开始，已提出了许多不同的理论，如 Merz 的能量直接吸收理论、Nielsen 提出的次级转变温度理论、Newman 等人提出的屈服膨胀理论、Schmitt 提出的裂纹核心理论等。但这些理论往往只注意问题的某个侧面。当前被普遍接受的是近几年发展的银纹-剪切带-空穴理论。该理论认为，橡胶颗粒的主要增韧机理包括三个方面：①引发和支化大量银纹并桥接裂纹两岸；②引发基体剪切形变，形成剪切带；③在橡胶颗粒内及表面产生空穴，伴之以空穴之间聚合物链的伸展和剪切并导致基体的塑性变形。在冲击能作用下，这三种机制示于图 6-45。

6.6.2.1 银纹的引发和支化

橡胶颗粒的第一个重要作用就是起到应力集中中心源（假定橡胶相与基体有良好的黏合），诱发大量银纹，如图 6-46 所示。

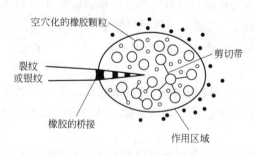

图 6-45 橡胶增韧塑料的增韧机理

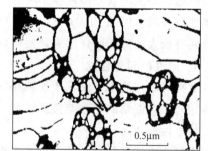

图 6-46 HIPS 在冲击作用下橡胶颗粒诱发
银纹的透射电镜照片

橡胶颗粒的赤道面上会引发大量银纹。橡胶颗粒浓度较大时，由于应力场的相互干扰和重叠，在非赤道面上也能引发大量银纹。引发大量银纹要消耗大量冲击能，因而可提高材料的冲击强度。

橡胶颗粒不但能引发银纹，而且更主要的是还能支化银纹。根据 Yoff 和 Griffith 的裂纹动力学理论，裂纹或银纹在介质中扩展的极限速率约为介质中声速之半，达到极限速率之后，继续发展导致破裂或迅速支化和转向。根据塑料和橡胶的弹性模量可知，银纹在塑料中的极限扩展速率约为 $620m \cdot s^{-1}$，在橡胶中约为 $29m \cdot s^{-1}$。

两相结构的橡胶增韧塑料，如 ABS，在基体中银纹迅速发展，在达到极限速率前碰上橡胶颗粒，扩展速率骤降并立即发生强烈支化，产生更多的、新的小银纹，消耗更多的能量，因而使抗冲击强度进一步提高。每个新生成的小银纹又在塑料基体扩展。根据 Bragaw 的计算，这些新银纹要再度达到极限扩展速率（约 $620m \cdot s^{-1}$）只需在塑料基体中有大约 $5\mu m$ 的加速距离。然后再遇到橡胶颗粒并支化，如图 6-47 所示。这一估算为确定橡胶颗粒之间最佳距离和橡胶的最佳用量提供了重要依据。

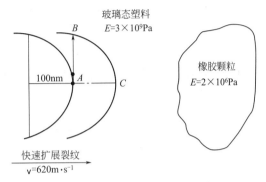

图 6-47　银纹在塑料中的运动

当银纹由 A 点运动至 C 点，临近银纹尖端 A 处的一物质元由 A 运动至 B

这种反复支化的结果是增加能量的吸收并降低每个银纹的前沿应力而使银纹易于终止。

由于银纹接近橡胶颗粒时速率大致为 $620m \cdot s^{-1}$，一个半径为 100nm 的裂纹或银纹，相当于 $10^9 Hz$ 作用频率所产生的影响。根据时-温等效原理，按频率每增加 10 倍，T_g 提高 $6 \sim 7℃$ 估算，这时橡胶相的 T_g 提高 60℃ 左右。所以，橡胶相的 T_g 要比室温低 $40 \sim 60℃$ 才能有显著的增韧效应。一般，橡胶的 T_g 在 $-40℃$ 以下为好，在选择橡胶时，这是必须充分考虑的一个问题。

另外，如图 6-45 所示，橡胶大分子链跨越裂纹或银纹两岸而形成桥接，从而提高其强度，延缓其发展，也是提高抗冲击强度的一个因素。

6.6.2.2　剪切带

橡胶颗粒的另一个重要作用是引发剪切带的形成，如图 6-45 所示。剪切带可使基体剪切屈服，吸收大量形变功。剪切带的厚度一般为 $1\mu m$，宽约 $5 \sim 50\mu m$。剪切带又由大量不规则的线簇构成，每条线的厚度约 $0.1\mu m$，如图 6-48 所示。

剪切带一般位于最大分剪切应力的平面上，与所施加的张力或压力成 45° 左右的角。在剪切带内分子链有很大程度的取向，取向方向为剪切力和拉伸力合力的方向。

图 6-48　剪切带的结构

剪切带不仅是消耗能量的重要因素，而且还能终止银纹使其不致发展成破坏性的裂纹。此外，剪切带也可使已存在的小裂纹转向或终止。

银纹和剪切带的相互作用有三种可能方式，如图 6-49 所示。

① 银纹遇上已存在的剪切带而得以愈合、终止。这时由于剪切带内大分子链高度取向而限制了银纹的发展。

② 在应力高度集中的银纹尖端引发新的剪切带，所产生的剪切带反过来又终止银纹的

发展。

③ 剪切带使银纹的引发及增长速率下降并改变银纹动力学模式。

上述总的结果是促进银纹的终止，大幅度提高材料的强度和韧性。

关于银纹化和剪切屈服所占的比例主要由以下因素决定。

① 基体塑料的韧性越大，剪切成分所占的比例就越大。

② 应力场的性质。一般而言，张力提高银纹的比例，压力提高剪切带的比例。图 6-50 表示了双轴应力作用下聚甲基丙烯酸甲酯的破坏包络线。图中第一象限表示双轴应用都是张力的情况，这时形变主要是银纹化。第三象限为双轴向压力，这时仅发生剪切形变。对第二象限和第四象限内，剪切和银纹的破坏包络线相互交叉，使银纹和剪切两种机理同时存在。

6.6.2.3 空穴作用

在冲击应力作用下，橡胶颗粒发生空穴化作用（cavitation），这种空穴化作用将裂纹或银纹尖端区基体中的三轴应力转变成平面剪切应力，从而引发剪切带，如图 6-51 所示。剪切屈服吸收大量能量，从而大幅度提高抗冲击强度。

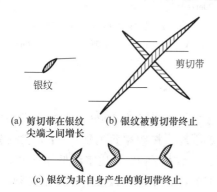

图 6-49　聚甲基丙烯酸甲酯及聚碳酸酯中
银纹与剪切带的相互作用

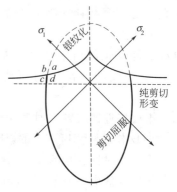

图 6-50　室温双轴向应力作用下聚甲基
丙烯酸甲酯的破裂包络线

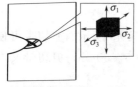

(a)未增韧的环氧树脂，在缺口
前沿产生三轴张应力

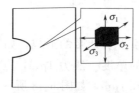

(b) CTBN 橡胶增韧的环氧树脂，
橡胶颗粒尚未空穴化

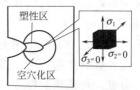

(c) CTBN 橡胶增韧的环氧树脂，
在橡胶空穴化之后，三轴应力
转变为平面应力状态，基体树
脂产生屈服形变

图 6-51　CTBN 橡胶增韧环氧树脂带缺口样品变形机理

空穴化即在橡胶颗粒内或其表面产生大量微孔，微孔的直径为纳米级。这些微孔的产生使橡胶颗粒体积增加并引起橡胶颗粒周围基体的剪切屈服，释放掉颗粒内因分子取向和剪切而产生的静压力及颗粒周围的热应力，使基体中的三轴应力转变为平面应力而使其剪切屈服。形成空穴本身并非能量吸收的主要部分，主要部分是因空穴化而发生的塑性屈服。

应当指出，在裂纹或银纹尖端应力发白区产生的空穴并非随机的，而是结构化的，即存在一定的阵列，每个阵列的厚度约为 1~4 个空穴化橡胶颗粒，长度约为 8~35 个颗粒，如

图 6-52 所示。

空穴化阵列是由橡胶颗粒链产生和发展而形成的。在这种颗粒链中，颗粒之间的间隔大致为 $0.05\mu m$。空穴化改变局部应力状态，使颗粒体积增大，在基体中形成小的塑性区，此过程反复进行，最终产生大的塑性形变（屈服形变），如图 6-53 所示。

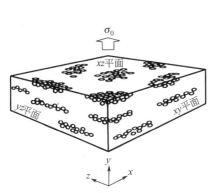

图 6-52　空穴化橡胶颗粒阵列模型

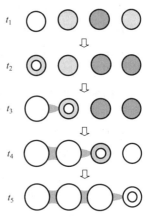

图 6-53　空穴化颗粒阵列随
时间而发展

由橡胶颗粒链产生空穴化阵列，这意味着在共混过程中混合过分的均匀，并不一定好，而应保持橡胶颗粒的一定聚集结构。例如，以 ABS 增韧 PVC 时，混炼的均匀程度与温度有关，混炼温度越高越均匀。采用 140℃、160℃和 185℃三个混炼温度，共混物的混合均匀程度依次增大，而带缺口简支梁抗冲击强度却依次下降，分别为 $42kJ \cdot m^{-2}$、$26\ kJ \cdot m^{-2}$和 $8kJ \cdot m^{-2}$。表明橡胶颗粒分散的某种不均匀会提高材料的抗冲击强度。

橡胶颗粒空穴化的原因是在三轴应力作用下橡胶大分子链断裂，形成新表面所引起的。根据断裂的力学判据理论，仅当分子链在应力作用下的弹性储能等于或大于形成新表面所需表面能的情况下才能发生分子链的断裂。设应力场作用的总能量变化为 $E_{总}$，弹性形变能量为 $E_{弹}$，表面能为 $E_{表}$，在橡胶交联的情况下，可忽略分子间的滑动而产生的弹性功，则 $E_{总}=E_{表}+E_{弹}$，而 $E_{弹}$ 为负值，于是可得：

$$E_{总} = -\frac{\pi}{12}K\Delta^2 d_0^3 + (\nu+\Gamma)\pi\Delta^{\frac{2}{3}}d_0^3 \tag{6-37}$$

式中，ν 为橡胶颗粒的表面张力（表面能）；d_0 为橡胶颗粒粒径；Δ 为体积应变；K 为橡胶本体模量；Γ 为分子链断裂所引起的单位面积能量变化。

产生空穴的临界条件为 $|E_{弹}| \geqslant E_{表}$，即式（6-37）为零。

$|E_{弹}| = E_{表}$，这就是说空穴化的临界条件为：

$$(\nu+\Gamma)\pi\Delta^{\frac{2}{3}}d_0^2 = \frac{\pi}{12}K\Delta^2 d_0^3$$

于是可得发生空穴化的橡胶颗粒的临界直径为：

$$d_{0临} = \frac{12(\nu+\Gamma)}{K\Delta^{\frac{4}{3}}} \tag{6-38}$$

由橡胶颗粒空穴化引起的体积应变值 Δ、表面张力、本体模量和断裂能即可求出 $d_{0临}$值。一般计算得到的 $d_{0临}$ 为 $100\sim200nm$，即 $0.1\sim0.2\mu m$，这是橡胶颗粒产生空穴化的下限值。根据 Dompas 等对 MBS 增韧 PVC 的研究，产生空穴孔的橡胶粒径临界值为 150nm，过小的粒径难于产生空穴。

6.6.2.4 脆-韧转变理论

如上所述，橡胶增韧塑料的主要机理是银纹化和塑性形变，塑性形变（剪切形变）主要是由橡胶颗粒空穴化所产生的。对脆性较大的基体如 PS 等增韧主要是由于银纹的引发和支化，如 HIPS 和 ABS 的增韧主要是由于银纹化。而对韧性较大的基体如 PC 以及尼龙等工程塑料，增韧的主要机理是空穴化所引起的塑性形变，银纹化所占的比例较少，甚至完全没有银纹化。根据银纹化理论，为使银纹有效地支化，橡胶颗粒之间的距离大致为 $5\mu m$，可据此计算橡胶用量的最低值。但当以剪切形变为主时，如何计算橡胶用量的临界值，这是近几年发展起来的脆-韧转变理论的核心问题。

压应力和剪切应力都可激发剪切屈服形变（塑性形变）。此外，在一定条件下，厚度小的薄膜比厚度大的薄膜容易产生剪切屈服形变。例如通过共挤出制成 PC 和 SAN 交互组成的多层薄膜，通过研究发现，当层的厚度在 $1.3\mu m$ 以下时，剪切带开始向 SAN 层延伸，开始银纹机理向剪切屈服形变的转变。这对了解使 PC 明显增韧的橡胶颗粒（或其他颗粒）之间的最大距离是很有帮助的。这就是说，对橡胶增韧塑料而言，橡胶颗粒之间要接近到一定程度时，才开始引发基体的屈服形变，产生显著的增韧作用。此距离称为临界距离，其值当然与基体的性质有关。若能计算出此临界距离并知道橡胶的粒径，就可计算橡胶的临界用量。换句话讲，问题的实质在于，橡胶颗粒之间的基体树脂厚度减小到什么程度，才使基体开始由脆性向韧性的转变，这就是脆-韧转变理论的实质。

脆-韧转变理论是 Wu 等人首先提出的，其中心思想是：对韧性较大的基体，橡胶颗粒之间的基体层厚度 τ（称为基体韧带厚度）减小到一定值 τ_C 后，在冲击能作用下，基体开始由脆性向韧性转变，发生屈服形变，表现为宏观的韧性行为。

设两个橡胶颗粒球心之间的距离为 L，则韧带厚度 $\tau=L-d$，如图 6-54 所示。若橡胶颗粒粒径是均一的和等距离的，则每个颗粒周围都会形成一个厚度为 τ 的等应力球环区，如图 6-55 所示。当 τ 值达到临界值 τ_C 时，即 $L<s$ 时，等应力区的体积达到逾渗阈值，形成逾渗通道，即脆-韧转变区遍及整个基体。橡胶颗粒受冲击作用发生空穴化，释放裂纹扩展张应力，且使橡胶颗粒体积增加，使三向轴应力转变为切应力，引起基体韧带的屈服形变，吸收大量冲击能，使共混物冲击强度大幅度提高。这就是脆-韧转变逾渗模型理论的基本内容。

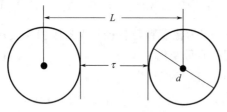

图 6-54　基体韧带厚度

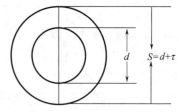

图 6-55　体积应力球模型

设橡胶颗粒与基体有良好的黏合且均匀分布于基体中，并设粒径是均一的（若不均一则近似的用平均粒径），则可计算出橡胶的临界用量。若橡胶体积分数 φ 一定，则可求出橡胶颗粒的临界直径 d_C，即使 $\tau \leqslant \tau_C$ 时的粒径：

$$d_C = \tau_C \left[\left(\frac{\pi}{6\varphi} \right)^{\frac{1}{3}} - 1 \right]^{-1} \tag{6-39}$$

上述理论适用于塑性形变（剪切屈服形变）为主的共混体系，即基体韧性较大（一般为工程塑料）的橡胶增韧体系。应当指出，d_C 是不能任意小的，因为橡胶粒径过小就不能有效地空穴化。一般而言，在已知橡胶颗粒粒径的前提下，可计算橡胶用量的临界值。

6.6.3　影响抗冲击强度的主要因素

根据橡胶增韧塑料的主要机理，可从基体特性、橡胶相结构和相间结合力三个方面来讨论影响抗冲击强度的主要因素。

6.6.3.1　树脂基体的影响

总的来说，橡胶增韧塑料的抗冲击强度随树脂基体的韧性增大而提高。树脂基体的韧性主要决定于树脂大分子链的化学结构和分子量；化学结构决定了树脂的种类和大分子链的柔顺性。在基体种类已定的情况下，基体的韧性主要与基体分子量有关，分子量越大，大分子链之间的物理缠结点越多，韧性越大。事实上，聚合物的力学强度总是随分子量的增大而提高，其原因与大分子链间的缠结直接相关。例如聚合物的拉伸强度 σ_t 与分子量具有如下关系：

$$\sigma_t = \sigma_\infty \left(1 - \frac{M_0}{M_n}\right) \qquad (6\text{-}40)$$

式中，σ_∞ 为分子量为无限大时的拉伸强度；M_n 为数均分子量；M_0 为物理缠结点之间的分子量，其值决定于聚合物大分子链的化学结构（即分子链的柔顺性）和结晶性。抗冲击强度与分子量的关系尚无简单的定量关系，但总的来说是随分子量的增大而提高。聚合物基体的分子量一般需大于 $7M_0$ 时才有足够的韧性。在其他条件相同时，基体的韧性越大，橡胶增韧塑料的抗冲击强度越高。但考虑到加工成型性能，也并非分子量越大越好。

在上述概念的基础上，Wu 提出，聚合物的脆韧行为主要由缠结点密度（单位体积内缠结点数量）V_e 和特征比 C_∞ 决定。C_∞ 定义为：

$$C_\infty = \lim \left[R_0^2 / n_e l_e^2\right] \qquad (6\text{-}41)$$

式中，R_0^2 为大分子链无扰均方末端距，它与大分子链柔性有关；n_e 为大分子链统计单元数（即统计链段数）；l_e^2 为统计链段均方长度。

链的缠结点密度 V_e 和链的特征比 C_∞ 间存在如下定量关系式：

$$V_e = \frac{\rho_a}{3M_v C_\infty^2}$$

式中　　M_v——统计单元的平均分子量；

ρ_a——非晶区的密度。

根据 V_e 和 C_∞ 值可将聚合物分成两类：脆性聚合物和韧性聚合物。当 $V_e < 0.15\,\text{mmol} \cdot \text{cm}^{-3}$ 左右，$C_\infty > 7.5$ 左右时，属脆性聚合物，如 PS、SAN、PMMA 等。这类聚合物具有较低的裂纹引发和增长活化能，断裂机理主要为银纹化过程，缺口和无缺口冲击强度都较低；当 $V_e > 0.15\,\text{mmol} \cdot \text{cm}^{-3}$，$C_\infty < 7.5$ 时，聚合物为韧性，如 PC、PA、PPO 等。这类聚合物具有较高的裂纹引发和增长活化能，但裂纹增长活化能较低，即对缺口具有敏感性。韧性聚合物一般都是 V_e 较大，所以，断裂机理以剪切屈服形变为主。对于 V_e 和 C_∞ 处在划分界限处的基体，如 PVC 等的共混物和 PPO/PS 共混物，则以银纹化和剪切屈服的混合方式为能量耗散机理。表 6-9 列出部分聚合物基体的链参数。

由上所述，可以理解，对不同的橡胶增韧塑料体系、橡胶颗粒粒径及其分布的要求不同。

表 6-9　部分聚合物基体的链参数

聚合物	C_∞	$V_e/(mmol \cdot cm^{-3})$	聚合物	C_∞	$V_e/(mmol \cdot cm^{-3})$
PS	23.8	0.00930	POM	7.5	0.490
SAN	10.6	0.00931	PA66	6.1	0.537
PMMA	8.2	0.127	PE	6.8	0.613
PVC	7.6	0.252	PC	2.4	0.672
PPO	3.2	0.295	PET	4.2	0.215
PA6	6.2	0.435			

6.6.3.2　橡胶相的影响

（1）橡胶相含量的影响　一般情况下，橡胶相含量增大时，抗冲击强度提高。但对基体韧性较大的增韧塑料，如 ABS 增韧的 PVC，橡胶含量存在一最佳值，如图 6-56 所示。

（2）橡胶粒径的影响　粒径的影响与基体树脂的特性有关。前面已提及，脆性基体断裂时，以银纹化为主，较大的粒径对诱发和支化银纹有利，颗粒太小可能被银纹吞没而起不到应有的作用。当然粒径也不宜过大，否则，在同样橡胶含量下，橡胶相作用要减小。所以，常常存在最佳粒径范围。例如在 PS 中银纹厚度为 $0.9 \sim 2.8 \mu m$，HIPS 中橡胶粒径最佳值为 $2 \sim 3 \mu m$。

对韧性基体，断裂以剪切屈服形变（即塑性形变）为主，即在橡胶颗粒空穴化作用下发生脆-韧转变。较小的粒径对空穴化有利即对引发剪切带有利，但粒径过小时，也影响空穴化有效地进行，所以，存在最佳粒径值，此最佳值要小于脆性基体的情况。例如 ABS 改性 PVC 中，橡胶粒径最佳值为 $0.1 \sim 0.2 \mu m$。

此外，粒径分布亦有影响，有时采用双峰或三峰分布的粒径对增韧作用有协同效应。但目前尚未总结出一般性规律。

（3）橡胶相与基体树脂混溶性的影响　橡胶相与基体树脂应有适中的互溶性。互溶性过小，相间黏合力不足，粒径过大，增韧效果差；互溶性过大，橡胶颗粒过小，甚至形成均相体系，亦不利于抗冲击强度的提高。例如用 NBR 增韧 PVC 时，NBR 与 PVC 的互溶性与 AN 的含量有关，AN 含量越大，互溶性越好，所以，AN 含量存在一最佳值，如图 6-57 所示。

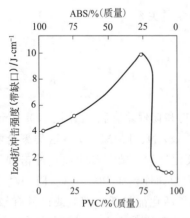

图 6-56　共混物 PVC/MBS 抗冲击强度
与基体组成的关系

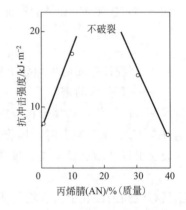

图 6-57　AN 含量对 PVC/NBR 抗冲击
强度的影响 PVC/NBR＝100/15

（4）橡胶相玻璃化温度的影响　一般而言，橡胶相玻璃化温度 T_g 越低，增韧效果越大。这是由于在高速的冲击作用下，橡胶相的 T_g 会显著提高。一般而言，负载作用频率增大 10 倍，T_g 提高 $6 \sim 7 ℃$，而冲击实验中，裂纹发展速率相当于 10^9 Hz 作用频率所产生的影响，

可使 T_g 提高 60℃左右。因此，橡胶相的 T_g 应比室温低 40～60℃ 时才能有明显的增韧效果。

（5）橡胶颗粒内树脂包容物含量的影响　橡胶颗粒内树脂包容物使橡胶相的有效体积增大，因而可在相同质量分数下达到较高的抗冲击强度。但包容物亦不能过多，因为树脂包容物使橡胶颗粒的模量增大；当模量过大时，则减小其至丧失引发和终止银纹以及产生空穴化的作用。因此，树脂包容物含量亦存在最佳值，例如 HIPS 的情况。

（6）橡胶交联度的影响　橡胶交联度亦存在最佳值。交联度过小，加工时在受剪切作用下，会变形、破碎，对增韧不利；交联度过大，T_g 和模量都会提高，会失去橡胶的特性。交联度过大时，不但对引发和终止银纹不利，对橡胶颗粒的空穴化亦不利。最佳交联度目前仍靠实验来确定。

（7）橡胶相与基体黏合力的影响　只有当两相间有良好的黏合力时，橡胶相才能有效地发挥作用。为增加两相间的结合力，可采用接枝共聚-共混或嵌段共聚-共混的方法，新生成的共聚物起增容剂的作用，可大大提高抗冲击强度。

但是，这种黏合力未必越强越好，较好的次价结合就足以满足增韧的需要。所以，两相之间有足够的混溶性即可。不过，多数情况下，设法增大相间黏合力是有利的。

6.7　非弹性体增韧

自 20 世纪 80 年代提出以刚性有机填料（ROF）粒子对韧性塑料基体进行增韧的方法以来，非弹性体增韧塑料的实践和理论研究都取得很大进展。近年来，非弹性体增韧方法已在高分子合金的制备中获得广泛应用。非弹性体颗粒包括热塑性聚合物粒子和无机物粒子两种。

6.7.1　有机粒子增韧

刚性的热塑性聚合物粒子亦称为有机粒子增强剂（ROF），在韧性聚合物增韧中已取得了实际应用。虽然增韧幅度不如橡胶粒子那么大，但对模量不至于下降或下降很少，并且常能使加工性能改善。所以，这是有重要应用价值的增韧方法。

例如，在 PC、PA、PPO 以及环氧树脂等韧性较大的基体中添加 PS、PMMA 以及 AS 等脆性塑料，可制得非弹性体增韧的聚合物共混材料。对 PVC，可先用 CPE、MBS 或 ACR 进行增韧改性，再添加 PS、PMMA 等脆性聚合物也可使韧性进一步提高。与一般聚合物共混一样，重要的是要有良好的界面结合力。例如，尼龙 6 与 AS 之间的界面结合力不好（混溶性差），需添加苯乙烯-马来酸酐共聚物（SMA）以改善界面结合，再与 AS 共混可显著提高尼龙 6 的抗冲击强度。

在 PVC/CPE、PVC/MBS 共混体系中添加 PS 所得共混物力学性能如表 6-10 所示。可以看出，PS 不仅可提高 PVC/CPE 及 PVC/MBS 的抗冲击强度，而且还可使拉伸强度及模量有所提高或保持不变。PS 的最佳用量为 3% 左右，超出此最佳用量，抗冲击强度就急剧下降。

表 6-10　PVC 共混体系力学性能[①]

项目	PVC	PVC/MBS	PVC/CPE	PVC/MBS/PS	PVC/CPE/PS
抗冲击强度/kJ·m^{-2}	2.5	8.4	16.2	20.6	69.5
拉伸强度/MPa	54.8	47.5	41.0	47.1	43.7
杨氏模量/GPa	14.1	9.8	11.0	9.8	12.1

① PVC 用量为 100（质量份），CPE、MBS 用量为 10（质量份），PS 用量为 3（质量份）。

非弹性体增韧的对象是有一定韧性的聚合物，如 PC、PA 等，对于脆性基体，需先用弹性体增韧，变成有一定韧性的基体后，然后再用非弹性体进一步增韧才能奏效。

脆性聚合物粒子的用量有一个最佳范围。超过此范围，抗冲击性能会急剧下降。ROF 增韧的最大优点在于：提高抗冲击强度的同时并不降低材料的刚性，且加工流动性亦有改善。

6.7.2 无机粒子增韧

SiO_2、ZnO、TiO_2、$CaCO_3$ 等球形无机粒子，特别是纳米尺寸的这些无机粒子已广泛用以增强和增韧聚合物材料。例如，在 PVC/ABS（100/8）共混中加 15 份超细碳酸钙，可使缺口冲击强度提高 3 倍。将纳米级 $CaCO_3$ 制成 $CaCO_3/PBA/PMMA$ 复合粒子，在 100 份 PVC 中加入 6 份这种复合粒子，可使 PVC 缺口抗冲击强度提高 2～3 倍。将纳米级 SiO_2 制成 $SiO_2/PMMA$ 复合粒子用于增韧 PC，可使 PC 缺口冲击强度提高 11.5 倍。

无机粒子，特别是纳米尺寸无机粒子对增强与增韧聚合物材料的研究日益受到重视，应用前景十分广阔。

6.7.3 非弹性体增韧作用机理

最近，Wu 等人对 PET/PC 共混物形变及断裂过程的 TEM 及 SEM 研究，提出了非弹性体增韧的脱黏-剪切屈服-裂纹跨接理论。即增韧机理包括在冲击作用下粒子与基体的脱离、剪切屈服形变（塑性形变）和对裂纹的跨接与"钉牢"作用。

这种理论认为，当加载一个裂纹时，在裂纹尖端将发展三轴应力场。在 PET/PC 共混物中，此三轴应力场首先在 PET 相中引发银纹（即微裂纹），这些银纹可被 PC 微区稳定，其发展受到 PC 的限制。应力场达到 PET 与 PC 间粘接强度时，PET 与 PC 分离（脱粘）并在界面附近产生空穴化，并且三轴应力转变为单轴应力，促使基体产生剪切屈服形变，吸收大量冲击能，从而使抗冲击强度提高。同时，在冲击能作用下，PC 微区可被拉成纤维状，跨越裂纹两岸，延缓裂纹发展，也是构成增韧的一个原因。

这是一个比较概括的理论。这个理论中的三种增韧因素，对不同的体系，所占比重不同。此理论的关键是强调了基体及增韧聚合物颗粒的塑性形变。

在两相结合很牢的情况下，界面空穴化可能受到抑制，屈服形变的引发机理可能改变。如图 6-58 所示，当韧性基体受到拉应力时，在垂直于拉伸应力的方向上对脆性聚合物粒子将产生压应力，在强大的静压力作用下，脆性粒子会发生塑性形变，消耗大量能量，使冲击强度提高，这就是所谓的冷拉机理。这种机理被 PC/AS 体系所证实。电镜观察表明，对此体系，在冲击作用下，AS 颗粒的应变值可达到 400%。

冷拉机理虽然是当前普遍接受的理论，但要解释某些情况下冲击强度可提高数倍的事实尚显不充分，很可能这只是增韧机理的一个局部。

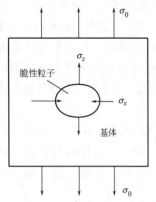

图 6-58 脆性聚合物粒子对韧性基体的增韧机理

关于无机刚性粒子的增韧机理，一般认为，随着粒子的细化，比表面积增大，与塑料基体的界面也增加。当填充复合材料受到外力时，细小的刚性粒子可引发大量银纹，同时粒子之间的基体也产生塑性变形，吸收冲击能，达到增韧的效果。

与刚性有机粒子的增韧类似，无机刚性粒子的增韧效果也与塑料基体的韧性密切相关。先设法提高基体的韧性，再以无机粒子增韧可获得更好的增韧效果。将 PVC 与 ACR 共混，再添加纳米级 $CaCO_3$，其缺口冲击强度可达 $24kJ \cdot m^{-2}$。

参 考 文 献

［1］　Utracki L. A. Polymer Alloys and Blends：Thermodynamics and Rheology. New York：Hanser Publishers，Munich Vienna，1990.

［2］　张留成. 互穿网络聚合物. 北京：烃加工出版社，1991.

［3］　吴培熙，张留成. 聚合物共混改性. 北京：轻工业出版社，1996.

［4］　张留成. 材料学导论. 保定：河北大学出版社，1999.

［5］　Boudi A. In Rheology，Theory and Application. Vol. 4，F. R. Eirich Ed.，New York：Academic Press，1967.

［6］　Sperling L H. Polymer Multicomponent Materials. New York：John Wiely & Sons，1997.

［7］　Arends C B. Ed. Polymer Toughening. New York：Marcel Dekker，1996.

［8］　Saccubai S，et al. J. Appl. Polym. Sci，1996，61：577

［9］　Gedde U W. Polymer Physics. London：Champman & Hall，1995.

［10］　Ferguson G S，et al. Macromolecules，1993，26：5870.

［11］　Cheng C，et al. J. Appl. Polym. Sci.，1995，55：1691.

［12］　Handerski D，et al. J. Appl. Polym. Sci.，1994，52：121.

［13］　李东明，漆宗能. 高分子通讯，1989，(3)：32.

［14］　黎学东. 塑料，1995，(5)：7.

［15］　王国全，王秀芬. 聚合物改性. 北京：轻工业出版社，2000.

［16］　胡圣飞. 中国塑料，1999，(6)：25

习题与思考题

1. 试述聚合物共混物的主要类型及其制备方法。

2. 请举三个已工业化的聚合物共混物改性品种。

3. 简要阐述聚合物间的相容性对聚合物共混改性的影响。

4. 采用"共聚"和"共混"方法进行聚合物改性有何异同点？

5. 简述提高聚合物之间相容性的主要手段。

6. 解释如下术语：

(1) 互穿网络聚合物（IPNs）；(2) 胶乳-IPNs；(3) 增容剂；(4) NG 相分离机理；(5) SD 相分离机理；(6) 相逆转。

7. 什么是聚合物共混物的相分离程度？

8. 试述 T_g 法估计聚合物之间互溶性的原理和方法。

9. 简述聚合物共混物形态结构的主要类型及其测定方法。

10. 简述聚合物共混物界面层的特性及其影响因素。

11. 简述聚合物共混的工艺条件对共混物形态结构及性能的影响。

12. 试述聚合物共混物性能与组成一般关系的规律。

13. 一个由环氧树脂和丙烯酸酯组成的共混物，配料比为 60/40（质量），共混物存在高环氧树脂和高丙烯酸酯的两个相，并且得到如表 6-11 所示实验数据。

此共混物的 T_g 符合 $\dfrac{1}{T_g} = \dfrac{w_1}{T_{g_1}} + \dfrac{w_2}{T_{g_2}}$ 关系式，求每相的组成和每相的体积分数。

表 6-11　实验数据

组成	$T_g/℃$	T_g/K
纯丙烯酸酯	-40	233
富丙烯酸酯相	-10	263
纯环氧树脂	120	393
富环氧树脂相	95	368

环氧树脂和丙烯酸酯的体积分数分别为 0.60 和 0.40。

14.60 体积份的聚苯乙烯（PS）与 40 体积份的聚乙烯基甲醚（PVHE）在 100℃共混，并且已知此体系的相图见图 6-59。

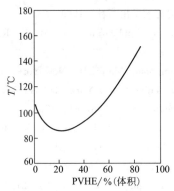

图 6-59　PS/PVHE 共混物相图

试计算此时每一相的体积分数。

15. 简要分析橡胶增韧塑料的主要机理。

16. 讨论非弹性体增韧塑料的必要条件及其增韧机理。

17. 举三个已工业化的橡胶增韧塑料的品种，其主要性能特点有哪些？

第7章 聚合物基复合材料

第1章已介绍了复合材料的分类方法和基本类型。近几年，随着复合材料理论和实践的发展，许多人也常从分散相的尺寸大小角度，将复合材料分为宏观复合材料和微观复合材料。微观复合材料是指分散相至少有一维是在纳米尺寸范围，这类材料也常称之为纳米复合材料。纳米复合材料可以是金属材料为基体（即连续相）、陶瓷材料为基体或聚合物为基体。以聚合物为基体的纳米复合材料即称之为聚合物基纳米复合材料。因此，聚合物基复合材料应包括聚合物基宏观复合材料和聚合物基纳米复合材料两类。通常所说的聚合物基复合材料就是指聚合物基宏观复合材料，以下的阐述中，如不特别说明，一律不加"宏观"字样。鉴于近几年纳米材料的发展，所以，本章对聚合物基纳米复合材料也作一简要介绍。

7.1 聚合物基宏观复合材料

7.1.1 概述

7.1.1.1 结构类型

在复合材料中，由于各组分的性质、状态和形态的不同，存在不同复合结构的复合材料。复合结构大致可分为图7-1所示的五种类型。

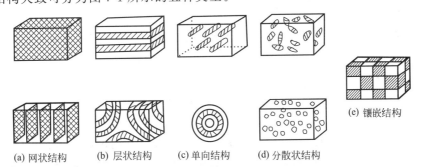

图 7-1 复合材料的复合结构类型

(1) 网状结构 图7-1(a)为网状结构，即两相连续结构，例如第6章中所述的IPNs即属于这种结构类型。三维网络的增强材料与聚合物复合材料亦属这类结构。

(2) 层状结构 图7-1(b)为层状结构，也属于两相连续，但两种组分均为二维连续相。这类结构的复合材料在垂直于增强相与平行于增强相的方向上具有不同的力学性能。用各种片状增强材料制造的复合材料常为这种结构。

(3) 单向结构 图7-1(c)为单向结构，它是指纤维单向增强及筒状结构的复合材料。如各种纤维增强的单向复合材料即属此类结构。

(4) 分散状结构 图7-1(d)为分散状结构，它是指以不连续的粒状或短纤维为填料的复合材料。这类结构是单相连续的。

(5) 镶嵌结构 图7-1(e)为镶嵌结构，作为结构材料，这种结构不多见。

本节所讨论的聚合物基复合材料，主要是指各类纤维状材料增强的聚合物。

7.1.1.2 类型及特点

通常聚合物基复合材料是指以有机聚合物为基体、纤维类增强材料为增强剂的复合材料，可按聚合物为基础进行分类，亦可按增强剂为基础进行分类。按聚合物的特性分类可分为塑料基复合材料和橡胶基复合材料。塑料基复合材料又分为热固性塑料基复合材料和热塑性塑料基复合材料。根据增强剂分类，可分为玻璃纤维增强塑料、碳纤维增强塑料等。

聚合物基复合材料是最重要的聚合物结构材料之一，它有以下几方面的特点。

（1）比强度、比模量大　例如高模量碳纤维/环氧树脂的比强度为钢的 5 倍、为铝合金的 4 倍，其比模量为铜、铝的 4 倍。

（2）耐疲劳性能好　金属材料的疲劳破坏常常是没有明显预兆的突发性破坏。而在聚合物基复合材料中，纤维与基体的界面能阻止裂纹的扩展，破坏是逐渐发展的，破坏前有明显的预兆。大多数金属材料的疲劳强度极限是其拉伸强度的 30%～50%，而聚合物基复合材料如碳纤维/聚酯，其疲劳强度极限可达到拉伸强度的 70%～80%。

（3）减震性好　复合材料中的基体界面具有吸震能力，因而振动阻尼高。

（4）耐烧蚀性能好　因其比热容大、熔融热和汽化热大，高温下能吸收大量热能，是良好的耐烧蚀材料。

（5）工艺性好　制品的制造工艺简单，并且过载时安全性好。

由于上述的优异性能，在各种工业领域特别是航空和宇航工业中得到了广泛应用。从 20 世纪 50 年代研究与开发的聚合物-玻璃纤维复合材料开始，60 年代发展了碳纤维复合材料，使聚合物基复合材料有了新的突破。20 世纪 70 年代发展起来的聚合物-有机纤维复合材料，由于其重量更轻，已受到航空工业的重视。

7.1.2　增强剂

增强剂即指增强材料，是聚合物基复合材料的骨架。它是决定复合材料强度和刚度的主要因素。

7.1.2.1 主要品种

（1）玻璃纤维　玻璃纤维是用得最多的一类增强材料。其外观为光滑圆柱体，横截面为圆形，直径为 5～20μm。

玻璃纤维的主要化学成分为二氧化硅、三氧化硼以及钠、钾、钙、铝的氧化物。以 SiO_2 为主要成分时，称为硅酸盐玻璃；以三氧化硼为主要成分时，称为硼酸盐玻璃。

玻璃纤维具有很高的拉伸强度，直径 10μm 以下的纤维强度达 1.0×10^9 Pa，超过一般的钢材。但其模量不高，约为 7×10^{10} Pa，与纯铝相近，这是其主要缺点。

玻璃纤维类型很多，根据化学成分有无碱玻璃纤维、有碱玻璃纤维之分。根据外观形状有连续长纤维、短纤维、空心纤维、卷曲纤维等。根据特性还分为高强度纤维、高模量纤维、耐碱纤维、耐高温纤维等。

玻璃纤维是统称，实际上从拉丝炉出来的玻璃纤维叫单丝，单丝经过浸渍槽集束而成原丝，原丝经排纱器缠到绕丝筒上，进行纺织加工可制成无捻纱、玻璃布、带等。塑料基复合材料中常用的有以下几种形式：短切纤维，是把原丝、无捻纱或加捻纱按一定长度（一般为 0.6～60mm）切断而得；短切纤维毡，是将短切纤维在平面上无序地交叉重叠，再用黏结剂黏结而得；表面毡，是把短切纤维交叉重叠制成的薄纸状制品；以及连续纤维毡、无捻粗纱、玻璃布及玻璃布带、无捻粗纱布、磨碎玻璃纤维等。

各种玻璃纤维在塑料基复合材料即增强塑料中的应用列于表 7-1。

表 7-1　各种玻璃纤维制品在增强塑料中的应用

制品名称	适合的成型方法	用量/%	主要应用
短切纤维	对模模压,注射成型	15~50	电工制品、家具、机器零件、汽车零件
无捻粗纱	缠绕、模压、喷射成型、挤拉、离心成型	25~90	管、钓竿、型材、汽车零件、容器、火箭发动机壳体
短切纤维毡	对模模压、冷压、手糊、挤拉、连续成型	20~50	汽车车身、车辆部件、容器、型材、管子等
连续纤维毡	对模模压、冷压、离心成型	20~50	汽车车身、容器等
加捻纱	缠绕	50~90	缠绕制品
玻璃布、带	手糊、真空袋法、加压袋成型、压制、缠绕	47~75	飞机部件、雷达罩、船、容器、绝缘板等

(2) 碳纤维　碳纤维是有机纤维在惰性气体中经高温碳化制得的。工业上用来生产碳纤维的有机纤维主要有聚丙烯腈纤维、沥青纤维和黏胶纤维。以聚丙烯腈纤维为原料生产的碳纤维质量最好、产量最大。以黏胶纤维为原料生产的碳纤维约占总产量的10%。高性能的沥青类碳纤维尚处于研究阶段,但由于沥青价廉、碳化率高(90%),所以,发展前途很大。此外,近年来还发展了以聚丙烯纤维为原料制备碳纤维的方法。

根据性能,碳纤维可分为普通、高模量及高强度等类型,如表 7-2 所示。根据热处理温度它又可分为预氧化纤维(在300~500℃热处理)、碳纤维(在500~1800℃碳化)和石墨纤维(在2000℃以上碳化)。预氧化纤维是一种基本上仍为无定形结构的耐焰有机纤维,可在200~300℃长期使用,并且是电绝缘的。碳纤维显示了碳结构,耐热性提高,具有导电性。石墨纤维具有类似石墨的结构,耐热性和导电性高于碳纤维,并且有自润滑性。

碳纤维的特点是密度比玻璃纤维小,在2500℃无氧气氛中模量不降低,普通碳纤维的强度与玻璃纤维相近,而高模量碳纤维的模量为玻璃纤维的数倍。

(3) 硼纤维及陶瓷纤维　硼纤维一般是用还原硼的卤化物来生产的。硼纤维的优点除了强度高、耐高温之外,更重要的是弹性模量特别高(见表 7-2)。但硼纤维价格昂贵,应用受到限制。

陶瓷纤维包括碳化硼纤维、氮化硼纤维、氧化锆纤维、碳化硅纤维等,其性能亦列于表 7-2。

表 7-2　碳纤维-硼纤维及陶瓷纤维的性能

性能	普通碳纤维	高模量碳纤维	高强度碳纤维	硼纤维	陶瓷纤维	晶须
相对密度	1.75	1.96	1.75	2.6	2.2~4.8	1.66~3.96
直径/μm	10	6	7	100	20~100	3~30
拉伸强度/MPa	1000	1400~2100	2500~3000	2800~3500	2000~6000	14000~20000
拉伸模量/MPa	6×10^4	3.8×10^5	2.4×10^5	3.8×10^5~4.2×10^5	7×10^4~5×10^5	3.5×10^5~7×10^5

(4) 芳纶纤维　这里所说的芳纶纤维主要是指已实现工业化生产并广泛应用的聚芳酰胺纤维,国外商品牌号叫凯芙拉(Kevlar),我国暂命名为芳纶纤维。芳纶的化学结构可分为两种类型:一种是聚对苯酰胺,$\left[\text{HN}-\bigcirc-\text{CO}\right]_n$,我国命名为芳纶14,美国称 Kevlar-49;另一种是聚对苯二甲酰对苯二胺,$\left[\text{HN}-\bigcirc-\text{NH}-\text{CO}-\bigcirc-\text{CO}\right]_n$,美国称为 Fiber-B,我

国常称为芳纶 1414。

芳纶纤维的特点是力学性能好、热稳定性高、耐化学腐蚀。单丝强度可达 3850MPa，254mm 长的纤维束拉伸强度为 2.8×10^3 MPa，约为铝的 5 倍。其抗冲击强度为石墨纤维的 6 倍，硼纤维的 3 倍，其模量介于玻璃纤维和硼纤维之间。芳纶纤维具有较高的断裂伸长率，不像碳纤维、硼纤维那么脆，且密度小，为增强纤维中密度最小的一种。

(5) 其他纤维 用于塑料基复合材料的增强纤维尚有各种晶须，如金属晶须、陶瓷晶须等。晶须是直径为几微米的针状单晶体，强度可达 2.8×10^4 MPa，是一种高强度材料（见表 7-2）。

其他金属纤维，特别是不锈钢纤维也可用作聚合物基复合材料的增强剂。棉、麻、石棉等天然纤维，涤纶、尼龙等合成纤维也都能用作增强材料。但这类纤维只能用于制备普通的复合材料，不大可能用于制备高性能的复合材料。

7.1.2.2　增强材料的表面处理

增强材料的表面处理对提高聚合物基复合材料性能有十分重要的作用。

(1) 玻璃纤维的表面处理 为了在玻璃纤维抽丝和纺织工序中达到集束、润滑和消除静电吸附等目的，抽丝时，在单丝上涂有一层纺织型浸润剂，一般为石蜡乳剂，它残留在纤维表面上，妨碍纤维与基体材料间的粘接，从而会使复合材料的性能下降。因此，在制造复合材料之前必须将纤维表面上的浸润剂除掉。并且，为了进一步提高纤维与基体间的粘接性能，一般还采用化学处理剂对纤维表面进行处理。在表面处理剂的分子结构中，一般都带有两种性质不同的极性基团，一种基团与玻璃纤维结合，另一种基团能与聚合物基体结合，从而使纤维和基体这两种性质差别很大的材料牢固地连接起来。所以，这种表面处理剂亦称为"偶联剂"。

当前用于玻璃纤维的偶联剂类型已有 150 多种，按其化学组成主要可分为有机硅烷和有机络合物两种类型。这两类偶联剂都含有一个中心金属原子（硅、铬等），它可与玻璃纤维等无机物表面成键，非金属部分则由能与聚酯、环氧树脂等聚合物起反应的基团（如乙烯基、烯丙基、甲基丙烯酰基等）组成。例如，乙烯基三氯硅烷的结构式为

$$\begin{array}{ccc} & Cl & Cl \\ & \diagdown & \diagup \\ & Si & \\ \diagup & & \diagdown \\ Cl & & CH{=}CH_2 \end{array}$$

它水解后可与玻璃表面形成硅氧键—Si—O—，而另一端的乙烯基可与不饱和聚酯共聚，起到偶联作用。又如甲基丙烯酸铬盐络合物（沃兰）：

$$\begin{array}{c} CH_2 \qquad O \\ \| \qquad \diagup \quad \diagdown \\ C{-}C \qquad CrCl_2 \\ | \quad \diagdown \quad \diagup \\ CH_3 \qquad O \\ \qquad Cl_2Cr \\ \qquad \uparrow \\ \qquad O \\ \qquad | \\ \qquad H \end{array}$$

分子中的甲基丙烯酰基能与聚合物起反应，而含铬的部分在水解后能接到玻璃表面的二氧化硅上。一些常用偶联剂及其所适用的聚合物列于表 7-3。

近年来还发展了一系列新型的偶联剂，如钛酸酯型偶联剂、叠氮型硅烷、阳离子硅烷、耐高温型偶联剂、过氧化物型偶联剂等。

表 7-3 常用偶联剂

牌 号		化学名称	结构式	适用的聚合物	
国内	国外			热固性	热塑性
沃兰	Volan	甲基丙烯酸氯代铬盐	$\begin{array}{c} CH_3 \quad O-CrCl_2 \\ \mid \qquad \diagup \\ C-C \qquad OH \\ \mid \qquad \diagdown \\ CH_2 \quad O{\rightarrow}CrCl_2 \end{array}$	酚醛、聚酯、环氧	PE、PMMA
	A-151	乙烯基三乙氧基硅烷	$CH_2{=}CHSi(OC_2H_5)_3$	聚酯、硅树脂、聚酰亚胺	PE、PP、PVC
KH-560	A-187 Y-4087 Z-6040 KBM-403	γ-缩水甘油丙基醚三甲氧基硅烷	$CH_2{-}CH{-}CH_2{-}O{-}(CH_2)_3{-}Si(OCH_3)_2$ $\underset{O}{\diagup\diagdown}$	聚酯、环氧、酚醛、三聚氰胺	PC、尼龙、PP、PS
KH-570	A-172	乙烯基三(β-甲氧乙氧基)硅烷	$CH_2{=}CHSi(OC_2H_4OCH_3)_3$	聚酯、环氧	PP
KH-580		γ-巯基丙基三乙氧基硅烷	$HS(CH_2)_3Si(OC_2H_5)_3$	环氧、酚醛	PVC、PS、聚氨酯
KH-590	A-189 Z-6062 Y-5712	γ-巯基丙基三乙氧基硅烷	$HS(CH_2)_3Si(OC_2H_5)_3$	大部分都适用	PS
B201		二乙烯三氨基丙基三乙氧基硅烷	$H_2NC_2H_4NHC_2H_4NH{-}(CH_2)_3Si(OC_2H_5)_3$	酚醛、三聚氰胺	尼龙、PC

（2）碳纤维的表面处理 碳纤维的整体组成主要为 C、O、N、H，而表面层只含 C、H、O。氧元素在表面的存在，可增加反应性官能团的数量和种类，有利于与基体的粘接。为提高碳纤维与聚合物的界面结合力，可采用表面氧化和表面保护涂层等措施。

① 表面氧化处理 把碳纤维用各种方法进行表面氧化可增加比表面积和表面反应性官能团的数量。例如用 60％硝酸浸泡 24h，可使碳纤维比表面积由 $1m^2 \cdot g^{-1}$ 增加至 $136m^2 \cdot g^{-1}$；同时使表面羧基含量增加，使制得的复合材料力学性能有大幅度提高。

② 表面涂层 碳纤维经氧化处理后，常使其表面附着一层聚合物以便进一步改善其与聚合物基体的粘接性能，常用的聚合物有聚乙烯醇、聚氯乙烯、聚乙酸乙烯酯、聚氨酯、环氧树脂等。

在玻璃纤维增强复合材料中，通过偶联剂的使用，提醒了人们对碳纤维偶联剂涂层的设想。但一般适用于玻璃纤维的偶联剂并不适用于碳纤维。仅有少数偶联剂，如钛酸酯型偶联剂、二氯二甲基硅烷等，可用于碳纤维。

③ 碳的表面气相沉积 在碳纤维表面上化学沉积微粒碳，可提高其耐热性、改善与基体聚合物的粘接性能。方法是使 CH_4、C_2H_6O 等碳氢化物在 $1000℃$ 左右分解，从而在碳纤维表面上沉积碳微粒。

④ 表面生长晶须 例如通过化学气相沉积生长碳化硅晶须等。

此外尚有溶液还原法与净化法等表面处理方法，都收到了明显的效果。

7.1.3 聚合物基体

在复合材料的成型过程中，聚合物基体经过一系列物理和化学变化过程，与增强纤维复合形成有一定形状的整体。就纵向拉伸性能来说，主要决定于增强剂，但不可忽视基体的作用，因为聚合物基体将增强纤维粘接成整体，在纤维间传递载荷并使载荷均衡，从而充分发挥增强材料的作用。至于复合材料的横向拉伸性能、压缩性能、剪切性能、耐热性能等则与基体关系更为密切。复合材料工艺性、成型方法和成型工艺参数则主要决定于基体的特性。

根据聚合物的特性，聚合物基体可分为塑料、橡胶两类。

7.1.3.1 塑料

塑料的强度大都为 $50\sim70$ MPa，超过 80 MPa 的很少，模量一般为 $2000\sim3500$ MPa，超过 4000 MPa 的也很少。提高塑料的强度主要靠复合的方法。用增强剂增强后，力学性能可显著提高，拉伸强度可达 1200 MPa，拉伸模量可达 5×10^{4} MPa。表 7-4 列出了几种常见材料的力学性能。

表 7-4　几种常见材料的力学性能

材　料	密度 /g·cm^{-3}	拉伸强度 $\times10^{-3}$/MPa	弹性模量 $\times10^{-5}$/MPa	比强度 $\times10^{-7}$/cm	比模量 $\times10^{-9}$/cm
钢	7.8	1.03	2.1	0.13	0.27
铝合金	2.8	0.47	0.75	0.17	0.26
钛合金	4.5	0.96	1.14	0.21	0.25
玻璃纤维复合材料	2.0	1.06	0.4	0.53	0.20
碳纤维/环氧树脂	$1.45\sim1.6$	$1.5\sim1.07$	$1.4\sim2.4$	$0.67\sim1.03$	$0.97\sim1.5$
有机纤维/环氧树脂	1.4	1.4	0.8	1.0	0.57
硼纤维/环氧树脂	2.1	1.38	2.1	0.65	1.0
硼纤维/铝	2.65	1.0	2.0	0.38	0.57

塑料基复合材料，按基体特性分为：热固性塑料基复合材料和热塑性塑料基复合材料。常用的增强剂即增强材料有玻璃纤维、碳纤维、硼纤维、陶瓷纤维等。对聚合物基复合材料，如果不特别注明，习惯上都是指以塑料为基的复合材料。

热固性塑料基体以热固性树脂为基本成分，此外，尚含有交联剂、固化剂以及其他一些添加剂。常用的热固性树脂有不饱和聚酯、环氧树脂、酚醛树脂、呋喃树脂等。不饱和聚酯主要用于玻璃纤维复合材料，如玻璃钢。酚醛树脂主要用于耐烧蚀复合材料；环氧树脂可用碳纤维增强制得高性能的复合材料。

主要的热塑性树脂基体有：尼龙、聚烯烃类、苯乙烯类塑料（AS、ABS、PS）、热塑性聚酯和聚碳酸酯，其次还有聚缩醛、氟塑料、PVC、聚砜、聚亚苯基氧化物、聚亚苯硫醚等。

用玻璃纤维增强后的热塑性塑料强度可提高 $2\sim3$ 倍，耐疲劳性能和抗冲击强度可提高 $2\sim4$ 倍，抗蠕变性能提高 $2\sim5$ 倍，热变形温度提高 $10\sim20$℃，热膨胀系数降低 $50\%\sim70\%$。

7.1.3.2 橡胶

常用的橡胶基体有天然橡胶、丁苯胶、氯丁胶、丁基胶、丁腈胶、乙丙橡胶、聚丁二烯橡胶、聚氨酯橡胶等。

橡胶基复合材料所用的增强材料主要是长纤维，常用的有天然纤维、人造纤维、合成纤维、玻璃纤维、金属纤维等；近年来已有晶须增强轮胎用于航空工业。

橡胶基复合材料与塑料基复合材料不同，它除了要具有轻质、高强的性能外，还必须具有柔性和较大的弹性。纤维增强橡胶的主要制品有轮胎、皮带、增强胶管、各种橡胶布等。

纤维增强橡胶在力学性能上介于橡胶和塑料之间，近似于皮革。

纤维在橡胶基复合材料中的用量依制品的不同而异。例如，雨衣中纤维用量为 $60\%\sim$

70%；橡胶水坝所用的增强橡胶中，含纤维量 30%～40%；在汽车轮胎中，纤维含量为 10%～15%。

7.1.4　制造及成型方法

聚合物基复合材料的制造大体包括如下的过程：预浸料的制造、制件的铺层、固化及制件的后处理与机械加工等。

7.1.4.1　预浸料的制造

预浸料是将树脂体系浸涂到纤维或纤维织物上，通过一定的处理过程后，贮存备用的半成品。预浸料是一个总称，实际根据需要，按增强材料的纺织形式有预浸带、预浸布、无纬布之分。按纤维类型则分为碳纤维、有机纤维及玻璃纤维预浸料之分。一般预浸料在−18℃下存储，以保证使用时具有合适的黏度、涂覆性和凝胶时间等工艺性能。

以下以无纬布为例说明预浸料的制备过程。无纬布是由平行张紧的纤维组成，在纬向不加纤维，靠基体将其粘在一起，呈布状。制造方法是从纱团连续引出单纱或丝束，通过浸胶槽浸基作树脂，再经胶辊挤掉多余的树脂。经过浸渍的纤维在一定张力下，通过送纱器使浸有树脂的纱或丝束绕在贴有隔离膜的辊筒上，然后沿辊筒母线切开即成所需的无纬布。

7.1.4.2　制件成型固化工艺

所谓成型固化工艺包括两方面内容：一是成型，这是将预浸料根据产品的要求，铺置成一定的形状，一般就是产品的形状；二是进行固化，使已铺置成一定形状的预浸料在一定的条件下使基体交联、固化，将形状固定下来，并能达到预计的性能要求。常见的有以下几种成型方法。

（1）手糊成型及喷射成型　手糊成型是在涂好脱模剂的模具上，一边涂刷树脂，一边铺放增强纤维成纤维制品，然后固化成型。喷射成型是把切断的增强纤维和树脂一起喷到模具表面，然后固化成型。手糊成型和喷射成型是增强塑料的独特成型方法，占有重要地位。

（2）缠绕成型　将预浸纱按一定方式缠绕到芯模上然后再固化成型的方法称为缠绕成型。对于某些环形构件，如压力容器、管件、罐体等都可用缠绕法成型。图 7-2 是常见的两种缠绕方式。缠绕方式可根据产品的特点进行设计。

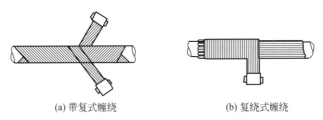

(a) 带复式缠绕　　　　　　　　　　(b) 复绕式缠绕

图 7-2　缠绕成型

（3）挤拉成型　对于一些长的棒材、管材、工字梁和其他型材可采用挤拉成型方法。这种方法将预浸纤维连续地通过模具，挤出多余的树脂，在牵伸条件下进行固化。这种方法质量好、效率高，适于大量生产。

（4）连续成型　此法是把连续纤维不断地浸渍树脂并通过口模和固化炉固化成棒、板或其他型材。此法生产效率高，制品质量均匀，能连续生产。

（5）袋压成型　这是在模具上放置预浸料后，通过软的薄膜施加压力而固化成型。

其他常用的成型方法还有真空浸胶法、对模模压法、注射成型法、冷压成型法、离心成型法以及回转成型法等。

在各种成型方法中，目前仍以手糊法所占的比重最大。

热塑性塑料基复合材料成型方法主要是注射成型；其次是模塑成型和回转成型。

橡胶基复合材料的制造更接近一般橡胶的加工过程。图 7-3 表示了橡胶基复合材料的一般制备过程。

热固性树脂基预浸料在成型后要进行固化。同样的配方，固化条件不同，产品性能也有很大差别，所以，控制固化工艺条件十分重要。固化工艺有三种类型，即静态固化工艺、动态监控固化工艺和固化模型方法。

静态固化工艺是根据经验和大量试验数据而确定的时间、温度和压力的固化工艺规范，是常用的固化工艺方法。其缺点是遇到一些干扰因素，如电源波动引起的温度变化、材料批量的差异等，难以调节工艺规范，造成固化工艺不当，影响产品质量。因此，近年来发展了动态监控固化工艺及固化模型方法。

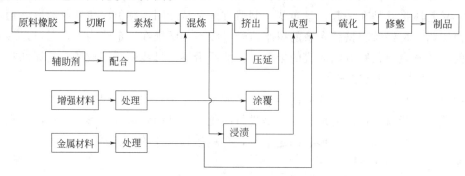

图 7-3　橡胶基复合材料的制备过程

动态监控固化工艺主要是指，利用介电分析技术监测固化过程，并用与树脂固化特性相关的介电特性曲线，作为选择各种工艺参数的依据并监控固化过程。固化模型法则是通过电子计算机进行计算，提供较合理的固化工艺参数，使复合材料组分的基本参数与编制的固化工艺联系起来。这两种固化工艺方法，目前尚处于研究阶段。

7.1.5　界面

聚合物基复合材料一般是由增强纤维与基体树脂两相组成的，两相之间存在界面，通过界面使纤维与基体结合为一个整体并产生复合效果，使复合材料具备原组分所没有的特性。在复合材料中，纤维与基体之间界面的结构和状态对复合材料的性能起着关键的作用。

7.1.5.1　界面的形成与界面结构

（1）界面的形成　界面的形成大体分为两个阶段：第一阶段是基体与增强材料的接触与润湿过程。由于增强材料对基体分子中基团或基体中组分的吸附能力的不同，它总是要吸附那些能降低其表面能的物质，并优先吸附那些能较多降低其表面能的物质。因此，界面聚合物层在结构上与聚合物本体有所不同。第二阶段是聚合物的固化过程。在此过程中，聚合物通过物理的或化学的变化而固化，形成固定的界面。

第二阶段受第一阶段的影响，同时第二阶段又直接影响所形成界面的结构，现以热固性树脂的情况说明如下。热固性树脂的固化反应可借助于固化剂（交联剂）或靠其本身官能团进行的反应。在借助固化剂固化的过程中，固化剂所在的位置就成为固化反应的中心，固化反应从中心以辐射状向四周延伸，最后形成了中心密度大、边缘密度小的非均匀固化结构，密度大的部分叫胶束或胶粒，密度小的叫胶絮。在依靠树脂本身官能团反应的固化过程中也存在类似的情况。在复合材料中，由于增强剂表面的存在及表面的吸附作用，因此，越接近增强剂的表面，上述的微胶束排列得越有序。在增强剂表面形成的这种树脂微胶束有序层称为"树脂抑制层"，此抑制层中树脂的力学性能决定于微胶束的密度和有序程度，与树脂本体有很大差别。而这种抑制层的形成及其胶束的密度和有序程度又直接受基体与增强材料接触和润湿过程的影响。

（2）界面结构　关于界面结构，大体上包括以下几个方面：界面的结合力、界面的区域（厚度）和界面的微观结构。关于复合材料的界面，已提出了许多理论和观点，但目前尚有争论，这里仅作简单的概括。

界面结合力存在于两相的界面间，形成两相间的界面强度并产生复合效果。界面结合力有宏观和微观之分。宏观结合力主要是指材料的几何因素（表面的凹凸不平、裂纹、孔隙）所产生的机械铰合力；微观结合力包括次价键和化学键，这两种键的相对比重则依赖组分的性质和组分表面情况而异。化学键是最强的结合，一般是通过界面化学反应而产生的。增强材料的表面处理，就是为增大界面结合力。水的存在常使界面结合力大为削弱，特别是玻璃表面吸附的水严重削弱了树脂与玻璃之间的界面结合力。而偶联剂可防止或减小水分的这种作用。

界面及其附近区域的性能、结构都不同于组分本身，因而构成了界面区。这就是说，界面区是由基体和增强材料的界面，再加上基体和增强材料表面的薄层而构成的。基体表面层的厚度是一个变量，它在界面区的厚度对复合材料的力学性能有十分重要的影响。对于玻璃纤维复合材料，界面区还包括处理剂（偶联剂）生成的偶合化合物。基体和增强材料表面原子之间的距离与化学结合力、原子基团的大小、界面在固化之后的收缩等因素有关。

关于界面的微观结构，目前尚不十分清楚。粉状填料复合材料的界面结构研究得较多，可借鉴。

以环氧树脂与粉状填料的复合材料为例，当有填料存在时，由于界面力作用，使固化剂的分布和固化反应物微胶束的分布受到影响，从而改变了界面层的结构和密度。对于活性填料，在界面区形成"致密层"，在致密层附近形成"松散层"；对于非活性填料，则仅有松散层，即界面层结构可示意如下。

活性填料：基体/松散层/致密层/活性填料

非活性填料：基体/松散层/非活性填料

界面层（即界面区）的厚度取决于聚合物链段的刚度、内聚能密度和填料表面能。而与填料的粒径及含量无关。以纤维为增强剂的复合材料，界面结构有所差别。但从微观结构的总体上看，基本是一致的。

7.1.5.2 　界面的作用

界面区的作用可概括为以下几个方面。

① 通过界面区使基体与增强材料形成一个整体，并通过它传递应力。若基体与增强材料间的润湿性不好，胶接面不完全，那么应力的传递面仅为增强材料总面积的一部分。所以，为使复合材料内部能均匀地传递应力，显示优异的性能，要求在复合材料的制备过程中，形成一个完整的界面区。纤维与树脂间界面粘接及应力传递和应力分布如图7-4及图7-5所示。

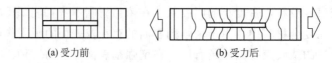

(a) 受力前　　　　　　　　　(b) 受力后

图 7-4　复合材料受力前后的变形

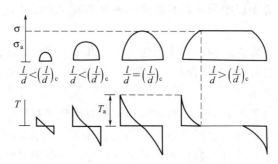

图 7-5　复合材料受力时纤维载荷的变化

$\left(\dfrac{l}{d}\right)_c$—临界长径比；$\sigma_a$—纤维的拉伸强度；

T_a—纤维的剪切强度

由于界面粘接作用，受力后树脂中产生复杂的应变。纤维通过界面粘接而对树脂施加影响，纤维中载荷的变化示于图 7-5。

载荷通过界面上的一种切变机理传递到纤维上。纤维端部切应力 T 最大，张应力 σ 为零，而纤维中部的张应力最大，切应力为零。图 7-5 也说明纤维长度与复合材料模量和强度的关系。纤维长径比越大，它所承受的平均应力也越大，因而模量和强度也越大。

② 界面的存在有阻止裂纹的扩展和减缓应力集中的作用，在某些情况下又可引发应力集中。例如图 7-5 所示，在纤维端存在高剪切应力时，它是导致裂纹产生的一种原因。另一方面，界面的存在会吸收裂纹扩散的能力，使裂纹能量在界面流散而使裂纹的扩展受到阻止或支化（见图 7-6）。流散机理包括聚合物的塑性形变、大分子链断裂、滑脱和剥离作用等所消耗的能量。

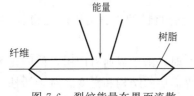

图 7-6　裂纹能量在界面流散

③ 由于界面的存在，复合材料产生物理性能的不连续性、界面摩擦现象以及抗电性、电感应性、耐热性、尺寸稳定性、隔声性、隔热性、耐冲击性等。界面的这些机能效应是复合材料显示优异性能的主要原因。

总而言之，复合材料复合效应产生的根源就是界面层的存在。

7.1.5.3　界面作用机理

界面作用机理是指界面发挥作用的微观机理。偶联剂等的表面处理剂对界面作用起着关键性的影响。为什么偶联剂能起到这种关键性的作用呢？这是界面作用机理要讨论的中心问题，有人也称之为偶联剂作用机理。关于界面作用机理，目前有众多理论，但都未达到完善的程度，这些不同的理论是可以互为补充的。以下作简要介绍。

（1）化学键理论　化学键理论认为，偶联剂是双官能团物质，其分子中的一部分能与玻璃纤维表面形成化学键，而另一部分能与树脂形成化学键，这样，偶联剂就在树脂与玻璃纤维表面起到一个化学的媒介作用，从而把它们牢固地连接起来。在无偶联剂存在时，如果基体与增强剂表面能起化学反应，也能形成牢固结合的界面。这种理论的实质是增加界面的化学结合，是改进复合材料性能的关键因素。一系列实验事实与这种理论是一致的，它对偶联剂的选择有一定的指导意义。但是，无法解释为什么有的处理剂官能团不能与树脂反应，却仍有很好的处理效果。

（2）物理吸附理论　这种理论认为，两相间的结合属于机械铰合和基于次价键作用的物理吸收，偶联剂的作用主要是促进基体与增强剂表面的完全润湿。许多实验表明，偶联剂未必一定促进树脂对玻璃纤维的浸润，甚至适得其反。所以，这种理论仅是化学键理论的一种补充。

（3）可变层理论和抑制层理论　基体与纤维的热膨胀系数相差很大，因此，在固化过程中界面上会产生附加应力，导致界面破坏，复合材料性能下降。此外，在载荷作用下，界面上会产生应力集中，使界面化学键破裂，产生微裂纹，导致复合材料性能下降。增强剂经表面处理后，在界面上形成了一层塑性层，它能松弛界面应力，减小界面应力，这种理论称为变形层理论。另一种理论认为，处理剂是界面区的组成部分，其模量介于增强剂和树脂基体之间，能起到均匀传递应力，从而减弱界面应力的作用，称为抑制层理论。上述理论都未能更详细地说明"可变层"和"抑制层"的形成过程和明确结构。"减弱界面局部应力作用理论"综合了上述几种理论的长处，是较适用和较为完整的理论。

（4）减弱界面局部应力作用理论　这种理论认为，基体和增强剂之间的处理剂，提供了一种具有"自愈能力"的化学键，在负荷下，它处于不断形成与断裂的动平衡状态。低分子物（主要是水）的应力浸蚀将使界面化学键断裂；同时，在应力作用下，处理剂能沿增强剂表面滑移，使已断裂的键重新结合。这个变化过程的同时使应力得以松弛，使界面的应力集中降低。例如经水解后的处理剂（硅醇）在接近覆盖着水膜的亲水增强剂表面时，由于它也具有生成氢键的能力，可驱除水面与增强剂表面的—OH 羟基键合。这一过程存在两个可逆反应（M 为 Si、Al、Fe 等）：

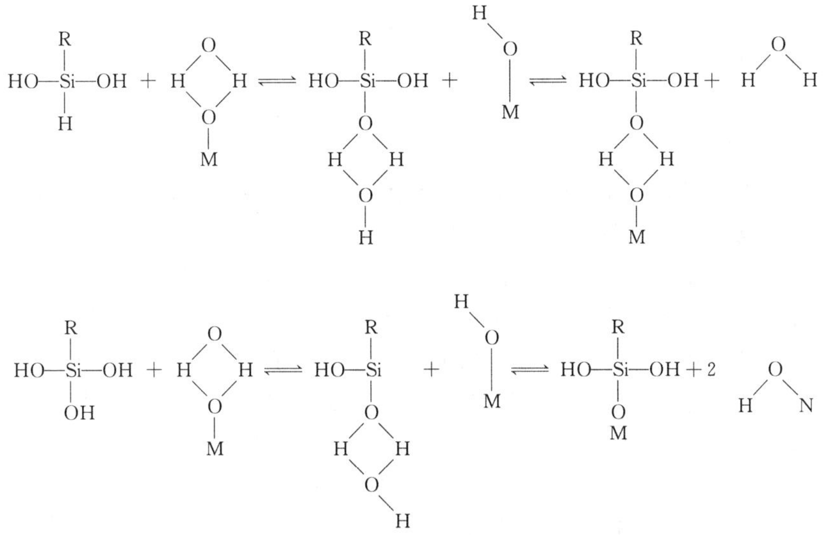

硅烷处理剂的 R 基团与基体作用后，会生成两种稳定的膜——刚性膜和柔性膜，它们成为基体的一部分，它们与增强材料之间的界面，代表了基体与增强材料的最终界面。聚合物刚性膜和柔性膜与增强材料表面之间的粘接分别示于图 7-7 和图 7-8。

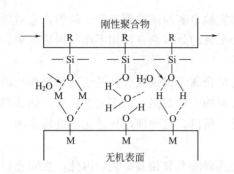 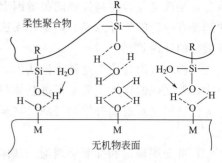

图 7-7 聚合物刚性膜与增强材料表面的粘接　　　图 7-8 聚合物柔性膜与增强材料表面的粘接

对于刚性膜，处理剂与增强材料表面形成的键水解后，生成的游离硅醇保留在界面上，最终能恢复原来的键，存在上述的动态平衡，其结果：界面粘接仍保持完好，而且起到减弱界面应力的作用。

对于柔性膜则不然，这时增强剂与基体之间的键断裂后，不能重新结合，因此，会导致强度的显著下降。

关于界面作用机理，除上述理论外，尚有摩擦理论、静电理论等。界面问题十分复杂，是当前正处于研究阶段的热点问题。但上述理论，已从不同侧面，作了简要的概括。

7.1.6　性能

7.1.6.1　复合效果

由单质材料转化为复合材料，在性能上就产生复合效果。复合效果可分为以下几种。

（1）组分效果　组分效果是在已知组分的物理力学性能的情况下，不考虑组分的形状、取向、尺寸等变量的影响，而仅把组成（体积分数、质量分数等）作为变量来考虑所产生的效果。组分效果又分为加和效果和相补效果两种。加和效果如第 6 章所述的简单的混合法则；相补效果是加和效果的特殊情况，是指性质的相互弥补而起到扬长避短的效果，例如涂料中的颜料和载色体、磁带中的磁性材料和带等。

（2）结构效果　结构效果是指复合物性能作为组分性能和组成的函数来考虑时，必须考虑连续相和分散相的结构形态、取向及尺寸等因素。结构效果又可分为形状效果、取向效果和尺寸效果 3 种情况。

形状效果是指两相的连续性以及分散的形状。复合材料的性能一般主要取决于连续相，而分散相的形态也有重要作用。这在第 6 章中已进行了相应的讨论。

取向效果，对纤维增强复合材料就是指纤维的取向所产生的影响。

尺寸效果，对纤维增强的复合材料主要是指纤维的长度、直径以及长径比所起的影响。

（3）界面效果　界面效果是复合效果的主要部分。界面区的性能有别于各纯组分的区域，可视为 A 和 B 两相之外的第三相（见图 7-9）。如将 A、B 两相以体积分数 ϕ_A 和 ϕ_B 进行复合，不考虑界面区的存在时，复合材料某性质 X 的加和规律，如式（7-1）为：

$$X = \phi_A X_A + \phi_B X_B \tag{7-1}$$

由于界面区形成了新的相，设其所占的体积为 ϕ_C，则 ϕ_A 及 ϕ_B 变成了 ϕ'_A 及 ϕ'_B，这时上式变为：

$$X = \phi'_A X_A + \phi'_B X_B + \phi_C X_C \tag{7-2}$$

设 A、B 等量混合，则有 $X = \phi_A X_A + \phi_B X_B + \phi_C \Delta X_C$，式中 $\Delta X_C = X_C - \dfrac{X_A + X_B}{2}$，式

（7-2）又可变换为：

$$X = \phi_A X_A + \phi_B X_B + K \phi_A \phi_B \tag{7-3}$$

此式称为二次复合规律。式中 K 与 C 相有关，即与 ΔX_C 有关，称为 A、B 两相的相互作用参数。复合物的性能相对于 ϕ_B 的变化示于图 7-10 中，由图可见，$K > 0$ 时，曲线有极大值；$K < 0$ 时，曲线有极小值。这就是说，要使 X 有极大值，必须形成一个界面区，此界面值的性质要超过原组分性质的算术平均值。

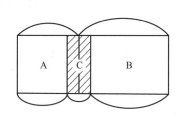

图 7-9　界面相 C 的生成

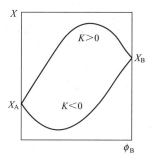

图 7-10　二次复合规律

在以下关于聚合物基复合材料性能的讨论中，就以上所述为基本出发点。

7.1.6.2　弹性模量

大部分纤维复合材料是各向异性的，因此，在不同方向，性质亦不同。纤维排列在同一个方向的单轴取向的纤维复合材料，有 4 个模量是最重要的，即纵向杨氏模量 E_L，此时负荷沿纤维取向方向作用；横向杨氏模量 E_T，此时负荷方向垂直于纤维方向；纵向剪切模量 G_{LT}，此时，剪切应力是沿纤维方向作用的；横向剪切模量 G_{TT}，此时剪切应力是沿纤维垂直方向作用的。

当纤维很长时（连续纤维），E_L 可由式（7-4）计算：

$$E_L = E_1 \phi_1 + E_2 \phi_2 \tag{7-4}$$

式中，E_1、E_2 及 ϕ_1、ϕ_2 分别为基体和纤维的模量及体积分数。

复合材料的模量常用比模量表示，即复合材料的模量 M 与基体模量 M_1 的比值。此比模量 M/M_1 可按式（7-5）计算：

$$M/M_1 = \frac{1 + AB\phi_2}{1 - B\psi\phi_2} \tag{7-5}$$

式中，M 可为杨氏模量、剪切模量或体积模量；常数 A 是考虑到增强剂的几何形状和基体的泊松比而引入的；常数 B 为与增强剂和基体的模数比有关的常数，$B = \dfrac{M_2/M_1 - 1}{M_2/M_1 + A}$；$\psi$ 与增强剂的最大堆砌系数 ϕ_m 有关，$\psi \approx 1 + \left(\dfrac{1 - \phi_m}{\phi_m^2}\right)\phi_2$。对纤维类增强剂一般取 $\phi_m = 0.8 \sim 0.9$。

表 7-5 列出了不同体系的 A 值，图 7-11 表示了复合材料的各种比模量与纤维含量的关系。

式（7-1）只适用于长纤维的情况，对短纤维的情况，E_L 要比按式（7-1）的计算值小。图 7-12 表示 E_L/E_1 与长径比 L/D 的关系。一般而言，要得到最高的强度和模量，L/D 必须在 100 以上。

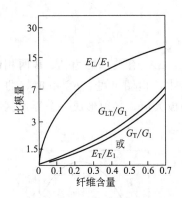

图 7-11　单轴取向玻璃纤维增强环氧树脂的
比模量与纤维含量的关系

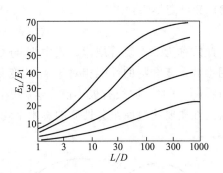

图 7-12　E_L/E_1 与纤维长径比 L/D 的关系

表 7-5　纤维填充和条带复合材料的 **A** 值

复合材料类型	模量	A	复合材料类型	模量	A
单轴取向			无规取向(3D[①])	$L/D=4$ 时的 G	2.08
纵向	E_L	$2L/D$	无规取向(3D)	$L/D=8$ 时的 G	3.80
横向	E_T	0.5	无规取向(3D)	$L/D=15$ 时的 G	8.38
单轴取向	G_{LT}	1.0	无规取向(3D)	$L/D=\infty$ 时的 G	∞
单轴取向	G_{TT}	0.5	条带填充($W/t=$宽度)	E_L	∞
				E_T	$2w/t$
				E_{TT}	0
				E_{LT}	$\sqrt{6}w/t$

① 3D 表示三维。

若载荷的方向旋转 $90°$，模量就要产生巨大变化，使 E_L 变为 E_T。负载与纤维方向之间的夹角 θ 对模量 E_θ 的影响示于图 7-13。

单轴取向纤维复合材料仅在一个方向上有很高的模量。因此，为了得到至少在两个或三个方向上有良好力学性能的复合材料，可使纤维无规取向，或把多层单轴取向的纤维按不同角度重叠起来，制成胶合层积材料。

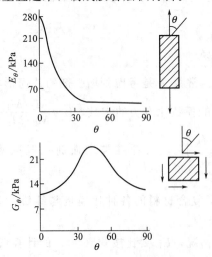

图 7-13　硼纤维-环氧树脂复合材料
比模量与 θ 值的关系（$\phi_2=0.65$）

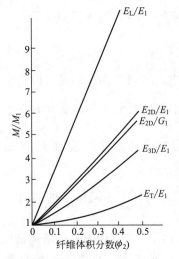

图 7-14　单轴取向复合材料及双轴和三轴无规
取向复合材料相对模量的比较（$E_2/E_1=25$）

图 7-14 表示平面内无规取向复合材料及三维无规取向复合材料的杨氏模量 E_{2D} 及 E_{3D} 和剪切模量 G_{2D} 及 G_{3D}。由图可见，无规取向纤维复合材料的模量一般比基体的大，但比 E_L 要低得多。所以，为了提高某一平面内各个方向的模量，就要牺牲一些最大模量 E_L。

7.1.6.3　强度

（1）纤维单轴取向的复合材料　纤维单轴取向的复合材料，至少有 3 种重要的破坏形式及相应的三种强度。三种强度是：纵向拉伸强度 σ_{BL}，横向拉伸强度 σ_{BT} 和剪切强度 σ_{BS}。这三种强度的相对重要性与载荷的方向有关，当载荷与纤维之间的夹角 θ 为 $0°\sim5°$ 时，σ_{BL} 是决定破坏形式的主要因素；θ 为 $5°\sim45°$ 时，σ_{BS} 是决定强度和破坏形式的主要因素；θ 角大于 $45°$ 时，σ_{BT} 为主要因素。

因为纤维复合材料遭破坏时，通常纤维要断裂，所以，σ_{BL} 比基体的拉伸强度 σ_{B1} 要大得多。复合材料的剪切强度一般都超过基体的剪切强度。横向拉伸强度 σ_{BT} 一般要比基体的拉伸强度小，大约是 $\sigma_{BT} \approx \frac{1}{2}\sigma_{B_1}$。

当载荷与纤维之间夹角为 θ 时，该方向的拉伸强度 σ_{B_θ} 一般符合于式（7-6）：

$$\sigma_{B_\theta} \approx \sigma_{BT}/\sin\theta \quad (\theta \geqslant 10°) \tag{7-6}$$

复合材料的拉伸强度受纤维排列和缺陷的影响很大。缠绕成型的复合材料由于基本上没有缺陷（空穴），其纵向拉伸强度常比其他成型方法获得的复合材料高一倍多。

不连续纤维复合材料的强度要比连续纤维的低。其原因是：在接近各纤维端部相当长的一段内，载荷不能从基体向纤维传递；纤维的末端起着应力集中的作用，通常使用的短纤维达不到连续纤维那样完全的取向度。

在不连续纤维或短纤维的复合材料中，聚合物是唯一的连续相。基体中全部剪切应力是以纵向拉应力形式加在纤维上的。这种剪切应力以纤维末端附近为最大，随着远离末端而逐渐降到零。相反，纤维的拉伸负荷在纤维末端处为零，沿纵向逐渐增大，在纤维中部达到平衡值（参见图 7-5）。所以，纤维末端附近所受的拉伸负荷比纤维中部的要小。要使纤维中部拉伸负荷达到平衡值或最大值所必需的纤维长度称为临界长度或无效长度 L，相应的长径比称为临界长径比 $(L/D)_c$。对于黏附性特别好、基体具有塑性屈服特性时，则有：

$$L_c = D\sigma_{B_2}/2\tau_{B_1} \quad 或 \quad \left(\frac{L}{D}\right)_c = \frac{\sigma_{B_2}}{2\tau_{B_1}} \tag{7-7}$$

式中，D 为纤维直径；σ_{B_2} 为纤维拉伸强度；τ_{B_1} 为基体的剪切强度。

当黏附性差时，界面的力学摩擦代替了黏附，这时临界长度要比按上式的计算值大。在纤维长度小于 L_c 时，复合材料的强度随纤维长度的增大而提高。

两相间界面键的强度是决定复合材料强度的重要因素，特别是它的横向强度。纵向拉伸强度，只有在纤维比较短时，才受界面黏接强度的影响。对于黏附性良好的材料，纤维束缚基体产生双轴应力，使破坏伸长下降，因此，σ_{BT} 常比 σ_{B_1} 为小，而黏附性差的复合材料的横向强度反比黏附性大的材料高。

单轴取向纤维复合材料受到压缩载荷时，由于纤维发生纵向弯曲，这就使纵向压缩强度比纵向拉伸强度小。纤维直径越小，越容易弯曲，压缩强度越小。空穴和黏附性差也使压缩强度显著下降。

横向压缩强度受到基体强度的限制，所以，通常比纵向压缩强度小，但也有相反的情况。层间剪切强度随基体的拉伸强度及剪切强度的增加而提高，随空穴率的增加而下降。

表 7-6 列出了以环氧树脂为基体的纤维单轴取向复合材料的几种强度。纵向强度随纤维浓度的增大而提高，剪切强度和横向强度则随纤维浓度的增加而下降。

表 7-6 环氧树脂基单轴取向纤维复合材料的强度   单位：$\times 10^7$ Pa

纤 维	ϕ_2	纵向强度		横向强度		剪切强度
		拉伸	压缩	拉伸	压缩	
硼纤维	0.50	148	137	5.61	18.6	8.51
E-玻璃纤维	0.50	110	71.0	2.81	14.1	4.22
碳纤维（Thornel 25）	0.50	64.7	47.1	0.70	14.8	2.81
碳纤维（Modmor）	0.50	105	91.4	5.62	14.1	7.73

（2）无规取向纤维复合材料和层积材料 纤维在一平面内无规取向，或者制成各个平面层内不同取向的多层层积材料，就可得到平面内各向同性的复合材料。如果纤维三维都是无规取向的，则三维方向都是同性的。当然二维及三维无规取向在实际上只能近似做到。表 7-7 及表 7-8 分别列出了无规取向玻璃纤维复合高密度聚乙烯及聚苯乙烯的力学性能。

表 7-7   无规取向玻璃纤维增强 HDPE 的力学性能

性 质	玻璃纤维/%（质量）			
	0	10	20	30
拉伸强度$\times 10^{-8}$/Pa	2.60	4.26	6.21	7.12
弯曲强度$\times 10^{-8}$/Pa	2.11	4.51	6.85	8.64
弯曲模量$\times 10^{-6}$/Pa	0.86	2.43	4.03	5.48
负载 460kPa 时的热变形温度/℃	71	120	128	130
拉伸抗冲击强度/kJ·m^{-2}	4.6	3.3	2.5	2.1
悬臂梁抗冲击强度（缺口）$\times 10^{-2}$/kJ·m^{-1}	4.6			1.2

表 7-8   无规取向短玻璃纤维增强聚苯乙烯的力学性能

性 质	玻璃纤维/%（质量）			
	0	20	30	40
弯曲强度$\times 10^{-10}$/Pa	5.91	9.07	11.20	12.70
弯曲模量$\times 10^{-6}$/Pa	3.03	5.45	6.48	7.52
悬臂梁抗冲击强度（缺口）$\times 10^{-2}$/kJ·m^{-1}	1.1	3.20	4.30	6.60

通过注射成型工艺，很难控制纤维取向的种类和程度。而采用层积材料，则可控制一个平面内任意方向上的性能。典型的层积材料是各层之间相互错位 90°（正交层）或 60°（准各向同性）而叠合起来。正交层积材料的各种强度决定于试验方向，如表 7-9 所示。准各向同性层积材料，各个方向上的性能基本上是相同的。层积结构包括轮胎帘子布在内，常使用编织纤维。

7.1.6.4 其他性能

（1）抗冲击强度 复合材料与一般聚合物材料相比，影响抗冲击强度的因素更复杂。除聚合物基体外，还有纤维和界面的影响，更难于建立起它们间的定量关系。

材料的抗冲击强度主要决定于能量耗散的机制。提高材料的抗冲击强度涉及能量向尽可能大的体积耗散并加以吸收的机理。如果能量集中，材料就容易发生脆性破裂，抗冲击强度下降。

表 7-9　正交层积材料的模量（70％硼纤维增强的环氧树脂）

纤维取向与应力方向	杨氏模量×10⁻⁶/Pa	压缩模量×10⁻⁶/Pa	剪切模量×10⁻⁶/Pa
①	275	262	6.9
②	138	138	12.4
③	276	276	82.7

　　复合材料中的纤维可从两方向逸散冲击能：当纤维从基体中拨出时，由于力学摩擦而使能量逸散，同时由于纤维的拉动可削弱应力集中；纤维脱胶，使能量逸散，终止或阻缓裂纹的发展（见图 7-15）。然而，存在纤维也会使抗冲击强度减小：纤维的存在一般会使断裂伸长率减小；在纤维末端附近和在粘接性差的部分，以及在纤维相互接触的区域，容易产生应力集中。因此，根据具体情况的不同，纤维既可使抗冲击强度提高，也可使抗冲击强度下降。

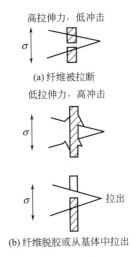

图 7-15　纤维增强材料裂纹
尖端附近性能

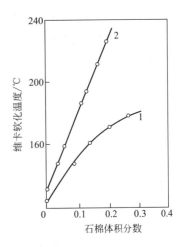

图 7-16　聚苯乙烯及苯乙烯（95％）-丙烯酸（5％）
共聚物中填充无规取向石棉纤维后维卡
软化温度与石棉含量的关系

1—聚苯乙烯；2—苯乙烯-丙烯酸共聚物

　　当冲击负荷与纤维平行时，则黏附性差和纤维较短时（约等于无效长度 L_c）,可得到最大的抗冲击强度，因为这时从基体拉出纤维和纤维的脱胶可逸散大量的能量。黏附性好、纤维又长时，则可使强韧性基体的抗冲击强度大幅度下降，这是由于断裂伸长率减少和基体塑性流动下降的缘故。

　　若冲击负荷与纤维垂直，良好的黏附性能获得较好的抗冲击强度。一般而言，横向抗冲击强度比纵向抗冲击强度小，一般也小于聚合物基体的抗冲击强度，因为纤维使材料韧性增大的机理在这个方向上是无效的，而仅存在使韧性削弱的机理。

应当注意的是，引起抗冲击强度增加的因素如脱胶和纤维的拉出，同时也是使复合材料断裂强度下降的因素。

由表 7-8 可以看出，只有缺口悬臂梁抗冲击强度随纤维浓度的增加而提高，而由表 7-7 可见拉伸抗冲击强度随纤维浓度的增加而下降。拉伸和落球抗冲击强度反映出添加纤维时，断裂伸长率减小。而缺口悬臂梁抗冲击强度反映出加入纤维时，对裂纹扩展的阻滞作用。不同的抗冲试验方法测出的性能不同，因此，应选择适当的抗冲击试验方法。

一般而言，对脆性聚合物基体，加入纤维可使抗冲击强度提高，例如含 35% 玻璃纤维的聚苯乙烯，其缺口抗冲击强度可提高近 10 倍；而向高韧性聚合物基体中填充玻璃纤维，抗冲击强度反而显著下降。

由硼纤维和石墨纤维等高模量纤维制得的聚合物基复合材料其抗冲击强度不够理想，常低于玻璃纤维增强的复合材料。为提高高模量纤维复合材料的抗冲击性能，可加入少量低模量的玻璃纤维。采取两种或两种以上纤维与单一聚合物基体复合，称为混杂复合，所制得的材料称为混杂复合材料。这是聚合物基复合材料新的发展领域。

（2）蠕变及疲劳　聚合物基体中添加纤维可使蠕变大幅度降低，其下降幅度与两种材料（纤维和基体）的模量之比成比例。玻璃纤维用偶联剂处理之后，复合材料的抗蠕变性有明显改善。实验表明，单轴取向纤维复合材料的横向蠕变比纵向蠕变大得多。

疲劳引起的破坏与基体内产生裂纹、纤维脱胶、界面键的破坏等因素有关。韧性基体复合材料比脆性基体复合材料疲劳寿命长。长径比在 200 以内，疲劳寿命随纤维长度的增加而增加。在高频下，疲劳寿命缩短的主要原因是热积累。

正交层积材料的疲劳和单轴取向纤维复合材料的不同。层积材料使纤维周围应力场发生变化，裂纹首先发生在纤维与所加应力近似相垂直取向的层内。应力尤其是集中在相邻纤维相接触的地方。

（3）热变形温度　纤维的存在使基体的热变形温度升高，如图 7-16 所示。影响热变形温度的重要因素是系统的黏度，基体分子量升高、界面黏合键强都会使热变形温度上升。

（4）热膨胀系数　纤维单轴取向的聚合物基复合材料有 2 个热膨胀系数。纵向热膨胀系数 α_L，由于纤维的力学束缚作用而变小，而横向热膨胀系数 α_T 则较大；当纤维浓度很低时，甚至比聚合物基体的膨胀系数还大，其原因是纤维限制了基体的纵向膨胀，使横向膨胀增加的缘故。

纤维呈无规取向的聚合物基复合材料，在三个方向其热膨胀系数 α_{3D} 为：

$$\alpha_{3D} \approx \frac{1}{3}(\alpha_L + 2\alpha_T) \tag{7-8}$$

7.1.7　聚合物基复合材料的应用

聚合物基复合材料的应用已遍及各工业部门和经济建设的各领域。现简介如下。

7.1.7.1　宇航和航空

宇航和航空领域特别需要比强度高、比模量大并且耐高温的材料，而聚合物基复合材料充分显示了这些优点。特别是出现了硼纤维、碳纤维、聚芳酰胺纤维等高模量纤维复合材料之后，聚合物基复合材料在该领域有了更广阔的应用前景。

减轻结构重量是宇航技术的关键。例如对固体火箭发动机，结构重量是集中在发动机外壳和喷管部位。火箭喷管的喉部曾用特殊石墨制成，但随着火箭向大型化发展，再用石墨制造就更加困难。现已采用碳纤维增强酚醛树脂作喉衬，以玻璃纤维增强塑料作为结构材料投入生产。例如美国的"大力神"、"北极星"火箭都采用了增强塑料。

导弹发动机使用增强塑料后，重量比金属减轻 45%，射程由 1600km 增至 4000km；人造卫星及其运载工具的制造都离不开聚合物基复合材料。

纤维增强塑料作为耐烧蚀防热部件的应用则更为重要和广泛，可以说现代宇航技术的发展是离不开聚合物基复合材料的。

在航空方面，纤维增强塑料已用于制造飞机发动机的零部件、叶片翼梁、雷达罩、防弹油箱等。据报道，美国波音公司将把 45% 的铝合金机翼改用碳纤维增强塑料，这将使机器重量减轻 20% 以上。

7.1.7.2　造船

由于玻璃纤维增强塑料具有质轻、高强、耐海水腐蚀、抗微生物附着性好、能吸收撞击能、设计和成型自由度大等优点，所以，在造船业上有广泛的应用。

美国、日本、英国等都大量使用玻璃钢制造船舶和舰艇，我国也已批量生产玻璃钢船。1962～1972 年期间美国用增强塑料制造的船舶总数达 55 万多艘。现在美国海军部规定，长 16m 以下的船舰全部采用增强塑料制作。

玻璃钢的比强度大，用作深水潜艇的外壳，其潜水深度至少比钢壳的增加 80%。玻璃钢也用于制造深水调查船。玻璃钢是非磁性材料，还适于制造扫雷艇。民用玻璃钢船的发展也十分迅速，主要品种是游艇和渔船。此外，玻璃钢还用作制造船舰的各种配件、零部件，如甲板、风斗、油箱、仪表盘、汽缸罩、机棚室、救生圈、浮鼓等。

7.1.7.3　车辆制造

近年来，复合材料作为车体结构和内部装饰使用极多。一般的机车现在都要求安全、高速，为此必须减轻重量。作为内部装饰必须有高强度、刚性大、舒适、防震、隔声、隔热等特性。聚合物基复合材料在这些方面获得了广泛的应用。

聚合物基复合材料在铁路客车、货车、冷藏车上的应用日益广泛，主要应用有机车车身、车厢、顶篷及门、窗等。

在汽车制造方面，增强塑料和增强橡胶的应用也十分广泛，例如轮胎、密封垫等。增强塑料可制造汽车的各种零部件，现在已出现车身全部由增强塑料制成的汽车。

7.1.7.4　其他

聚合物基复合材料在建筑上、电气工业、化工方面等都有广泛应用。例如各种家电外壳、各种机械零件、电器零件、化工容器、管道、反应釜、酸洗槽等都大量使用聚合物基复合材料。

7.2　聚合物基纳米复合材料

纳米科技（纳米科学与纳米技术）是 20 世纪末兴起的最重要的科技新领域之一。纳米（nanometer）是一个长度单位，以 nm 表示，$1nm = 10^{-3} \mu m = 10^{-9} m$。通常界定 1～100nm 为纳米尺寸，此尺寸界于宏观尺寸和微观尺寸之间。

纳米科技是研究尺寸在 1～100nm 之间的物质组成体系的运动规律以及实际应用中的技术问题，主要包括纳米物理学、纳米化学、纳米生物学、纳米电子学、纳米力学、纳米材料学以及纳米加工学等七个相对独立的领域。聚合物基纳米复合材料是纳米材料科学中的一个重要分支。为对聚合物基纳米复合材料有一个概括的了解，有必要先了解一下有关的基本概念和基本知识。

7.2.1 概述

7.2.1.1 纳米材料

广义而言，纳米材料是指在三维空间中至少有一维处于纳米尺寸范围的物质，或者由它们作为基本单元构成的复合材料。按维数，纳米材料的基本单元可分为以下三类。

(1) 零维 指空间三维尺度均为纳米尺寸，如纳米颗粒、原子团簇。

(2) 一维 指在空间有两维处于纳米尺度，如纳米丝、纳米棒、纳米管。

(3) 二维 指一维在纳米尺度范围，如超薄膜、多层膜、超晶格。

从宏观角度分类可分为纳米粉、纳米纤维、纳米膜及纳米块体四类。宏观上的纳米纤维是指加纳米尺度的纤维材料。

根据化学组成，纳米材料可分为金属纳米材料、半导体纳米材料、纳米陶瓷材料和纳米有机材料等。当上述纳米结构单元与其他材料复合时，则构成纳米复合材料。纳米复合材料包括无机-有机复合、无机-无机复合、金属-陶瓷复合以及聚合物-聚合物复合等多种形式。

纳米复合材料，按其复合形式可分为以下四类。

(1) 0-0 型复合 即复合材料的两相均为三维纳米尺度的零维颗粒材料，是指将不同成分、不同相或者不同种类的纳米粒子复合而成的纳米复合物，这种复合体的纳米粒子可以是金属与金属、金属与陶瓷、金属与聚合物、陶瓷与陶瓷、陶瓷与聚合物等构成的纳米复合体。

(2) 0-2 型复合 即把零维纳米粒子分散到二维的薄膜材料中，这种 0-2 维复合材料又可分为均匀分散和非均匀分散两大类，均匀分散是指纳米粒子在薄膜中均匀分布，非均匀分散是指纳米粒子随机分散在薄膜基体中。

(3) 0-3 型复合 即把零维纳米粒子分散到常规的三维固体材料中，例如，把金属纳米粒子分散到另一种金属、陶瓷、聚合物材料中，或者把陶瓷纳米粒子分散到常规的金属、陶瓷、聚合物材料中。

(4) 纳米层状复合 即由不同材质交替组成的组分或结构交替变化的多层膜，各层膜的厚度均为纳米级，如 Ni/Cu 多层膜、Al/Al_2O_3 纳米多层膜以及聚合物/聚合物多层膜等。

7.2.1.2 纳米微粒

纳米微粒一般为球形或类球形（包括多面体形），有时纳米微粒可连成链状。纳米颗粒的表面存在原子台阶，表面原子最近邻数低于体内，非键电子的斥力减小，导致原子间距减小以及表面层晶格的畸变。

(1) 纳米效应 纳米微粒电子的波性和原子之间的相互作用都与宏观物体有所不同，表现在热力学性能、磁学性能、电学及光学性能与宏观材料有很大差别，所表现的独特性能无法用传统的理论解释。一般认为，导致纳米材料独特性能主要基于以下几种纳米效应。

① 小尺寸效应和表面效应 纳米微粒的尺寸与光波波长、电子运动的德布罗依波长等物理特征尺寸相当或更小，晶体周期性的边界条件被破坏；非晶体纳米微粒表面层附近原子密度减小，使其物理及化学性能产生变化，这称为小尺寸效应。例如，光吸收的增加和吸收峰的频移、晶体熔点下降等。

与纳米微粒尺寸相关的另一特点是表面效应。随着微粒尺寸的减小，比表面积增大，比表面能提高，位于表面的原子所占比例增大，如表 7-10 所示，这就是纳米表面效应。表面效应使表面原子或离子具有高活性，极不稳定，易于进行化学反应。例如，金属纳米颗粒在空气中会燃烧，无机纳米颗粒在空气中会吸附气体并与之发生反应等。

表 7-10　纳米铜微粒粒径与比表面积、表面原子数比例及比表面能的关系

粒径/nm	比表面积/$m^2 \cdot g^{-1}$	表面原子所占比例/%	一个粒子中的原子数	比表面能/$J \cdot mol^{-1}$
100				
20	6.6	10	8.46×10^7	5.9×10^2
10		20	8.46×10^4	
5	66	40	8.46×10^4	5.9×10^3
2		80		
1	666	90		5.9×10^4

② 量子尺寸效应　所谓量子尺寸效应是指当颗粒状材料的尺寸下降到某一值时，其费米能级附近的电子能级由准连续转变为分立的现象和纳米半导体存在的不连续的最高占据分子轨道和最低空轨道，使能隙变宽现象，即出现能级的量子化。这时，纳米材料能级之间的间距随着颗粒尺寸的减小而增大。当能级间距大于热能、光子能、静电能以及磁能等的平均能级的间距时，就会出现一系列与块体材料截然不同的反常特性，这种效应称之为量子尺寸效应。量子尺寸效应将导致纳米颗粒在磁、光、声、热、化学以及超导电性等特性与块体材料的显著不同，例如，纳米颗粒具有高的光学非线性及特异的催化性能均属此例。

③ 宏观量子隧道效应　微观粒子具有穿越势垒的能力称之为隧道效应。近年来，人们发现一些宏观的物理量，如纳米颗粒的磁化强度、量子相干器件中的磁通量，以及电荷等也具有隧道效应，它们可以穿越宏观系统的势垒而产生变化，成为宏观量子隧道效应。利用宏观量子隧道效应可以解释纳米镍粒子在低温下继续保持超顺磁性的现象。这种效应和量子尺寸效应一起，将会是微电子器件发展的基础，它们确定了微电子器件进一步微型化的极限。

（2）纳米微粒的制备方法　纳米微粒的制备方法可分为物理法和化学法两类。

① 物理方法　物理方法包括真空冷凝法、机械球磨法、喷雾法和冷冻干燥法。

a. 真空冷凝法。通过块体材料在高真空条件下挥发，然后冷凝成纳米颗粒的方法。其过程是采用高真空下加热块体材料，加热方法有电阻法、高频感应法等，使金属等块体材料原子气化成等离子体，然后快速冷却，最终在冷凝管上获得纳米粒子。真空冷凝方法特别适合制备金属纳米粉，通过调节蒸发温度场和气体压力等参数，可以控制形成纳米颗粒的尺寸。用这种方法制备的纳米颗粒的最小颗粒可达 2nm。真空冷凝法的优点是纯度高、结晶组织好以及粒度可控且分布均匀，适用于任何可蒸发的元素和化合物；缺点是对技术和设备的要求较高。

b. 机械球磨法。机械球磨法适合制备脆性材料的纳米粉。该方法以粉碎和研磨相组合，利用机械能来实现材料粉末的纳米化目的。适当控制机械球磨法的研磨条件，可以得到单纯金属、合金、化合物和复合材料的纳米超微颗粒。机械球磨法的优点是操作工艺简单，成本低廉，制备效率高，能够制备出常规方法难以获得的高熔点金属合金纳米超微颗粒；缺点是颗粒分布太宽，产品纯度较低。

c. 喷雾法。喷雾法是通过将含有制备材料的溶液雾化制备微粒的方法，适合可溶性金属盐纳米粉的制备。过程是：首先制备金属盐溶液，然后将溶液通过各种物理手段雾化，再经物理、化学途径转变为超细粒子的方法。主要有喷雾干燥法、喷雾热解法。喷雾干燥法是将金属盐溶液送入雾化器，由喷嘴高速喷入干燥室，溶剂挥发后获得金属盐的微粒，收集后焙烧成超微粒子，如铁氧体的超微粒子可采用此方法制备。通过化学反应还原所得的金属盐微粒还可以得到该金属纳米粒子。喷雾热解法是以水、乙醇或其他溶剂将原料配成溶液，再通过喷雾装置将反应液雾化并导入反应器内，使溶液迅速挥发，反应物发生热分解，或者同

时发生燃烧和其他化学反应，生成与初始反应物完全不同的具有新化学组成的纳米粒子。

d. 冷冻干燥法。这种方法也是首先制备金属盐的水溶液，然后将溶液冻结，在高真空下使水分升华，原来溶解的溶质来不及凝聚，则可以得到干燥的纳米粉体。粉体的粒径可以通过调节溶液的浓度来控制。采用冷冻干燥的方法还可以避免某些溶液黏度过大、无法用喷雾干燥法制备的问题。

② 化学方法

a. 气相沉积法。气相沉积法是利用金属化合物蒸气的化学反应来合成纳米微粒的一种方法。这种方法获得的纳米颗粒具有表面清洁、粒子大小可控，无黏结及粒度分布均匀等特点，易于制备出从几纳米到几十纳米的非晶态或晶态纳米微粒。该法适合于单质、无机化合物和复合材料纳米微粒的制备过程。

b. 化学沉淀法。化学沉淀法属于液相法的一种。常用的化学沉淀法可以分为共沉淀法、均相沉淀法、多元醇沉淀法、沉淀转化法以及直接转化法等。具体的方法是：将沉淀剂加入到包含一种或多种粒子的可溶性盐溶液中使其发生化学反应，形成不溶性氢氧化物、水合氧化物或者盐类，而从溶液析出，然后经过过滤、清洗并经过其他后处理步骤就可以得到纳米颗粒材料。

例如纳米 $BaTiO_3$ 的制备：

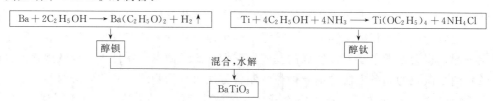

c. 水热合成法。水热法是在高温、高压反应环境中，采用水作为反应介质，使得通常难溶或不溶的物质溶解、反应，还可进行结晶操作。水热合成技术具有两个优点，一是其相对低的温度，二是在封闭容器中进行，避免了组分挥发。水热条件下粉体的制备有：水热结晶法、水热合成法、水热分散法、水热脱水法、水热氧化法和水热还原法等。近年来还发展出电化学水热法以及微波水热合成法。前者将水热法与电场结合，而后者用微波加热水热反应体系。与一般湿化学法相比较，水热法可直接得到分散且结晶好的粉体，不需作高温的灼烧处理，避免了可能形成的粉体硬团聚，而且水热过程中可通过实验条件的调解来控制纳米颗粒的晶体结构、结晶形态与晶粒纯度。

d. 溶胶-凝胶法。溶胶-凝胶（sol-gel）法适合于金属氧化物纳米粒子的制备。方法实质是将前驱物在一定的条件下水解成溶胶，再转化成凝胶，经干燥等低温处理后，制得所需纳米粒子。前驱物一般用金属醇盐或者非醇盐。

例如，以 M 表示金属，R 为有机基团，金属氧化物纳米微粒的制备过程可表示如下。

水解：$—M—OR + H_2O \longrightarrow —M—OH + R—OH$　　　　溶胶

缩聚：$—M—OH + RO—M— \longrightarrow —M—O—M— + ROH$

　　　　　　　　　　　　　　　　　　　　　　　　　凝胶化

　　　　$—M—OH + HO—M— \longrightarrow —M—O—M— + H_2O$

生成的凝胶经干燥、焙烧除去有机物，得到纳米微粒粉料。

e. 原位生成法。原位生成法也称模板合成法，是指采用具有纳米孔道的基质材料为模板，在模板空隙中原位合成特定形状和尺寸的纳米颗粒。模板可以分为多孔玻璃、分子筛、大孔离子交换树脂等。这些材料也称为介孔材料。根据所用模板中微孔的类型，可以合成出诸如粒状、管状、线状和层状结构的材料，这是其他制备方法所做不到的。但是，这种方法作为大规模生产技术还有相当难度。

（3）纳米微粒的表面修饰　纳米微粒易团聚，为改善其分散性常需进行表面修饰。为增加其表面活性，在制备复合材料时改善与其他材料的相容性，或为了赋予新的功能，常需进行表面修饰。进行表面修饰的方法可分为物理法和化学法两种，有时两种方法可同时应用。

① 表面物理修饰法　这是采用异质材料吸附于纳米微粒表面的方法。为防止微粒团聚，一般采用表面活性剂。另一种方法是表面沉积法，即将一种物质沉积到纳米微粒表面，形成无化学结合的异质包覆层。例如，将 TiO_2 微粒分散于水中，加热至 $60℃$，用 H_2SO_4 调节 pH 值为 $1.5\sim2.0$，加入硫酸铝水溶液，过滤、脱水，可制得 TiO_2 表面包覆 Al_2O_3 的复合粒子。又如将 TiO_2 沉积到 $ZnFeO_3$ 表面，以提高 $ZnFeO_3$ 纳米粒子的光催化效率等。也可用适当的聚合物包覆无机粒子表面。

② 表面化学修饰法　这是通过纳米微粒表面与处理剂之间进行化学反应以达到表面修饰的方法，有以下三种常用的方法。

a. 偶联剂法。例如 Al_2O_3、SiO_2 等用硅氧烷偶联剂与其表面官能团反应以进行改性修饰，用以提高其与聚合物的相容性。硅烷偶联剂对表面具有羟基的无机粒子有效。

b. 酯化反应法。这是指金属氧化物与醇类的反应。利用酯化反应的表面修饰可使原来亲水疏油的无机粒子表面变成亲油疏水表面。所用醇类最有效的是伯醇，其次是仲醇，叔醇无效；对弱酸性的无机粒子，如 SiO_2、Fe_2O_3、TiO_2、Al_2O_3、Fe_3O_4、ZnO 等最有效。例如对 SiO_2，其表面带有羟基，与高沸点醇反应如下：

$$—Si—OH + HOR \longrightarrow —Si—O—R + H_2O$$

c. 表面接枝改性法。这是通过化学反应将聚合物链接枝到无机粒子表面的方法，这又分为三种途径。（ⅰ）适当的单体在引发剂作用下直接从无机粒子表面开始聚合，称为颗粒表面聚合接枝法。（ⅱ）聚合与表面接枝同时进行，这可用于对自由基有较强捕捉能力的纳米粒子，如炭黑。（ⅲ）偶联接枝法，即通过纳米粒子表面官能团与聚合物的直接反应接枝，例如：

$$颗粒—OH + OCN—P \longrightarrow 颗粒—OCONH—P$$
$$（P 表示聚合物链）$$
$$颗粒—NCO + HO—P \longrightarrow 颗粒—NHCOO—P$$

（4）纳米微粒粒径测试方法

① 透射电镜法　这是一种常用的测粒径的方法，可测得平均粒径及粒径的分布。由于是直接观察，采样有局限性，测量结果具有统计性。

② X 射线衍射线宽法　此法只适用于晶态微粒。晶粒很小时，引起衍射线的宽化。衍射线半峰高强度处的线宽 B 与晶粒尺寸 d 可用谢乐（Scherrer）公式表示：

$$d=\frac{0.89\lambda}{B\cos\theta} \tag{7-9}$$

式中，λ 为 X 衍射线波长；θ 为布拉格（Bragg）衍射角。

③ 比表面积法　通过测定微粒单位质量的比表面积 S_w，由公式 $d=6/\rho S_w$，求得粒径 d，式中 ρ 为粉体密度。一般用 BET 多层气体吸附法测得 S_w。

④ 小角 X 射线散射法　小角 X 射线散射法（SAXS）的散射角为 $10^{-2}\sim10^{-1}$ rad。散射光强在入射角方向最大，随散射角增大而减小，在角度为 ε_0 处为零。ε_0 与波长 λ 和平均

粒径有式（7-10）关系：

$$\varepsilon_0 = \lambda / d \tag{7-10}$$

据此关系式，可测得粒径，此方法目前尚少采用。

用于测定层状晶体的层间距，X射线广角衍射法则是最常用的方法，例如用于测定蒙脱土晶粒的层间距。根据衍射峰的位置，可利用Bragg公式计算出蒙脱土片层之间的距离 d：

$$2d\sin\theta = \lambda, \quad 即 \quad d = \frac{\lambda}{2\sin\theta} \tag{7-11}$$

式中，λ 为X射线波长，θ 为衍射角。

⑤ 光子相关谱法　这是通过测量微粒在液体中的扩散系数来测量粒径及分布。所用仪器为光子相关谱仪（PCS）。

7.2.1.3　聚合物基纳米复合材料的基本类型

严格讲，聚合物基纳米复合材料与聚合物纳米复合材料这两者不是等同的。聚合物纳米复合材料是更广义的概念，是指各种纳米单元与有机聚合物以各种方式复合制成的复合材料。只要其中某一组成相至少有一维的尺寸处在纳米尺度的范围内，就可称为聚合物纳米复合材料。

聚合物纳米复合材料的结构类型非常丰富。如果以纳米粒子作为结构单元，可以构成0-0复合型、0-2复合型和0-3复合型三种结构类型。分别指纳米粉末与聚合物粉末复合成型，与聚合物膜状材料复合成型和与聚合物形体材料复合。这是目前采用最多的三种聚合物纳米复合结构。如果以纳米丝作为结构单元，可以构成1-2复合型和1-3复合型两种结构类型，分别表示为：聚合物纳米纤维增强薄膜材料和聚合物纳米纤维增强体形材料，在工程材料中应用较多。如果以纳米膜二维材料作为结构组元，可以构成2-3复合型纳米复合材料。此外，还有多层纳米复合材料，介孔纳米复合材料等结构形式。

聚合物基纳米复合材料是指以聚合物为基体的纳米复合材料，不包括聚合物为分散相的情况。按照组分相的化学组成，聚合物基纳米复合材料可按图7-17分类。

- 聚合物基纳米复合材料
  - 聚合物/聚合物
    - 分子复合
    - 原位复合
  - 聚合物/非聚合物纳米粒子
  - 聚合物/无机纳米粒子
    - 聚合物/颗粒状纳米无机粒子
    - 聚合物/层片状纳米无机粒子

图7-17　聚合物基纳米复合材料类型

聚合物/非聚合物纳米粒子，主要是指橡胶/炭黑增强体系，之所以归入聚合物基纳米复合材料，是因为炭黑颗粒为纳米颗粒，这是一种很重要的纳米复合材料。在聚合物/无机物纳米复合材料中，最重要的是近几年发展的聚合物/层片状纳米无机粒子材料，特别是聚合物/黏土纳米复合材料，这是本节要重点介绍的内容。

聚合物/聚合物纳米复合材料一般归入聚合物共混的范围内，聚合物大分子均方末端距常常在纳米尺寸范围内，所以，聚合物/聚合物纳米复合材料，就大分子尺寸而言，亦可视为分子复合材料。

聚合物/聚合物纳米复合材料至少可包括原位复合和分子复合两种情况。就聚合物/聚合物纳米复合材料的概念而言，也可将一些嵌段共聚物和接枝共聚物归入这类纳米复合材料之列，因为这时的相畴尺寸都是纳米级的，但习惯上并不将其列入复合材料的范围之内。

还有些情况也可归入聚合物纳米复合材料的范畴，例如用微乳液聚合方法制得的聚合物乳液，其乳胶粒径为纳米级。将其与一般的聚合物胶乳共混，即可制得聚合物/聚合物纳米复合材料。

有机物和无机物之间的复合也称之为有机/无机混杂复合。有机物包括聚合物，也包括低分子有机物，但多数情况是聚合物。一种典型的情况是：LB 膜技术制备有机层和无机层交替的有机-无机交替的纳米复合膜等。这种情况已不在我们讨论的范围。

这里以聚合物为基的有机-无机混杂纳米复合材料主要指在聚合物基体中分散类球形和片状的纳米无机粒子，这是下面主要介绍的内容。

7.2.2 聚合物/无机纳米微粒复合材料

7.2.2.1 类型和用途

聚合物/无机纳米微粒复合材料是指无机纳米粒子分散于聚合物基体中的复合体系。按性能和功用分有两种基本类型：第 1 类是以改善塑料力学性能和物理性能为主要目的，主要用以塑料的增强、增韧和提高热性能；第 2 类主要是利用无机纳米粒子的某些功能性质制备功能材料。

(1) 塑料增强和增韧　由于纳米尺寸的无机纳米粒子分散相具有较大的比表面积和较高的表面能，并且具有刚性，因此，添加无机纳米微粒的聚合物基纳米复合材料通常都比相应的常规复合材料或单独的聚合物材料的力学性能好。聚合物基体中加入纳米粉体后，抗冲击强度、拉伸强度、热变形温度等都有较大幅度提高。其主要原因是：加入纳米粉体后，在材料内部形成了大量分散的微相结构，创造了大量相界面，粒子与聚合物链物理及化学结合增加，对力学性能的提高提供了结构条件。例如，将粒径为 10nm 左右的 TiO_2 粉与聚丙烯进行熔融共混复合，制得的纳米复合材料的冲击强度提高 40%，弯曲模量提高 20%，热变形温度提高 70℃。用 5%（质量）的 SiC/Si_3N_4 纳米粒子与低密度聚乙烯熔融共混，可使冲击强度和拉伸强度提高一倍多，并且断裂伸长率也有明显增加。

采用无机纳米粒子改性塑料的最大优点是：可同时提高冲击强度和拉伸强度，且模量及热变形温度也有提高。前面已提及，用橡胶增韧塑料时，一般增韧塑料的模量和拉伸强度有所下降，这是实际应用中所不希望看到的。当前，无机纳米粒子作为塑料的非弹性体增韧剂已越来越受到重视。作为塑料增韧和增强剂的纳米无机粒子主要有 $CaCO_3$、$MgCO_3$、SiO_2、TiO_2 等。几乎所有的热塑性树脂，包括通用塑料和工程塑料都可用纳米无机粒子复合来改性，在大幅度提高其力学性能和加工性能的同时，还可改进制品尺寸稳定性。将纳米 SiO_2 粉用 PMMA 修饰，与 PC 复合后，可使复合材料的抗冲击强度提高 10 倍。当前，用纳米 $CaCO_3$ 微粒改性 PVC 的研究和开发受到重视。据报道，在 PVC/CPE 中加入 5%～12% $CaCO_3$ 纳米微粒，可使缺口冲击强度提高一倍，拉伸强度亦有明显提高。将纳米 $CaCO_3$ 纳米粉用聚丙烯酸酯处理后，再与 PVC 复合，可使 PVC 缺口抗冲击强度提高 2.3 倍。

采用无机纳米粒子对塑料进行复合改性是具有重要应用前景的领域。

(2) 功能材料　许多纳米粉体具有特殊的物理和化学特性，但难于加工成型为制品，使用上有困难，这时可以聚合物为基体，将纳米粉分散其中，最大限度地发挥这些纳米粉的功能特性，制得所需的功能材料。以下列举几个例子。

① 聚合物基/无机粒子纳米复合材料的光吸收荧光光谱效应　当半导体粉体粒径尺寸接近或小于电子和空穴的波尔半径时，将产生量子尺寸效应。此时，半导体的有效带隙能增加，相应的吸收光谱和荧光光谱会产生蓝移，能带也逐渐转变为分立的能级，这种现象在单

独的半导体粉体中比较常见。近期研究表明，半导体纳米微粒经表面化学修饰后，不仅有利于与聚合物材料复合，而且粒子周围的介质可强烈地影响其光电化学性能，表现为吸收光谱和荧光光谱发生红移。例如将稀土荧光材料与聚合物复合，可制成透明性很高的薄膜，这种薄膜具有很高的转光性质，可将有害的紫外线转移成可见光，用作农膜可大幅度提高蔬菜产量。

许多纳米无机粉粒具有对紫外线和红外线的吸收能力，将其与聚合物复合可制成吸光膜。例如 TiO_2、Fe_2O_3、Al_2O_3、SiO_2、ZnO 等纳米微粒可制成紫外线吸收膜。这种膜可用作半导体器件中的紫外线过滤器，也可制成防晒化妆品，以及用于制成具有紫外线吸收功能的油漆等。

由于纳米微粒尺寸远小于红外波长，所以，对红外线透过率高、反射小，且纳米微粒比表面积大，对电磁波吸收强，因此，可作红外线吸收材料，在作隐身材料方面具有重要应用前景。人体释放的红外线大多为 4～16nm 中红外，这种红外波的释放很容易被灵敏的监测器发现。将 TiO_2、Al_2O_3、SiO_2 和 Fe_2O_3 纳米复合粉加到纤维中，制成的军服具有隐身效能，而且还具有保暖作用。用雷达发射电磁波可检测飞机；利用红外检测器可发现发射红外线的物体。隐身技术就是针对这种检测器的"逃避"技术。

② 纳米复合材料的光致发光效应　光致发光现象是指材料受到入射光（如激光）照射后，吸收的能量仍以光的形式射出的过程。射出的光波长可以不变，但是多数情况下发生变化，通常是波长红移，如荧光现象。但是，作为纳米级光致发光材料，由于纳米效应的存在，有可能发生蓝移发光。比如，液体相的二氧化钛晶体只有在 77K 的低温下才能观察到光致发光现象，其最大光强度在 500nm 波长处；而用自组装技术制备成的二氧化钛/有机表面活性剂高度二维有序层状结构的纳米复合膜，其层厚在 3nm 时，在室温就可以观察到较强的光致发光性质，而且，其发光波长蓝移到 475nm。室温下具有的强光致发光现象，被认为是由于二氧化钛与表面活性剂分子间相互作用的结果；而发射光谱的蓝移则是由于二氧化钛粒子的量子尺寸效应所致。

③ 纳米复合材料的透光性质和应用　为了提高聚合物结构材料的性能，往往需要加入很多增强添加剂，如黏土、炭黑、硅胶等，但是加入这些添加剂之后，会影响其制品的透明性和色彩。如果将这些增强添加材料纳米化，由于颗粒的纳米尺寸低于可见光波长，对可见光有绕射行为，将不会影响光的透射。这样，可以获得既提高了产品的力学性能，又保持其透明性能良好的聚合物纳米复合材料。

④ 聚合物基纳米复合材料的催化活性及其应用　多相催化剂的催化活性与催化剂的比表面积成正比，而纳米颗粒的高表面能又可以增强其催化能力，因此，具有大比表面积和高表面能的纳米复合材料是非常理想的催化剂形式。纳米催化剂与聚合物复合后，即可以保持纳米催化剂的高催化性，又可以通过聚合物的分散作用，提高纳米催化剂的稳定性。聚合物纳米复合催化剂可以用于湿化学反应催化、光化学反应催化，也可以利用其催化活性制备化学敏感器。

⑤ 聚合物基纳米复合材料的生物活性及其应用　很多聚合物纳米复合材料具有生物活性，其中最重要的有两个方面，即消毒杀菌作用和定向给药作用。例如很多重金属本身就有抗菌作用，经纳米化后，由于外表面积的扩大，其杀菌能力会成倍提高，如医用纱布中加入纳米银粒子就可以具有消毒杀菌作用。二氧化钛是一种光催化剂，当有紫外线照射时，它有催化作用，能够产生杀菌性自由基。而把二氧化钛做成粒径为几十纳米时，只要有可见光，

就有极强的催化作用，在它的表面产生自由基，破坏细菌细胞中的蛋白质，从而把细菌杀死。将纳米二氧化钛粉体与不同聚合物复合，可以得到具有杀菌性能的涂料、塑料、纤维等材料。制成产品后，在可见光照射时上面的细菌就会被纳米二氧化钛释放出的自由基杀死。又如，将 Ag 纳米微粒加到袜子中，可杀菌防脚臭等。

在医学领域中，纳米材料最引人注目的是作为靶向药物载体，用于定向给药，使药物按照一定速率释放于特定器官（器官靶向）、组织（组织靶向）和特定细胞（细胞靶向）。靶向药物制剂中最重要的是毫微粒制剂，是药物与聚合物材料的复合物，粒径大小介于 $10 \sim 1000nm$ 之间。其导向机理是纳米微粒与特定细胞的相互作用，为器官靶向，主要富集在肝、脾等器官中。其特点是定向给药，副作用小、因为载体纳米微粒作为异物而被巨噬细胞吞噬，到达网状内皮系统分布集中的肝、脾、肺、骨髓、淋巴等靶部位定点释放。载物纳米粒子的粒径允许肠道吸收，可以做成口服制剂。纳米毫微粒可以增加对生物膜的透过性，有利于药物的透皮吸收和提高细胞内药物浓度。目前，已在临床应用的毫微粒制剂还有免疫纳米粒、磁性纳米粒、磷脂纳米粒以及光敏纳米粒。

另外，聚合物基/无机纳米粒复合材料在磁性记录材料、磁性液体密封方面都有广泛应用。

7.2.2.2 制备方法

聚合物基体与纳米微粒复合的方法主要有共混法和溶胶-凝胶法。

（1）共混法 共混法基本上是采用聚合物共混中物理共混的方法。这是最简单、最常见的方法。目前。常用的方法有溶液共混法、乳液共混法、熔融共混法和机械共混法，其基本原则与聚合物之间的相应共混方法是类似的。除了机械共混法允许采用非纳米微粒外，其他共混法都需先制备纳米粉料，然后将纳米粉料与聚合物基体进行共混复合。关于纳米粒的制备方法前面已作介绍，共混法的主要难点是纳米粒子的分散问题。纳米粒子比表面积大，比表面能高，团聚问题比常规的粒子严重得多，通常在共混前需对纳米粒子进行表面修饰。在共混过程中，除采用分散剂、偶联剂、表面改性剂等手段处理外，还可采用超声波进行辅助分散。

纳米微粒的团聚问题是制备聚合物基纳米复合材料的主要困难，因此，在共混前常需对纳米粒子表面进行修饰，或者在共混过程中加入相容剂（偶联剂）或分散剂。纳米粒子的表面修饰主要有两种方法，一种是化学方法，即通过化学反应在粒子表面形成一层低表面能物质层，减少团聚趋势；另一种是通过物理稀释方法在粒子表面形成吸附层。被吸附的物质可以是小分子，也可以是聚合物。吸附层在粒子与粒子之间起分隔作用。相容剂或偶联剂，其实是一种双亲性分子，分子的一部分与纳米粒子的亲和性好，另一部分与聚合物分子亲和性好，从而提高了纳米微粒与聚合物之间的相容性，减少了纳米微粒的团聚倾向。

用于聚合物增强增韧的类球形无机纳米粒子主要有 SiO_2、ZnO、TiO_2、$CaCO_3$ 等。为使其在聚合物基体中达到均匀分散，对其进行表面改性是成功制备聚合物基/无机纳米粒子复合材料的关键，所以，近年来备受关注。不同的纳米粒子采用不同的表面修饰方法，磁性粒子如 Fe_3O_4 用十二烷基硫酸钠、油酸、柠檬酸等表面活性剂修饰后，可大幅度降低其团聚倾向。而 SiO_2、TiO_2 等因其表面存在羟基，所以，加入与羟基反应的偶联剂，如 γ-缩水甘油醚丙基三甲氧基硅烷、γ-氨丙基三乙氧基硅烷等，可大幅度减小其团聚倾向，并提高与聚合物的相容性。

纳米 $CaCO_3$ 粒子常采用硬脂酸作为表面改性剂，发生如下的反应：

$$CaCO_3 + RCOOH \longrightarrow Ca(OH)(OOCR) + CO_2 \uparrow$$

近年来，对无机纳米粒子进行聚合包覆改性的研究备受重视，这是因为，改性可大幅度提高纳米微粒对聚合物改性的效果。例如用聚合物包覆改性 $CaCO_3$ 纳米粒子后用于聚丙烯的复合改性，可使复合材料的冲击强度提高一倍；而用硬脂酸改性的 $CaCO_3$ 纳米粒，只使冲击强度提高 10%。新近发展了聚合物包覆改性的异相凝聚法和包埋法。异相凝聚法是根据带有相反电荷的微粒会相互吸引、凝聚的原理提出的；包埋法是采用种子乳液聚合的方法使聚合物包覆粒子表面的方法。在包埋法中，有时先用偶联剂或表面改性剂对纳米粒子进行处理。

（2）溶胶-凝胶法　溶胶-凝胶法（sol-gel）是制备聚合物-无机物纳米复合材料的重要方法之一。这种方法与共混法不同，复合产物并不局限于聚合物与纳米无机粒子之间的复合，是一种较广泛的方法。

用溶胶-凝胶法制备聚合物/无机物纳米复合材料的过程如下：聚合物＋金属烷氧化物→溶解形成溶液→催化水解形成混合溶胶→蒸发溶剂形成凝胶复合物。溶胶形成过程和溶胶-凝胶转变过程是关键步骤。

在制备溶液的过程中，需要选择前驱物和有机聚合物的共溶剂，完成溶解后，在共溶剂体系中，借助于催化剂使前驱物水解并缩聚形成溶胶。上述过程是在有机物存在下进行的，如果条件控制得当，在凝胶形成与干燥过程中，体系不会发生相分离，可以获得在光学上透明的凝胶复合材料。用溶胶-凝胶法制备聚合物纳米复合材料，可用的聚合物范围很广，可以是线型的，也可以是交联的；可以是与无机组分不形成共价键的，也可以是能与无机氧化物产生共价键合的聚合物。

溶胶-凝胶法合成聚合物纳米复合材料的特点在于：该法可在温和的反应条件下进行，两相分散均匀。控制反应条件和有机、无机组分的比例，几乎可以合成有机-无机材料占任意比例的复合材料，得到的产物从加入少量无机材料改性的聚合物，到含有少量有机组分改性的无机材料，如有机陶瓷、改性玻璃等。选择适宜的聚合物作为有机相，可以得到弹性复合物或高模量工程塑料。得到的复合材料形态可以是半互穿网络、全互穿网络、网络间交联等多种形式。采用溶胶-凝胶纳米复合方法，很容易使微相大小进入纳米尺寸范围，甚至可以实现无机-有机材料的分子复合。由于聚合物链贯穿于无机凝胶网络中，分子链和链段的自由运动受到限制，小比例添加物就会使聚合物的玻璃化温度 T_g 显著提高。当达到分子复合水平时，T_g 甚至会消失，具有晶体材料的性质。同时，复合材料的软化温度、热分解温度等也比纯聚合物材料的有较大提高。

该法目前存在的最大问题在于：在凝胶干燥过程中，由于溶剂、小分子、水的挥发可能导致材料收缩脆裂。尽管如此，sol-gel 法仍是目前应用最多、也是较完善的方法之一。可以制成具有不同性能和满足广泛需要的有机-无机纳米复合材料。溶胶-凝胶法及其所制备的纳米复合材料已被越来越广泛地应用到电子、陶瓷、光学、热学、化学、生物学等领域。

此外尚有聚合物-无机纳米复合材料顺序合成法，顺序合成法又可分为有机相在无机凝胶中原位形成和无机相在有机相原位生成两种情况。有机相在无机凝胶中原位形成包括有机单体在无机干凝胶中原位聚合、有机单体在层状凝胶间嵌插聚合。有机单体在无机干凝胶中原位聚合是把具有互通纳米孔径的纯无机多孔基质（如沸石），浸渍在含有聚合性单体和引发剂溶液中，然后用光辐射或加热引发使之聚合，可得到大尺寸可调折射率的透明状材料，应用于光学器件。

7.2.3　聚合物/蒙脱石纳米复合材料

聚合物/蒙脱石纳米复合材料属于纳米插层复合材料，插层材料一般是指由层状无机物与嵌入物质构成的一类材料。通常层状无机物称为插主（host），嵌入物称为客体（guest）。层状无机物主要有以下几类：①石墨；②天然层状硅酸盐，如滑石、云母、黏土（高岭土、蒙脱土及泥质石等）和纤蛇纹石、蛭石等；③人工合成层状硅酸盐、云母，如层状沸石、锂蒙脱石和氟锂蒙脱石等；④层状金属氧化物，如 V_2O_5、MoO_3、WO_3 等；⑤其他无机物，如一些过渡金属二硫化物、硫代亚磷酸盐、磷酸盐、金属多卤化物等。

嵌入物质可以是无机小分子、离子、有机小分子和有机大分子。当嵌入物质为小分子物质时，该物质常被称为"夹层化合物"、"嵌入化合物"等。当嵌入物质为小分子时，往往要利用小分子与夹层的特殊作用，使插主材料附加上一些诸如导电、导热、催化、发光等功能；而当嵌入物质为有机大分子时，通常要利用大分子基体与层状插主材料之间的作用，使插层材料能综合插主与客体两者的功能。近年来，开发出的各种聚合物插层材料，大多是在嵌入成分（聚合物）上附加上或改善其某些性能，如强度、耐热性、阻隔性等。

用以制备插层复合材料的方法称为插层法（intercalation）。1987 年日本丰田中央研究院报道了用插层聚合方法制得尼龙 6/蒙脱土纳米复合材料，随后将此种材料用于制造汽车零部件。由于此种材料所表现出的优异力学、物理性能，这一成就引起了国际上广泛的关注，掀起了研究聚合物/黏土纳米复合材料的热潮，先后研制出了环氧树脂、不饱和聚酯、聚酰亚胺、聚丙烯、聚氨酯、聚丙烯酸酯等一系列热固性和热塑性树脂为基的黏土纳米复合材料。此外，以合成云母、高岭土及石墨为插主聚合物基纳米复合材料也有不少报道。由于蒙脱石的特殊结构，使得它在合成插层材料上具有许多优势，是目前研究的主流。

蒙脱土的基本成分是蒙脱石，是一种层状硅酸盐。蒙脱土有时也简称黏土（虽然并不严格），所以，蒙脱石、蒙脱土、黏土常指同一个意思，都是指可剥离的层状硅酸盐。聚合物/层状硅酸盐纳米复合材料（polymer/layered silicate nanocomposites）、聚合物/蒙脱石纳米复合材料（polymer/montmorillonite nanocomposites）和聚合物/黏土纳米复合材料（polymer/clay nanocomposites）常指同一个意思，都可以记为 PLSN。

关于插层纳米复合材料的研究都涉及两个基本问题：如何更好、更经济地使黏土类矿物如蒙脱石剥离成纳米级片层状颗粒；如何使聚合物基体与纳米片层颗粒之间有更好的亲和力。

7.2.3.1　蒙脱石的结构和性质

硅酸盐矿物可分为层状结构硅酸盐和链状-层状结构硅酸盐两种。用作聚合物/黏土纳米复合材料无机分散相的蒙脱土（montmorillonite，MMT），是中国丰产的一种黏土矿物，是一种层状硅酸盐，整个片层厚约 1nm，长宽各为 100nm，每层包含三个亚层，在两个硅氧四面体亚层夹一个铝氧八面体亚层，亚层之间通过共用氧原子以共价键连接。由于铝氧八面体亚层中的部分铝原子被低价原子取代，片层带有负电荷；过剩的负电荷靠游离于层间的 Na^+、Ca^{2+} 和 Mg^{2+} 等阳离子平衡。这些阳离子容易与烷基季铵盐或其他有机阳离子进行交换反应，生成亲油性的有机化蒙脱土，层间距离增大。有机蒙脱土片层可进一步使单体渗入并聚合，或使聚合物熔体渗入而形成纳米复合材料。

这种黏土的硅酸盐片层之间存在碱金属离子，在水中溶胀，故亦称为膨润土，即可溶胀的黏土；反之，像滑石、高岭土这类层状硅酸盐，片层之间无碱金属，在水中不溶胀，称之为非溶胀的黏土。

用于制备聚合物/黏土纳米复合材料的黏土，主要是指可溶胀黏土（膨润土），亦称蒙脱土（蒙脱石）。

蒙脱石粉末是由几十个基本颗粒聚集而成，每个颗粒尺寸为 $10 \sim 50 \mu m$。颗粒之间存在缺陷，在受到一定外力场作用下，可分散成为 $0.1 \sim 10 \mu m$ 的微小颗粒。这些微小颗粒是由若干个厚度约为 1nm 的硅酸盐片层紧密堆砌而成的。

蒙脱土的结构单元是 2∶1 型的片层硅酸盐。其晶体结构是：由两层硅氧四面体片之间夹着一层铝（镁）氧（羟基）八面体片结构晶层，晶层中的四面体八面体可存在异质同晶取代，从而使晶层带净负电荷，晶层间吸收水合阳离子（Na^+、Ca^{2+}、Mg^{2+}）等以抵消这种负电荷，这些水合阳离子可与有机或无机阳离子进行交换，并可使分子插入层间，引起晶格沿 C 轴方向伸展，所以，C 轴方向（d_{001}）的尺寸是不固定的，即层间距是可以大幅度改变的，甚至可使晶层完全分离，即具有二维晶体的特征。这也是插层聚合的依据所在。

聚合物/黏土纳米复合材料中的黏土一般为蒙脱石钠型膨润土，其结构如图 7-18 所示。

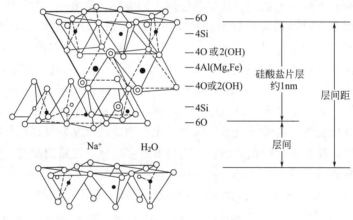

图 7-18 蒙脱土的结构

○—O；◎—OH；●—Al，Fe，Mg；o，●—Si

由上述可知，蒙脱土具有如下的重要性质。

① 膨胀性，可被水溶胀的性质称为膨胀性，可用膨润值表征。

② 晶层之间的阳离子是可交换的，可用无机或有机阳离子进行置换。利用阳离子的可交换性，可通过与其他阳离子交换来改变黏土层间的微环境，以适应不同的要求。黏土中阳离子可交换能力的大小可用阳离子交换量（CEC 值）来表征，它是指 100g 干土吸附阳离子的物质的量。CEC 值是决定黏土矿物能否用于制取聚合物/黏土纳米复合材料的关键，CEC太低时，不足以提供足够的使片层剥离的推动力；太高时则极高的层内库仑引力使晶层作用力太大，不利于有机分子及大分子的插入，也不利于层片之间的剥离。对于蒙脱土类黏土，CEC 值为 $60 \sim 120 mmol/100g$ 土时为最好。

在实际应用中，黏土与有机阳离子的交换能力是很重要的指标。

③ 黏土等矿物颗粒可分离成片层，径/厚比可高达 1000，因此，具有极高的比表面积，从而赋予复合材料极优异的增强性能。

7.2.3.2 蒙脱石的有机改性

PLSN 的制备方法大致可分为插层聚合和插层复合（共混）两类。插层聚合是先使单体嵌入硅酸盐片层之间的坑道中，再进行聚合，从而制得 PLSN。插层复合是聚合物直接嵌入硅酸盐片层的坑道中。不论哪种方法，往往需将黏土预先处理，获得所谓的有机黏土（有机蒙脱土）。

蒙脱土硅酸盐片层及片层之间的坑道都是亲水而疏油的，与多数聚合物及其单体相容性很小。为此，可用有机阳离子（如烷基铵离子、阳离子表面活性剂等）通过离子置换蒙脱石硅酸盐片层之间（亦称坑道）原有的水合阳离子，从而使其由亲水性变为亲油性，这就称为蒙脱土的有机化。所用的有机阳离子也称为插层剂，如此处理过的蒙脱土即称为有机蒙脱土或有机黏土。例如用十六烷基三甲基溴化铵对无机黏土进行有机化改性的反应可表示为：

$$R—N^+(CH_3)_3Br^- + 黏土—O^-Na^+ \longrightarrow R—N^+(CH_3)_3^-O—黏土 + NaBr$$

选择插层剂应注意以下原则：① 应与聚合物或其单体有较大的相互作用，相容性好，有利于聚合物与黏土之间的亲和；② 价廉易得。有时，单体亦可作为插层剂。

插层剂插入硅酸盐片层之间会使片层之间的距离增大，有机基团越长，距离增加得越多。用碳链有机铵阳离子作插层剂时，碳链一般要含 12～16 个以上的碳原子。例如，用十六铵盐作插层剂时，硅酸盐片层之间的距离由原来的 1.2nm 增到 2.2nm 左右。

插层剂的选择是制备 PLSN 十分关键的环节。根据聚合物种类和 PLSN 制备方法的不同，插层剂也有所不同。蒙脱土的有机改性主要有以下几种方法。

（1）离子交换法　这是用有机阳离子与硅酸盐片层之间水合阳离子进行离子交换而在片层间引入有机基团，以达到有机改性的目的。这类插层剂，常用的有有机铵盐、有机磷盐、氨基酸、吡啶类衍生物等，实际上都是阳离子性表面活性剂。

有机铵盐插层剂是目前应用最多、研究得较成熟的一类有机处理剂，这在前面已经提及。如果有机铵另一端带有可与单体共聚的基团，则效果更好。例如，用乙烯苯基长链季铵盐作插层剂，制得可聚合性的改性蒙脱土；当用苯乙烯插层聚合时，可制得剥离型的聚苯乙烯/蒙脱土纳米复合材料。已报道的此类插层剂还有甲基丙烯酰氯苄基二甲基氯化铵和含丙烯酸酯基的季铵盐。

但是，由于烷基铵本身的热稳定性差，在温度较高时（200℃左右）发生 Hoffman 降解反应，影响复合材料的热稳定性，所以，近年来各种有机磷盐类插层剂已受到重视。但有机磷盐价格较贵，目前尚难广泛采用。

在酸性溶液中，氨基酸的氨基可转变成铵基离子，也可作为黏土改性的插层剂。由氨基酸改性的蒙脱土在制备尼龙 6/黏土纳米复合材料中得到了广泛的应用。例如，用 1，2-氨基月桂酸处理蒙脱土，可制得尼龙 6/蒙脱土剥离型纳米复合材料。此外，也用于聚氨酯、聚己内酯、聚酰亚胺等与黏土插层的纳米复合材料的制备上。

（2）硅烷偶联剂法　硅烷偶联剂是一类分子中同时具有两种或两种以上反应性基团的有机硅化合物，通式可表示为 $RSiX_3$，X 表示可水解性基团，水解后得到的硅醇基能与黏土表面羟基键合；R 为反应性有机基团，能与聚合物结合，这样起到偶联黏土与聚合物的作用。例如：

$$RSiX_3 + 3H_2O \longrightarrow RSi(OH)_3 + 3HX$$

$$黏土—OH + RSi(OH)_3 \longrightarrow 黏土—O—\overset{|}{\underset{|}{Si}}—R + H_2O$$

基团 R 可与聚合物产生较强的次价键或化学键，从而起到偶联剂作用。

用硅烷偶联剂改性的蒙脱土已成功地制得聚苯乙烯/蒙脱土剥离型纳米复合材料。用以制备不饱和聚酯/蒙脱土纳米复合材料，改性蒙脱土用量为 1.5%（质量）就可使冲击强度提高一倍。

（3）冠醚改性法　冠醚能与碱金属、碱土金属、镧系金属离子形成稳定的络合物。所以，冠醚也能与硅酸盐片层中碱金属离子形成稳定的络合物，从而达到改性的目的。用冠醚改性的黏土可很好地分散于尼龙 6 基体中，形成纳米复合材料。

（4）单体或活性有机物插层剂法　许多单体亦用作插层剂。这种单体一端必须是阳离子型端基，另一端是可聚合或缩聚的基团。例如，用共聚单体 4,4-二氨基二苯醚作为插层剂改性蒙脱土，然后与 3,3′,4,4′-二苯甲酮四羧酸二酐插层聚合制得了聚酰亚胺/黏土纳米复合材料。又如，用 2-(N-甲基-N,N-二乙基溴化铵）丙烯酸乙酯作为蒙脱土改性剂，制得的改性蒙脱土可与 MMA 进行插层共聚，制得 PMMA/蒙脱土纳米复合材料。活性有机化合物如 TDI 亦可作为插层剂改性蒙脱土；利用氯硅烷与蒙脱土片层中羟基的反应，亦可用以改性蒙脱土。

（5）引发剂或催化剂插层剂　有报道将 2,2-偶氮二异丁脒盐酸盐（AIBA）可作为蒙脱土和高岭土的插层改性剂，可引发烯类单体插层聚合。用对环氧树脂反应有催化作用的酸性较大的有机阳离子改性蒙脱土可催化环氧树脂的氨固化，制得剥离型纳米复合材料。

（6）二次插层法　近年来已有不少关于二次插层法的报道，即用不同的插层剂对蒙脱土进行插层改性，可提高改性效果。例如，先用十八烷基氯化铵对蒙脱土插层，再用甲基丙烯酸乙酯三甲基溴化铵进行第二次插层。又如先用乙二醇插层，再用其他插层剂第二次插层；以及分别用氨基乙酸/十二胺、氨基乙酸/季铵盐、季铵盐/十八胺的组分进行二次插层等。

应该指出，并非在所有情况下，都需对蒙脱土进行有机改性。对于某些水溶性较大的单体和聚合物，可直接使用 Na$^+$ 型蒙脱土制备插层纳米复合材料。例如，可直接用钠型无机黏土制备尼龙/无机蒙脱土纳米复合材料。采用钠型无机土用悬浮法制得了聚乙烯醇和聚环氧乙烯等为基体的蒙脱土纳米复合材料；又如用钠型蒙脱土，通过乳液聚合方法可制得 PMMA/蒙脱土和 PVC/蒙脱土纳米复合材料。

采用无机土的方法可简化制备工艺、降低成本，具有很大应用价值，很值得进一步研究和开发。

7.2.3.3　插层热力学及动力学

聚合物的插层过程能否自发进行，取决于该过程的自由焓变化 ΔG 是否小于零。黏土夹层的层间距由原来的 h_0 膨胀到 h，ΔG 变化为：

$$\Delta G = G(h) - G(h_0) = \Delta H - T\Delta S \tag{7-12}$$

当 $\Delta G < 0$ 时，过程方可自发进行。

以聚合物熔融插层为例。在插层过程中，黏土一般先进行有机改性得到有机黏土，插层过程熵变 ΔS 主要来自插层剂和已插层的聚合物。聚合物链由自由的熔融态转变成受限空间内的被约束状态，构象熵将减少（$\Delta S_{聚合物} < 0$）。对于层间的插层剂分子约束链而言，层间距增大时，运动空间增大，所以，插层剂约束链的熵值（$\Delta S_{链}$）增大。而 $\Delta S \approx \Delta S_{聚合物} + \Delta S_{链}$。

层间距由 h_0 增至 h 时，$\Delta S_{链} > 0$，而 $\Delta S_{聚合物} < 0$。插层剂链长增加，体积增大显然有利于 $\Delta S_{链}$ 的提高，因而有利于插层。但一般而言，仍是 $\Delta S \leqslant 0$。

对于过程的焓变 ΔH 主要由插主与嵌入物质（单体或聚合物）之间的亲和程度决定。只有当 $\Delta H < 0$，且 $|\Delta H| > T|\Delta S|$ 时，插层过程才能自发进行。这就是说，要使 $\Delta G \leqslant 0$，则 $\Delta H \leqslant 0$ 要有较大的负值，即插主与客体之间要有较大的亲和力，例如产生化学键、氢键

或较强的次价键。而一般熔融插层法，大分子与黏土之间只有较弱的范德华力，所以，不易得到剥离型插层。而环氧树脂、尼龙 6 可与黏土形成化学结合，能得到剥离型纳米复合材料。

对于单体加聚或缩聚插层，聚合能即聚合热的作用至关重要。对于蒙脱土，根据计算，要使层间剥离，单位面积需消耗的能量为 $0.001J \cdot m^{-2}$。对于聚合热，例如对已内酰胺 ΔH 为 $-13.4kJ \cdot mol^{-1}$、MMA 为 $-13.6kJ \cdot mol^{-1}$，由此可估算出它们在单位面积黏土晶层内聚合时，放出的能量为 $-0.06J \cdot m^{-2}$。所以，单体聚合插层时，关键不在于插层聚合过程放出多少能量，而在于如何将聚合能集中在对黏土晶层的做功上，即如何使单体的聚合集中在片层之间，即事先单体如何扩散到片层坑道中。这就涉及动力学问题。

根据对熔融插层动力学的研究表明：聚合物进入黏土层间的活化能与聚合物熔体在黏土颗粒间扩散活化能相当。因此，插层复合物的形成只需考虑聚合物进入黏土颗粒的传质速率，而无需考虑聚合物在黏土层间的运动速率，采用常规加工设备即可，无需强化搅拌条件等，因为机械搅拌无助于聚合物向黏土层间的扩散；而良好的插层改性剂则将大幅度提高聚合物向黏土层内扩散。

7.2.3.4 插层方法

(1) **聚合物溶液插层** 这种方法是将改性层状蒙脱土等硅酸盐微粒浸泡在聚合物溶液中加热搅拌，聚合物从溶液中直接插入到夹层中，蒸发掉溶剂之后即可形成聚合物纳米复合材料。聚合物溶液直接插层过程分为两个步骤：溶剂分子插层和聚合物与插层溶剂分子的置换。从热力学角度分析，对于溶剂分子插层过程，溶剂从自由状态变为层间受约束状态，熵变 $\Delta S < 0$，所以，若有机土的溶剂化热 $\Delta H < T\Delta S < 0$ 成立，则溶剂分子插层可自发进行；而在聚合物对插层溶剂分子的置换过程中，由于聚合物链受限减小的构象熵小于溶剂分子解约束增加的熵，所以，此时熵变 $\Delta S > 0$，只有满足放热过程 $\Delta H < 0$ 或吸热过程 $0 < \Delta H < T\Delta S$ 时，聚合物插层才会自发进行。因此，聚合物的溶剂选择应考虑对有机阳离子溶剂化作用适当，太弱不利于溶剂分子的插层步骤；太强得不到聚合物插层产物。温度升高，有利于聚合物插层，而不利于溶剂分子插层，所以，在溶剂分子插层步骤要选择较低温度。在聚合物插层步骤要选择较高温度，此时温度升高有利于把溶剂蒸发出去。黏土的改性对于插层成功与否起着非常重要的作用，例如，在制备聚丙烯/蒙脱土纳米复合材料时，用丙烯酰胺改性的黏土在甲苯中被聚丙烯插层，晶层间距从原来的 1.42nm 增加到 3.91nm；而用季铵盐改性的黏土在甲苯中被聚丙烯插层时，层间距基本不变。说明丙烯酰胺的双键在引发剂的作用下可以与聚丙烯主链发生接枝反应，这样更有利于硅酸盐晶片分散剥离。XRD 和 TEM 测试结果都证明了这一点。

聚合物溶液插层复合法已有不少成功的例子。例如，十二烷基季铵盐改性的蒙脱土可很好地分散于 N,N-二甲基甲酰胺（DMF）中，而聚酰亚胺及其单体也可溶于 DMF 中。因此，聚酰亚胺大分子可借助溶剂的作用插入黏土层间。加热除去溶剂，即可制得聚酰亚胺/蒙脱土纳米复合材料。聚氧化乙烯与蒙脱土的纳米复合材料也可用此方法制得，此法的关键是，使溶剂挥发时，要保证聚合物不随之脱掉。许多情况下，要做到这一点并不容易。

(2) **聚合物熔体插层法** 熔体插层过程是首先将改性黏土和聚合物混合，再将混合物加热到软化点以上，借助混合、挤出等机械力量将聚合物插入黏土晶层间。在插层过程中，由于部分聚合物链从自由状态的无规线团构象，成为受限于层间准二维空间的受限链构象，其熵将减小，$\Delta S < 0$；聚合物链的柔顺性越大，ΔS 将越负。根据热力学分析，要使此过程自

发进行，必须是放热过程，$T\Delta S < \Delta H < 0$。因此，大分子熔体直接插层是焓变控制的。插层过程是否能够自发进行，取决于聚合物链与黏土分子间的相互作用程度。

此相互作用必须强于两个组分自身的内聚作用，并能补偿插层过程中熵的损失才能奏效。另外，温度升高不利于插层过程。聚苯乙烯/黏土纳米复合材料已经用这种方法制备成功，研究者将有机改性土和聚苯乙烯放入微型混合器中，在200℃下混合反应5min，即可得到插层纳米复合材料。XRD和TEM测试表明：黏土晶层均匀地分散在聚苯乙烯基体中，形成剥离型纳米复合材料。聚合物熔融挤出插层是利用传统聚合物挤出加工工艺过程制备聚合物/黏土纳米复合材料的新方法，这种方法的明显特点是可以获得较大的机械功，因此，有利于插层过程。采用这种方法得到的尼龙6/黏土纳米复合材料，根据XRD测试分析表明：蒙脱土层间距由插层前的1.55nm增加到3.68nm，说明尼龙6聚合物链在熔融挤出过程中，已充分插入硅酸盐晶层之间，层间距发生了膨胀。TEM测试也提供了证据，得到的复合材料力学性能也有较大改善。

由于熔体插层法是焓控制过程，所以，关键是聚合物与黏土片层间要有良好的结合力。为此常需对聚合物进行改性方能奏效，例如聚丙烯（PP）与黏土片层无亲和性，用马来酸酐（MA）使PP改性，制得PP-MA低聚物（马来酸酐改性聚丙烯），把它作为第三组分（起增容剂的作用）与聚丙烯及蒙脱土进行混合。在这些过程中，PP-MA上的酸酐基团水解产物—COOH与硅酸盐上的氧原子之间产生较强氢键作用，弱化层间的次价力，使PP插入层间，制得PP/黏土纳米插层复合物，其层间距可达6～7nm。

（3）单体原位聚合插层法　单体原位聚合插层复合工艺根据有无溶剂参与，可以分成单体溶液插层原位溶液聚合和单体插层原位本体聚合两种。单体溶液插层原位溶液聚合过程一般是先将聚合单体和有机改性黏土分别溶解在同一溶剂中，充分溶解后混合在一起，搅拌一定时间，使单体进入硅酸盐晶层间，最后在光、热或引发剂等作用下，进行溶液原位聚合反应，形成聚合物纳米复合材料。单体插层本体聚合过程是单体本身呈液态，与黏土混合后单体插入层中，再引发单体进行本体聚合反应。单体插层原位本体聚合过程包括两个步骤：单体插层和原位本体聚合。对于单体插层步骤与聚合物熔体插层和溶剂插层过程类似，对于在黏土层间进行的原位本体聚合反应，在等温、等压条件下，该原位聚合反应释放出的自由能将以有用功的形式对抗黏土片层间的吸引力而做功，使层间距大幅度增加，形成剥离型聚合物纳米复合材料。在插层过程中，温度升高不利于单体插层。

单体溶液插层原位溶液聚合也分为两个步骤：首先是溶剂分子和单体分子发生插层过程，进入黏土层间，然后进行原位溶液聚合。溶剂具有通过对黏土层间有机阳离子和单体二者的溶剂化作用，促进插层过程和为聚合物提供反应介质的双重功能。要求溶剂自身能插层，并与单体的溶剂化作用要大于与有机阳离子的溶剂化作用。由于溶液的存在使聚合反应放出的热量得到快速释放，起不到促进层间膨胀的作用。因此，一般得不到剥离型纳米复合材料。单体插层聚合方法已经成功用于黏土/尼龙纳米复合材料的制备，例如将黏土与己内酰胺混合，再用引发剂引发插入的己内酰胺的缩聚反应，即可制得黏土/尼龙纳米复合材料。测试结果表明：蒙脱土以约50nm尺寸分散于尼龙基体中。当蒙脱土质量分数为45%时，其层间距由原来的1.26nm增加到1.96nm；当蒙脱土质量分数为15%时，层间距增加至6.2nm。可见，层间距明显与蒙脱土的含量有关。此外，将苯胺、吡咯、噻吩等单体，嵌入无机片层间，经化学氧化或电化学聚合，生成导电聚合物纳米复合材料，可作为锂离子电池的阳极材料。最新报道的液晶共聚酯/黏土纳米复合材料也是单体聚合法制备的。

在单体原位聚合插层法中，最好用共聚单体作为黏土插层改性剂。这种改性剂一端带有正电荷如镓基，它可与黏土层片上的负电荷结合；另一端含有双键等可聚合基团，这样可大幅度提高复合效率。例如先用乙烯基苯基三甲基氯化铵通过阳离子交换插入 MMT 层间，再使苯乙烯单体插入并原位聚合，使聚合物链接枝到层片上：

$$\boxed{\text{MMT}}\!-\!O^- \ M^+ + Cl^- \ N^+\!-\!CH_2\!-\!\!\!\bigcirc\!\!\!-\!CH\!=\!CH_2 \quad\longrightarrow\quad \boxed{\text{MMT}}\!-\!O^- \ N^+\!-\!CH_2\!-\!\!\!\bigcirc\!\!\!-\!CH\!=\!CH_2$$
$$\underset{Me_3}{} \qquad\qquad\qquad\qquad\qquad\qquad\qquad \underset{Me_3}{}$$

$$\downarrow\ CH_2\!=\!CH\!-\!Ph, In$$

$$\boxed{\text{MMT}}\!-\!O^- \ N^+\!-\!CH_2\!-\!\!\!\bigcirc\!\!\!-\!CH\!-\!\!\!\underset{\underset{CH_2\!-\!In}{|}}{}\!\!\!\!CH_2\!-\!CH\!\!\!\underset{\underset{Ph}{|}}{}\!\!\!\!\!\!{}_n$$
$$\underset{Me_3}{}$$

如此制得的聚苯乙烯/蒙脱土纳米复合材料中，每克 MMT 接枝的聚苯乙烯链达 0.84～2.94g，层间距为 1.72～2.45nm。

单体原位聚合插层法根据不同情况也可采用乳液聚合方法或悬浮聚合方法。采用乳液聚合法时，对亲水性较大的单体常不用对蒙脱土进行有机改性，在乳化剂作用下，使用钠型无机土就可以取得较好的复合效果。

7.2.3.5　结构形态

根据聚合物-蒙脱土插层复合材料中蒙脱土层片在聚合物基体中的分散状态，可将其复合结构分为普通复合（conventional composite）、插层纳米复合（intercalated nanocomposite）和剥离型插层纳米复合（delaminated nanocomposite）三种。在普通复合中，黏土层片并没有发生层扩展的结构上的变化，聚合物也未进入片层间，所以，类似于通常的填充，并非真正的插层复合。在插层纳米复合中，蒙脱土片层间距因大分子的插入而明显扩大，从原来的 1nm 扩展至 1～2nm 或更大。由纳米插层复合形成的结构称为插层结构（intercalated structure），如图 7-19（a）所示，这时，层片之间仍存在较强的范德华作用力，层片之间排列仍存在有序性。由剥离型插层纳米复合而形成的结构称为剥离结构（exfoliated structure），如图 7-19（b）所示。这时黏土层片间作用力消失，层片在聚合物基体中无规分布。

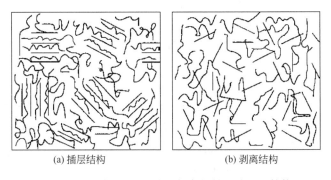

(a) 插层结构　　　　　　　　　　(b) 剥离结构

图 7-19　聚合物/黏土纳米复合材料两种理想结构

对于实际的聚合物/黏土纳米复合材料，形态结构常介于这两种理想结构之间，具体的形态结构还受动力学因素和剪切应力场的影响。通过透射电子显微镜和 X 射线技术，可以清楚地表征这三种不同复合的结构特征。对于普通复合体系，由于蒙脱石黏土是以原有的晶体粒子分散于聚合物中，样品的 X 射线衍射呈现出原有蒙脱石晶体的衍射谱图，其 001 峰所反映的晶胞参数 c 轴尺寸，恰好是蒙脱石的层间距离 d。依据蒙脱石产地及类型的不同，

所测得的 d 值往往不同，如钙质蒙脱石，d_{001} 在 $1.52\sim1.56$nm；钠质蒙脱石，d_{001} 在 $1.24\sim$ 1.30nm；钠钙质蒙脱石的 d_{001} 介于钙质和钠质蒙脱石之间。用透射电子显微镜观察，在低倍数时，可看到一般无机填充粉末在聚合物基体中分散的特征，如图 7-20 所示；当放大倍数足够大时，且超薄切片位置合适时，可看到聚合物中黏土的晶层结构，如图 7-21 所示。图中黑线为黏土晶层，空白部分是层与层之间的间隙，晶层尺寸约为 1nm，层间间隙约为 $0.3\sim0.5$nm。

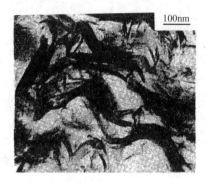

图 7-20 普通复合中黏土晶层结构（TEM）
体系：PMMA/MMT

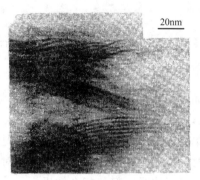

图 7-21 纳米插层复合中黏土晶层结构（TEM）
体系：PMMA/MMT

对于插层纳米材料，由于聚合物对黏土层间的插入，使黏土层间距扩展。但是，由于扩展的尺寸往往不到 1nm，用透射电子显微镜只能估算出层间距尺寸，参见图 7-21。如果图中黑线之间空白部分尺寸大于黑线宽度，则可认为黏土层间距大于 1nm。若要获得精确的层间距尺寸，则可借助 X 射线衍射这一有效的手段。

在钠质蒙脱石的 X 射线谱图中，001 峰出现在 $2\theta = 5.89°$。当蒙脱石夹层中插入任何其他小分子或大分子而引起层间距扩展之后，X 射线衍射的 001 峰将向低角度移动，而且 001 峰形有逐步加宽的趋势。当层间距扩展至大于 2nm 时，001 峰几乎消失（图 7-22），也可以认为，当黏土晶层间距大于 2nm 时，层间作用力基本消失，层与层的排列趋于无序化。黏土夹层距小于 2nm 的插层材料，其层间距的精确尺寸可由 X 射线衍射的角度及 X 射线的波长（λ）等参数通过布拉格公式精确计算而得到。

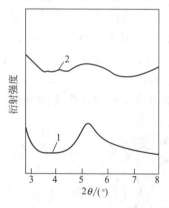

图 7-22 普通插层材料及剥离型插层材料 X 射线衍射图
1—普通插层；2—剥离型插层

对于剥离型插层材料，由于黏土层片被聚合物完全撑开，在整个体系中呈无序分散状态，其 X 射线衍射谱图在 $2\theta = 1°\sim10°$ 范围内见不到明显的衍射峰，因此，继续用这一方法来描述体系中黏土片层之间的距离是不合适的。这时，用透射电子显微镜技术来描述体系中黏土片层的状态较为适合，通过照片上的测量，可估算出黏土层片之间的平均间距，见图 7-23。

当超薄切片的方向垂直于黏土片层平面时，在显微镜下看到的是层片的横截面，它们呈细条纹状。由于黏土层片的尺寸可大至 $100\sim200$nm，小于 5nm，且单层晶片具有一定的"柔性"，因此，在显微镜下有时可能看到一些长短不一、可弯曲的细条。如果超薄切片的方向恰好平行于黏土的片层，并且被剥离的层片存在于 $60\sim70$nm 厚度的薄片样品中，则可通过显微镜看到黏土层片相互错位平铺于聚合物基体中的状态。

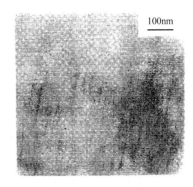

100nm

聚合物与蒙脱石之间相互作用的表征，一般可通过核磁共振（NMR）、红外光谱等手段进行。如根据化学位移随原子核有效电荷密度的增大而增大原理，从 ^{15}N-NMR 的化学位移估算尼龙 6 与黏土之间的键合情况，也可通过端基分析法测定并计算出尼龙与黏土层片形成化学结合的比例。

图 7-23　剥离型纳米复合材料 TEM 图
体系：PMMA/MMT

将插层材料用适当溶剂进行萃取，并借助红外光谱等分析手段可以判断聚合物是否与黏土层片形成化学结合。用该法证实了乳液聚合 PMMA/MMT 插层材料中，PMMA/MMT 的化学键合成分相当可观；也发现在本体聚合 PMMA/MMT 插层材料中，同样存在聚合物与蒙脱石的化学键合成分。

插层分子在黏土夹层中所处的状态，可以通过层间空间尺寸与插层分子的尺寸比拟来描述。对于 ω-氨基酸/蒙脱石插层体系，当碳数小于 8 时，测得蒙脱石的层间距大致为层片厚度（1nm）与 ω-氨基酸分子直径（0.35nm）的和（即 1.35nm），所以，可以认为 ω-氨基酸是平躺于黏土片层内。当 ω-氨基酸的碳数等于 11 或更多时，氨基酸分子与夹层平面形成以倾斜角 θ，并符合式（7-13）（参见图 7-24）。

$$\sin\theta = (d-1.0)/L \tag{7-13}$$

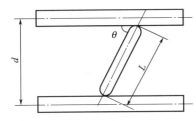

图 7-24　黏土夹层内分子状态模型

式中，L 为氨基酸分子长度；d 为实测层间距；θ 为氨基酸分子与夹层平面的夹角。当 ω-氨基酸的碳数为 11、12 和 18 时，θ 值分别为 23.5°、21.5°和 42.5°。

如果黏土层间在大量聚合物作用下呈完全剥离状态，则聚合物分子在层间的形态是自由的，与在夹层外无异，因此，在插层纳米材料中，大分子处于受限空间，其玻璃化转变可能消失；而在剥离型插层纳米材料中，聚合物的玻璃化转变仍然存在。

对于剥离型插层材料，蒙脱石黏土在聚合物中的质量分数与黏土片层间距存在一定的函数关系：

$$d = (Rt\rho_c)/\rho_p + t \tag{7-14}$$

式中，t 为蒙脱石片层厚度；ρ_p、ρ_c 分别为聚合物和蒙脱石的密度；R 为聚合物与黏土的质量比值。如对有机型蒙脱石，层片厚度 $t=1.68$nm，PMMA 的密度 $\rho_m=1.18$g·cm^{-2}，蒙脱石晶体密度 $\rho_c=1.98$g·cm^{-2}，代入式（7-14），则：

$$d = 2.7/R + 1.68 \tag{7-15}$$

若 100g PMMA 中含有机蒙脱石 5g，即 $R=20$，则，$d=2.71\times20+1.68=55.88$（nm）。

通过与计算值的比较，可以估算黏土片层的分散情况。一般测定值小于这个数值，可以认为其原因是体系不是完全均匀的；另外该公式推导过程的假设亦有一定偏差，即有许多聚合物实际上并不是存在黏土片层间。

聚合物/黏土纳米复合材料中，硅酸盐片层厚度为 1nm，横向尺寸为 250nm，径/厚比为 250，比表面积超过 700m^2·g^{-1}，单个片层可视为分子量在 10^6 以上的刚性大分子。整个材料基本上是由界面层构成的，聚合物/黏土的界面是决定材料性能的基本因素。此种纳

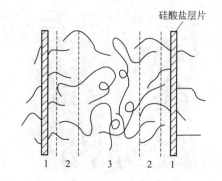

图 7-25　聚合物/纳米复合材料区域结构
1—表面区；2—聚合物束缚；
3—未束缚聚合物区

米复合材料，围绕硅酸盐层片可区分为如下三个区域，如图 7-25 所示。①在靠近硅酸盐层片表面是由表面改性剂（插层剂）或增容剂构成的区域，厚度约为 1～2nm。②第二个区域是束缚聚合物区，可由黏土表面积伸展至 50～100nm。此区域的大小决定于表面改性剂与聚合物之间作用力的性质和强度，以及聚合物/聚合物之间的相互作用力的性质和强度。表面改性剂与聚合物之间的作用力越强，此束缚区越大。另外，黏土引发成核作用，也是对此束缚区产生重要影响的因素。③第三个区域是未被束缚的聚合物区，此区域大体上与原来的聚合物相同。

由热力学和动力学因素决定这三个区域的相对大小。对完全剥离型的纳米复合材料，当片层浓度不特别小时，第三个区域可缩小至零。

这三个区域的结构不同，表现出不同的物理性能，宏观物性是由这三个区域的性能共同决定的。例如，这三个区域会有不同的扩散系数、渗透系数等。

如上所述，聚合物/黏土纳米复合材料的形态结构包括硅酸盐片层的分散程度和排列的有序性以及聚合物大分子构象变化，所形成的区域结构决定了此种纳米复合材料结构-性能关系的基本规律，是了解结构与性能关系的基础。

7.2.3.6　性能及应用

聚合物/黏土纳米复合材料的应用大体上可分为两大类，即作为工程材料和气体阻隔材料，这分别涉及工程力学性能和阻隔性能。此种纳米复合材料的拉伸强度、拉伸模量与聚合物基体相比有大幅度提高，这是一般用填料填充的聚合物体系所无法比拟的。同时，阻燃性、热变形温度、耐溶剂性能等都有大幅度的提高，因此，是极优异的工程材料。这类纳米材料另一特点是具有极高的气体阻隔性能，有时对某些气体的渗透性可下降一个数量级，而黏土的用量仅为 1％～5％（质量），且透明性并不受明显影响。

聚合物与黏土进行纳米复合，可使力学性能有大幅度提高，使热变形温度和热分解温度明显提高，热膨胀系数显著下降。表 7-11 列举了 PET/黏土纳米复合材料与纯 PET 性能的对比。

表 7-11　PET/黏土纳米复合材料的性能

性　　能	PET	PET（玻璃纤维增强，玻璃纤维用量 43％）	PET/黏土纳米复合材料	
黏土用量/％（质量）	0	—	2	5
弯曲强度/MPa	73	230	87	91
弯曲模量/MPa	2300	1000	3100	3600
Izod 抗冲击强度/J·cm^{-1}	28	71	56	53
热变形温度（HDT）/℃				
1.86MPa	71	231	104	110
0.45MPa	142	246	177	192
收缩率/％	1.2	0.6	0.8	0.7
热膨胀系数/×10^5·K^{-1}	9.1	3.1	7.6	6.3
扭曲变形/mm	0.6	1.3	0.4	0.4
光泽/％	91.6	82.4	91.2	91.3
再结晶温度/℃	140	134	125	120

在一般的阻燃材料中，常用添加阻燃剂的方法来实现。这会使材料的物理和力学性能下降，而且一旦燃烧会产生更多的 CO 和烟雾。而在聚合物/黏土纳米复合材料中，如尼龙 6/蒙脱土纳米复合材料，不加阻燃剂，热释放速率下降 60% 以上，且不增加 CO 和烟雾的产生，所以是一种优异的阻燃材料；同时聚合物/黏土纳米复合材料还有优异的自熄性。阻燃和自熄的原因在于，在燃烧时，纳米复合材料结构塌陷，多层碳质-硅酸盐结构提高了碳的阻燃性能。这种富硅酸盐炭质结构是一种传质和传热的阻隔体，阻隔挥发物的产生和聚合物的分解。由于聚合物/黏土纳米复合材料呈现出良好的综合性能，如热稳定性高、强度高、模量高、气体阻隔性高、热膨胀系数低，而密度仅为一般复合材料的 65%～75%，因此，可广泛应用于航空、汽车、家电、电子等行业作为新型高性能工程材料，目前丰田汽车公司已成功地将尼龙/层状硅酸盐复合材料应用于汽车上。随着研究的深入，越来越多的此种纳米复合材料将应用于食品包装、燃料罐、电子元器件、汽车、航空等方面。由于层状硅酸盐的纳米尺度效应，可以成膜、吹瓶和纺丝，在成膜和吹瓶过程中，硅酸盐片层平面取向形成阻隔层可用作高性能包装和保鲜膜，是开发新型啤酒瓶的理想材料。此外，层状硅酸盐具有较高的远红外反射系数 R，含 5%（体积）蒙脱石的尼龙 6、PP、PET 纤维的远红外反射系数 $R>75\%$，比市售的所谓的"红外发射纤维保健品"的性能好得多，而成本较低，是一种极具开发前景的产品。随着研究的深入，这种纳米复合材料的应用研究将进一步扩宽。应用的新领域有：高性能增强聚合物基体结构材料、高性能有机改性陶瓷材料等。总之，聚合物基纳米复合材料优良的综合性能将使得其应用越来越广，逐渐渗透到国民经济的许多领域，因此，是一类极有发展前途的新型复合材料。

7.2.3.7 进展与展望

聚合物/层状硅酸盐纳米复合材料的研究当前主要集中于聚合物/蒙脱土体系，已发表的报道涉及数十种聚合物，其中包括均聚物也包括共聚物，例如聚丙烯、EVA、聚丙烯酸乙酯、聚甲基丙烯酸甲酯、聚氧乙烯、聚丙烯腈、聚氨酯、聚氧化乙烯、聚苯胺、聚吡咯、环氧树脂、聚醚酯、硅橡胶、聚丙烯酰胺、酚醛树脂、不饱和聚酯、聚酰亚胺、PET、PBT、NBR、EPDM、尼龙 6、尼龙 12、尼龙 66、PVC 等。

整体而言，插层法工艺较简单，原料来源丰富，价格低廉，具有工业化前景。成功用于极性聚合物基体的例子较多，工业化过程也较顺利，日本已有商品面世。而非极性聚合物基体的插层复合仍存在一些问题。

目前的研究涉及改进聚合物基体力学性能、热性能和阻隔性能的较多，但也有不少涉及功能性材料，例如 PEO/Na^+ MMT、聚苯胺/MMT、聚吡咯/MMT 等用作电子及光电子材料是有前途的。

由于插层体系同时又是一种纳米复合体系，两相呈纳米结构分散，许多纳米尺度效应尚未发掘，可能还有许多性能，特别是光、电、磁等功能特性尚未进行研究。插层材料在导电材料领域、高性能陶瓷、非线性光学材料等领域也有应用前景。此外，蒙脱石层片具有富余的负电荷可与客体分子的正电性部分发生作用，提供了分子组装的可能途径，如将一些天然生物材料（如壳聚糖、明胶等）与之进行分子组装插层，可以形成插层材料的新领域。

在插层技术方面，目前尚无突破，可望在应用其他相关学科的理论和技术的基础上开拓新的插层途径。例如，Kyotani 在蒙脱石夹层中合成聚丙烯腈后，高温烧蚀并用氢氟酸处理，把蒙脱石除去，得到分子链在二维空间高度取向的、高规整度的聚丙烯腈碳纤维，与普通的聚丙烯腈碳纤维相比在结构和性能上有很大的不同。

在插主与客体的选择上也可以扩宽思路，例如石墨作为插主的可能。据报道，若先在石墨层内插入碱金属，则苯乙烯等可大量插入层内并聚合。用该法插层后，石墨片层可被完全剥离，使其分散于 PMMA、PA、PS、PVC 中，制成纳米分散体系。石墨含量只需 2％～5％，即可制得电导率可达 0.1～10s/cm 的纳米复合材料。

聚合物/层状无机物插层材料，在插层技术、插层体系上和用途上都存在许多可能，具有广阔的前景，它可望成为 21 世纪普遍关注的高分子材料研究领域之一。

参 考 文 献

[1] ［英］麦克拉姆 N G 著. 纤维增强塑料科学评述. 张碧栋等译. 北京：中国建筑工业出版社，1980.
[2] 宋焕成，赵时熙编. 聚合物基复合材料. 北京：国防工业出版社，1986.
[3] Tsai W，Hahn H T. Introduction to Composite Materials. Technomic Publishing，1980.
[4] Short D S. Composites，1979，19 (4)：215.
[5] Nielsen L E. Mechanical Properties of Polymers and Composites. New York：Marcel Dekker, Inc. 1974.
[6] ［美］卡茨 H S 等编. 塑料用填料及增强剂手册. 李佐邦，张留成，吴培熙等译. 北京：化学工业出版社，1985.
[7] ［美］普罗德曼 E P 主编. 聚合物基体复合材料中的界面. 上海化工学院玻璃钢教研室译. 北京：中国建筑工业出版社，1980.
[8] Sperling L H. Polymeric Multicomponent Materials，An Introduction. New York：John Wiley & Sons，Inc，1977.
[9] Pinnavaia T J，Beall G W. Polymer-clay Nanocomposites. New York：John Wiley & Sons，Inc，2000.
[10] Lyatskaya，et al. Macromolecules，1998，31：6676.
[11] Okada A，et al. Materials Research Society Proceedings，1990，171.
[12] Heinemann J，et al. Macromol. Rapid Commun，1999，20：423.
[13] Shi H，et al. J. Chem. Mater，1996，8：1584.
[14] Biasic L，et al. Polymer，1994，35：3296.
[15] 宋国君，舒文艺. 材料导报，1996，4：56.
[16] 王新宇，漆宗能等. 工程塑料应用，1999，27 (2)：1.
[17] Vaia R A，et al. Chem. Mater，1996，8：1728.
[18] Lebaron P C，et al. Applied Clay Science，1999，15：11-29.
[19] 张立德，牟季美. 纳米材料和纳米结构. 北京：科学出版社，2001.
[20] 张留成等. 高分子材料进展. 北京：化学工业出版社，2005.
[21] Qu X，Zhang L，et al. Polymer Composites，2004，25：94-101.
[22] Qu X，Ding H，et al. J. Appl. Polym. Sci.，2004，93：2844-2855.
[23] Qu X，Guan T，et al. J. Appl. Polym. Sci.，2005，97：348-357.

习题与思考题

1. 简要概述聚合物基复合材料的基本类型。
2. 宏观聚合物基复合材料主要的增强剂有哪些类型？
3. 偶联剂在复合材料制备中的作用是什么？作用的机理是什么？举出三种常用的偶联剂品种。
4. 聚合物基宏观复合材料中的界面有什么特点？界面起什么作用？作用的机理是什么？复合效应的根源主要是什么？
5. 简要分析复合效果在复合材料改性中的作用。

6. 举出三种常见的聚合物基复合材料并说明其性能特点。

7. 简述聚合物基纳米复合材料的主要类型。

8. 简述蒙脱土的结构特征及其层间距的测定方法。

9. 以聚合物为基体，用无机纳米粒子制备聚合物基纳米复合材料有哪些工艺方法？为什么常先对无机纳米粒子进行表面处理？常用的处理方法有哪几种？

10. 简要叙述蒙脱土进行有机改性的主要方法，并举例说明之。

11. 简要分析聚合物/蒙脱石纳米复合材料插层热力学及动力学。

12. 插层方法有哪几种？分析每种方法的优缺点及其适用场合。

13. 解释如下术语：

（1）插层结构；（2）剥离结构。

14. 简要阐述并分析聚合物/蒙脱土纳米复合材料的性能特点及其应用。

15. 简要分析聚合物/蒙脱土纳米复合材料的进展情况和今后的展望。

附　录

聚合物英文名称缩写一览表

AAS	丙烯腈-丙烯酸酯-苯乙烯三元共聚物	HDPE	高密度聚乙烯
ABS	丙烯腈-丁二烯-苯乙烯三元共聚物	HIPS	高抗冲聚苯乙烯
ACS	丙烯腈-氯化聚乙烯-苯乙烯三元共聚物	IIR	异丁橡胶
AK	醇酸树脂	IR	异戊二烯橡胶
AMMA	丙烯腈-甲基丙烯酸甲酯共聚物	LDPE	低密度聚乙烯
AR	丙烯腈橡胶	MABS	甲基丙烯酸甲酯-丙烯腈-丁二烯-苯乙烯
AS	丙烯腈-苯乙烯共聚树脂		共聚-共混物
ASA	丙烯腈-苯乙烯-丙烯酸酯共聚物(以聚丙烯酸酯为骨架接枝 AS)	MBS	甲基丙烯酸甲酯-丁二烯-苯乙烯共聚共混物
AU	聚酯型聚氨酯橡胶	MF	三聚氰胺-甲醛树脂
BR	丁二烯橡胶(或顺丁橡胶)	NBR	丁腈橡胶
CA	醋酸纤维素	NR	天然橡胶
CMC	羟甲基纤维素	PA	聚酰胺
CN	硝酸纤维素	PAA	聚丙烯酸
CPA	己内酰胺-己二酸己二酯-癸二酸己二酯三元共聚物	PAI	聚酰胺-酰亚胺
		PAN	聚丙烯腈
CPE	氯化聚乙烯	PAS	聚芳砜
CPVC	氯化聚氯乙烯	PB	聚丁二烯
CR	氯丁橡胶	PBAN	丁二烯-丙烯腈共聚物
CSM	氯磺化聚乙烯	PBI	聚苯并咪唑
CTBN	羧基为端基的丁腈橡胶	PBMA	聚甲基丙烯酸正丁酯
EC	乙基纤维素	PBS	丁二烯-苯乙烯共聚物
ECO	环氧氯丙烷橡胶	PBTP	聚对苯二甲酸丁二醇酯
ECTFE	乙烯-三氟氯乙烯共聚物	PC	聚碳酸酯
EOT	聚乙烯硫醚	PCL	聚己内酰胺
EP	环氧树脂	PCTFE	聚三氟氯乙烯
EPDM	乙烯-丙烯-二烯烃共聚物	PE	聚乙烯
EPR	乙丙橡胶	PEG	聚乙二醇
EPSAN	乙烯-丙烯-苯乙烯-丙烯腈共聚物	PEO	聚氧化乙烯
EPT	乙烯-丙烯三元共聚物	PETP	聚对苯二甲酸乙二醇酯
ETFE	乙烯-四氟乙烯共聚物	PF	酚醛树脂
EU	聚醚型聚氨酯橡胶	PI	聚酰亚胺
EVA	乙烯-乙酸乙烯酯共聚物	PMAN	聚甲基丙烯腈
FPM	氟橡胶	PMMA	聚甲基丙烯酸甲酯

PO	聚烯烃	PVC	聚氯乙烯
PP	聚丙烯	PVCAc	氯乙烯-乙酸乙烯酯共聚物
PPI	聚异氰酸酯	PVDC	聚偏二氯乙烯
PPO	聚苯醚	PVDF	聚偏氟乙烯
PPS	聚苯硫醚	PVF	聚氟乙烯
PS	聚苯乙烯	PVF	聚乙烯醇缩甲醛
PTFE	聚四氟乙烯	SAN	苯乙烯-丙烯腈共聚物
PTP	聚对苯二甲酯	SBR	丁苯橡胶
PU	聚氨酯	SBS	苯乙烯-丁二烯-苯乙烯嵌段共聚物
PVA	聚乙烯醇	SIS	苯乙烯-异戊二烯-苯乙烯嵌段共聚物
PVAc	聚乙酸乙烯酯	TE	热塑弹性体
PVB	聚乙烯醇缩丁醛		